Abhandlungen der Sächsischen Akademie der Wissenschaften zu Leipzig · Mathematisch-naturwissenschaftliche Klasse · Band 68 · Heft 1

Karl-Heinz Schlote

Abbes Erben

Zu den Wechselbeziehungen zwischen Mathematik und Physik an der Universität Jena in der Zeit von 1900 bis 1945

Sächsische Akademie der Wissenschaften zu Leipzig · In Kommission bei S. Hirzel Stuttgart

Diese Publikation wird mitfinanziert durch Steuermittel auf der Grundlage
des vom Sächsischen Landtag beschlossenen Haushalts.

Autor:
Dr. Karl-Heinz Schlote
Elie-Wiesel-Straße 55
04600 Altenburg

Mit 48 Abbildungen

In der Plenarsitzung Drucklegung beschlossen und Manuskript eingereicht am 13. 10. 2023
Druckfertig erklärt am 17. 01. 2024

Bibliografische Information der Deutschen Nationalbibliothek

Die Deutsche Nationalbibliothek verzeichnet diese Publikation in der Deutschen
Nationalbibliographie; detaillierte bibliographische Daten sind im Internet
über <http://dnb.d-nb.de> abrufbar.

ISBN (Print): 978-3-7776-3528-6
ISBN (E-Book): 978-3-7776-3533-0

Vertrieb: S. Hirzel Verlag Stuttgart
Satz: Claudia Hollstein, Sächsische Akademie der Wissenschaften zu Leipzig
Druck: SAXOPRINT GmbH, Dresden
Printed in Germany

Inhalt

Vorwort

Mit diesem Band werden die Untersuchungen zu den Wechselbeziehungen zwischen Mathematik und Physik an der Universität Jena, erst ernestinische Gesamtuniversität, ab 1921 Thüringische Landesuniversität und dann ab 1934 Friedrich-Schiller-Universität, für den Zeitraum 1816–1945 abgeschlossen. Die vorliegende Abhandlung behandelt die Entwicklung ab der Jahrhundertwende, die durch bedeutende Fortschritte und einen fundamentalen Wandel in den beiden Disziplinen, aber auch durch gravierende Veränderungen in den gesellschaftlichen Systemen geprägt wurde. Ein spezieller Aspekt für die Jenaer Situation ist dabei die Frage, ob bzw. in welchem Umfang es gelang das Erbe Ernst Abbes, die von ihm im Zusammenwirken mit Carl Zeiß und Otto Schott geschaffenen engen Beziehungen zwischen der Universität und den Zeiss-Werken[1] bei der Entwicklung der Letzteren zum Großbetrieb fortzusetzen und auszubauen. Im ganzen Zeitraum behielt die Universität Jena, wegen der Lage im Saaletal auch als Salana bezeichnet, ihren Platz in der deutschen Universitätslandschaft als kleinere Universität, die neben Thüringer auch Studenten aus anderen deutschen Ländern und dem Ausland anzog. Die Darlegungen knüpfen an die früher gemeinsam mit Frau Dr. M. Schneider erarbeitete Publikation »Mathematische Naturphilosophie, Optik und Begriffsschrift«[2] an. Sie stellen aber eine eigenständige unabhängige Abhandlung dar und diese bildet formal den Abschluss eines umfangreicheren Akademieprojektes der Sächsischen Akademie der Wissenschaften zur Geschichte der Naturwissenschaften und der Mathematik, das die Erforschung der Wechselbeziehungen zwischen Mathematik und Physik in Deutschland im 19. und in der ersten Hälfte des 20. Jahrhunderts am Beispiel der Universitäten Leipzig, Halle und Jena zum Ziel hatte. Die Förderung für dieses Projekt endete am 31.12.2010, eine Verlängerung der Laufzeit war nicht möglich. Die Studien zu den Universitäten Leipzig und Halle waren zu diesem Zeitpunkt abgeschlossen und die Ergebnisse publiziert. Insgesamt erfolgten im Rahmen des Projektes folgende Publikationen:

- Schlote, Karl-Heinz: Zu den Wechselbeziehungen zwischen Mathematik und Physik an der Universität Leipzig in der Zeit von 1830 bis 1904/05. Hirzel, Stuttgart, Leipzig 2004 (Abh. d. Sächs. Akad. d. Wiss. zu Leipzig, Math.-naturw. Kl., Bd. 63, H. 1).
- Schlote, Karl-Heinz: Von geordneten Mengen bis zur Uranmaschine. Zu den Wechselbeziehungen zwischen Mathematik und Physik an der Universität Leipzig in der Zeit von 1905 bis 1945. Deutsch, Frankfurt a. M. 2008 (Studien zur Entwicklung von Mathematik und Physik in ihren Wechselbeziehungen).
- Schlote, Karl-Heinz; Schneider, Martina: Von Schweiggers erstem Galvanometer bis zu Cantors Mengenlehre. Zu den Wechselbeziehungen zwischen Mathematik und Physik an der Universität Halle-Wittenberg in der Zeit von 1817 bis 1890. Deutsch, Frankfurt a. M. 2009 (Studien zur Entwicklung von Mathematik und Physik in ihren Wechselbeziehungen).
- Schlote, Karl-Heinz; Schneider, Martina: Funktechnik, Höhenstrahlung, Flüssigkristalle und algebraische Strukturen. Zu den Wechselbeziehungen zwischen Mathematik und Physik an der Universität Halle-Wittenberg in der Zeit von 1890 bis 1945. Deutsch, Frankfurt a. M. 2009 (Studien zur Entwicklung von Mathematik und Physik in ihren Wechselbeziehungen).
- Schlote, Karl-Heinz; Schneider, Martina: Mathematische Naturphilosophie, Optik und Begriffsschrift. Zu den Wechselbeziehungen zwischen Mathematik und Physik an der Universität Jena in der Zeit von 1816 bis 1900. Deutsch, Frankfurt a. M. 2011 (Studien zur Entwicklung von Mathematik und Physik in ihren Wechselbeziehungen).
- Schlote, Karl-Heinz; Schneider, Martina (eds.): Mathematics meets physics. A contribution to their interaction in the 19th and the first half of the 20th century. Deutsch, Frankfurt a. M. 2011 (Studien zur Entwicklung von Mathematik und Physik in ihren Wechselbeziehungen).

Alle Publikationen stehen auf der Internetseite der Sächsischen Akademie digital zur Verfügung (www.saw-leipzig.de/de/puplikationen/digitale-publikationen/Studien-zur-Entwicklung-von-Mathematik-und-Physik-in-ihren-Wechselbeziehungen).

Im Zusammenhang mit dem Jenaer Universitätsjubiläum 2008 wurden umfangreiche Forschungen zur Geschichte der Universität durchgeführt und deren Ergebnisse in Aufsätzen, Abhandlungen und Sammelbänden publiziert. Ich möchte mich hier darauf beschränken, stellvertretend das von einer Senatskommission herausgegebene Werk »Traditionen – Brüche – Wandlungen«[3] anzuführen. Diese zahlreichen Publikationen ermöglichen und rechtfertigen es auch, sich in diesem Band auf die Entwicklung von Mathematik und Physik im Hinblick auf deren

---

1   Abweichend vom Namen des Firmengründers ist für den Firmennamen, das Warenlogo und davon abgeleitete Wortbildungen die Schreibung »Zeiss« festgelegt worden.
2   Schlote/Schneider 2011.
3   Jena 2009.

Wechselwirkungen in dem regionalen Kontext der Jenaer Universität zu konzentrieren. Die Einbettung in einen breiteren kontextuellen Rahmen musste dabei meist, auch mit Blick auf den Umfang der Abhandlung, auf skizzenhafte Hinweise mit der Angabe weiterführender Literatur beschränkt werden. So stehen bei den biographischen Angaben zu den einzelnen Wissenschaftlern die für das Geschehen an der Jenaer Universität wesentlichen Fakten im Mittelpunkt. Die einzelnen Personen werden bei der ersten Nennung mit Vor- und Zunamen sowie den Lebensdaten angeführt, im weiteren Text nur mit dem Familiennamen. Wenn notwendig wird der abgekürzte Vorname angefügt. Für weitere biographische und insbesondere bibliographische Angaben zu den einzelnen Personen und ihrem Schaffen wird auf »J. C. Poggendorff Biographisch-literarisches Handwörterbuch der exakten Naturwissenschaften« verwiesen, das in den meisten wissenschaftlichen Bibliotheken leicht zugänglich ist. Zusätzlich seien die im Literaturverzeichnis aufgeführten Standardwerke »Allgemeine Deutsche Biographie«, »Neue Deutsche Biographie« und »Dictionary of Scientific Biography« genannt.

Eine wichtige Grundlage dieser Abhandlung ist die Auswertung und Analyse des Archivmaterials und der Originalarbeiten. Die Archivalien werden in den Fußnoten mit den im Quellenverzeichnis angegebenen Abkürzungen der Archive vermerkt. Die Literaturverweise im Text erfolgen durch die Angabe des Autorennamens und des Erscheinungsjahres der betreffenden Publikation und werden im Literaturverzeichnis aufgelöst. Werden von einem Autor aus einem Jahr mehrere Publikationen zitiert, so sind diese im Text durch sukzessives Anfügen der ersten Buchstaben des Alphabets an die Jahreszahl gekennzeichnet. Im Literaturverzeichnis ist diese teilweise »erweiterte« Jahreszahl nach dem/den vollständigen Autorennamen in eckigen Klammern aufgeführt. Für Publikationen, deren Erscheinen sich über mehrere Jahre erstreckte, z. B. in Lieferungen erscheinende Werke, diente der Beginn des Publikationszeitraums als Einordnungsmarke. Die Abkürzung der Zeitschriftentitel folgt, soweit sie über die Verwendung der im Duden verzeichneten Standardabkürzungen hinausgeht, weitgehend dem Poggendorff'schen Handwörterbuch. In den Zitaten wird die Dopplung von Konsonanten, die gelegentlich durch Überstreichen deutlich gemacht wurde, in der heute üblichen Schreibweise wiedergegeben, da dadurch weder Inhalt noch Stil des Zitats verändert werden. Ebenso wurde das in einzelnen Quellen auftretende Trema über dem Buchstaben »y« nicht wiedergegeben, da dieses von den einzelnen Schreibern sehr unterschiedlich verwendet wurde. In einzelnen Zitaten oder bei Literaturangaben eingefügte Erläuterungen, sprachliche Anpassungen bzw. Ergänzungen sind durch eckige Klammern [ ] kenntlich gemacht.

An der Erarbeitung dieser Abhandlung haben mehrere Personen großen Anteil. Frau Dr. H. Kühn hat einen großen Teil des verwendeten Archivmaterials im Universitätsarchiv Jena und im Thüringischen Hauptstaatsarchiv Weimar erschlossen sowie durch Hinweise und Korrekturen zu einzelnen Kapiteln die Qualität der Ausarbeitungen deutlich verbessert. Außerdem betreute sie die Arbeit von Frau K. Zündorf, die ebenfalls an der Durchsicht des Archivmaterials beteiligt war. Frau Dr. M. Schneider hat bis zu ihrem Wechsel an die Universität Mainz an allen Phasen der Manuskripterarbeitung mitgewirkt und insbesondere einen ersten Entwurf für das Kapitel über die mathematischen Forschungen angefertigt. Weiterhin möchte ich all jenen Personen danken, die uns bei der Suche nach archivalischen Quellen sowie bei der Bereitstellung der Archivalien und der Literatur unterstützt haben: den Mitarbeitern/innen des Landesarchivs Thüringen – Hauptstaatsarchiv Weimar, des Landesarchivs Thüringen – Staatsarchiv Altenburg, des Universitätsarchivs Jena, des Unternehmensarchiv der Carl Zeiss AG Jena, der Hauptbibliothek Albertina und den Zweigstellen für Mathematik, Physik und Chemie bzw. des Karl-Sudhoff-Instituts der Universitätsbibliothek Leipzig, heute Campus-Bibliothek bzw. Bibliothek Medizin/Naturwissenschaften. Zahlreiche Kollegen und Freunde haben mich bei der Lösung vieler Detailfragen unterstützt und mit wertvollen Ratschlägen bis hin zur Durchsicht des gesamten Manuskripts bei der erfolgreichen Bearbeitung des Projektes geholfen. Insbesondere danke ich hierfür sehr herzlich Herrn Dr. U. Dathe, Herrn Prof. Dr. K.-J. Förster, Herrn Prof. Dr. M. Folkerts, Herrn Prof. Dr. B. Geyer, Herrn Prof. Dr. O. Neumann (†), Herrn Prof. Dr. H. Remane (†), Herrn Doz. W. Schreier (†) und Herrn Prof. Dr. R. Siegmund-Schultze. Ein besonderer Dank gilt Frau Prof. Dr. O. Riha, die mir ab 1.1.2011 einen Platz als Gastwissenschaftler am Karl-Sudhoff-Institut der Universität Leipzig ermöglicht hat. Ohne diese Hilfe wäre die vorliegende Abhandlung vermutlich nie zustande gekommen. Durch eine Lehrtätigkeit an der Universität Hildesheim konnte ich jedoch den Gastarbeitsplatz nur im eingeschränkten Umfang nutzen, was zugleich den langen Zeitraum bis zur Publikation dieser Abhandlung erklärt.

Doch was wären die ganzen Forschungsanstrengungen ohne eine entsprechende Möglichkeit, die erzielten Ergebnisse zum Druck zu bringen. Diese verdanke ich Herrn M. Hübner, der mich ermunterte mein Manuskript für die Abhandlungen der Sächsischen Akademie einzureichen und Frau C. Hollstein, die die sehr gute drucktechnische Umsetzung besorgte.

Altenburg, im Dezember 2023
Karl-Heinz Schlote

1 Einleitung

At the level of fundamental physics, appropriate mathematical ideas have a power and accuracy that goes far beyond the kind of thing that one could have anticipated, were the mathematics playing merely the organizational and claryfying role that it frequently does in ordinary descriptions. Conversely, fundamental physical ideas can stimulate the initiation of new and surprisingly fruitful areas of mathematical research.[1]

For more than a century the notion of a pre-established harmony between the mathematical and physical sciences has played an important role not only in the rhetoric of mathematicians and theoretical physicists, but also as a doctrine guiding much of their research.[2]

Der Feststellung, dass zwischen Mathematik und Physik enge Beziehungen existieren, wird in dieser allgemeinen Form vermutlich von vielen Lesern nicht widersprochen werden. Aber schon die Frage, wie sich diese Wechselwirkungen äußern, würde meist Schwierigkeiten bereiten, vor allem wenn man sich nicht auf das Erfassen einfacher physikalischer Zusammenhänge in Formeln und damit verbundene Rechnungen beschränken will. Dabei lässt sich das Zusammenspiel der beiden Disziplinen über Jahrhunderte zurückverfolgen, ja es gibt sogar Wissenschaftler, die die ersten Anfänge bereits in der griechischen Antike glauben erkennen zu können. Dabei dürfte es auch für den Laien unbestritten sein, dass die Verflechtung von Mathematik und Physik einen deutlichen Wandel unterworfen war. Es genügt ein kurzer Blick auf den Werdegang der beiden Disziplinen und die in den letzten Jahrhunderten erzielte Fülle an neuen Erkenntnissen, um die Wandelbarkeit des Zusammenspiels zu erkennen. Nach der Einführung der Feldvorstellung in der Elektrodynamik und statistischen Betrachtungen in der kinetischen Gastheorie im 19. Jahrhundert eröffneten sich die Physiker mit der Atomtheorie und der Quantenmechanik neue Forschungsfelder. Dieses tiefere Eindringen in die Welt der Mikrostrukturen erhöhte zugleich den technischen sowie theoretischen Aufwand für experimentelle Untersuchungen und kam bei deren theoretischer Erklärung nicht ohne Idealisierungen und Abstraktionen aus. Parallel dazu schritt auch in der Mathematik die Analyse abstrakter, mengentheoretisch formulierter Strukturen weiter voran. Doch während die Physiker, wie Minkowski mit Blick auf die Relativitätstheorie konstatierte,

die »Begriffe zum Teil neu erfinden und sich durch einen Urwald von Unklarheiten mühevoll einen Pfad durchholzen [mussten]«, führte »ganz in der Nähe die längst vortrefflich angelegte Straße der Mathematiker bequem vorwärts«.[3] Diese Differenz zwischen dem »Urwaldpfad« und der »vortrefflichen Straße« zu überbrücken, bildete einen zentralen Gegenstand der Wechselbeziehungen zwischen Mathematik und Physik. Mehrere Teilgebiete der Physik bedurften einer adäquaten mathematischen Beschreibung, obwohl zugleich die mathematischen Hilfsmittel variabler und vielfältiger wurden.

In der vorliegenden Abhandlung soll nun analysiert werden, wie sich diese globale Sichtweise lokal in dem Wechselverhältnis an einer zentralen Wirkungsstätte der Mathematiker und Physiker, einer Universität, widerspiegelt. Die Untersuchung erfolgte an der Universität Jena für den Zeitraum vom Beginn des 20. Jahrhunderts bis zum Ende des Zweiten Weltkriegs. An Hand der Berufungs- und Personalpolitik im Bereich der Mathematik und Physik, der Forschungsaktivitäten der einzelnen Gelehrten und deren Lehrtätigkeit wird dargestellt, wie sich die wechselseitige Einflussnahme zwischen den beiden Disziplinen im Einzelnen gestaltete. Die Analyse wird dabei in den jeweiligen größeren Kontext eingebettet. So galt es beispielsweise bei den personellen Veränderungen zu klären, welche Ziele die Institutsleitungen verfolgten, ob sie dabei von der Fakultät, der Universität bzw. dem Ministerium unterstützt wurden oder ob etwa die fehlenden Finanzen eine Realisierung verhinderten. Gerade die dürftige Finanzausstattung der Universität, erst in Abhängigkeit von den vier wenig finanzstarken Erhalterstaaten, dann als Landesuniversität Thüringens war stets ein großes Manko bei der Entwicklung der beiden Fächer[4]. Dies setzte den Möglichkeiten, neue Forschungsrichtungen in der Lehre zu berücksichtigen oder den Umfang der Lehrveranstaltungen für ein Fach zu vergrößern bzw. etwa durch Übungen und Seminare zu ergänzen, deutliche Schranken. Letzteres schlug sich in den Betrachtungen zur Forschungs- und Lehrtätigkeit nieder, in denen der Frage, in welchem Umfang die großen Fortschritte wie die Relativitätstheorie, die Quantenphysik, die Funktionalanalysis oder die abstrakte Algebra berücksichtigt wurden, eine zentrale Bedeutung zukommt. Eine sehr wichtige Rolle in den Finanzangelegenheiten spielte die Carl-Zeiß-Stiftung, die es durch ihre Zuschüsse erst ermöglichte, viele Pro-

---

1   Penrose 1998, S. 56.
2   Kragh 2015, S. 515.
3   Minkowski 1915, S. 927.
4   Eine genauere Beschreibung der Finanzausstattung und deren Entwicklung gibt Gerber im ersten Kapitel von Jena 2009. Die Erhalterstaaten, das heißt die Herzogtümer, die bis zum Ende des deutschen Kaiserreichs die Universität finanzierten, waren die Herzogtümer Sachsen-Weimar-Eisenach, Sachsen-Altenburg, Sachsen-Coburg und Gotha sowie Sachsen-Meiningen.

jekte zu realisieren, und damit die Entwicklung der Universität, insbesondere die Repräsentation von Mathematik, Physik und Astronomie gefördert hat.[5] Die Studie ist somit eine Detailuntersuchung der Wissenschaftsentwicklung in einem sogenannten Mikroklima und ergänzt die bereits vorliegenden Übersichtsdarstellungen. Zur Geschichte der Universität sei die vom einer Senatskommission zum Universitätsjubiläum 2008 herausgegebene Publikation »Traditionen-Brüche-Wandlung«[6] genannt, zur Entwicklung der Physik die Übersicht von Jungnickel und McCormmach[7] und entsprechend zur Mathematik die Werke von Pier[8], Boyer[9] bzw. Kline[10]. Während Jungnickel und McCormmach die Herausbildung der theoretischen Physik und die Rolle der Mathematik in den Mittelpunkt stellen und die im vorliegenden Buch zu behandelnden Fragen im globalen Rahmen analysieren, geben die genannten Bücher zur Mathematik einen Überblick über deren Geschichte, sind also nicht spezifisch für diese Studie. Weiterhin existiert eine Fülle von Detailanalysen zur Entwicklung einzelner Teilgebiete der Mathematik und der Physik, die nur selektiv berücksichtigt wurden. In vielen Publikationen spielen aber die Beziehungen zwischen Mathematik und Physik nur eine untergeordnete oder gar keine Rolle. Dagegen setzen sich die Sammelbände von Kouneiher[11] bzw. von Barbin und Pisano[12] mit verschiedenen Aspekten dieser Beziehungen intensiv auseinander.

Die vorliegende Darstellung schließt an die Analyse der Wechselbeziehungen zwischen Mathematik und Physik an der Jenaer Universität in der Zeit von 1816 bis 1900[13] an. Sie ist aber eigenständig und setzt die Kenntnis der vorangegangenen Publikation nicht voraus. Für die damals gewählte Unterteilung des gesamten Untersuchungszeitraums von 1816 bis 1945 wurden sowohl wichtige Ereignisse aus der Entwicklung der Universität als auch der beiden Disziplinen herangezogen: Im Jahr 1900 wurde der Neubau des Physikalischen Instituts genehmigt und im Jahr zuvor hatte mit der Berufung des Mathematikers und anerkannten Wissenschaftsorganisators August Gutzmer (1860–1924) das Lehrpersonal für Mathematik eine deutliche Vergrößerung erfahren, was die beiden Disziplinen weiter förderte. Am 8. August 1900 stellte David Hilbert (1862–1943) auf dem II. Internationalen Mathematiker-

kongress in Paris 23, nach seiner Meinung für die weitere Mathematikentwicklung zentrale Probleme vor und am 14. Dezember eröffnete Max Planck mit seiner Quantenhypothese ein neues Kapitel der Physik. Die Zielstellung der Analyse und die Methodik wurden in diesem Band beibehalten und stimmen auch mit dem Vorgehen bei den analogen Studien für die Universitäten Leipzig[14] und Halle[15] im Wesentlichen überein.

Nach einer kurzen Skizze der politischen und ökonomischen Situation im Deutschen Reich werden in den Kapiteln 2 bis 4 die Personalsituation und deren Veränderungen an der Jenaer Universität detailliert betrachtet. Neben den bereits erwähnten möglichen Einflüssen der geringen Finanzausstattung bzw. der Fortschritte in Mathematik und Physik ist dabei ein weiterer Aspekt, in wie weit die Charakteristik der Salana als mittelgroße und Landesuniversität eine Rolle spielte. Die Basis bildet die Auswertungen der Akten, speziell der Personal- sowie der Kuratel- bzw. Fakultätsakten im Universitätsarchiv Jena und in den Thüringer Staats- bzw. Hauptstaatsarchiven in Altenburg und Weimar. Für die Zeit des Kaiserreichs befinden sich Universitätsakten auch in den Archiven der beiden anderen Erhalterstaaten in Gotha bzw. Meiningen. Da die Entwicklung in den eingesehenen Akten hinreichend detailliert dokumentiert war, wurde auf einen Abgleich mit den Gothaer und Meininger Material verzichtet. Die Kapitel 5 und 6 analysieren die Forschungen auf mathematischem bzw. physikalischem Gebiet. Es zeigt sich, in welchem Umfang die einzelnen Wissenschaftler in ihren Arbeiten an der Gestaltung des Wechselverhältnisses beteiligt waren, neue Impulse setzten oder ob sich stabile Forschungsrichtungen ausbildeten. Spezifisch für Jena ist dabei die Frage, wie stark sich diesbezüglich die enge Verbindung der Universität mit den Werken von Zeiss und Schott auswirkte. Das nachfolgende siebente Kapitel ist dem Lehrangebot gewidmet, wobei entsprechend der Zielstellung der Untersuchungen die Veranstaltungen zur theoretischen und zur mathematischen Physik im Mittelpunkt stehen. Den Ausführungen liegen die Angaben in den publizierten Vorlesungsverzeichnissen der Universität zu Grunde. Sie geben einen Überblick über die zu den beiden Teildisziplinen behandelten Themen und das Engagement der einzelnen

5 Eine ausführliche, auf Archivquellen basierende Gründungsgeschichte der Carl-Zeiß-Stiftung und ihres Wirkens hat F. Schomerus 1955 vorgelegt [Schomerus 1955]. Eine umfassende Darstellung der Geschichte hat W. Plumpe in Plumpe 2014 vorgelegt, für eine kurze Übersicht siehe Abschnitt 3.13 in Schlote/Schneider 2011.

6 Jena 2009.

7 Jungnickel/McCormmach 1986.

8 Pier 1994, Pier 2000.

9 Boyer 1985.

10 Kline 1972.

11 Kouneiher 2018.

12 Barbin/Pisano 2013.

13 Schlote/Schneider 2011.

14 Schlote 2004; Schlote 2008.

15 Schlote/Schneider 2009a, Schlote/Schneider 2009b.

Hochschullehrer sich diesen zu widmen. Auf dieser Basis wird dann im abschließenden achten Kapitel ein zusammenfassender Überblick über die Entwicklung der Wechselbeziehungen gegeben, der mit einer Einbettung in einen allgemeineren Kontext verknüpft wird. Diese kontextuelle Betrachtungsweise findet auch in den übrigen Abschnitten eine entsprechende Berücksichtigung. Die von den vorangegangenen Bänden übernommene Dreiteilung bei der Präsentation der Untersuchungsergebnisse in Entwicklung der Personalsituation, der Lehrtätigkeit und der Forschung ist gelegentlich kritisiert worden, weil sich dadurch Wiederholungen in der Darstellung ergeben. Ich habe aber an dieser Einteilung festgehalten, da der Leser so einen einfachen und leichter überschaubaren Einblick in die Entwicklungslinien und die sie beeinflussenden Faktoren sowie ihre Korrelation erhält. Dafür spricht weiterhin, dass der Schwerpunkt der Betrachtungen lokaler Natur ist: mathematische und theoretische Physik an der Universität Jena bzw. spezifische Disziplinengeschichte an einer Universität. Die kontextuelle Einbettung zeigt dann auf, in welchem Umfang der vorgestellte Einzelfall sich in allgemeinen Charakteristika wiederfindet.

2 Der Aufschwung von Mathematik, Physik und Astronomie an der Salana bis zum Ende des Kaiserreichs

Am Beginn des 20. Jahrhunderts hatte das Deutsche Reich bereits fast eine Dekade des wirtschaftlichen Aufschwungs erlebt, der im Wesentlichen bis zum Beginn des Ersten Weltkriegs anhielt. Durch die Nutzung neuer wissenschaftlicher Erkenntnisse gehörte die Produktion in Deutschland zu den weltweit modernsten. Die Verwendung der Elektroenergie kam allmählich voran und führte in vielen Bereichen zu einer grundlegenden Umgestaltung. Die Elektroindustrie gehörte ab Ende der 1880er Jahre zu den Bereichen, in denen die Fortschritte der Wissenschaft besonders stark zur Geltung kamen. Auf Grund der tiefgreifenden Veränderungen und Auswirkungen in anderen Wirtschaftszweigen wird auch von einer elektrotechnischen Revolution gesprochen. Das Kommunikationssystem und das Transportwesen erfuhren einen weiteren Ausbau und eine erste Abrundung. Bis 1913 erreichte Deutschland einen Anteil an der Weltindustrieproduktion von etwa 16 % und verdrängte damit Großbritannien vom zweiten Platz. Die zunehmende wissenschaftliche Fundierung der Produktion schlug sich auch im Schulwesen nieder. Bereits in der zweiten Hälfte des 19. Jahrhunderts waren als Reaktion darauf neben den Gymnasien die Realgymnasien und die Oberrealschulen mit einem jeweils größeren Umfang an mathematisch-naturwissenschaftlichen Unterrichtsstunden sowie neben den Universitäten die Technischen Hochschulen entstanden. Die jahrzehntelangen Streitigkeiten um die Wertigkeit der einzelnen Schulabschlüsse bezüglich einer weitergehenden Ausbildung wurden nun mit dem auf den Beschlüssen der Berliner Reichsschulkonferenz von 1900 basierenden Regierungserlass und dem von der Kommission für den mathematischen und naturwissenschaftlichen Unterricht im Auftrage der Gesellschaft Deutscher Naturforscher und Ärzte 1904 vorgelegten »Meraner Bericht« beigelegt. Zunächst berechtigte aber weiterhin nur der Abschluss eines Gymnasiums, das Studium an einer beliebigen Fakultät der Universität aufzunehmen.

Wie schlug sich die skizzierte Entwicklung im Land Thüringen, speziell in der Stadt und der Universität Jena nieder? Der wirtschaftliche Aufschwung erfasste auch Jena und wirkte sich verständlicherweise in der Einwohnerzahl der Stadt aus. Nachdem die Zahl nach der Bildung des Deutschen Reichs bis zur Jahrhundertwende auf 20 686, also etwa auf das 2,5-fache gestiegen war, setzte sich diese Dynamik im 20. Jahrhundert fort. Gegenüber 1900 hatte sie sich 1912 etwas mehr als verdoppelt[1]. Jena wuchs damit stärker als seine Nachbarstädte wie Gera, Weimar und Apolda. Der Anteil der Studenten an der Stadtbevölkerung betrug bis zum Ende der 1930er Jahre zwischen 4 und 5 %.[2] Hauptursache für die Zunahme der Bevölkerung war die rasche Entwicklung der feinmechanisch-optischen Industrie sowie der Glasherstellung. Sowohl die Zeiss-Werke als auch die Schott'schen Glaswerke wuchsen rasch zu Großbetrieben von internationalem Rang. Sie profitierten dabei von den engen Beziehungen untereinander und zur Universität und prägten das Bild der Stadt. Jena wurde, wie Ernst Abbe (1840–1905) es bezeichnete, ein »Hauptsitz der für die Bedürfnisse der Wissenschaft arbeitenden Industrie«[3]. Teilweise in ihrem Schatten entstanden gleichzeitig eine ganze Reihe von mittleren und Kleinbetrieben.

Wie alle deutschen Universitäten befand sich die Jenaer Universität zu Beginn des neuen Jahrhunderts in einer Phase des Umbruchs, die zur Herausbildung der »modernen« Universität führte. Kennzeichen dieses Prozesses waren der Wandel von einem »zweckfreien« Studium im Sinne des Bildungsbürgertums für Wenige zu einer massenhaften Ausbildung als Basis für eine wissenschaftlich-technische Tätigkeit, das daraus resultierende rasche Anwachsen der mathematisch – naturwissenschaftlichen und der medizinischen Bereiche und die Zunahme der Forschungstätigkeit. Die Universität erhielt den Charakter eines »wissenschaftlichen Großbetriebs« mit Aufgaben in Lehre und Forschung. Zuvor hatte jedoch die Salana für mehrere Jahrzehnte bis zum Beginn der 1890er Jahre auf Grund des sehr kleinen Finanzbudgets und den dadurch äußerst begrenzten Möglichkeiten, auf die Fortschritte der Wissenschaften zu reagieren, um Sein oder Nichtsein gekämpft[4]. Bis zum Ende des Kaiserreichs zeichneten die vier nicht sehr finanzstarken sächsischen Fürstentümer Thüringens unter Führung des Großherzogtums Sachsen-Weimar-Eisenach für die monetäre Ausstattung der Universität verantwortlich. Anders als andere kleine Universitäten erhielt sie aber dann dank des Wirkens von Ernst Abbe und der von ihm gegründeten Carl-Zeiß-Stiftung eine beträchtliche finanzielle Unterstützung, was nicht unbedeutend zum Erhalt der Universität beitrug. Aus dieser Verbindung entwickelte sich unter der Ägide Abbes eine

---

1   Die Angaben basieren auf den Zahlen in Schultze 1955, S. 79 und beinhalten für 1900–1910 auch die Eingemeindung von Wenigenjena mit 4 525 Einwohnern.

2   Die Zahlenangaben weisen einige, deutliche Schwankungen auf, die nicht geklärt werden konnten.

3   ThHStAW, Staatsmin. Sachsen-Weimar, Dep. des Kultus, 413, BL. 78.

4   Jena 2009, S. 24 Ausführlicher analysiert Gerber die veränderte Stellung Jenas in der deutschen Universitätslandschaft in der Einleitung seines Beitrags »Die Universität Jena 1850 1918« in Jena 2009, S. 23–46.

wohl einmalige Verflechtung von universitärer wissenschaftlicher Forschung und industrieller Umsetzung, die über Abbes Tod hinaus ein profundes und variables Reagieren auf Modernisierungsprozesse ermöglichte. Diese Beziehungen verliehen der Jenaer Universität mit dem Aufstieg der Werke von Zeiss bzw. Schott zu wichtigen Wirtschaftsunternehmen für einige Zeit eine Art »Alleinstellungsmerkmal« und sicherten ihr eine gewisse Attraktivität. Die Zuwendungen der Carl-Zeiß-Stiftung ermöglichten es der Universität zahlreiche Neubauten zu realisieren, so auch des neuen Hauptgebäudes (1908) und der Institute für Mathematik bzw. für angewandte Optik und Mikroskopie (1903). Bedenkt man, dass die beiden im Mittelpunkt dieser Untersuchung stehenden Disziplinen, Mathematik und Physik, erst ab dem Wintersemester 1879/80 nicht mehr durch ein gemeinsames Ordinariat repräsentiert wurden, so werden sowohl die Probleme im Überlebenskampf der Universität als auch die ab den 1890er Jahren erzielten Fortschritte deutlich.

Abschließend soll noch ein auf den Angaben in den Personal- und Vorlesungsverzeichnissen basierender kurzer Überblick über die Bezeichnung und die Gliederung der mathematischen und physikalischen Lehr- und Forschungseinrichtungen an der Salana gegeben werden. Diese haben sich im Untersuchungszeitraum bis 1945 wiederholt geändert. Bezüglich der Mathematik existierte bis zum Wintersemester 1906/07 nur ein Mathematisches Seminar, dann für vier Semester ein Mathematisches Seminar und Proseminar, wobei das Mathematische Seminar als Institution und Organisationsstruktur zu verstehen ist. Ab dem Sommer 1909 wird dann zusätzlich ein Mathematisches Institut angeführt, so dass Seminar und Proseminar nun Struktureinheiten innerhalb des Instituts waren und den Charakter hervorgehobener Lehrveranstaltungen erhielten. Im Wintersemester 1913/14 erfolgte noch eine Trennung zwischen Mathematischen Seminar und Mathematischen Proseminar, Letzteres ist nur bis zum Sommer 1935 verzeichnet. Vom Wintersemester 1916/17 bis zum Winter 1939/40 wird nicht vom Institut, sondern von der Mathematischen Anstalt gesprochen. Zusätzlich existierte ab dem Wintersemester 1930/31 noch eine Anstalt für angewandte Mathematik. Zum Physikalischen Institut kam im Sommer 1903 noch ein Institut für technische Physik und ein Institut für Mikroskopie hinzu. Auch hier wurde vom Winter 1916/17 bis zum Winter 1939/40 die Bezeichnung »Institut« durch »Anstalt« ersetzt[5] und außerdem die Bezeichnung »Anstalt für Mikroskopie« ab dem Wintersemester 1928/29 zu »Anstalt für Mikroskopie und angewandte Optik« erweitert. Ab dem 1. Trimester 1940 firmierten alle »Anstalten« wieder als »Institute«.

2.1 Die Veränderungen im Lehrkörper des Mathematischen Instituts

Trotz des Engagements der Carl-Zeiß-Stiftung waren die Defizite in der personellen Ausstattung am Mathematischen Institut im Jahrzehnt vor der Jahrhundertwende noch nicht beseitigt worden und auch perspektivisch zeichnete sich keine grundlegende Änderung ab. Im Frühjahr 1899 war es zwar gelungen, mit der Berufung von August Gutzmer als außerordentlichen Professor die durch das Ausscheiden von Hermann Schaeffer (1824–1900) entstandene Lücke im Lehrkörper zu schließen, doch gab es berechtigte Zweifel, ob Gutzmer in dieser Position lange am Institut bleiben würde. Folgerichtig bemühte sich die Fakultät bereits am 15. Januar 1900, die Situation durch eine Ernennung Gutzmers auf ein Ordinariat zu verbessern, und der Dekan bat den Rektor Eduard Rosenthal (1853–1926), die entsprechenden Anträge auf Schaffung eines weiteren Ordinariats für Mathematik sowie auf die Besetzung desselben mit Gutzmer mit einem befürwortenden Schreiben an die Erhalter der Universität weiterzuleiten. Die Schaffung dieses zweiten Ordinariats sah die Fakultät als »eine zwingende Nothwendigkeit« an und begründete dies mit der »zunehmenden Verbreiterung, Verzweigung und Vertiefung der mathematischen Wissenschaften«.[6] Angesichts dieser Entwicklung sei die Vertretung der mathematischen Wissenschaften an der hiesigen Universität seit geraumer Zeit hinter derjenigen an anderen deutschen Universitäten zurückgeblieben:

> An allen Schwesteranstalten, nur Rostock ausgenommen, ist die reine Mathematik mindestens durch zwei Ordinarien vertreten. Die größeren unter ihnen besitzen außerdem ordentliche Professuren für mathematische Physik und vielfach auch für Astronomie.[7]

Das Anschreiben zu dem zweiten Antrag, die Berufung Gutzmers zum Ordinarius, charakterisierte die Situation noch etwas genauer: Zum einen bestand die Gefahr der Fortberufung Gutzmers, zum anderen hatte dieser den Lehrbetrieb sehr erfolgreich belebt, einen sehr förderlichen Einfluss auf die Studierenden und diese durch »gut ausgewählte Uebungen« zu eigenen schriftlichen Arbeiten herangezogen[8]. Die Erfolge waren offenbar so eindrucksvoll, dass die Fakultät sogar wohlwollend über das Fehlen

---

5   Aus den Akten geht hervor, dass die Namensänderung nicht immer konsequent umgesetzt wurde, also bei einer offiziell als »Anstalt« geführten Einrichtung von einem »Institut« gesprochen wird. Im Folgenden wird bei Betrachtungen, die sich auf den gesamten Untersuchungszeitraum beziehen, die heute übliche Bezeichnung der Einrichtung als Institut gewählt.

6   UAJ, BA 444, Bl. 135.

7   Ebenda.

8   Ebenda, Bl. 136v.

von wissenschaftlichen Leistungen bei Gutzmer hinweg-
sah, einen möglichen Weggang als einen »nicht leicht in
geeigneter Weise zu ersetzende[n] Verlust«[9] bezeichnete
und auf die Nennung weiterer Kandidaten verzichtete.
Gleichzeitig sollten die genannten Übungen künftig als
Seminar bezeichnet werden, da dadurch die Studierenden
einen bei den Examina zu berücksichtigenden Beleg über
ihre Teilnahme erhielten.

Rektor und Senat der Universität unterstützten das Anliegen der Fakultät und schickten die Dokumente fünf
Tage später über das Staatsministerium in Weimar an die
Erhalter der Universität. Der Kurator Heinrich von Eggeling (1838–1911) ergänzte den Antrag dahingehend, dass
Gutzmer Aussicht auf ein Ordinariat an der Bergakademie
in Clausthal habe, aber bereit sei, in Jena zu bleiben, wenn
er Sitz und Stimmrecht in der Fakultät und im Senat erhielte[10]. Weiterhin werde die Dotierung für das neue Ordinariat durch die Carl-Zeiß-Stiftung gesichert. Schließlich
betonte er die Notwendigkeit rasch zu handeln. Bereits
am 30. Januar teilte das »Departement des Cultus« des
Großherzoglichen Staatsministeriums in Weimar der Universitätsleitung die Berufung Gutzmers zum ordentlichen
Professor der Mathematik ab 1. April 1900 mit. Gutzmer
nahm den Ruf an und wurde am 5. Mai desselben Jahres
vereidigt und in den Senat eingeführt. Noch bevor Gutzmer die Annahme des Rufes mitteilte, verstarb Schaeffer,
der als Ordentlicher Honorarprofessor dessen Vorgänger
gewesen war. Damit trat für die Zahlung des Jahresgehalts
wieder die übliche Regelung in Kraft, dass die Carl-Zeiß-
Stiftung nur einen Zuschuss von 600 Mark zur Angleichung an das übliche Niveau von 3000 Mark zahlte.

Die Mathematik war nun durch zwei Ordinariate an der
Salana repräsentiert, dies hat zweifellos die Möglichkeiten der Fakultät verbessert, eine qualitativ gute Vertretung
dieses Gebietes zu sichern. An den Lehrbelastungen der
einzelnen Dozenten änderte sich jedoch nichts. Im Gegenteil, sie wurden durch die neue »Ordnung der Prüfung für
das Lehramt an höheren Schulen in den Sachsen-Erne-
stinischen Landen« vom 17. Januar 1900 noch größer, da
dadurch neben der »reinen Mathematik« die »angewandte
Mathematik« als weiteres Prüfungsfach eingeführt wurde.
Eine unabdingbare Folge war dann, dass die Studierenden
die Möglichkeit erhalten mussten, sich zumindest einige
der nach § 22 der Prüfungsordnung zur angewandten Mathematik gehörenden Gebiete, »nämlich die darstellende
Geometrie, die technische Mechanik, die graphische Statik, die niedere Geodäsie nebst Theorie der Ausgleichung
der Beobachtungsfehler«[11], in den Vorlesungen anzuzeig-

nen. Die Vermittlung dieser Fächer konnte aber von den
vorhandenen Lehrkräften nicht noch zusätzlich geleistet
werden. Prorektor Johannes Thomae (1840–1921) wandte
sich in diesem Zusammenhang im Sommer 1901 an die
Ministerien der Erhalterstaaten und schilderte sehr klar die
allgemeine Situation wie auch die Jenenser Verhältnisse:

> Es haben denn auch die preußischen Universitäten, al-
> len voran Göttingen, nicht gezögert, durch Herbeizie-
> hung geeigneter Lehrkräfte und zum Theil auch schon
> durch Einrichtung besonderer Institute die angewandte
> Mathematik in ihren Lehrbereich einzufügen. Nach der-
> selben Richtung ist hier in Jena bisher in höchst bemer-
> kenswerther Weise ein Zeichensaal für die Uebungen
> im constructiven Zeichnen eingerichtet worden, wäh-
> rend die Vorlesungen über niedere Geodaesie an die
> Sternwarte angegliedert worden sind. Es fehlt aber zur
> Zeit noch eine Lehrkraft insbesondere für das Gebiet
> der technischen Mechanik und der graphischen Statik,
> Gebiete, welche eine zugleich theoretisch und praktisch
> gebildete Persönlichkeit voraussetzen.[12]

Unter Verweis auf den »erheblichen Procentsatz« der Studierenden, die eine Lehrbefähigung in angewandter Mathematik erwerben wollen, prognostizierte Thomae dann
einen deutlichen Rückgang der Studierendenzahlen, falls
die Jenaer Universität nicht die Möglichkeit böte, diese
Qualifikation zu erlangen. Die Philosophische Fakultät
folgerte deshalb, zur Bewältigung dieser Aufgaben »die
sofortige Begründung einer außerordentlichen Professur
für die angewandte Mathematik, insbesondere für darstellende Geometrie, technische Mechanik und graphische Statik«[13] zu beantragen. Wie dringend die Fakultät
die Schaffung dieser neuen Professur ansah, unterstrich sie
dadurch, dass sie in dem gleichen Schreiben bereits die
Frage nach möglichen Kandidaten für die Besetzung der
Professur erörterte. Eine wichtige Grundlage war dabei
die bereits geklärte Finanzierungsfrage: Die Carl-Zeiß-
Stiftung stellte die Mittel für die Professur zur Verfügung.
Trotzdem fiel es der Fakultät keineswegs leicht, geeignete
Personen vorzuschlagen, denn sie hielt es für

> unthunlich […], Männer vorzuschlagen, die ohne Zwei-
> fel eine außerordentliche Professur ablehnen oder sehr
> erhebliche Forderungen stellen würden. Ebenso ist es
> bedenklich nur theoretisch oder nur praktisch vorgebil-
> dete Männer in Vorschlag zu bringen, denn es wird von
> dem neu zu Berufenden erwartet werden müssen, daß er

9   Ebenda, Bl. 137.
10 UAJ, C 467, Bl. 18.
11 UAJ, C 473, Bl. 28.
12 UAJ, BA 445, Bl. 46–46v.
13 UAJ, BA 445, Bl. 47; im Original unterstrichen.

zwar eine gründliche theoretische Ausbildung habe, daß er aber zugleich durch eine praktische Thätigkeit die Gewähr biete, bei der nahe bevorstehenden Einrichtung eines Institutes für technische Physik das wahre Bedürfniß zu erkennen und mit Umsicht zu erfüllen.[14]

Sie schlug daraufhin Ludwig Prandtl (1875–1953) als einzigen Kandidaten vor, der die Stelle »sicherlich vorzüglich ausfüllen werde«.[15] Prandtl, der später mit bedeutenden Arbeiten zur Strömungsmechanik hervortrat, war zu diesem Zeitpunkt als Ingenieur bei der Maschinenbau-Aktiengesellschaft in Nürnberg tätig, hatte sich in theoretischen und praktischen Arbeiten allgemeine Anerkennung erworben und war mit dem »bei einem Ingenieur sehr seltenen Wusch […], in die akademische Laufbahn einzutreten«, aufgefallen, wobei sowohl seine Lehrer August Föppl (1854–1924) und Sebastian Finsterwalder (1862–1951) als auch die Göttinger Professoren Felix Klein (1849–1925) und Hendrik A. Lorentz (1853–1928) ihn für die Jenaer Stelle »vorzüglich geeignet« hielten.[16] Kurator von Eggeling unterstützte den Antrag und leitete ihn unter Verweis auf das durch die Finanzierungszusage dokumentierte spezielle Interesse der Carl-Zeiß-Stiftung an die Ministerien der Erhalterstaaten weiter. Sechs Wochen später, am 20. September, musste Gutzmer jedoch dem Kurator mitteilen, dass Prandtl inzwischen zum etatmäßigen Professor an der Technischen Hochschule Hannover ernannt worden sei und somit für die Jenaer Stelle nicht mehr in Frage kam.[17] Die Fakultät reagierte sehr rasch und reichte nach wenigen Tagen einen neuen Vorschlag ein, der letztlich auf Prandtl zurückging. Dieser bedauerte in einem vermutlich an Adolph Winkelmann (1848–1910) gerichteten Brief, dass er durch die Annahme des Ordinariats in Hannover »der Jenenser Universität solche Verlegenheiten« bereite, und hatte nach einer passenden Persönlichkeit Ausschau gehalten. Diese Suche war, »allerdings sehr durch Zufall« erfolgreich, da nach übereinstimmender Ansicht seiner ehemaligen Kollegen »man für 2000 M einen tüchtigen Ingenieur … schwerlich bekommen könne, es müßte denn ein einigermaßen ideal veranlagter Mensch sein, der die Ehre der Stellung genügend veranschlagt.«[18] Als einzigen Kandidaten fand Prandtl den Ingenieur Rudolf Rau (1871–1914), der »zwar kein technischer Physiker, dafür

aber ein sehr vielseitiger und anscheinend tüchtiger Ingenieur«[19] sei. Rau hatte hauptsächlich an der Technischen Hochschule Stuttgart studiert und war nach Arbeiten zur Elektrotechnik in verschiedenen Betrieben nun in der »Versuchsstation für Krahn-Elektromotoren und elektrische Neuerungen« der Elektrizitäts-Aktiengesellschaft in Nürnberg, vormals Schuckert & Co. tätig.[20] Dekan Gottlob Linck (1858–1947) übernahm in dem neuen Antrag große Teile der Argumente Prandtls, doch wieder ergab sich eine Schwierigkeit: Rau war im Gegensatz zu Prandtl nicht promoviert, was gemäß des Universitätsstatuts eine notwendige Voraussetzung für die Berufung auf die Professorenstelle war. Die Fakultät sah darin kein Hindernis und glaubte, angesichts der Probleme, einen geeigneten Kandidaten für die Besetzung der Professur zu finden, »von der Forderung vorheriger Graduirung bei der Berufung ab[zu]sehen« zu können.[21] Zu Gunsten von Rau argumentierte sie, dass dessen Ausbildung als praktischer Ingenieur wesentlich von der »eines sonstigen Akademikers« abweicht und »ein Ingenieur früher auf der technischen Hochschule durchaus nicht in der Lage war, sich den Doktortitel zu erwerben«[22]. Erst 1899 hatten die Technischen Hochschulen in Preußen das Promotionsrecht erhalten, Raus Studienuniversität, die Hochschule in Stuttgart, folgte ein Jahr später. Gleichzeitig zog die Fakultät in Erwägung, falls ihr Personalvorschlag die Zustimmung des Ministeriums fände, in die Verhandlungen mit Rau, den nachträglichen Erwerb der Promotion als Bedingung einzubringen. Kurator von Eggeling und der Senat befürworteten den Vorschlag der Philosophischen Fakultät und leiteten ihn am 30. September 1901 an die Erhalterstaaten der Universität weiter. Die zuständigen Ministerien antworteten zwei Wochen später und genehmigten sowohl die Schaffung der außerordentlichen Professur für angewandte Mathematik mit Mitteln des Universitätsamts der Carl-Zeiß-Stiftung und die Besetzung derselben mit dem Ingenieur Rudolf Rau. Dieser sollte ein Jahresgehalt von zunächst 2000 M ohne Anspruch auf Studienbefreiung erhalten und ihm

auch, wenn er darauf eingeht, auferlegt werde[n], gemäß § 24 des Allgemeinen Universitäts-Statuts unter Erlaß der mündlichen Prüfung den Dozentengrad an der philosophischen Fakultät zu Jena zu erwerben, und er

---

14 UAJ, BA 445, Bl. 47-47v.
15 UAJ, BA 445, Bl. 47v.
16 UAJ, BA 445, Bl. 48v.
17 UAJ, C 473, Bl. 31.
18 UAJ, M 623, Bl. 176 (Umschlag: Briefe pp. über die Besetzung einer a.o. Professur f. angew. Math., darin Brief Prandtls vom 11.9.1901, Bl. 1–1v).
19 Ebenda, Bl. 2.
20 UAJ, C 445, Bl. 51v.
21 UAJ, C 473, Bl. 33.
22 UAJ, BA 445, Bl. 52.

nur ‚wenn er dies als unthunlich erklärt, von der Vorschrift das angezogenen § 24 dispensirt werde[n].[23]

Die am 20. Oktober eingeleiteten Berufungsverhandlungen verliefen zügig und offenbar ohne Probleme, denn schon am 14. November teilte Rau mit, die Stelle unter den ihm genannten Bedingungen anzunehmen. Das »Departement des Cultus« im Weimarer Staatsministerium wies daraufhin die Universitätsleitung am 9. Dezember formal an, die Berufung zum 1. Januar 1902 zu vollziehen. Ausdrücklich sollte dabei betont werden, dass Rau den Doktorgrad zu erwerben habe und bis dahin gemäß dem Allgemeinen Universitätsstatut mit den Ergänzungen durch das Reskript vom 14. Oktober 1831 mit dem Zusatz »designatus« geführt wird.[24] Die angestrebte Berufung Raus zum 1. Januar 1902 kam vermutlich wegen eines Aufenthalts von Rau in Göppingen und den dadurch entstandenen Verzögerungen im Briefverkehr nicht zustande. Zwei Tage später, am 3. Januar, konnte jedoch der Prorektor seinen Bericht über die Annahme der Berufung durch Rau über den Kurator an das Großherzoglich und Herzoglich Sächsische Staatsministerium in Weimar schicken. Fünf Monate später änderten die Regierungen der Erhalterstaaten ihre Meinung, entbanden Rau von der Vorschrift, nachträglich den Doktorgrad zu erlangen, und forderten die Universitätsleitung in Jena auf, Rau in seinem Amt zu verpflichten und ihn künftig nicht mehr mit dem Zusatz »designatus« zu führen. Eine explizite Begründung dieses Schrittes wurde in den Akten leider nicht gefunden. Aus den Unterlagen geht jedoch hervor, dass Rau mit Beginn seiner Tätigkeit in Jena sehr umfangreich mit der Errichtung der Physikalisch-Technischen Anstalt beschäftigt war.[25] Unter Berücksichtigung der im Vorfeld der Berufungsverhandlungen artikulierten Haltung der Ministerien, eventuell als Ausnahme auf die Bedingung der Promotion zu verzichten, liegt die Vermutung nahe, dass sich Rau durch die Erarbeitung von Bauunterlagen wie dem Bauplan und dem Kostenanschlag und durch seine Vorlesungspflichten nicht in der Lage sah, die erforderliche wissenschaftliche Abhandlung zu erarbeiten, und deshalb seine zuvor gegebene Annahme der Bedingung zurückzog. Er war nach dem Abschluss seines Studiums an der Technischen Hochschule Stuttgart ausschließlich in der Praxis tätig gewesen, zuletzt als Ingenieur in der erwähnten Versuchsstation der Elektrizitäts-Aktiengesellschaft in Nürnberg, und verfügte also bei den Berufungsverhandlungen über keine Erfahrungen, welchen Aufwand es erforderte, das Baugeschehen für die Physikalisch-Technische Anstalt

Abb. 1: Rudolf Rau

zu betreuen bzw. die Vorlesungen und die zugehörigen Übungen auszuarbeiten und vorzubereiten. Die Fakultät war jedoch ihrerseits nicht bereit, so schnell auf die Promotion völlig zu verzichten. Bis zum März 1907 gab es Diskussionen, welche Leistungen Rau bei der Promotion erlassen werden könnten und am 3. März teilte Kurator von Eggeling den zuständigen Ministerien der Erhalterstaaten die Zustimmung der Universität zu einer von den Statuten abweichenden Promotion Raus mit. Trotz all dieser Unterstützungen bat Rau am 29. Dezember 1908, ihm von seiner Tätigkeit an der Universität zu entpflichten, um in die technische Praxis zurückkehren zu können.[26] Obwohl laut Denomination auf die angewandte Mathematik ausgerichtet, stand Raus Professur in der Folgezeit in enger Verbindung mit der Gründung und Entwicklung des Instituts für technische Physik, so dass die weiteren Details der Berufung Raus im Rahmen der Veränderungen des Lehrkörpers für Physik dargestellt werden.

Mit der Aufnahme von Rau in den Lehrkörper der Philosophischen Fakultät war diese recht gut für die weiter zunehmenden Lehraufgaben hinsichtlich der Mathematik und ihrer Anwendungen gerüstet. Neben den beiden Ordinarien Gutzmer und Thomae trugen Gottlob Frege (1848–1925), Otto Knopf (1856–1947) und Günther Anton (1864–1924) wesentlich zur mathematischen Lehre bei.

23　UAJ, C 473, Bl. 34.

24　UAJ, C 473, Bl. 55–55v.

25　UAJ, C 721, Bl. 6–6v. In den einzelnen Schriftstücken tritt sowohl die Bezeichnung »physikalisch-technische Anstalt« als auch »Anstalt für technische Physik« auf.

26　UAJ, C 473, Bl. 84.

Abb. 2: August Gutzmer

Abb. 3: Johannes Thomae

Neben Rau befriedigten der Astronom Knopf mit Themen wie Interpolationsrechnung und mechanische Quadraturen, Methode der kleinsten Quadrate und Bahnbestimmung von Himmelskörpern und der Nationalökonom Anton mit einer Einführung in die Statistik den Bedarf an Vorlesungen zu Anwendungen der Mathematik, während Frege sich auf Themen aus dem Gebiet der sogenannten reinen Mathematik und der Logik konzentrierte, aber auch regelmäßig zur analytischen Mechanik vortrug. Diese günstige Situation blieb nicht lange ungestört: Am 11. Juli 1903 wandte sich der Kurator eiligst an die Ministerien der Erhalterstaaten und teilte ihnen mit, dass Gutzmer »von dem Preußischen Kulturministerium die Stelle eines vortragenden Rates angeboten [wurde], dem die Aufgabe zugedacht ist, die Angelegenheiten der Universitäten und der technischen Hochschulen im Bezug auf den mathematischen Unterricht zu bearbeiten.«[27] Bei der Unterredung im dortigen Ministerium sei Gutzmer »das größte Entgegenkommen gezeigt« und ihm die Nennung des Gehaltes anheim gestellt worden. Sein Wechsel sei für den 1. Oktober dieses Jahres gewünscht. Der Kurator hatte bereits zuvor, anlässlich Gutzmers Bericht über eine Besprechung mit

dem preußischen Ministerialdirektor Friedrich Althoff (1839–1908) festgestellt, dass er dessen Entlassung zum Wintersemester keinesfalls zustimmen werde, um »das in so schönen Aufblühen befindliche Studium der Mathematik in Jena doch nicht wieder verkümmern [zu] lassen«.[28] Gutzmer war bereit gewesen, an der Universität zu bleiben, verband dies aber mit einigen Wünschen: Die jährliche Finanzausstattung des Mathematischen Seminars sollte von 200 Mark auf 600 Mark erhöht und ihm zusätzlich zu seiner Besoldung »eine nicht pensionsfähige jährliche Zulage von 1000 M bewilligt werden«. Gutzmer hatte nun in der neuerlichen Besprechung dem Kurator erklärt, bei Berücksichtigung der beiden Wünsche das preußische Angebot abzulehnen. Gleichzeitig waren sich beide Parteien darüber einig, dass die Wünsche erst ab dem 1. Januar 1904 realisiert werden könnten, und wie die Finanzmittel für das Seminar verwendet werden sollten, wobei beiden Ordinarien jeweils 250 M zur Verfügung standen. Den durch Gutzmer erreichten »höchst erfreulichen Aufschwung« des Mathematikstudiums in Jena nochmals würdigend befürwortete und beantragte der Kurator »wärmstens« die Erfüllung der beiden vorgetragenen

---

27 ThStA Abg, Gesamtministerium 1346, Bl. 46.
28 ThStA Abg, Gesamtministerium 1346, Bl. 47.

Wünsche. Die erforderlichen finanziellen Mittel könnten seiner Meinung nach von der Carl-Zeiß-Stiftung übernommen werden, da durch den bevorstehenden Wechsel von Professor Rudolf Straubel (1864–1943) in die Leitung der Firma Carl Zeiss die Mittel für dessen Gehalt verfügbar würden. Abschließend bat von Eggeling um eine rasche Entscheidung und eine telegraphische Übermittlung der Entschließung, da Gutzmer nur eine Bedenkzeit von wenigen Tagen habe. Die Ministerien der Erhalterstaaten erklärten sich bereit, Gutzmers Wünsche zu erfüllen und am 17. Juli 1903 konnte sie der Kurator informieren, dass Gutzmer das Angebot aus Berlin ablehnen werde. Die drohende Störung in der erfolgreichen Entwicklung der Mathematikausbildung war damit vorerst abgewendet.

Die günstige Personalsituation hinsichtlich der mathematischen Lehre hielt jedoch nicht lange an. Im Mai 1905 musste sich Frege für das laufende Semester aus gesundheitlichen Gründen beurlauben lassen und einen Monat später bat Gutzmer um seine Entlassung, um den Ruf auf ein Ordinariat an der Hallenser Universität annehmen zu können. Gutzmers Motive zu diesem Schritt konnten nicht ermittelt werden, ja sie verdunkeln sich vollends, wenn man bedenkt, dass zum einen die Universität Halle ihre einst glänzende Position unter den deutschen Universitäten längs verloren hatte und nur eine Randstellung im Ensemble der preußischen Universitäten einnahm. Zum anderen hatte sich Gutzmer in Jena recht wohl gefühlt, denn er dankte in seinem Entlassungsgesuch dem Senat für das entgegengebrachte Vertrauen »als auch für das wahrhaft schöne und fast ideale kollegialische Verhältnis, dessen ich mich von Beginn meiner hiesigen Tätigkeit an erfreuen durfte.«[29] Kurator von Eggeling vermerkte bei der Übermittlung von Gutzmers Entlassungsgesuch an die einzelnen Ministerien, dass er in mehreren eingehenden Besprechungen Gutzmer zu erkennen gegeben habe, dessen Wünsche, die ihm zum Verbleiben in Jena bewegen könnten, im Ministerium vorzutragen und zu unterstützen, aber »der Zug von Preußen ist zu mächtig gewesen, um ihm derartige Wünsche formulieren zu lassen«.[30] Das Weimarer Staatsministerium forderte, noch bevor die Erhalterstaaten über das Gesuch entschieden hatten, die Universität sofort auf, Vorschläge für die Wiederbesetzung der Professur »mit thunlichster Beschleunigung« einzureichen. Der Anregung des Kurators folgend, sollte die Berufung auf ein Extraordinariat und voraussichtlich zum 1. Oktober 1905 erfolgen.[31]

Die Philosophische Fakultät akzeptierte die Festlegung des Ministeriums, die Gutzmer'sche Stelle zunächst nur

mit einem Extraordinarius zu besetzen, ohne eine spätere Umwandlung in ein Ordinariat in Frage zu stellen. Berücksichtigte man aber die Gesamtsituation der mathematischen Lehre an der Universität, so ergaben sich jedoch große Bedenken. Die Fakultät verwies in ihrem Bericht vom 12. Juli 1905 auf die gegenüber 1899 völlig veränderte Situation: Thomae habe eine verminderte Leistungsfähigkeit erklärt und Ähnliches gelte auch für Frege. Die Zahl der Studierenden der Mathematik und der Naturwissenschaften (ohne Chemiker und Pharmazeuten) sei aber von 39 im Jahre 1899 auf 132 im Sommer 1905 gestiegen und die zu bewältigenden Aufgaben seien »in jeder Beziehung erheblich gewachsen«.[32] Zudem war durch die Hinzunahme der angewandten Mathematik als neues Studienfach »das Studium der Mathematik mannigfaltiger geworden« und dies erforderte eine intensivere Betreuung der Studierenden durch einen erfahrenen Professor als Ratgeber, insbesondere für die in Jena recht zahlreichen Anfänger. Weiterhin musste der neu zu Berufende die Gewähr bieten, den Anfängern das grundlegende Wissen für die späteren Studien, sowohl die mathematischen als auch die naturwissenschaftlichen, vermitteln zu können. »Allen diesen Aufgaben ist naturgemäss ein jüngerer, in den akademischen Geschäften noch unerfahrener Mann nicht hinreichend gewachsen.«[33] Aus diesen Darlegungen zog die Fakultät dann den Schluss, von dem Auftrag abweichen zu müssen und doch Kandidaten vorzuschlagen, die »wohl nur als Ordinarien zu haben sein werden«. An erster Stelle nannte sie Robert Haußner (1863–1948) von der Technischen Hochschule Karlsruhe und Ludwig Maurer (1859–1927) von der Universität Tübingen als gleichwertige Kandidaten. Die Vorschlagsliste vervollständigte dann Ernst Neumann (1875–1955) (Universität Marburg). Während Haußner einen Vorteil hinsichtlich der in Lehre und Forschung vertretenen Gebiete hatte, schätzte die Fakultät die Arbeiten Maurers als bedeutender ein. Der Kurator leitete am 23. Juli die vom Senat befürworteten Vorschläge der Philosophischen Fakultät an die Ministerien weiter. In seinem Begleitschreiben kritisierte er zunächst das Abweichen von seiner Vorgabe einen Extraordinarius zu berufen, würdigte aber dann die Begründung der Fakultät, das zweite Ordinariat für Mathematik beizubehalten, »in mehrfacher Hinsicht als zutreffend«.[34] Thomae sei leidend und zu alt, um

auf die studierende Jugend in der wünschenswerten Frische einzuwirken und den Betrieb des durch Gutzmer geschaffenen math. Seminars in der erforderlichen

---

29 UAJ, BA 923, Bl. 61.
30 ThStA Abg, Gesamtministerium 1346, Bl. 51v.
31 UAJ, BA 923, Bl. 62.
32 UAJ, BA 923, Bl. 64.
33 UAJ, BA 923, Bl. 64v.
34 ThStA Abg, Gesamtministerium 1359, Bl. 1v.

Weise zu leiten; noch weniger geeignet ist in dieser Beziehung der Honorarprof. Hofrat Dr. Frege, der wegen Krankheit schon für das laufende Semester von der Verpflichtung zum Halten von Vorlesungen entbunden werden mußte. Die Leitung und Verwaltung des Seminars einen ganz jungen Extraordinarius zu übertragen, wäre nicht wohl angemessen gewesen.[35]

Kurator von Eggeling befürwortete die Wiederbesetzung des Ordinariats, zweifelte aber, ob einer der Kandidaten für die verfügbaren Mittel für die Universität zu gewinnen sei. Letzteres bezog sich vornehmlich auf Haußner, den er klar bevorzugte, während er bei den beiden anderen Vorschlägen, speziell bei Neumann, deutliche Bedenken hatte. Am 2. August berichtete er dann den Ministerien über seine Verhandlungen mit Haußner, die sich besonders hinsichtlich der Besoldung als schwierig gestalteten. Man einigte sich schließlich auf ein Jahresgehalt von 5600 M und eine persönliche nicht pensionsfähige Zulage von 400 M. 10 Tage später ermächtigte das Weimarer Staatsministerium im Namen der übrigen Regierungen die Universität, Haußner als ordentlichen Professor für Mathematik und Leiter des Mathematischen Seminars förmlich zu berufen.[36] Haußner nahm den Ruf umgehend an und wurde am 11.11.1905 statutengemäß in den Senat der Universität Jena aufgenommen und verpflichtet.

2.2 Die bessere Vertretung der Nichtordinarien

An dieser Stelle sei noch kurz auf ein allgemeines, alle Universitäten betreffendes Problem eingegangen: die Beteiligung der durch den Universitätsausbau im 19. Jahrhundert stark angewachsenen Gruppe der Nichtordinarien und Privatdozenten an verschiedenen Prozessen der universitären Verwaltung. Wie an anderen deutschen Universitäten hatten sich auch in Jena die Extraordinarien und Privatdozenten 1910 zu einem Verband zusammengeschlossen und dem Senat der Universität einige Wünsche zur Teilnahme an der Universitätsverwaltung vorgetragen. Nach zahlreichen Verhandlungen verschiedener Gremien des Prorektors sowie der Senatsmitglieder und dem Ausschuss des Verbandes legten Prorektor und Senat dem Kurator am 17. Dezember 1910 einen »Bericht betreffend die Vertretung der Nichtordinarien im Senat und in den Fakultäten«[37] vor. Demzufolge wurde der Verband durch einen aus drei Personen bestehenden Vorstand vertreten, dessen Wahl jeweils zu Beginn des Sommersemesters stattfand. Der Vorstand vertrat die Interessen der Verbandsmitglie-

der, konnte dazu Anträge an den Senat richten und war zu den diesbezüglichen Beratungen einzuladen. Der Vorstand hatte dabei eine beratende, aber keine beschließende Stimme. Die »etatmäßigen ordentlichen Honorar- und ausserordentlichen Professoren, welche ein in ihrer Fakultät nicht vertretenes Spezialfach bekleiden … haben in ihrer Fakultät Sitz und beschliessende Stimme, wenn es sich um Angelegenheiten ihres Spezialfaches handelt.«[38] Schließlich wurde allen ordentlichen Honorarprofessoren und außerordentlichen Professoren das Recht zuerkannt, an der Wahl des Prorektors teilzunehmen, unter der Einschränkung, dass die Anzahl der Ordinarien mindestens doppelt so groß ist wie die Gesamtzahl dieser wahlberechtigten Professoren. Falls diese Einschränkung wirksam wurde, so stand das Wahlrecht den dem Dienstalter nach ältesten ordentlichen Honorarprofessoren und außerordentlichen Professoren zu. Der Kurator berichtete den Ministerien der Erhalterstaaten über das Ergebnis der Verhandlung zwischen dem Ausschuss des Verbandes und dem Prorektor sowie einigen Senatsmitgliedern. Er befürwortete, die vorliegenden Anträge zu genehmigen, lehnte aber weitergehende Zugeständnisse ab. Grundsätzlich beurteilte er »eine Hebung der Stellung der Nichtordinarien … als zweckmäßig, weil dadurch vielleicht das Drängen der Extraordinarien auf Verwandlung ihrer Lehrstühle in Ordinariate einigermassen abgeschwächt wird.« Außerdem entspräche »eine Annäherung der Extraordinarien an die Ordinarien den Überlieferungen der Universität Jena, an der die Unterschiede der verschiedenen Kategorien der Universitätslehrer … schon bisher mehr zurücktraten, als … anderwärts«.[39] In einem weiteren Schreiben unterrichtete der Kurator dann die Ministerien der Erhalterstaaten über die entsprechenden Regelungen in den anderen deutschen Ländern: An keiner deutschen Universität waren bisher die Nichtordinarien im Senat vertreten. Eine Ausnahme bildete die Universität Strasbourg, wo die Extraordinarien in bestimmten Fällen sogar beschließende Stimme hatten. In Bayern, Württemberg, Baden und Hessen wurde zu diesem Zeitpunkt darüber diskutiert, ob und in welchem Umfang den Nichtordinarien Sitz und Stimme in den Fakultäten eingeräumt werden sollte. Lobend erwähnte der Kurator

1. die Technischen Hochschulen, an denen diese Unterschiede nicht bestanden und »alle etatsmässigen Extraordinarien« die gleichen Rechte hatten und »Mitglieder der Abteilungskollegien und des Plenums« waren,

---

35 ThStA Abg, Gesamtministerium 1359, Bl. 1v–2.
36 UAJ, BA 923, Bl 70.
37 ThStA Abg, Gesamtministerium 1418, Bl. 5–8.
38 ThStA Abg, Gesamtministerium 1418, Bl. 6–7.
39 ThStA Abg, Gesamtministerium 1418, Brief des Kurators an das Herzogl. Sächs. Staatsministerium in Altenburg vom 27.12.1910, Bl. 2.

2. Österreich, wo mit der oben erwähnten Einschränkung der Anzahl »die ›wirklichen‹ Extraordinarien der Universitäten bei der Wahl des Rektors beteiligt« waren »und Sitz und Stimme im Professoren-Kollegium (der Fakultät)« hatten[40], sowie

3. die Schweiz, in der hinsichtlich des Wahlrechts eine Gleichstellung der Extraordinarien mit den Ordinarien herrschte.[41]

Es folgte eine längere Diskussion verschiedener Detailfragen, unter anderem wie die Regelungen im Universitätsstatut verankert werden konnten, in welchem Umfang Nichtordinarien, die Inhaber einer Lehrstelle sind und solche, die nur den Titel ohne eine Lehrstelle bzw. nur einen Lehrauftrag haben, bei verschiedenen Fakultätsangelegenheiten herangezogen werden sollten und wie die Errichtung persönlicher Ordinariate zu handhaben sei. Mehrfach beriet die Universitätskonferenz über die vorgelegten Entwürfe, doch gelang es den Ordinarien bis zum Kriegsende eine Beschlussfassung zu verhindern. Erst im Rahmen der nationalen Bestrebungen zu einer Universitätsreform kam es auch in Jena mit dem von den Regierungen der Erhalterstaaten verabschiedeten Erlass vom 24. September 1919 zu einer Umgestaltung der Fakultätsstruktur und zu Veränderungen in der Stellung der Nichtordinarien. Für die Privatdozenten und die Assistenten ergaben sich dadurch keine großen Änderungen.

2.3 Die Neuorganisation des Übungsbetriebes und die Aufspaltung der Professur für angewandte Mathematik

Die Gewinnung Haußners für die Mathematikprofessur erwies sich für die Jenaer Universität zunächst als eine gute Wahl, denn er stand in seinem Engagement für die Lehre Gutzmer kaum nach. Intensiv bemühte sich um die Einrichtung eines modernen Übungsbetriebes.

Genau so wie in den Naturwissenschaften drängt auch in der Mathematik die Entwicklung des Hochschulunterrichtes dahin, daß den Übungen ein größerer Raum gewährt wird und sie in möglichst intensiver Weise betrieben werden. Im Gegensatze zu den früheren Unterrichtsbetriebe, in dem fast ausschließlich nur die Methoden und Theorien durch Vorlesungen den Studierenden übermittelt wurden, legt man jetzt großes Gewicht darauf, daß die Studierenden jene Methoden auch auf spezielle Probleme anzuwenden lernen.[42]

Haußner hatte die Übungen zuerst so eingerichtet, dass er Aufgaben stellte und dann einen der Studierenden die Aufgabe an der Tafel lösen ließ. Diese Vorgehensweise erwies sich aber als wenig effektiv, da jeder einzelne Studierende sehr selten Gelegenheit hatte, eine Lösung vorzutragen. Außerdem hatten die Studierenden »eine unüberwindliche Abneigung …, vor ihren Kommilitonen sich etwaige Blößen zu geben; …«[43] Haußner ging deshalb dazu über, »in jeder Übungsstunde eine größere Anzahl von Aufgaben den Studierenden zur häuslichen Bearbeitung«[44] zu stellen, deren Lösung dann vor der nächsten Übung abgegeben werden musste. Haußner führte die Korrektur durch und besprach die Aufgaben in der nächsten Übungsstunde. Er bewertete diese Form als nützlicher, da die Studierenden »zum wirklichen Mitarbeiten« herangezogen werden und er die Möglichkeit hatte, auf all die verschiedenen begangenen Irrtümer und Fehler einzugehen. Die Übungen wurden sehr gut angenommen: »Diese Art der Übungen hat, wie mir die große Zahl der wöchentlich eingelieferten Arbeiten bewiesen hat, großen Anklang gefunden. Ich möchte daher … die Anzahl der wöchentlichen Übungsstunden [noch] vermehren.«[45] Durch seine umfangreichen Vorlesungsverpflichtungen, die Einrichtung eines Seminars für Fortgeschrittene und die Verwaltung der Seminarbibliothek war Haußner jedoch jetzt schon gezwungen einige Arbeiten nachts zu erledigen und kam nicht mehr zu eigener wissenschaftlicher Forschung. Er bat deshalb die Regierungen der Erhalterstaaten am 1. August 1906, ihm die Anstellung eines Assistenten zu gestatten und die notwendigen finanziellen Mittel bereit zu stellen. Der Assistent sollte außerdem die Verwaltung der Seminarbibliothek übernehmen. Die bisherige Unterstützung durch einen Studierenden war nur mäßig, außerdem war die Aufstellung eines neuen ausführlichen Bibliothekskatalogs dringend erforderlich. Die Besetzung der Stelle könne nur mit einem Mathematiker erfolgen, der sein Staatsexamen oder sein Doktorexamen bestanden hatte und fähig war, in dem Seminar für Fortgeschrittene unterstützend tätig zu werden. Als Remuneration hielt Haußner 100 M im Monat für angemessen. Die bisherige Vergütung von jährlich 100 M für die in der Bibliothek tätige Hilfskraft sollte »im Interesse einer ausreichenden Fortentwicklung« in den Etat der Bibliothek einfließen. Wenn sich der Assistent auch wissenschaftlich produktiv erweisen würde, so könne er zur Habilitation zugelassen werden und hätte eine

---

40 ThStAAbg, Gesamtministerium 1418, Bl. 12.
41 ThStAAbg, Gesamtministerium 1418, Bl. 13.
42 ThStAAbg, Gesamtministerium 1359, Bl. 24.
43 Ebenda.
44 ThStAAbg, Gesamtministerium 1359, Bl. 24-24v.
45 ThStAAbg, Gesamtministerium 1359, Bl. 24v.

materielle Unterstützung.[46] Die Stelle mit einem Privatdozent zu besetzen, erschien Haußner nur aussichtsreich, wenn eine gewisse Entschädigung gezahlt würde, um die ausfallenden Vorlesungsgelder auszugleichen.

Kurator von Eggeling unterstützte Haußners Antrag und leitete ihn drei Monate später an die zuständigen Ministerien der Erhalterstaaten weiter. In der Zwischenzeit hatte er weitere Informationen eingeholt und speziell Thomae um eine Einschätzung gebeten. Thomae befürwortete das Gesuch und bestätigte die schwierige Situation an der Mathematischen Anstalt. Er selbst sei durch »körperliches Leiden genötigt ..., vom nächsten Sommersemester ab sich auf eine ordentliche Vorlesung (statt bisher zwei Vorlesungen) zu beschränken« und die Wirksamkeit des Hofrats Frege sei in letzter Zeit auch sehr zurückgegangen.[47] Nach seiner Beurlaubung im Sommersemester 1905 konnte Frege auch in den folgenden Jahren seine Vorlesungen nur verkürzt oder mit Unterbrechungen durchführen. Der »größte Teil des mathematischen Unterrichts« argumentierte der Universitätskurator weiter, ruhe also »auf Professor Haußner, der in der Tat nicht im Stande sein kann, allen an ihn gestellten Anforderungen zu genügen, wenn jener Unterricht in der gewünschten Gründlichkeit, insbesondere auch durch Übungen erteilt und gepflegt werden soll.«[48] Problematisch sah er aber den Nachweis der erforderlichen finanziellen Mittel. Dies konnte nur durch den Universitätsfonds der Carl-Zeiß-Stiftung erfolgen, doch standen dort nur die für einmalige Ausgaben bestimmten Mittel zur Verfügung. Da die Anstellung des Assistenten nur für so lange erfolgen sollte, bis die vorhandenen mathematischen Lehrstellen wieder mit »wirklich leistungsfähigen Kräften« besetzt sind, sah er es jedoch als unbedenklich an, die Vergütung des zu gewinnenden Assistenten aus dem Teil des Fonds zu entnehmen, der für einmalige Aufwendungen bestimmt war. Für den Fall, dass Haußner nur einen älteren Studenten für die fraglichen Aufgaben findet, betrachtete er eine Vergütung von 300 M pro Semester als ausreichend. Der Antrag war erfolgreich und die Assistentenstelle wurde zum 1. April 1907 eingerichtet und mit Clemens Thaer (1883–1974) besetzt. Thaer war 1906 an der Universität Gießen promoviert worden und folgte in Jena dem von Haußner prognostizierten Weg: Er setzte seine mathematischen Forschungen fort und habilitierte sich im April 1909 mit einer Arbeit zur Ausdehnung der Galoistheorie auf algebraische Gleichungen mit mehrfachen Wurzeln. Am 20. Februar 1909 teilte der Dekan der Philosophischen Fakultät

Abb. 4: Robert Haußner

dem Rektor der Universität mit, dass die Fakultät Thaer die Erlaubnis zum Halten von Vorlesungen im Fach Mathematik erteilt hat.[49]

Das Jahr 1909 brachte noch eine tiefgreifende Veränderung im Lehrkörper der Philosophischen Fakultät. Am 1. Februar gab das Weimarer Kultusdepartement nach Absprache mit den entsprechenden Abteilungen der anderen Erhalterstaaten dem Antrag des Professor R. Rau statt, ihn als Professor für angewandte Mathematik und Leiter des Physikalisch – Technischen Instituts[50] an der Universität Jena zu entpflichten und forderte zugleich die Universität auf, Vorschläge für die Neubesetzung der Stelle einzureichen. In ihrem über den Prorektor eingereichten Antwortschreiben verwies die Fakultät zunächst auf die schon früher konstatierte Schwierigkeit bei der Besetzung der Stelle, die sich vor allem aus »dem großen Umfang des Lehrgebiets und ... der zu übernehmenden Leitung des

46   ThStA Abg, Gesamtministerium 1359, Bl. 25–25v.
47   ThStA Abg, Gesamtministerium 1359, Bl. 22–22v.
48   ThStA Abg, Gesamtministerium 1359, Bl. 23.
49   UAJ, BA 934, Bl. 22.
50   Die offizielle Bezeichnung ist zu diesem Zeitpunkt »Institut für technische Physik«. Außerdem ist in einigen Schriftstücken auch von der Anstalt für technische Physik bzw. der physikalisch-technischen Anstalt die Rede.

physikalisch-technischen Instituts« ergab.[51] Den Umfang der Lehrverpflichtungen belegte sie zum einen durch die Angabe der durch die Vorlesungen zu behandelnden Gebiete, die sich von der darstellenden Geometrie und der technischen Mechanik bis zur technischen Thermodynamik und Elektrotechnik erstreckten, zum anderen durch die Tatsache, dass für die genannten Lehrgebiete an den Technischen Hochschulen mehrere Ordinarien zuständig seien. Die Fakultät schlussfolgerte daher: »Unter diesen Umständen erscheint es ausgeschlossen, eine Persönlichkeit zu finden, die der zu leistenden Aufgabe nach jeder Richtung ausreichend gewachsen ist. Die Fakultät hält deshalb eine Zerlegung der zu besetzenden Professur in zwei voneinander unabhängige Teile für notwendig ...«[52]: je eine außerordentliche Professur für angewandte Mathematik bzw. für technische Physik, wobei Letztere die Leitung des Instituts für technische Physik einschloss. Für die Professur für angewandte Mathematik schlug sie Karl Wieghardt (1874–1924) von der TH Hannover, Wilhelm Kutta (1867–1944) von der TH München und Friedrich von Dalwigk (1864–1943) von der Universität Marburg in dieser Rangfolge vor. Der Kurator und der Senat stimmten dem Vorschlag zwei Tage später zu, Letzterer einstimmig. Bei der Übermittlung der Besetzungsvorschläge der Fakultät für die beiden Professorenstellen an das jeweilige Ministerium der Erhaltenstaaten gewährte der Kurator in seinem Begleitschreiben auch einen Blick auf die Diskussionen innerhalb der Philosophischen Fakultät: Er bezeichnete die Vorschläge als »Ergebnis langwieriger und erregter Verhandlungen«[53], in denen sich Haußner und A. Winkelmann als Vertreter der Mathematik bzw. Physik als Kontrahenten gegenüberstanden. Die von beiden Seiten vorgetragenen Argumente hinsichtlich des gestiegenen Lehraufwandes entsprachen der bereits angeführten Begründung für die Aufteilung der Professur, enthielten aber zusätzlich den Hinweis auf die in diesem Zusammenhang geschaffenen institutionellen Verbesserungen: die Einrichtung eines geräumigen Zeichensaales für die Mathematikausbildung im neuen Universitätsgebäude und die Schaffung des Instituts für Technische Physik, das eine »Bereicherung des physikalisch-mathematischen Unterrichts bilde und der Universität Jena eine besondere Anziehungskraft verleihe.«[54] Weiterhin erwähnte der Kurator die Erörterung der aktuellen Personalsituation durch die Fakultät und deren gescheiterten Bemühungen einen Kandidaten zu finden, der beide Fachrichtungen in der Lehre vertreten konnte. Als Konsequenz ergab sich die Aufteilung der Professur mit den entsprechenden Besetzungsvorschlägen, aber auch die Frage der Finanzierung. Die

verfügbaren Universitätsmittel schlossen die Schaffung der zusätzlichen Stelle völlig aus, so dass die Realisierung des Fakultätsantrags nur mit Unterstützung der Carl-Zeiß-Stiftung möglich war. In den im Auftrag des Kultusdepartements im Weimarer Staatsministerium geführten Verhandlungen des Kurators mit der Carl-Zeiß-Stiftung erreichte dieser die Bereitstellung der Finanzmittel durch die Stiftung, musste aber einigen zusätzlichen Bedingungen zustimmen. Insbesondere sollten die beiden Professoren keine bezahlten Assistenten erhalten und die Stelle von Frege nach dessen Ausscheiden aus der Universität nicht wieder besetzt werden. Auf dieser Basis beantragte Kurator Max Vollert (1851–1935), ihn seitens der Ministerien zu ermächtigen, die Berufungsverhandlungen für beide Professuren mit den jeweiligen Kandidaten in der angegebenen Reihenfolge zu führen. Diese Genehmigung wurde ihm am 17. März 1909 erteilt und noch am gleichen Tag erging ein Berufungsangebot an Wieghardt in Hannover. Dieser weilte drei Tage später zu Gesprächen in Jena und lehnte am 25. März die Berufung ab. Der Grund dafür war das von Wieghardt geforderte Gehalt, das in der gewünschten Höhe von der Carl-Zeiß-Stiftung nicht bewilligt werden konnte.

Der Kurator wandte sich daraufhin umgehend an den an zweiter Stelle genannten Kutta. Dieser zögerte zunächst, was Haußner am 30. März zu der Anregung veranlasste, die Vorschlagsliste nochmals in der Fakultät zu erörtern und zu vervollständigen. Am 1. April nahm Kutta dann doch den Ruf an, die Finanzangelegenheiten bedurften aber noch einer weiteren Absprache. Durch den Wechsel an die Universität Jena würde Kutta das vom bayrischen Kultusministerium zuerkannte Reisestipendium für 1909 in Höhe von 1440 Mark verlieren und bat als Ausgleich, ihm die in zwei Jahren zugesicherte höhere Gehaltsstufe sofort zu gewähren. Kurator Vollert dankte Kutta tags darauf für die Annahme des Rufes, könne aber nach Rücksprache mit der Carl-Zeiß-Stiftung keine höhere Besoldung bewilligen. Ob sich Vollert wirklich um die höhere Besoldung bemühte, ist fraglich, denn in seinem Bericht an die Ministerien der Erhalterstaaten über die Besetzung des Extraordinariats für angewandte Mathematik erwähnte er den Abbruch der Verhandlungen mit Wieghardt wegen zu hoher Gehaltsforderung sowie die Festlegung des Beginns von Kuttas Besoldungsdienstalters auf den 1. April 1907 und vermerkte, dass auf Kuttas Versuch bereits die zweite Gehaltsstufe zu erhalten, nicht eingegangen wurde. Das Kultusdepartement im Weimarer Staatsministerium beauftragte im Namen der vier Erhalterstaaten die Universität am 5. April, Kutta zum außerordentlichen Professor für

---

51 UAJ, BA 924, Bl.31.
52 UAJ, BA 924, Bl.31v–32.
53 UAJ, C 473, Bl. 101.
54 UAJ, C 473, Bl. 102v.

angewandte Mathematik zu berufen, was zwei Tage später erfolgte. Kutta bestätigte die Annahme des Rufes und begann in der darauf folgenden Woche mit den Vorlesungen. Wieder konnte sich die Universität, speziell das Mathematische Institut, nur kurze Zeit der gewonnenen guten Lehrkraft erfreuen. Am 5. August 1910 musste der Kurator die zuständigen Ministerien informieren, dass Kutta einen Ruf als Extraordinarius an die Technische Hochschule München zum 1. Oktober dieses Jahres erhalten habe. Die offerierten Bedingungen, – ein Anfangsgehalt von 4200 M, höhere Honorareinnahmen, Verfügung über ein Institut mit Bibliothek, Modellzimmer etc. nach Fertigstellung des Umbaus der Hochschule, Unterstützung durch einen Assistenten, Vorbereitung seiner Berufung auf ein Ordinariat –, waren so gut, dass selbst die von Haußner angekündigte »wesentliche Besserstellung« Kutta wohl nicht zum Verbleib in Jena veranlassen dürften[55]. Nicht einmal vier Wochen später erreichte Kutta ein Ruf auf ein Ordinariat an die Technische Hochschule Aachen. Er war gewillt, dieses Angebot anzunehmen, und beantragte seine Entlassung aus der Jenaer Stelle zum 1. Oktober 1910.

Die Philosophische Fakultät und der Kurator kamen damit in eine schwierige Lage. Die meisten Fakultätsmitglieder konnten wegen Abwesenheit bei der Entscheidungsfindung nicht befragt werden, speziell auch Thomae, der kurz vor seinem 70. Geburtstag stehend sich noch nicht über seine künftigen Absichten geäußert hatte und trotz gesundheitlicher Beschwerden »sein Amt … noch eine Reihe von Jahren verwalten« könnte. Zugleich war eine schnelle Neubesetzung der Stelle Kuttas angesichts der wenigen jüngeren Vertreter der angewandten Mathematik höchst unwahrscheinlich. Die Preußische Regierung erwartete aber als Entgegenkommen für die trotz großer Schwierigkeiten gewährte vorzeitige Entlassung des Chirurgen Erich Lexer (1867–1937) zum Wechsel von der Universität Königsberg nach Jena, dass gegenüber Kutta »nicht auf Einhaltung der statutenmäßigen Kündigungsfrist bestanden werde, da die Verhältnisse in Aachen die schleunige Wiederbesetzung des dort erledigten Ordinariats dringend erheischten.«[56] Die von der Fakultät vorgetragene Anregung Haußners, ein Ordinariat für angewandte Mathematik zu begründen und dieses Kutta zu übertragen, unterstützte Kurator Vollert in seinem Schreiben an die Ministerien der Erhalterstaaten nicht. Er zeigte stattdessen, dass »im nächsten Semester für das von Kutta vertretene Fach zur Not gesorgt werden könne[n]«[57], indem zwei der drei von Kutta angekündigten Vorlesungen zur technischen Mechanik bzw. Kartographie von dem Privatdozenten Thaer

bzw. dem Astronomen Hofrat Knopf übernommen werden und die dritte zur Photogrammetrie ausfallen kann, da sie nicht zu den obligatorischen Lehrveranstaltungen gehört.[58] Am 7. September 1910 teilte das Weimarer Staatsministerium der Philosophischen Fakultät über den Kurator mit, dass sich Kuttas Ernennung zum Ordinarius leider nicht ermöglichen lasse und bewilligte dessen Entlassung zum 1. Oktober. Hinsichtlich der Vorlesungsvertretung folgte es den Vorschlägen des Kurators. Gleichzeitig forderte der Kurator die Fakultät in seinem Schreiben zu Vorschlägen zur Wiederbesetzung des Extraordinariats für angewandte Mathematik auf. Wie schwierig die Personalsituation war, zeigte die nachfolgende Entwicklung. Ende Oktober hatte das Departement für Kultus der Weimarer Staatsregierung noch keine Vorschläge für die Stellenbesetzung erhalten und mahnte diese bei der Universität an, woraufhin die entsprechende Kommission den Denominationsbericht für Weihnachten 1910 in Aussicht stellte.

Dementsprechend sandte Dekan Alexander Cartellieri (1867–1955) den Bericht der Philosophischen Fakultät am 14. Dezember 1910 an den Rektor der Salana. Einleitend begründete die Fakultät faktisch die eingetretene Verzögerung damit, dass sie sich

von dem Grundsatze leiten lassen [musste], nur solche Herren vorzuschlagen, deren Forschungsgebiet eines der Fächer selbst ist, die unter dem Namen der angewandten Mathematik in der Prüfungsordnung für das höhere Lehramt vereinigt sind, und Herren außer Betracht zu lassen, die nur gelegentlich über eines dieser Fächer vorgetragen haben, deren wissenschaftliche Arbeit aber der reinen Mathematik angehört. Ist nun schon die Zahl der hiernach in Betracht kommenden Kandidaten eine kleine, so wird sie durch die zweite Forderung, dass der zu Berufende nicht nur in einem, sondern in mehreren Fächern der angewandten Mathematik sich betätigt haben soll, noch weiter verkleinert.[59]

Als diesen Anforderungen genügend schlug sie dann an erster Stelle den Privatdozenten und Assistenten für theoretische Mechanik an der Technischen Hochschule Karlsruhe Max Winkelmann (1879–1946), an zweiter Stelle den Titularprofessor Friedrich von Dalwigk von der Philipps-Universität Marburg und als Dritten den außerordentlichen Professor Eugen Stübler (1873–1930) von der Technischen Hochschule Stuttgart vor. Die Reihenfolge entsprach einer deutlichen Abstufung durch die Fakultät. Für Winkelmann sprachen die Breite der in der Lehre

55 UAJ, C 473, Bl. 126–126v.
56 ThStA Abg, Gesamtministerium 1370, Brief des Kurators vom 1.9.1910 Bl. 2.
57 UAJ, C 473, Bl. 130v.
58 UAJ, C 473, Bl. 129v–130.
59 UAJ, C 473, Bl. 139.

vertretenen Fächer, die auch »die immer wichtiger werdenden mathematischen Näherungsmethoden« einschlossen, sein ausgeprägtes Unterrichtstalent sowie »seine Geduld und Geschicklichkeit« im Umgang mit Anfängern.[60] Auch Dalwigk wurde ein vielseitiges Lehrangebot zur angewandten Mathematik zuerkannt, wobei die darstellende Geometrie hervorragte, doch schätzte die Fakultät Winkelmanns wissenschaftliche Arbeitsrichtung als besser den Jenenser Bedürfnissen entsprechend ein und hatte außerdem Bedenken wegen Dalwigks fortgeschrittenen Alters. Bei Stübler fiel vor allem das als »etwas einseitig« beurteilte Forschungsspektrum negativ ins Gewicht. Wie aus dem Begleitschreiben des Kurators bei der Weiterleitung der Besetzungsvorschläge an die Ministerien der Erhalterstaaten deutlich wird, dürfte bei der Beurteilung der Kandidaten die Tatsache, dass Haußner mit Winkelmann seit längerem persönlich bekannt und Stübler dagegen völlig unbekannt war, eine nicht zu unterschätzende Rolle gespielt haben. Der Kurator folgte der Argumentation der Fakultät. Er hob das durch persönlichen Kontakt abgesicherte Urteil Haußners hervor und mahnte zugleich an, die Vorführung und Erklärung der von der Firma Carl Zeiss hergestellten photogrammetrischen Instrumente einzubeziehen. Anders als die Fakultät zweifelte er daran, ob Dalwigk seine frühere Krankheit völlig überwunden hatte. Nachdem Kurator Vollert vom Weimarer Staatsministerium die nötige Erlaubnis erhalten hatte, bot er Winkelmann die außerordentliche Professur für angewandte Mathematik in Jena mit einer Anfangsbesoldung von 2400 Mark an. Zur Information und wohl auch zur Unterstützung des Angebots vermerkte Vollert, dass »[i]n dem neu erbauten Universitätshaus … für die Mathematik ein für sie besonders ausgestatteter Zeichensaal vorgesehen« sei sowie, dass »[d]as Studium der Mathematik … in Jena neuerdings einen erfreulichen Aufschwung genommen« habe.[61] Anschließend skizzierte er die zu erfüllenden Arbeitsaufgaben: »Es würde erwünscht sein, wenn Sie namentlich auch über Photogrammetrie und technische Mechanik einschließlich graphischer Statik lesen würden. In erster Beziehung würden Sie sich mit dem Wissenschaftlichen Mitarbeiter der Firma Carl Zeiss, Dr. Pulferich, in Verbindung setzen können.«[62] M. Winkelmann dankte umgehend für die ehrenvolle Berufung und entschuldigte sich, wegen einer »wichtige[n], unaufschiebbare[n] wissenschaftliche[n] Conferenz«[63] zur Enzyklopädie der mathematischen Wissenschaften erst am 6. Februar zur Besprechung nach Jena kommen zu können. Vier Tage nach diesem Treffen erklärte sich M. Winkelmann prinzipiell

bereit, die Berufung anzunehmen, formulierte dazu aber mehrere Bedingungen. Zum einen wünschte er, dass die Differenz zwischen seinem Gehalt in Karlsruhe und dem in Jena ausgeglichen werde, entweder durch ein höheres Anfangsgehalt oder durch das Anrechnen seiner Assistentenjahre an der Technischen Hochschule Aachen auf seine Dienstjahre. Zum anderen sollten die Bedingungen für den Lehrbetrieb verbessert werden: für die technische Mechanik beanspruchte Winkelmann einen Raum mit Werkstatt, einen zweiten für die Photogrammetrie, beide mit der entsprechenden Ausstattung. Außerdem müssten die finanziellen Mittel für den Unterhalt der Räume bewilligt werden. Diesbezüglich fügte Winkelmann zur Begründung an:

Die von mir gewünschten Geldmittel sind unbedingt notwendig, um für die Bedürfnisse der angewandten Mathematik, für die seit ihrer Trennung von der technischen Physik keine Mittel mehr vorhanden sind, sorgen zu können. Das mathematische Institut hat in der Zwischenzeit es sich angelegen sein lassen, wenigstens für die Bedürfnisse der darstellenden Geometrie einzutreten. Um auch noch für die anderen Disciplinen der angewandten Mathematik mitzusorgen, reichen … die Mittel des Instituts nicht zu.[64]

Vollert informierte umgehend über das Weimarer Staatsministerium die Ministerien der Erhalterstaaten und lehnte in seinem Kommentar den erbetenen Gehaltsausgleich entschieden ab. Bezüglich der übrigen Wünsche Winkelmanns konstatierte er, dass dessen Vorgänger »weder einer Werkstatt, noch Maschinen, Werkzeuge und Apparate, noch eines laufenden Zuschusses für technische Zwecke« bedurft habe, erkannte aber an, dass die Arbeitsgebiete, die Winkelmann nach dem Wunsche von Haußner pflegen sollte, »ohne Werkstatt und Apparate nicht behandelt werden können«.[65] Er erläuterte dann seine Vorstellungen, wie die vorgetragenen Forderungen erfüllt werden könnten, wobei bei der Ausstattung der Räume und bei den finanziellen Belastungen die Firma Carl Zeiss bzw. die Carl-Zeiß-Stiftung große Teile übernehmen müssten, und erbat die Genehmigung die notwendigen Verhandlungen mit den Vorständen der Zeiss-Werke führen zu dürfen. Das Kultusdepartement des Weimarer Staatsministeriums erteilte diese Genehmigung, doch galt es zunächst ein endgültiges Übereinkommen mit Winkelmann über die Annahme der Berufung zu erzielen. Der Kurator teilte daraufhin Winkelmann am 23. Februar 1911 mit, dass eine Erhöhung der Anfangsbesoldung nicht möglich sei, die

60 UAJ, C 473, Bl. 140.
61 UAJ, C 473, Bl. 148.
62 UAJ, C 473, Bl. 148v.
63 UAJ, C 473, Bl. 149v.
64 UAJ, C 473, unpaginiert (nach Bl. 155), Schreiben M. Winkelmanns an Vollert vom 10.2.1911, Rückseite. Hervorhebung im Original.
65 UAJ, C 473, Bl. 154–154v.

beiden gewünschten Räume eingerichtet werden können[66], wobei für deren Ausstattung noch ein Kostenplan vorgelegt werden müsse, und der jährliche Zuschuss zu deren Unterhalt nach vorläufigen Rücksprachen mit der Carl-Zeiß-Stiftung maximal 200 M betragen könne. Weiterhin seien die Literaturkosten für die angewandte Mathematik in dem Zuschuss für das Mathematische Seminar enthalten. Dieser Brief überschnitt sich mit einem vorläufigen Kostenanschlag Winkelmanns für die Einrichtung einer Werkstatt und ersten Gedanken zur gebrauchsfähigen Instandsetzung des dafür vorgesehenen Kellerraumes. Vier Tage später antwortete Winkelmann auf das verspätet eingetroffene Schreiben des Kurators und erklärte, die Berufung an die Universität Jena unter den genannten Bedingungen anzunehmen. Er behielt sich aber vor,

> im Interesse eines den derzeitigen Anforderungen entsprechenden Unterrichts in der angewandten Mathematik meine Wünsche in geeigneter Form bei den maßgebenden Stellen zu wiederholen und die von mir angeregten Gesichtspunkte bei diesem Unterricht weiter zu verfolgen. So halte ich z. B. die gelegentliche Vorführung anschaulicher und zweckmäßig eingerichteter Modelle, an welchen auch die Studirenden in den Übungen selbst Messungen und Beobachtungen ausführen können, für ein nicht hoch genug zu schätzendes Mittel zur Belebung und Vertiefung eines rein theoretischen Unterrichts in der Mechanik.[67]

Ebenso hielt er den praktischen Unterricht in der Photogrammetrie, wenn er sich nicht auf bloße zeichnerische Übungen beschränkt, ohne geeignete Apparate und Ausrüstung für undenkbar. Der Kurator leitete Winkelmanns Schreiben sowie dessen inzwischen präzisierten Kostenanschlag sofort an das Weimarer Staatsministerium weiter, korrigierte aber die Einrichtung der Werkstatt, so dass nur Kosten in Höhe von maximal 750 M entstanden, statt vorher 1000 M. Zugleich bat er um die förmliche Berufung Winkelmanns zum 1. April 1911, mit der das Kultusdepartement die Universität Jena dann am 3. März beauftragte. Die angekündigte Hartnäckigkeit hinsichtlich günstiger Lehr- und Unterrichtsbedingungen ließ Winkelmann bereits im Juli dieses Jahres erneut aktiv werden. Am 6. Juli schickte er den endgültigen detaillierten »Kostenanschlag für die Einrichtung der Werkstätte« an den Kurator und wiederholte, sich auf die Unterstützung von Haußner berufend, seinen Antrag auf einen jährlichen Zuschuss von 500 M. Diese Mittel sollten etwa zur Hälfte zum Unterhalt

der Werkstatt (Material, Ersatz verbrauchter Werkzeuge u. dergl.) sowie zum Kauf von Messinstrumenten und zur Hälfte der Beschaffung von Literatur auf dem Gebiet der angewandten Mathematik dienen. Zu Letzterem betonte er nachdrücklich, »daß das Halten einer richtigen technischen Zeitschrift, wie etwa die des Vereins deutscher Ingenieure, ein unentbehrliches Hilfsmittel ist, Lehrer und Studirende auf dem Gebiete der technischen Anwendungen der Mechanik zu informieren.«[68] Schließlich verwies er allgemein zur Begründung der vorgetragenen Wünsche und zur »Wichtigkeit der … beabsichtigten Einrichtungen für einen wirksamen Unterricht in den Disciplinen der angewandten Mathematik« auf seine früheren Schreiben und bat, die Einrichtung der Werkstätte in den Semesterferien durchzuführen und die Finanzmittel rechtzeitig bereit zu stellen, um die Vorbereitung der angekündigten Vorlesung zur technischen Mechanik vor Beginn des Wintersemester durchführen zu können. Kurator Vollert trug die Angelegenheit dem Kultusdepartement in Weimar am 18. Juli 1911 vor. Er vermerkte, dass Winkelmann nun auf seinen früheren Antrag bezüglich Werkstatt und Finanzzuschuss zurückgekommen sei und berichtete, auch Haußner habe seitens des Mathematischen Instituts geklagt, mit dem zur Verfügung stehenden Zuschuss von 600 M nicht mehr auszukommen, und könne folglich zu Gunsten der angewandten Mathematik nichts abgeben. Beide Professoren, Haußner und Winkelmann, bezeichneten es als unwirtschaftlich, den Lehrstuhl zu erhalten, aber die Mittel zu verweigern, »die erforderlich seien, um den Unterricht erst zu einem nutzbringenden zu machen«.[69] Da die anfallenden Kosten von der Carl-Zeiß-Stiftung übernommen werden müssten, bat Vollert um die Genehmigung, die nötigen Verhandlungen führen zu dürfen, obwohl die Zeiß-Stiftung Winkelmanns früheren Antrag abgelehnt hatte. Auch diesmal konnte der Kurator kein positives Ergebnis nach Weimar melden: Die bereits zugesagten Finanzierungen für Universitätsbauten, für die laufende Besoldungsreform u. a. veranlassten den Vorstand der Carl-Zeiß-Stiftung zur Vorsicht und Sparsamkeit. Einerseits sah dieser in der »Werkstätte« den ersten Schritt zur Begründung eines neuen »besonderen Instituts für angewandte Mathematik«, andererseits habe Kutta die Aufgaben ohne Werkstätte und Zuschuss in vorzüglicher Weise erfüllt und die nötige Literatur sei aus dem Fonds des Mathematischen Instituts bereits beschafft worden. Außerdem sei Winkelmann durch die Vertretung des Hofrats Auerbach im nächsten Jahr so beansprucht, dass er nicht zu umfänglicherer Arbeit in den Werkstätten kommen werde.[70] Das Kultusdepartement be-

---

66 Einen dieser Räume, ein Kellerraum, hatte M. Winkelmann bei seinem Aufenthalt in Jena besichtigt.

67 UAJ, C 473, unpaginiert (offbar Bl. 162), Schreiben M. Winkelmanns an Vollert vom 27. 2. 1911.

68 UAJ, C 473, Bl. 173.

69 UAJ, C 473, Bl. 168v.

70 UAJ, C 473, Bl. 170. Auerbach hatte nach mehrfacher Zurücksetzung durch die Philosophische Fakultät und den damit verbundenen Depressionen am 30 Juni 1911 um einen einjährigen Urlaub ab Wintersemester 1911 gebeten. Für weitere Details vgl. Kap. 2.7.

auftragte daraufhin den Universitätskurator, Winkelmann von der Ablehnung seines Antrags zu informieren, was dieser mit einem Schreiben vom 12. November ausführte, aber abmildernd hinzufügte, dass man nach einiger Zeit vielleicht auf die Angelegenheit zurückkommen könne.[71] Für die starke Belastung der Professoren mit der Sicherung und Verbesserung des Lehrbetriebs spricht wohl auch die Tatsache, dass Winkelmann seine Antrittsvorlesung erst am 1. März 1924 gehalten hat.[72]

Die obige abschließende Bemerkung Vollerts gegenüber M. Winkelmann hinsichtlich einer späteren Wiederholung des Antrags war keineswegs nur eine Floskel, schon am 7. Februar 1912 wandte er sich erneut an das Weimarer Ministerium. Er skizzierte in seinem Schreiben kurz die wiederholten Anträge Winkelmanns und erörterte dann Haußners entschiedene Ablehnung, Gelder aus dem Bibliotheksfonds des Mathematischen Instituts für den Kauf von Literatur zur angewandten Mathematik zu verwenden. Letzterer hatte vor allem eingewandt, dass »bis zum Weggang des Professor Rau die Mittel für die in Rede stehende Literatur aus dem Zuschuß für das Physikalisch-technische Institut entnommen worden seien«.[73] Dies entsprach den Tatsachen, doch wie der Kurator weiter berichtete, lehnte es Karl Vollmer (1877–1918) als Leiter dieses Instituts auch ab, Ausgaben für die angewandte Mathematik aus seinem Etat zu bestreiten, und hatte dagegen zusätzliche Mittel für sein Institut beantragt. Wegen seines geringen Gehalts sei es aber Winkelmann unmöglich, die benötigten Bücher und Zeitschriften selbst zu kaufen und er könne sie auch nicht von »andersher … beziehen«, das Fehlen dieser Literatur beeinträchtigte aber dessen Lehrtätigkeit. Der Kurator bat daher um die Genehmigung, nochmals mit dem Vorstand der Carl-Zeiß-Stiftung über die Bewilligung eines vielleicht auch jährlich neu festzulegenden Zuschusses verhandeln zu dürfen. Offenbar nahm nun das Weimarer Staatsministerium die Sache selbst in die Hand und teilte am 29. Februar mit, zur »Beschaffung von Literatur und Unterrichtsmittel für das Lehrfach der angewendeten Mathematik … zunächst ein[en] Betrag bis zu 300 M aus Mitteln der Carl-Zeiß-Stiftung« zu bewilligen.[74] Über den Verbrauch der Gelder gibt es unterschiedliche Aussagen. Während nach dem Bericht des Kurators bis zum 14. Oktober 174,35 M ausgegeben waren, sprach M. Winkelmann bereits am 8. September davon, dass die bewilligte Summe »im angegebenen Sinne … nahezu aufgebraucht« sei, und bat, da » zu den Anschaffungen auch das Abonnement auf einige wichtige wissenschaftliche und technische Zeitschriften gehört, dessen Fortsetzung

geboten ist, und für die Vorlesungen und Übungen weitere Lehrmittel dringend erforderlich sind,« um einen Zuschuss »in gleicher Höhe auch für das, aber vielleicht auch die folgenden Jahre«.[75] Diesen Antrag leitete der Kurator am 9. November an das Kultusdepartement weiter, befürwortete aber nur einen laufenden jährlichen Zuschuss von 200 M. Winkelmann erhielt die Gelder in voller Höhe und dies wiederholte sich jährlich bis zum Ende des Ersten Weltkrieges. Lediglich für 1915 wurde die Summe auf 200 M gekürzt. Auf dieser Basis gelang es Winkelmann, das Abonnement wichtiger Zeitschriften zu sichern, eine Lehrmittelsammlung aufzubauen und den Bücherbestand im Lesezimmer des Mathematischen Instituts kontinuierlich zu vergrößern und angemessen zu verwahren. Im Sommer 1915 erhielt er auch den seit seiner Anstellung immer wieder erbetenen Raum, den er dann nach und nach als Werkstatt einrichtete und zur Herstellung und Aufbewahrung von Modellen nutzte. Hierzu stellte ihm die Zeiß-Stiftung im Dezember 1916 einmalig 1500 M zur Verfügung. Der ganze Vorgang verdeutlicht sehr eindrucksvoll den mühsamen Prozess, das Gebiet der angewandten Mathematik in der Universitätsausbildung zu verankern.

In diesem Zeitraum fiel auch eine Veränderung im wissenschaftlichen Personal. Bereits in April 1912 bat Thaer aus gesundheitlichen Gründen, ihn für das Sommersemester zu beurlauben, und wiederholte den Antrag für das nachfolgende Wintersemester. Im Frühjahr 1913 nahm er dann eine Stelle an der Universität Greifswald an und erklärte gegenüber dem Kurator seinen Austritt aus dem Verband der Universität.[76] Da Thaer in Greifswald ohne Einschränkung tätig war und sich 1916 freiwillig zum Kriegsdienst meldete, kann vermutet werden, dass persönliche Spannungen mit den Professoren am Mathematischen Institut eine Ursache für seine gesundheitlichen Probleme und seine Kündigung waren. Nach dem Ersten Weltkrieg war er kurzzeitig 1919–1921 Abgeordneter in der Preußischen Landesversammlung, wechselte 1920 in den Schuldienst und wurde vor allem als Mathematikhistoriker durch seine Übersetzung der »Elemente« des Euklid aus dem Arabischen bekannt.

2.4 Die schwierige Regelung der Nachfolge Thomaes – die Berufung Koebes

Bereits im Rahmen des Verfahrens zur Wiederbesetzung der Gutzmer'schen Stelle hatte die Philosophische Fakultät in ihrem Bericht auf die verminderte Leistungsfähigkeit von Thomae hingewiesen, doch erfüllte dieser dank der

---

71   UAJ, C 473, Bl. 171v.
72   UAJ, BA 930, Bl. 8.
73   UAJ, C 473, Bl. 180v.
74   UAJ, C 473, Bl. 182.
75   UAJ, C 473, Bl. 185.
76   ThStAAbg, Gesamtministerium 1416, Brief des Kurators an das Herzogl. Sächs. Ministerium zu Altenburg vom 10. 5. 1913.

Unterstützung durch seinen Kollegen Haußner und trotz der Einschränkungen durch seine Gichterkrankung noch fast ein Jahrzehnt die Pflichten als Ordinarius. Im September 1913 musste der inzwischen 73-jährige Thomae dann doch um seine Versetzung in den Ruhestand zum 1. April 1914 bitten. Neben dem Nachlassen der körperlichen Kräfte spürte er dies auch für die geistige Leistungsfähigkeit, so dass er den Pflichten des Amtes als Ordinarius nicht mehr voll nachkommen könne und es auch im Interesse der Universität sei, ihn durch eine jüngere Kraft zu ersetzen. Abschließend bat er um die Erlaubnis, »einige kleinere specielle Vorlesungen über ausgewählte Kapitel der Mathematik, insbesondere der Geometrie noch halten zu dürfen«.[77] Kurator Vollert würdigte in seinem Schreiben an die Ministerien der vier Erhalterstaaten das 35jährige erfolgreiche Wirken Thomaes an der Jenenser Universität nebst den verliehenen Auszeichnungen und schlug die Versetzung in den Ruhestand unter Fortzahlung des gegenwärtigen Gehaltes vor. Bezüglich der Wiederbesetzung der Stelle erörterte er die Frage, ob es nicht genüge einen Extraordinarius zu berufen. Obwohl er eine Ablehnung durch die Fakultät erwartete, hielt er eine Zustimmung Haußners für möglich.[78] Das Kultusdepartement des Weimarer Staatsministeriums genehmigte am 31. Oktober 1913 Thomaes Gesuch und gewährte ihm das vom Kurator vorgeschlagene Ruhegehalt von 7000 M. Auf die Anregung des Kurators ging das Kultusdepartment offenbar nicht ein, denn im fälligen Denominationsbericht ging die Fakultät ohne zusätzliche Argumentation von der Berufung eines Ordinarius aus. Sie charakterisierte kurz die Entwicklung des Mathematikstudiums an der Salana, das speziell durch die Tätigkeit Thomaes auf eine erfreulich hohe Stufe gebracht worden war, und nun die Fakultät vor die schwierige Aufgabe stellte, dieses Niveau zu erhalten.

Dazu ist aber notwendig, dass, wie bisher, die beiden Ordinarien der Mathematik sich in ihren Forschungs- und Arbeitsgebieten möglichst ergänzen, um den verschiedenen Neigungen und Begabungen der Studierenden gerecht werden zu können. Bei dem gewaltigen Umfange, den die Mathematik angenommen hat, ist es für den einzelnen ganz unmöglich, sie in allen ihren Disziplinen gleichmässig zu übersehen und ihre Fortschritte zu verfolgen. Deshalb ist es nötig, dass der neu zu berufende Mathematiker vernehmlich die wichtigen Gebiete der Differentialgleichung, der Funktionentheorie, analytischen Mechanik und Axiomatik bearbeitet und gelehrt hat.[79]

Diese Forderungen sah die Fakultät nur bei wenigen Gelehrten erfüllt. Zugleich böte nur ein »erfahrener Lehrer« die Gewähr, die »eigenartigen Schwierigkeiten mathematischer Vorlesungen« zu meistern. Die Fakultät hielt es deshalb, »wo es sich um die Besetzung eines Ordinariats handelt, für unbedingt geboten, nur solche Mathematiker vorzuschlagen, die sich als vielseitige Forscher auf den genannten Gebieten und anregende gute Lehrer bewährt haben.«[80] An erster Stelle schlug sie Georg Hamel (1877–1954) von der Technischen Hochschule Aachen vor. Auf den folgenden Plätzen wurden Jakob Horn (1867–1946) von der Technischen Hochschule Darmstadt und dann gleichwertig Karl Böhm (1873–1958) und Heinrich Jung (1876–1953), Letztere von den Universitäten Königsberg bzw. Kiel, genannt. Der Kurator leitete eine reichliche Woche später, am 11. Dezember 1913, den Fakultätsbericht an die Ministerien der Erhalterstaaten weiter. Grundsätzlich unterstützte er die Vorschläge, doch sah er sich hinsichtlich der Finanzierung zu Einschränkungen veranlasst. Nicht zuletzt deshalb wiederholte er seine Meinung, dass es dem Ansehen der Universität nicht geschadet hätte, bisherige Extraordinarien als Kandidaten zu benennen. Hamel müsste ein Gehalt von 5800 M bewilligt werden, was um 800 M über der derzeitigen Dotierung lag, und Vollert gab zu bedenken, ob diese Mehrausgabe notwendig sei. Sollte Hamel ein höheres Gehalt fordern, würde er dies ablehnen. Dem an zweiter Stelle genannten Horn stand auf Grund des Dienstalters sogar ein Gehalt von 6200 M zu, doch dessen wissenschaftliche Bedeutung schätzte der Kurator nicht so hoch ein, als dass sie eine solche Mehrausgabe rechtfertigen würde. Von den beiden letztgenannten Kandidaten bevorzugte er Böhm wegen der erhaltenen Auskünfte, für beide benannte er 5000 M als Anfangsgehalt. Weiterhin vermerkte er kritisch, dass die Fakultät darauf verzichtete, nur Kandidaten zu berufen, die vorrangig Gebiete vertreten, die nicht von Haußner behandelt werden. Hinsichtlich der Institutsstruktur sollten die Leitung des Mathematischen Seminars und die Verwaltung des finanziellen Zuschusses bei Haußner verbleiben, doch erhielte der Neuzuberufende das Recht, Bibliothek, Modelle und andere Unterrichtsmittel mitzubenutzen. Als Fazit bat der Kurator um die Genehmigung, mit Hamel und im Falle einer Ablehnung mit Böhm verhandeln zu dürfen.[81]

Nachdem das Preußische Kultusministerium keine Bedenken gegen einen möglichen Wechsel von Hamel bzw. Böhm an die Jenaer Universität erhoben hatte, nahm der Kurator zu Beginn des neuen Jahres die Verhandlungen mit Hamel auf. Dieser äußerte sich »nach reiflicher Über-

77   UAJ, C 434, Bl. 34.
78   UAJ, C 434, Bl. 35–36.
79   UAJ, C 434, Bl. 40–40v.
80   UAJ, C 434, Bl. 40v.
81   UAJ, C 434, Bl. 47–49v.

legung« und trotz des »ungewöhnlich angenehme[n] kollegiale[n] Verhältnis[es]« an der Aachener Hochschule positiv, stellte aber eine Reihe von Bedingungen: Sein Lehrauftrag müsse die gesamte Mathematik umfassen und nicht durch Rücksicht auf die von Haußner vertretenen Fächer eingeschränkt werden; seine Prüfungsrechte müssen denen von Haußner entsprechen; für die Anschaffung seiner speziellen Literatur werde ihm ein jährlicher Zuschuss von 200 M gewährt; um einen älteren Studenten als Hilfskraft anzustellen, die ihn bei der Durchführung der mathematischen Übungen unterstützt, erhalte er einen weiteren Zuschuss von 200 M jährlich; als Ausgleich für sein jährlich um etwa 1200 M geringeres Einkommen in Jena im Vergleich zu Aachen wird ihm eine einmalige Entschädigung von 1200 M gezahlt, wobei er pro Jahr 400 M zurückzuzahlen hätte, falls er die Jenaer Universität vor Ablauf von drei Jahren wieder verlassen würde und er müsse die Lehrtätigkeit erst am 1. Oktober 1914 beginnen. Die restlichen Forderungen betrafen die Erstattung der Umzugskosten sowie die Garantie von jährlichen Honorareinnahmen in Höhe von 3000 M.[82] An mehreren Stellen machte Hamel dabei durch Vergleich mit den derzeitigen Bedingungen in Aachen deutlich, dass seine Forderungen keineswegs überzogen waren und meist nur eine Einschränkung seines Verlustes darstellten. Seine abschließende Feststellung, dass er sich auf die Tätigkeit in Jena freue, war also keineswegs nur eine Floskel. Kurator Vollert informierte umgehend am 17. Januar 1914 die zuständigen Ministerien der vier Erhalterstaaten der Universität von Hamels Antwort. Er schätzte ein, dass Hamel »ein erstrebenswerte[r] Gewinn für die Universität Jena« sei, aber abgesehen von der Garantie der Honorareinnahmen wohl auf allen anderen Forderungen bestehen wird und empfahl, diese zu gewähren. Eine Garantie der Honorareinnahmen in der angegebenen Höhe lehnte er strikt ab, da damit ein Präzedenzfall geschaffen würde, auf den sich Kandidaten bei späteren Berufungen beziehen könnten. Außerdem habe Thomae im letzten Jahr mit 1800 M deutlich geringere Einnahmen erzielt allerdings bei nur einer fünfstündigen Vorlesung mit Übungen und wegen des Überangebots an Oberlehrern werde die Zahl der Mathematikstudenten künftig noch sinken. Zu den beiden anderen, für ihn noch in Frage kommenden Kandidaten teilte er mit, dass deren Berufung nach Jena vom Königlich Preußischen Unterrichtsminister sehr unerwünscht sei und beide hinsichtlich der Besoldung kaum leichter zu haben sein werden als Hamel, insbesondere da

bei ihnen der Vorteil des Wechsels von einer Technischen Hochschule an eine Universität wegfällt.[83] Vier Tage später lehnte Hamel die Berufung nach Jena endgültig ab. In den folgenden Tagen übermittelte der Kurator den Ministerien der Erhalterstaaten neben Hamels Absage die Ergebnisse seiner detaillierten Recherchen zu den Einkommen der übrigen Kandidaten und kam zu der schon früher geäußerten Ansicht, dass nur bezüglich Jung Berufungsverhandlungen bei Gewährung einer persönlichen Zulage von 600 M nicht aussichtslos wären.[84] Er bat um die Genehmigung, Jung die Professur unter dieser Bedingung anbieten und bei dessen Ablehnung neue Vorschläge für die Besetzung der Stelle einholen zu können. Dabei sollte der Philosophischen Fakultät empfohlen werden, vornehmlich Kandidaten zu wählen, die noch kein Ordinariat bekleideten. Dies könnte, wie Vollert zu bedenken gab, zu Problemen mit M. Winkelmann führen, da dessen Stelle dem Ordinariat untergeordnet war. Die Möglichkeit, das Ordinariat der reinen Mathematik in ein Extraordinariat umzuwandeln und Winkelmann zum Ordinarius zu befördern, lehnte der Kurator jedoch ab, da dies Winkelmanns »Persönlichkeit und seine bisherigen Leistungen … nicht rechtfertigen«.[85] Als mögliche Lösung offerierte er den Ministerien die Berufung des Anglisten Levin Ludwig Schücking (1878–1964) zum Ordinarius und die Umwandlung der Thomae'schen Professur in ein Extraordinariat, musste aber einschränken, dass ein Einspruch der Fakultät zu erwarten sei.[86] In den folgenden Wochen bot der Kurator zuerst Horn und dann Jung die Mathematikprofessur an. Während Horn die Berufung sehr zusagte und diese erst nach sorgfältiger Prüfung der finanziellen Seite und der Verbesserung seiner Bedingungen in Darmstadt ablehnte, gab Jung postwendend eine negative Antwort.[87] Anfang April erhielt die Philosophische Fakultät die Aufforderung, neue Vorschläge einzureichen verbunden mit dem Hinweis, sich auf Nichtordinarien zu konzentrieren. Angesichts der Verzögerungen bei der Neubesetzung der Professur hatte sich Thomae bereit erklärt, seine Lehrtätigkeit im Sommersemester fortzusetzen, was auch genehmigt wurde.[88]

Die Philosophische Fakultät benötigte einen reichlichen Monat, um eine neue Vorschlagsliste einzureichen. Am 18. Mai 1914 schickte der Dekan den zwei Tage zuvor abgefassten Bericht der Fakultät an den Rektor. Einleitend waren nochmals die Rahmenbedingungen, unter denen die neuen Kandidaten gefunden werden sollten, festgehalten worden:

---

82 UAJ, C 434, Bl. 58–60.
83 UAJ, C 434, Bl. 62v–64.
84 UAJ, C 434, Bl. 65–73v.
85 UAJ, C 434, Bl. 74v–75.
86 UAJ, C 434, Bl. 75.
87 UAJ, C 434, Bl. 77v–93.
88 UAJ, BA 926, Bl. 12.

Nach dem bisherigen Verlaufe der Berufungsverhandlungen erscheint es, trotz der hochangesehenen wissenschaftlichen Stellung unseres scheidenden Kollegen und trotz der erfreulich hohen Blüthe des mathematischen Studiums an unserer Universität, völlig ausgeschlossen, einen erfahrenen und vielseitigen Gelehrten gewinnen zu können, der sich bereits anderwärts in einem Ordinariate bewährt hat. Dem Wunsche der hohen Regierungen gemäss hat deshalb die Fakultät ihr Augenmerk auf jüngere Gelehrte gerichtet, wobei sie natürlich die Forderung grösserer Vielseitigkeit billigerweise nicht aufrechterhalten konnte, sich vielmehr auf die Forderung beschränken musste, dass der neu zu Berufende den Kollegen Haussner hinsichtlich der Forschungs- und Arbeitsgebiete möglichst ergänze.[89]

Als einziger Kandidat wurde Paul Koebe (1882–1945) genannt. Er lehrte seit 1911 als etatmäßiger außerordentlicher Professor an der Universität Leipzig und hatte sich durch die nahezu zeitgleich, aber unabhängig von Henri Poincaré (1854–1912) gegebene Lösung des Uniformisierungsproblems für mehrdeutige Funktionen einer komplexen Veränderlichen großes Ansehen erworben. Die Fakultät lobte Koebes Arbeiten, die sich auf das Gebiet der Funktionentheorie und die mit ihr verknüpften Differentialgleichungen konzentrierten, und war der Überzeugung, dass Koebe leicht seine Vorlesungstätigkeit auf die anderen Gebiete ausdehnen könne, für deren Vertretung an der Universität er sorgen solle. Das Abweichen von dem sonst üblichen Verfahren, drei Gelehrte für die Besetzung einer Professur vorzuschlagen, begründete die Fakultät wie folgt: »Entweder sind die Mathematiker, die hier dem Ergänzungsprinzip [bezüglich der Vorlesungen von Haußner, K.-H. S.] nach in Betracht zu ziehen wären, zu jung, als dass ihre Leistungen und ihre Erfahrung für ein Ordinariat ausreichend erscheinen können, oder sie befinden sich in Positionen, die ihr Hierherkommen als ausgeschlossen erscheinen lassen.«[90] Der Prorektor und der Senat der Universität stimmten dem Bericht zu und schickten ihn über den Kurator am 23. Mai an die Ministerien der Erhalterstaaten.[91] Der Kurator verwies in seinem Begleitschreiben auf Koebes »beträchtliches Diensteinkommen« und bat deshalb, Koebe gegebenenfalls dieselben Vorteile zusagen zu dürfen, wie sie Hamel gewährt worden wären.[92] Die Nachfrage im Königlich Sächsischen Ministerium des Kultus und öffentlichen Unterrichts in Dresden bestätigte die zunächst etwas vagen Angaben des Kurators, die Besoldung war höher als die statutenmäßige Anfangs

besoldung eines Ordinarius in Jena. Trotzdem war Kurator Vollert optimistisch, Koebe ohne weitere Zugeständnisse, abgesehen von einem jährlichen Bücherzuschuss von 200 M, für Jena zu gewinnen. Wesentlich dürfte dabei die Mitteilung des Sächsischen Kultusministeriums gewesen sein, Koebe kaum eine ordentliche Professur anbieten zu können. In den Mitte Juni begonnenen Verhandlungen verbesserte sich Koebes Position deutlich, da er am 5. Juli dem Kurator mitteilen konnte, dass die Leipziger Universität die Schaffung eines Ordinariats für ihn erwäge, seine Aufnahme unter die ordentlichen Mitglieder der Sächsischen Akademie der Wissenschaften zu Leipzig angeregt worden sei und ihm in der Leibniz-Sitzung der Königlich Preußischen Akademie der Wissenschaften der Akademische Preis zuerkannt wurde. Er fühlte sich nun in der günstigen Lage, acht Bedingungen zu stellen, unter denen er den Ruf bestimmt annehmen würde. Diese beinhalteten:

- Festlegung des Anfangsgehaltes auf 5800 M und die Steigerung um 400 M alle 4 Jahre bis 7000 M;
- Ernennung zum Mitdirektor des Mathematischen Seminars und des Mathematischen Instituts,
- Mitbenutzung des Direktorenzimmers bis zur Bereitstellung eines eigenen Raumes für ihn;
- Vergabe von Arbeiten zur Staatsexamensprüfung im jährlichen Wechsel mit Haußner;
- das Recht, die Übernahme der Dekanatsgeschäfte abzulehnen;
- einen jährlichen Zuschuss von 200 M für die Institutsbibliothek sowie einmalig 500 M;
- die Vorlesung analytische Mechanik bleibt im Gebiet der reinen Mathematik und kann von ihm alle zwei Jahre gelesen werden;
- sein Vorlesungsspektrum umfasst die Anfangsvorlesungen in Absprache mit Haußner und die höheren Kurse zur Funktionentheorie, zu elliptischen Funktionen, zu gewöhnlichen und partiellen Differentialgleichungen und zur analytischen Mechanik.[93]

Der Kurator antwortete umgehend: Die finanziellen Angelegenheiten bedurften der Zustimmung durch die Ministerien, wobei die Bibliothekszuschüsse beantragt wurden; Haußner blieb alleiniger Direktor des Mathematischen Instituts, somit war eine Mitbenutzung des Direktorzimmers nur mit Zustimmung Haußners möglich, die Aufteilung hinsichtlich der Staatsexamensarbeiten bzw. der Vorlesungen wurde genehmigt oder war bereits erfolgt und eine Befreiung von den Dekanatsgeschäften durch

89 UAJ, BA 926, Bl. 14.
90 UAJ, BA 926, Bl. 15–15a.
91 UAJ, BA 926, Bl. 17.
92 UAJ, C 434, Bl. 96–96v.
93 UAJ, C 434, Bl. 106–107v.

die Ministerien war für die ersten Semester möglich. Drei Tage später nahm Koebe die Berufung an, wobei er wie aus dem Bericht des Kurators hervorgeht, ein etwas geringeres Anfangsgehalt akzeptiert hatte. Die Abstimmungen zwischen Koebe und Haußner, speziell die Regelung der Direktorenfrage, oblagen der Philosophischen Fakultät.[94] Die schriftliche Erklärung gegenüber dem Senat und dem Prorektor erfolgte am 22. Juli. Mit dem Wintersemester 1914/15 begann Koebe dann seine Vorlesungstätigkeit. Bis zum Beginn der Zwanziger Jahre beteiligte er sich regelmäßig an den Anfängervorlesungen und hielt einige höhere Kurse, speziell auch zur analytischen Mechanik. Danach konzentrierte er sich sehr stark auf die Fortgeschrittenen-Kurse zur Funktionentheorie und zu Differentialgleichungen. Im Vorlesungsverzeichnis findet sich bei keiner der von Koebe angekündigten Lehrveranstaltung ein Hinweis, dass diese wegen einer Kriegstätigkeit des Lehrenden ausfalle. Trotzdem muss es zwischen Frühjahr 1916 und Kriegsende derartige Unterbrechungen gegeben haben, denn am 17. Dezember 1918 teilte Koebe dem Kurator mit, dass er nach seiner Entlassung aus der Kriegstätigkeit die Vorlesungen wieder aufnehme. Im Herbst 1915 hatte er noch Gelder für die Beschäftigung eines Assistenten beantragt, diese wurden aber nicht genehmigt und der Antrag auf das folgende Jahr zurückgestellt. Es findet sich kein Hinweis in den Akten, dass die Angelegenheit nochmals besprochen wurde. Doch unmittelbar nach der Wiederaufnahme der Lehrtätigkeit griff Koebe auch dies wieder auf und beantragte bei der Carl-Zeiß-Stiftung für die »Entschädigung eines ihm persönlich zu zuweisenden Assistenten« Mittel in Höhe von etwa 1500 M, die ihm ab dem 1. April 1919, trotz ablehnender Stellungnahme von Haußner, für fünf Jahre »zur Unterstützung in der Leitung des mathematischen Seminars« bewilligt wurden.[95]

2.5 Die Astronomie in Jena

An dieser Stelle soll noch ein kurzer Blick auf die Entwicklung der Astronomie geworfen werden. Dank des Engagements von Abbe war die Astronomie fest im Lehrbetrieb der Universität verankert und die Sternwarte entsprechend ausgestattet. Eine aktive Beteiligung an astronomischen Beobachtungen kam auf Grund der ungünstigen Lage nicht in Frage. Anfang Juni 1900 nutzte Abbe einen Bericht zu den Finanzen der Sternwarte um zu beantragen, ihn als Leiter der Sternwarte zu entpflichten, denn er habe in den letzten Jahren nur noch die Rechnungen attestiert, während alle sonstigen Leitungsaufgaben

von dem seit 1889 hier als Observator tätigen Otto Knopf »mit grosser Hingabe und Sorgfalt« erledigt wurden.[96] Er schlug Knopf als seinen Nachfolger vor und bat um eine Erhöhung des jährlichen Etats um 400 M. Der Kurator erhob keine Bedenken gegen das Gesuch und kommentierte gegenüber dem Ministerium die Bitte um Etatserhöhung als auch um einen einmaligen Zuschuss von 1200 M, insbesondere für die von Knopf übernommene Vorlesung zur Geodäsie, dass diese »nicht wohl abgelehnt werden« kann.[97] Das Kultusdepartement des Staatsministeriums genehmigte am 25. Juli 1900 das Gesuch und ordnete an, dass Abbe für seine hingebungsvolle Tätigkeit bei der Leitung und Förderung der Sternwarte »herzlichst gedankt« und er ersucht werde, »auch fernerhin das Institut durch seinen bewährten Rath zu fördern«.[98] Außer Knopf wirkte vor allem der Assistent Paul Riedel (1852–1909) seit über 20 Jahren an der Sternwarte, der unterstützt von einer weiteren Hilfskraft die zahlreichen Messungen und Berechnungen ausführte. Vier Monate später, im November 1900, beantragte Abbe einige bauliche Veränderungen in der Sternwarte, speziell die Einrichtung unterirdischer Räume, um die schon länger beabsichtigte Bearbeitung einer wissenschaftlichen Aufgabe zu ermöglichen. Die Räume sollten »eine Combination von astronomischen und von geophysikalischen Beobachtungen hier [zu] ermöglichen, die geeignet ist, die zeitlichen Schwankungen der Lothlinie am Beobachtungsort einerseits gegen die Gestirne, andererseits gegen die feste Erdkruste mit grosser Genauigkeit zu beobachten und geeigneten Falls fortlaufend zu verfolgen.«[99] Abbe war überzeugt, dass die Schaffung dieser Beobachtungsmöglichkeiten »von hohem Werthe« für die Wissenschaft sei und dies das Ansehen der Universität Jena und insbesondere der hiesigen Sternwarte erhöhen würde. Die Finanzierung der Baumaßnahme und der instrumentellen Ausstattung der Räume erfolgte wieder durch die Carl-Zeiß-Stiftung. Das Kultusdepartement genehmigte die Pläne ohne weitere Auflagen. Im folgenden Jahr war die Sternwarte dann von städtebaulichen Veränderungen betroffen, wie das Zuschütten des Flussbetts der Leutra und den Ausbau der Schillergasse zu einer Fahrstraße. Bezüglich des letzteren Vorhabens wandte Knopf unverzüglich im Juli 1901 ein, dass durch die verkehrsbedingten Erschütterungen die astronomischen und geophysikalischen Beobachtungen in der Sternwarte unmöglich würden. Damit würden die großen Bemühungen Abbes und die von ihm zur Verfügung gestellten sehr reichen Mittel, dank derer »die vorher ganz verfallene, bedeutungslose Sternwarte wieder zu einem lebenskräftigen In-

---

94 UAJ, C 434, Bl. 112–114.
95 UAJ, C 434, Bl. 133–135.
96 UAJ, C 659, Bl. 18.
97 UAJ, C 659, Bl. 20.
98 UAJ, C 659, Bl. 21.
99 UAJ, C 659, Bl. 27.

Abb. 5: Ernst Abbe

stitut gemacht [wurde], welches nicht nur für die praktische Ausbildung der Studierenden, sondern auch für astronomische Arbeiten rein wissenschaftlichen Zweckes die nötigen [sic] instrumentelle Ausstattung besitzt«[100], völlig zunichte gemacht. Er schlug dagegen vor, nur einen etwa 3m-breiten Fußweg anzulegen, wozu allerdings die jeweiligen Eigentümer die entsprechenden Grundstücksanteile an die Stadt abtreten müssten. Sowohl der Kurator als auch das Kultusdepartement im Weimarer Staatsministerium unterstützten den Vorschlag. In der Folgezeit verzögerten sich die Verhandlungen mit der Stadt immer wieder, so dass das Staatsministerium im Februar 1904 zustimmte, keine Baumaßnahmen zur Verbreitung des Gässchens vorzunehmen.[101] Erst vier Jahre später waren die Vorbereitungen so weit gediehen, dass das Ministerium dem Kurator die Genehmigung erteilte, mit den betroffenen Instituten über die Abtretung der benötigten Geländestreifen zu verhandeln. Inzwischen war Abbe im Januar 1905 verstorben und ein von ihm zwei Jahre zuvor vorgeschlagener kleiner Anbau an die Sternwarte geneh

migt und ausgeführt worden. Die Finanzierung hatte wie bei vielen, die Sternwarte betreffenden Maßnahmen die Carl-Zeiß-Stiftung übernommen. So stellte die Stiftung beispielsweise für 1905 über 3500 M für einmalige Ausgaben der Sternwarte bereit und ein Jahr später erhielt die Sternwarte neben einem Zuschuss zur Tagung der Astronomischen Gesellschaft mehr als 5300 M für einmalige Ausgaben. Bis zum Beginn der Weimarer Republik verfügte Knopf als Direktor der Sternwarte über ein festes Budget von 500 M und konnte weitere einmalige Ausgaben geltend machen. Außerdem regte die Leitung der Carl-Zeiß-Stiftung die Anstellung eines Gehilfen und die Schaffung einer neuen Dienstwohnung für den Direktor an. Sie reagierte damit auf die Kritik von Tagungsteilnehmern der Astronomischen Gesellschaft, die vor allem das Fehlen eines Assistenten in der Sternwarte bemängelt hatten.[102] In Herbst 1909 beantragte Knopf gemeinsam mit dem Assistenten Riedel Letzteren künftig als Abteilungsvorsteher und Leiter der Meteorologischen Station sowie diese als Abteilung der Universität zu führen, was aber vom Kurator nicht unterstützt wurde.[103] Das Kultusdepartement verwies die Frage an die Universitätskonferenz zur Entscheidung, was sich aber erübrigte, da Riedel am 7. November 1909 verstarb. Auf Vorschlag von Knopf wurde daraufhin der Astronomiestudent Walter Pechau kurzzeitig verpflichtet, der bereits am Seismologischen Institut als Assistent tätig war. Als vordringlichste Aufgabe hatte Pechau zunächst die Blitzableiter an den Universitätsgebäuden zu überprüfen, setzte dann aber seine seismologischen Forschungen fort. Die Assistentenstelle erhielt der Student Harrelt, der wie Pechau ein Zimmer in Knopfs früherer Dienstwohnung erhielt.

Im November 1911 bat Knopf, zwei weitere Assistenten anstellen zu dürfen, um die Geräte der Sternwarte besser nutzen zu können. Die Sternwarte verfüge über vier Hauptinstrumente, für die je ein Beobachter nötig wäre. Der vorhandene Assistent sei durch eine meteorologische Tätigkeit ausgelastet und komme nicht zu ausgedehnten astronomischen Beobachtungen, zudem müsse er sein Studium voranbringen.[104] Zur weiteren Begründung verwies Knopf auf die wesentlich bessere personelle Ausstattung an Sternwarten in Berlin, Hamburg und Heidelberg sowie in den USA und hob hervor, dass er sich mit seinem Antrag auf das Nötigste beschränkt hatte. Der Kurator forderte von Knopf noch genaue Angaben über die aktuelle Stellenbesetzung, die Aufgaben der einzelnen Assistenten und deren Vergütung.[105] Knopfs Antrag war wohl nicht erfolg

100 UAJ, C 659, Bl. 51–51v.
101 UAJ, C 659, Bl. 104.
102 ThStAAbg, Gesamtministerium 1540 (unpaginiert), Schreiben des Grossherzoglichen Staatsministeriums an den Kurator der Universität vom 21.2.1907.
103 UAJ, C 659, Bl. 166–168.
104 UAJ, C 660, Bl. 24.
105 UAJ, C 660, Bl. 25–25v.

reich, in den Akten ist nichts verzeichnet und zu Beginn des Jahres 1913 legte Knopf erneut ein Gesuch vor, diesmal auf Beschäftigung eines Assistenten mit festem Jahresgehalt. Nachdem Kurator Vollert weitere Details von Knopf erfragt hatte, leitete er das Gesuch an die Ministerien der Erhalterstaaten weiter und kommentierte dazu:

> Der Astronom soll ausschließlich Beobachtungen mit dem Zenit-Fernrohr anstellen, welches von der Optischen Werkstätte mit einem Aufwand von etwa 8000 M hergestellt und ... zur Aufstellung gekommen ist. Die Herstellung erfolgte auf Betreiben des Prof. Abbe, der mit dem Gerät festzustellen hoffte, ob die Erdaxe einer bestimmten Schwankung unterworfen sei.
>
> Für die Universität besteht keinerlei Bedürfnis, diese Beobachtung vorzunehmen.[106]

Die Beschäftigung des Assistenten könne nur erfolgen, wenn die Carl-Zeiß-Stiftung die Mittel wenigstens für einige Jahre als Sonderbewilligung bereitstellt. Nach der Rücksprache mit der Geschäftsleitung der Firma Carl Zeiss brachte das Ministerium nun die Abgabe des Fernrohrs an eine andere Sternwarte ins Spiel. Die Verpflichtung eines weiteren Astronomen kam offenbar nicht in Betracht. Nachdem weder Knopf noch Vollert konkrete Vorschläge zur Weiterverwendung des Zenitfernrohrs unterbreiten konnten, fragte das Weimarer Ministerium bei den Einrichtungen der anderen Erhalterstaaten an und erhielt Ende August 1913 eine ausführliche Einschätzung vom Leiter der Gothaer Sternwarte Ernst Anding (1860–1945): In Gotha hatte man keine Verwendung für das Zenitfernrohr, da die Mittel sowohl für den dazu notwendigen Beobachter als auch für die nötigen Bauarbeiten fehlten. Anding diskutierte dann mehrere Vorschläge zur Lösung des Problems und schlug unter anderem vor, das Instrument dem Leiter des geodätischen Instituts Potsdam Friedrich Robert Helmert (1843–1917) zum Kauf für sein Institut oder für das Zentralbüro der internationalen Erdmessung anzubieten.[107] Dabei müsste, wie von Abbe für seine Studien geplant, noch ein zweites Gerät, ein Interferenzniveau, angeboten werden. Das Einlagern des Instruments oder es zu verschenken lehnte er ab.

Nachdem Kurator Vollert von Andings Schreiben in Kenntnis gesetzt worden war, holte er vom Weimarer Ministerium die Genehmigung ein, mit Helmert verhandeln zu dürfen.[108] Außerdem unterstrich er gegenüber dem Ministerium, dass bei dem jetzigen Zustand »die Feuchtigkeit in nicht allzulanger Zeit die meisten Metallteile der

Abb. 6: Otto Knopf

Instrumente« zerstören würde und Knopf sich gegen eine Veräußerung der Instrumente ausspricht. Knopf hoffte, »in einer ... späteren Zukunft« könnten sich die nötigen Mittel bzw. ein »unentgeldlicher Beoachter« ergeben.[109] Am 10. November wandte sich Vollert an Helmert und schilderte ihm umfassend die Sachlage. Zwei Wochen später übermittelte Helmert eine negative Anwort: Er konnte weder einen Beobachter abstellen noch die Instrumente übernehmen. Die von Abbe verfolgten Ziele fand er interessant und schlug im Bemühen um die Finanzierung mit der Humboldtstiftung eine neue mögliche Quelle vor. Diese Stiftung war mit der Berliner Akademie der Wissenschaften verbunden und vergab jeweils im Frühjahr sechs bis acht Tausend Mark für naturwissenschaftliche Unternehmen.[110] Helmert empfahl, Knopf möge bis zum Januar ein Gesuch bei der Akademie einreichen, und gab noch Hinweise für die Gestaltung des Antrags. Im Juli 1914 musste Knopf aber dem Kurator die Ablehnung seines Antrags mitteilen und auch für das nächste Jahr habe ihm der Ku-

---

106 UAJ, C 660, Bl. 52v–53.
107 UAJ, C 660, Bl. 62–63.
108 UAJ, C 660, Bl. 64–65.
109 UAJ, C 660, Bl. 64–64v.
110 UAJ, C 660, Bl. 67–67v.

rator der Stiftung wenig Hoffnung gemacht, da ein großer Teil der Stiftungsgelder bereits gebunden war.[111]

Wenige Wochen später hatte sich die Situation durch den Kriegsbeginn grundlegend geändert. Am 24. September genehmigte das Weimarer Ministerium, das Objektiv aus dem Zenitfernrohr herauszunehmen und geeignet aufzubewahren. Dem widersprach die Geschäftsleitung der Firma Zeiss, das Fernrohr sei vor Kriegsbeginn nach der Benutzung instandgesetzt und dazu das Objektiv gereinigt und neu eingesetzt worden. Um neue Kosten zu vermeiden, solle das Objektiv im Fernrohr verbleiben, was dann auch geschah.[112] Während des Krieges lief der Betrieb der Sternwarte mit deutlichen Einschränkungen weiter.

Sehr eng mit der Physikalischen Anstalt bzw. der Sternwarte verknüpft war um die Jahrhundertwende die Etablierung der Seismologie an der Jenaer Universität. Angeregt durch Publikationen von Georg Gerland (1833–1919) und Alexander Supan (1847–1920) zum Aufbau eines Erdbebendienstes trug Kurator von Eggeling diese Ideen der Weimarer Regierung vor und wurde von dieser beauftragt, sich dazu mit Fachvertretern zu beraten. Als Ergebnis des Gedankenaustauschs, u. a. mit A. Winkelmann und R. Straubel, empfahl von Eggeling im Mai 1898, entsprechende Beobachtungsmöglichkeiten in Jena einzurichten und die Leitung Straubel zu übertragen. Den Anfang bildete dann die Herrichtung eines Kellerraums im Physikalischen Institut, um dort die seismischen Instrumente aufzustellen. Da das für die Messungen wichtige Rebeur-Ehlert-Pendel erst mehr als ein Jahr später im März 1900 geliefert wurde, konnten die Aufzeichnungen dann erst im Mai beginnen. Doch insgesamt hatten die Jenaer Wissenschaftler rechtzeitig den Entwicklungstrend dieses physikalischen Anwendungsgebiets erkannt: Die Seismologie begann sich in diesen Jahren zu einer quantitativen Wissenschaft zu wandeln. Mit großer Energie widmete sich Straubel der Organisation des Beobachtungsbetriebs. Er hatte seine gesamte wissenschaftliche Laufbahn in Jena absolviert, war ab 1889 als Assistent an der Physikalischen Anstalt tätig und hatte dabei eine enge Beziehung zu Abbe und zum Zeiss-Unternehmen aufgebaut. Im Dezember 1897 wurde er zum außerordentlichen Professor berufen und bereicherte 1900 die Seismologie mit einem von ihm entwickelten Vertikalseismograph. Wegen des Umzugs der Physikalischen Anstalt in ein neues Gebäude mussten jedoch die Beobachtungen 1902 unterbrochen werden.

Zugleich war zu diesem Zeitpunkt damit begonnen worden, im gesamten Kaiserreich ein Netz von seismischen Stationen aufzubauen, und Jena sollte eine Station erster Ordnung erhalten. Nach einer Besprechung mit Abbe, Knopf und Winkelmann äußerte sich Straubel gegenüber dem Kurator zur Realisierung dieses Plans: Es sei wünschenswert und ausführbar, »die vorhandene Station zu einer solchen 1. Ordnung auszubauen und die Pflichten einer Hauptstation für Thüringen übernehmen zu lassen«.[113] Die seismischen Instrumente sollten in Räumen der Sternwarte aufgestellt und ein kleiner, teils seismischen Zwecken, teils dem Interesse der Sternwarte dienender Anbau errichtet werden. Für die Finanzierung der Baumaßnahmen und der instrumentellen Ausstattung wurde ein entsprechender Antrag an die Carl-Zeiß-Stiftung gestellt. Aus dem Universitätsfonds wurden die Mittel des erhöhten Jahresetats für den Unterhalt der Station erbeten. Zu Letzterem ergänzte von Eggeling bei der Übermittlung des Berichts an die Ministerien der Erhalterstaaten, dass sein Bemühen, Abbe zu bewegen, die seismische Station als eine der Stiftung zu behandeln am Veto der Geschäftsleitung scheiterte.[114]

Im September 1904 berichtete Straubel über die erfolgte Einrichtung der Station. Nach einer Besprechung mit Winkelmann, Knopf und Straubel leitete der Kurator den Bericht an die Ministerien der Erhalterstaaten weiter. Dabei betonte er, dass die hiesige Hauptstation als im Betrieb befindlich angesehen werden kann und die Beobachtungen ab 1905 an die Zentralstelle in Strasburg gemeldet werden können. Zugleich musste er konstatieren, dass mehrere Geräte wegen der Feuchtigkeit in den Räumen nicht genutzt werden können. Die benutzbaren Geräte reichten aber aus, um Erdbeben aufzuzeichnen.[115] Zu den Geräten zählte auch der von Straubel und 1906 von seinem Assistenten Otto Eppenstein (1876–1942) weiter verbesserte Vertikalseismograph, der sich durch sehr genaue Messungen auszeichnete. Diese bildeten auch eine wichtige Basis für die Forschungen von Pechau, 1907 Eppensteins Nachfolger als Assistent, über die Fortpflanzungsgeschwindigkeit und die Absorption von Erdbebenwellen. Ab 1912 wurden die Aufzeichnungen durch die Bauarbeiten der Saale-Bahn und zur Erweiterung des Zeiss-Werkes gestört, was eine Verlegung der Station notwendig machte. Von diesem Zeitpunkt an ist in den Jahresberichten nicht mehr von einer Station, sondern von einem Institut die Rede.

111 UAJ, C 660, Bl. 71.

112 UAJ, C 660, Bl. 72–75.

113 ThStAAbg, Gesamtministerium Nr. 1602, unpaginiert, Abschrift 2621, Bericht Straubels an Kurator von Eggeling vom 16. Dezember 1902.

114 ThStAAbg, Gesamtministerium Nr. 1602, unpaginiert, Bericht des Kurator von Eggeling an das Ministerium in Altenburg vom 18. Oktober 1902.

115 ThStAAbg, Gesamtministerium Nr. 1602, unpaginiert, Schreiben des Kurators von Eggeling an das Ministerium in Altenburg vom 15. Dezember 1904.

2.6 Die Physikalische Anstalt und deren Erweiterung durch die Anstalt für technische Physik

Im Gegensatz zur Mathematik war die Physik zu Beginn des 20. Jahrhunderts nicht zuletzt Dank der Unterstützung durch die Carl-Zeiß-Stiftung etwas besser gestellt und war noch deutlich von dem Wirken Ernst Abbes geprägt. Personell wurde die Disziplin durch den Ordinarius Adolph Winkelmann und die Extraordinarien Rudolf Straubel und Felix Auerbach (1856–1933) vertreten, außerdem verfügte die Universität ab 1899 noch über das von der Zeiß-Stiftung finanzierte Extraordinariat für Mikroskopie, das mit Hermann Ambronn (1856–1927) besetzt worden war. Sowohl Straubel als auch Ambronn folgten ganz der Abbe'schen Tradition und hatten neben der Anstellung an der Universität eine enge Verbindung zur Carl-Zeiß-Stiftung bzw. zum Unternehmen Carl Zeiss: Ambronn war gleichzeitig wissenschaftlicher Leiter der Abteilung für Mikroskopie im Zeiss-Unternehmen und Straubel wirkte ab 1901 zunächst als wissenschaftlicher Berater der Geschäftsleitung der Firma Carl Zeiss. Als sich Abbe im April 1903 aus gesundheitlichen Gründen aus der Geschäftsleitung zurückzog, wurde deren Neukonstituierung notwendig, und in diesem Rahmen erfolgte Straubels Berufung zum Mitglied dieses Gremiums im Herbst 1903.[116]

In jenen Jahren kamen zugleich mehrere Bauvorhaben zum Abschluss, deren Planung noch wesentlich von Abbe vorangetrieben worden war: 1902 der Neubau des Physikalischen Instituts und 1903 die Errichtung eines Instituts für technische Physik. Finanziert wurden die Bauten zu sehr großen Teilen wieder von der Carl-Zeiß-Stiftung, wobei die Gesamtkosten mit rund 191 500 M die geplante, im Universitätshaushalt eingestellte Summe um fast 2800 M unterschritten. Die Inneneinrichtung des Instituts für technische Physik sponserte Otto Schott (1851–1935) mit 40 000 M. Mit dem Bau des letztgenannten Instituts war die Schaffung einer neuen Professur für angewandte Mathematik verbunden. Im Rahmen des Berufungsvorganges wurde die Stelle, wie im Zusammenhang mit den Berufungen am Mathematischen Institut beschrieben, auf die technische Physik und die Leitung des zugehörigen Instituts erweitert und ab Sommersemester 1902 mit dem Ingenieur Rudolf Rau besetzt. Als erste Aufgabe überwachte Rau den Abschluss der Baumaßnahmen sowie die technische Ausstattung des Physikalisch-Technischen Instituts und be-

gann mit Vorlesungen zur darstellenden Geometrie bzw. technischen Mechanik. Energisch engagierte er sich dafür, trotz der im Verhältnis zu anderen Hochschulen äußerst bescheidenen Mittel eine den modernen Ansprüchen entsprechende Ausbildung der Studierenden der Mathematik und Naturwissenschaften zu sichern.[117] Insbesondere gelang es ihm, acht »hochangesehene[r] Firmen und Privatpersonen« dafür zu gewinnen, »das Institut für technische Physik durch Überweisung von Apparaten und Materialien zu fördern«.[118] Auch nach Eröffnung des Instituts las er bis zum Wintersemester 1908/09 regelmäßig über darstellende Geometrie.[119] Mit der Eröffnung des Physikalisch-Technischen Instituts war die Universität nicht nur Abbes Credo von der Förderung anwendungsorientierter Fächer und deren enger Verknüpfung mit theoretischen Forschungen gefolgt, sondern gehörte zu den wenigen Universitäten, die diesen allgemeinen Trend der Wissenschaftsentwicklung jener Zeit in geeigneter Weise umsetzten und damit eine wichtige Rolle in der Etablierung der technischen Physik spielten. Die ersten Jahre nach Eröffnung der beiden Institute verliefen abgesehen von kleinen Auseinandersetzungen über die Gestaltung der Außenanlagen, die Mitnutzung von Anschlussleitungen der Institute und Ähnlichem zunächst ruhig. Im Mai 1905 erreichte das Weimarer Kultusdepartement aber über den Kurator eine ernste Beschwerde A. Winkelmanns: Mehrere Kellerräume des neuen Instituts waren feucht und unbenutzbar. Da eine Abhilfe dringend geboten war und in den mit Zementbeton und Zementputz versehenen Räumen das Problem nicht auftrat, hatte der Kurator genehmigt, zunächst einen der feuchten Räume mit Zementbeton und Zementputz zu versehen und beantragte nun die Übernahme der Kosten durch die Carl-Zeiß-Stiftung. Da es sich offensichtlich um eine mangelhafte Bauausführung handelte, sollte die Zeiß-Stiftung als Financier des Baues auch die Kosten für die Mängelbeseitigung bei den anderen Räumen übernehmen und die Arbeiten unverzüglich ausführen lassen.[120]

Als zunehmend problematisch erwies sich im Jahrzehnt nach der Jahrhundertwende die steigende Anzahl der Studierenden. Diese erforderte einen immer größeren Betreuungsaufwand, der von A. Winkelmann und seinem Assistenten nicht mehr geleistet werden konnte. Winkelmann hatte deshalb während des Sommersemesters 1901 einen älteren Studenten zur Unterstützung herangezogen, damit die Praktikanten »an jedem Uebungstag eine neue Auf-

---

116   1907 wurde Straubel auch einer der Geschäftsleiter des Glastechnischen Laboratoriums Schott & Genossen, des späteren Jenaer Glaswerks Schott & Gen. Für eine ausführliche Biographie Straubels und eine Würdigung seines vielseitigen Wirkens sei auf Schielicke 2017 verwiesen.
117   UAJ C 721, Bl. 23v.
118   UAJ C 721, Bl. 27–27v.
119   In einem Brief an den Kurator kündigte Rau an, dass er, da Haußner die »Kollegien über darstellende Geometrie« und die »zugehörigen Übungen« übernommen habe, das Pratikum zur Elektrotechnik wesentlich erweitern und vertiefen wolle. UAJ C 721, Bl. 129–130v. Im Vorlesungsverzeichnis ist jedoch weiterhin Rau als Durchführender für diese Lehrveranstaltung verzeichnet und auch die Aufteilung des Praktikums für Elektrotechnik in zwei unterschiedliche Praktika für Anfänger und Fortgeschrittene tritt dort nicht auf.
120   ThHStAW, Staatsministerium Sachsen-Weimar, Dep. des Kultus, Nr. 234, Bl. 31–32.

Abb. 7: Physikalisches Institut

gabe in Angriff nehmen« und »die nothwendigen Unterweisungen in der Handhabung der Apparate etc.« erhalten konnten.[121] Im Juli 1901 bat er dann den Kurator erfolgreich um eine Remuneration für diesen Studenten. Im folgenden Jahr wurde die Situation noch prekärer. Die Teilnehmerzahl wuchs auf 45, hatte sich also mehr als verdoppelt, und Winkelmann verfügte nach wie vor nur über einen Assistenten, so dass er wieder einen älteren Studenten bitten musste, ihn »in der Unterweisung der Studierenden bei den praktischen Arbeiten zu unterstützen«. Im Mai 1902 informierte er Kurator von Eggeling darüber, und beantragte für den Studenten eine Remuneration von 100 M.[122] Von Eggeling befürwortete den Antrag, der dann ohne Probleme vom Kultusdepartement genehmigt wurde, wobei hier von »der Annahme eines zweiten Assistenten für das laufende Semester« gesprochen wurde.[123] In den folgenden Jahren blieb diese Personalausstattung erhalten und es waren stets zwei Assistenten am Physikalischen Institut beschäftigt. Die Zahl der Praktikanten erhöhte sich aber kontinuierlich weiter und hatte sich bis 1908 mit 82 nochmals fast verdoppelt. Dies bewog Winkelmann im Frühsommer 1908 erneut die Anstellung eines weiteren Assistenten zu erbitten. Nachdem er zuletzt von einem Volontär-Assistenten zusätzlich unterstützt worden war, sah er sich nach dessen Weggang nicht mehr in der Lage, die ausreichende Betreuung der Studierenden mit zwei Assistenten zu gewährleisten. Der Kurator unterstützte wieder den Antrag und argumentierte, dass »durch ungenügende Anleitung der Praktikanten … eine Gefährdung der physikalischen Apparate entstehen« würde.[124] Die ministerielle Genehmigung erfolgte ohne weitere Anmerkung bzw. Rückfrage. Eineinhalb Jahre später suchte Winkelmann um die Anstellung eines vierten Assistenten nach. Er war in den letzten Jahren öfter krank gewesen und spürte eine Abnahme seiner Leistungsfähigkeit. Nachdem sich aber die Hoffnung, die Vergütung des dritten Assistenten aus

121 UAJ, C 647, Bl. 22.
122 UAJ, C 647, Bl 26.
123 UAJ, C 647, Bl 27–28.
124 ThStA Abg, Gesamtministerium 1489, Bl. 127–128.

den Praktikumsgeldern zu bestreiten, nicht erfüllt hatte, erhielt die Frage der Finanzierung ein starkes Gewicht. Außerdem durfte diese Vergütung nicht zu gering sein, da für diese Assistentenstelle im Gegensatz zu den anderen keine Wohnung angeboten werden konnte. Trotz des Widerstandes von A. Winkelmann gegen den Vorschlag des Kurators, die Praktikumsgelder zu erhöhen und eine Gebühr für die verbrauchten Materialien einzuführen, setzte sich Letzterer doch durch, indem mit Zustimmung der Ministerien die Zuschüsse für das Physikalische Institut um 300 M gekürzt wurden.[125]

Eine analoge Situation ergab sich am Institut für technische Physik. Auch hier war die Zahl der Studierenden deutlich angestiegen und für die Durchführung der Übungen hatte sich im Wintersemester 1903/04 »die stete Beihilfe eines Assistenten als absolut notwendig erwiesen«[126]. Rau beantragte deshalb beim Kurator am 19. März 1904, für das Wintersemester und auch für die anstehenden Übungen zur Thermodynamik ein Assistentengehalt zu bewilligen. In der Begründung verwies er auf die größere Anzahl von Assistenten an anderen Universitäten, da dort die von ihm allein vertretenen Fächer durch mehrere Professoren mit jeweils einem Assistenten repräsentiert werden. Außerdem könne der Beschluss des Senats, »sowohl die angewandte Mathematik als auch die technische Physik im Doktorexamen sowohl als Haupt- wie als Nebenfach zuzulassen«, nicht ohne einen Assistenten praktisch durchgeführt werden. Von einem Volontärassistenten sei diese Arbeit auf Dauer nicht zu erwarten.[127] Der Kurator unterstützte nach Rücksprache mit Abbe den Antrag und das Kultusdepartement im Weimarer Staatsministerium genehmigte am 21. April 1904 die Assistentenvergütung und bestimmte, dass falls die eingenommenen Praktikanten- und Kolleggelder dazu nicht ausreichen, die Mittel aus dem Universitätsfonds der Carl-Zeiß-Stiftung entnommen werden.[128] Da Rau noch im Mai 1905 für das erstmalige Abhalten der Übungen zur Thermodynamik beantragte, mehrere Instrumente anzuschaffen, dürfte die Einführung dieser Lehrveranstaltung zusammen mit der Vorlesung erst im folgenden Wintersemester stattgefunden haben.[129] In dieser Zeit gelang es Rau auch Max Reich (1874–1941) als Assistent anzustellen. Dieser hatte sich im Sommer 1905 auf Raus Veranlassung[130] für angewandte Physik, speziell Elektrotechnik, habilitiert, und

trug ab dem Sommersemester 1906 mit Vorlesungen zur technischen Physik (Elektrotechnik), insbesondere auf Verlangen von Rau mit einer »aus Kreisen der Juristen, der Landwirte u. s. f.« gewünschten, allgemeinverständlichen Vorlesung über Elektrotechnik[131], zu einer deutlichen Erweiterung des Vorlesungsangebots zur technischen Physik bei. Reich war bis zum 1. April 1908 als Assistent bei Rau tätig und beschäftigte sich dann »im Auftrag des Reichsmarineamtes mit Versuchen über Telegraphie ohne Draht in Göttingen«[132]. Rau selbst bereicherte ebenfalls das Vorlesungsangebot: Ab dem Wintersemester 1906/07 auf Bitten der Ordinarien für Mathematik mit einer 4-stündigen Vorlesung zur Mechanik und ein Semester später mit der neu konzipierten Lehrveranstaltung »Technische Elastizitäts- und Festigkeitslehre«. Ausdrücklich betonte er dabei, dies »im Interesse der weiteren Einführung der angewandten Mathematik und technischen Physik« zu tun.[133]

Die für wenige Jahre ungestörte Entwicklung hatte bereits im Sommer 1904 eine erste Unterbrechung gefunden: Am 31. August teilte Rau dem Kurator von Eggeling mit, dass ihm eine »aussichtsreiche Stellung als technischer Prokurist und Oberingenieur« von der Firma G. Luther AG, Braunschweig-Darmstadt angeboten wurde. Neben dem höheren Gehalt wies er darauf hin, dass er gegenüber den anderen außerordentlichen Professoren der Universität nicht an der regelmäßigen Gehaltserhöhung teilnehme, für sein Lehrfach in absehbarer Zeit keine Aussicht auf die Einrichtung eines Ordinariats bestehe und er seine umfangreiche und vielseitige Lehrtätigkeit nur erfüllen könne, indem er alle seine Kräfte aufbiete und auf eigene Forschungen verzichte. Die gleichen Lehraufgaben würden in Göttingen von drei außerordentlichen Professoren erledigt. Als Folgerung bat Rau, seine Anstellung als außerordentlicher Professor an die der anderen Extraordinarien anzugleichen und dabei die bisherigen Dienstjahre und seine Praxistätigkeit zu berücksichtigen. Sollte sein Wunsch nicht erfüllt werden können, so kündigte Rau an, die Universität zum 1. Oktober zu verlassen, und bat deshalb um eine rasche Antwort.[134] Nachdem die Carl-Zeiß-Stiftung der Weimarer Regierung signalisiert hatte, dass sie die Kosten für die regelmäßige, aller vier Jahre erfolgende Gehaltssteigerung Raus bis zum Betrag von 1200 M übernehmen würde, informierte das Ministerium Rau darüber, sich bei den Regierungen der Erhalterstaaten für

125 ThStA Abg, Gesamtministerium 1489, Bl. 144–146.
126 UAJ, C 721, Bl 49.
127 UAJ, C 721, Bl 49–49v.
128 UAJ, C 721, Bl 55–56v, 58–58v.
129 UAJ, C 721, Bl 120–121.
130 UAJ, C 721, Bl. 177.
131 ThStA Abg, Gesamtministerium 1416, unpaginiert, Schreiben des Kurators an die Regierung in Altenburg vom 16. 11. 1905.
132 UAJ, C 473, Bl. 94.
133 UAJ, C 721, Bl. 166.
134 UAJ, C 473, Bl. 61–61v.

die Gewährung der Alterszulagen einzusetzen. Die übrigen Anträge wurden, dem Standpunkt der Carl-Zeiß-Stiftung folgend, abgelehnt. Außerdem sollte das Gehalt des zusätzlich als Institutsdiener angestellten Assistenten bei der Höchstgrenze von Raus Vergütung berücksichtigt werden. Nach der Rücksprache zwischen den Ministerien der Erhalterstaaten konnte das Weimarer Kultusdepartement dem Universitätskurator am 16. September 1904 mitteilen, dass die Erhalterstaaten einverstanden waren, Rau die erbetene »statutenmäßig aufsteigende Besoldung der außerordentlichen Professoren« mit der bereits genannten Beschränkung der Höchstgrenze zu gewähren.[135] Rau blieb daraufhin an der Jenaer Universität.

Zum 1. Januar 1906 wurde die statutengemäße Erhöhung der Besoldung für den Extraordinarius Rau wirksam. Ende Juli des gleichen Jahres wandte sich die Philosophische Fakultät jedoch erneut an den Kurator, da »gegenwärtig bezüglich des Gehaltes des Extraordinarius für technische Physik eine Bestimmung besteht, durch welche eine Sonderstellung dieses Extraordinarius bedingt ist«.[136] Es handelte sich um die Einbeziehung der Besoldung des Institutsassistenten in das Gehalt des Extraordinarius, so dass das für ihn erreichbare Maximalgehalt deutlich unter dem der anderen Extraordinarien lag. Dadurch wurde zwischen den Extraordinarien eine Differenz statuiert, »die mit Rücksicht auf die collegialen Verhältnisse und auf die Stellung und das Ansehen des Inhabers des physikalisch-technischen Extraordinariats der ... Fakultät sehr unerfreulich«[137] erschien. Rau hatte den letztlich diskriminierenden Fakt der Fakultät vorgetragen und fand deren Unterstützung. Die Fakultät bat den Kurator, im Weimarer Ministerium bezüglich einer Angleichung dieser Besoldung an die der übrigen etatmäßigen Extraordinarien vorstellig zu werden. Der entsprechende Antrag war erfolgreich und am 31. Januar 1907 erhielt Rau die Mitteilung, dass das Gehalt des Assistenten nicht mehr auf sein Gehalt angerechnet wird. Dennoch scheint sich Rau nicht mit seiner akademischen Tätigkeit angefreundet zu haben, die Fakultät vermutete eine Unzufriedenheit mit »den Ergebnissen seiner Lehrtätigkeit und wissenschaftlichen Forschung«.[138] Ende 1908 bat er um seine Entpflichtung, die ihm zum 1. April 1909 gewährt wurde.

In den Beratungen über die Wiederbesetzung der Professur kam die Fakultät zu der Einsicht, eine Aufteilung der Stelle in zwei außerordentliche Professuren, je eine zur angewandten Mathematik und eine zur technischen Physik, vorzunehmen[139]. Für die »ausserordentliche Professur der technischen Physik und zur Leitung des Instituts für

technische Physik« schlug sie Konrad Simons (1873 – zw. 1914–1918), Assistent an der Technischen Hochschule Danzig, und den hiesigen Max Reich vor. Abschließend äußerte die Fakultät noch den Wunsch, dass dem neu zu berufenden außerordentlichen Professor für technische Physik auch ein Lehrauftrag für landwirtschaftliche Maschinenkunde erteilt werde. Diese Erweiterung des zu vertretenden Fächerspektrums war insbesondere für die Finanzierung der Stelle wichtig, da die Leitung des Landwirtschaftlichen Instituts bei Übernahme dieser Lehrveranstaltung bereit war, sich mit 600 M an der Besoldung der Professur zu beteiligen. Die Berufungsverhandlungen mit Simons verliefen offenbar zügig und problemlos, denn bereits am 5. April 1909 beauftragte das Kultusdepartement des Großherzoglich – Sächsischen Staatsministeriums die Universitätsleitung die förmliche Berufung Simons' zum außerordentlichen Professor für technische Physik und landwirtschaftlichen Maschinenbau sowie Leiter des Physikalisch-Technischen Instituts zum 1. Oktober vorzunehmen. Dabei wurde die Professur für technische Physik noch auf Elektrotechnik, das Forschungsgebiet von Simons, spezifiziert. Die Tätigkeit von Simons in Jena war jedoch nur ein kurzes Intermezzo. Bereits im Januar 1911 beantragte er seine Entlassung, um eine ordentliche Professur an der Universität La Plata zum 1. April annehmen zu können, die ihm auch gewährt wurde. Für die Philosophische Fakultät bedeutete dies nun, durch kluges und rasches Agieren für eine baldige Wiederbesetzung der Stelle zu sorgen, um das Institut nicht oder nur für kurze Zeit ohne Leitung zu lassen. Noch vor Simons' Ausscheiden aus dem Lehrkörper legte sie am 9. März dem Prorektor und dem Senat der Universität eine Kandidatenliste vor. An erster Stelle schlug die Fakultät Waldemar Petersen (1880–1946), Privatdozent an der Technischen Hochschule Darmstadt und Vorsteher des Hochspannungslaboratoriums der Hochschule, vor. Die weiteren Vorschläge lauteten Walter Rogowski (1881–1947) und Karl Vollmer. Rogowski war seit 1910 im Starkstromlaboratorium der Physikalisch-Technischen Reichsanstalt beschäftigt und Vollmer leitete in der Badischen Anilin- und Sodafabrik Ludwigshafen den elektrotechnischen Teil des Physikalischen Laboratoriums. Alle drei waren erfolgreich in der Elektrotechnik tätig und verfügten über sehr gute theoretische Kenntnisse und praktisch – experimentelle Fähigkeiten, wobei bei Petersen noch eine große, vom Gutachter besonders gelobte Lehrerfahrung hinzukam. Es muss offen bleiben, ob es Gespräche bzw. Verhandlungen mit den erstgenannten Kandidaten gegeben hat, da in den Ak-

135 UAJ, C 473, Bl. 68.
136 UAJ, C 473, Bl. 75.
137 Ebenda.
138 UAJ, C 473, Bl. 85.
139 UAJ, C 473, Bl. 88–89; vgl. Kap. 2.3.

ten keine entsprechenden Hinweise gefunden wurden, sondern lediglich die Mitteilung der Erhalter der Universität an die Universitätsleitung, dass die »außerordentliche Professur für Physik mit welcher die Leitung des physikalisch-technischen Instituts verbunden ist,« ab dem 1. Oktober an Vollmer übertragen wurde.[140] Es erscheint jedoch möglich, dass das Weimarer Kultusdepartement und auch der Kurator sich nicht gegen Max Wien (1866–1938) stellen wollten und dessen im Fakultätsbericht enthaltenen Urteil über Vollmer gefolgt sind. Wien war kurz zuvor als Direktor des Physikalischen Instituts in Jena berufen worden und kannte Vollmer aus der früheren Zusammenarbeit an der Danziger Universität. Er hatte ihn als talentvollen Techniker, »ungemein findig und arbeitskräftig, ein Mann der Tat« charakterisiert, der »es aber auch [versteht], tief in physikalische Probleme einzudringen«.[141] Vollmer nahm die Berufung an und begann seine Lehrtätigkeit zum Wintersemester 1911/12.

2.7 Der Beginn der Ära Wien

Das Ordinariat für Physik und damit die Leitung des Physikalischen Instituts waren seit dem Herbst 1886 fest in den Händen von Adolph Winkelmann. Er hatte sich intensiv der Entwicklung des Instituts gewidmet und sich »wegen seiner sorgfältigen Forschungen, besonders aber wegen seiner vorzüglichen Darstellungs- und Lehrbegabung und seiner zuverlässigen Experimentierkunst«[142] einen ausgezeichneten Ruf und große Anerkennung erworben. Im Verlauf der ersten Dekade des neuen Jahrhunderts stellten sich dann jedoch gesundheitliche Probleme ein und er musste etwa 1907 und 1908 die Vorlesungen krankheitsbedingt ausfallen lassen. Am 31. März 1910 beantragte er seine Versetzung in den Ruhestand zum 1. Oktober und am Tag darauf die sofortige Beurlaubung. Das beigefügte medizinische Gutachten bescheinigte Winkelmann, dass er seit vier Jahren an einer sich steigernden Kurzatmigkeit leide, seit Herbst 1909 eine wesentliche Verschlimmerung des Herzleidens eingetreten sei und er, »ohne Gefahr für sein Leben fürchten zu müssen«, die Amtstätigkeit auf Grund der mäßigen Widerstandskraft nicht fortsetzen könne.[143] Bei der Vorlage von Winkelmanns Anträgen in den Ministerien der Erhalterstaaten der Universität würdigte Kurator Vollert Winkelmann als »hervorragenden Lehrer«, dessen intensive Förderung von Praktikanten und Hörern sowie die schriftstellerische Leistung bei der Schaffung des sechsbändigen Lehrbuchs der Physik, das er »als eine der gründlichsten Zusammenfassungen des in den letzten

Jahrzehnte außerordentlich erweiterten Gebietes« charakterisierte.[144] Der Kurator unterstützte die Anträge und gab zugleich an, wie die Vertretung Winkelmanns im bevorstehenden Semester erfolgen sollte: Die Prüfung der Kandidaten in den verschiedenen Studienrichtungen und die Leitung des Physikalischen Instituts übernahm Auerbach. Da dieser jedoch für die Vorlesung zur Experimentalphysik und die Durchführung der Übungen als nicht geeignet eingeschätzt wurde, sollten diese dem ersten Assistenten am Institut Karl Baedeker (1877–1914) übertragen werden, der A. Winkelmann auch zuvor schon vertreten hatte. Baedeker hatte sich im Februar 1907 in Jena habilitiert und eine Stelle als Privatdozent inne, nachdem er zuvor zwei Jahre am Leipziger Physikalischen Institut bei Theodor des Coudres (1862–1926) tätig gewesen war. 14 Tage später beauftragte Vollert Auerbach bis auf weiteres mit der allgemeinen Leitung des Instituts und Baedeker mit dem Abhalten der Vorlesungen und Übungen. Am 27. April genehmigte das Weimarer Ministerium dann Winkelmanns Anträge, speziell die Pensionierung unter Weiterzahlung der aktuellen Besoldung als Ruhegehalt, sowie die vorgeschlagene Vertretungsregelung und forderte die Fakultät auf, Vorschläge zur Wiederbesetzung der Professur einzureichen. Die erbetene Versetzung in den Ruhestand erlebte jedoch Winkelmann nicht mehr, er verstarb am 24. Juli 1910.

Als Winkelmanns Nachfolger schlug die Fakultät am 11. Juni den Münchener Ordinarius Hermann Ebert (1861–1913) und Max Wien, ordentlicher Professor an der Technischen Hochschule Danzig, vor, was von Vollert mit großer Skepsis betrachtet wurde. Bereits bei seiner Anfrage an der Technischen Hochschule München nach Eberts gegenwärtigem Gehalt äußerte er sehr großen Zweifel: »Es ist mir nur wenig wahrscheinlich, dass ein Münchener Ordinarius nach Jena gehen sollte, wo er sich inbezug [sic!] auf seinen Gehalt erheblich verschlechtern, weit geringere Honorare und sonstige Nebeneinnahmen beziehen würde und die Vorteile der Grossstadt entbehren müsste.«[145] Bei der Weiterleitung der Besetzungsvorschläge an die Ministerien der Erhalterstaaten hob der Kurator zunächst hervor, dass die Fakultät sich auf zwei Vorschläge beschränkt und nur Ordinarien genannt habe. Danach gab er eine sehr genaue Charakterisierung der Beziehungen zwischen dem Physikalischen Institut und den Betrieben der Carl-Zeiß-Stiftung, zu denen er eigens mit der Geschäftsleitung der Firma Carl Zeiss, speziell mit Professor Straubel, Kontakt aufgenommen hatte. Er stellte fest, dass bei Gründung des Glaswerkes die Hilfe von Hofrat A. Winkelmann in Anspruch genommen wurde und

140 UAJ, BA 925, Bl. 88.
141 UAJ, BA 925, Bl. 35v.
142 UAJ, C 440, Bl. 109v.
143 UAJ, C 440, Bl. 117–117v.
144 UAJ, C 440, Bl. 109v–110.
145 UAJ, C 440, Bl. 123–123v.

Abb. 8: Max Vollert

Abb. 9: Max Wien

dieser eine Reihe von Untersuchungen und Berechnungen inbezug [sic!] auf das optische Verhalten neuer Gläser vorgenommen und damit die Arbeit Abbes und Schotts wesentlich gefördert hat. Seitdem sei jedoch der Optischen Werkstätte und dem Glaswerk seitens des Physikalischen Instituts und seines Leiters eine nennenswerte Unterstützung nicht zuteil geworden.[146]

Auch für die Zukunft war nicht zu erwarten, dass das Physikalische Institut wesentliche Anregungen für die beiden Stiftungsbetriebe liefern könnte. Die Tätigkeit der wissenschaftlichen Mitarbeiter der Betriebe sei auf einen kleinen Ausschnitt der Optik spezialisiert, auf dem sie »dem Leiter des Physikalischen Instituts, der die gesamte Physik zu beherrschen und zu behandeln habe,« stets voraus sein müssten. Der Ordinarius für Physik könnte den Zeiss-Betrieben also nur bei der Auswahl des Nachwuchses für die wissenschaftlichen Mitarbeiter unterstützen. Allerdings profitiere das Physikalische Institut sehr wohl vom Bestehen der Stiftungsbetriebe in Jena und deren Hilfsmitteln und Erfahrungen. Außerdem interessierten sich die Geschäftslei-

tungen der beiden Betriebe sehr für die Forschungen des Physikers und das physikalische Studium an der hiesigen Universität und förderten dieses z. B. durch unentgeltliche Abgabe optischer Instrumente und einschlägiger Literatur, durch Gewährung von Beihilfen für bestimmte Versuche und dergleichen.[147] Mit Blick auf die finanziellen Belastungen verzichtete die Fakultät auf die Nennung eines älteren, bereits anerkannten Physikers, habe aber nichts desto trotz bei den beiden Kandidaten sehr hoch gegriffen.

Der Kurator wiederholte in seinem Schreiben seine Skepsis bezüglich einer Berufung von Ebert nach Jena und ergänzte seine Argumentation durch den Verdacht, Ebert könne zum einen die Berufung zur Verbesserung seiner Position im München benutzen, zum anderen zusätzliche Forderungen zur Ausstattung stellen, und außerdem habe er die Grenze für das Berufungsalters bereits um vier Jahre überschritten. Dagegen war Wien von A. Winkelmann und anderen Fachleuten als der am besten geeignete Dozent genannt worden, obwohl es auch in diesem Fall fraglich war, ob die verfügbaren Mittel ausreichend waren. Als Fazit erbat Vollert die Genehmigung, von Verhandlungen mit

---

146 UAJ, C 440, Bl. 127.
147 UAJ, C 440, Bl. 127v–128.

Ebert abzusehen und diese sofort mit Wien aufzunehmen. Sollte Wien die angebotene Besoldung ablehnen, wäre die Philosophische Fakultät zu neuen Vorschlägen aufzufordern. Die Kultusdepartements der vier Regierungen bestanden aber, wohl auf Initiative der Weimarer Regierung, darauf, beiden Kandidaten die Professur anzubieten. Dem entsprechend wandte sich der Kurator am 21. Juni 1910 an Ebert in München, der mit etwas Verzögerung eine Woche später positiv antwortete und die Vorteile, die eine Universität einem Gelehrten, Forscher und wissenschaftlichen Lehrer bietet, so sehr schätzte, um trotz seines gegenwärtig höheren Einkommens den Ruf in »allerernsteste Erwägungen« zu ziehen.[148] Eine weitere Woche später bestätigte sich dann Vollerts Vermutung, nachdem die Bayerische Regierung alle Wünsche Eberts erfüllt hatte, lehnte dieser das Berufungsangebot ab. Der Kurator nahm nun unverzüglich Kontakt mit Wien auf. Dieser informierte sich am 10. Juli in Jena über die Verhältnisse an der Universität, speziell am Physikalischen Institut, und besprach am folgenden Tag die Bedingungen, unter denen er die Nachfolge Winkelmanns antreten würde. Diese betrafen vor allem eine Reihe von Erweiterungen bzw. Umgestaltungen von Werkstätten und anderen Räumlichkeiten sowie die Ausstattung derselben. In seinem Bericht an die vier Ministerien fasste der Kurator diese in drei Punkten zusammen: Höhe der Besoldung 6000 M, Erhöhung des jährlichen Zuschusses für das Physikalische Institut um 3400 M und einmaliger Zuschuss von 37 000 M »für bauliche Veränderungen, Ergänzung der Apparate und des Inventars«. Weiterhin habe Wien erklärt, bei Erfüllung der Forderungen nach Jena zu kommen und hier voraussichtlich bleiben zu wollen, da »das Leben einer mittleren Stadt« seiner Neigung entspreche. Obwohl das Institut erst vor acht Jahren erbaut wurde, genüge es in vielen Beziehungen nicht mehr den gegenwärtigen Ansprüchen. Speziell die derzeit im Mittelpunkt des allgemeinen Interesses stehende Elektrizität sei ungenügend repräsentiert. Elektrische Apparaturen seien wenig vorhanden, die Apparatur und die elektrische Anlage gänzlich unzureichend. Gleichzeitig würden Untersuchungen zur Elektrizität künftig ein Hauptgebiet der Forschung bilden.[149] Mit diesen Forderungen zur Umgestaltung des Instituts und der Konzentration auf die Entwicklung der Elektrizitätslehre erreichte Wien, dass im Falle seiner Berufung ein aktuelles, in schneller Entwicklung befindliches Gebiet der Physik ins Zentrum der Forschung am Physikalischen Institut rückte.

Nach weiteren detaillierten Ausführungen zu Wiens Bedingungen und den Möglichkeiten diese zu realisieren, hob Vollert seinen guten persönlichen Eindruck von Wien hervor und betonte, dass es zum einen das Ansehen der Universität sehr hebe, wenn dieser Gelehrte für Jena gewonnen würde, zum anderen es aber Jenas Ruf »sehr abträglich« sei, falls die Berufung daran scheitere, »anderwärts als mäßig erachtete[n] Forderungen« nicht zu befriedigen. Weitere externe Gutachten hatten dem Kurator bestätigt, dass »jeder Dozent, der etwas auf sich hielte, die gleichen Forderungen stellen« würde, so dass er auf dieser Basis Wiens Antrag unterstützte, aber keine Möglichkeit zur Beschaffung der erforderlichen Finanzmittel sah. Wiens Antrag konnte nur mit Unterstützung der Carl-Zeiß-Stiftung realisiert werden und Vollert erbat die Genehmigung entsprechende Verhandlungen mit der Stiftung aufnehmen zu dürfen.[150] Am 18. Juli 1910 erhielt Wien vom Kurator die wichtigsten Informationen über die in vielen Punkten erfolgreichen Verhandlungen mit den Regierungen der Erhalterstaaten und dem Vorstand der Carl-Zeiß-Stiftung. Doch es ergaben sich neue Schwierigkeiten, denn Wien strebte Regelungen an, die längerfristigen Bestand hatten und ihm eine gewisse finanzielle Sicherheit und Unabhängigkeit sicherten. So hielt er an der beantragten Höhe des Etats fest, um nicht häufig Bittgesuche um Bewilligung von Geldern stellen zu müssen und so in eine »unangenehme Abhängigkeit von der Zeiss Stiftung zu geraten«[151]. Auch bei den Baumaßnahmen und der Ausstattung der Räume wollte Wien die Entscheidungsbefugnis haben. Dieses Schreiben veranlasste Haußner, der davon eine Kopie erhalten hatte, den Kurator am 22. Juli um eine nochmalige Rücksprache zu bitten. Es ist nicht klar, ob diese Besprechung stattgefunden hat, denn bereits einen Tag später informierte der Kurator die Ministerien über Wiens Antwort. Wien erklärte sich mit einer Herabsetzung seines Gehaltes zu Gunsten des Institutsetats einverstanden. Im Einzelnen solle sein Anfangsgehalt 4800 M betragen und alle vier Jahre um 400 M bis zu 6000 M steigen, der jährliche Institutsetat sich ab 1. Oktober 1910 um 3200 M erhöhen, für die Verbesserung der elektrischen Anlage und für einmalige Anschaffungen alsbald der Betrag von 10 000 M bereit stehen, spätestens 1912 weitere 6000 M, und der Kohlen- und Holzkeller nach noch zu vereinbarenden Plänen Wiens zur Erweiterung der Werkstätte umgebaut, ein neuer Kohlenkeller errichtet werden und zur Ergänzung der maschinellen Einrichtung der Werkstatt 1000 M zur Verfügung stehen. Entscheidend war der nachfolgende Zusatz des Kurators, dass Wien abschließend erklärt hat, dass er die Berufungsverhandlungen als gescheitert betrachten muss, falls seine Vorschläge

148 UAJ, C 440, Bl. 137–138.
149 UAJ, C 440, Bl. 148–150.
150 UAJ, C 440, Bl. 150–152.
151 UAJ, C 440, Bl. 158v.

nicht in geeigneter Form genehmigt würden.[152] Kurator Vollert befürwortete wieder die Bewilligung und fügte unterstützend an: »Der Umstand, daß Wien lieber seinen Gehalt als den Zuschuß für sein Institut verkürzt sehen will, spricht dafür, daß die geforderte Erhöhung des letzteren notwendig ist und daß auch andere Universitätslehrer, wenn sie es mit ihrer Aufgabe ernst nehmen, nicht darauf verzichten würden.«[153] Am gleichen Tag teilte er Wien mit, dessen Wünsche befürwortend an die Regierungen weitergeleitet zu haben. Zugleich bemühte er sich, Wiens Befürchtungen zu entkräften, bei Finanzierungen von der Firma Carl Zeiss abhängig zu werden, und erläuterte, dass der Neubau des Kohlenkellers durch die Zeiß-Stiftung billiger sei, die Bauzeichnungen aber Wien vorgelegt werden. Am 31. Juli sagte Wien dann die Annahme des Rufes zu. Wahrscheinlich könne er das Ordinariat aber erst zum 1. April 1911 antreten, da er keine frühere Freigabe von der Preußischen Regierung erhalte. Er wolle aber bereits im kommenden Wintersemester den Umbau und die Neueinrichtung des Physikalischen Instituts leiten und hoffe, dass die in diesem Semester eingesparten Gelder dem Institut zugute kommen.[154] In den Tagen zuvor war es noch zu einem Schriftverkehr zwischen dem Kurator und dem Kultusdepartement im Weimarer Ministerium über die Wünsche Wiens und die Wege zu deren Realisierung gekommen, an dessen Ende das Kultusdepartement eine entsprechende Entschließung mitteilte. Wien erhielt eine Abschrift dieser Genehmigung und erklärte am 6. August die endgültige Annahme des Rufes. Zugleich hatte er beim Preußischen Kultusministerium um seine Entlassung zum 1. Oktober 1910 gebeten, doch musste er dem Kurator am 12. August mitteilen, dass seine Entlassung zu diesem Termin nur möglich sei, wenn bis dahin ein Nachfolger gefunden wird. Dies hielt er aber für nicht sehr wahrscheinlich, so dass er die Professur wohl erst zum 1. April 1911 antreten könne. Mit Schreiben vom 15. August informierte Kurator Vollert die Ministerien der Erhalterstaaten, für die Vertretung der Stelle schlug er Baedeker vor und beantragte, dass diesem das volle Gehalt gewährt werde und nicht wie bisher nur 50 %.[155] Die Wahl Baedekers lag dabei ziemlich auf der Hand, hatte doch die Philosophische Fakultät nur wenige Wochen zuvor dessen Beförderung zum außerordentlichen Professor angeregt. Sie lobte in dem Antrag dessen große, »fast über seine körperliche Kraft« gehenden Anstrengungen im Lehrbetrieb und die »trotz seiner starken Beanspruchung durch die Assistentendienste und durch die Vertretung seines Chefs« unvermin-

derte wissenschaftliche Aktivität.[156] Die Arbeiten waren von Straubel sehr positiv beurteilt worden, wobei er speziell die »peinliche[r] Sorgfalt« und »experimentelle[r] Geschicklichkeit« bei den durchgeführten Untersuchungen hervorhob. Kurator Vollert und der Senat der Universität unterstützten den Antrag und am 24. August teilte das Kultusdepartement im Weimarer Staatsministerium im Namen der Regierungen der Erhalterstaaten Baedekers Ernennung zum außerordentlichen Professor mit. Gegenüber Wien bedauerte Vollert, ebenfalls mit einem Schreiben vom 15. August, die drohende Verzögerung bei dessen Amtsantritt und erläuterte in Verbindung mit den in Auftrag gegebenen Bauzeichnung und Kostenvoranschlag ein ihm unterlaufenes Missverständnis hinsichtlich der verfügbaren Finanzen. Am Tag darauf, am 16. August, schickte er wie vereinbart die Pläne für den Kellerumbau und den Kostenvoranschlag an Wien. In einem am gleichen Tag verfassten vertraulichen Schreiben an den Kurator kam das Weimarer Kultusdepartement nochmals auf die Finanzierung der Baumaßnahmen zurück: Die ursprünglich von Wien für die Erneuerung der elektrischen Anlage veranschlagten Kosten von 10 000 M waren von Straubel als Vertreter der Carl-Zeiß-Stiftung als viel zu hoch abgelehnt und auf 3000 M korrigiert worden. Der Ministerialbeamte Friedrich Ebsen (1871–1934) sah diese Summe wegen eventuell entstehender Schwierigkeiten und dadurch verursachter Nebenkosten durchaus als kritisch an, hatte aber keine Änderung erreicht. Er mahnte deshalb zu »tunlichste[r] Sparsamkeit bei der Verlegung der electrischen Leitungen«.[157] Wien stimmte unverzüglich den Umbauplänen bis auf einige Kleinigkeiten zu und drängte auf einen sofortigen Baubeginn. Das Institut schätzte er entsprechend der Baupläne als »recht praktisch und gut gebaut« ein. Er war überzeugt, »dass sich mit verhältnismässig geringen Umänderungen, ein durchaus brauchbares, modernes Institut daraus wird herstellen lassen.«[158] Bezüglich der mangelnden Sauberkeit im Institut kritisierte er das Fehlen einer weiteren Reinigungskraft und äußerte sich zu weiteren vom Vollert angesprochenen Problemen. Speziell bezeichnete er für einen Privatdozenten, also für Baedeker, die Vergütung mit der Hälfte der Vorlesungshonorare für ausreichend. Sein Entlassungsgesuch war von Preußischen Ministerium noch nicht beantwortet worden und die Wohnungssuche in Jena war bisher unbefriedigend. Die folgenden Wochen setzte sich die intensive Korrespondenz zwischen Kurator Vollert, Wien und dem Weimarer Ministerium zu den Baumaßnahmen

152 UAJ, C 440, Bl. 162v–163v.
153 UAJ, C 440, Bl. 163v–164.
154 UAJ, C 440, Bl. 166–167v.
155 UAJ, C 440, Bl. 180–180v.
156 UAJ, BA 924, Bl. 212.
157 UAJ, C 440, Bl. 183–184.
158 UAJ, C 440, Bl. 187.

und zum Lehrbetrieb fort. Wien stimmte dem Kostenvoranschlag für die Werkstattarbeiten zu, wollte aber die »mechanische Ausstattung der Werkstatt« erst mit dem Mechaniker bei seinem Besuch in Jena im Oktober absprechen. Das Kultusdepartement in Weimar genehmigte Wiens Vertretung im Wintersemester 1910/11 durch Auerbach und Baedeker. Beide stimmten zu, die Vorlesungen zu übernehmen, doch trug Letzterer auf Grund der in den vorangegangenen Semestern gemachten Erfahrungen vier Änderungswünsche vor. Die beiden wichtigsten waren die Anstellung eines »Assistenten mit fertiger Ausbildung« für den zum 1. Oktober ausscheidenden jüngsten studentischen Assistenten sowie der Bezug des ungekürzten »Colleg- und Praktikumshonorar[s]«.[159] Der Dekan der Philosophischen Fakultät und der Kurator unterstützten diese Wünsche, wobei Ersterer Eduard Pauli (1882–1950) vom Radiologischen Institut der Universität Heidelberg als Assistent vorschlug. Wien stimmte den Vorschlägen zu, wollte aber zuvor Pauli auf der Versammlung der Gesellschaft deutscher Naturforscher und Ärzte in Königsberg persönlich kennenlernen. Pauli hatte außer in Freiburg und Straßburg an der Jenaer Universität studiert, war dort 1907 promoviert worden und als »Volontair-Assistent« am Physikalischen Institut tätig gewesen, bevor er im Herbst 1907 an das Physikalische Institut der Universität Heidelberg wechselte. Nach dem persönlichen Kennenlernen erklärte Wien am 20. September 1910 sein Einverständnis, Pauli als 2. Assistenten einzustellen. Vier Tage später bewilligte das Weimarer Kultusdepartement die Wünsche Baedekers, insbesondere die Anstellung Paulis mit einem Jahresgehalt von 1000 M. Bereits im Februar des Folgejahres habilitierte sich Pauli mit einer Arbeit über ultraviolette und ultrarote Phosphoreszenz. Inzwischen herrschte Klarheit, dass Wien die Professur erst am 1. April 1911 antreten könne. Er engagierte sich weiter sehr stark bei den Bauarbeiten im Physikalischen Institut und weilte mehrfach in Jena. Kurator Vollert berichtete am 24. Dezember dem Kultusdepartement über den Abschluss der bisher von Wien in Angriff genommen Arbeiten und die Verständigung über die weiteren noch auszuführenden Arbeiten. Diese beinhalteten insbesondere die Verlegung eines separaten Elektrokabels für das Physikalische und das Physikalisch-Technische Institut im Frühjahr 1911, da es zuvor wiederholt zu Beeinträchtigungen im öffentlichen Netz gekommen war.

Mit dem Amtsantritt von Wien war eine angemessene Repräsentanz der Physik in Lehre und Forschung gesichert, doch änderte sich dieser Zustand wenige Monate später deutlich. Am 30. Juni 1911 bat der für die theoretische Physik zuständige Auerbach den Kurator um eine Beurlaubung für ein Jahr ab dem Wintersemester 1911/12. In Auerbachs Antrag wurde auch der in Jena wie im ganzen Deutschen Reich vorherrschende Antisemitismus deutlich. Auerbach klagte, dass die ihm »vor vielen Jahren eröffnete Aussicht, bei der nächsten Gelegenheit zum ordentlichen Professor befördert zu werden, … sich auch diesmal nicht erfüllt« habe und die Philosophische Fakultät ihn weder bei der Neubesetzung der Professur für Experimentalphysik in Erwägung gezogen noch den Vorschlag, die außerordentliche Professur in eine ordentliche umzuwandeln, weiter verfolgt hat. Auch »bei den Angelegenheiten des letzten Jahres«, also der Umgestaltung des Physikalischen Instituts, wurde er nicht zur Mitarbeit herangezogen. »Unter diesen Umständen und infolge der starken, damit verbundenen physischen und psychischen Depression« fühlte sich Auerbach nicht im Stande, seine Verpflichtungen zu erfüllen. Er wollte die laufenden Vorlesungen »wenigstens annähernd zu Ende« führen, benötigte dann aber eine längere Pause und schloss nicht aus, danach »eine andere, mit Einnahmen verbundene, freie« Tätigkeit aufzunehmen.[160] In der von Vollert angeforderten Stellungnahme der Philosophischen Fakultät verneinte diese einen Anspruch Auerbachs auf eine ordentliche Professur. Eine Absicht der Carl-Zeiß-Stiftung, eine ordentliche Professur für theoretische Physik zu schaffen, sei nicht bekannt. Bei der Professur für Experimentalphysik wurde Auerbach nicht berücksichtigt, weil er dafür ungeeignet sei und seine Leistungen rechtfertigen auch nicht eine Höherstufung seiner Stelle zum ordentlichen Professor. Außerdem forderte die Fakultät ein ärztliches Gutachten, um den längeren Urlaub gewähren zu können.[161] Der Kurator schloss sich gegenüber den Ministerien der Erhalterstaaten dem Standpunkt der Fakultät an und vermerkte mit einem gewissen Sarkasmus, dass Auerbach sich gesundheitlich immer wohl befunden habe, »dienstlich keineswegs überbürdet war« und ein Angebot auf ein Ordinariat, trotz der damit verbundenen Mehrarbeit, sicherlich nicht ausgeschlagen hätte.[162] Die Vertretung Auerbachs hinsichtlich der Vorlesungen und Übungen würde durch Baedeker und Max Winkelmann, den Vertreter der angewandten Mathematik, erfolgen, doch hatte Wien zugleich dazu angemerkt, dass Baedeker durch einen weiteren Assistenten unterstützt werden und für seine Mehrarbeit eine Vergütung erhalten müsse. Am 26. Juli 1911 informierte Vollert dann die Ministerien über das von Auerbach vorgelegte ärztliche Gutachten, gemäß dem dieser an Neurasthenie leide und zur Genesung des einjährigen Urlaubs bedürfe. Anfang September konnte er dann über die Verhandlungen

159 UAJ, C 440, Bl. 196.
160 UAJ, C 445, Bl. 47.
161 UAJ, C 445, Bl. 49.
162 UAJ, C 445, Bl. 50–51.

mit den Vorständen der Carl-Zeiß-Stiftung bezüglich der Finanzierungsfragen berichten: Die sich aus den vertretenen Lehrveranstaltungen ergebenden Honorareinnahmen wurden als ausreichende Entschädigung angesehen. Für den zur Entlastung Baedekers anzustellenden Assistenten wurden 800 M bereitgestellt und gegebenenfalls könne Baedeker noch eine Unterstützung von 300 M erhalten. In den weiteren Diskussionen um die Vertretung Auerbachs schlug Wien zum einen ein Aufteilen seiner Vorlesung in zwei Teile vor, in eine Hauptvorlesung und eine ergänzende Spezialvorlesung. Zum anderen erörterte er die Möglichkeit, ohne die Anstellung eines weiteren Assistenten auszukommen, und beantragte die genehmigten Finanzmittel von 800 M unter den an der Vertretung Beteiligten, M. Winkelmann und Baedeker im Wintersemester sowie M. Winkelmann und Pauli im Sommersemester, nach der Zahl der Vertretungsstunden aufzuteilen. Außerdem betonte er den beträchtlichen Aufwand, den Winkelmann zu leisten hatte und der bisher ungenügend berücksichtigt wurde.[163] Der Kurator befürwortete die Überlegungen Wiens. Das Weimarer Ministerium stimmte dem Vorschlag ebenfalls zu, betrachtete aber die vorgesehene zusätzliche Vergütung von 300 M für Baedeker als überflüssig.

In der Vorbereitung des Wintersemesters 1911 wandte sich dann Wien mit einem ausführlichen Schreiben zu Veränderungen im Lehrbetrieb und einer Neuregelung der Finanzierung an den Kurator. Er wollte die fünfstündige Vorlesung zur Experimentalphysik bedarfsgerechter in zwei Teile aufteilen, einen vierstündigen Hauptteil für eine breite Hörerschaft von Medizinern und Landwirten bis zu Mathematikern und Physikern und eine zunächst als Ergänzung bezeichnete Vorlesung für die beiden letztgenannten Gruppen. Dieser Wunsch sei von verschiedenen Seiten geäußert worden und entsprach auch den von ihm gemachten Erfahrungen: die fünfstündige Vorlesung war für Studierende, die Physik nur als Nebenfach betrieben, zu lang, für Mathematiker und Physiker aber nicht ausreichend. »[E]in tiefer Einblick in die physikalischen Erscheinungen kann nur an der Hand der höheren Mathematik gewonnen werden, während in der allgemeinen Vorlesung über Experimentalphysik naturgemäss keinerlei mathematische Kenntnisse vorausgesetzt werden dürfen.«[164] Als Folge daraus waren die Studenten für die theoretisch-physikalische Vorlesung nicht genügend vorbereitet. Der mehrfach vorgetragene Vorschlag, »eine besondere Vorlesung für die Mathematiker und Physiker im 3ten und 4ten Semester zu halten«, scheiterte meist an der dadurch entstehenden Überlastung des Ordinarius für Phy-

Abb. 10: Karl Baedeker

sik bzw. bei Delegierung der Vorlesung an einen Assistenten an der Verringerung der Honorareinnahmen.[165] Wien schlug nun die oben genannte Aufteilung der Vorlesung in zwei Teile vor, um den »doppelten Missstand« an der Jenaer Universität zu beseitigen. Dabei sollte die ergänzende Vorlesung in die »Anwendung der Differential- und Integralrechnung« einführen und von den Studierenden der Mathematik und Physik und vielleicht auch von einigen Chemikern im Anschluss an die Hauptvorlesung im dritten und vierten Semester gehört werden.[166] Auf Grund der Belastung durch die Hauptvorlesung und die Leitung der Praktika und des Instituts sah sich Wien nicht in der Lage diese Zusatzvorlesung zu halten, verwies aber sogleich auf den günstigen Umstand, dass mit Professor Baedeker eine vortreffliche Hilfskraft verfügbar war, »der gerade eine derartige Vorlesung sehr gut liegen würde«. Dabei erschien es ihm jedoch sehr wünschenswert, dass »Professor Baedeker bei Übernahme dieser schwierigen und

163 UAJ, C 445, Bl. 62–63.
164 UAJ, C 441, Bl. 2.
165 UAJ, C 441, Bl. 2v–3.
166 UAJ, C 441, Bl. 3.

wichtigen Vorlesung in einer (sic) Stellung äusserlich und pekuniar gehoben wird, was er ohnehin in Rücksicht auf seine treue und aufopfernde Tätigkeit in der Übergangszeit wohl verdient hat.«[167] Durch die Aufteilung der Vorlesung verringerten sich die Honorareinnahmen Wiens um etwa 1200–1400 M. Da er dieses verminderte Einkommen nicht dauerhaft mit Rücksicht auf seinen Nachfolger festlegen wollte, war er bereit einen Teil der Ausfälle selbst zu tragen und schlug vor, »dass Herr Professor Baedeker zum Abteilungsvorsteher am physikalischen Institut ernannt wird unter gleichzeitiger Erhöhung seiner Remuneration um 800 Mark« und »dass ich von der Verpflichtung entbunden werde, Professor Baedeker die Hälfte der Honorareinnahmen aus dem physikalischen Praktikum bis zur Höhe von 1300 Mark abzugeben, und ich künftig, nur noch verpflichtet bliebe, ihm ein Viertel bis zur Höhe von 750 Mark zu überlassen«[168] Bei der befürwortenden Weiterleitung von Wiens Anträgen hob der Kurator noch einige weitere Aspekte hervor: Wien sah die Gefahr, dass aus der Stelle eines ersten Assistenten des Physikalischen Instituts allmählich ein Extraordinariat entstehe. Er wollte aber gegenüber Baedeker freien Handlungsspielraum haben und hatte deshalb auch keinen Lehrauftrag für Baedeker beantragt. Auch hatte er seine Anträge nicht der Fakultät vorgelegt, da er ähnliche Anträge von den anderen größeren Instituten erwartete und dadurch einen Streit unter den Instituten befürchtete.[169] Abschließend vermerkte Vollert noch, sollte Baedeker eine Berufung an eine andere Universität erhalten, wäre Wien bereit die weiterführende Vorlesung zu übernehmen, falls diese nicht von Pauli durchgeführt wird.

Die Initiative Wiens erscheint etwas überraschend und wirft die Frage auf, wieso trotz der Tätigkeit des Extraordinarius für theoretische Physik eine zusätzliche Vorlesung zu diesem Fachgebiet angeboten werden sollte. Auerbach hatte zwar in dem vorangegangenen Jahrzehnt regelmäßig theoretisch orientierte Vorlesungen zu einzelnen Gebieten der Physik, wie theoretische Optik, kinetische Gastheorie, Thermodynamik und Theorie der Elektrizität und des Magnetismus sowie zum absoluten Maßsystem, zur Physikgeschichte und zum naturwissenschaftlichen Weltbild angeboten, die Vorlesung zur theoretischen Physik fand jedoch im Durchschnitt nur jedes dritte Semester statt. Es darf angenommen werden, dass Wien eine engere Verknüpfung mit der Experimentalphysik anstrebte, sollte doch die Vorlesung zur theoretischen Physik die notwendigen Rechnungen und Erläuterung für die experimentell demonstrierten physikalischen Erscheinungen liefern. Der

Kurs zur Experimentalphysik erstreckte sich über zwei Semester und fand in jedem Studienjahr statt, so dass es immer wieder Jahre gab, in denen die zugehörigen theoretisch-physikalischen Erläuterungen fehlten. Das Weimarer Staatsministerium beurteilte die vorgeschlagene Aufteilung der Vorlesung als zweckmäßig, hatte aber Bedenken, weil »hierfür weitere Universitätsmittel zur Verfügung zu stellen« waren. In Anbetracht der Konsequenzen für andere Universitätsinstitute sollte vielmehr geprüft werden, »ob die Neuregelung sich nicht ohne Inanspruchnahme eines Zuschusses aus der Universitätskasse ermöglichen läßt«[170] und eine Besprechung auf der nächsten Universitätskonferenz erfolgen. Letztlich wurde Wiens Antrag umgesetzt, am 10. Februar 1912 informierte er den Kurator über die finanziellen Regelungen, speziell über die Aufteilung der für Assistententätigkeit verfügbaren Mittel auf die drei am Institut beschäftigten Assistenten sowie über die von ihm gewünschten baulichen Veränderungen. Der Theorie orientierte Teil der Experimentalphysik wurde als »Experimentalphysik für Fortgeschrittene« parallel zur Hauptvorlesung im Vorlesungsverzeichnis ab dem Sommersemester 1912 angezeigt und von Baedeker durchgeführt.

Im Sommer 1912 drohte dann erneut der Weggang Wiens. Nachdem er die Berufung als Ordinarius an die Technische Hochschule Berlin abgelehnt hatte, lag nun das finanziell sehr attraktive Angebot vor, die Stelle des Direktors an der Physikalischen Reichsanstalt in Berlin zu übernehmen. Der Kurator beantragte daraufhin bei den Ministerien der Erhalterstaaten, Wien, falls er die Stelle ablehne, die Mittel für die Beschäftigung eines Mechanikers am Physikalischen Institut zusagen zu dürfen, und Wien den Titel »Geheimer Hofrat« oder einen hohen Orden zu verleihen. Zuvor hatte er Wien in einer Unterredung aufgefordert, über die nach seiner Meinung »in der Einrichtung des physikalischen Instituts oder im Lehrgang der Physik ... vorhandenen«[171] Mängel und Lücken zu berichten. In seinem Antwortschreiben vom 10. Juli konstatierte Wien an erster Stelle einen Mangel an Hilfskräften: Das Institut verfügte nur über einen Institutsdiener, der als »Diener, Heizer, Mechaniker, Werkstattvorstand, und anderes zugleich« fungieren musste. An im Vergleich zu Jena kleineren Physikalischen Instituten anderer Universitäten wurden für diese Arbeiten mehrere Personen beschäftigt. Es war daher »sehr erwünscht«, wenn in nächster Zeit ein Hilfsmechaniker angestellt würde. In weiteren Punkten widmete sich Wien zwei »Zukunftssorgen« des Instituts, dem Raummangel und dem Unterricht in theoretischer

167 UAJ, C 441, Bl. 3–3v.
168 UAJ, C 441, Bl. 4–4v.
169 UAJ, C 441, Bl. 7.
170 UAJ, C 441, Bl. 9.
171 UAJ, C 441, Bl. 16. Die Paginierung Bl. 16 tritt doppelt auf!

Abb. 11: Technisch-Physikalisches Institut, Anbau Ostseite

Physik. Detailliert schilderte Wien die Raumnot für Praktika und für selbständige Arbeiten im Rahmen von Promotionen und eigenen Forschungen. Falls sich dieser Andrang auch für das nächste Jahr abzeichnete, hielt Wien die Schaffung von vier neuen Räumen durch »einen kleinen Anbau« an der Ostseite des Instituts für nötig. Durch die Erkrankung und die Beurlaubung von Auerbach war der Unterricht in theoretischer Physik spürbar beeinträchtigt worden. Zwar hatte Auerbach die Wiederaufnahme der Vorlesung im nächsten Semester angekündigt, doch falls dessen Leistungsfähigkeit für längere Zeit eingeschränkt bliebe, müsste eine jüngere Lehrkraft zu dessen Unterstützung angestellt werden. Das Kultusdepartement des Weimarer Ministeriums verwies die beiden, auf die Zukunft gerichteten Ausführungen Wiens zur Beratung an die nächste Universitätskonferenz und bewilligte im etwas verminderten Umfang die Mittel für die Anstellung eines Mechanikers. Auch eine Auszeichnung Wiens fand ein positives Echo. Wenige Tage später konnte Kurator Vollert die Ministerien der Erhalterstaaten informieren, dass Wien die Berufung an die Physikalische Reichsanstalt abgelehnt

hat. Wie schon früher bekundet, bevorzugte Wien die Atmosphäre der Stadt Jena gegenüber der Hektik in der Metropole Berlin. Im Frühjahr 1913 wurde er dann durch Kaiser Wilhelm II. zum Mitglied des Kuratoriums der Physikalisch-Technischen Reichsanstalt in Berlin berufen. Gegenüber dem Kurator kommentierte er diese Ehrung, dass keine Kollision mit seinen Pflichten in Jena zu befürchten sei, da gewöhnlich pro Jahr nur eine Zusammenkunft des Kuratoriums stattfindet.[172]

Bis zum Beginn des Ersten Weltkriegs konnte Wien sich uneingeschränkt seiner Lehr- und Forschungstätigkeit widmen. Doch gab es weitere Veränderungen im wissenschaftlichen Personal des Instituts. Im Juni 1913 bat der zweite Assistent am Physikalischen Institut, Pauli, ihn für das nächste Wintersemester unter Verzicht auf die Assistentenvergütung zu beurlauben, damit er »radioaktive und luftelektrische Untersuchungen in den Tropen« ausführen könne. Da Wien wie Vollert ihr Einverständnis erklärten, stand der Genehmigung nichts im Wege. Wien beabsichtigte für das Wintersemester zwei Studenten als Ersatz einzustellen.[173] Für kurze Zeit kehrte Pauli im Frühjahr

172 UAJ, C 441, Bl. 26.
173 ThStAAbg, Gesamtministerium 1416, Brief des Kurators an das Herzogl. Sächs. Ministerium in Altenburg vom 19. 6. 1913.

1914 ans Institut zurück, bevor er dann den Kriegsdienst aufnahm. Ungeachtet dessen und wohl wie viele an ein schnelles Ende des Krieges glaubend, schlug Wien Ende November 1914, sich ebenfalls bereits im Kriegsdienst befindend, Paulis Beförderung zum außerordentlichen Professor vor. Wien lobte zum einen Paulis Engagement in der Lehre, in der er meist die neusten Fortschritte der Physik behandelte und für zum Teil recht schwierige Dinge das Interesse und Verständnis der Studierenden erweckte. Zum anderen hob er Paulis »grosse Befähigung zu wissenschaftlicher Forschung: die reiche Fülle seiner Gedanken und seine Fähigkeit bei der experimentellen Arbeit« hervor, und äußerte die Hoffnung, dass es mit ihm gelänge, die durch den Tod von Baedeker entstandene Lücke auszufüllen.[174] Baedeker war gleich zu Kriegsbeginn am 5. August bei Lüttich gefallen. Die Philosophische Fakultät und der Senat der Universität befürworteten den Antrag und am 19. Januar 1915 teilte das Kultusdepartement des Weimarer Staatsministerium mit, dass die als Landesregentin fungierende Großherzogin im Einvernehmen mit den Regierungen der übrigen Erhalterstaaten Pauli zum unbesoldeten außerordentlichen Professor ernannt hat.[175] Die Vereidigung konnte jedoch erst am 22. Januar des Folgejahres erfolgen, nachdem Pauli von seinem Kriegseinsatz zurückgekehrt war. Ab dem Sommersemester 1916 übernahm er dann in jedem Semester die »Experimentalphysik für Fortgeschrittene«, die früher von Baedeker gehaltene Ergänzung zur parallel stattfindenden Hauptvorlesung zur Experimentalphysik.

Wien wurde dagegen für die gesamte Kriegszeit als im Heeresdienst befindlich geführt. Er wurde mit der Leitung der »Technischen Abteilung der Funkinspektion« in Berlin beauftragt und war damit für die Forschung und Betreuung der Funktechnik des Heeres zuständig. Dies verschaffte ihm günstige Bedingungen bezüglich der finanziellen und personellen Ausstattung und ermöglichte es ihm, weiterhin wissenschaftlich tätig zu sein, die Grundlagen für Verstärker und Röhrensender auszuarbeiten und eine serienmäßige Herstellung zu organisieren. Außerdem wurde am Physikalisch-Technischen Institut eine »Versuchsstation der technischen Abteilung der Funkertruppen« eingerichtet.

Bereits am 7. Oktober 1914 hatte der Kurator den Ministerien der Erhalterstaaten über die Beratung der vier Fakultäten berichtet, »wie die Lücken, die durch Einberufung einer größeren Anzahl von Universitätslehrern … entstehen, ausgefüllt werden können.« und bezüglich Wien mitgeteilt, dass Auerbach die Vorlesungen zur Experimental-

physik und die über Elektrizität, Magnetismus und Optik lesen wird sowie ihm die Leitung des Physikalischen und des Physikalisch–Technischen Instituts übertragen wurde.[176] Die Vorlesungen der Privatdozenten sollten ersatzlos ausfallen. Die Mehrheit der Jenaer Hochschullehrer unterstützte die Politik des Kaiserreiches und unterzeichnete im Oktober 1914 die »Erklärung der Hochschullehrer des Deutschen Reiches«, trat aber in der Folgezeit kaum mit politischen Aktivitäten hervor. Ausnahmen bildeten unter anderem Auerbach mit seiner Vorlesung »Die Physik im Kriege« im Wintersemester 1914/15, die er auch als Buch publizierte, sowie Haußner und Wien, die zusammen mit weiteren Kollegen im Senat versuchten, eine Resolution der Universität an die Erhalterstaaten gegen die Räumung von besetzten Gebieten in Frankreich zu initiieren. In den folgenden Kriegsjahren sah sich die Universität immer wieder mit zahlreichen Problemen bei der Aufrechterhaltung eines geregelten Lehr- und Forschungsbetriebes konfrontiert.[177] Die Fragen reichten von der Zulassung von und den Umgang mit ausländischen Studierenden, die durch den Rückgang der Studierendenzahlen verursachte Notlage der von Vorlesungshonoraren abhängigen Universitätslehrer über die fehlenden Unterkünfte für die Studierenden und die von der Weimarer Regierung geforderten Sparmaßnahmen bei Heizung, Elektroenergie und Labormaterialien bis zu den wiederholt aufkommenden Diskussionen um eine Schließung der Universität. In den Kriegsjahren waren durchschnittlich 77 % der Studenten zum Front- bzw. Sanitätsdienst eingezogen. Entsprechend nahm die Zahl der Studentinnen in diesem Zeitraum deutlich zu und lag im Mittel bei einem Drittel der in Jena anwesenden Studierenden, wobei dies bei den zum Lehramt qualifizierenden Studien in der Philosophischen Fakultät noch größer war. Nach dem Krieg sank der Anteil zwar auf etwa 12 %, blieb aber deutlich über dem geringen Wert von unter 1 % in den Anfangsjahren 1907/09[178] und widerlegte damit die zunächst verbreitete Meinung, dass es sich bei dem Zustrom weiblicher Studierender um eine vorübergehende Erscheinung handele. Das Voranschreiten des Frauenstudiums ließ sich nicht mehr aufhalten. Am Ende des Krieges hatte die Salana rund 27 % ihrer Studierenden und 4 % der Hochschullehrer verloren.

In den ersten Nachkriegswochen überstürzten sich die Ereignisse auch an der Jenaer Universität. Kurator Vollert berichtete an das Weimarer Ministerium am 15. November 1918, dass sich der größte Teil der Jenaer Studentenschaft »mit der sozialrevolutionären Regierung solidarisch erklärt haben« soll und »sich dem Arbeiter- und Soldaten-

---

174 UAJ, BA 926, Bl. 69–69v, Hervorhebung im Original.

175 UAJ, BA 926, Bl. 73.

176 ThStA Abg, Gesamtministerium 1616, Bl. 21, 23–25.

177 Für eine ausführlichere Darstellung der Kriegsauswirkungen an der Salana sei auf den Beitrag von Stefan Gerber in Jena 2009, Kap. 3.4 verwiesen.

178 Ab 1907 konnten sich Frauen an allen Fakultäten der Jenaer Universität immatrikulieren.

rat zur Aufrechterhaltung von Ruhe und Ordnung zur Verfügung stellt.«[179] Weiterhin informierte er über die Verhandlungen mit dem Vertreter des Soldatenrats über die geplante Schließung der Universität und deren Nutzung als Lazarett bzw. Kaserne. Es gelang Vollert jedoch, dessen Forderungen nach Magazin-, Lazarett- und Quartierräumen so zu befriedigen, dass die Schließung abgewendet werden konnte. Am 22. November 1918 meldete Wien dann dem Kurator seine Entlassung aus dem Heeresdienst und die Wiederaufnahme der Tätigkeit an der Universität. Wenige Monate zuvor, am 3. Juni, hatte das Physikalische Institut mit dem die technische Physik vertretenden Karl Vollmer ein wichtiges Mitglied verloren. In der Kriegszeit war an eine rasche Wiederbesetzung dieses »eifrigen Forscher[s] und tüchtigen Lehrer[s]« nicht zu denken, doch gelang es der Philosophischen Fakultät, dem Rektor der Universität zum Jahresende die nötige Vorschlagsliste zu unterbreiten.

---

179 ThStA Abg, Gesamtministerium 1616, Bl. 205.

3 Die veränderten Entwicklungsbedingungen in der Weimarer Republik

Mit dem Ende des Ersten Weltkriegs, der Novemberrevolution, dem Ende des Kaiserreichs und der Herausbildung der Weimarer Republik entstanden völlig neue Rahmenbedingungen für die Entwicklung der deutschen Universitäten in Allgemeinen und die Jenaer Universität im Speziellen. Die Jahre 1918/19 bilden eine deutliche Zäsur in der deutschen Geschichte, mit der politisch und wirtschaftlich eine sehr unruhige, teilweise instabile Zeit begann. Deutschland verlor durch den Krieg seine führende Stellung als Industrienation, der Anteil an der Weltindustrieproduktion halbierte sich. Zu den Verlusten an Arbeitskräften kamen beträchtliche Einbußen an Territorien mit Rohstoffen und Industrieanlagen. Es dauerte bis 1927 ehe die Wirtschaftsleistung in Deutschland wieder den Vorkriegsstand erreichte. Die Vorrangstellung der USA als Motor des technischen Fortschritts blieb bestehen, doch Deutschland konnte sich erneut als führende Industrienation etablieren. Die gesamte Entwicklung war jedoch krisenanfällig, wie etwa die Jahre der Inflation bzw. der Weltwirtschaftskrise zeigten. Mit der Weltwirtschaftskrise 1929–1932 endete in Deutschland die Zeit des ökonomischen Aufschwungs und stabiler politischer Verhältnisse. Die Zahl der Arbeitslosen stieg rasant an und hatte sich 1932 mit knapp 8 Millionen gegenüber 1929 mehr als verdreifacht. Die daraus resultierenden sozialen Spannungen wie auch eine Agrar- und Finanzkrise mit der zeitweiligen Zahlungsunfähigkeit Deutschlands destabilisierten das Staatsgefüge weiter und lieferten den Nährboden für radikale politische Anschauungen. Zugleich wurde ab Ende der 1920er Jahre das Produktionspotential nicht ausgeschöpft und es gab bereits einen noch kleinen Anteil an »verdeckter« Rüstungsgüterproduktion.

Zu den grundlegenden Veränderungen der Nachkriegszeit gehörten die Entstehung des Landes Thüringen und die damit verbundene Verortung der Salana als Thüringische Landesuniversität, das neue Verhältnis zwischen Wissenschaft und Politik mit den vielfältigen Auseinandersetzungen zwischen der verschiedenen Reform- bzw. Entwicklungsbestrebungen und die strukturellen Neuerungen wie der Herauslösung der Naturwissenschaftlichen Fakultät aus der Philosophischen, die Neuordnung des Verhältnisses von Ordinarien zu Nichtordinarien und die Bildung studentischer Organisationen.[1] Mit der Schaffung des neuen Landes Thüringen als Gliedstaat des Deutschen Reiches wurde die jahrhundertelange territoriale Zergliederung überwunden, doch haftete diesem Prozess der Makel an, dass es nicht gelang, die preußischen Gebiete um Erfurt zu integrieren, und sich der Freistaat Coburg dem Bundesland Bayern anschloss.

Jena war nach Gera die zweitgrößte Stadt in dem neuen Bundesland, eine Position, die trotz des Bevölkerungszuwachses von etwa 30 % zwischen 1925 und 1939 bis zum Beginn des Zweiten Weltkriegs erhalten blieb. Im Vorfeld des Zusammenschlusses der Thüringer Staaten zum Land Thüringen erfolgte auch die Neufestlegung der Zuschüsse der einzelnen Länder zum Universitätshaushalt, da mit dem Volksstaat Reuß und den beiden ehemaligen Schwarzburger Fürstentümern Schwarzburg-Rudolstadt und Schwarzburg-Sondershausen weitere Erhalterstaaten zum Haushalt der Universität beitrugen. Die Struktur der Finanzen als Mischfinanzierung aus staatlichen Mitteln, einem Eigenanteil und Zuschüssen von Dritten blieb erhalten, wobei jedoch der Anteil des Landes sich von 43 % im Jahre 1920 auf 87 % ein Jahr später erhöhte, dann um 80 % schwankte, um in der ersten Hälfte der 1930er Jahre auf bis zu 66 % 1932 zurückzugehen.[2] Im gesamten Zeitraum bis zum Kriegsende 1945 war der Finanzbedarf der Universität größer als die verfügbaren Mittel. Ausdruck der prekären Finanzlage ist unter anderem die Tatsache, dass die Universität vom Land Thüringen pro Student weniger Geld erhielt als die Universitäten in Preußen, Sachsen, Baden und Württemberg.[3] Von besonderer Bedeutung für die einzelnen Institute und Anstalten war das Einwerben zusätzlicher Finanzmittel von außeruniversitären Geldgebern, da diese Gelder separat, nicht im Universitätshaushalt erfasst wurden. Neben der 1920 gegründeten Notgemeinschaft der Deutschen Wissenschaft war für die Philosophische bzw. ab 1924 die Naturwissenschaftliche Fakultät wie in den vorangegangenen Jahrzehnten vor allem die Carl-Zeiß-Stiftung diesbezüglich ein wichtiger Partner.

Abgesehen von den zwei Höhepunkten in den Jahren 1919/20 und 1931 mit 3000 bzw. 3100 Studierenden und der Anstiegsphase 1928–1930 waren durchschnittlich etwa 2000 Studierende an der Jenaer Universität immatrikuliert. Die Zahlen reflektieren dabei insbesondere den steigenden Bedarf an wissenschaftlich gebildeten Kadern für eine Reihe von Berufen.

Bis zur Gleichschaltung der Länder durch die Nationalsozialisten 1933/34 war für die Universität Jena das neue, Ende 1921 mit dem Aufbau der Verwaltungsstruktur des Landes Thüringen geschaffene Ministerium für Volks-

---

1 Für einen Überblick über die Vielschichtigkeit dieses Umbruchprozesses und die Entwicklung in der Weimarer Republik sei auf den Abschnitt »Die ›Thüringische Landesuniversität‹ der Weimarer Zeit« im Beitrag von Jürgen John und Rüdiger Stutz: »Die Jenaer Universität 1918–1945« in Jena 2009, S. 270–587 verwiesen.
2 Jena 2009, S. 313.
3 Jena 2009, S. 314.

Abbildung 12 : Hauptgebäude der Universität 1921

bildung zuständig. Dieses Ministerium trug zugleich die Verantwortung für das gesamte Schulwesen als auch für kulturelle Einrichtungen wie Museen, Bibliotheken und Theater. Seine Entscheidungskompetenz und Selbständigkeit war jedoch durch die Weimarer Reichsverfassung vom August 1919 deutlich eingeschränkt, da die Landesgesetze dem Reichsrecht untergeordnet waren und diesem nicht widersprechen durften. Da aber die Bildung eines Reichsministeriums für Volksbildung und Wissenschaft fehl schlug und die entsprechenden Aufgaben auf Reichsebene nur durch eine Abteilung des Ministeriums des Innern wahr genommen wurden, blieb den Länderministerien ein gewisser Gestaltungsspielraum erhalten. Verfassungsrechtlich hatte das Land Thüringen als Rechtsnachfolger der Erhalterstaaten die Universität am 1. April 1921 übernommen und war somit für deren Finanzierung verantwortlich. Gleichzeitig erfolgte damit die Änderung des Namens in »Thüringische Landesuniversität Jena«. Die reformpädagogischen Bestrebungen, die insbesondere von dem 1921–1924 als Volksbildungsminister amtierenden Lehrer Max Greil (1877–1939) unterstützt wurden, fanden an der Universität keinen nennenswerten Niederschlag.

Viel stärker wirkten hier der bereits erwähnte wachsende Bedarf von Wirtschaft und Gesellschaft an Personen mit einer höheren wissenschaftlichen Ausbildung und die Umwandlung der Forschung von der Tätigkeit eines Einzelnen zur der immer größer werdender Wissenschaftlergruppen. Letzteres betraf vorrangig die Naturwissenschaften und die Medizin, aber auch andere Wissenschaften. Beide Prozesse vollzogen sich weitgehend unauffällig, ohne spektakuläre Eingriffe. Die verschiedenen Veränderungen und Entwicklungstendenzen schlugen sich dann in der 1924 beschlossenen neuen Hauptsatzung der Landesuniversität nieder, ohne die Grundkonzeption der Universität in Frage zu stellen.

3.1 Die Auseinandersetzungen um die Teilung der Philosophischen Fakultät

Ein wichtiger Punkt der Umgestaltungsprozesse Anfang der 1920er Jahre war die Abtrennung der Naturwissenschaftlichen Fakultät von der Philosophischen. Im September 1923 regte das Thüringer Volksbildungsministerium in einem Schreiben an den Rektor Max Henkel (1870–1941) eine Gliederung der Philosophischen Fakultät in Abteilungen an, und zwar in eine philologisch-historische, eine erziehungswissenschaftliche und eine mathematisch-naturwissenschaftliche.[4] Dies stieß in der Philosophischen Fakultät auf entschiedene Ablehnung und führte zu einem längeren Disput mit dem Ministerium. Dieser wurde durch den Beschluss des Ministeriums vom 29. Oktober 1923 zur Einrichtung einer erziehungswissenschaftlichen Abteilung noch verschärft und erregte als »Thüringer Hochschulkonflikt« im gesamten Deutschen Reich großes Aufsehen.[5] Seitens der Philosophischen Fakultät bzw. einzelner ihrer Mitglieder war von der »Zerstörung altbewährter Einrichtungen und des wissenschaftlichen Ansehens der Universität« sowie einer »Missachtung des allgemeinen Statuts der Universität«[6] die Rede. Eine gewisse Versachlichung erfuhr die Auseinandersetzung Anfang 1924 durch die Anfrage des Rektors bei allen deutschen Universitäten, ob die Philosophische Fakultät in Abteilungen geteilt und wie das Promotionsrecht geregelt sei. Als Ergebnis ergab sich, dass an vielen Universitäten bereits eine eigenständige Naturwissenschaftliche, in Einzelfällen Naturwissenschaftlich-Mathematische Fakultät existierte, die Universität Jena der nationalen Entwicklung also deutlich hinterher hinkte. In der weiteren Folge führte dies zum einen zu dem Antrag der Philosophischen Fakultät, den Erlass zur Begründung der erziehungswissenschaftlichen Abteilung zurückzunehmen.[7] Der Große Senat der Universität stimmte bei einer Gegenstimme dem Antrag zu und leitete ihn am 6. März an das Ministerium weiter. Dieses beschloss dann zwei Monate später die Auflösung dieser Abteilung, deren Aufgaben von einem erziehungswissenschaftlichen Ausschuss in der Fakultät übernommen werden sollten und der ein eigenes Beratungs- und Antragsrecht erhalten sollte.[8] Zum anderen setzte sich nun in der Philosophischen Fakultät die Erkenntnis durch, dass »die Errichtung von 2 Abteilungen mit weitgehender Selbstständigkeit und eigenem Beschlussrecht« sinnvoll war. Auf der Sitzung vom 7. Juli wurden die »Richtlinien für die 2 Abteilungen der philosophischen Fakultät« beschlossen.[9] Der zentrale Punkt darin war die Aufteilung der Fakultät in eine geisteswissenschaftliche und eine naturwissenschaftliche Abteilung zum 1. Oktober 1924. Weiterhin regelten die Richtlinien die Aufgaben und Rechte der einzelnen Abteilungen, die Zuordnung der einzelnen Fächer zu den Abteilungen und

die Organisationsstruktur, speziell auch die der Gesamtfakultät zufallenden Arbeitsgebiete. Eine explizite Zielstellung war dabei, einen »möglichen Zerfall in 2 Fakultäten zu verhindern«[10]. Doch nur knapp drei Wochen später informierte der Dekan den Rektor über den Beschluss der Fakultät zu ihrer Aufspaltung in eine Philosophische und eine Mathematisch-Naturwissenschaftliche Fakultät zum 1. April 1925 und bat »den Beschluss durch den Senat an die Regierung mit Befürwortung weiter zu leiten«.[11] Der Große Senat der Universität befürwortete am 31. Juli 1924 mehrheitlich die Weiterleitung des Antrags. Vier Senatsmitglieder, darunter der als Dekan der Philosophischen Fakultät amtierende Zoologe Ludwig Plate (1862–1937), der Mathematiker Haußner, der Philosoph Bruno Bauch (1877–1942) und der Germanist Albert Leitzmann (1867–1950), votierten dagegen und kündigten ein Sondergutachten an. Sie sahen in der Aufteilung unter anderem eine Förderung des Spezialistentums unter den Lehrern und verwiesen auf eine Reihe von Fächern wie Mathematik, Geographie, Pädagogik, Psychologie und Philosophie, die beiden Fakultäten angehören müssten. Der Lehrbetrieb dieser Fächer würde durch die Aufteilung »aufs schwerste geschädigt« und zugleich erfordere die Lehrerbildung als Hauptaufgabe der Philosophischen Fakultät die Beratung der bisherigen Gesamtfakultät.[12] Der inzwischen zum wiederholtem Male als Rektor amtierende Mineraloge Gottlob Linck erhob trotz einiger Bedenken wegen der darin enthaltenen unrichtigen Tatsachen keinen Einspruch gegen das Sondergutachten, da in der Semesterpause keine weitere Sitzung eines beschlussfähigen Senats einberufen werden konnte und eine deutliche Verzögerung des Antrags die Folge wäre. Nachdem das Sondergutachten und einige formale Ergänzungen den Dekanen und den Ordinarien zur Einsichtnahme vorgelegen hatten, leitete Linck den Antrag am 6. August an das Ministerium weiter. Einen Monat später genehmigte das Volksbildungsministerium die Trennung in zwei Fakultäten und legte auch die Zuordnung der oben genannten Fächer fest: Philosophie und Pädagogik gehörten zur Philosophischen Fakultät, die übrigen drei zur Mathematisch-Naturwissenschaftlichen. Die im Sondergutachten geäußerten Bedenken erschienen dem Minister »aber doch nicht so schwerwiegend, daß dem Wunsche der überwiegenden Mehrheit der bisherigen Gesamtfakultät nicht stattgegeben werden könnte«.[13] Ein gro-

---

4   UAJ, BA 96, Bl. 1.
5   Vgl. auch die Darstellung in Jena 2009, S. 321–324.
6   UAJ, BA 96, Bl. 26.
7   UAJ, BA 96, Bl. 69.
8   UAJ, BA 96, Bl. 72.
9   UAJ, BA 96, Bl. 73–75 In einem Schreiben von vier Mitgliedern der Fakultät wird die Annahme der »Richtlinien« auf den 14. Juli datiert.
10   UAJ, BA 96, Bl. 73.
11   UAJ, BA 96, Bl. 76v.
12   UAJ, BA 96, Bl. 81–81v.
13   UAJ, BA 96, Bl. 84,

ßer Vorteil sei die »größere Beweglichkeit der akademischen Verwaltungskörper«, die schon in der Rechts- und Wirtschaftswissenschaftlichen Fakultät bei der Bildung zweier Abteilungen bemerkt wurde und nun auch durch die Teilung der Philosophischen Fakultät erreicht werde.[14] Doch damit war die Angelegenheit keineswegs erledigt. Am 14. Oktober 1924 forderte Plate als Mitunterzeichner des Sondergutachtens vom Rektor Auskunft über die im Gutachten enthaltenen »Unrichtigkeiten«.[15] Einen Monat später, am 13. November, kam es dann in der Sitzung des Großen Senats zum Eklat, indem die Professoren Haußner, Plate und Max Wundt (1879–1963) den Rektor massiv angriffen. Wundt, Sohn des berühmten Leipziger Psychologen Wilhelm Wundt (1832–1920), tat sich dabei besonders hervor. Er hatte 1920 auf Betreiben des Jenaer Philosophen Bauch einen Ruf auf ein Ordinariat für Philosophie erhalten und angenommen, vertrat wie Plate völkisch nationale und antisemitische Anschauungen und war ein entschiedener Gegner der Weimarer Republik. Linck verwahrte sich entschieden gegen den Angriff und legte in einem Schreiben an alle Dekane der Universität die falschen Aussagen im Sondergutachten dar.[16] Zusätzlich fügte er eine genaue Übersicht über die zeitliche Abfolge der Beschlüsse bzw. Eingaben und deren Weiterleitung an. Daraus ging auch hervor, dass Haußner bereits am 12. August in einer Eingabe vom Ministerium verlangt hatte, dass die Verfasser des Sondergutachtens »vor der endgültigen Entscheidung nochmals gehört werden möchten«.[17]

In den folgenden Monaten ging die Auseinandersetzung mit den Anhängern des Sondergutachtens unvermindert weiter, wobei fast ausschließlich Plate als Verfasser der jeweiligen Schriftstücke hervortrat. Die Streitigkeiten resultierten letztlich aus den unterschiedlichen Ansichten über die Gültigkeit der Machtbefugnisse bei der Veränderung der Fakultätsstruktur sowie einer Meinungsänderung von Plate, der vom Befürworter zum Gegner der Fakultätsteilung geworden war. Die Mitglieder der neuen Naturwissenschaftlichen Fakultät hatten auf einer Zusammenkunft am 29. Januar 1925 den Chemiker Alexander Gutbier (1876–1926) zum Dekan gewählt und mehrheitlich beschlossen, dass er die weitere Sitzung der Fakultät leitete. Dagegen protestierte Plate. Er sah darin eine Amtsenthebung und berief sich insbesondere darauf, dass die Teilung der Fakultät erst zum 1. April 1925 in Kraft trete, was sowohl dem Ministeriumserlass als auch dem allgemeinen Universitätsstatut vom 1. Dezember 1924 entsprach. Die Fakultätsmitglieder argumentierten dagegen, dass die Senatsberatung und die Zuwahl in die Fakultät nun Aufgabe

Abb. 13: Ludwig Plate

des neuen Dekans seien. Dies veranlasste den Rektor, sich am 30. Januar 1925 an die rechtswissenschaftliche Abteilung der Rechts- und Wirtschaftswissenschaftlichen Fakultät wegen einer juristischen Beurteilung der Sachlage zu wenden. Als Fazit ergab sich: »Die beiden neuen Fakultäten und deren Dekane beginnen am 1. April 1925 ihre Tätigkeit. Aber die für ihr Inslebentreten erforderlichen Vorbereitungshandlungen, zu denen z.B. die Zuwahl der Nichtordinarien gehört, haben sie bereits jetzt für sich, jede getrennt, vorzunehmen.« Sie handeln dabei nicht als Fakultät, »sondern als eine zunächst formlose Vereinigung der Angehörigen der künftigen Fakultät. Zur Leitung ihrer Geschäfte können sie sich eines ihrer Mitglieder z.B. ihren Senior oder ihren künftigen Dekan, bestellen. Der bis zum 1. April 1924 amtierende Dekan der alten Gesamtfakultät leitet bis dahin wie bisher nur die die Gesamtfakultät betreffenden Angelegenheiten.«[18] Der Senat schloss

---

14 UAJ, BA 96, Bl. 84–84v.
15 UAJ, BA 96, Bl. 85.
16 UAJ, BA 96, Bl. 86–88.
17 UAJ, BA 96, Bl. 87.
18 UAJ, BA 96, Bl. 97v.

sich auf seiner Sitzung am 7. Februar 1925 dem Gutachten
mit einer Stimmenthaltung und einer Gegenstimme (Plate)
an. Aber noch immer trat keine Ruhe ein, da Plate versuchte, durch Berufung auf die formale Einhaltung der
Statuten seine Machtbefugnisse weitgehend zu erhalten.
Gleichzeitig wurde der Staatsminister Richard Leutheußer
(1867–1945) durch einen Landtagsabgeordneten beeinflusst und lehnte das Gutachten und die dort skizzierte Vorgehensweise ab. Zur Klärung dieser Angelegenheit kam es
am 9. Februar zu einer kurzfristig anberaumten Aussprache von Oberregierungsrat Friedrich Stier (1886–1966)
mit Linck, an der außerdem Gutbier und Wien teilnahmen.
In Absprache mit dem Rektor wurde daraufhin ein Kom-
promissvorschlag formuliert, der das Ministerium für
Volksbildung am 10. Februar bewog, »zur Behebung der
innerhalb der philosophischen Fakultät entstandenen
Zweifel über die Bildung der beiden aus ihr hervorgehen-
den Fakultäten« Folgendes anzuordnen:

> Sämtliche die neuen Fak[ultäten] betreffenden Amts-
> handlungen (wie Satzungsaufstellung, Zuwahl der Ex-
> traordinarien usw.) haben bis zum 1. April zu unterblei-
> ben. Von diesem Tage ab treten die neuen Fak[ultäten]
> (philosophische und math.-naturwissenschaftliche) un-
> ter ihren bereits gewählten Dekanen, deren Wahl hiermit
> mit anerkannt wird, zusammen, jede zunächst nach der
> alten Satzung der bisherigen philosophischen Fakultät.
> Jede hat dann getrennt den Vorschlag ihrer Satzung und
> die Zuwahl vorzunehmen.[19]

Abb. 14: Alexander Gutbier

Vorher stattfindende Besprechungen der Teilfakultäten
hatten keine amtliche Eigenschaft oder rechtliche Wirkung. Die zuvor erfolgte Ablehnung des Senatsgutachtens
sorgte jedoch bei den Mitgliedern der künftigen Mathematisch-Naturwissenschaftlichen Fakultät für eine deutliche
Missstimmung, da diese ohne vorherige Anhörung des Se-
natsstandpunktes erfolgte und als ernste Verletzung des
Selbstverwaltungsrechts der Universität gesehen wurde.
Magnifizenz Linck legte deshalb dem Weimarer Staatsminister die ganze Entwicklung in einem ausführlichen
Schreiben vom 16. Februar dar und verteidigte nachdrücklich das Selbstverwaltungsrecht der Universität. Um jeg-
liche Untergrabung dieses Rechts zu verhindern, bat er
den Minister, alle Mitglieder der Universität, die diesbezüglich Beschwerden vorbringen oder vortragen lassen,
auf den satzungsgemäßen Weg zu verweisen, und erst
nach Anhörung des Senats eine Entscheidung zu treffen.[20]
Ob Linck dieses Schreiben erst nach der am gleichen Tag
einberufenen Sitzung des Großen Senats, um deren Leitung er den Altrektor Max Henkel gebeten hatte, abfasste,

ist wahrscheinlich, aber nicht sicher. Nach weiteren heftigen Streitigkeiten Plates mit Henkel, mit denen sich auch
das Ministerium befassen musste, wies Leutheußer, unter
spezieller Bezugnahme auf Lincks Bericht vom 16. Februar faktisch abschließend, am 3. März 1925 den Vorwurf,
in das Selbstverwaltungsrecht der Universität eingegriffen
zu haben, entschieden zurück und bedauerte den Vorfall
»bei der von uns jederzeit erstrebten sorgfältigen Pflege
des Einvernehmens zwischen Unterrichtsverwaltung und
Universität aufrichtig«.[21] Er verteidigte das Vorgehen des
Ministeriums und erläuterte insbesondere, dass die sat-
zungsmäßigen Rechte des Dekans der alten Gesamtfakultät bei der Tätigkeit der neu zu bildenden Fakultäten vor
dem 1. April 1925 berücksichtigt werden müssten. Der Senat der Universität nahm das Schreiben in seiner Sitzung
am Monatsende ohne Kommentar zu den Akten. Einen
Tag später begannen die beiden neu gegründeten Fakultäten mit ihrer Arbeit.

19　UAJ, BA 96, Bl. 105.
20　UAJ, BA 96, Bl. 112–114.
21　UAJ, BA 96, Bl. 140.

Abb. 15: Gottlob Linck

3.2 Die Rolle der Statistik an der Jenaer Universität

An dieser Stelle sei noch kurz auf eine Entwicklung eingegangen, die wesentlich durch Veränderungen in und außerhalb der Philosophischen Fakultät bestimmt wurde und auch erst im Verlauf des 20. Jahrhunderts eine stärkere mathematische Komponente erhielt: die Verankerung der Statistik im Lehrbetrieb der Universität. Als Teilgebiet der Staats- und Kameralwissenschaften war die Statistik ab dem Wintersemester 1861/62 von dem als Ordinarius nach Jena berufenen Bruno Hildebrand (1812–1878) gelehrt worden. Bis zu seinem Tod hat er wiederholt statistische Vorlesungen angeboten, die er mit praktischen Unterweisungen in dem auf Grund seiner Initiative 1864 gegründeten Statistischen Büro vereinigter thüringischer Staaten verband. Unter den Studierenden fanden die Vorlesungen aber nur wenig Zuspruch. Nach Hildebrands Tod wurde das Statistische Büro noch im gleichen Jahr 1878 von Jena nach Weimar verlegt und Hildebrands Nachfolger Julius Pierstorff (1851–1926) war wegen »den großen

Anforderungen, welche der wirtschaftswissenschaftliche Unterricht stellte« und der fehlenden Unterstützung durch eine weitere Lehrkraft genötigt, »nach einiger Zeit … die statistischen Vorlesungen einzustellen und das von Hildebrand ins Leben gerufene statistische Seminar eingehen zu lassen«[22] Er formte Jena zu einem bedeutenden Zentrum der Nationalökonomie und regte ab 1894 den Privatdozenten und späteren Honorarprofessor Günther Anton zur Wiederaufnahme von Vorlesungen zur Statistik an, der diese zunächst unregelmäßig, ab 1902 jährlich anbot.[23] Die bestehenden Defizite konnten dadurch jedoch nicht beseitigt werden, zumal die Vorlesungen nicht durch praktische Übungen ergänzt wurden.

Mit der Bildung des Freistaates Thüringen wurden auch die verschiedenen statistischen Einrichtungen, das Statistische Bureau Vereinigter Thüringischer Staaten, das Statistische Landesamt Gotha und das Statistische Amt Meiningen zum Thüringischer Statistischen Landesamt mit Sitz in Weimar zusammengefasst.[24] Dies erfolgte am 21. Mai 1921. Die Leitung übernahm Johannes Müller (1889–1946), der zuvor der ebenfalls eingegliederten statistischen Abteilung des Wirtschaftsministeriums vorgestanden hatte. Möglicherweise durch diese neue Situation ermutigt, wandte sich die Philosophische Fakultät mit einem ausführlichen Bericht an den Rektor zur »Errichtung einer Professur für Statistik in Verbindung mit der Leitung des statistischen Landesamtes«.[25] Die Fakultät beklagte das seit Jahren bestehende dringende Bedürfnis, ausgiebig für den statistischen Unterricht zu sorgen.

Der akademische Lehrbetrieb bedarf dringend eines statistischen Unterrichts, welcher Theorie und Praxis sowie die Darstellung verschiedener Stoffgebiete umfaßt, aber ausser einer programmatischen Erweiterung, auch eines Dozenten, welcher fachsozialistisch geschult und im Stande ist, den an sich trockenen Stoff, durch die Art des Vortrags wirksam zu beleben, und seine Behandlung in praktischen Übungen zu vertiefen.[26]

Diese Forderung würde am besten befriedigt

durch einen Vertreter der Statistik, der als Leiter eines hinreichend grossen, mit mannigfaltigen Aufgaben betrauten statistischen Amts fortdauernd in lebendiger Berührung mit der statistischen Praxis steht und zugleich als akademischer Lehrer befähigt und genötigt ist, seine statistischen Erfahrungen und Kenntnisse wissenschaftlich nutzbar zu machen.[27]

22 UAJ, BA 928, Bl. 73.
23 UAJ, BA 938, Bl. 120.
24 Für eine ausführliche historische Darstellung sei auf die Artikel von H. Hagn [Hagn 1994], [Hagn 1996] verwiesen.
25 UAJ, BA 928, Bl. 73–77.
26 Ebenda, Bl. 74.
27 Ebenda, Bl. 75, Hervorhebung im Original.

Für die dafür nötige »Kombination von statistischer Praxis und wissenschaftlicher Fachvertretung« seien in Jena »die günstigsten Vorbedingungen gegeben«. Eingehend wurde die praktische Umsetzung des Antrags erörtert, speziell die Verlegung des Statistischen Landesamtes nach Jena, die Vereinbarkeit der Lehrtätigkeit mit den Leitungsaufgaben des Landesamtes und die sich daraus ergebenden attraktiven finanziellen Spielräume. Als Fazit folgerte die Fakultät dann, »dass die Verwirklichung der vorgeschlagenen und erstrebten Kombination auf statistischem Gebiete unserer Universität eine Vorzugsstellung verschaffen würde, der sich nur wenige Universitäten erfreuen. Sie würde somit unserem nationalökonomischen Unterricht und der ganzen Universität reichen Gewinn bringen.«[28] Als Anlage erhielt der Bericht ein Gutachten des Präsidenten des Bayerischen Statistischen Landesamtes Friedrich Zahn (1869–1946), der in der Personalfrage »eine im Dienst der Reichs- und Landesstatistik erfahrene, zugleich statistisch wissenschaftlich orientierte Kraft« favorisierte und, »wenn das Thüringische Statistische Landesamt den beiderseitigen Aufgaben der Praxis und Wissenschaft dienstbar gemacht werden« soll, nur Jena als möglichen Standort nannte.[29]

Das Thüringer Volksbildungsministerium war nun sehr darum bemüht, dass die früheren Beziehungen der Universität Jena mit einzelnen statistischen Institutionen nicht verloren gingen. Die Erfolge waren jedoch nicht besonders groß, wie der Minister Max Greil dem Universitätskurator Vollert Anfang Mai 1922 mitteilen musste. Er erachtete »die Bewilligung einer eigenen Lehrstelle für Statistik zur Zeit für ausgeschlossen«, sah es aber als günstige und wohl einzige Möglichkeit an, um Fortschritte zu erzielen, wenn wie schon im Bericht der Philosophischen Fakultät vorgeschlagen, »mit der Vertretung der Statistik an der Universität … der Leiter des statistischen Landesamtes berufen« würde.[30] Deshalb ersuchte Greil den Kurator möglichst rasch die Zustimmung der Philosophischen Fakultät und des Senats einzuholen, den Leiter des Landesamtes Müller noch für das laufende Sommersemester die Erlaubnis zum Halten einer Vorlesung über Statistik zu erteilen. Falls Müller die Möglichkeit erhielte, sich zu habilitieren, sollte ihm ein Lehrauftrag erteilt werden. Die Philosophische Fakultät lehnte aber den Vorschlag aus prinzipiellen Gründen strickt ab: »Der von der Regierung vorgelegte Plan zur wissenschaftlichen Vertretung der Statistik im Unterricht an der Universität Jena entspricht in keiner Weise den unbedingt notwendigen Anforderungen.« Die Fakultät verwies

nachdrücklich auf die Bedeutung des Faches, die unter anderem durch die geplante Aufnahme der Statistik als selbständigen Prüfungsgegenstand in die Diplomprüfung für Volkswirtschaft dokumentiert wurde. Ein nur ›Vorlesungsberechtigter‹ kann ein solches Lehrgebiet nicht vertreten, sondern es bedarf einer hervorragenden statistischen Kraft. Eine solche sei Robert René Kuczynski (1876–1947), was aber nicht als endgültiger Vorschlag der Fakultät für diese Stelle betrachtet werden sollte. Die Fakultät bestand nachdrücklich auf einer »wissenschaftlich vollwertige[n] Vertretung der Statistik in Jena«.[31] Eine spätere Habilitation des Regierungsrates Müller stellte keine »Lösung der Frage der statistischen Professur« dar. Als Anlage enthielt das Schreiben der Fakultät einen unterstützenden Brief des Vorstandes des Verbandes deutscher Städtestatistiker, Karl Seutemann (1871–1958), den dieser ohne Aufforderung in Eigeninitiative zugesandt hatte. Erwartungsgemäß unterstrich dieser die große Bedeutung der Statistik für volkswirtschaftliche Studien und unterstützte die Ansiedlung des Landesamtes in Jena. Sollte Letzteres an den Wünschen der Regierung scheitern, so ermunterte er die Fakultät, »den Plan einer statistischen Professur … nicht aufzugeben.« Gleichzeitig kritisierte er vehement die aufkommende mathematische Statistik, da »hier den Studenten Steine statt Brot gegeben werden«. Die mathematische Statistik sei »in ihrer weiteren Erstreckung mehr eine mathematische Spezialdisziplin als eine statistische Spezialdisziplin [ist]. Der gesellschaftliche Statistiker hat während seiner Praxis meist nur ausnahmsweise Gelegenheit, diese statistischen Probleme mit heranzuziehen.«[32] Auch habe man »eine Reihe mathematisch vorgebildeter Statistiker, die aber kaum noch in der Lage sind, den weitausschweifenden Theorien unserer führenden mathematischen Statistiker wirklich folgen zu können.«[33] Von den Verwaltungsstatistikern werde außerordentlich viel verlangt: von weitgehenden volkswirtschaftlichen, juristischen und verwaltungsrechtlichen Kenntnissen über solche zur Privatwirtschaft und Buchführung bis hin zu einer gründlichen philosophischen Vorbildung. »Bei dieser Sachlage kann man es wirklich von dem Statistiker nicht auch noch verlangen, dass er vollkommen in das Labyrinth der Wahrscheinlichkeitsrechnung, die selbst vielen mathematischen Hochschulprofessoren verschlossen ist, eindringen soll.«[34] Das Volksbildungsministerium folgte nicht den Argumenten der Philosophischen Fakultät. Müller blieb bis zu seinem Tod 1946 Leiter des Statistischen Landesamtes Thüringen. Er habilitierte sich 1922 an der Jenaer Universität

---

28 Ebenda, Bl. 75–76.
29 Ebenda, Bl. 78–78v.
30 UAJ, BA 938, Bl. 110.
31 UAJ, BA 938, Bl. 112–114.
32 UAJ, BA 938, Bl. 115–116.
33 UAJ, BA 938, Bl. 116.
34 Ebenda.

und hielt dort die Vorlesungen zur Statistik, erst als Privatdozent, dann ab 1929 als nebenamtlicher außerordentlicher Professor und seit 1940 als außerplanmäßiger Professor. Entgegen der internationalen Entwicklung mit der wachsenden Einbeziehung mathematischer Aspekte und Grundlagen blieb in Jena die Ausrichtung auf die Nationalökonomie erhalten. Nach längeren Diskussionen und ohne Einspruch der Philosophischen Fakultät lösten sich die nationalökonomischen Fächer 1923 aus dieser und wechselten zur Juristischen Fakultät, die fortan als Rechts- und Wirtschaftswissenschaftliche Fakultät in Erscheinung trat. Der entsprechenden Antrag wurde vom Weimarer Ministerium im August 1923 genehmigt und die Zusammenlegung der Fächer zum 20. Oktober wirksam.[35]

Nach diesem Exkurs zur Statistik soll nun die Entwicklung an den mathematischen bzw. physikalischen Lehrstühlen wieder aufgenommen werden.

3.3 Das Mathematische Institut und der wachsende Einfluss Koebes

Nach Ende des Krieges blieb die Besetzung der leitenden Positionen am Mathematischen Institut bis zur Mitte der 1920er Jahre unverändert. Haußner und Koebe wirkten weiter als Ordinarien für Mathematik, M. Winkelmann für angewandte Mathematik. Die Fortsetzung bzw. Wiederaufnahme des vollen Lehrbetriebs erforderte große Anstrengungen von allen Beteiligten. Frege hatte nach über ein Jahrzehnt währender verminderter Einsatzfähigkeit und mehrjähriger Beurlaubung von den Vorlesungspflichten im Dezember 1918 auf Grund der erreichten Altersgrenze von 70 Jahren um seine planmäßige Versetzung in den Ruhestand gebeten. Dies wurde ihm vom Weimarer Kultusdepartement im Einvernehmen mit den anderen Regierungen zum 8. Dezember gewährt.[36] Koebes erfolgreiche Wiederholung seines Antrags bezüglich eines Zuschusses für die Anstellung eines Assistenten war schon erwähnt worden. Mit großem Engagement widmete er sich der Sicherung der Lehrtätigkeit. Ein Jahr später im April 1920 kündigte eine Anfrage aus dem Preußischen Kultusministerium an den Kurator Vollert ein mögliches Berufungsangebot an Koebe an. Der Kurator wurde um eine Äußerung zur Besoldung Koebes und zu den Bedenken gegen dessen Ausscheiden gebeten. Die gewünschten Auskünfte wurden umgehend erteilt und auch kein Veto gegen eine Berufung erhoben. Am 19. April informierte Koebe dann den Kurator über das erhaltene Angebot. Fast einen Monat später konnte er nach den Verhandlungen mit dem Universitätskuratorium Köln und dem Weimarer Ministerium die Details dazu mitteilen: Ihm werde das neu eingerichtete Ordinariat für Mathematik an der Universität Köln mit einem Gehalt von 15 000 M angeboten mit weiteren Zulagen wie Orts- und Teuerungszuschlag entsprechend der neuen Gesetzesbestimmungen. Außerdem erhalte er einen besonderen Lehrauftrag »für die Pflege der der mathematischen Physik zugewandten Gebiete« und dafür eine jährliche Remuneration von 4000 M sowie einen Pauschalsatz für Reisen im wissenschaftlichen und unterrichtlichen Interesse. Das zu erwartende jährliche Gesamteinkommen betrug etwa 45 000 M. Koebe vermerkte dann, dass ein so günstiges Angebot »geringe Wahrscheinlichkeit« für sein Verbleiben in Jena biete. Er hatte diese Frage mit dem Kurator und dem Rektor erörtert und deren Unterstützung für folgende Bedingungen erhalten: Er wird gleichberechtigt zu Haußner als Vorstand des Mathematischen Instituts geführt, wobei Haußner den Zusatz »geschäftsführender Vorstand« erhalten könnte, und wird über alle Angelegenheiten des Instituts, soweit sie nicht persönlicher Natur sind, informiert. Als Besoldung erhält er ab 1. Oktober 1920 das der neuen Verordnung entsprechende Höchstgehalt für Ordinarien an der Universität Jena mit den zugehörigen Zulagen. Da er im Lehrbetrieb die höheren Wissenszweige besonders pflegen wolle und dadurch weniger Zuhörer habe, soll ihm eine Kolleggeldgarantie von 6500 M jährlich bewilligt werden. Schließlich solle die Staatsregierung bei der Carl-Zeiß-Stiftung beantragen, dass die derzeit für Hofrat Frege gewährte Gehaltssumme nach dessen Tod der Mathematik erhalten bleibe. Grundsätzlich hatte er zu diesen Forderungen festgestellt:

Ich gehe dabei von der Überzeugung aus, dass die Universität Jena vermöge des Rückhaltes, den sie an der Zeiss-Stiftung besitzt, gerade heute im besonderem Maasse berufen erscheint eine mitführende Stellung auf dem Gebiete der exakten Wissenschaften einzunehmen. Innerhalb der exakten Wissenschaften nimmt die Mathematik eine zentrale Stellung ein[*] und es wird in dem Vermächtnis – Statut Abbes in ganz besonderer Weise speziell der mathematischen Wissenschaft gedacht. ([*] Mathematische Vorlesungen werden ausser von Mathematikern von Physikern, Chemikern, Mineralogen, Versicherungsmathematikern gehört, sowie von Philosophen.)

Was nun im mathematischen Wissenschaftsbetrieb an der Universität Jena im Hinblick auf das vorbezeichnete Ziel besonders nottut, auch von Studierenden oft bemerkt worden ist, ist eine intensivere Pflege der höheren, der aktuellen Forschung näher gerückten Wissensgebiete, unter denen ich die mir am nächsten liegenden höheren funktionentheoretischen Lehren hervorheben möchte. Die Pflege solcher höherer Teile der Wissenschaft wird man naturgemäss am besten einem Fach-

---

35 Für eine ausführlichere Darstellung sei auf Ausführungen von Jürgen John und Rüdiger Stutz in Jena 2009, S. 345 ff. verwiesen.
36 UAJ, BA 926, Bl. 249.

vertreter überantworten, der selbst Forscher auf dem betreffenden Gebiet ist. Andererseits führt die Nichtberücksichtigung oder ungenügende Berücksichtigung solcher höherer moderner Gebiete zur Abwanderung gerade besonders tüchtiger Elemente unter den Studierenden von Jena.[37]

Außerdem äußerte Koebe den Wunsch, dass auch M. Winkelmann im Personalverzeichnis als Mitglied des Vorstandes der Mathematischen Anstalt mit dem Zusatz »Abteilungsvorstand für angewandte Mathematik« aufgeführt werde und ebenso unter der Rubrik »Mathematisches Proseminar«. Unverkennbar nutzte Koebe das Kölner Angebot, um seine Position am Mathematischen Institut zu verbessern. Die Universitätskonferenz entschied am 17. Mai 1920 nach der Beratung mit dem Kurator, dass Koebe »höchstens die Besoldung nach der drittletzten Gehaltsstufe der künftigen Gehaltssätze« gewährt werden kann, eine Honorargarantie nicht übernommen wird, es sei denn die Carl-Zeiß-Stiftung bewillige einen entsprechenden Zuschuss, und die Punkte bezüglich des Vorstandes und der Verwaltung der Mathematischen Anstalt nur mit Einwilligung von Haußner erfüllt werden können.[38] Haußner seinerseits hegte »schwere Bedenken« gegen Koebes Ideen und teilte seine Einwände dem Weimarer Kultusministerium am 25. Mai mit. Dabei interpretierte er dessen Ausführungen zu M. Winkelmann fälschlich als eine Übertragung von Unterrichtsteilen zur reinen Mathematik speziell auch der Anfängervorlesung an Winkelmann und nahm sehr entschieden dagegen Stellung. Nach den Satzungen der Universität habe jeder Ordinarius »in jedem Halbjahre eine Hauptvorlesung seiner Wissenschaft zu halten …, die für die große Zahl der Studierenden … in Frage kommen.« Ein Abgehen von dieser Regel würde ein Spezialistentum erzeugen, das schon vor dem Krieg beklagt wurde und das den »Studierenden die großen Zusammenhänge in ihrem wissenschaftlichen Fache und mit den benachbarten Wissengebieten [sic] verlieren und überhaupt nicht erkennen lasse.«[39] Unter Verweis auf die wirtschaftliche Lage und die für Wissenschaftler ungünstigen Zukunftsaussichten lehnte er jede Spezialisierungstendenz für die Universität Jena ab. Das Kultusministerium reagierte auf Haußners Schreiben und forderte den Kurator am 31. Mai auf, die Meinung der Fakultät in der Angelegenheit einzuholen und auch Haußner solle zu Wort kommen, wobei auch dessen Irrtum bezüglich Winkelmann zu korrigieren wäre. In den folgenden Tagen wurden die verschiedenen Probleme geklärt: Koebe revidierte seine Gehaltsforderung, erhielt aber eine günstige Festsetzung des Dienstalters,

eine Garantie der Honorareinnahmen erfolgte nicht, doch sicherte die Carl-Zeiß-Stiftung zu, jeweils zwei Drittel der Differenz zwischen den geforderten und den tatsächlichen Honoraren als Ausgleich zu zahlen. Die von der Zeiß-Stiftung für Frege gezahlten Mittel sollten nach dessen Ableben der Mathematik weiterhin zur Verfügung stehen. Haußner akzeptierte die vorgeschlagenen Änderungen in der Organisation der Institutsgeschäfte, auch die Schaffung eines besonderen Besprechungszimmers blieb weiter auf der Agenda. In den folgenden Monaten fiel Koebe mit einigen Aktionen auf, die sicher nicht zu einer besseren Atmosphäre am Mathematischen Institut beitrugen: So durch den Antrag auf einen Reisekostenzuschuss für die Teilnahme an der Jahresversammlung der Gesellschaft deutscher Naturforscher und Ärzte für 1920, der aber von der Carl-Zeiß-Stiftung abgelehnt wurde, da Koebe nicht von der Universität zu der Tagung abgeordnet worden war und er erst kurz zuvor eine erhebliche Besoldungserhöhung erhalten hatte. Außerdem überging er bei der Vorbereitung der Feierlichkeiten zu Thomaes 80. Geburtstag dessen langjährigen Kollegen Haußner. Koebe hielt auch die Ansprache als Thomae zu dem Festtag eine Büste des Jubilars überreicht wurde.

Mit einem weiteren Berufungsangebot auf ein Ordinariat an der Universität Erlangen erhielt Koebe dann im Februar 1921 eine neue Möglichkeit Forderungen über das Thüringer Ministerium für Volksbildung an die Carl-Zeiß-Stiftung zu stellen und seine Position in Jena zu verbessern. Es handelte sich ausschließlich um finanzielle Ansprüche, so wünschte er weitere finanzielle Mittel für das Mathematische Seminar, für die Mathematische Gesellschaft, für die Anschaffung von Literatur und die Bibliotheksausstattung sowie den Besuch wissenschaftlicher Veranstaltungen, eine Erhöhung seiner Besoldung sowie der garantierten Vorlesungsgelder und nach dem Ableben von Hofrat Frege sollte dessen Ruhegehalt inklusive möglicher Erhöhungen dem Fachgebiet der Mathematik an der Universität zur Verfügung stehen. Angesichts der in Verbindung mit der Berufung nach Köln gewährten Vorteile und der Mitteilung der bayerischen Unterrichtsverwaltung, dass von der Universität Erlangen Koebe nur »die gesetzliche Besoldung angeboten worden [ist], so dass er sich in Erlangen eher schlechter stehen wird, als hier«[40], plädierte der Kurator Vollert in seiner Stellungnahme an das Thüringische Ministerium für Volksbildung für eine Ablehnung der Forderungen und charakterisierte dabei abschließend recht eindrucksvoll Koebes Position im Mathematischen Institut:

---

37   UAJ, C 434, Bl 146.
38   UAJ, C 434, Bl 151.
39   UAJ, C 434, Bl 154.
40   UAJ, C 434, Bl. 174.

Würde Koebe gehen, so würde die Universität Jena allerdings einen begabten Gelehrten und einen bei den Studierenden nicht unbeliebten Dozenten verlieren. Andererseits würde damit aber auch das gespannte Verhältnis aufhören, welches sehr zum Nachteil der Universität zwischen Koebe und dem Geheimen Hofrat Haußner besteht und dazu geführt hat, daß die Genannten nicht nur jeden persönlichen Verkehr miteinander abgebrochen haben, sondern auch nicht einmal Briefe von einander annehmen. Ein Ersatz Koebes wird nicht auf Schwierigkeiten stoßen, da genügender Nachwuchs vorhanden ist.[41]

Das Ministerium folgte jedoch nicht der Empfehlung des Kurators und sagte Koebe in fast allen Punkten eine finanzielle Verbesserung zu. Lediglich die Erhöhung der Kolleggeldgarantie wurde offen gelassen, da ein Antrag über die allgemeine Einführung einer Kolleggeldgarantie noch entschieden werden musste. Koebe lehnte daraufhin das Berufungsangebot aus Erlangen ab.

Wenig später, im Sommer 1921 war Koebe dann wesentlich an einer bemerkenswerten Initiative beteiligt, die die Entwicklung von Mathematik, Physik nebst ihren Anwendungen an der Universität Jena weiter fördern sollte. Zusammen mit Max Wien beantragte er am 24. Juli 1921 bei der Carl-Zeiß-Stiftung die Schaffung eines Ernst-Abbe-Gedächtnispreises.[42] Formeller Anlass war das Ereignis, dass drei deutsche Fachgesellschaften: die Deutsche Physikalische Gesellschaft, die Deutsche Mathematiker-Vereinigung und die Deutsche Gesellschaft für technische Physik ihre Tagung gleichzeitig in Jena im September dieses Jahres durchführten. Zu ihren Motiven vermerkten die Antragsteller:

Um die grosse Schöpfung Abbe's der wissenschaftlichen Welt durch ein besonderes Symbol dauernd vor Augen zu halten und dadurch das Andenken Abbe's zu ehren, beantragen die Unterzeichnenten als Vorsitzende der Orts-Ausschüsse der kommenden Tagung die Stiftung eines der allgemeinen Förderung der mathematischen und physikalischen Wissenschaften einschliesslich ihrer Anwendungen dienenden Preises, der den Namen »Ernst Abbe – Gedächtnispreis der Carl Zeiss-Stiftung zur Förderung der mathematischen und physikalischen Wissenschaften« führen würde.[43]

Anschließend fügten sie auch ihre detaillierten Vorstellungen zu den Modalitäten der Preisvergabe und zu seiner Dotierung an: Der Preis solle aller zwei Jahre abwechselnd für hervorragende Leistungen auf den Gebieten: 1. Mathematik; 2. angewandte Mathematik, Mechanik, Astronomie; 3. Physik verliehen werden, wobei die entsprechenden Veröffentlichungen nicht mehr als 10 Jahre zurückliegen. Die Preisvergabe erfolge durch die Carl-Zeiß-Stiftung jeweils auf Vorschlag noch zu wählender Fachausschüsse, in denen die Repräsentanz der Universität Jena jeweils durch wenigstens einen Vertreter wünschenswert sei.

Nur drei Wochen später teilte der Stiftungskommissar der Carl-Zeiß-Stiftung Ebsen dem Thüringer Volksbildungsministerium mit, dass die Geschäftsleitungen der Stifterbetriebe den Antrag mit der Auflage genehmigt hatten, dass auch die angewandte Physik bei der Preisvergabe berücksichtigt werde.[44] Laut Aktenlage verliefen all diese Aktivitäten ohne weitere Fachvertreter einzubeziehen, so dass am 19. September Ministerialdirektor Dr. Ernst Wuttig (1876–1935) im Namen des Thüringischen Volksbildungsministeriums die Teilnehmer an der Jahrestagung der Deutschen Mathematiker-Vereinigung bzw. am Deutschen Physikertag begrüßten und zugleich als Vertreter der Carl Zeiß-Stiftung die Stiftung eines „Ernst Abbe-Gedächtnispreises zur Förderung der mathematischen und physikalischen Wissenschaften und ihrer Anwendungen" als wichtige Neuigkeit bekanntgeben konnte.

In der Beratung über den Antrag von Koebe und Wien war auch die finanzielle Absicherung des Preises festgelegt worden und im Oktober erfolgte dann die Anweisung an die Kasse der Carl-Zeiß-Stiftung, die Gelder für das Stiftungskapital bereitzustellen, das in Form von Reichsanleihen angelegt werden sollte. Damit hatte die Preisvergabe eine solide Basis erhalten. Die beiden Antragsteller regten nun an, mit einer Pressemitteilung die Öffentlichkeit zu informieren, und unterbreiteten Vorschläge für die jeweiligen Fachkommissionen. Im Frühsommer des Folgejahres erschien in einigen Fachzeitschriften eine ausführliche Notiz über die Einrichtung des Ernst-Abbe-Gedächtnispreises, wobei lediglich bei dem Fachausschuss für angewandte Mathematik und Physik mit Jonathan Zenneck (1871–1959) an Stelle von Julius Bauschinger (1860–1934) von den Vorschlägen der Antragssteller abgewichen wurde.[45] Die Vorbereitung der ersten Preisverleihung verlief ohne besondere Zwischenfälle, doch bereiteten sehr bald die ausufernde Inflation sowie die damit verbundene Vernichtung des Stiftungsvermögens große Probleme und gefährdeten die für 1924 geplante Preisverleihung. Doch die Carl-Zeiß-Stiftung erwies sich als unerschütterliche Stütze. Am 15. November 1924 beschloss

41 UAJ, C 434, Bl. 176v.
42 THStAW, C 440, Bl. 3–4.
43 THStAW, C 440, Bl. 3.
44 THStAW, C 440, Bl. 6–6v.
45 Vergleiche etwa Mathematische Annalen 86 (1922) S. 328. Den Fachausschüssen gehörten an: Fricke, Koebe, Weyl (für Mathematik), Lenard, Sommerfeld, M. Wien (für Physik), Hecker, Prandtl, Zenneck (für angewandte Mathematik und Physik).

der Stiftungsrat die »Übernahme des Abbe-Gedächtnispreises auf [den] Dispositionsfonds der Firma Carl Zeiß«
und Stiftungskommissar Ebsen vermerkte dazu noch mit
Blick auf die 1921 getroffenen Festlegungen: »Das damals zur Finanzierung des Preises zurückgestellte Kapital
ist inzwischen wertlos geworden. Deshalb den Preis selbst
… ausfallen zu lassen, erscheint nicht angängig. Die vorgeschlagene buchmäßige Behandlung wird unbedenklich
sein«.[46] Die Preisverleihung für Mathematik konnte noch
wie geplant Ende 1924 stattfinden, Preisträger war Felix
Klein. Die nachfolgenden Auszeichnungen mit dem Ernst-
Abbe-Preis wurden im vorgesehenen Rhythmus durchgeführt. Nach der Machtergreifung der Nationalsozialisten
kam es dann zu deutlichen Verzögerungen. Nach der erst
1943 auf Vorschlag des Fachausschusses »Angewandte
Mathematik und Physik« erfolgten Ehrung von Heinrich
Barkhausen (1881–1956) mit dem Abbe-Gedächtnispreis
für 1940 kam es zu keiner weiteren Preisvergabe. Auch
nach dem Krieg scheiterten alle Bemühungen den Ernst-
Abbe-Gedächtnispreis fortzuführen, so dass ein fördernder Einfluss auf die Entwicklung von Mathematik und
Physik an der Salana sehr begrenzt ausfiel.[47]

3.4 Die Assistenten am Mathematischen Institut

Das gestörte Verhältnis zwischen den beiden Ordinarien
für Mathematik führte jedoch sehr bald zu einer neuen
Auseinandersetzung hinsichtlich der Beschäftigung eines
Assistenten. Obwohl die Arbeit am Institut von einem Assistenten bewältigt werden konnte, beanspruchte Haußner
diesen für sich allein. Koebe erhielt deshalb die Genehmigung, ab dem 1. April 1921 einen weiteren Assistenten
anzustellen. Er besetzte die Stelle zum folgenden Wintersemester mit Heinz Prüfer (1896–1934), der zuvor vermutlich als Hilfsassistent bei ihm arbeitete und dem er nun
ohne Rücksprache mit dem Kurator bzw. dem Universitätsrentamt als Seminarassistent ein Gehalt von 9000 M
angeboten hatte. Prüfer war kurz zuvor im Frühjahr an
der Berliner Universität mit einer Arbeit über unendliche Abelsche Gruppen bei Issai Schur (1875–1941) promoviert worden. Entsprechend dem Angebot beantragte
Koebe für das laufende Semester ein Assistentengehalt
von 4500 M und strebte eine allgemeine Regelung der Assistentenvergütung am Mathematischen Institut an. Dabei
sollte zumindest ein Teil der Gehaltserhöhung für Haußners Assistenten Friedrich Lange noch für seinen Assistenten Prüfer zur Verfügung stehen. Grundsätzlich muss
dabei der jeweilige Status des Assistenten berücksichtigt
werden, der sich aus der institutionellen Unterscheidung

zwischen Institut und Seminar ergab und sich auf die Höhe
der Entlohnung und formal auf den Umfang der zu erledi-
genden Aufgaben auswirkte. Der Institutsassistent unterstützte den Leiter bei der Organisation des Institutsbetrie-
bes einschließlich der Führung der Bibliothek sowie der
Unterhaltung und Ergänzung der Modellsammlung und
übernahm bei Bedarf auch Lehraufgaben. Der Seminarassistent erfüllte die entsprechenden Aufgaben für das
Mathematische Seminar, wobei sich die bibliothekarische
Tätigkeit hauptsächlich auf die Absprache der Literaturbe-
stellungen beschränkte und die Betreuung der Sammlung
wegfiel. Der Hilfsassistent stand dem jeweiligen Ordinarius zur Verfügung und erledigte in der Praxis auch Arbeiten der anderen Assistenten. Bei der Weiterleitung von
Koebes Antrags an das Thüringer Volksbildungsministerium merkte Kurator Vollert kritisch an:

> Vom Standpunkte der Universität aus würde, wenn zwi-
> schen den beiden Ordinarien der Mathematik ein kol-
> legiales Verhältnis bestünde, ein Bedürfnis nach einem
> zweiten Assistenten am Mathematischen Institut nicht
> vorliegen. Soll Koebe einen eigenen Hilfsassistenten
> behalten, so würde dessen Vergütung doch nur soweit
> aufzubessern sein, als die Vergütung der sonstigen
> Hilfsassistenten, also auf etwa 5000 M jährlich. Ob un-
> ter diesen Umständen die geforderten 9000 M bewilligt
> werden sollen, stelle ich höherem Ermessen anheim.
> Man könnte diese Erhöhung als ein Stipendium für den
> Dr. Prüfer auffassen, das ihm die Habilitation ermög-
> licht. Ich befürchte nur, daß die Bewilligung, wie ich
> von Anfang an vorausgesehen habe, schließlich doch
> dahin geht, daß an dem mathematischen Institut zwei
> Vollassistenten tätig sind, obwohl man anderwärts wie
> auch früher hier, mit einem Hilfsassistenten auskam.[48]

Wenig später, im Begleitschreiben zu einer Eingabe
Koebes vom 16. Februar 1922, ergänzte er diese Kritik
und konstatierte, dass es grundsätzlich nicht möglich ist,
jedem an einem Institut tätigen Professor einen eigenen
Seminar- oder auch nur Hilfsassistenten zu adjungieren.
Außerdem habe Koebe bei der Annahme des Rufes nach
Jena gewusst, dass es nur einen Assistenten am Institut gab
und dieser Haußner unterstand. Er habe diesen Zustand
zumindest stillschweigend akzeptiert und diese Forderung
bei den jüngsten Verhandlungen nicht erhoben.[49] Gegen
die Aufwertung von Prüfers Stelle zum Seminarassistenten erhob Kurator Vollert keine Einwände, da die Finanzen
durch die Carl-Zeiß-Stiftung bewilligt werden mussten. Er
mahnte aber die dadurch am Mathematischen Institut ent-

---

46   ThHStAW, C 440, Bl. 19.
47   Für eine ausführliche Geschichte des Ernst-Abbe-Gedächtnispreises siehe Tobies 2020.
48   UAJ, C 434, Bl. 181v–182.
49   UAJ, C 249, Bl. 3.

stehende »Hypertrophie an wissenschaftlichen Hilfspersonal« an und warnte entschieden davor, »eine neue Seminarassistentenstelle auf Kosten der Universitätskasse zu begründen«.[50] Koebe hatte in dieser Eingabe eine Gleichstellung der beiden am Institut bzw. Seminar tätigen Assistenten beantragt und dabei, insbesondere bei deren Entlohnung, wesentlich auf die in Preußen bestehenden neuen Regelungen Bezug genommen. Einer zusätzlichen Vergütung der Institutstätigkeit von Haußners Assistent stimmte er zu, kritisierte aber die durch Anrechnung der Anciennität sich ergebende »unbillige Höhe« der derzeitigen Besoldung. In Preußen werde die Anciennität nicht berücksichtigt, so dass dieses Vorgehen nicht der vom Landtag geforderten »Anlehnung an die preußische Regelung« entspreche.[51] Außerdem plädierte er dafür, über das volle Assistentengehalt verfügen zu können, da er nur so tüchtige junge Leute, die für eine Habilitation in Frage kommen, gewinnen könne. Haußner erhob beim Ministerium gegen diese Eingabe sofort Einspruch. Die angeregten Änderungen lehnte er rigoros ab und widerlegte die Angaben bezüglich der Assistenten an preußischen Universitäten. Ausführlich schilderte er das umfangreichere Aufgabenspektrum seines Vollassistenten Lange im Vergleich zu Koebes Seminarassistenten Prüfer, bezweifelte aber zugleich, dass Prüfer seine Habilitation vor Lange abschließen würde. Um befähigten Studierenden die Habilitation zu ermöglichen, ist die Existenz einer Vollassistentenstelle wichtiger als die von zwei Hilfsassistenten. Abschließend widersprach er der Meinung, dass angesichts von Freges Krankheit ein Notstand bezüglich der am Institut tätigen Dozenten herrsche und eine weitere Professur zu schaffen sei.[52] Die Carl-Zeiß-Stiftung bewilligte die benötigten Finanzmittel und stellte ergänzend fest, dass Koebes Vorschlag, die Vergütung des derzeitigen Anstaltsassistenten aufzuteilen, derzeit nicht angängig erscheine. Die Idee sei aber zweckmäßig und notwendig und soll bei einer Neubesetzung der Stelle geprüft werden.[53] Nur wenige Wochen später, im April 1922, erhielt das Institut den von Haußner beantragten einmaligen Zuschuss von 15 000 Mark für die Bibliothek und die Modellsammlung, um die während des Krieges und den ersten Nachkriegsjahren entstandenen Lücken zu schließen. Diese Lücken waren zum einen im Bezug ausländischer Zeitschriften und der Enzyklopädie der mathematischen Wissenschaften, zum anderen durch das Abhandenkommen in den Wirren der Nachkriegszeit entstanden. Ab dem Wintersemester 1922/23 erhielt Koebe

nochmals eine Erhöhung der verfügbaren Finanzmittel, da er zuvor einen Ruf an die Universität Köln abgelehnt hatte. Sein Assistent Prüfer erfüllte im vollen Umfang die in ihn gesetzten Erwartungen, war auch wissenschaftlich aktiv und publizierte wichtige Ergebnisse zur Theorie der Abel'schen Gruppen und zur algebraischen Zahlentheorie.

Im Frühjahr 1923 verschärfte sich die Situation, da Haußners Assistent Lange kurzfristig eine »aussichtsreiche Lebensstellung in der Technik« angenommen hatte und zum 1. April das Institut verließ. Als Ersatz beabsichtigte Haußner seinen ehemaligen Doktoranden Johann Böhmel von der Technischen Hochschule Hannover für Jena zu gewinnen. Seitens des Ministeriums war dies aber die Möglichkeit die früher in Aussicht genommene Minderung der Stellenbezüge umzusetzen und Haußner erhielt die Mitteilung, dass mit »Rücksicht auf die allgemeine Finanzlage und die Notwendigkeit größtmöglicher Sparsamkeit« nur ein Seminarassistent mit 60 % der Bezüge der Gehaltsgruppe 10 genehmigt werden könne.[54] Bei dieser Entscheidung bezog sich Regierungsrat Stier auch speziell auf Koebes Argument, dass der Assistent am Mathematischen Institut weniger zu tun habe als ein solcher am Chemischen Institut oder ein Assistenzarzt. Haußner protestierte postwendend und bat um nochmalige Prüfung der Entscheidung, da diese nicht ohne Schaden für die Universität durchführbar sei.[55] Der Institutsassistent sei durch das Proseminar sowie die wissenschaftliche und die Verwaltungsarbeit für das Institut »erheblich stärker belastet« als der Seminarassistent Prüfer, eine Einschränkung der Pflichten sei aber nicht möglich: Das Proseminar ist für die Einführung in die höhere Mathematik, die für die Naturwissenschaftler und künftig für die Volksschullehrer noch ein größeres Gewicht erhalten soll, von grundlegender Bedeutung. Würde die Unterstützung bei den Lehrveranstaltungen gekürzt, müsste Haußner sein vielfältiges Vorlesungsangebot erheblich einschränken. Im Weiteren begründete er die Notwendigkeit eines umfangreichen Lehrplans und lobte seine »zum Teil auf Kosten meiner Gesundheit« durchgeführte reichhaltige Lehrtätigkeit, »wie wohl kein anderer Mathematiker an einer deutschen Universität und wie sie auch nicht vielen zu bewältigen möglich gewesen wäre«.[56] Nur dadurch war es gelungen, »trotz der gegen die meisten andern deutschen Universitäten geringen Zahl von mathematischen Lehrkräften, das Studium der Mathematik an der hiesigen Universität sehr zu fördern und auf eine recht ansehnliche

---

50 UAJ, C 249, Bl. 3v.
51 UAJ, C 249, Bl. 5–6.
52 UAJ, C 249, Bl. 7–10.
53 UAJ, C 249, Bl. 13.
54 UAJ, C 249, Bl. 30.
55 UAJ, C 249, Bl. 27.
56 UAJ, C 249, Bl. 28.

Höhe zu bringen.«[57] Unter Verweis auf Abbes Absicht, die Mathematik zu fördern, würde die Carl-Zeiß-Stiftung wohl auch weiterhin einen Vollassistenten bezahlen. Als Kandidat, aber auch nur für eine volle Stelle, nannte er Böhmel, der sich an der TH Hannover sehr gut bewährt habe. Böhmel würde sich auch habilitieren, so dass sich die Schaffung einer weiteren Lehrstelle erübrigte. Abschließend mahnte Haußner mit Blick auf die künftigen Aufgaben der Universitäten, die »in langjähriger, mühsamer und angestrengter Arbeit« geschaffenen Grundlagen nicht wieder zu zerstören. In der Beratung mit Stier räumte Regierungsrat Julius Schaxel (1887–1943) eine größere finanzielle Freiheit bei der Gewinnung von Böhmel ein. Bezeichnend für das Bild des Instituts ist Schaxels weiterer Kommentar: Haußners Schule mache der Universität keine besondere Ehre. Böhmel sei keinesfalls zur Habilitation zu ermuntern, diesbezüglich habe Prüfer Vorrang.[58] Am 1. Juni trat Böhmel seine Assistentenstelle am Mathematischen Institut an.

Während im Falle Böhmel die Turbulenzen der Hyperinflation des Jahres 1923 kaum markant hervortraten, wurden sie bezüglich der angewandten Mathematik deutlich. M. Winkelmann hatte die ihm im am 31. März 1923 beendeten Etatjahr zur Verfügung gestellten Mittel durch das Abonnement zweier wichtiger Zeitschriften um fast 4000 M überschritten und musste nun um nachträgliche Bewilligung der ausgelegten Beträge sowie eine »der heutigen Geldentwertung entsprechenden Erhöhung« der Zuwendungen bitten. Zugleich stellte er fest, dass er diesen Betrag nur durch eine wesentliche Einschränkung der für den Unterricht nötigen Materialien, speziell der für das Lehrgebiet wichtigen Bücher, erreichen konnte. Auf Dauer habe dies aber für die Entwicklung des Fachgebietes eine sehr schädliche Auswirkung. Nach »dem augenblicklichen Preisstande« schätzte Winkelmann den Finanzbedarf nun auf wenigstens 500 000 M. Darin waren aber der Kauf von Büchern für das Mathematische Institut bzw. von Apparaten und Modellen für die Vorlesungen und Übungen nicht mit enthalten. Außerdem klagte er, dass längst zwei Rechenmaschinen verschiedener Typen und Polarplanimeter neuerer Konstruktion hätten angeschafft werden müssen, wie dies an den Instituten für angewandte Mathematik etwa in Berlin und Göttingen der Fall ist. Die Photogrammetrie, der er gemäß seines Lehrauftrags besondere Aufmerksamkeit widmen sollte, konnte er mangels Instrumenten und geeigneter Räumlichkeiten nur als Theorie unterrichten. Im Frühsommer 1924, nach der Einführung der Rentenmark als neue Währung und dem Ende der Inflation, bemühte sich Winkelmann erneut um einen Finanzzuschuss.

Dieser wurde ihm gewährt, wobei die Stiftungsorgane der Carl-Zeiß-Stiftung bereits vor dem Eingang des Antrags die Wiederbewilligung eines Zuschusses genehmigt hatten. Die Stiftung stellte dem Mathematischen Institut vierteljährlich die nötigen Gelder zur Verfügung, mit denen auch die Bedürfnisse der Abteilung für angewandte Mathematik befriedigt werden sollten. Winkelmann bat nun, ihm ein »dem gegenwärtigen Unterrichtsbedürfnisse angemessenes jährliches Aversum wieder dauerhaft zur Verfügung zu stellen« und die Gelder für die Abteilung gesondert zuzuweisen. Das gegenwärtige Vorgehen erschwere den Unterrichtsbetrieb ungemein, da er bei jeder Anschaffung, auch Kleinigkeiten, die Genehmigung des Institutsvorstandes benötige. Der Institutshaushalt sei zudem so knapp bemessen, dass er nicht die für den Unterricht nötigen sachlichen Ausgaben für Modelle, Instrumente usw. ermögliche.[59] Der Zuschuss wurde auf die beantragte Höhe von 300 M festgelegt. Wenig später erhielt auch Koebe die Zusicherung für die Jahresvergütung seines Assistenten Prüfer bis einschließlich des Sommersemesters 1926. Dieser hatte sich am 1. Oktober 1923 habilitiert und am 17. November die Lehrbefähigung für Mathematik erhalten. Damit war der Lehrbetrieb für die folgenden Semester gesichert. Im Mai 1925 wurde dann jedoch Haußners Assistent Böhmel vom »Preußischen Provincial Schulkollegium« in Magdeburg einberufen, wobei das Thüringer Volksbildungsministerium auf Bitten Haußners eine Verschiebung des Termins auf das Semesterende erreichen konnte.[60] Im Rahmen der dadurch erforderlichen Anstellung eines neuen Assistenten wiederholte Haußner nachdrücklich seine Argumentation gegen die Herabstufung der Stelle und würdigte das vor allem durch seine Aktivitäten erreichte positive Niveau der mathematischen Ausbildung. Besonders hob er die im Vergleich zu Koebe viel größere Anzahl von Vorlesungen und Übungen hervor, die außerdem einen stärkeren Zuspruch seitens der Studierenden erfuhren. Sein 1907 eingeführtes Proseminar bedachte er mit einem zusätzlichen Lob. Neben den Arbeiten für das Institut müsse sein Assistent all diese Veranstaltungen betreuen, so dass die Herabsetzung der Stelle sachlich unmöglich sei. Als Kandidat schlug Haußner einen ehemaligen Studenten, Friedrich Ringleb (1900–1966), vor, der seit über zwei Jahren als Lehrer in Dresden tätig war. Das Ministerium hielt an der Einschätzung fest, dass die Dotierung der Stelle mit den Bezügen eines Seminarassistenten ausreichend sei, genehmigte aber als Ausnahme für zwei Jahre die Bezahlung als Vollassistent. Gleichzeitig betonte Oberregierungsrat Stier, dass die Bezahlung als Vollassistent die Promotion voraussetzt, und forderte mit

57   Ebenda.
58   UAJ, C 249, Bl. 31.
59   UAJ, C 249, Bl. 50.
60   UAJ, C 249, Bl. 56–57.

Nachdruck, künftig Persönlichkeiten zu finden, für die die Vergütung als Seminarassistent ausreicht.

Inzwischen war am 6. Juli 1925 Frege in Bad Kleinen verstorben und es wurde die Koebe bei der Ablehnung der Berufungen nach Köln und Erlangen gegebene Zusicherung wirksam, dass Freges Ruhegehalt dem Fach Mathematik bis zum 1. April 1930 erhalten bleibt. Nach der Diskussion über die Höhe der Zahlungen verhandelte Koebe am 16. Dezember 1925 im Volksbildungsministerium über die Anlage der Gelder in »einem besonderen Verfügungsstock …, aus dem für bestimmte Zwecke Mittel gewährt werden könnten«, und über deren Verwendungsmöglichkeiten.[61] Als solche wurden unter anderem genannt: die längerfristige Absicherung von Koebes Assistentenstelle, die Besserstellung des Assistenten Prüfer, die Ergänzung der Bibliothek und die Anstellung eines Lektors für Didaktik der Mathematik. Das Verfügungsrecht über die Gelder erhielt Koebe im Einverständnis mit der Stiftungsverwaltung. Als erste Maßnahme wurde im Februar 1926 beschlossen, die Vergütung von Prüfer zu erhöhen. Nur kurze Zeit später kam es zu einer grundlegenden Änderung der Situation, da Koebe im März 1926 das Angebot erhielt, als Nachfolger von Gustav Herglotz (1881–1953) ein Ordinariat an der Universität Leipzig zu übernehmen. Rektor Heinrich Gerland (1874–1944) beglückwünschte ihn zu dem Angebot und bedauerte den Verlust, hielt es aber für wenig wahrscheinlich, dass Jena mit Leipzig konkurrieren könne.[62] Erwartungsgemäß nahm Koebe die Berufung an und wechselte zum Wintersemester 1926/27 nach Leipzig. Dessen achtstündige Vorlesung »Analytische Mechanik, Potential, Fouriersche Reihen« übernahm Prüfer für dieses und das folgende Semester, wofür er nach Verhandlungen mit dem Ministerialbeamten Stier eine zusätzliche Vergütung und eine Zusicherung für ein Vorlesungsgeld von 500 RM erhielt. Gleichzeitig fiel Prüfer die Betreuung des Sonderfonds für mathematische Zwecke zu. Es gelang jedoch nicht, Prüfer dauerhaft an die Universität zu binden. Zum Wintersemester 1927/28 wechselte er an die Universität Münster, an der er einen Lehrauftrag für Geometrie wahrnahm. 1930 wurde diese Dozentur dann in eine Professur umgewandelt.

3.5 Die Nachfolge Koebes

Vor der Mathematisch-Naturwissenschaftlichen Fakultät stand nach dem Ausscheiden von Koebe nun die Aufgabe, möglichst rasch das Ordinariat für Mathematik wiederzubesetzen, und das Ministerium hatte bereits am 5. Juli 1926 den entsprechenden Auftrag erteilt, also noch vor den

Verhandlungen mit Prüfer über die Vertretung von Koebes Vorlesungen. Die Fakultät betonte in ihrem Antwortschreiben vom 12. November, weiterhin an den bei Auswahl eines Nachfolgers für Thomae formulierten Kriterien festzuhalten. Die beiden am Institut tätigen Mathematiker sollten sich in ihren Forschungs- und Arbeitsgebieten möglichst ergänzen, folglich müsste der neu zu Berufende vorrangig »die moderne Analysis, besonders die Funktionentheorie und die mit ihr eng zusammenhängenden Gebiete« vertreten. Außerdem wünschte die Fakultät einen erfahrenen Lehrer, der die »eigenartigen Schwierigkeiten mathematischer Vorlesungen« erfolgreich meistern könne.[63] Als Wunschkandidat wurde der in Münster als Ordinarius lehrende österreichische Funktionentheoretiker Robert König (1885–1979) genannt, an zweiter Stelle folgten gleichberechtigt Otto Haupt (1887–1988) und Konrad Knopp (1882–1957). Dabei hob die Fakultät die einmütige Wertschätzung Königs in der mathematischen Welt und dessen Vielseitigkeit in der Forschung hervor. Anfang Februar 1927 informierte König dann Magnifizenz Gutbier über die bisherigen Verhandlungen. Während er sich mit Haußner bereits über die Leitung der Anstalt geeinigt hatte, gestaltete sich die Raumfrage schwierig. Das Ministerium erkannte die Erweiterung der der Mathematik zustehenden Räume an und hatte ihm dies in Aussicht gestellt. Er habe daraufhin konkrete Vorschläge formuliert und hielt es für das Günstigste, wenn die entsprechenden Fragen durch eine gemeinsame Aussprache zwischen Rektor und Vertretern des Ministeriums bzw. der Carl-Zeiß-Stiftung geklärt würden. Die Verhandlungen verzögerten sich wegen der Abwesenheit einiger Mitglieder der Stiftungsverwaltung bzw. notwendiger Rücksprachen mit dem Ministerium, so dass König erst am 23. Juni eine Mitteilung des Ministeriums über seine Ernennung zum ordentlichen Professor zum 1. Oktober 1927 erhielt. Zuvor hatte Richard Leutheußer als Thüringer Staatsminister für Volksbildung und Justiz die in zahlreichen Verhandlungen erzielten Ergebnisse zusammenstellen lassen und König zugesandt. Diese legten u. a. fest, dass König als Mitdirektor der Mathematischen Anstalt und des Seminars fungiert und nach der Emeritierung Haußners alleiniger Direktor ist, der Anstalt dringend drei Räume angegliedert sowie weitere für eine Erweiterung in Aussicht genommen werden sollen, tunlichst die Teile der Anstalt als »Mathematisches Institut« zusammengefasst werden, König aus Mitteln der Carl-Zeiß-Stiftung einen eigenen wissenschaftlichen Assistenten als Ersatz für Prüfer anstellen kann und die Stiftung weitere Mittel für die Mathematische Anstalt sowie einmalig für die Beschaffung von Literatur etc. bewilligt.[64]

61 UAJ, C 249, Bl. 65–65v.
62 UAJ, BA 972, Bl. 44.
63 UAJ, BA 972, Bl. 86.
64 UAJ, D 1695, Bl. 22–24v.

Außerdem wurden König eine Reihe persönlicher Bedingungen, wie das Spitzengehalt für Professoren, gewährt.

Doch nicht nur im Institut waren die Räume knapp, ein zentraler Punkt der Berufungsverhandlungen war auch die Wohnungsfrage. Mit der Annahme der Professur in Jena suchte König dann am 12. Juni bei dem zuständigen Ministerialbeamten um Hilfe bei der Wohnungssuche nach und teilte rund zwei Wochen später mit, dass er den Umzug seiner Familie erst für den 1. April 1928 plane und zunächst nur eine Zwei-Zimmer-Wohnung benötige. Die von ihm für seine Familie angestrebte 7-Zimmer-Wohnng mit Bad und Garten erforderte meist, dass er seine jetzige Wohnung in Münster zum Tausch anbieten konnte, jedoch war diese dafür nicht verfügbar. Die Suche gestaltete sich weiterhin schwierig und erst Anfang April 1928 fand sich ein geeignetes Objekt. In der Zwischenzeit wurden mehrere Details in Königs Anstellungsvertrag, wie die Festsetzung des Dienstalters für das Ruhegehalt[65] sowie Königs alleinige Verfügungsberechtigung über den Sonderfonds für mathematische Zwecke[66], geklärt. Bereits ab 1. Oktober 1927 konnte die Assistentenstelle mit Dr. Egon Ullrich (1902–1957) neu besetzt werden. Ullrich hatte in Graz studiert, war 1925 an der dortigen Universität promoviert worden und hatte dann 1926 bei Ludwig Bieberbach (1886–1982) in Berlin und 1927 bei Ernst Lindelöf (1870–1946) und Rolf Nevanlinna (1895–1980) in Helsinki seine Studien vertieft. Gleichzeitig gelang es König, Hermann Schmidt (1902–1993) mit einen Dienstvertrag als Assistent des Mathematischen Seminars in seiner Abteilung anzustellen. Die Finanzmittel für Schmidts Vergütung, monatlich 250 RM, stellte wieder die Carl-Zeiß-Stiftung zur Verfügung. Schmidt hatte bis 1925 an der Universität und der Technischen Hochschule München ein Lehramtsstudium für Mathematik und Physik absolviert und wirkte am Mathematischen Institut der TH ab November 1924 als Hilfsassistent bzw. ab Mitte Mai 1925 als Assistent. Im Juli 1927 wurde er dort mit einer Arbeit zur Theorie der linearen Differentialgleichungen mit Koeffizienten aus einem algebraischen Funktionenkörper promoviert.[67] Es entwickelte sich eine langjährige, gute und erfolgreiche Zusammenarbeit zwischen König und seinem neuen Mitarbeiter. Ein Jahr später beantragte er die Verlängerung von Schmidts Anstellung um ein Jahr und die Erhöhung der Vergütung auf 300 RM monatlich, da Schmidt sich vortrefflich bewährt und eine etatmäßige Assistentenstelle

in Tübingen in Aussicht habe.[68] Dies wurde wie auch in den folgenden beiden Jahren im Weimarer Volksbildungsministerium genehmigt. Im Sommer 1930 musste König dann jedoch den anderen Assistenten Ullrich an die Universität Marburg ziehen lassen. König charakterisierte Ullrich als wissenschaftlich aufs Beste qualifiziert sowie organisatorisch besonders geschickt und für die bevorstehende Neuinbetriebnahme des Mathematischen Instituts unentbehrlich. Um diesen großen Verlust für den mathematischen Institutsbetrieb abzuwenden, erbat er für Ullrich eine Gehaltserhöhung und ihn etwa für das kommende Wintersemester unter Belassung der Bezüge zwecks gemeinsamer funktionentheoretischer Forschungen mit dem Leipziger Ordinarius Koebe zu beurlauben. Es wurde jedoch nur die Gehaltserhöhung genehmigt, so dass König dem Marburger Angebot nichts Ähnliches entgegensetzen konnte.[69] Die frei werdende etatmäßige Stelle bat er nun mit Schmidt zu besetzen.[70] Das Volksbildungsministerium genehmigte den Antrag und wenige Monate später, im Dezember 1930, Schmidts Zulassung als Privatdozent für reine Mathematik. Wie damals üblich, wurde darauf hingewiesen, dass mit der Dozentur »keinerlei Anwartschaft auf geldliche Leistungen der Universität oder des Staates begründet« wird.[71] Am 24. Januar 1931 stellte sich Schmidt der Fakultät mit seiner Antrittsvorlesung über neuere Ergebnisse aus der geometrischen Theorie gewöhnlicher Differentialgleichungen vor.

3.6 Auseinandersetzungen um zwei Habilitationen: die Verfahren von Herzberger und Ringleb

Am 1. Juli 1929 wandte sich Max Herzberger (1899–1982) an die Mathematisch-Naturwissenschaftliche Fakultät mit einem Habilitationsgesuch für das Fach Angewandte Mathematik, Spezialgebiet geometrische Optik. Er war 1923 mit einer Arbeit über hyperkomplexe Systeme bei Issai Schur in Berlin promoviert worden und hatte dann nach kurzer Tätigkeit am Physikalischen Institut in Jena und als Werksstudent der Firma Carl Zeiss in verschiedenen optischen Werken in Rathenow und Wetzlar, ab 1. Mai 1928 wieder bei der Firma Carl Zeiss, wissenschaftlich auf dem Gebiet der geometrischen Optik gearbeitet und geforscht. Die Antragstellung konnte er auf eine ganze Reihe von Publikationen stützen, in denen er vor allem theoretisch-mathematische Aspekte der geometrischen Optik behan-

65 UAJ, D 1695, Bl. 42–42v.
66 UAJ, D 1695, Bl. 40.
67 UAJ, D 2570, Bl. 1, 4.
68 UAJ, D 2570, Bl. 7.
69 UAJ, C 249, Bl. 119, 121.
70 UAJ, D 2570, Bl. 15.
71 UAJ, D 2570, Bl. 23.

delte[72]. Da die Konzentration auf dieses Spezialgebiet zu einschränkend war, musste Herzberger zwei Wochen später den Dekan bitten, seinen Antrag auf das umfassendere Lehrgebiet Angewandte Mathematik zu ändern.[73] Die von der Fakultät gebildete Kommission, bestehend aus Haußner, M. Winkelmann, Felix Jentzsch (1882–1946), Wien und Dekan Otto Renner, nahm auf der Sitzung vom 7. Januar 1930 den Antrag mit einer Gegenstimme an, vorausgesetzt dass die Leistungen Herzbergers als genügend beurteilt werden. Zuvor waren bereits Jentzsch als Berichterstatter und Winkelmann als Mitberichterstatter gewählt worden. Drei Tage später fragte der Dekan bei Erwin Lihotzky (1887–1941), einem wissenschaftlichen Mitarbeiter der Optischen Werke Leitz in Wetzlar, an, inwieweit dieser Anregungen für die Arbeiten von Herzberger gegeben habe. Lihotzky bestätigte, dass Herzberger vor allem während seiner Tätigkeit in den Leitz-Werken von ihm »mannigfache Anregungen« empfangen habe, betonte aber, sein »Anteil an den Arbeiten des Herrn Herzberger [sei] kein größerer als dies nach längerer zum Teil sehr intensiver Zusammenarbeit durchaus selbstverständlich erscheint« und es würden sich daraus keine Bedenken gegen die Habilitation Herzbergers ergeben.[74] Nachdem die Kommission zunächst nur lapidar im Protokoll die Klärung der Angelegenheit Haack vermerkt hatte, forderte sie am 4. Februar 1930 Herzberger auf, sich mit Wolfgang Haack (1902–1994) brieflich auseinanderzusetzen.[75] Was bei der Anfrage an Lihotzky im Hintergrund blieb, trat nun in den Mittelpunkt: Der Verdacht, Herzberger habe in seiner Habilitationsschrift und in seiner jüngsten Publikation über das allgemeine optische Gesetz[76] wesentlich Ideen und Anregungen von Fremden, speziell von Haack, verwendet, ohne dies entsprechend zu kennzeichnen. Haack hatte auf der Jahrestagung der Deutschen Mathematiker-Vereinigung in Hamburg im September 1928 über »Affine Strahlengeometrie« vorgetragen. Im Anschluss daran diskutierte er mit Herzberger einige Fachfragen, gab ihm dabei die besagten Hinweise und beide tauschten in der Folgezeit auch einige Manuskripte bzw. Publikationen aus. Zu der geforderten Klärung der Angelegenheit ergab sich nun ein teilweise sehr ausführlicher Briefwechsel: Haack schickte an Winkelmann einen, von diesem wohl im Auftrag der Habilitationskommission erbetenen, ausführlichen Bericht über den Gedankenaustausch mit Herzberger.

Letzterer, der über Haußner Kenntnis von dem Bericht erhielt, wandte sich schriftlich an Haack und schilderte seine Sicht auf die Angelegenheit. Entschieden widersprach er der Feststellung, dass in seiner »Arbeit ein einziger Gedanke verwendet wurde, der von Ihnen [Haack, K.-H. S.] stammt.« [77] Haack antworte am 11. Februar 1930 mit einem ausführlichen, vierseitigen Brief.[78] Er widersprach Herzbergers Darstellung in mehreren Punkten, wies auf darin enthaltene unlogische Folgerungen hin und stellte einige unklare bzw. fehlerhafte mathematische Ausführungen richtig. Insbesondere betonte Haack, er habe bereits auf der DMV-Tagung in Prag im September 1929 Herzberger seinen Unmut über das unterlassene Zitieren ausgedrückt, was Letzterer als »Vergessen« abgetan hatte. Außerdem wies er Herzberger nach dessen Vortrag darauf hin, dass dessen allgemeines optisches Gesetz nicht neu sei, was auch in der Diskussion zu dem Vortrag bestätigt wurde. Herzberger teilte Haacks Standpunkt nicht und versuchte in der Antwort an Haack mit einigen mathematischen Details darzulegen, dass er keine Anregungen von diesem erhalten habe. Einzig mit seinem Kollegen Hans Boegehold (1876–1965) wollte er die fachlichen Fragen erörtert haben. Das unveränderte Festhalten Herzbergers an seinem Standpunkt veranlasste Haack am 24. Februar zum Abbruch der Diskussion. In seinem Antwortbrief fasste er seine Ansicht nochmals kurz und prägnant zusammen, ergänzte diese in einigen Punkten und monierte, dass Herzbergers Briefe die »Grenzen der Höflichkeit berühren«. Dann konstatierte er: »Ich verspüre infolgedessen wenig Lust, in Zukunft noch weiter auf Ihre gekünstelten Argumente zu antworten und auf nutzlose Dinge einzugehen.«[79] Damit war die Auseinandersetzung zwischen Herzberger und Haack formal beendet, ohne jedoch den Verdacht des Plagiats zu klären. Die zuständige Habilitationskommission beschloss in ihrer Sitzung am 7. März auswärtige Mathematiker um ein Urteil über Herzbergers Arbeiten zu bitten. Um eine Einschätzung sollten Richard von Mises (1883–1953), S. Finsterwalder, T. Smith und Moritz von Rohr (1868–1940) gebeten werden, außerdem wollte Dekan Otto Renner (1883–1960) sich an Haack wenden. In seiner Antwort bedauerte Haack den Streit zwischen ihm und Herzberger und dankte Renner für das Bemühen diesen Streit zu schlichten. Auf Grund der in Renners »Brief enthaltenen Entschuldigung Herzbergers«

72 Herzberger 1927a, Herzberger 1927b, Herzberger 1928a, Herzberger 1928b, Herzberger 1928d, Herzberger 1929a, Herzberger 1929b, Herzberger/Boegehold 1928, sowie zwei Berichte über Vorträge auf der Versammlung der Gesellschaft für angewandte Mathematik und Mechanik Herzberger 1928c, Herzberger 1929c.
73 UAJ, N 51, Bl. 41.
74 UAJ, N 51, Bl. 47.
75 UAJ, N 51, Bl. 50.
76 Herzberger 1929a.
77 UAJ, N 51, Bl. 54–55.
78 UAJ, N 51, Bl. 56–59.
79 UAJ, N 51, Bl. 63.

erklärte er sich sogar bereit, die Frage der von Herzberger vergessenen Erwähnung der erhaltenen Anregungen als erledigt zu betrachten. Kompromisslos blieb er in der persönlichen Seite des Streites, dass Herzberger ihn direkt belogen hat, entweder in der Aussprache auf der Prager DMV-Tagung oder in dem jetzt erfolgten Briefwechsel, da »man von einem Wissenschaftler gerade in solchen Sachen unbedingte Ehrlichkeit verlangen kann und muß«.[80] Nach einem weiteren Schreiben des Dekans sah Haack dann am 3. April 1930 »den Zwist mit Herrn Herzberger in jeder Hinsicht als erledigt« an und hoffte, »dass damit diese widerwärtige Angelegenheit endgültig aus der Welt geschaffen« sei.[81] Erst jetzt realisierte der Dekan auch den ersten Teil des Kommissionsbeschlusses und holte die Gutachten von auswärtigen Kollegen ein, wobei er sich aber nur an von Mises und Finsterwalder wandte. Beide urteilten sehr positiv, Herzberger sei ein »sehr fleißiger Arbeiter auf dem in letzter Zeit vernachlässigtem Gebiet der geometrischen Optik« mit originellen Ideen bzw. seine Kenntnisse stellten ihn »in die erste Reihe der in diesem Fache tätigen Gelehrten«.[82] Seine Habilitation sei zu empfehlen. Am 5. Mai übergab Renner seinem Amtsnachfolger im Dekanat Adolf Sieverts alle Unterlagen des Habilitationsverfahrens inklusive der beiden Gutachten. Zum Monatsende übermittelten dann die beiden Referenten ihre Einschätzung der Arbeit. Jentzsch gab dabei einen Überblick über Herzbergers bisheriges Schaffen, betonte aber, nur über die optischen Leistungen zu urteilen und verwies hinsichtlich der Mathematik auf das Koreferat. Einleitend skizzierte er die Schwierigkeiten bei der Bewertung der Arbeit und entwickelte eine Kette von der abstrakten »Theorie« bis zur »Praxis«. Zunächst charakterisierte er die Verortung der Optik in dieser Kette: »Es liegt wohl im Wesen jeder angewandten Wissenschaft, dass das Urteil darüber was noch Wissenschaft, was schon Anwendung ist, also hier, was noch Mathematik, beziehungsweise angewandte Mathematik und was schon Optik ist, je nach dem Standpunkt des Urteilenden höchst verschieden ausfallen wird.«[83] Er setzte dies dann über die Liniengeometrie »bis zur Theorie der Bildentstehung und ihrer Realisierung durch bestimmte optische Systeme« und weiter bis letztlich »zu den Faustregeln des Optikermeisters« fort. Als Physiker klassifizierte er dann Herzbergers Arbeiten als zur Mathematik bzw. angewandten Mathematik gehörig und man könne Herzberger keinesfalls »für einen Physiker … halten«.[84] Jentzsch hob hervor, dass Herzberger mit zahlreichen Arbeiten »viele schon früher bekannte Er-

Abb. 16: Otto Renner

gebnisse und Sätze der geometrischen Optik« mit Hilfe der Vektorrechnung übersichtlich und anschaulich dargestellt und einen wichtigen Beitrag zu den Grundlagen der geometrischen Optik geleistet hat. Durch die »neuartige Behandlung von Strahlensystemen« sei Herzberger »zu einem vollständigen Neuaufbau der geometrischen Optik« gekommen.[85] Die vorgelegte Habilitationsschrift trage ebenfalls dazu bei, indem gezeigt wird, »dass für allgemeine Strahlensysteme sich für die Umgebung des Hauptstrahls ebenfalls vereinfachte Beziehungen ableiten lassen, … die geometrischen Gesetze der ›linearen Strahlenabbildung‹.« Als wertvollste Leistung schätzte Jentzsch jedoch vom physikalischen Standpunkt die vorangegangenen Arbeiten ein, in denen Herzberger zusammen mit Boegehold bzw. Lihotzky eine Bedingung für die Gültigkeit von Abbildungsgesetzen bei einem endlichen Flächenstück angegeben hatte. Zusammenfassend bescheinigte er Herzberger fähig zu sein, die Forschung an

80　UAJ, N 51, Bl. 69.
81　UAJ, N 51, Bl. 71.
82　UAJ, N 51, Bl. 73–74.
83　UAJ, N 51, Bl. 76.
84　UAJ, N 51, Bl. 77.
85　UAJ, N 51, Bl. 77–78.

der Salana zu pflegen und als guter Lehrer aktiv zu werden, und befürwortete damit dessen Habilitation.[86] Winkelmann urteilte ebenso positiv und befürwortete die Habilitation. Auch er ordnete Herzbergers Untersuchungen ein, als »ein Glied in der Kette von Arbeiten, welche die Gesetze der optischen Abbildung einheitlich und vollständig aus dem Vorstellungskreise der Liniengeometrie entwickeln sollen«.[87] Nach einer ausführlichen Erörterung der mathematischen Details bezeichnete er abschließend die Arbeit »hinsichtlich der Ergebnisse und der zu ihrer Erzielung benutzten Methode [als] eine achtbare mathematische Leistung« und fuhr fort: »Ältere und neuere Resultate werden in einen organischen Zusammenhang gebracht, sehr viel einfacher und unmittelbarer einleuchtend abgeleitet, und neue hinzugefügt.«[88] Die zuständige Kommission schlug daraufhin am 3. Juni der Fakultät vor, Herzberger für die weiteren Habilitationsleistungen zuzulassen. Da Renner als Prodekan nicht mit abstimmte, wurde der Beschluss mit vier Ja- und einer Gegenstimme gefasst, wobei ausdrücklich die Beilegung des Konflikts Herzberger – Haack vermerkt wurde.[89] Die Mathematisch-Naturwissenschaftliche Fakultät folgte auf ihrer Sitzung zwei Tage später der Empfehlung der Kommission mit zwölf Ja- und drei Nein-Stimmen bei einer Stimmenthaltung. Damit schien ein erfolgreicher Abschluss des Habilitationsverfahrens in greifbarer Nähe, doch hatte Haußner zugleich ein dreiseitiges Sondergutachten eingereicht.[90] Sein Einspruch basierte auf einer grundsätzlich anderen Auffassung in der Zuordnung der geometrischen Optik zu einer der umfassenden Disziplinen Mathematik bzw. Physik. Für ihn gehörte die Habilitationsschrift wie alle anderen Arbeiten Herzberger, mit einziger Ausnahme seiner Dissertation, zur Physik. Er stützte sich dabei auf die Fakten, dass im »Jahrbuch über die Fortschritte der Mathematik« »die geometrische Optik stets zur mathematischen Physik gezählt« wurde und Herzberger sich mit keinem Gebiet, das jetzt zur angewandten Mathematik gerechnet werde, beschäftigt und dazu publiziert habe. Zur angewandten Mathematik wurden im Allgemeinen die darstellende Geometrie, die graphische Statik, die technische Mechanik, die Wahrscheinlichkeits- und Ausgleichsrechnung sowie die Versicherungsmathematik gezählt. Wenn Herzberger sich jetzt für angewandte Mathematik habilitiert, müsse er aber im Stande sein, Vorlesungen wenigstens über einige dieser Gebiete zu halten. Vorlesungen über geometrische Optik würden nur wenige oder keine Interessenten finden und an eine Fortberufung an eine an-

dere Universität wäre nicht zu denken. »Eine Habilitation für angewandte Mathematik kann hiernach nicht in Betracht kommen«. Im Einzelnen kritisierte Haußner dann: Herzberger habe eine Reihe von Resultaten »in gemeinsamer oder paralleler Arbeit mit anderen Herren gefunden«, dessen eigener Anteil daran bliebe aber unklar; das für die vorgelegte Arbeit zentrale allgemeine optische Gesetz gehe bereits auf William Rowan Hamilton (1805–1865) zurück und die notwendige Literaturkenntnis sei zweifelhaft, da Herzberger den Zusammenhang mit einigen Ergebnissen von Eduard Study (1862–1930) nicht erwähnt habe. Schließlich leitete Haußner aus der Auseinandersetzung Herzbergers mit Haack »schwere moralische Bedenken« an dessen Charakter ab, die eine erzieherische Wirkung auf die studierende Jugend im Sinne des § 1 der Universitätshauptsatzung zweifelhaft erscheinen lassen würden.

Das Habilitationsverfahren lief aber normal weiter. Nach einer Verzögerung »aus technischen Gründen« nahm Dekan Sieverts am 26. Juni 1930 zu dem Sondergutachten Stellung und vier Tage später absolvierte Herzberger den Probevortrag und das Kolloquium. Die Fakultätsmitglieder schätzten diese Leistungen mehrheitlich zwar nur als befriedigend ein, beantragten aber die Zulassung als Privatdozent.[91] Haußner und Plate stimmten dagegen und sandten am 5. bzw. 7. Juli Sondergutachten an das Thüringische Volksbildungsministerium. Haußner wiederholte dabei in wesentlich ausführlicherer Form seine Argumente aus dem vorangegangenen Gutachten und setzte sich zugleich mit den Gegenargumenten von Dekan Sieverts auseinander. Er plädierte für eine Zuordnung der geometrischen Optik zur mathematischen Physik. In dieser werden »mathematische Hilfsmittel oft in noch wesentlich weiterem Umfang als in der geometrischen Optik benutzt« wie die Verwendung der Gruppentheorie in der Quantentheorie zeige und niemand denke daran »solche mathematisch-physikalische Arbeiten der angewandten Mathematik zuzurechnen«. Soweit nun »Herzberger wirklich neue spezifisch mathematische Methoden ausgearbeitet« habe, seien »es solche, die ihre wesentliche Bedeutung für die geometrische Optik nicht für die Mathematik haben«.[92] Ausdrücklich lehnte es Haußner ab, die geometrische Optik neu zur angewandten Mathematik hinzuzurechnen, da Letztere dadurch immer mehr »zum Sammelbecken für alle möglichen Disziplinen [werde], in denen mathematische Formel gebraucht werden.« Außerdem kritisierte er Herzbergers unbefriedigende Kenntnisse zur Auflösung

---

86 UAJ, N 51, Bl. 79.
87 UAJ, N 51, Bl. 80.
88 UAJ, N 51, Bl. 85.
89 UAJ, N 51, Bl. 87–88.
90 UAJ, N 51, Bl. 90–92.
91 UAJ, N 51, Bl. 101–104.
92 UAJ, N 51, Bl. 107v.

numerischer Gleichungen, was gegen eine Habilitation in
angewandter Mathematik sprach, da dieses Gebiet zur angewandten Mathematik gerechnet werden konnte. Plates
Gutachten war wesentlich kürzer und enthielt keine neuen
Aspekte. Er rückte in den Mittelpunkt, dass Herzberger
Optiker und kein Vertreter der angewandten Mathematik
sei und beurteilte als nicht wünschenswert, wenn »die wissenschaftlichen Beamten von Zeiss als Lehrkräfte an der
Universität wirken«, denn man »kann nicht zwei Herren
dienen«.[93] Dekan Sieverts nahm auch diesmal zu Haußners Gutachten Stellung. Bezüglich der bereits in der ersten Stellungnahme enthaltenen Punkte verwies er auf seine
früheren Darlegungen und lehnte »eine weitere Diskussion darüber ..., welchem Fach die geometrische Optik
zuzuzählen ist, wie das Gebiet der angewandten Mathematik abzugrenzen sei und für welches der strittigen Fächer
sich der auf einem ausgesprochenen Grenzgebiet arbei-
tende Dr. Herzberger habilitieren soll«, als unfruchtbar
ab.[94] Zur Doppelbeschäftigung Herzbergers an der Universität und in der Firma Carl Zeiss nannte er weitere analoge
Fälle, an denen keinerlei Anstoß genommen wurde. Die
Auseinandersetzung Herzberger – Haack und die daraus
von Haußner gefolgerten negativen Charakterzüge Herzbergers kommentierte Sieverts sehr deutlich: Während
sich der damalige Prodekan erfolgreich um die Beilegung
des Prioritätsstreits bemühte, »spricht kein Anzeichen dafür, dass der Sondergutachter jemals versucht hätte, im
versöhnenden Sinne zu wirken.«[95] Ebenso deutlich widersprach er Haußners Kritik an Herzbergers fachlichen
Kenntnissen: Zum einen hätte Haußner durch entsprechende Fragen die von ihm bemängelten Sachverhalte
klarstellen und die »bedenkliche[n] Lücken in den Leistungen des Habilitanden« der Fakultät aufzeigen können.
Zum anderen bezeugten die beiden Berichterstatter und
Prof. König, dass die »in dem Kolloquium vorgenommene
Prüfung ungewöhnlich streng war« und »der Habilitand
sehr gute Kenntnisse besitzt«.[96] Doch all diese Unterstützung nützte nichts, am 25. September 1930 schloss sich
das Thüringische Volksbildungsministerium den Sondergutachten an und lehnte die Habilitation Herzbergers ab.
Hierzu muss noch vermerkt werden, dass kurz danach, im
Oktober 1930, die Qualität von Herzbergers Habilitationsschrift durch die Publikation in der angesehenen »Zeitschrift für angewandte Mathematik und Mechanik« formal
bestätigt wurde. Außerdem waren in den rund 15 Monaten
seit der Antragstellung mehrere, meist kürzere Arbeiten
Herzbergers in anerkannten Fachzeitschriften erschienen
bzw. im Druck, in denen er, teilweise gemeinsam mit Boe-

Abb. 17: Adolf Sieverts

gehold, seinen Beitrag zur Grundlegung der geometrischen Optik fortsetzte.[97] Es war jedoch keineswegs »nur«
eine fachlich zweifelhafte Entscheidung des Ministers, der
Hauptgrund für die Ablehnung dürfte Herzbergers jüdi-
sche Abstammung gewesen sein.[98] Mit Wilhelm Frick
(1877–1946) als Minister für Inneres und Volksbildung
war im Januar 1930 erstmals in der Weimarer Republik ein
Mitglied der NSDAP in eine Landesregierung gelangt.
Drei Jahre später wurde Herzberger dann auf der Basis des
berüchtigten Gesetzes zur Wiederherstellung des Berufs-
beamtentums von den Nationalsozialisten als Einziger an
der Universität Jena entlassen und verlor 1934 auch seine
Anstellung in der Firma Carl Zeiss. Nach Zwischenstatio-
nen in den Niederlanden, der Sowjetunion und England
konnte er 1935 seine Kariere in den USA fortsetzen.

Weiterhin war seit dem 1. Oktober 1925 Friedrich Ringleb als Assistent am Mathematischen Institut und Seminar
der Jenaer Universität angestellt. Er war 1926 mit einer
Arbeit über konforme Abbildungen von Polygonen pro-

93 UAJ, N 51, Bl. 110.
94 UAJ, N 51, Bl. 112.
95 UAJ, N 51, Bl. 113.
96 UAJ, N 51, Bl. 114.
97 Herzberger 1930a, Herzberger 1930b, Herzberger/Boergehold 1930a, Herzberger/Boergehold 1930b, Herzberger/Boergehold 1930c.
98 Ein entsprechendes Schriftstück bzw. eine Notiz wurde nicht aufgefunden.

moviert worden und publizierte wenig später eine stark kritisierte mathematische Formelsammlung. Im März 1928 bewarb er sich dann erstmals um die Habilitation, die die Fakultät aus formalen Gründen ablehnte, da die Vorbedingung eines einsemestrigen Aufenthalts außerhalb der Universität Jena nicht erfüllt war. Ein Jahr später reichte Ringleb erneut eine Arbeit zur Habilitation ein. Während Haußner positiv urteilte, übte König scharfe Kritik und versagte ihr die Anerkennung als Habilitationsschrift, da er »Exaktheit in den Definitionen, wirkliches Niveau und Vertrautheit mit der Literatur« vermisste.[99] Damit begann ein langwieriges Verfahren, das die Fakultät teilweise spaltete und wesentlich auf den unterschiedlichen Auffassungen über das für eine Habilitation notwendige Niveau basierte. Angesichts der beiden unterschiedlichen Gutachten bat der Dekan sechs angesehene auswärtige Mathematiker, Ludwig Bieberbach, Richard Courant (1888–1972), Robert Fricke (1861–1930), Adolf Kneser (1862–1930), Edmund Landau (1877–1938) und Erhard Schmidt (1876–1959), um eine Einschätzung zu Ringlebs Formelsammlung und dessen mathematischen Leistungen. Das Urteil war vernichtend: Erhard Schmidt sprach von Fehlern, die »eine geradezu horrende und skandalöse Unkenntnis in den einfachsten Grundtatsachen der Mathematik verraten«, Richard Courant von dem »allgemein durch den unglaublichen Tiefstand seines Niveaus berüchtigt[en]« Göschen-Bändchen und Ludwig Bieberbach hielt wegen der »wirkliche[n] Lücken in der Elementarbildung des Verfassers« dessen Habilitation für ausgeschlossen.[100] Fricke führte drei grundlegende Fehler aus dem Buch an und hatte »schwere Bedenken« gegen eine Habilitation. Diese Fehler nannte auch Landau und konstatierte, dass nur zwei davon in der zweiten Auflage des Buches berichtigt worden waren. Kneser enthielt sich eines Urteils, da er Verfasser und Werk nicht kannte und sich wohl auch nicht damit beschäftigen wollte.[101] Die Fakultät folgte dem Beschluss der von ihr gebildeten Kommission und lehnte daraufhin die Habilitation ab. Dies rief den heftigen Widerspruch von Haußner hervor. Dieser beschwerte sich beim Rektor und einigen Senatsmitgliedern, dass »der Bericht der Habilitationskommission nicht ordnungsgemäß zustande gekommen sei«[102] und drei positive Urteile von Wilhelm Kutta, Georg Rost (1870–1958) und Eduard Study über die Habilitationsschrift nicht erwähnt wurden[103]. Diese

Einschätzungen waren von Haußner privat erbeten worden, jedoch verhinderte er eine amtliche Anfrage an die drei Mathematiker. Letztlich hatte nur die Stellungnahme von Kutta Gewicht, denn Rost änderte seine Meinung nachdem er Königs Bericht zur Kenntnis genommen hatte und Study konnte vor seinem Tod nur noch den ersten Teil der Arbeit bewerten. Am 15. Februar 1930 versuchte dann Haußner in einem ausführlichen Schreiben an den Dekan, die von König in der Habilitationsschrift Ringlebs und den übrigen Arbeiten kritisierten Punkte zu entkräften.[104] Wenige Tage später sandten 148 Studierende der Mathematik und Naturwissenschaften Ringleb ein unterstützendes Schreiben, das über Haußner am 13. März auch dem Dekan vorlag. Im Juni 1931 wiederholte Ringleb sein Gesuch mit einer neuen Arbeit. Als Berichterstatter fungierte diesmal der angesehene Zahlentheoretiker und Algebraiker Helmut Hasse (1898–1979) und als Mitberichterstatter Haußner, der wieder ein positives Urteil abgab. Hasse forderte dagegen »eine gründliche Umgestaltung der Arbeit«. Die stark voneinander abweichenden Einschätzungen veranlassten die Fakultät, die nach der Kritik von Hasse umgearbeitete Habilitationsschrift dem in Hamburg tätigen Emil Artin (1898–1962) zur Begutachtung vorzulegen, der sie aber als für die Habilitation nicht ausreichend befand. Trotz des großzügigen Entgegenkommens speziell hinsichtlich der Überarbeitung der Habilitationsschrift musste die Fakultät in der Endkonsequenz auch dieses Gesuch Ringlebs ablehnen.[105] Bezüglich der positiven Urteile von Kutta und Study[106], beide an Haußner übermittelt, konnte nicht ermittelt werden, warum diese offenbar nicht der Fakultät vorgelegt wurden. Außerdem hatte Ringleb neben Haußner mit dem Zoologen Plate und dem als Rassentheoretiker aktiven Philologen Hans F. K. Günther (1891–1961) auch einige Unterstützer in der Fakultät, die für ihn im Spätherbst 1932 einen unbesoldeten Lehrauftrag mit Lehrgebiet Analysis beantragten.[107] Zur Entscheidungsfindung holte der Kurator die Meinung der Mathematisch-Naturwissenschaftlichen Fakultät ein und leitete den Antrag an den Dekan weiter mit der Bemerkung, dass im Gegensatz zur Habilitation nur die Lehrbefähigung zu prüfen sei. Die Fakultät befasste sich auf ihrer Sitzung am 5. Dezember 1932 mit dem Antrag und lehnte ihn nahezu einmütig (3 Stimmenthaltungen) ab. In der Begründung betonte sie, dass es »weder den Bestimmungen

99 UAJ, N 51, Bl. 152.
100 UAJ, N 48/2, Bl. 534–536.
101 UAJ, N 51, Bl. 160–162.
102 UAJ, N 51, Bl. 178.
103 UAJ, N 51, Bl. 184–186.
104 UAJ, N 51, Bl. 192–197.
105 Die Möglichkeit, die Arbeit entsprecht der kritischen Bemerkungen Hasses umzuarbeiten, bevor sie Artin zur Begutachtung vorgelegt wird, entsprach nicht den Vorschriften eines Habilitationsverfahrens.
106 UAJ, C 249, Bl. 157–159.
107 UAJ, N 48/2, Bl. 537.

der Hauptsatzung, noch dem Brauch [entspricht], bei Anträgen und Stellungnahmen nach § 13 lediglich die Lehrbefähigung zu prüfen.«[108] Es ist vielmehr vor allem zu prüfen, »ob für das betreffende Fach eine Lehrberechtigung oder ein Lehrauftrag in Frage kommt ...« Die Fakultät ist keinesfalls einverstanden, »dass ein Lehrauftrag für ein Hauptfach ohne Habilitation und ohne dass auch nur die Aussicht auf die Zulassung als Privatdozent besteht, erteilt wird.«[109] Wenige Tage später, am 12. Dezember, sah sich der Dekan gegenüber dem Rektor genötigt, der falschen Darstellung entgegenzutreten, die Fakultät habe sich in der Angelegenheit Ringleb geweigert, ein Gutachten über die Lehrbefähigung Ringlebs abzugeben. Ein solches Gutachten sei weder vom Ministerium direkt noch vom Kurator angefordert worden, sondern lediglich die Stellungnahme zu dem von Haußner, Plate und Günther vorgelegten Antrag auf Erteilung eines Lehrauftrags an Ringleb.[110] Trotz der ablehnenden Haltung der Fakultät erteilte das Volksbildungsministerium am 29. April 1933 Ringleb einen unbesoldeten Lehrauftrag für mathematische Propädeutik für das Sommersemester und forderte eine Rückäußerung zu dessen beabsichtigter Ernennung zum Honorarprofessor. Einen Monat zuvor hatte sich der Minister Fritz Wächtler (1891–1945) ausführlich über die Habilitationsangelegenheit Ringleb informieren lassen.[111] Auf der Basis dieses Lehrauftrags kündigte Ringleb eine Vorlesung und ein Kolloquium zur Funktionentheorie an, deren Titel er nach einem Einspruch von König etwas abänderte. Über die Dienstbezeichnung Honorarprofessor wollte die Fakultät nach näherer Kenntnis von Ringlebs Vorlesungsleistungen entscheiden.

3.7 Königs Engagement für die Profilierung des Mathematischen Instituts

Vor dem Beginn des Sommersemesters 1928 war König noch ein wichtiger Erfolg gelungen, er konnte Heinrich Grell (1903–1974) mit einer monatlichen Vergütung von 300 RM aus dem Sonderfonds für mathematische Zwecke für die Mathematische Anstalt gewinnen. Grell hatte 1922–1927 bei berühmten Mathematikern wie Emmy Noether (1882–1935), Pavel Sergejevič Aleksandroff (1896–1982) und Richard Courant in Göttingen studiert, war bei Noether und Edmund Landau 1926 promoviert worden und hatte mit mehreren algebraischen Arbeiten auf sich aufmerksam gemacht. König beabsichtigte Grell zur Habilitation in Jena zu veranlassen und erreichte im Wei-

marer Ministerium, dass Grell als Assistent bis zur Habilitation, jedoch längstens für ein Jahr, mit der oben genannten Vergütung angestellt wurde. Am 1. Juni 1929 musste König jedoch eine Verlängerung der Zahlungen beantragen, da Grell »sich wissenschaftlich auf's allerbeste bewährt« habe und sich »mit seltener Hingabe ... der Vorbereitung der Studenten für den höheren Seminarbetrieb gewidmet hat, was dem Unterrichtsbetrieb und der Qualität der Leistungen außerordentlich zugute gekommen ist«, dabei aber die Abfassung der Habilitationsschrift hintenangesetzt habe.[112] Grell erfüllte die Erwartungen, brachte die Habilitation schnell zum Abschluss und am 28. April 1930 genehmigte das Ministerium die Zulassung als Privatdozent für Mathematik in Jena und erteilte ihm einen besoldeten Lehrauftrag für abstrakte Algebra und Topologie.[113] Mit der Anstellung von Ullrich, H. Schmidt und Grell erreichte König eine deutliche Erweiterung des mathematischen Forschungsspektrums in Jena und eine stärkere Berücksichtigung moderner Fragestellungen in der Analysis, insbesondere zur Funktionentheorie, zu der er selbst aktiv mitwirkte. Die Tatsache, dass Grells Forschungen sich sehr stark von denen der beiden Ordinarien unterschieden und die gute Zusammenarbeit zwischen König und Schmidt, dürften wohl wichtige Gründe für Ullrichs Wechsel an die Universität Marburg im Sommer 1930 gewesen sein. Bei der gegebenen Konstellation, bereits bei Grells Wechsel nach Jena hatte König dessen Habilitation und die Zulassung als Privatdozent als Ziel formuliert und Schmidt war auf dem Weg zur Habilitation ebenfalls gut vorangekommen, erscheint es höchst unwahrscheinlich, dass das Thüringer Ministerium für Volksbildung und Justiz für drei Assistenten die Privatdozentur genehmigt und einen Lehrauftrag erteilt hätte. Ullrich hat sich dann ein Jahr später in Marburg habilitiert.

Nicht nur hinsichtlich der personellen Ausstattung auch in der Raumfrage blieb König aktiv. Sich auf die in den Berufungsverhandlungen getroffenen Vereinbarungen berufend, wandte er sich am 1. März 1928 an das Thüringer Volksbildungsministerium. Er konstatierte die bestehende Raumnot der Mathematiker und bat das Ministerium den auf Initiative von Max Wien erwogenen Neubau eines Mathematischen Instituts bei der Carl-Zeiß-Stiftung anzuregen und »kräftig zu fördern«.[114] Sollte die Realisierung dieses Planes auf erhebliche Schwierigkeiten stoßen oder sich über mehrere Semester erstrecken, so ersuchte er, »durch Aufstockung des Ostflügels des Universitätsgebäudes« zunächst eine teilweise Abhilfe der Raumnot zu

108 UAJ, N 48/2, Bl. 543.
109 UAJ, N 48/2, Bl. 544.
110 UAJ, N 48/2, Bl. 548–549; UAJ, BA 942, Bl. 2–3.
111 UAJ, BA 942, Bl. 4–8.
112 UAJ, D 956, Bl. 7.
113 UAJ, D 956, Bl. 10, 13.
114 UAJ, D 1695, Bl. 56.

Abb. 18: Abbeanum (Mathematisches Institut), 1929

schaffen. Bereits zuvor hatten offenbar Gespräche zwischen den Thüringer Ministerien und der Universität stattgefunden, denn bereits am 25. Februar wandte sich der Ministerialbeamte Stier vom Volksbildungsministerium an den Stiftungskommissar der Zeiß-Stiftung, Oberverwaltungsgerichtspräsident Friedrich Ebsen, mit der Bitte um eine finanzielle Unterstützung für die erwähnte Aufstockung des östlichen Dachgeschosses. Die Kosten für das Bauvorhaben bezifferte er mit rund 40 000 RM. Auf das Interesse der Stiftung »an dem Gedeihen des mathematischen Instituts« und die Finanzlage des Landes verweisend, konstatierte er, dass ein Baukostenzuschuss seitens der Zeiß-Stiftung wesentlich zur Genehmigung des Bauantrages beitragen würde.[115] Der Neubau, zu Ehren Abbes als Abbeanum bezeichnet, wurde dann in etwas abgewandelter Form mit Mitteln der Carl-Zeiß-Stiftung in den Jahren 1929/30 errichtet. Neben der Abteilung für angewandte Mathematik beherbergte es den Bereich Optik des Physikalischen Instituts. Zur Vorbereitung des Baues besichtigte König im Januar 1930 die Mathematischen Institute in Göttingen und Halle. In Göttingen war ja erst kurz zuvor

mit Hilfe der Rockefeller-Stiftung ein neues Mathematisches Institut errichtet worden, was in seiner Gestaltung zweifellos richtungweisend wirkte. Die Ausrichtung des Jenenser Institutsbaus auf die Unterbringung der Abteilungen für Optik und für angewandte Mathematik hat sicher die Finanzierung des Projektes durch die Zeiß-Stiftung erleichtert. Durch die Weltwirtschaftskrise blieb die Situation aber sehr angespannt. Im Oktober 1931 hatte König mit dem Ministerialreferenten Stier im Volksbildungsministerium über die Auswirkungen der Notverordnung auf das Fach Mathematik gesprochen und legte diesem nun seine Vorstellungen zur Institutsentwicklung nach dem 1. April 1932 dar. Zu diesem Zeitpunkt würde Haußner gemäß der Notverordnung voraussichtlich in den Ruhestand treten. Demzufolge würde von den beiden im Mathematischen Seminar und im Mathematischen Institut jetzt noch bestehenden Abteilungen jeweils die von Haußner geleitete Abteilung A einschließlich der Seminarassistentenstelle wegfallen. Es würde ein einheitliches Seminar mit dem von der Zeiß-Stiftung finanzierten Vollassistenten H. Schmidt entstehen und ein einheitliches Institut, das im

---

115 UAJ, D 1695, Bl. 55.

Abbeanum untergebracht wäre. König gab eine genaue Beschreibung der Aufgaben des Assistenten Schmidt und vor allem der durch die Zusammenfassung der Mittel und der Leitung zu erwartenden Einsparungen. Ein Teil der eingesparten Mittel würde die Beschäftigung eines weiteren Assistenten für verschiedene Verwaltungs- und Bibliotheksarbeiten mit Bezügen als Seminarassistent ermöglichen, wobei auf dessen gleichzeitige wissenschaftliche Betätigung im Institut großen Wert gelegt werde, und somit nur eine wissenschaftlich befähigte Kraft dafür in Frage komme.[116] Bezüglich der Neubesetzung von Haußners Professur äußerte sich König nicht, da dies eine Angelegenheit der Fakultät sei. Er plädierte aber grundsätzlich für das Fortbestehen des zweiten Ordinariats, »wie es an sämtlichen deutschen Universitäten … der Fall ist.« Unter den gegenwärtig schwierigen Verhältnissen könne man auch mit einem Provisorium, also einem Extraordinariat, auskommen. Doch die Mathematik bedürfe zudem mehrerer Dozenten, da die Zahl der Grundvorlesungen ungleich größer ist als in anderen Fächern und die zum Teil 4-semestrigen Kurse jede Ostern neu begonnen werden müssen, da alles stetig aufeinander aufbaut. Schließlich verwies er darauf, dass »durch die C. Zeiss-Stiftung im Abbeanum eine – von Göttingen abgesehen – … in Europa einzigartige Lehr- und Forschungsstätte geschaffen wurde«, die die »Förderung der Staatsregierung im weitesten Maße verdient.«[117] Die Umsetzung dieses klar vorgezeichneten Weges sollte jedoch bald auf einige Schwierigkeiten stoßen.

3.8 Personalprobleme am Physikalischen Institut und die Berufung W. Schumanns

Nach seiner Rückkehr aus dem Kriegsdienst widmete sich Wien wieder mit ganzer Kraft der Entwicklung des Physikalischen Instituts. Bereits im Sommer 1916 hatte Kurator Vollert in die Zusammenstellung der nach Kriegsende nötigen Baumaßnahmen an Universitätseinrichtungen den Ausbau des Hörsaals der Physikalischen Anstalt aufgenommen und Wien um eine diesbezügliche Unterstützung gebeten.[118] Wien dankte für Vollerts Initiative, schloss sich der Ansicht an, dass wenn bauliche Änderungen vorgenommen werden, ein neuer großer Hörsaal mit etwa 350 Plätzen errichtet werden sollte, und ließ Pauli das erforderliche Bauprogramm für das Ministerium ausarbeiten. Der Kurator schickte die gesamten Unterlagen an das Kultusdepartement im Staatsministerium, das sich dann im Januar des Folgejahres hinsichtlich der Finanzierung

an die Carl-Zeiß-Stiftung wandte. Durch die Stiftung erhielt das Projekt nun eine deutliche Wendung, indem diese den Bau eines neuen Gebäudes für das Physikalische Institut anregte und dafür über 900 000 M zurückstellte. Mit diesen Mitteln sollten zugleich der Mehrbedarf für den Betrieb der Räumlichkeiten und die durch die nach dem Krieg zu erwartenden steigenden Studentenzahlen und die voraussichtlich fortdauernde Erhöhung der Löhne und Preise verursachten Zusatzkosten gedeckt werden. In dieser Diskussion zur Bauplanung trat im Frühjahr 1918 der vermutlich auf den Kurator zurückgehende Vorschlag in den Vordergrund: »Da das jetzige Institutsgebäude zur Aufnahme einer anderen Universitäts-Anstalt … sich … weniger eignet«, zu erwägen, »ob das Gebäude nicht auch noch weiterhin dem physikalischen Unterricht dienen und der Neubau auf der Fläche zwischen dem jetzigen Institutsgebäude und dem physikalisch – technischen Institut zu stehen kommen kann.«[119] Der Vorschlag wurde weitgehend akzeptiert, doch die nachfolgende Klärung von Detailfragen, vorrangig zur Ausgestaltung des Neubaus und zum Umbau des Altgebäudes, kam nur langsam voran. Noch im August 1922 drängte Wien auf einen raschen Baubeginn.

Neben dieser räumlichen Entwicklung des Physikalischen und des Physikalisch-Technischen Instituts musste sich Wien mit großer Energie der Lehre und Forschung und der damit verbundenen Verbesserung der Personalausstattung widmen. Dies war auch notwendig, hatten doch die Institute durch den Krieg mit Baedeker und Vollmer zwei hoffnungsvolle jüngere Kräfte verloren. Hinzukam noch Robert Marc von der angrenzenden physikalischen Chemie. Die Institute profitierten bei der Gewinnung geeigneter Kandidaten von Wiens führender Stellung unter den deutschen Physikern. Sein Ansehen trug sehr dazu bei, Jena zu einem günstigen Startpunkt für eine akademische Kariere zu wählen. Nachdem die durch Baedekers Tod entstandene Lücke durch E. Pauli geschlossen werden konnte, hatte die Wiederbesetzung von Vollmers Professur höchste Priorität. Am 30. Dezember 1918 reichte die Philosophische Fakultät ihre Vorschlagsliste an den Rektor weiter. Beim Aufstellen dieser Liste ließ sie sich von folgenden Gesichtspunkten leiten: Der Kandidat sollte »von Hause aus Techniker – Diplomingenieur – … oder wenigstens seiner ganzen Richtung nach technisch veranlagt« sein »und die in betracht kommenden Gebiete der Technik völlig« beherrschen. Weiterhin war erforderlich, »dass er in der drahtlosen Telegraphie bewandert ist, da das Technisch – physikalische Institut ganz darauf eingestellt ist,

116 UAJ, C 249, Bl. 127–131.
117 UAJ, C 249, Bl. 131–132.
118 UAJ, C 655, Bl. 17v–18.
119 UAJ, C 655, Bl. 26.

Abb. 19: Physikalisches Institut (neuere Aufnahme) und Wien'scher Hörsaal

und die Weiterentwicklung in dieser Richtung wünschenswert und aussichtsreich erscheint.«[120] Wieder schränkten
die verfügbaren Finanzen die Auswahlmöglichkeiten ein,
doch hatten alle Vorgeschlagenen ein Interesse an der
Stelle erklärt. An erster Stelle stand Walter Rogowski[121],
der an der Physikalisch-Technischen Reichsanstalt eine
Stelle als »ständiger Hilfsarbeiter« inne hatte und zugleich
Herausgeber des »Archiv für Elektrotechnik« war. In der
Vorschlagsbegründung wurden seine »gründliche mathematische Vorbildung« als Schüler von Hans von Mangoldt
(1854–1925) und Arnold Sommerfeld (1868–1951) sowie
seine Fähigkeit hervorgehoben, verwickelte theoretische
wie experimentelle Probleme lösen zu können. Der Kons-
truktionsingenieur und Privatdozent von der Technischen
Hochschule Berlin-Charlottenburg Heinrich Fassbender
(1884–1970) wurde an zweiter Stelle genannt. Kurz zuvor,
im November 1918, war ihm der Titel »Professor« verliehen worden. Gleichrangig auf Platz 3 gesetzt, vervollstän-
digten Max Reich, außerordentlicher Professor an der Universität Göttingen und Leiter der radioelektrischen
Versuchsanstalt von Marine und Heer, und Abraham Esau
(1884–1955), Oberingenieur bei der Gesellschaft für
drahtlose Telegraphie m. b. H. (Telefunken), die Liste der
Fakultät.[122] Die Verhandlungen verliefen sehr rasch und
bereits am 19. April 1919 konnte das Kultusdepartement
im Weimarer Staatsministerium die Universität anweisen,
die förmliche Berufung Rogowskis zum außerordentlichen Professor vorzunehmen. Rogowski wirkte jedoch nur
kurze Zeit am Institut für Technische Physik, denn bereits
am 13. März 1920 informierte er den Rektor über das Angebot, die ordentliche Professur für theoretische Elektrotechnik an der Technischen Hochschule Aachen zu übernehmen. Dem Ordinariat vermochte die Jenaer Universität
nichts Adäquates entgegenzusetzen und am 2. August
übermittelte Kurator Vollert an Rogowski die Einwilligung der Erhalterstaaten zu der von Letzterem erbetenen
Entlassung aus dem Lehramt in Jena. Kurzfristig ergab
sich im Sommer 1919 für das Physikalische Institut die
Möglichkeit einer deutlichen Verstärkung in der Lehre auf
dem Gebiet der theoretischen Physik. Der Sommerfeld-
Schüler und Privatdozent Wilhelm Lenz (1888–1957)
hatte sich bereit erklärt, sich von München nach Jena um-
zuhabilitieren, wenn er einen entsprechenden Lehrauftrag
erhielte. Die Philosophische Fakultät beantragte daraufhin
für ihn am 8. Juli einen Lehrauftrag für Elektronen- und
Quantentheorie. In der Begründung hob sie den in den
letzten 10 Jahren erfolgten Aufschwung der theoretischen

Physik hervor, unterstrich die Bedeutung der theoretischen
Physik, speziell der neuen Gebiete Quantentheorie und
Relativitätstheorie, für die künftige Entwicklung und leitete daraus die Notwendigkeit ab, die neuen Erkenntnisse
angemessen in der Lehre zu präsentieren. Lenz, der aktiv
an diesen Forschungen beteiligt war und ist, sei dafür die
geeignete Persönlichkeit. Die Regierungen der Erhalterstaaten knüpften ihr Einverständnis für einen auf vier
Jahre befristeten Lehrauftrag an mehrere Bedingungen:
Lenz sollte sich nach Jena umhabilitieren sowie in Jena
nostrifiziert werden und für die Vergütung solle die Fakultät Lenz für diese Zeit ein Stipendium aus den Erträgen der
Wilhelm-Winkler-Stiftung bewilligen.

An dieser Stelle sei noch erwähnt, dass im Sommer 1919
auch die außerordentliche Professur für Mikroskopie[123] im
gleichnamigen Institut mit Henry Siedentopf (1872–1940)
besetzt wurde.[124] Diese Professur war 1899 auf Initiative
von Abbe eingerichtet und mit dem Botaniker Hermann
Ambronn besetzt worden. Wenige Jahre später erfolgte
die Einrichtung des Instituts für Mikroskopie, das vollständig von der Carl-Zeiß-Stiftung durch außerordentliche Zuwendungen unterhalten wurde. Ambronn hatte sich
mit ganzer Kraft dem Aufbau des Instituts gewidmet und
1907 sogar gebeten, aus der Geschäftsleitung der Firma
Carl Zeiss entlassen zu werden, um künftig ausschließlich
in der Lehre tätig sein zu können. Der Stiftungskommissar der Carl-Zeiß-Stiftung und die Geschäftsleitung entsprachen der Bitte und Letztere beantragte, daß Ambronn
ab Oktober 1907 »solange er Vorlesungen und Übungen
an der Universität im bisherigen Umfange abhält … eine
nichtpensionsfähige Vergütung« aus Stiftungsmitteln erhalte.[125] Gleichzeitig wurde aber betont, dass damit keine
neue Zeiß-Professur begründet werde. Die von Ambronn
in den Folgejahren angestrebte Erweiterung des Instituts
scheiterte an fehlenden Mitteln bzw. wurde im Ministerium im Vergleich mit anderen Baumaßnahmen der Universität als nicht so dringend eingestuft. Im Sommer 1919
musste Ambronn dann bekennen, dass er auf Grund gesundheitlicher Probleme nicht mehr in der Lage sei, alle
mit dieser Professur verbundenen Aufgaben zu erfüllen,
und habe nur durch die Unterstützung Siedentopfs das Institut bisher weiter verwalten können.[126] Siedentopf leitete bereits seit 1907 die Abteilung für Mikroskopie in
der Firma Carl Zeiss, hatte mit mehreren Erfindungen zur
Weiterentwicklung der Mikroskopie beigetragen und sich
eine angesehene Stellung in der Gelehrtenwelt erworben.

Durch den bevorstehenden Abgang von Rogowski an

---

120 UAJ, BA 927, Bl. 45.
121 In den Akten tritt zunächst der falsche Vorname Otto statt Walter auf.
122 UAJ, BA 927, Bl. 45–50.
123 Gerlach spricht von einem Institut für Wissenschaftliche Mikroskopie sowie einer gleichnamigen Professur. Gerlach 2009, S. 615 f.
124 UAJ, BA 927, Bl. 140.
125 UAJ, C 727, Bl. 4–8v.
126 UAJ, BA 927, Bl. 141.

die Technische Hochschule Aachen und die Beurlaubung Paulis für ein Jahr entstand dann im Sommer 1920 ein akuter Handlungsbedarf. Für die Wiederbesetzung der Professur für technische Physik legte die Philosophische Fakultät dem Rektor ihre Vorschlagsliste am 9. Juli vor. Wie schon im Berufungsverfahren von Rogowski betonte sie eine gute technische Veranlagung, die völlige Beherrschung der in Betracht kommenden Gebiete der Technik und Kenntnisse in der drahtlosen Telegraphie als notwendige Voraussetzungen bei der Kandidatenwahl. An erster Stelle nominierte die Fakultät Winfried Schumann (1888–1974), Forschungsassistent der Bosch-Stiftung am Elektrotechnischen Institut der Technischen Hochschule Stuttgart. Auf den folgenden Plätzen wurden wie im vorangegangenen Verfahren wieder Heinrich Fassbender, inzwischen Titularprofessor an der Technischen Hochschule Aachen und Abraham Esau, nun auch Leiter des Empfangslaboratoriums der Gesellschaft für drahtlose Telegraphie, vorgeschlagen. Die Reihenfolge der Nominierung könnte etwas verwundern, da zu diesem Zeitpunkt Schumanns Habilitationsverfahren noch nicht abgeschlossen war, doch scheint er die Fakultät durch seinen Vorstellungsvortrag in Jena und durch seine Publikationen mit »Ideenreichtum, eine[r] gute[n] mathematische[n] Begabung und klaren Blick für das technisch Wichtige«[127] überzeugt zu haben. Der Rektor und der Große Senat der Universität befürworteten den Vorschlag der Philosophischen Fakultät und die Verhandlungen mit Schumann verliefen offenbar ohne Komplikationen. Am 10. November 1920 beauftragte das Weimarer Volksbildungsministerium im Auftrag der Erhalterstaaten die Universitätsgremien mit der förmlichen Berufung Schumanns zum außerordentlichen Professor für Technische Physik, die Schumann unverzüglich am 16. November annahm.[128] Als eine weitere Maßnahme, um die entstandene Lücke im Lehrbetrieb zu schließen und die Vertretung des Abteilungsvorstehers im Institut abzusichern, hatte die Philosophische Fakultät ebenfalls auf ihrer Sitzung im Juli 1920 beschlossen, um die Erteilung eines unbesoldeten Lehrauftrags für Sondergebiete der Physik an Hans Busch (1884–1973) nachzusuchen. Busch war zu diesem Zeitpunkt als wissenschaftlicher Hilfsarbeiter an der Radioelektrischen Versuchsanstalt für Marine und Heer in Göttingen beschäftigt. Wien hatte ihn während des Kriegsdienstes kennengelernt und ihn dank einer gründlichen physikalischen Ausbildung als gut geeignet für Vertretung der Stelle eingeschätzt. Busch war 1911 in Göttingen promoviert wor-

Abb. 20: Hans Busch

den, arbeitete dort 1907–1913 als Assistent am Institut für Angewandte Elektrizität und dann bis 1915 als Schriftleiter der renommierten »Physikalische[n] Zeitschrift«. In seinen Forschungen widmete er sich vorrangig der angewandten Physik. Der Abschluss seiner Habilitation in Göttingen stand kurz bevor und die Erteilung des Lehrauftrags war nötig, um ein Umhabilitieren zu ersparen.[129] Der Rektor und der Große Senat der Universität unterstützten den Antrag und am 2. August 1920 konnte Kurator Vollert dem Rektor einen positiven Bescheid der Erhalterstaaten mitteilen. Nachdem Busch seine Habilitation am 31. Juli erfolgreich zum Abschluss gebracht hatte, trat er am 1. Oktober 1920 eine Stelle als Assistent und Abteilungsvorsteher am Jenaer Physikalischen Institut an.[130] Diese stabile Lö-

---

127 UAJ, BA 928, Bl. 13.

128 UAJ, BA 928, Bl. 21–22; In seinem Personalbogen gab Schumann als Zeitpunkt der Berufung den 4. September 1920 an. Vermutlich bezieht sich dies auf den Abschluss der Verhandlungen mit dem Universitätskurator. UAJ D 2666, unpaginiert, Personalbogen.

129 UAJ, BA 938, Bl. 79.

130 In seinem Personalbogen gab Busch den 30. November 1920 als Beginn der »erste[n] Anstellung mit festem Gehalt« an, während er im zugehörigen Dienstlaufplan die Tätigkeit als Assistent und Abteilungsvorsteher arn 1. Oktober 1920 beginnen ließ. UAJ D 406 (Personalakte Busch) unpaginiert.

sung erwies sich als günstige und notwendige Entscheidung, denn Pauli beantragte in den folgenden Jahren immer wieder eine Verlängerung seiner Beurlaubung, die
ihm jeweils gewährt wurde.[131] Im November 1925 lehnte
es der Rektor ab, Pauli Urlaub zu erteilen, da dieser inzwischen auf Grund der durch ärztliches Zeugnis belegten Erkrankung an der Lehrtätigkeit gehindert sei, forderte aber
zugleich, dass er nach seiner Wiederherstellung die Vorlesungen alsbald wiederaufnehme[132]. Nach seiner Genesung
bat Pauli dann den Rektor im Mai 1926 um seine Entlassung, da er sich »fernerhin nur noch seinen medizinischen
Untersuchungen ... widmen, also keine physikalischen
Vorlesungen mehr … halten« wolle.[133]

3.9 Die Etablierung der theoretischen Physik

Bereits im März 1920, also deutlich vor Busch hatte sich
Erwin Schrödinger (1887–1961) von Wien nach Jena um-
habilitiert und einen Lehrauftrag für Elektronentheorie
erhalten. Drei Monate später schlug dann die Philosophische Fakultät seine Ernennung zum »außerordentlichen
Professor ohne Lehrstelle« vor. Im Herbst des gleichen
Jahres wechselte er jedoch an die Technische Hochschule
Stuttgart. In den Jenaer Akten wurden hierzu keine Hinweise gefunden, weder auf die Motive für diesen raschen
Wechsel noch auf irgendwelche Bemühungen seitens des
Instituts oder der Universität, um Schrödinger in Jena
zu halten. Ein Jahr später, im Frühjahr 1921, habilitierte
sich Karl Försterling (1885–1960) in Jena, der seit 1914
an der Technischen Hochschule Danzig als Privatdozent
für Theoretische Physik gelehrt hatte. Die Fakultät verzichtete aus formalen Gründen, trotz »eine[r] große[n]
Anzahl hervorragender experimenteller und theoretischer
Arbeiten« zur Reflexion des Lichtes an Metallen und ab-
sorbierenden Kristallen, zur Theorie der Fortpflanzung des
Lichtes in inhomogenen Medien sowie zur Quantentheorie und Relativität, zunächst auf dessen Ernennung zum
außerordentlichen Professor. Da sich Försterling sowohl
als Lehrer als auch als Vorstand der optischen Abteilung
des Physikalischen Instituts ausgezeichnet bewährte, beantragte sie diese Beförderung am 20. Oktober.[134] Das
Gesuch passierte rasch die verschiedenen Instanzen und
am 22. November 1921 genehmigte das Ministerium für
Volksbildung Försterlings Ernennung zum unbesoldeten
außerordentlichen Professor und wies den Kurator an, die
weiteren Formalitäten zu erledigen.[135] In den folgenden
Jahren änderte sich an dieser Position nichts, so dass es

nicht verwundert, wenn Försterling die Berufung auf ein
Ordinariat für theoretische Physik an der 1919 wiederer-
öffneten Universität Köln zum 1. Oktober 1924 annahm.

Zum gleichen Zeitpunkt schied auch Schumann aus
dem Verband der Universität aus und trat eine Professur
am elektrophysikalischen Labor der Technischen Hochschule München an. Noch ein Jahr zuvor war er zusammen mit mehreren anderen Professoren der Universität
mit Wirkung zum 1. Oktober 1923 zum persönlichen ordentlichen Professor ernannt worden. Das Volksbildungsministerium würdigte damit die wissenschaftlichen Verdienste und das Lehrengagement der einzelnen Lehrkräfte
und beabsichtigte zugleich, die Bedeutung der durch diese
vertretenen Fächer zu betonen. Neben Schumann wurde
auch dem theoretischen Physiker Auerbach und dem Professor für angewandte Mathematik Winkelmann diese Ehrung zuteil.[136] Ende Januar 1924 hatte Schumann von der
Carl-Zeiß-Stiftung einen Zuschuss von 5000 Goldmark für
Anschaffungen im Physikalisch-Technischen Institut erhalten. Die übrigen Wünsche des Institutsleiters, wie Ge-
bäudeanbau und ein laufender jährlicher Zuschuss, musste
das Ministerium wegen der Finanzlage zurückstellen, erkannte aber diese als berechtigt an. Bei all den vielen Veränderungen in den Stellenbesetzungen blieb Wien eine
feste Bastion. Er lehnte Anfang September 1923 einen Ruf
auf ein Ordinariat für Experimentalphysik an der Universität Berlin ab, was Rektor Max Henkel und die Universitätsleitung mit großer Freude zur Kenntnis nahmen.

Ende Oktober 1924 habilitierte sich der theoretische
Physiker Georg Joos (1894–1959) von der Universität
München nach Jena um, erhielt dort einen Lehrauftrag
für Relativitäts- und Quantentheorie und wurde als Abteilungsvorsteher am Physikalischen Institut berufen.[137]
Gleichzeitig musste er in diesem Semester 1924/25 die
Vorlesungen von Busch übernehmen, der seinerseits die
Vertretung des nach München berufenen Schumann zu sichern hatte. Unmittelbar nachdem Joos die vorgeschrie-
bene Probevorlesung am 1. November gehalten hatte, beantragte die Philosophische Fakultät dessen Ernennung
zum außerordentlichen Professor. Der Antrag fand die
erforderliche Unterstützung von Senat sowie Rektor und
am 2. Dezember beschloss das Thüringer Ministerium für
Volksbildung Joos zum nichtplanmäßigen außerordentlichen Professor in der Philosophischen Fakultät zu befördern. Als zwei Jahre später Auerbach nach seinem 70. Geburtstag das Volksbildungsministerium bat, ihn von seinen
amtlichen Pflichten ab dem Sommersemester 1927 zu be-

131 UAJ, BA 928, Bl. 79; UAJ, BA 930, Bl. 60; UAJ, BA 972, Bl. 24.
132 UAJ, BA 972, Bl. 27.
133 UAJ, BA 972, Bl. 49.
134 UAJ, BA 928, Bl. 103–103v.
135 UAJ, BA 928, Bl. 118.
136 UAJ, BA 928, Bl. 330–330v.
137 UAJ, BA 937, Bl. 22.

freien, teilte das Ministerium der Mathematisch-Naturwissenschaftlichen Fakultät mit, dass Auerbach die Befreiung gewährt wird und man darauf verzichtet, eine Vorschlagsliste zur Wiederbesetzung der Professur anzufordern. Joos sei bei seiner Anstellung »die Übertragung dieser Lehrstelle in Aussicht gestellt« worden und »wenn bis 16.12. keine gegenteilige Nachricht zugeht«, werde die Berufung ausgesprochen.[138] Die Fakultät stimmte unverzüglich der Berufung von Joos zum beamteten außerordentlichen Professor mit Lehrauftrag für theoretische Physik einstimmig zu. Diese erfolgte dann am 1. Februar mit Wirkung zum 1. April 1927.[139] Im August des Folgejahres bot dann die Universität Würzburg Joos ein Ordinariat für theoretische Physik an. Die Mathematisch-Naturwissenschaftliche Fakultät beantragte daraufhin dessen Ernennung zum persönlichen Ordinarius, da Joos »nur schwersten Herzens« aus der »Alma Mater Jenensis ... ausscheiden« und den Ruf »bei gleicher Stellung an hiesiger Universität« ablehnen würde. Die Fakultät lobte »die reiche wissenschaftliche Forschungstätigkeit auf verschiedenen Gebieten der theoretischen und experimentellen Physik«, seine erfolgreiche Lehrtätigkeit und dessen eifrige Förderung der Verbreitung von Kenntnissen der modernen Physik.[140] Das Thüringer Volksbildungsministerium folgte dem Vorschlag der Fakultät und ernannt Joos am 23. November zum persönlichen Ordinarius, der zuvor bereits das Würzburger Angebot abgelehnt hatte. Im Herbst 1929 erreichte Joos dann einen deutlichen Fortschritt in der Institutionalisierung der theoretischen Physik durch die Anerkennung des Theoretisch-Physikalischen Seminars als eigenständige Einheit innerhalb des Physikalischen Instituts. Nachdem er bereits im März beim Dekan der Mathematisch-Naturwissenschaftlichen Fakultät um die Anerkennung dieses Seminars nachgesucht hatte, wiederholte er den um eine ausführliche Begründung erweiterten Antrag an die Fakultät am 31. Oktober 1929. Er skizzierte kurz die Entwicklung mit der Gründung eigener Institute für Theoretische Physik an den größeren Universitäten und verwies auf die jüngste weitergehende Spezialisierung der Physik, in der »gerade die erfolgreichsten Theoretiker ganz von eigenen experimentellen Arbeiten abgekommen« sind und es sich für kleinere Universitäten als zweckmäßiger erwies, »im Physikalischen Institut ein theoretisches Seminar einzurichten«. Derartige Einrichtungen seien »an allen Universitäten vorhanden, wo keine eigenen theoretischen Institute bestehen. Auch im hiesigen Physikalischen Institut besteht tatsächlich seit meiner Übersiedlung nach Jena ein theoretisch-physikalisches Seminar.«[141] Da mit der Vergrößerung des Physikalischen Instituts auch ein Raum für das theoretisch-physikalische Seminar geschaffen wurde, könne es nun auch ins Vorlesungsverzeichnis aufgenommen werden. Außerdem legte Joos den Entwurf einer Satzung bei, mit der »der Zustand, der sich in Bezug auf die Zusammenarbeit zwischen theoretischer und experimenteller Physik seit einer Reihe von Jahren aufs Beste bewährt hat und der ein reibungsloses Zusammenarbeiten, unabhängig von jeweiligen Inhabern der Lehrstühle, gewährleisten dürfte, legalisiert werde[n].«[142] Die Fakultät begrüßte die Einrichtung des Seminars und leitete Joos' Antrag mit der Bitte, das Seminar in Zukunft unter den Instituten der Universität zu führen und die Satzung zu genehmigen, an das Volksbildungsministerium weiter. Das Ministerium erteilte am 20. Dezember im Wesentlichen die erbetenen Bewilligungen. Da es die Verwaltung der Carl-Zeiß-Stiftung ablehnte, eine Dauerverpflichtung einzugehen, und die nötigen Finanzmittel nur für drei Jahre zusagte, mussten diesbezüglich entsprechende Einschränkungen etwa bei der Genehmigung der Satzung vorgenommen werden.

Auch in den folgenden Jahren war es schwierig, Joos in Jena zu halten. Im Herbst 1930 erhielt er eine Berufung auf den neu eingerichteten Lehrstuhl für theoretische Physik an der Technischen Hochschule Karlsruhe und die Technische Hochschule Danzig beabsichtigte ihn für die Professur für Experimentalphysik zu berufen. Beide Angebote lehnte Joos ab, er erhielt aber unter anderen die Zusicherung für einen Kredit von 10 000 RM, den ihm die Carl-Zeiß-Stiftung für die Anschaffung von in den Betrieben der Stiftung hergestellte Apparaturen gewährte. Das Thüringische Volksbildungsministerium dürften die wiederholten Versuche, Joos an eine andere Hochschule zu ziehen, bewogen haben, dessen Lehrstelle aufzuwerten und sie ab den 1. April 1931 von einer außerordentlichen in eine ordentliche Lehrstelle für theoretische Physik umzuwandeln und Joos zum Ordinarius zu ernennen.[143] Als dann im April 1932 Joos einen weiteren Ruf als Ordinarius an die Technische Hochschule München erhielt, sah sich auch die Fakultät zu einer energischen Stellungnahme veranlasst. Sie bat das Ministerium, »Herrn Joos mit allen verfügbaren Mitteln die Ablehnung des Rufes ohne Schaden für seine Person und seine künftige wissenschaftliche Arbeit zu ermöglichen. ... Die Verbindung von Theorie und Experiment, die seine wissenschaftliche Arbeit kennzeichnet, ist aber gerade für uns besonders wertvoll.«[144]

138 UAJ, BA 972, Bl. 97.
139 UAJ, BA 972, Bl. 114.
140 UAJ, BA 972, Bl. 257, 259.
141 UAJ, N 108, Bl. 167–167v.
142 UAJ, N 108, Bl. 167v.
143 UAJ, BA 973, Bl. 119.
144 UAJ, BA 973, Bl. 192.

Außerdem müsse bedacht werden, dass die erneute Ablehnung einer Berufung, die Aussichten von Joos auf eine
weitere Berufung nach auswärts verringere und er als Forscher und akademischer Lehrer nicht leicht zu ersetzen
ist. Wie in den vorangegangenen Fällen blieb Joos Jena
treu. All diese Aktivitäten veranlassten vermutlich dann
Ministerialrat Stier, sich im Mai 1932 an Rudolf Straubel
zu wenden, um mit ihm als wissenschaftlichen Leiter und
Mitglied der Geschäftsleitung der Firma Carl Zeiss Möglichkeiten zu erörtern, Joos für Jena zu erhalten. Stier hielt
es zwar wegen der Haltung der Fakultät nicht für möglich,
Joos die Stelle des Institutsdirektors in Aussicht zu stellen, aber »daß man ihm Arbeitsmöglichkeiten zusagt für
den Fall, daß er mit dem künftigen Direktor des Physikalischen Instituts … Differenzen bekommt.«[145]

Nahezu zeitgleich mit Joos nahmen auch Arthur von
Hippel (1898–2003) und Gerhard Hansen (1899–1992)
ihre Tätigkeit am Physikalischen Institut auf. Beide hatten
im Sommer 1924 ihr Studium mit der Promotion abgeschlossen und traten nun Assistentenstellen bei Wien an.
Dabei erhielt Hansen, der mit einer Arbeit zu hochauflö-
senden Spektralmessungen am Wasserstoff in Jena promoviert worden war, eine Anstellung als Vollassistent, während von Hippel nur als Hilfsassistent beschäftigt werden
konnte. Beide hatten sich zwar geeinigt, ihre Bezüge zu
teilen, jedoch ergab sich für die spätere Kariere, dass nur
Hansen die Assistentenzeit voll angerechnet wurde. Wien
sah darin eine durch die Zeitumstände verursachte Unge-
rechtigkeit und beantragte im März 1925, dass beiden befähigten Physikern die Assistentenzeit ab 1. Januar voll
angerechnet wird.[146] Das Volksbildungsministerium sah
keine Bedenken, behielt sich lediglich einen Entscheid
über die Anrechnung des Kriegsdienstes auf das Vergütungsdienstalter vor. Zum gleichen Zeitpunkt verabschie-
dete das Kuratorium der Physikalisch-Technischen
Reichsanstalt eine Resolution, die auch die Situation in
Jena beeinflussen sollte. Darin konstatierte das Kuratorium den vielfach hervorgetretenen »Wunsch nach einem
lebhaften Austausch zwischen den ständigen Mitgliedern
der Reichsanstalt und denjenigen der Forschungsinstitute
der Länder an den Universitäten und technischen Hochschulen«. Dieser Austausch habe in den letzten Jahren ab-
genommen und es ist immer mehr »zur Regel geworden,
dass der Übergang zur Physikalisch – Technischen Reichsanstalt einen endgültigen Anschluss an dieses Institut bedeutet«.[147] Ein lebhafter Austausch läge aber sowohl im
Interesse der Nachwuchswissenschaftler als auch der
Reichsanstalt. Die Mathematisch-Naturwissenschaftliche

Abb. 21: Arthur von Hippel

Fakultät begrüßte die Resolution und sah darin »eine ausgezeichnete Gelegenheit …, die Ausbildung jüngerer Physiker und Techniker zu vervollständigen«.[148] Zugleich bat
sie die Regierung, dass für die an die Reichsanstalt dele-
gierten Physiker ein Stipendium etwa in Höhe des Assis-
tentengehalts bewilligt wird. Ohne eine Reaktion des Ministeriums abzuwarten, beantragte Wien sofort ein solches
Stipendium für seinen Assistenten Hansen. Dieser habe
»mit einer vorzüglichen optischen Arbeit promoviert« und
solle nun für ein Jahr seine Präzisionsarbeiten zur Optik an
der Reichsanstalt vertiefen, zumal mit Friedrich Paschen
(1865–1947) ein führender Vertreter dieser Forschungsrichtung dort derzeit als Präsident vorstand. Sowohl Universität und Reichsanstalt als auch die Firma Carl Zeiss,
mit der Hansen zusammenarbeitete, könnten nach Wiens
Ansicht daraus Vorteile ziehen.[149] Wiens Antrag hatte Erfolg und am 21. Dezember 1925 verfügte das Ministerium:

---

145 ThHStAW, Vobi 15485, Bl. 101.
146 UAJ, D 1275, Bl. 3.
147 UAJ, N 108, Bl. 154v.
148 UAJ, N 108, Bl. 157.
149 UAJ, N 108, Bl. 158.

Hansen wird aus der Anstellung in Jena für ein Jahr entlassen und geht an die Physikalisch-Technische Reichsanstalt. Für diese Zeit erhält er ein Stipendium in Höhe der Dienstbezüge und von Hippel übernimmt seine Stelle. Weiterhin rückt Walter Wessel (1900–1984) als Hilfsassistent nach. Hansen kehrte erst zum 1. April 1927 nach Jena zurück. Da Joos inzwischen zum Professor berufen worden war, konnte nun auch von Hippel weiter als Vollassistent angestellt werden. Ende April informierte Wien das Ministerium über den Plan von Hippels, durch Vermittlung des International Education Board ab Juli für ein Jahr als Fellow zu wissenschaftlichen Arbeiten an das Departement für Physik der Universität von Kalifornien in Berkeley zu gehen, und bat, von Hippel einen entsprechenden Dienstvertrag über die Beurlaubung und die Wiederaufnahme seiner jetzigen Stelle auszufertigen sowie das eingesparte Gehalt für einen noch zu bestimmenden Stellvertreter zur Verfügung zu halten.[150] Das Volksbildungsministerium entsprach diesem Antrag und verlängerte von Hippels Dienstvertrag um ein Jahr, betonte aber, dass nach Ablauf der Frist zugleich dessen Vertreter ausscheiden müsse. Von Hippel nahm am 1. August 1928 seine Tätigkeit am Physikalischen Institut wieder auf und beantragte Anfang Oktober mit der als Ergebnis seines USA-Aufenthaltes entstandenen Arbeit »Ionisierung durch Elektronenstoß« die Habilitation. Die beiden Gutachter, Wien und Joos, beurteilten die Arbeit positiv und würdigten speziell die erzielten experimentellen Fortschritte, so dass das Ministerium am 7. Januar 1929 von Hippels Zulassung als Privatdozent für Physik genehmigte.[151] Noch vor dem Abschluss des Verfahrens gab von Hippel zum 1. April 1929 seine Assistentenstelle in Jena auf und zog aus familiären Gründen nach Göttingen. Trotzdem erteilte ihm die Jenaer Mathematisch-Naturwissenschaftliche Fakultät nach dem Abhalten der obligatorischen Antrittsvorlesung am 27. April die Zulassung als Privatdozent für Physik. Da es zunächst nicht gelang, die Stelle geeignet wiederzubesetzen, sah sich Wien gezwungen, einen weiteren Hilfsassistenten vorerst bis zum Jahreswechsel zu verpflichten und mit von Hippel die Durchführung der Experimentalphysik-Vorlesung für Fortgeschrittene zu vereinbaren, wozu dieser während des Semesters wöchentlich zweimal nach Jena kommen musste. Im Februar des Folgejahres teilte er dann dem Dekan mit, dass es für längere Zeit erforderlich sei, in Göttingen wohnhaft zu bleiben, und er sich deshalb an der dortigen Mathematisch-Naturwissenschaftlichen Fakultät habilitiert habe. Die Jenaer Fakultät bedauerte das damit

verbundene Ausscheiden von Hippels aus der Universität und die Aufgabe der Lehrtätigkeit in Jena. Die Suche nach einen Nachfolger für von Hippel erwies sich als mühsam, war aber im Juni 1929 erfolgreich und wurde mit der Berufung von Wilhelm Hanle (1901–1993) zum Privatdozenten und Assistenten am Physikalischen Institut Jena ab 1. August 1929 abgeschlossen. Hanle war 1924 in Göttingen bei dem bekannten Physiker James Franck (1882–1964) promoviert worden, hatte sich zwei Jahre später am Physikalischen Institut in Halle habilitiert und war dann dort als Assistent tätig gewesen. Die Anstellung in Jena erfolgte für zwei Jahre, mit der Option, sie nochmals um diesen Zeitraum zu verlängern. Im Oktober beantragte die Fakultät dann im Volksbildungsministerium Hanles Zulassung als Privatdozent und dessen Ernennung zum nichtbeamteten außerordentlichen Professor. Zur Begründung wurde zum einen darauf verwiesen, dass er die Stelle des ersten Assistenten und Abteilungsvorstehers am Institut inne habe und diese stets von einem Professor repräsentiert worden sei, zum anderem Hanle einen guten Ruf als Forscher genieße, er einen wichtigen Anteil an der Ausbildung der Physiker habe und ihm, da er eine ähnliche Stelle in Halle begleitete, die Professur in Jena in Aussicht gestellt wurde.[152] Außerdem solle er einen unbesoldeten Lehrauftrag für höhere Experimentalphysik erhalten. Die Ernennung zum Privatdozenten erfolgte nahezu postwendend und nach einem Monat auch die Berufung als Professor.[153]

Neben den personellen Veränderungen wurden 1930 der Neubau des Physikalischen Instituts und der Umbau des alten Gebäudes abgeschlossen. Zuvor hatten Joos und Wien im Mai bzw. Juli 1929 nochmals in die Bauplanung eingegriffen. Joos kritisierte, dass der kleine Hörsaal für die Vorlesungen zur theoretischen Physik und über höhere Experimentalphysik zu klein sei und schlug eine Umgestaltung der Hörsäle vor, durch die sogar noch die Einrichtung einiger Praktikumsräume möglich wurde.[154] Wien griff die Änderungen von Joos auf, regte zusätzlich eine Umgestaltung der Sammlungsräume sowie notwendige Ergänzungen in der Ausstattung des Instituts an, insbesondere die Versorgung mit Drehstrom, um die »für neuere physikalische Arbeiten nötigen hohen Spannung« erzeugen zu können. Neben den Finanzmitteln für die Möblierung der neuen Räume beantragte er eine Erhöhung des Institutsetats, da die gegenwärtigen Finanzen nicht einmal die laufenden Kosten deckten und durch die Vergrößerung des Instituts und die gewachsenen Studentenzahlen schon seit Jahren der Etat überschritten wurde.[155] Nach einer Be-

150 UAJ, D 1275, Bl. 8; UAJ, N 47/4, Bl. 408.
151 UAJ, N 47/4, Bl. 415–417, 424.
152 UAJ, BA 972, Bl. 287–287v.
153 UAJ, BA 972, Bl. 296.
154 UAJ, C 656, Bl. 13.
155 UAJ, C 656, Bl. 17–18v.

sprechung mit Oberregierungsrat Stier, in der die Etatfrage nicht berührt wurde, resümierte Wien, dass alle Ausbaumaßnahmen durch die vorgesehenen Finanzen ausgeführt werden können. Die Kosten für einige unvorhergesehene Änderungen bezifferte er auf etwa 10 000 RM. Durch einige Sparmaßnahmen und die Aufteilung der Kosten für den Drehstomanschluss auf die ebenfalls davon profitierenden Nachbarinstitute konnte das Volksbildungsministerium dann im April 1931, nachdem alle Rechnungen geprüft worden waren, konstatieren, dass der Finanzrahmen eingehalten wurde.

3.10 Die weitere Stärkung der technischen Physik

Neben den Vorlesungen zur theoretischen Physik waren im Herbst 1924 auch die Vorlesungen zur technischen Physik abzusichern, da die entsprechende Professur unbesetzt war. Zur Behebung dieses Mankos legte die Philosophische Fakultät am 6. Dezember eine Kandidatenliste vor. Hinsichtlich der Auswahlkriterien wiederholte sie einleitend den früher vertretenen Standpunkt und konstatierte:

> Der Zweck des Technisch-Physikalischen Instituts ist es, die Studierenden der Mathematik und Physik, mehr als es sonst an Universitäten möglich ist, in die technische Denkweise, in technische Probleme und technische Arbeitsmethoden einzuführen, damit sie als Lehrer in dieser Richtung auch auf ihre Schüler wirken können, oder, wenn sie in die Technik gehen, sich leichter zurecht finden. Daher war die Wahl, wenn irgend möglich, so zu treffen, dass der Vorzuschlagende entweder von Hause aus Techniker – Diplomingenieur – ist, oder wenigstens seiner ganzen Richtung nach technisch veranlagt und ausgebildet ist. Ferner ist es erforderlich, dass er in der Lage ist, auf den Gebieten, für die das Institut jetzt eingerichtet ist, – drahtlose Telegraphie und Hochspannung – als Forscher selbst tätig zu sein und Arbeiten seiner Schüler auf diesen Gebieten zu leiten.[156]

Nach einem Hinweis auf die geringe Auswahl an geeigneten Persönlichkeiten aus der Technik wurden der schon in vorangegangenen Verfahren nominierte Abraham Esau, der Oberingenieur der Mittleren Isar AG Hermann Schunck (1891–?) und der bereits am Jenaer Physikalischen Institut tätige Hans Busch vorgeschlagen. Über die Verhandlungen mit Esau wurden keine Akteneinträge gefunden, doch verliefen sie offenbar zügig und ohne große Probleme. Am 4. Februar 1925 schickte das Volksbil-

Abb. 22: Abraham Esau

dungsministerium Esau bereits die Anstellungsurkunde als beamteter außerordentlicher Professor und Vorstand der Physikalisch-Technischen Universitätsanstalt zu und stellte alsbald das Höchstgehalt für außerordentliche Professoren in Aussicht. Gleichzeitig wurde ihm der entsprechende Lehrauftrag für technische Physik erteilt. In der Mai-Sitzung entschied die Mathematisch-Naturwissenschaftliche Fakultät dann, dass »das Fach der technischen Physik bis auf weiteres nicht als selbständiges Fach im Sinne … der Hauptsatzung der Universität anzusehen ist.«[157] Esau, der sich als angestellter Ingenieur der Gesellschaft für drahtlose Telegraphie in Berlin bei der Errichtung und Inbetriebnahme einer Sendestation in Togo und nach der Kriegsgefangenschaft als Leiter aller Forschungslaboratorien des Telefunken-Konzerns einen guten Ruf als talentierter Physiker und Organisator erworben hatte, nahm die neue Aufgabe in Jena mit großen Engagement in Angriff.[158] Im vollen Umfang erfüllte er dabei die Erwartungen der Fakultät und speziell seines früheren Lehrers

---

156 UAJ, BA 930, Bl. 101.

157 UAJ, BA 930, Bl. 157.

158 Für eine ausführlichere Darstellung von Esaus Lebensweg, sein Wirken als Hochschullehrer und Rektor an der Jenaer Universität als auch zur vorangegangenen Tätigkeit als Industriephysiker und die Profilierung als Wissenschaftsmanager sei auf den Beitrag von Dieter Hoffmann und Rüdiger Stutz [Hoffmann/Stutz, 2003] verwiesen.

und jetzigen Förderers Max Wien hinsichtlich einer weiteren Stärkung der Funktechnik als Forschungsschwerpunkt der Jenaer Physik. Sehr bald sah sich aber die Mathematisch-Naturwissenschaftliche Fakultät auch mit der negativen Seite dieses Machtzuwachses konfrontiert. Nachdem die Carl-Zeiß-Stiftung auf Anfrage des Ministeriums sich bereit erklärt hatte, für den »Lehrstuhl der technischen Physik die Mittel eines etatsmässigen Ordinariats so lange zur Verfügung zu stellen, als Herr Professor Dr. Esau Inhaber dieser Lehrstelle ist«, hielt die Fakultät gegenüber dem Ministerium für Volksbildung eine deutliche Klarstellung der Verhältnisse für notwendig. Am 25. Juni 1927 erklärte sie ihr Einverständnis mit der Berufung Esaus zum etatsmässigen Ordinarius und würdigte dessen Wirken an der Universität, vermerkte aber »dass die technische Physik an der Universität für diese kein lebenswichtiges Fach, sondern eine Ergänzung der allgemeinen Physik darstellt, und dass die Stelle von Anbeginn als ein Durchgangsposten gedacht war.«[159] Gleichzeitig kritisierte die Fakultät das Ministerium, Beförderungen nur auf der Basis mündlicher Mitteilungen, dass ein Ruf in Aussicht stünde, vorzunehmen und ohne Vorlage weiterer klarer Details. Als Reaktion auf diese »Bevorzugung eines nicht lebenswichtigen Faches« bat die Fakultät schließlich, »auch eines der lebenswichtigen Fächer, das heute noch nicht etatsmässiges Ordinariat ist, zu einem solchen« zu machen und den Vertreter der Agrikulturchemie, Hofrat Heinrich Immendorff (1860–1938), dessen wissenschaftliche Leistungen und dessen hervorragende Tätigkeit allgemein bekannt sind, zum etatsmässigen Ordinarius zu ernennen.[160] Bei dem als in Aussicht stehenden Ruf handelte es sich um die Professur für technische Physik an der Universität Halle, bei der Esau dann auf der im Juli 1927 eingereichten Vorschlagsliste an erster Stelle genannt wurde. Es kam jedoch zu keinerlei Berufungsverhandlungen und die dortige Naturwissenschaftliche Fakultät beschloss im Herbst 1929 die Errichtung einer Professur für technische Physik einstweilen zurückzustellen.[161] Nachdem die »Lehrstelle für physikalisch-technische Physik« für die Person Esau mit Wirkung vom 1. 10. 1927 ab in eine ordentliche Lehrstelle umgewandelt worden war, berief Minister Richard Leutheußer Esau am 28. Oktober zum Ordinarius am Physikalischen Institut.[162] Es vergingen nur wenige Wochen bis Esau Mitte Dezember eine ordentliche Professur für Fernmeldetechnik an der Technischen Hochschule Darmstadt angeboten wurde. Die Attraktivität der Jenaer Stelle war

aber groß genug, um Esau zu halten. In den Akten findet sich kein Hinweis darüber, ob Esau das Angebot genutzt hat, um seine Stelle zu verbessern, sondern lediglich seine Mitteilung an den Rektor vom 4. Februar 1928, den Ruf nach Darmstadt abgelehnt zu haben.[163]

Nach der erfolgreichen Verpflichtung von Esau bemühte sich die Philosophische Fakultät im Sommer 1925 um eine weitere Verbesserung des Lehrangebots: »Es ist nicht nur innerhalb unserer Fakultät, sondern auch in weiteren Kreisen als Mangel empfunden worden, dass über das Gebiet der Luftschiffahrt und Aerodynamik keinerlei Vorlesungen gehalten werden, während es nicht nur an Technischen Hochschulen, sondern auch an den allermeisten Universitäten in den Lehrplan aufgenommen ist.«[164] Die Ursache für das entstandene Manko sah die Fakultät zum einen in der außerordentlichen Entwicklung dieses Gebietes, zum anderen darin, dass zu dessen Vertretung in der Lehre »ein grosses Mass technischer, physikalischer und mathematischer Kenntnisse« erforderlich ist. Unter den vorhandenen Lehrkräften war jedoch niemand, der in all diesen Gebieten über die nötigen Kenntnisse verfügte.[165] Mit dem Zeiss-Mitarbeiter Walter Bauersfeld (1879–1959) war aber in Jena eine »hervorragende Kraft« tätig, die »diese Bedingungen in vollem Masse erfüllt[e]«, und die Fakultät beantragte für ihn einen »Lehrauftrag für Sondergebiete der technischen Physik« und die Ernennung zum nichtbeamteten außerordentlichen Professor.[166] Bauersfeld hatte sich zu diesem Zeitpunkt bereits einen ausgezeichneten Ruf durch seine Arbeiten zur Turbinentheorie sowie die Konstruktion und den Bau von Planetarien erworben, wobei die Fakultät die Lösung der Festigkeitsprobleme beim Kuppelbau besonders hervorhob. Angesichts »der Vielseitigkeit seiner technischen Interessen« hielt die Fakultät es nicht für wünschenswert, die Lehrtätigkeit auf ein einzelnes Gebiet zu beschränken und wählte die allgemeine Charakterisierung als Sondergebiete der technischen Physik. Als nicht unwesentlicher Nebeneffekt wurde noch die Vertiefung der persönlichen Beziehungen zur Firma Carl Zeiss erwähnt. Der Senat der Universität und der Rektor befürworteten den Antrag und leiteten ihn am 27. Juli 1925 an das Thüringische Ministerium für Volksbildung und Justiz weiter. In der Senatssitzung hatte jedoch der Jurist Rudolf Hübner (1864–1945) gegen den Antrag gestimmt, da er die Hauptsatzung der Universität verletzt sah, nach der nur Privatdozenten zum außerordentlichen Professor ernannt werden könnten. Der Senat beauftragte daraufhin

159 UAJ, BA 972, Bl. 214–215.
160 UAJ, BA 972, Bl. 215.
161 Vgl. hierzu auch [Schlote/Schneider 2009b], S. 134–140.
162 UAJ, BA 972, Bl. 234.
163 UAJ, BA 972, Bl. 274.
164 UAJ, BA 972, Bl. 8.
165 Ebenda.
166 UAJ, BA 972, Bl. 8–10.

den Dekan der Mathematisch-Naturwissenschaftlichen
Fakultät am 2. November, die Angelegenheit im Weimarer Ministerium mit dem Oberregierungsrat Stier zu verhandeln. Nach weiteren 15 Monaten, am 8. Februar 1927,
erteilte das Ministerium Bauersfeld den erbetenen Lehrauftrag und berief ihn zum beamteten außerordentlichen
Professor.

Zum gleichen Zeitpunkt kündigte sich in der Fakultät
der Verlust von zwei bewährten Lehrkräften an: Der seit
Februar 1922 als unbesoldeter außerordentlicher Professor
tätige Busch informierte am 3. Februar 1927 den Rektor,
zwei interessante Stellenangebote aus der Industrie erhalten zu haben und Ambronn bat das Volksbildungsministerium eine Woche später, ihn auf Grund seiner chronischen
Erkrankung von den Pflichten als Vorstand der Universitätsanstalt für Mikroskopie und dem entsprechenden Lehrauftrag zu entbinden. Noch bevor im Ministerium über das
Gesuch entschieden werden konnte, verstarb Ambronn
am 28. März. Busch blieb dem Physikalischen Institut
zunächst noch erhalten. In den Akten wurde kein Hinweis gefunden, ob er die Angebote für eine Verbesserung
seiner Stelle nutzen konnte. Zwei Jahre später erhielt er
eine weitere Berufung auf ein Ordinariat für Theoretische
Elektrotechnik und Fernmeldetechnik an der Technischen
Hochschule in Darmstadt. Auch in diesem Fall fand sich
kein Beleg dafür, dass sich die Fakultät bemühte, Busch
in Jena zu halten. Doch anders als Esau, dem die Professur etwa ein Jahr zuvor erfolglos angeboten worden war,
nahm Busch die Stelle in Darmstadt zum 1. Januar 1930
an. Seinen Entschluss teilte er dem Rektor am 10. November 1929 mit und bat zugleich um die Aufnahme seines in
Jena geborenen Sohnes unter die akademischen Bürger der
Universität, was ihm auch gewährt wurde.

Mit Ambronns Tod ergab sich für Mathematisch-Naturwissenschaftliche Fakultät die Aufgabe die Lehrstelle für
Mikroskopie und die Leitung des Instituts neu zu besetzen.
Der ebenfalls am Institut für Mikroskopie lehrende Siedentopf war durch seine Aufgaben im Zeiss-Unternehmen
zu stark beansprucht, um dafür in Frage zu kommen. Die
Suche eines Kandidaten gestaltete sich wieder schwierig,
da an ihn

zwei verschiedene Anforderungen gestellt werden. Einerseits soll er die physikalischen Grundlagen vollständig beherrschen und an ihrem Ausbau weiterzuarbeiten
befähigt sein. Da aber die Mikroskopie für die Studierenden nicht Selbstzweck, sondern im wesentlichen
Hilfsmittel für die Untersuchungen auf den verschiedenen Gebieten … ist, so wäre es andererseits erwünscht,

dass der Vertreter die weiterentwickelte Technik und die
Methoden der praktischen Mikroskopie beherrscht.[167]

Da die Fakultät keinen auf beiden Gebieten erfahrenen
Vertreter gefunden hatte, entschied sie sich, besonderes
Gewicht auf die theoretischen Aspekte zu legen und Felix
Jentzsch vom Physikalischen Institut der Berliner Universität als einzigen möglichen Kandidaten vorzuschlagen.
Jentzsch war dort seit 1925 nichtbeamteter außerordentlicher Professor sowie Abteilungsvorstand für Optik und
hatte sich speziell durch die Erfindung des Biokularmikro-
skops die Anerkennung der Fachleute erworben. Der Rektor und der Senat der Universität unterstützten den Vorschlag und reichten ihn an das Volksbildungsministerium
weiter. Dieses verhandelte nun als Stiftungsverwaltung
der Carl-Zeiß-Stiftung, die ihrerseits den Unterhalt des Instituts sicherte, mit Jentzsch und übertrug ihm die Leitung
ab 6. Januar 1928. Gleichzeitig sollte der Institutsname
in »Anstalt für wissenschaftliche Mikroskopie und angewandte Optik« geändert werden.[168] Regierungsrat Stier
beauftragte den Rektor am 21. Februar, Jentzsch entsprechend zu informieren als auch in die Fakultät einzuführen,
und sobald der Haushaltsplan für das laufende Jahr 1928
verabschiedet sei, werde das Ministerium Jentzsch zum
Professor an der Universität ernennen. Daraus ergab sich
jedoch ein juristisches Problem: Gemäß den Festlegungen
in der Hauptsatzung der Universität setzte Jentzschs Einführung in die Fakultät dessen Ernennung zum Professor
voraus, so dass bis zur Bestätigung des Haushaltplanes
Jentzsch zunächst mit der Vertretung des Fachs Mikroskopie beauftragt wurde. Am 17. September berief das
Volksbildungsministerium schließlich Jentzsch zum planmäßig beamteten außerordentlichen Professor und übertrug ihm »die Lehrstelle für wissenschaftliche Mikroskopie und angewandte Optik mit Wirkung vom 1.4.1928«
ab.[169] Jentzsch blieb der alleinige Vertreter dieses speziellen Fachgebietes. Vier Jahre später, am 2. März 1932 beantragte die Mathematisch-Naturwissenschaftliche Fakultät dann dessen Ernennung zum persönlichen ordentlichen
Professor und führte in der Begründung auch diese alleinige Repräsentanz des Fachgebietes an. Der Vorschlag
wurde von den verschiedenen Gremien befürwortet und
am 26. April erfolgte Jentzschs Beförderung durch das
Volksbildungsministerium.

Mit dem Antrag von Walter Wessel auf Zulassung als
Privatdozent kündigte sich zu Beginn des Sommers 1928
eine weitere Veränderung im Lehrkörper des Physikalischen Instituts an. Wessel war seit Mai 1925 als Assistent
von Joos am Institut tätig und hatte, nachdem dessen Bemühungen um die erforderliche Finanzierung erfolgreich

167 UAJ, BA 972, Bl. 237.
168 UAJ, BA 972, Bl. 245.
169 UAJ, BA 972, Bl. 255.

waren, ab 1. April 1927 bei ihm eine Anstellung als Assistent mit festem Gehalt erhalten. Die Fakultät genehmigte den Antrag und wählte Joos und den Mathematiker König als Berichterstatter über die Habilitationsschrift, legte aber fest, dass die Habilitation »nicht für theoretische, sondern Physik schlechthin erfolgen« solle[170]. Joos konstatierte am 20. Oktober in seinem ausführlichen Gutachten zu Wessels Arbeit »Zur Frage der Wellengruppen in der Atommechanik«, dass der Autor »sich das vielleicht schwierigste, wahrscheinlich sogar unlösbare Problem der Atommechanik gestellt [habe]: … ein Modell des Elektrons in Form einer Wellengruppe zu finden, welche allen Eigenschaften der Atomelektronen, also insbesondere auch den Quantenbeziehungen Rechnung trägt«.[171] Er charakterisierte sie als »eine sehr tief schürfende Darstellung des ganzen Fragenkomplexes« und »eine schöne mathematische Leistung«. Diesem Urteil schloss sich König als zweiter Gutachter eine Woche später an und hob noch die Verwendung der Theorie fastperiodischer Funktionen besonders hervor. Nachdem Wessel die weiteren Leistungen, Probevortrag und Kolloquium, erbracht hatte, genehmigte das Volksbildungsministerium am 17. November die Habilitation mit dem üblichen Vermerk, dass damit keine Anwartschaft auf geldliche Leistungen der Universität bzw. des Staates begründet würden.[172] Rund zwei Monate später schloss die Fakultät das Verfahren mit Wessels Zulassung als Privatdozent ab. Bereits im folgenden Jahr bewarb sich Wessel erfolgreich an der Universität Coimbra in Portugal und erbat daraufhin seine Beurlaubung zunächst für ein Jahr vom 20. Oktober 1930 an.[173] Wessels Tätigkeit fand in Coimbra eine sehr positive Aufnahme, so dass er in den folgenden beiden Jahren einer Verlängerung der Beurlaubung bedurfte. Dies kollidierte jedoch mit den Statuten der Jenaer Universität, in denen eine Beurlaubung von höchstens zwei Jahren vorgesehen war. Mit einem Schreiben vom 26. Juni 1932 beantragte Wessel von Coimbra aus, ihm ausnahmsweise eine nochmalige Beurlaubung zu gewähren, da dies »unter den herrschenden wirtschaftlichen Verhältnissen in seinem und wegen der Verfügbarkeit eines Arbeitsplatzes auch im allgemeindeutschen Interesse liegt«[174]. Das Volksbildungsministerium stand Wessels Wunsch positiv gegenüber, machte aber die Bewilligung von der Zustimmung der Fakultät abhängig. Diese hatte schon zuvor über Wessels Gesuch beraten und da »es dringend erwünscht ist, die Stellung der deutschen Wissen-

schaft im Ausland zu fördern, einstimmig« befürwortet, Wessel den Urlaub zu gewähren.[175] Mit Wessels vorübergehendem Wechsel an die Universität Coimbra war für diesen Zeitraum dessen Assistentenstelle zu besetzen. Dies geschah ohne Zeitverlust am 16. November 1930 mit Karl Schmetzler. Die Mathematisch-Naturwissenschaftliche Fakultät hatte zwar Ende Juli den Leiter des elektrischen und physikalischen Laboratoriums der Hermsdorf-Schomburg-Isolatoren GmbH in Hermsdorf, Harald Müller, als Privatdozent für das Fach der technischen Physik zugelassen, doch kann dessen Vorlesung nicht als Ersatz von Wessels Lehrangebot angesehen werden.

3.11 Die personelle Neuaufstellung von Astronomie und Seismologie

In den Nachkriegsjahren kam die Arbeit in der Sternwarte langsam wieder in Gang. Anfang Mai 1920 konnte Knopf als Leiter der Sternwarte dem Kurator berichten, die im Krieg lange vakante Assistentenstelle mit Cuno Hoffmeister (1892–1968) wieder besetzt zu haben.[176] Hoffmeister hatte sich als Autodidakt bereits erfolgreich mit der Berechnung von Meteorenbahnen und der Beobachtung veränderlicher Sterne beschäftigt. Neben seinen Aufgaben in der Sternwarte studierte er in Jena Astronomie, Mathematik und Physik. 1925 war er maßgeblich an der Errichtung der Sternwarte Sonneberg beteiligt, wurde deren Direktor und entwickelte sie zu einer führenden Forschungsstelle, insbesondere für veränderliche Sterne.

Im August 1923 beschloss das Thüringische Ministerium für Volksbildung, wie bereits erwähnt, die Arbeit mehrerer Lehrstelleninhaber durch deren Ernennung zum persönlichen ordentlichen Professor zu würdigen. Zu den Ausgezeichneten gehörte auch Otto Knopf. Drei Jahre später musste Knopf dann entsprechend den geltenden Bestimmungen beantragen, ihn von den »Pflichten als akademischer Lehrer und Direktor der Sternwarte« zu entbinden. Er reichte das Gesuch am 30. Oktober 1926 ein, erklärte sich aber bereit, bis zur Übernahme der Geschäfte durch seinen Nachfolger diese weiter zu besorgen.[177] Das Volksbildungsministerium genehmigte am 14. November den Antrag von Knopf zum 1. April 1927 und forderte wenig später die Mathematisch-Naturwissenschaftliche Fakultät auf, Vorschläge zur Wiederbesetzung der Stelle einzureichen.[178] Im März des Folgejahres musste das

170 UAJ, N 47/3, Bl. 94–94v.
171 UAJ, N 47/3, Bl. 104.
172 UAJ, N 47/3, Bl. 111.
173 UAJ, N 47/3, Bl. 116.
174 UAJ, N 47/3, Bl. 126.
175 UAJ, N 47/3, Bl. 127.
176 UAJ, C 660, Bl. 83.
177 ThHStAW, PA Vobi 14930, Bl. 12.
178 ThHStAW, PA Vobi 14930, Bl. 15-16.

Ministerium jedoch konstatieren, dass die Lehrstelle frühestens zum 1. Oktober wieder besetzt werden könne und kam deshalb auf Knopfs Angebot zurück, bis dahin die Geschäfte des Direktors der Sternwarte und die Lehrverpflichtungen zu vertreten. Doch damit nicht genug, auch für das folgende Wintersemester 1927/28 war die Hilfe von Knopf notwendig. Zuvor hatte ihm im Juni 1927 die Notgemeinschaft der Deutschen Wissenschaft einen Druckkostenzuschuss zur Publikation »der astronomischen Beobachtungen zur Bestimmung der geographischen Breite von Jena« bewilligt. Diese Ergebnisse seiner langjährigen wissenschaftlichen Tätigkeit waren vom zuständigen Fachausschuss als wichtig für die Sternwarte Jena und die Thüringische Landesvermessung eingestuft worden.[179] Ebenfalls im Juni übermittelte die Mathematisch-Naturwissenschaftliche Fakultät ihren Vorschlag zur Wiederbesetzung der Knopf'schen Stelle. Nach dem Hinweis, dass es eine große Anzahl von geeigneten Astronomen gäbe, schlug sie gleichwertig an erster Stelle Heinrich Vogt (1890–1968) und Walter Baade (1893–1960) von den Sternwarten in Heidelberg bzw. Hamburg-Bergedorf vor. Als weitere Kandidaten wurden Josef Hopmann (1890–1975) und Felix Bottlinger (1888–1934) genannt.[180] Vogt war Extraordinarius in Heidelberg und hatte sich vor allem in der theoretischen Astronomie, unter anderem mit Publikationen zu veränderlichen Sternen, zum inneren Aufbau von Sternen und zum Strahlungsgleichgewicht der Sterne hervorgetan, verfügte aber auch über Erfahrungen in der praktischen Astronomie. Baade hatte eine Anstellung als wissenschaftlicher Hilfsarbeiter und war zuvor vier Jahre Assistent bei Felix Klein am Mathematischen Institut in Göttingen. Er hatte an mehreren Sonnenfinsternisexpeditionen teilgenommen und an mehreren ausländischen Sternwarten Beobachtungen durchgeführt. Obwohl nicht habilitiert, galt er als hervorragend begabter praktischer wie theoretischer Astronom. Das Berufungsverfahren gestaltete sich dann sehr langwierig, wobei aus den Akten jedoch keine konkreten Gründe hervorgehen. Erst am 10. Januar 1929 erklärte Vogt endgültig die Annahme der Professur zum 1. Februar.[181] Zuvor hatte sich die Mathematisch-Naturwissenschaftliche Fakultät im Dezember 1928 widerwillig einverstanden erklärt, dass Vogt zum persönlichen Ordinarius ernannt wird. Die Fakultät betonte, dies geschehe, da sie großen Wert auf die Annahme der Berufung durch Vogt lege. Grundsätzlich strebe sie aber an, dass die Astronomie wie auch die Landwirtschaft durch ein etatmäßiges Ordinariat repräsentiert werde.[182]

Für die Seismologie in Jena brachte die Nachkriegszeit

Abb. 23: Heinrich Vogt

deutliche Veränderungen. Da die Kaiserliche Hauptstation für Erdbebenforschung in Straßburg infolge des Krieges an Frankreich übergegangen war, beabsichtigte deren Leiter Oskar Hecker (1864–1938) eine solche Station in Jena zu errichten und wandte sich dazu an das Weimarer Ministerium, an den Kurator der Universität und an die Carl-Zeiß-Stiftung.[183] Am 11. Juni 1919 notierte Ministerialrat Stier als Ergebnis der Verhandlungen mit Hecker: Die bestehende Hauptstation sollte zur Zentrale für Deutschland ausgebaut werden. Einige Mitglieder der Carl-Zeiß-Stiftung haben in Aussicht gestellt, ein Gebäude für die Zentrale zu errichten, das Reichsministerium des Innern sei mit der Verlegung der Zentrale nach Jena einverstanden und der bisherige Reichszuschuss sei weiterhin in der Planung

179 ThHStAW, PA Vobi 14930, Bl. 19-20.
180 UAJ, BA 972, Bl. 217-227.
181 UAJ, BA 972, Bl. 273.
182 UAJ, BA 972, Bl. 266.
183 ThStAAbg, Gesamtministerium 1404, Bl. 2.

enthalten. Zugleich solle die Zentrale sobald als möglich als Zentralbüro der Internationalen Seismologischen Assoziation fungieren, was auch von den ausländischen Mitgliedern gewünscht sei.[184] Weiterhin bat Hecker, die Zentrale als Reichsanstalt zu führen und auszustatten, einige der früheren Mitarbeiter zu übernehmen, die vorhandenen Instrumente ihm unentgeltlich zur Verfügung zu stellen[185], bis zur Vollendung des Neubaus die Räume der vorhandenen Station nutzen zu dürfen, den bisherigen Zuschuss von 9900 M jetzt durch die Erhalterstaaten bzw. durch das Land Thüringen zu gewähren[186] und er »in geeigneter Form, ohne jede Besoldung oder Vergütung zu Vorlesungen zur Geophysik und Erdbebenforschung an der Universität Jena zugelassen werde«[187]. Am 9. Juli 1919 informierte das Weimarer Ministerium die übrigen Ministerien der Erhalterstaaten über Heckers Antrag sowie die Finanzlage dazu: Die Zeiß-Stiftung stellte 100 000 M für den Bau der Zentrale und für drei Jahre 10 000 M für die laufenden Kosten zur Verfügung, außerdem sei ein Reichszuschuss zugesichert worden.[188] Die Frage der Lehrtätigkeit sollte auf einer Universitätskonferenz besprochen werden, was Ende Juli mit positivem Ergebnis geschah. Nachdem die Philosophische Fakultät ebenso positiv reagierte, holte das Kultusministerium des inzwischen gebildeten Freistaates Sachsen-Weimar-Eisenach von den Ministerien der anderen Erhalterstaaten die Zustimmung ein, Hecker die Lehrbefugnis noch rechtzeitig zum Semesterbeginn zu erteilen.[189]

Hecker übernahm von Straubel die Leitung der Station, setzte mit seinem Mitarbeiter Sieberg die Beobachtungen fort und begann mit den Vorlesungen. Die folgenden Jahre gestalteten sich nicht zuletzt wegen der zunehmenden Inflation sehr schwierig. So hatte sich Hecker in dem Gespräch mit Stier gegen die Weiterbeschäftigung des Assitenten Pechau ausgesprochen, was einen längeren Rechtsstreit zur Folge hatte, der erst Ende 1920 mit einem Vergleich beendet wurde.[190] Die Assistentenräume wurden aber dringend als Arbeitsräume benötigt. Im April 1921 erklärte das Thüringische Ministerium für Volksbildung gegenüber dem Reichsinnenminister sogar, dass es in der »Errichtung der Zentralstelle für Erdbebenforschung kein unbedingtes Bedürfnis für die Universität Jena« sehe und nicht im Stande sei, über den Zuschuss der Carl-Zeiß-Stiftung hinaus weitere Mittel für die Zentralstelle zu gewähren.[191] Diese ablehnenden Äußerungen seitens der Thürin-

ger Regierung dürften ihre Ursache vor allem in dem noch ungeklärten Charakter der Station gehabt haben. Nach weiteren intensiven Verhandlungen legte der Reichsminister des Innern dann im Januar 1922 bei den Beratungen über den Haushaltsplan eine »Denkschrift betreffend die Errichtung einer Zentralstelle für Erdbebenforschung in Jena« vor[192]. Darin wurden zunächst der Aufbau, die Aufgaben und das hohe Ansehen der Kaiserlichen Hauptstation in Staßburg im Rahmen des internationalen Systems von Erdbebenstationen resümiert und dann die wissenschaftliche Notwendigkeit begründet, dass Deutschland wieder solch eines Instituts bedürfe, um diese Arbeiten fortzuführen, die Tätigkeit der deutschen Landesstationen zu koordinieren und – wie international gewünscht – die führende Rolle in der Internationalen Seismologischen Assoziation fortzusetzen. Die Wahl Jenas als neuen Standort erklärte sich vor allem aus dem Engagement der Carl-Zeiß-Stiftung, die Grund und Boden unentgeltlich zur Verfügung stellen, »den Bau in eigener Regie einschließlich der inneren Einrichtung ausführen« lassen, eventuelle Mehrkosten tragen und nach Fertigstellung Gebäude und Grundstück dem Reichsfiskus übereignen wollte und außerdem für 20 Jahre einen Zuschuss von 10 000 M für den Unterhalt zusagte.[193] Weiterhin wurde festgestellt, dass die Station als Reichsanstalt fungieren sollte und abweichend von den Regelungen in Straßburg das Reich für die Finanzierung der Station aufkommen muss. Über die Beteiligung des Landes Thüringen an den jährlichen Kosten der Station sollte noch verhandelt werden. Zugleich wurde anerkannt, dass die Leistungen der Zeiß-Stiftung nur »unter Mitbestimmung der thüringischen Regierung« möglich waren und »die Ueberlassung der wertvollen Instrumente, der Bibliothek und der Werkstatteinrichtung« der früheren Station einen äquivalenten Beitrag für die Errichtung der Reichsanstalt darstellt. Am wichtigsten aber war eine grundsätzliche Entscheidung über die Wiedererrichtung der Hauptstation.[194]

In den folgenden Monaten dauerte das Ringen um die Erdbebenstation an, insbesondere wegen der Bedenken einiger Länder diese als Reichsstation zu betreiben und der gestiegenen Baukosten. Im Gegensatz zur Meinung der Philosophischen Fakultät, die »allergrössten Wert auf die Erhaltung der Erdbebenstation als Reichsanstalt in Jena« legte und in deren Arbeit eine wesentliche Förde-

184 ThHStAW, C 351, Bl. 6–7.
185 Bei der Übergabe der Straßburger Station hatte er keine Geräte und nichts vom wisenschaftlichen Bestand mitnehmen dürfen.
186 ThHStAW, C 351, Bl 7–8.
187 ThStAAbg, Gesamtministerium 1404, Bl. 1.
188 ThStAAbg, Gesamtministerium 1404, Bl. 2.
189 ThHStAW, C 351, Bl 19–24.
190 UAJ, C 763, Bl. 14–15.
191 UAJ, C 763, Bl. 26.
192 ThHStAW, C 351, Bl. 66–69.
193 ThHStAW, C 351, Bl. 68.
194 ThHStAW, C 351, Bl. 68v.

rung der naturwissenschaftlichen Disziplinen sah[195], vertrat der Kurator die bereits zitierte Ansicht des Thüringer Ministeriums[196]. Den wohl entscheidenden Durchbruch hinsichtlich der Finanzen brachten dann die Bemühungen von Hecker und – wohl im Zusammenwirken mit Straubel – von der Carl-Zeiß-Stiftung. Letztere sicherte Ende April 1922 eine Unterstützung von bis zu einer Million Mark zu und drängte auf sofortigen Baubeginn.[197] Hecker gelang es im Oktober 1922, von der Badischen Anilin- und Soda-Fabrik in Ludwigshafen eine Spende von 500 000 M zu erhalten und die Notgemeinschaft der Deutschen Wissenschaft sichert Ende November einen Kredit von 150 000 M für den Kauf eines Pendels zu.[198] Zuvor hatte die Carl-Zeiß-Stiftung bereits bestimmt, dass die Erdbebenstation Eigentum der Stiftung bleibt, bis das Reich einen angemessenen Beitrag zu den Baukosten gezahlt hat.[199] Auch diese Verhandlungen waren langwierig. Die gesamten Baukosten wurden im August 1923 mit 129 610 746 M (= 3 757,05 Dollar) beziffert, die bei der Planung von Reichsministerium gegebene Zusicherung mit dem Betrag von 500 000 M 5/6 der Bausumme zu tragen, entsprach nun gerade 66 Dollar.[200] Nach dem die Carl-Zeiß-Stiftung sich bereit erklärt hatte, die Hälfte der Baukosten zu übernehmen, einigten sich am 1. Oktober das Reichsministerium des Innern und die Stiftung, dass die inzwischen in Betrieb befindliche »Reichsanstalt für Erdbebenforschung Jena« dem Reich übereignet wird, wenn von diesem »die persönlichen und sachlichen Kosten des Betriebes getragen werden« und die Stiftung nach der Zahlung von 200 000 M von den Jahresbeiträgen für die Station befreit wird. Werden die Bedingungen nicht mehr erfüllt, geht die Anstalt wieder an die Stiftung über.[201] Nach Zustimmung der Geschäftsleitung der Firma Zeiss und des Thüringer Volksbildungsministeriums wurden in den folgenden Monaten die notwendigen Formalitäten erledigt. Als Gründungstermin der Reichszentrale für Erdbebenforschung in Jena gilt der 1. Oktober 1923. Hecker erhielt den Rang eines Oberregierungsrates und Sieberg wurde zum Regierungsrat ernannt. Im April 1924 beschlossen die Stiftungsorgane der Carl-Zeiß-Stiftung noch, zur Einweihungsfeier der Reichszentrale »der Anstalt die bisher leihweise überlassenen Instrumente zum Geschenk« zu machen.[202]

Im gleichen Jahre scheiterte Hecker im Ministerium mit dem Antrag, analog zum Namenswechsel der Deutschen Seismologischen Gesellschaft in Deutsche Geophysikalische Gesellschaft die Reichszentrale in eine Geophysikalische Reichsanstalt umzubenennen, konnte aber die Zahl der Mitarbeiter erhöhen. Otto Meisser (1899–1966) sollte Hecker in Arbeiten zur angewandten Geophysik unterstützen und im Oktober 1924 wurde mit der Anstellung von Gerhard Krumbach (1895–1955) die Aufteilung von Siebergs Arbeitsgebiet in Mikro- und Makroseismik möglich. Ein Jahr später erhielt Hecker mit Hans Martin (1899–1990) einen weiteren Mitarbeiter. Die Profilierung der Geophysik in Forschung und Lehre weiter voranbringend konnte Hecker 1929 gegenüber dem Präsidenten der Carl-Zeiß-Stiftung Ebsen befriedigt feststellen: »Die Reichsanstalt für Erdbebenforschung hat ihre instrumentelle Einrichtung für Untersuchungen auf dem Gebiet der Geophysik zum grössten Teil beendet. Sie verfügt jetzt über eine Apparatur für geophysikalische Messungen, wie sie an keinem Institut in Deutschland in gleicher Vollkommenheit vorhanden ist.«[203] Weiter berichtete er über den aufgenommenen umfangreichen Lehrbetrieb und den dabei deutlich gewordenen Raummangel. Zur Behebung desselben schlug er vor, die beiden seitlichen Anbauten der Anstalt aufzustocken, und bat um die Finanzierung dieser Maßnahme. Zur Begründung verwies er auf den Nutzen für das Land Thüringen hinsichtlich der Lagerstellenerkundung und die Sicherung von Jenas führender Stellung auf dem Gebiet. Der Dekan der Mathematisch-Naturwissenschaftlichen Fakultät Winkelmann holte zunächst die Meinung Wiens ein und bat dann die übrigen Mitglieder der Fakultät um deren Zustimmung. Wien befürwortete den Antrag »auf das wärmste« und betonte ergänzend, dass die Geophysik ein Prüfungsfach der Fakultät und eine unentbehrliche Hilfswissenschaft für die Physik, die Geologie und die Geographie sei. Es müsse also »für die Unterrichtsmöglichkeit in dieser Wissenschaft« gesorgt werden, was durch den Antrag »auf die einfachste und billigste Art« geschehe.[204] Er stimmte Heckers Urteil bezüglich der »große[n] erfolgreiche[n] Entwicklung der Geophysik in den letzten Jahrzehnten« zu und hob die besonders interessanten, am Jenaer Institut gepflegten »Versuche über

195 ThHStAW, C 351, Bl. 81.

196 ThHStAW, C 351, Bl. 82.

197 ThHStAW, C 351, Bl. 86.

198 ThHStAW, C 351, Bl. 87, 93.

199 ThHStAW, C 351, Bl. 92. In der Niederschrift zur Sitzung der Stiftung ist vom Seismographischen Institut die Rede.

200 ThHStAW, C 351, Bl. 113–119. In einer Anweisung über die im Zeitraum 1.4.–30.9.1923 entstandenen Baukosten für die Erdbebenwarte wird der Betrag von 28 921 791 084 M angegeben. ThHStAW, C 351, Bl. 139 .

201 ThHStAW, C 351, Bl. 126–127.

202 ThHStAW, C 351, Bl. 137.

203 ThHStAW, C 352, Bl. 1.

204 UAJ, N 108, Bl. 164–164v .

Abb. 24: Reichsanstalt für Erdbebenforschung (1923)

die Ausbreitung der elektrischen Wellen im Erdinnern« hervor.[205] Wiens Argumentation wortwörtlich aufgreifend, sandte der Dekan am 6. März Heckers Antrag an das Weimarer Volksbildungsministerium. Die Carl-Zeiss-Stiftung genehmigte die nötigen Finanzen am 23. März 1929 unter der Bedingung, dass die neuen Unterrichtsräume dauerhaft von der Universität, speziell die Geophysik, genutzt werden.[206] Nachdem das Reichsinnenministerium mit dieser Bedingung einverstanden erklärte, wurde der Bau bis zum Jahresende ausgeführt. Bereits im Februar 1930 musste Hecker erneut die Carl-Zeiss-Stiftung um Unterstützung bitten: Um einen als Lager genutzten Raum für Unterrichtszwecke, speziell für praktische Übungen, freiräumen zu können, sollte ein kleines Wellblechhaus errichtet werden. Dies geschah umgehend und der Raum stand im April dem Kursus für angewandte Geophysik zur Verfügung.[207] Hecker engagierte sich in den folgenden Jahren mit seinen Mitarbeitern weiter intensiv in der geophysikalischen Forschung und Lehre, unter anderem bei der Entwicklung neuer Meßmethoden

und –instrumente, bis er am 1. April 1932 in den Ruhestand versetzt wurde.

Die damit notwendige Neubesetzung der Professur gestaltete sich schwierig, da dabei verschiedene Auffassungen zu den Aufgaben der Geophysik aufeinander prallten. Hecker hatte sich im Reichsministerium des Innern für Meisser als seinen Nachfolger eingesetzt. Zugleich bewarb sich Sieberg um die Professur. Er berief sich dabei auf einen »stärkeren Rückhalt bei einem Teil der in Betracht kommenden Dozenten der Jenaer Universität«.[208] Unterstützend überreichte er seine Vorstellung zur volkswirtschaftlichen Bedeutung der Erdbebenforschung und legte in einem weiteren Dokument Heckers Haltung sowie seine eigenen Forschungsergebnisse dar. Als wichtigste Aufgabe der Erdbebenforschung bezeichnete er »die Nutzbarmachung der praktischen Erfahrungen und theoretischen Erkenntnisse für die Volkswirtschaft«. Die enge Verpflechtung physikalischer und geologischer Vorstellungen hob er nachdrücklich als Basis der angewandten Geophysik hervor. Um die Reichsanstalt für Erdbebenforschung zu einer weltweit

205 Ebenda.
206 ThHStAW, C 352, Bl. 8.
207 ThHStAW, C 352, Bl. 15, 17.
208 ThHStAW, C 352, Bl. 26.

anerkannten Institution zu machen, müssten die drei Abteilungen Makroseismik, instrumentelle Seismik und angewandte Geophysik sich frei entfalten können und unter einheitlicher Leitung zusammenarbeiten.[209] Hecker dagegen habe sich nur mit instrumenteller Seismik beschäftigt und stand der Geologie als Grundlage der Erdbebenforschung »vollständig fremd gegenüber«.[210] Bei seinen Forschungsergebnissen nannte er jene zur Ausbreitung der Erdbebenenergie, zur Erdbebenentstehung und zur Auffassung des Erdbebens als Kraftfeld.

Der Ministerialbeamte im Reichsministerium des Innern informierte sich eingehend über die einzelnen Kandidaten und holte die Meinung von Fachleuten sowie von Stier im Thüringer Volksbildungsministerium ein. Letzterer berichtete Ende April, nachdem er sich der »Sache Meißer« gewidmet und auch mit Sieberg gesprochen hatte, dass Hecker »doch auch recht einseitig geurteilt« habe.[211] Bereits am 1. April 1932 war Sieberg die kommisarische Leitung der Reichsanstalt für Erdbebenforschung übertragen worden.[212]

---

209 ThHStAW, C 352, Bl. 30.
210 ThHStAW, C 352, Bl. 31.
211 ThHStAW, C 352, Bl. 26.
212 UAJ D 2733, Bl. 3. In dem Lebenslauf vom 14. November 1945 gab Sieberg an, ab 8. April 1932 stellvertretender Leiter gewesen zu sein. Ebenda. Bl. 15.

4 Die Entwicklung des Mathematischen und des Physikalischen Instituts in der Zeit des Nationalsozialismus

Mit der Machtergreifung der Nationalsozialisten im Januar 1933 begann in Deutschland ein grundlegender gesellschaftlicher Wandel hin zu einer uneingeschränkten Diktatur mit der Abschaffung der parlamentarischen Demokratie, der Verfolgung, Ausgrenzung, Vertreibung und Repression großer Teile der Bevölkerung sowie der Inhaftierung vieler, als nicht loyal dem Nationalsozialismus gegenüberstehend eingeschätzten Personen.[1] Das rasch errichtete totalitäre Regierungssystem verfolgte insbesondere einen radikalen Antisemitismus mit dem Genozid der jüdischen Bevölkerung als Zielstellung.

In den folgenden Jahren erholte sich die Industrieproduktion und erreichte 1937 mit etwa 12 % der Weltindustrieproduktion wieder das Niveau vor der Weltwirtschaftskrise, wobei sich aber der Anteil der Rüstungsgüter fast verzehnfacht hatte. Neben dieser Ausrichtung auf die Kriegsvorbereitung bemühte sich die nationalsozialistische Wirtschaftsführung, die Produktion zu konzentrieren sowie rationaler zu gestalten und speziell den Materialeinsatz zu verringern. Das bis zum Beginn des Zweiten Weltkriegs erzielte Wachstum beruhte jedoch nicht auf Innovationen und Umgestaltungen im Wirtschaftsgefüge, sondern vor allem darauf, dass zuvor nicht ausgelastete Kapazitäten genutzt wurden. So lag die Arbeitsleistung im Zeitraum 1933–1939 in Deutschland unter dem globalen Durchschnitt und war deutlich geringer als die Werte von Ländern wie die USA und Großbritannien. Ende der 1930er Jahre gelangte die Industrie an ihre Kapazitätsgrenze und es zeichneten sich Fehlentwicklungen in den Beziehungen zwischen einzelnen Industriezweigen ab. Auf Grund der ungenügenden Innovationskraft waren einige Produktionsverfahren nicht auf den neuesten Entwicklungsstand und teilweise uneffektiv geworden. Während des Krieges bestimmte dann zunehmend der Mangel an Roh- und Werkstoffen, Fachkräften und an Energie das Geschehen, woran auch der Einsatz von Gefangenen und Zwangsarbeitern sowie die Ausbeutung der eroberten Rohstoffressourcen nichts änderte. Es wurde zunehmend schwieriger die Versorgung mit den lebens- und kriegswichtigen Gütern zu sichern.

Thüringen war eines der Länder, in denen die Nationalsozialisten bereits 1932 die Regierungsgewalt erreichten und mit der Umgestaltung des Hochschulsystems in ihrem Sinne beginnen konnten. Als Volksbildungsminister wurde das Parteimitglied Fritz Wächtler etabliert und an der Universität Jena am 1. Oktober 1932 das wieder eingerichtete Amt des Kurators mit Carl Emge (1886–1970) besetzt, der sich bereits 1931 der nationalsozialistischen Partei angeschlossen hatte. Das Amt des Kurators wurde zwar, nachdem im November 1933 die Universitätssatzung geändert und das »Führerprinzip« eingeführt worden war, wieder abgeschafft, doch war Emge zunächst der Erste, der als Nationalsozialist dieses Amt an einer deutschen Universität ausübte. Als Rektor wirkte ab März 1932 Abraham Esau, der am 19. Januar 1933 vom Senat einstimmig wiedergewählt wurde und diese Position bis 1935 innehatte. Er trat Anfang Mai 1933 der NSDAP bei und stieg dank seiner Beziehungen zu Industriellen, Offizieren und Ministerialbeamten und seinem geschickten Agieren für die »nationale Erhebung« zu einem sehr einflussreichen Wissenschaftslenker auf. Dabei konnte er sowohl von der hervorgehobenen Stellung als Rektor als auch dem großen Interesse von Industriellen, Militärs und den politischen Machthabern an der Nutzung seiner Forschungsergebnisse, insbesondere zur Nachrichten- und Funkmesstechnik, profitieren.[2] Insgesamt vollzog sich an der Salana in der Zeit des Nationalsozialismus mit der »Institutionalisierung eines biowissenschaftlichen Fächerkanons und der Ausprägung rassenpolitischer Netzwerke« ein deutlicher Profilwandel. Dabei gelang es aber, den bis zum Ende des 19. Jahrhunderts zurückreichenden Ruf der Jenaer Universität als einen Hort der mathematisch-naturwissenschaftlichen Forschung als Charakterzug zu erhalten.[3] Trotz aller Eingriffe und Veränderungen blieb die angestrebte grundlegende Umgestaltung des Hochschulwesens im Land bzw. Gau Thüringen als auch im gesamten Deutschen Reich aus.[4]

Bei den ab 1933 erfolgten Vertreibungen und Entlassungen von Wissenschaftlern blieb die Jenaer Universität mit 8,5 % deutlich unter dem für alle deutschen Universitäten errechneten Durchschnittswert von 16,3 %.[5] Sie übertraf aber markant den Wert anderer kleiner Regionaluniversitäten wie Würzburg, Rostock und Tübingen. Die Entlassungen wurden von den meisten Jenaer Professoren ohne Protest hingenommen. Unter den Entlassenen befand sich mit Rudolf Straubel ein Physiker, aber kein Mathemati-

1   Für eine ausführliche Darstellung zur Universität Jena vergleiche das Kapitel »Die ›Friedrich-Schiller-Universität‹ der NS-Zeit« in: Jena 2009, S. 417–587.
2   Hoffmann/Stutz 2003. 1937/39 fungierte Esau nochmals als Rektor.
3   Hoßfeld/John/Stutz 2003, S. 24.
4   Eine ausführliche Darstellung der mit dem Profilwandel und der veränderten Stellung der Universität verbundenen Prozesse geben Uwe Hoßfeld, Jürgen John und Rüdiger Stutz in Hoßfeld/John/Stutz 2003.
5   Jena 2009, S. 428.

Abb. 25: Abbeanum (unten links), Technisch - Physikalisches Institut (unten rechts),
Reichsanstalt für Erdbebenforschung (darüber), Luftaufnahme 1930

ker. Außerdem ist noch Felix Auerbach zu erwähnen, der nach einem zweiten Schlaganfall am 26. Februar 1933 zusammen mit seiner Frau freiwillig aus dem Leben schied.[6] Auerbach war zwar von seinen Pflichten als Professor für theoretische Physik entbunden, gehörte aber noch dem Lehrkörper des Physikalischen Instituts an. Sowohl die abzusehenden gesundheitlichen Probleme als auch die drohenden Repressalien als Juden dürften das Ehepaar zu dieser Tat motiviert haben. Ein Jahr später bemühte sich die Universitätsleitung, dem Beispiel anderer Universitäten folgend, durch Verbindung des Universitätsnamens mit einer historischen Persönlichkeit den neuen, nationalsozialistischen Zeitgeist im Charakter der Hochschule sichtbar zu machen. Nachdem die Verknüpfung mit dem Gründer der Universität Kurfürst Johann Friedrich I. von Sachsen (1503–1554) im Volksbildungsministerium nicht geneh-

migt wurde, erfolgte am 10. November 1934 die Umbenennung in Friedrich-Schiller-Universität. Im gesamten Zeitraum bis zum Kriegsende 1945 war der Finanzbedarf der Universität größer als die verfügbaren Mittel.

Die Zahl der Studierenden nahm, nachdem sie 1931 den Höchstwert erreicht hatte, ab 1933 rasch bis auf rund 1100 im Sommersemester 1938 ab. Dagegen nahm die Einwohnerzahl Jenas kontinuierlich weiter zu, wobei sich die Wachstumsrate kaum von der der vorangegangenen Periode unterschied. Jenas Einwohnerzahl wuchs dennoch stärker als die der Nachbarstädte wie Gera, Weimar und Apolda. Keine dieser Städte übersprang aber die für eine Klassifizierung als Großstadt wichtige Marke von 100 000 Einwohnern, Jena erreichte in den 1940er Jahren bis zum Kriegsende lediglich einen Maximalwert von knapp unter 75 000.

---

6   UAJ, BA 974, Bl. 11.

Im Folgenden soll nun die Entwicklung des Lehrkörpers am Mathematischen bzw. Physikalischen Institut wieder genauer betrachtet werden.[7]

4.1 Das Ende der Amtszeit Haußner und die Turbulenzen um dessen Nachfolge

Die Mathematik war mit den Professoren Haußner, König und M. Winkelmann sowie dem Privatdozenten Grell und dem Hilfsarbeiter Ernst Peschl (1906–1986) formal gut vertreten. Haußner hatte jedoch am 6. Februar 1933 das 70. Lebensjahr vollendet und hätte bereits ab dem Sommersemester 1932 in den Ruhestand treten müssen. Dies geschah dann mit einer Verzögerung von zwei Jahren: Am 27. März 1934 erhielt Haußner die Urkunde über seine Entpflichtung ab den 1. April. Doch er erhob sofort Einspruch gegen diese Maßnahme und berief sich dabei auf das Statut der Universität, das zum Zeitpunkt seiner Berufung nach Jena gültig war. Nach diesen von 1883 stammenden Bestimmungen konnte ein Professor nicht gegen seinen Willen, sondern nur auf eigenen Wunsch in den Ruhestand versetzt werden. Außerdem sah Haußner seinen Standpunkt auch durch den entsprechenden Passus zur Entpflichtung von Universitätslehrern in der geltenden Satzung über das »Dienststrafverfahren gegen Universitätslehrer und ihre freiwillige Entpflichtung« gerechtfertigt.[8] Das Volksbildungsministerium widersprach dieser Interpretation der geltenden Gesetze und Bestimmungen und stellte klar, dass es kein Recht des Beamten auf individuelle Festsetzung der Dienstunfähigkeit gab und die Anwendung der genannten Satzung im Falle Haußner nicht möglich war. Haußner erkannte diese Entscheidung jedoch nicht an, so dass das Thüringer Staatsministerium die Angelegenheit am 29. Juni 1934 an die Dienststrafkammer verwies. Diese bestätigte die Entpflichtung Haußners als rechtmäßig. Doch wieder protestierte Haußner, so dass erst der Dienststrafhof am 26. September 1934 mit der Ablehnung des Einspruchs die Angelegenheit beendete. Ungeachtet dessen hatte Haußner das Recht, als Emeritus Vorlesungen am Institut zu halten, was er auch wahrnahm. Seinen Antrag auf Unterstützung durch einen Hilfsassistenten lehnte das Ministerium strikt ab und auch Ringleb, der Übungen zu dieser Vorlesung anbot, könne kein Assistent zuerkannt werden.[9]

Ungeachtet der Auseinandersetzungen mit Haußner

widmete sich die Mathematisch-Naturwissenschaftliche Fakultät der Wiederbesetzung von dessen Stelle sowie der organisatorischen Neuordnung des Instituts. Zu letzterem verfasste König eine Denkschrift, die er am 12. Februar 1934 an das Thüringische Volksbildungsministerium schickte. Als zentrale Punkte nannte er die »Herstellung der notwendigen Einheit«, den »baldigste[n] Ersatz des Emeritierten«, die »lebenswichtige Rolle« der Mathematik, den »Aufgabenkreis des Instituts« und die »Aufgaben der Führung«.[10] Der erstgenannte Punkt beinhaltete die Zusammenlegung der beiden Abteilungen zur Schaffung eines »einheitlichen Institut[s]« mit »einheitlicher Führung«, was insbesondere die Überführung der Abteilung A ins Abbeanum erforderte. Die Rolle der Mathematik wurde sowohl »in kultureller und wirtschaftlicher Hinsicht« als auch bezüglich der »Landesverteidigung« betont, woraus sich ein großer und verantwortungsvoller Aufgabenkreis ergab. Es bedürfe eines klaren Bruchs mit der Vergangenheit und veralteten Systemen sowie der Sicherung eines Qualitätsniveaus bei den Absolventen im Gegensatz zur Ausbildung von Massen an schlecht qualifizierten Studierenden »durch möglichst bequeme Darbietungen und ein niedriges, unter dem Reichsdurchschnitt liegendes Prüfungsniveau«[11]. Dies ging einher mit der »Heranbildung von vollwertigen völkischen akadem. Nachwuchses auf dem Prinzip der Auslese« als Aufgabe der Institutsleitung. Weiterhin sollte die Leitung des Instituts eine »lebensnahe Verbindung von Universität und Schule« herstellen und die mathematische Studentenschaft wieder zu einer Einheit zusammenführen[12]. König argumentierte ganz im Sinne des nationalsozialistischen Systems und nutzte zugleich seine Stellung als Vorstand der Jenaer Mathematischen Gesellschaft und als »Führer (Vertrauensmann) für Thüringen des Reichsverbandes mathematischer Gesellschaften und Vereine«. Die Denkschrift gelangte über den Rektor Esau in das Thüringer Volksbildungsministerium und wurde nach einer Unterredung von Minister Wächtler und Esau einstweilen zu den Akten gelegt.[13]

Noch vor der ersten Beratung zur Wiederbesetzung der Haußner'schen Stelle bat Max Wien den Dekan, an seiner statt Joos in die Berufungskommission zu wählen, da er keinen Überblick über die in Frage kommenden Personen habe. Er hatte die Angelegenheit mit Joos besprochen und war mit ihm einer Meinung. Er verzichtete auf die Nennung einzelner Mathematiker und formulierte nur den all-

---

7   Das Agieren der Jenaer Physiker und technischen Physiker im Spannungsfeld zwischen tradiertem Eigeninteresse, für das Gedeihen der Wissenschaft zu wirken, und im »Dienst fürs Vaterland« mit Industrie, Militär und sonstigen Einrichtungen des NS-Staates zusammenzuarbeiten, wurde von Oliver Lemuth und Rüdiger Stutz eingehend thematisiert. Lemuth/Stutz 2003, S. 596–687.

8   UAJ, BA 964, Bl. 1–2.

9   UAJ, C 249, Bl. 135.

10 UAJ, BA 974, Bl. 174–176.

11 UAJ, BA 974, Bl. 175.

12 UAJ, BA 974, Bl. 176.

13 UAJ, BA 974, Bl. 177.

gemeinen Grundsatz, »einen Mathematiker zu finden, dem auch die Anwendungen am Herzen liegen und der geeignet ist, die Anfangsgründe der höheren Mathematik in einer für die jungen Physiker … geeigneten Form vorzutragen«.[14] Ende April 1934 übermittelte dann König dem Dekan eine erste Kandidatenliste zur weiteren Beratung. Neben den schon von früheren Besetzungsverfahren bekannten Haupt und Ullrich nannte er Friedrich Karl Schmidt (1901–1993) von der Universität Erlagen und den zurzeit als Gastprofessor an der Universität Peking lehrenden Emmanuel Sperner (1905–1980). Schmidt und Ullrich wirkten als Privatdozenten, während Haupt ein Ordinariat innehatte. In den folgenden Wochen holte die Fakultät dann die Meinung verschiedener Mathematiker zu einzelnen Fachkollegen ein bzw. erhielt weitere Vorschläge. Die Kandidatenliste vergrößerte sich auf diese Weise beträchtlich, neben den bereits genannten kamen noch Georg Aumann (1906–1980), Herbert Grötzsch (1902–1993), Adolf Hammerstein (1888–1941), Erich Kamke (1890–1961), Erich Kähler (1906–2000), Lothar Koschmieder (1890–1974), Wolfgang Krull (1899–1971), Fritz Lettenmeyer (1891–1953), Georg Nöbeling (1907–2008), Ernst Pohlhausen (1890–1964), Karl Reinhardt (1895–1941), Robert Sauer (1898–1970), Herbert Seifert (1907–1996), Wilhelm Süss (1895–1958) und Ernst August Weiss (1900–1942) hinzu. War der Auswahlprozess bei dieser Fülle von Personen schon schwierig, so wurden die Beratungen der Kommission durch Haußner zusätzlich erschwert. Er betrachtete die einberufenen Kommissionssitzungen »als unzulässig und ungesetzlich« und forderte deren Absetzung, da auf Grund seines Einspruchs seine Entpflichtung »noch keine gesetzliche Gültigkeit erlangt« habe.[15] Haußner erwies sich auch in diesem Fall als ein sehr unbequemer und streitsüchtiger Zeitgenosse. Die Kommission hat sich offenbar nicht davon beeindrucken lassen, erledigte zügig ihre Aufgabe und reichte am 6. Juni 1934 über den Rektor die entsprechende Vorschlagsliste im Volksbildungsministerium ein.[16] Auf Platz 1 hatte sie den Geometer Wilhelm Blaschke (1885–1962) von der Universität Hamburg gesetzt. Es folgten die Privatdozenten Friedrich Karl Schmidt und der ebenfalls zur Universität Hamburg gehörige Emmanuel Sperner. Blaschke wurde als Haupt der führenden Geometer-Schule Deutschlands und Persönlichkeit ersten Ranges charakterisiert. Gleichzeitig verfüge er über eine starke organisatorische Kraft, was für die Entwicklung des hiesigen Mathematischen Instituts von ausschlaggebender Bedeutung sei. Blaschke gehörte zu den ersten Professoren an der 1919 gegründeten Universi-

Abb. 26: Friedrich Karl Schmidt

tät Hamburg und hatte das dortige Mathematische Institut durch geschickte Berufungen zu einer ersten Blüte geführt. Dieser Aufbaustimmung konnte Jena eine jahrhundertelange Tradition entgegensetzen, doch hielt die Fakultät es für notwendig, anzumahnen, Blaschke bei der Bewilligung von Mitteln entgegenzukommen. Für Schmidt sprachen ebenfalls seine breite fachliche Kompetenz und eine weitgefächerte Vorlesungstätigkeit. Er sei ein »genialer Forscher von tief eindringender Kraft und hinreissendem Schwung im Vortrag«.[17] Sperner wurde als der geeignetste jüngere Mathematiker ausgewählt. Er war aus der geometrischen Schule Blaschkes hervorgegangen, hatte als ausgezeichneter und vielseitiger Mathematiker im In- und Ausland Erfahrungen gesammelt und verfügte über großes pädagogisches Talent. Fünf Tage später folgte auf gleichem Wege der ausführliche Bericht der Fakultät mit einer detaillierten Einschätzung der Kandidaten. Nach eingehender Schilderung von Blaschkes mathematischen Leistungen wurde dessen Berufung als der größte Gewinn für Jena bezeichnet, durch den die Entwicklung des neu

---

14　UAJ, N 49, Bl. 18–18v.

15　UAJ, N 49, Bl. 8, 19 f..

16　UAJ, N 49, Bl. 1–3.

17　UAJ, N 49, Bl. 2–3.

erbauten Mathematischen Instituts und dessen Geltung im In- und Ausland besonders gefördert würden.[18] Neben der großen Vielseitigkeit in der mathematischen Forschung, die auf wissenschaftlicher Intuition und der verbindenden Kraft der Methoden basierte, lobte die Fakultät Schmidts Tätigkeit am Göttinger Mathematischen Institut. Als dort drei Ordinariate vakant waren, hatte er, als Privatdozent zur Vertretung der Professur von Hermann Weyl (1885–1955) berufen, vorzügliche Arbeit geleistet. Diese Erfahrungen würden dem Jenaer Institut sehr zugute kommen.[19] Von Sperner hob der Bericht die Verbindung von exakter analytischer Strenge mit anschaulichem Denken in den wissenschaftlichen Arbeiten, das ausgezeichnete Lehrtalent und die »Welterfahrung« durch die Auslandsaufenthalte hervor. Ungewöhnlich und deshalb besonders bemerkenswert ist, dass sich der Dekan nur zwei Wochen vor der Entscheidung der Fakultät an den bis zu diesem Zeitpunkt nicht als Kandidat genannten Blaschke wandte und um dessen Rat bezüglich Haupt, F.K. Schmidt, Kamke, Sauer, Koschmieder und Kähler bat.[20] Blaschke äußerte sich zu Haupt, Schmidt und Kähler sehr positiv, war aber unsicher, ob sie für Jena zu gewinnen seien. Kritischer sah er Kamke, Sauer und Koschmieder, wobei die Gründe von einseitigen Forschungsinteressen (Sauer) bis zu Zweifeln an der politischen Einstellung (Kamke) reichten. Zusätzlich nannte er noch Sperner, den er als ausgezeichneten Mathematiker schätzte und bei dem er wie bei Kähler eine positive Einstellung zu »den neuen Verhältnissen unseres Staates« hervorhebenswert hielt.[21] Abschließend stellte er noch fest, dass Ringleb ungeeignet sei. Angesichts der offensichtlichen Wertschätzung Blaschkes durch die Fakultät ist es hinsichtlich des weiteren Verlaufs des Berufungsverfahrens verwunderlich, dass in den Akten keine Hinweise auf Verhandlungen mit Blaschke gefunden werden konnten. Doch auch die Konzentration auf den zweitgenannten Schmidt muss als überraschend angesehen werden, da sowohl der Fakultätsbericht und als auch Blaschkes Einschätzung den massiven politischen Konflikt Schmidts mit der Studentenschaft in Göttingen nicht erwähnen. Der Anlass dafür war, dass Schmidt den Kontakt zu jüdischen Kollegen insbesondere zu Richard Courant nicht abbrach und sich für die Berufung von Helmut Hasse als Nachfolger von Weyl einsetzte. Die Studentenschaft machte gegen Schmidts Vorlesung Stimmung und forderte dessen Entlassung. Schmidts Niederlegung der Vorlesung wurde im

Reichsbildungsministerium nicht akzeptiert, so dass er diese trotz weiterer Anfeindungen durch die Studentenschaft bis zum Sommer 1934 fortsetzte und dann auf seine frühere Stelle an der Universität Erlangen wechselte. Dies bildete für die Jenaer Mathematisch-Naturwissenschaftliche Fakultät keinen Hinderungsgrund für eine Berufung, die zunächst im Oktober 1934 ausgesprochen, dann aber nicht vollzogen wurde. Für ein Jahr lehrte Schmidt am Mathematischen Institut bei unklaren Anstellungsverhältnissen bis dann endlich eine Klärung erfolgte. Im August 1935 bat der Reichs- und Preußische Minister für Wissenschaft, Erziehung und Volksbildung[22], Bernhard Rust (1883–1945), den Rektor um eine »allgemeine Beurteilung« Schmidts. Rust wollte sich sicher sein, dass die früheren Einwendungen nicht derartige seien, dass von der endgültigen Ernennung Schmidts Abstand genommen werden müsse. Die Berufung sei bereits soweit vorangetrieben, dass nur bei triftigen Gründen das Verfahren ausgesetzt werden könne. Gleichzeitig bat er um das Urteil der Dozentenschaft zu dieser Frage.[23] Die Antwort des Rektors verzögerte sich um einige Wochen, da dieser erst Anfang September wieder in Jena war, doch am 24. September 1935 teilte das Reichsministerium dem Rektor über den Hochschulreferenten im Thüringer Ministerium mit, dass die Ernennung Schmidts zum ordentlichen Professor der Mathematik dem Führer und Reichskanzler Adolf Hitler (1889–1945) vorgeschlagen wurde und die Übertragung von Haußners Lehrstuhl zum 1. April 1935 erfolgen sollte.[24] Die Berufung erfolgte dann am 10. Oktober und war zugleich mit der Ernennung zum Mitdirektor des Mathematischen Seminars und der Mathematischen Anstalt verbunden. Damit fanden die langwierigen Bemühungen um die Wiederbesetzung von Haußners Stelle einen erfolgreichen Abschluss. Im Herbst 1934 hatten König und Schmidt im Rahmen der Berufungsverhandlungen des Letzteren mit Ministerialrat Stier ein Zusammenlegen der beiden, bisher getrennten Abteilungen A und B des Mathematischen Instituts und des Mathematischen Seminars vereinbart mit dem Ziel, einen einheitlichen Lehr- und Forschungsbetrieb zu ermöglichen. Zur Deckung der mit dieser organisatorischen Umgestaltung verbundenen Kosten beantragten sie dann im Januar des Folgejahres 1500 RM aus dem Sonderfonds für mathematische Zwecke der Carl-Zeiß-Stiftung. Eine Woche zuvor, am 14. Januar, hatten sie an Stier die Realisierung der ge-

18 UAJ, BA 974, Bl. 204–206.
19 UAJ, BA 974, Bl. 206–207.
20 UAJ, N 49, Bl. 21.
21 UAJ, N 49, Bl. 22–22v.
22 Diese offizielle Bezeichnung des Ministers wurde in vielen Schriftstücken abgekürzt und vom Reichswissenschafts- bzw. vom Reichserziehungsminister gesprochen, Gleiches gilt für das Ministerium. Die verkürzte Bezeichnung wurde im Folgenden bezüglich des Ministers und des Ministeriums übernommen.
23 UAJ, BA 975, Bl. 107–107v.
24 UAJ, BA 975, Bl. 109.

nannten Vereinbarung gemeldet: Ab dem 1. November gebe es an der Friedrich-Schiller-Universität nur noch ein einheitliches Mathematisches Institut und ein einheitliches Mathematisches Seminar. Die Geschäftsführung habe König als Dienstältester übernommen.[25]

4.2 Das Ringen um die weitere Vertretung der angewandten Mathematik

Zu den Problemen am Mathematischen Institut gehörte Anfang 1934 auch die angewandte Mathematik. Am 18. Januar bat M. Winkelmann den Dekan auf der Basis eines ärztlichen Gutachtens um seine Beurlaubung bis zum Semesterende. Er hatte sich zur Behandlung seines Depressionszustandes in ein Sanatorium in Bad Blankenburg begeben.[26] Die Hoffnung auf eine dauerhafte Genesung erfüllte sich jedoch nicht. Im Herbst 1937 bat er erneut um seine Beurlaubung. Die Professoren der Mathematik und Physik, M. Wien, Helmuth Kulenkampff (1895–1971), Gerhard Hettner (1892–1968), König und F. K. Schmidt beantragten daraufhin, einen Vertreter für Winkelmann anzustellen, da dieser voraussichtlich für unbestimmte Zeit verhindert sein dürfte, das Institut zu leiten und Vorlesungen zu halten.[27] Beide Gesuche leitete der Dekan an das Volksbildungsministerium weiter und befürwortete angesichts »der Wichtigkeit der Angewandten Mathematik für die Gegenwartsaufgaben« im Namen der Fakultät nachdrücklich die »sachgemässe Betreuung des Faches«.[28] Ohne eine gewisse Antragsrhetorik zu verkennen, hoben die Fachvertreter in ihrem Schreiben die Bedeutung der angewandten Mathematik als Brücke zu Physik und Technischer Physik klar hervor und konstatierten: »Die Vorlesungen und Übungen in Angewandter Mathematik sind daher nicht nur für die Mathematiker, sondern auch für die Studierenden der Physik, Technischen Physik, Chemie und andere unentbehrlich.« Nach der Nennung verschiedener »Aufgaben-Kreise« wurden die guten, an keiner anderen Universität bestehenden Möglichkeiten zur Pflege dieses wichtigen Faches betont, die neben dem vorhandenen Institut vor allem in dem fruchtbaren Zusammenwirken mit den anderen naturwissenschaftlichen Instituten und den Zeiss-Werken bestanden. Als einziger Kandidat für Winkelmanns Vertretung wurde Walter Tollmien (1900–1968) vorgeschlagen.[29] Dieser war Dozent an der Universität Göttingen und leitete eine Arbeitsgruppe am dortigen Kaiser-Wilhelm-Institut für Strömungsforschung. Der Reichs- und Preußische Minister für Wissenschaft, Erziehung und Volksbildung lehnte den Antrag jedoch ab, da Tollmien für andere Aufgaben vorgesehen sei, und forderte die Universität Jena auf, die Vertretung aus eigenen Kräften zu organisieren. Ministerialrat Stier wandte sich im Namen des Thüringischen Ministers für Volksbildung am 13. November 1937 an Reichswissenschaftsminister Rust mit der Bitte, vorläufig von der Bestimmung eines Vertreters für Winkelmann abzusehen und teilte zugleich mit, dass nach Rücksprache mit dem Dekan der Assistent des Instituts, Ernst Weinel (1906–1979), die Vertretung übernommen hatte.[30] Rust genehmigte Letzteres längstens bis zum Ende des laufenden Wintersemesters 1937/38. Im März 1938 musste Rektor Esau dem Ministerium jedoch mitteilen, dass Winkelmann seine Vorlesung noch nicht wieder aufnehmen könne und beantragte die nochmalige Beurlaubung Winkelmanns für das Sommersemester und dessen Vertretung durch Weinel[31], was wiederum ohne Probleme genehmigt wurde. Ministerialrat Stier forderte dann Winkelmann Ende Juni auf, ein amtliches Gesundheitszeugnis darüber vorzulegen, ob er die Vorlesungstätigkeit und die Leitung des Instituts wiederaufnehmen könne. Gleichzeitig empfahl er ihm, sollte er sich zur vollen Wiederaufnahme dieser Aufgaben nicht mehr in der Lage fühlen, um Entpflichtung und Versetzung in den Ruhestand zu ersuchen, da eine weitere Vertretung der Stelle über das Sommersemester hinaus nicht möglich sei.[32] Winkelmann folgte diesem Rat und reichte das entsprechende Gesuch nebst ärztlichem Attest am 2. Juli ein. Das Thüringer Ministerium informierte umgehend Rektor Esau und forderte ihn auf, Vorschläge für den Nachfolger Winkelmanns von der Fakultät einzuholen. Zugleich konstatierte das Ministerium: Es muss dabei davon ausgegangen werden, dass der Nachfolger Winkelmanns keinen ordentlichen Assistenten benötigt. Deshalb kann eine nochmalige Verlängerung von Weinels Dienstvertrag, der zum 30. September ausläuft, nicht befürwortet werden. Die Wiederbesetzung der Professur soll möglichst rasch erfolgen, so dass die Vertretung der Stelle zum Wintersemester wieder geregelt werden kann.[33] Das Reichsministerium entband Winkelmann am 3. Oktober von seinen amtlichen Pflichten und dankte ihm für seine erfolgreiche akademische Wirksamkeit.

Hinsichtlich der raschen Wiederbesetzung von Winkel-

---

25 UAJ, BA 911, Bl. 124.
26 UAJ, BA 974, Bl. 143–145.
27 UAJ, BA 976, Bl. 135–136.
28 UAJ, BA 976, Bl. 134.
29 UAJ, BA 976, Bl. 136–137.
30 UAJ, BA 976, Bl. 162–163.
31 UAJ, BA 976, Bl. 211.
32 UAJ, BA 976, Bl. 246.
33 UAJ, D 3039, Bl. 80–80v.

manns Stelle erwies sich die Prognose des Thüringer Ministeriums als großer Irrtum. Die Vorschläge der Mathematisch-Naturwissenschaftlichen Fakultät zur Neubesetzung
der Professur lagen dem Thüringer Volksbildungsministerium bereits im August 1938 vor. Als Wunschkandidat
wurde Rudolf Weyrich (1884–1971) von der Technischen
Hochschule Brünn (Brno) genannt und damit ergab sich die
nur durch das Reichserziehungsministerium zu klärende
Frage, ob Weyrich von der TH Brünn abgegeben werden
konnte. Entsprechend den unterschiedlichen Interessen
gab es hierzu sehr abweichende Meinungen. Während seitens des Reichserziehungsministeriums keine Bedenken
bestanden, lehnte der NS-Dozentenbund die »Abberufung
Weyrichs« wegen der an den deutschen Hochschulen in
der Tschechoslowakei zu vertretenden »wichtige[n] politische[n] Interessen« ab.[34] Gleichzeitig hatte Rektor Esau das
Interesse an Weyrichs Berufung nach Jena im Ministerium
artikuliert und dabei mit Blick auf die Aufrüstung und den
Vierjahresplan betont, wie gut sich dessen Forschungen in
das Jenaer Profil einfügten. Die offizielle Vorschlagsliste
wollte er aber erst einreichen, wenn Hoffnung auf einen
positiven Entscheid im Reichserziehungsministerium und
beim NS-Dozentenbund bestand.[35] Wenige Wochen später,
am 3. Dezember 1938, ging der Vorschlagsbericht an das
Thüringer Volksbildungsministerium mit Weyrich auf dem
Spitzenplatz. Als weitere Kandidaten wurden Karl Marguere (1906–1979) und Karl Klotter (1901–1984) genannt,
die beide an der Deutschen Versuchsanstalt für Luftfahrt
in Berlin-Adlershof tätig waren und sich zuvor an der TH
Karlsruhe 1935 bzw. 1931 habilitiert hatten. Außerdem
wies die Fakultät auf Weinel hin. Die eingeholten Gutachten waren durchweg sehr positiv und im Januar 1939 begannen die Berufungsverhandlungen und die Erledigung
der notwendigen Formalitäten, die in enger Verbindung
mit dem Reichserziehungsministerium erfolgten. Im Juni
berichtete das Thüringer Volksbildungsministerium nach
Berlin, dass Weyrich geneigt sei, ein Stellenangebot aus
Prag anzunehmen und das Interesse der Jenaer Universität
an Weyrich deutlich zurückgegangen sei, setzte die Verhandlungen aber fort. Diese scheiterten letztlich an Weyrichs Verhalten, unter anderem seinen hohen Gehaltsfor-
derungen. In seinem Bericht an den Rektor übte Dekan
Friedrich Scheffer (1899–1979) in Namen der Fakultät
dann Ende Mai 1940 eine vernichtende Kritik an Weyrich
und bat »dringend, von einer Berufung abzusehen«:

Der Hauptgrund für Weyrichs hervorgehobenen Listen-
platz, die Zusammenarbeit mit Staatsrat Esau, ist durch
die Übersiedlung des Letzteren nach Berlin hinfällig geworden. Weyrichs wiederholtes Verzögern der Verhand-

Abb. 27: Ernst Weinel

lungen und das Äußern »so groteske[r] Forderungen und
Wünsche …, daß sie zunächst jedem unglaubhaft erscheinen«, sind nicht akzeptabel. Ebenso unverständlich
ist seine Begründung, mit der er den Auftrag des Reichswissenschaftsministers abgelehnt hatte, die Professur im
Sommersemester 1939 zu vertreten. Die Fachvertreter der
Mathematik halten ihn grundsätzlich für ungeeignet, da er
in seinen Arbeiten und seinem Auftreten »eher reiner Mathematiker als angewandter Mathematiker« ist und nicht
das Verantwortungsgefühl hat, um »das hiesige Institut als
eines der wenigen Institute Deutschlands für angewandte
Mathematik als solches [zu] erhalten« und zu repräsentie-
ren. Seine Berufung schätzte die Fakultät als »untragbar«
ein und die »Hoffnung auf ein gedeihliches Zusammenarbeiten Prof. Weyrichs mit den Fachvertretern der Mathematik und Physik« als »aussichtslos«.[36] Der Reichsstatthalter in Thüringen, Fritz Sauckel (1894–1946), schloss
sich dem Urteil uneingeschränkt an, wobei er ebenfalls auf
die Bedeutung des Instituts und des reibungslosen Fort-
gangs »dieser technisch so wichtigen Forschungsarbeiten«

34 BA Berlin, R 4901, Nr. 13451, Bl. 32.
35 BA Berlin, R 4901, Nr. 13451, Bl. 25.
36 BA Berlin, R 4901, Nr. 13451, Bl. 108–108v.

hinwies.[37] Laut Aktenlage gab es keine Verhandlungen mit den ebenfalls nominierten Marguere und Klotter, was wohl angesichts deren Beschäftigung an der Versuchsanstalt für Luftfahrt als aussichtslos angesehen wurde.

Gleichzeitig bemühte sich die Mathematisch-Naturwissenschaftliche Fakultät hinsichtlich der Vertretung der Professur intensiv um die Verlängerung von Weinels Stelle. Speziell plädierte F. K. Schmidt als Institutsleiter und Vertreter der Lehrposition für angewandte Mathematik dafür, Weinel die ordentliche Assistentenstelle, die mit der Professur Winkelmanns verknüpft war, zu übertragen.[38] Diese Anstrengungen waren im November 1938 kurzfristig durch eine streng vertrauliche Anfrage des Reichserziehungsministers an Weinel und Rektor Esau hinsichtlich einer »im deutschen kulturpolitischen Interesse« dringend erwünschten Bewerbung auf einen Lehrstuhl an der Universität Freiburg (Fribourg) in der Schweiz gestört worden.[39] Der Minister genehmigte im März des Folgejahres Weinels Beschäftigung für das Fach der angewandten Mathematik bis zum Ende des Wintersemesters 1939/40 und berief ihn im November zum Dozenten und zum Beamten auf Widerruf.[40] Kurz vor Ablauf von Weinels Dienstvertrag beauftragte ihn der Reichswissenschaftsminister im März 1940 auf Anregung seines Thüringer Amtskollegen, die Winkelmann'sche Professur für angewandte Mathematik bis zum Widerruf zu vertreten. Dies dürfte letztlich auf die Initiative des Dekans der Mathematisch-Naturwissenschaftlichen Fakultät zurückzuführen sein, da schon die letzte Verlängerung der Assistentenstelle 1938 als Übergangsmaßnahme eingestuft worden war. Dekan Scheffer hielt die Beauftragung Weinels für die beste Lösung, da in der gegenwärtigen Situation eine rasche Änderung von dessen Beschäftigungsverhältnis nicht erwartet werden konnte. Die folgenden Monate war Weinel wesentlich mit der Beschaffung der für seine Anstellung nötigen Urkunden und Bescheinigungen beschäftigt.

Nach der gescheiterten Berufung Weyrichs setzte die Leitung des Jenaer Instituts die Suche nach geeigneten Kandidaten für die vakante Professur fort und fand einen solchen in Wolfgang Gröbner (1899–1980). Dieser war seit 1936 als Mitarbeiter am Institut für angewandte Mathematik in Rom tätig gewesen und seit Jahresbeginn ohne Anstellung.[41] Zur Unterstützung dieses geplanten Berufungsvorschlags holte F. K. Schmidt mehrere Gutachten

von Fachkollegen ein: Ludwig Prandtl charakterisierte Gröbner von »seiner ganzen inneren Einstellung« als »reine[n] Mathematiker«, der »nur aus reiner Notlage heraus Arbeiten macht, die zur angewandten Mathematik gerechnet werden können«.[42] Gleichzeitig mahnte er an, »dass es nur an wenigen Hochschulen Lehrstühle für angewandte Mathematik gibt und dass man deshalb mehr, als es sonst nötig ist, darauf achten muss, dass diese Lehrstühle durch gute Vertreter ihres Faches besetzt werden.« Die Berufung Gröbners wäre »ein grosses Wagnis« und er empfahl als geeigneten Fachmann »in erster Linie« Weinel.[43] Richard Grammel (1889–1980) urteilte positiver und lobte sowohl Gröbners Vielseitigkeit als auch dessen Arbeiten zur angewandten Mathematik. Im Vergleich mit Weinel, gab er diesem aber deutlich den Vorzug, da »Herr Weinel die modernen Methoden der angewandten Mathematik vollständig beherrscht und in seinen Arbeiten überall eine sehr grosse Originalität bewiesen hat.«[44] Auch Georg Hamel lobte Gröbner und nannte, nachdem er einen Überblick über die möglichen, insbesondere jüngeren Kandidaten gegeben hatte, Friedrich Willers (1883–1959), Gröbner und Lothar Collatz (1910–1990) als seine Favoriten.[45] Am 22. Mai 1940 ergänzte Hamel, offenbar nach einer Rückfrage von Schmidt, seine Stellungnahme hinsichtlich Weinel, verglich dessen Leistungen mit denen von Gröbner und hob von beiden Stärken und Schwächen hervor. Beide seien aber ernsthafte Kandidaten. Schließlich übermittelte Ende Mai 1940 Tollmien nach eingehendem Studium der Veröffentlichungen von Weinel und Gröbner sein Urteil. Er bezeichnete es als Wagnis, Gröbner diese verantwortungsvolle Stelle zu übertragen, da er sich durch seine Publikationen »nicht überzeugend genug als Angewandter Mathematiker ausgewiesen« habe. Dagegen habe Weinel durch seine vielseitigen Veröffentlichungen gezeigt, dass er über das Rüstzeug der angewandten Mathematik zur Bewältigung der Forschungsfragen verfüge.[46] Auf der Basis dieser Gutachten und der eigenen Anschauung kam die Mathematisch-Naturwissenschaftliche Fakultät zu dem Schluss, dass »nach deutschem Maßstab gemessen« Gröbners Arbeiten »doch noch nicht den Grad von Selbständigkeit, Originalität und Beherrschung aller modernen Methoden [besitzen], der für eine Berufung auf einen Lehrstuhl der Angewandten Mathematik – besonders wenn er noch mit der Leitung eines Instituts verknüpft ist

37   BA Berlin, R 4901, Nr. 13451, Bl. 107–107v.
38   UAJ, D 3039, Bl. 91.
39   UAJ, N 48/1, Bl. 106.
40   UAJ, D 3039, Bl. 99, 129–129v.
41   UAJ, N 83, unpaginiert, handschriftlicher Lebenslauf Gröbners vom 1. Mai 1940.
42   UAJ, N 83, unpaginiert, Brief Prandtls an Schmidt vom 15. Mai 1940.
43   Ebenda.
44   UAJ, N 83, unpaginiert, Brief Grammels an Schmidt vom 16. Mai 1940.
45   UAJ, N 83, unpaginiert, Brief Hamels an Schmidt vom 16. Mai 1940.
46   UAJ, N 83, unpaginiert, Brief Tollmiens an Schmidt vom 28. Mai 1940.

– … gefordert werden muß.«[47] Nach kurzer Tätigkeit als außerordentlicher Professor an der Universität Wien und der Einberufung zum Kriegsdienst wurde Gröbner 1942 an die Deutsche Versuchsanstalt für Luftfahrt in Braunschweig abkommandiert.

Aus den Gutachten geht deutlich hervor, dass die Fakultät auf den im Vorschlagsbericht von 1938 enthaltenen Hinweis zurückgekommen war, dass mit Weinel ein Kandidat mit »hervorragende[n] Leistungen und vielseitige[m] Können« in Jena vorhanden sei, der nur nicht nominiert wurde, um »ein Vorrücken am gleichen Ort« zu vermeiden.[48] Ebenfalls am 3. Juni 1940 übermittelte Dekan Scheffer die neuen Vorschläge der Fakultät für die Wiederbesetzung des Lehrstuhls für angewandte Mathematik. Einleitend wiederholte er die früher gegebene Argumentation zur Bedeutung der angewandten Mathematik im Allgemeinen und zu ihrer besonderen Rolle an der Universität Jena:

> Das Gebiet der angewandten Mathematik verlangt gerade in der Jetztzeit eine besondere Pflege und starke Vertretung. Es bildet von der Reinen Mathematik die Brücke zur Physik und Technischen Physik und hat die Hilfsmittel und die Methoden zu entwickeln, die zur rechnerischen Durchführung der akuten Probleme erforderlich sind. … Ein Fach, das von so grundlegender Bedeutung für die heutigen Aufgaben der Naturwissenschaften und Technik ist, verlangt starke Pflege. Jena bietet auch die Möglichkeit dazu durch das vorhandene schöne Institut für Angewandte Mathematik und die Möglichkeit des fruchtbaren Zusammenwirkens mit den anderen naturwissenschaftlichen Instituten und vor allem mit dem <u>Zeißwerk</u>. Gegebenheiten, die sonst kaum in so günstiger Weise erfüllt sind.[49]

Für die Neubesetzung nominierte die Fakultät W. Tollmien an erster Stelle und dann gleichrangig Collatz und Weinel. Einen Monat später informierte »der Stellvertreter des Führers« den Reichsminister für Wissenschaft, Erziehung und Volksbildung, dass Fakultät und NS-Dozentenbund in Jena die Berufung Weinels begrüßen würden[50]. Ebenso sprachen sich der Rektor und der zuständige

Referent im Reichserziehungsministerium für Weinel aus. Die im Herbst 1940 aufgenommenen Berufungsverhandlungen verzögerten sich erheblich, da der in Strasbourg geborene Weinel den Nachweis seiner »deutschblütigen Abstammung« nicht problemlos erbringen konnte. Noch Mitte Mai 1941 musste der Thüringische Volksbildungsminister dem Berliner Ministerium mitteilen, dass die von Weinel vorgelegten Urkunden unvollständig seien und dieser durch die Einberufung zum Wehrdienst diese zunächst nicht erbringen könne. Vier Monate später bat er den Reichserziehungsminister über Weinels Ernennung zu entscheiden, die auch ohne die noch fehlenden Unterlagen erfolgen könne.[51]

Ab 5. Juni 1941 war Weinel dann bis zum 23. Juni 1944 im Kriegsdienst. Wie aus den Personalunterlagen hervorgeht, lehnte er in dieser Zeit eine Beförderung zum Offizier strikt ab, nachdem er sich zuvor bereits geweigert hatte, der Aufforderung, in die NSDAP einzutreten, nachzukommen.[52] Trotzdem wurde er zum 1. März 1942 zum außerordentlichen Professor[53] ernannt und erhielt die Planstelle Winkelmanns. Diese Entscheidung ist sehr erstaunlich, denn entgegen der Vorschlagsliste vom Juni 1940 und seiner Unterstützung von Weinel hatte der Rektor am 1. Oktober im Reichserziehungsministerium dringend gebeten, von dessen Berufung abzusehen.[54] Dem waren ein Bericht und ein Schreiben Weinels an den Rektor vom 31. Mai und 3. Juni 1941 vorausgegangen. Darin beschuldigte Weinel seinen Kollegen König, »innerhalb und ausserhalb der Universität Stimmung gegen mich zu machen«, »in meinen persönlichen Angelegenheiten herum[zu]schnüffeln« und »irgendwelches ›Material‹ gegen mich zusammen zu tragen«.[55] Er bat den Rektor, »eine eingehende Prüfung der von Herrn König und anderen männlichen Waschweibern über mich in Umlauf gesetzten Parolen vorzunehmen und die in Betracht kommenden Mäuler zu stopfen.« Weiterhin beklagte er sich über seinen Vorgesetzten F. K. Schmidt, der ihn nicht unterstützt und gegen ihn gehetzt habe.[56] Reichswissenschaftsminister Rust informierte den Rektor am 23. Januar 1942, dass Weinels Ernennungsurkunde bereits von Hitler unterzeichnet wurde, und bat die Bedenken zurückzustellen, wenn nicht »wirklich ernste Vorwürfe« vorlägen. Wenn bis zum 10. Feb-

47 UAJ, N 83, unpaginiert, Schreiben des Dekans der Mathematisch-Naturwissenschaftlichen Fakultät an den Rektor vom 3. Juni 1940, Hervorhebung im Original.
48 BA Berlin, R 4901, Nr. 13451, Bl. 39.
49 BA Berlin, R 4901, Nr. 13451, Bl. 99–100, Hervorhebung im Original.
50 BA Berlin, R 4901, Nr. 13451, Bl. 104.
51 BA Berlin, R 4901, Nr. 13451, Bl. 115.
52 UAJ, D 3039, Bl. 209.
53 In dem Schreiben des Reichserziehungsministers an seinen Thüringer Amtskollegen vom 5. Mai 1942 ist von der Ernennung zum ordentlichen Professor die Rede. UAJ, D 3039, Bl. 191.
54 BA Berlin R 4901, Nr. 13451 Bl. 120.
55 BA Berlin R 4901, Nr. 13451 Bl. 121.
56 BA Berlin R 4901, Nr. 13451 Bl. 121–121v.

ruar keine diesbezügliche Mitteilung vorliege, würde die Urkunde abgeschickt.[57] Drei Tage vor dem Ablauf dieser Frist legte der Rektor dem Reichswissenschaftsminister die Stellungnahme der Mathematisch-Naturwissenschaftlichen Fakultät vor, in der diese die Gesamtentwicklung prägnant resümierte:

> Gegen Dozent Weinel bestanden innerhalb der Berufungskommission, die aus Vertretern der Mathematik, Physik und aus Herrn Prof. Dr. Ing. e. h. Bauersfeld (als Vertreter der Carl-Zeiss-Stiftung) bestand, mancherlei Bedenken. Die Fakultät glaubte damals, diese Bedenken zurückstellen zu sollen, da sie Weinel nach seiner wissenschaftlichen Befähigung und seiner Lehrtätigkeit für eine planmäßige Lehrstelle qualifiziert erachtete und ihm mit dieser Nennung auch den Zukunftsweg ebnen wollte.[58]

> [Die] Bedenken richteten sich dahin, ob Weinel auch der geeignete Mann wäre, die Leitung des mit dem Lehrstuhl verknüpften Instituts für Angewandte Mathematik zu übernehmen und überhaupt die dem Angewandten Mathematiker gerade in Jena – durch die enge Verbindung der naturwissenschaftlichen Fächer untereinander wie auch mit den wissenschaftlichen Abteilungen der Firmen Zeiss und Schott – erwachsenden Aufgaben zu erfüllen.[59]

Nach der Vermutung, dass sich die mehrjährige Zusammenarbeit mit dem an einer Art physischer Depression erkrankten Winkelmann auch bei Weinel auswirkte, führte die Fakultät einen weiteren Aspekt an:

> Ist es schon innerhalb der Mathematik eine selbstverständliche Forderung, dass Reine und Angewandte Mathematik reibungslos zusammenarbeiten und die Vertreter sachlich wie persönlich – kameradschaftlich ein Interesse aneinander nehmen, so wird in Jena von der Physik und technischen Physik die unbedingte Forderung erhoben, dass der Vertreter der Angewandten Mathematik die Brücke von der Reinen Mathematik zur Physik schlägt, … Gleichermaßen liegt der Wunsch der Interessiertheit und wenn nötig der Einsatzbereitschaft des Angewandten Mathematikers bei den wissenschaftlichen Leitern von Zeiss nahe, in deren Arbeitsbereich gerade für den Angewandten Mathematiker eine Fülle wichtigster und dankbarer Aufgaben liegt – wie ja auch

umgekehrt die wissenschaftlichen Veranstaltungen auf mathematischen und physikalischen Gebiet durch die rege und aktive Anteilnahme der Wissenschaftler von Zeiss und Schott die stärkste Resonanz erhalten. Hier fehlt es aber bei Weinel. Die Fakultät glaubte, die Gründe zum Teil in der oben erwähnten – ohne sein Verschulden hervorgerufenen – Verstimmung sehen zu sollen und stellte, wie eingangs erwähnt, die Bedenken zurück in der gleichzeitigen Erwartung, dass Weinel, nachdem er nunmehr durch seine Nennung auf der Liste einen Beweis des Vertrauens (und Wohlwollens) der Fakultät erhalten und begründete Aussicht auf den Lehrstuhl erlangt hatte, sich der Entwicklung des Instituts und den oben geschilderten Belangen mit Eifer zuwenden würde.

Weinel hatte, seit er 1938 mit der Wahrnehmung der Lehrtätigkeit und Vorstandsgeschäfte betraut wurde, reichlich Gelegenheit dazu; hat sie aber – zum Bedauern der Fakultät – nicht ergriffen. Weder ein Ansatz zur Hebung des (von ihm selbst ja kritisierten) Zustandes des Instituts war trotz reichlich vorhandener Etatmittel zu bemerken, noch versuchte er im geringsten, mit der Physik, technischen Physik, Optik in Fühlung zu kommen und deren berechtigte Forderungen zu erfüllen. Im Gegenteil – Verstimmung und Entfremdung sind gewachsen, so dass auch nicht zu erwarten steht, dass Weinel nach vollzogener Ernennung seine Haltung ändern würde.[60]

Als Konsequenz dieser Entwicklung zog die Fakultät ihren Berufungsvorschlag vom Sommer 1940 zurück und regte an, dass Weinel »in seinem eigenen Interesse an anderer Stelle eingesetzt wird, wo er sich neuen Personen und neuen Verhältnissen gegenüber befindet.«[61] Minister Rust konnte in dem Bericht keine »ernsthaften Vorwürfe gegen Prof. Weinel« erkennen, lehnte ein Eingreifen in den Berufungsvorgang kategorisch ab und sah es vielmehr »als Aufgabe der Fakultät, durch entsprechende kollegiale Einwirkung einen solchen Mangel [an aktiver Anteilnahme] abzuhelfen.« Da der Kontakt mit der Industrie für jeden Forscher einen Gewinn bringt, dürfte sich die Zusammenarbeit mit den Wissenschaftlern von Zeiss und Schott von selbst einstellen.[62] Mit Schreiben vom 5. Mai 1942 wurde Weinel rückwirkend ab 1. März zum außerordentlichen Professor ernannt.[63] 1944 konnte er an die Universität Jena zurückkehren und fungierte als Leiter des Instituts für Angewandte Mathematik und

---

57 BA Berlin R4901, Nr. 13451 Bl. 122–122v.
58 BA Berlin R4901, Nr. 13451 Bl. 124.
59 Ebenda.
60 BA Berlin R4901, Nr. 13451 Bl. 124–124v.
61 BA Berlin R4901, Nr. 13451 Bl. 124v.
62 BA Berlin R4901, Nr. 13451 Bl. 126–127.
63 BA Berlin R4901, Nr. 13451 Bl. 128.

Mechanik und stellvertretender Vorstand des Mathematischen Instituts.

4.3 Die Fluktuationen und Karieren der Assistenten am Mathematischen Institut

Die Auseinandersetzungen mit Haußner beeinträchtigten auch die Entwicklung am Mathematischen Institut. So verzögerte sich der Umzug von Haußners Abteilung in das Abbeanum, dem neuen Gebäude des Mathematischen Instituts, um etwa sieben Wochen. Im Mai 1934 beklagten sich Haußners Hilfsassistent Stadelmann und der Student Heinz Schmidt, als Vorsitzender der Arbeitsgemeinschaft der Mathematiker, im Ministerium im Namen der Studierenden, dass Haußner sich nach wie vor als Institutsdirektor fühle, die Studierenden aber kein Interesse mehr an ihm hätten und sich vor allem auf Ringleb orientierten. Dieser war jedoch am Mathematischen Institut keineswegs unumstritten. Mitte Februar erhob König Einspruch gegen die von Ringleb für das Sommersemester 1934 angekündigten Vorlesungen, da sie den Rahmen von dessen Lehrauftrag für mathematische Propädeutik überschritten. Der Dekan der Mathematisch-Naturwissenschaftlichen Fakultät sah sich daraufhin genötigt, Ringleb um eine Stellungnahme zu bitten.[64] Letzterer bemerkte dazu, dass es sich bei der Vorlesung über analytische Geometrie um die übliche Anfängervorlesung handele und berief sich bezüglich der Vorlesung und des Kolloquiums zur Funktionentheorie auf das Urteil von Koebe, als den »prominenteste[n] Kenner« dieses Fachgebietes. Abschließend charakterisierte er Königs Einspruch als unbegründet und als einen Versuch, ihn an einer fruchtbaren Lehrtätigkeit zu hindern.[65] Der Dekan genehmigte die Ankündigung der erstgenannten Vorlesung, lehnte dies aber für jene zur Funktionentheorie ab, da diese mehr als Anfängerkenntnisse erforderte. An diesem Standpunkt hielt er auch nach Intervention Ringlebs fest und übergab den Schriftwechsel an den Rektor. Ringleb trug nun seinerseits die Angelegenheit im Ministerium vor und beklagte sich speziell, dass ihm keine Möglichkeit zur Korrektur gegeben wurde. Da die Themen zur Funktionentheorie in Jena längere Zeit nicht behandelt worden seien, habe die Ablehnung prinzipielle Bedeutung. Gleichzeitig nutzte er die Gelegenheit zu einer Beschwerde über König. Er wiederholte seine Ansicht, dass er an einer fruchtbaren Lehrtätigkeit gehindert werden solle, unterstellte König, ihm gegenüber eine selten anzutreffende feindselige Haltung zu haben, und betonte, dass dies mit der jetzigen Geisteshaltung nicht verträglich sei.[66] In einem weiteren Schreiben folgte Ringleb der Aufforderung von Ministerialrat Stier und entwickelte seine Vorstellungen zu seiner weiteren Entwicklung am Mathematischen Institut. Er schilderte die bisherigen Vorgänge, speziell die Auseinandersetzungen um seine erfolglose Habilitation und die Spannungen mit König, als gezielte Aktionen um ihn in der wissenschaftlichen Arbeit und der Lehrtätigkeit zu behindern.[67] Selbstbewusst konstatierte er, »für den mathematischen Unterricht an der Universität etwas geleistet zu haben«, und sprach die Hoffnung aus, dass seine Assistentenstelle in eine gleichwertige andere Stellung an der Universität umgewandelt bzw. er zum Honorarprofessor ernannte werde.[68] Dabei stützte er sich bezüglich seiner wissenschaftlichen Publikationen, speziell der Habilitationsschrift, auf die schon früher erwähnten, positiven Gutachten bzw. auf persönliche Mitteilungen von einigen namhaften Mathematikern wie Eduard Study, Helmut Hasse und Wilhelm Kutta. Trotz all dieser Ränkespiele war gemäß der Aktenlage Ringleb zunächst nicht erfolgreich.

Für das Wintersemester 1934/35 und das folgende Sommersemester wurde er dann zur Vertretung eines mathematischen Lehrstuhls an der Universität Würzburg beurlaubt. Im April 1935 teilte ihm der Thüringer Volksbildungsminister mit, dass er ab 1. April 1935 an der Universität Jena als »beauftragter Dozent« geführt werde und im Falle seiner Rückkehr die bisherigen Assistentenbezüge als Lehrauftragsvergütung erhalte.[69] Zwei Monate später wandte sich Ringleb wegen einer Erweiterung seines Lehrauftrags an den Rektor Wolfgang Meyer-Erlach (1892–1982), der das Ersuchen an das Ministerium weiterleitete. Ministerialrat Stier erläuterte, dass im Falle Ringlebs Rückkehr nach Jena sich zunächst die Fakultät äußern müsse und die endgültige Entscheidung vom Reichswissenschaftsminister getroffen werde.[70] Zum Beginn des Wintersemesters 1935/36 lag noch keine Entscheidung vor, so dass Ringleb um nochmalige Beurlaubung bat und das Volksbildungsministerium befreite ihm daraufhin von den Vorlesungspflichten. Anfang Februar 1936 trug er über den Rektor seine Angelegenheit dem Reichswissenschaftsminister vor. Nachdem Stier Ringleb am 12. Februar informierte, dessen Angelegenheit an das Reichswissenschaftsministerium übergeben zu haben, forderte dieses Ringleb Ende März durch den Rektor auf, bei Rückkehr nach Jena »nicht

64 UAJ, C 249, Bl. 148.
65 UAJ, C 249, Bl. 149–150.
66 UAJ, C 249, Bl. 146–147.
67 UAJ, C 249, Bl. 154–155.
68 UAJ, C 249, Bl. 155.
69 UAJ, BA 942, Bl. 53, Bl. 63.
70 UAJ, BA 942, Bl. 88.

zu lesen«, da er »vom Reichswissenschaftsministerium anderweitig verwendet« werden würde.[71] Doch einen Monat später beklagte sich Ringleb beim Rektor, dass diesbezüglich nichts geschehen sei und äußerte den Verdacht, man wolle ihm »am Halten von Vorlesungen hindern«. Damit würden sein »anerkannter Lehrerfolg«, den er in Jena und Würzburg hatte, ignoriert und »das vom Führer … geforderte Leistungsprinzip« verletzt.[72] Magnifizenz Meyer-Erlach holte daraufhin umgehend Anfang Mai von seinem Amtskollegen sowie vom Dozentenbundführer der Universität Würzburg Gutachten über Ringlebs wissenschaftliche Leistungen ein und erwähnte in beiden Briefen, gehört zu haben, dass »Ringleb in Würzburg so wenig geleistet hat, dass er für die ihm zuerst zugedachte Professur überhaupt nicht in Frage kam«[73]. Mitte Mai wandte sich Ringleb erneut an Meyer-Erlach und informierte ihn, dass ihm trotz aller Bemühungen bis zum Reichskultusministerium ein Zeugnis über seine Würzburger Lehrtätigkeit verweigert wurde. Außerdem monierte er, dass »in Würzburg, ebenso wie früher in Jena, die zu meinen Gunsten sprechenden Gutachten von einer mir unbekannten Stelle unterdrückt« wurden, und bat den Rektor den »Tatbestand« gegebenenfalls in Berlin »zur Sprache zu bringen«.[74] Letzteres übernahm er dann selbst und trug Mitte Juni 1936 dem Staatssekretär Werner Zschintzsch (1888–1953) im Reichswissenschaftsministerium die Angelegenheit vor. Dabei zeigte sich Ringleb höchst verwundert über die Mitteilung Meyer-Erlachs, dass dieser sich nicht mehr für ihn einsetzen könne, »weil Dinge gegen mich vorlägen, die ihm dies unmöglich machten«, diese könne und wolle er ihm aber nicht sagen, da sie amtlich seien.[75] Ringleb bat Zschintzsch dringend um eine Unterredung und eine Information, was ihm vorgeworfen werde. Er betonte, dass er sich nichts habe zu Schulden kommen lassen, und erinnerte an die verschiedenen gegen ihn vorgebrachten Anfeindungen und Unwahrheiten. Nach weiteren zwei Monaten drängte dann die Thüringer Behörde das Reichsministerium zu einer baldigen Entscheidung, da Ringleb ohne Tätigkeit eine Lehrvergütung erhalte und die Finanzmittel aber anderweitig gebraucht würden, was nicht länger angebracht erscheine.[76] Dieses erklärte am 23. September sein Einverständnis, wenn es die Universität Jena für unzweckmäßig hält, Ringleb einen Lehrauftrag zu erteilen, diesen Lehrauftrag in einen Forschungsauftrag umzuwandeln, der bis zum 31. März 1937 laufen würde.

Gleichzeitig insistierte Ministerialdirektor Theodor Vahlen (1869–1945) darauf, dass eine Weiterbeschäftigung Ringlebs im Interesse seiner Weiterentwicklung liegt, er sich ordnungsgemäß habilitiert und eine Dozentur erwirbt.[77] Am gleichen Tag schickte Vahlen ein Schreiben mit analogem Inhalt an Ringleb, wobei er nachdrücklich die alsbaldige Habilitation forderte. Die von der Mathematisch-Naturwissenschaftlichen Fakultät erbetene Stellungnahme zu dieser Entscheidung offenbarte deutlich den fehlenden Rückenhalt Ringlebs. Die Fakultät nahm die Umwandlung des Lehrauftrags in einen Forschungsauftrag mit Genugtuung zur Kenntnis, da dies »dem Wunsche der Fakultät entspricht, Dr. Ringleb die Lehrberechtigung zu entziehen«. Sie bedauerte nur, »dass die Mittel des Forschungsauftrages nicht einer besseren Sache dienen«.[78] Die nochmalige Aufforderung zur Habilitation lehnte der Dekan aber entschieden ab und gab eine vernichtende Charakterisierung von Ringlebs wissenschaftlicher Persönlichkeit: Er habe in Würzburg »wissenschaftlich und menschlich enttäuscht«, der »entscheidende Faktor, der zur Ablehnung der Habilitation geführt hat, der Mangel an Begabung ist unverändert geblieben« und er verkörpere »trotz langer Parteizugehörigkeit in keiner Weise den Typus des Hochschullehrers …, wie ihn die nationalsozialistische Hochschule braucht«.[79] Rektor Meyer-Erlach schloss sich der Einschätzung der Fakultät an und leitete sie an das Thüringische Volksbildungsministerium mit dem Hinweis weiter, dass bei allen wissenschaftlichen Prüfungen nur eine einmalige Wiederholung üblich sei. Damit war eine Kariere Ringleb an der Salana ausgeschlossen.

Bezüglich des zweiten am Institut tätigen Assistenten Grell teilte das Thüringische Volksbildungsministerium dem Rektor am 28. Januar 1933 mit, dass es dessen Lehrauftrag mit Wirkung ab 1. April um zwei Studienhalbjahre verlängert habe. Am 1. April 1935 wechselte Grell dann schließlich auf eine Stelle an der Universität Halle. Außerdem hatte Ernst Peschl eine Stelle als Hilfsarbeiter am Institut inne. Im Juli 1933 erhielt er jedoch von dem bekannten Funktionentheoretiker Heinrich Behnke (1898–1979) das Angebot, am Mathematischen Institut der Münsteraner Universität die Assistentenstelle für ein Jahr zu vertreten, das er sehr gern wahrnehmen wollte. König unterstützte dieses Anliegen und bat das Volksbildungsministerium, Peschl diese Vertretung zu genehmigen und für diese Zeit dessen Stelle in Jena mit Karl Heinrich Weise (1909–

71 UAJ, BA 942, Bl. 114.
72 UAJ, BA 942, Bl. 148–148v.
73 UAJ, BA 942, Bl. 149, 151.
74 UAJ, BA 942, Bl. 152–152v.
75 UAJ, BA 942, Bl. 153–153v.
76 UAJ, BA 942, Bl. 176.
77 UAJ, BA 942, Bl. 178.
78 UAJ, BA 942, Bl. 181.
79 UAJ, BA 942, Bl. 181–181v.

1990) zu besetzen.[80] Das Ministerium genehmigte den Antrag, Peschl schied vom 1. November 1933 bis zum 1. Oktober 1934 aus seiner Stelle aus und konnte nach dieser Zeit wieder darauf zurückkehren.[81] Im Sommer des Folgejahres beantragte König eine Verlängerung von Peschls Beurlaubung und dessen Vertretung durch Weise um ein weiteres Semester bis zum 31. März 1935, die das Ministerium zunächst ohne Einschränkung genehmigte. Die Übernahme von Peschls Reisekosten wurde jedoch nach einer entsprechenden Eingabe im November abgelehnt. König beabsichtigte, Peschl ohne zeitliche Befristung als Assistent des Mathematischen Seminars und des Mathematischen Instituts fest zu beschäftigen. Er sollte dazu die vorher von Hermann Schmidt begleitete Stelle einnehmen und die Bezahlung durch die Carl-Zeiß-Stiftung erhalten.[82] In diesem Zusammenhang bewarb sich Peschl von Münster aus bei der Mathematisch-Naturwissenschaftlichen Fakultät der Jenaer Universität im November 1934 um die Zulassung zur Habilitation. Nach positiver Beurteilung der eingereichten funktionentheoretischen Arbeit und dem Ableisten der erforderlichen Prüfungen übermittelte der Rektor am 7. Mai den entsprechenden Bericht mit Peschls Antrag auf Zulassung zur Habilitation an das Volksbildungsministerium, das den Antrag genehmigte und die Universität ermächtigte, die Habilitation auszusprechen.[83] Zuvor hatte das Ministerium Peschl ab dem 1. April 1935 zunächst nur für ein Semester als Assistent bis zum 30. September 1935 angestellt. Nach kurzzeitiger provisorischer Weiterbeschäftigung erhielt er dann nach Zustimmung aller beteiligten Stellen, wie Dozentenbund, Dekan und Rektor, einen bis zum 30. September 1937 gültigen Vertrag.[84] Als Vorstand des Mathematischen Instituts bemühte sich König rechtzeitig im Juli 1937 um eine nochmalige Verlängerung von Peschls Stelle um weitere zwei Jahre, die das Thüringer Volksbildungsministerium auch genehmigte. Doch der Reichserziehungsminister beauftragte Peschl, nachdem er diesen bereits im September 1936 die Dozentur für Mathematik verliehen hatte, nun ab 1. November 1937 die Professur für Mathematik an der Universität Bonn vertretungsweise zu übernehmen.[85] Wenig später, am 22. November wurde Peschl dort als außerordentlicher Professor und ins Beamtenverhältnis berufen

und schied auf eigenen Antrag rückwirkend aus dem Lehrkörper der Universität Jena aus.[86]

Angesichts des bevorstehenden Wechsels des Privatdozenten Grell nach Halle hatten die beiden Leiter des Mathematischen Instituts, König und F. K. Schmidt, am 11. Februar 1935 im Ministerium beantragt, dessen Lehrauftrag an den als Privatdozent und Assistent am Institut tätigen Hermann Schmidt zu übertragen, wobei das Lehrgebiet mit »Sondergebiete der Analysis« charakterisiert wurde. Zur Begründung führten die Antragsteller an, dass es erforderlich sei, »dass die für die Physik und sonstigen Anwendungen wichtigen Sondergebiete: wie Spezielle Funktionen, Integralgleichungen, Fourier'sche Reihen, Asymptotische Entwicklungen, Variationsrechnung u. a. stärker als bisher im Lehrplan vertreten sind« und H. Schmidt seine Qualifikation auf diesen und weiteren Gebieten durch entsprechende Arbeiten nachgewiesen habe.[87] Die frei gewordene Assistentenstelle sollte allerdings an Peschl übertragen und der mit dessen Vertretung beauftragte Karl Heinrich Weise als wissenschaftlicher Hilfsarbeiter am Mathematischen Seminar beschäftigt werden. Schließlich bat die Institutsleitung, falls der Lehrauftrag an Schmidt vor dem 1. April erteilt würde, Peschls Beurlaubung nach Münster und dessen Vertretung durch Weise um ein Semester zu verlängern.[88] Das Volksbildungsministerium akzeptierte die Anträge ohne Einschränkungen. Im Sommer 1936 würdigte die Mathematisch-Naturwissenschaftliche Fakultät Schmidts Leistungen, »ein für den gesamten Unterrichtsplan wichtiges und wertvolles Gebiet« selbständig zu vertreten, und schlug seine Ernennung zum nichtbeamteten außerordentlichen Professor vor.[89] Der Rektor holte die inzwischen notwendigen Unterlagen, die Stellungnahme des Dozentenbundes, das Zeugnis der politischen Unbedenklichkeit der NSDAP-Kreisleitung und Schmidts Nachweis der arischen Abstammung, ein und reichte Ende September diese mit dem Antrag befürwortend an das Volksbildungsministerium weiter. Nach der Erledigung weiterer Formalitäten wurde die Ernennung Schmidts am 20. April 1937 ausgesprochen. Mehr als zwei Jahre später, am 6. September 1939, berief ihn der Reichswissenschaftsminister zum außerplanmäßigen Professor, wobei das Lehrgebiet unverändert blieb.[90] Zu Beginn des Jahres 1941 wurde Schmidt

80 UAJ, D 2238, Bl. 10–10v.
81 UAJ, D 2238, Bl. 12–12v.
82 UAJ, D 2238, Bl. 24.
83 UAJ, C 142, Bl. 137–138; N 47/4, Bl. 667.
84 UAJ, D 2238, Bl. 41.
85 UAJ, D 2238, Bl. 49, unpaginierter Teil: Brief des Reichs- und Preußischen Ministers für Wissenschaft, Erziehung und Volksbildung an Peschl vom 28. Oktober 1937.
86 UAJ, N 47/4, Bl. 685–687.
87 UAJ, N 47/3, Bl. 261.
88 UAJ, N 47/3, Bl. 270.
89 UAJ, N 47/3, Bl. 273–273v.
90 UAJ, D 2570, unpaginiert, Schreiben des Reichs- und Preußischen Ministers für Wissenschaft, Erziehung und Volksbildung an Schmidt vom 6. September 1939.

wie zuvor seine Jenaer Kollegen Weise, Wilhelm Damköhler (1906–?) und Max Deuring (1907–1984) zur Dienstleistung an der Sternwarte Babelsberg herangezogen.[91] Am 30. Juli verfügte der Reichswissenschaftsminister dann die Abordnung zu »kriegswichtige[n] Arbeiten für das Reichsluftfahrtministerium« an der Sternwarte. Diese zunächst auf 6 Monate befristete Maßnahme wurde bis auf weiteres verlängert.

Im Jahr 1937 verzeichnete das Mathematische Institut noch zwei Anträge auf eine Dozentur, was zu einem unerwartet raschen Ausgleich der durch den Weggang Grells und die Delegierung Peschls entstandenen Lücke führen konnte. Unerwartet auch deshalb, weil Deurings Antrag im Juni 1937 ein politisch erzwungener Wechsel an die Jenaer Universität vorausging. Deuring hatte seit 1931 als Assistent von Bartel Leendert van der Waerden (1903–1996) an der Universität Leipzig gewirkt. Da dort sein Antrag auf eine Dozentur 1935 aus politischen Gründen abgelehnt worden war und seine Stelle an der Leipziger Universität nicht nochmals verlängert werden konnte, hatte van der Waerden mit F. K. Schmidt einen Austausch der Assistenten zwischen den Universitäten Leipzig und Jena organisiert, Deuring wurde zum 1. April 1937 Assistent in Jena und Hans Reichardt (1908–1991) wechselte auf die Leipziger Stelle. Bei der Weiterleitung des Gesuchs musste der Dekan noch auf die Gutachten zu Deurings Habilitationsschrift verzichten, konnte sie aber wenige Tage später nachreichen. Deuring hatte 1935 an der Göttinger Universität habilitiert. Helmut Hasse lieferte ein ausführliches, sehr lobendes Gutachten der vorgelegten Arbeit, dem sich die beiden anderen Gutachter, Herglotz und Erhard Tornier (1894–1982), anschlossen. Schon hier betonte aber Tornier, dass er sich »mit allen Mitteln gegen die Verleihung einer Dozentur wenden würde:«[92] Das Reichserziehungsministerium genehmigte Deurings Antrag und die Lehrprobe wurde auf den 18. Oktober festgelegt. Die Vorlesung über die moderne Begründung der Wahrscheinlichkeitsrechnung wurde von der Mathematisch-Naturwissenschaftlichen Fakultät auf der Basis einer Einschätzung von F. K. Schmidt sehr positiv beurteilt. Die Darstellung sei klar und übersichtlich sowie der Aufbau pädagogisch wirksam gewesen. Die behandelten Fragen wurden »äußerst geschickt« aus dem umfangreichen Gebiet ausgewählt.[93] Kurze Zeit später drohte jedoch das Verfahren zu scheitern, da Deuring offenbar ein negatives Zeugnis über seine Teilnahme an dem obligatorischen Dozentenlehr-

gang erhalten hatte. Der Reichserziehungsminister forderte nun den Rektor auf, »im Benehmen mit dem Leiter des örtlichen Dozentenbundes« zu dem Antrag Stellung zu nehmen, und vom Dekan der Mathematisch-Naturwissenschaftlichen Fakultät eine Äußerung zur »Bedürfnisfrage« einzuholen.[94] Die Stellungnahme des Rektors verzögerte sich trotz Mahnungen seitens des Ministeriums mehrmals, da die Zuarbeit vom Führer des Dozentenbundes erst im Februar 1938 vorlag bzw. die zuständigen Fachvertreter der Universität zeitweise für eine Rücksprache nicht verfügbar waren. Am 29. Juni 1938 konnte der Rektor dann endlich die geforderte Antwort an das Thüringer Volksbildungsministerium schicken. Er bejahte die wissenschaftliche Eignung Deurings für eine Dozentur und betonte nachdrücklich das durch den Weggang Peschls nach Bonn entstandene dringende Bedürfnis des Mathematischen Instituts an einer Lehrkraft.

In Jena sind die Naturwissenschaften von jeher besonders gepflegt worden. Es sind zwei physikalische Institute vorhanden, die mit jungen Doktoranden voll besetzt sind. Die mathematische Ausbildung dieser jungen Physiker, die im Zusammenhang mit dem Vierjahresplan besonders wichtig ist, obliegt dem Mathematischen Institut. Ausserdem sind in den Werken von Zeiss und Schott zahlreiche wissenschaftliche Mitarbeiter mit mathematischen Interessen tätig. Das Mathematische Institut hat die Aufgabe, den damit gegebenen wissenschaftlichen Bedürfnissen auf mathematischem Gebiet gerecht zu werden. Das Institut kann aber als Assistenten nur dann wirklich hochbefähigte junge Mathematiker gewinnen, wenn für sie die Aussicht besteht, hier die Dozentur zu erwerben und damit den Zugang zur akademischen Laufbahn [zu] gewinnen.[95]

Außerdem war er vermutlich zu Gunsten Deurings aktiv geworden und konnte feststellen:

Auf Grund der Beurteilung, die Dr. Deuring während seiner Teilnahme an der Dozentenakademie Tännich erhielt, hatte sich der Dozentenbundsführer zunächst gegen die Erteilung der Dozentur ausgesprochen. Nach wiederholten eingehenden Beratungen hat der Dozentenbundsführer mit Schreiben vom 28. 6. 1938 mitgeteilt, dass seinerseits Bedenken gegen die Erteilung der Dozentur nicht bzw. nicht mehr bestehen.[96]

91 UAJ, D 2570, unpaginiert, Schreiben des Thüringischen Ministers für Volksbildung an den Reichs- und Preußischen Ministers für Wissenschaft, Erziehung und Volksbildung vom 3. April 1941.
92 ThHStAW, Vobi 4390, Bl. 12.
93 UAJ, N 48/2, Bl. 319.
94 ThHStAW, Vobi 4390, Bl. 21.
95 UAJ, N 48/2, Bl. 321.
96 Ebenda.

Mit der Verleihung der Dozentur für Mathematik an Deuring durch den Reichserziehungsminister am 14. Juli 1938 wurde der Vorgang erfolgreich zu Gunsten des Mathematischen Instituts beendet.[97] Ein Jahr später erhielten Deuring und 14 weitere Dozenten der Jenaer Universität die Ernennung zum Dozenten neuer Ordnung. Ab Mai 1940 wurde er zu kriegswichtigen Arbeiten vom Reichsluftfahrtministerium an die Universitätssternwarte in Babelsberg abgeordnet.[98] Als besonders zynisch wirkt dabei die nachträgliche Beurlaubung Deurings durch den Reichserziehungsminister ab dem 1. Mai 1940 unter der Voraussetzung, dass der Rektor und der Direktor des Mathematischen Instituts dieser Maßnahme zustimmen. Diese zunächst für sechs Monate ausgesprochene Beurlaubung wurde dann »bis auf weiteres« verlängert. Als das Kriegsgeschehen immer stärker auf das Leben in Deutschland zurückschlug, regte der Leiter der Babelsberger Sternwarte Paul Guthnick (1879–1947) König als Leiter des Mathematischen Instituts an, Deurings Jenaer Vorlesungstätigkeit durch das Thüringer Volksbildungsministerium zusätzlich abzusichern. Dies geschah umgehend, am 5. März 1943 erhielt Deuring vom Volksbildungsminister den Auftrag, neben den Aufgaben in Babelsberg »an der Universität Jena eine wichtige mathematische Anfängervorlesung zu halten, die sowohl die Studenten der Mathematik wie die der Physik hören müssen, die daher nicht ausfallen kann, für die … aber auch keine andere Lehrkraft zur Verfügung steht.«[99] Dieser Lehrauftrag wurde rückwirkend für das laufende Wintersemester 1942/43 erteilt und galt bis auf weiteres. Doch schon am Ende des Semesters hatte sich die Situation wieder geändert und Deuring wechselte vertretungsweise auf den Lehrstuhl für Mathematik an der Universität Posen (Poznan) ab dem 1. Mai 1943.[100] Ein Jahr später erhielt er dort noch die Berufung zum außerordentlichen Professor, eine Position, die er bis zum Kriegsende inne hatte.

Der zunächst als außerordentlicher Assistent am Mathematischen Institut tätige Karl Heinrich Weise bewarb sich nach der Beurlaubung an die Universität Marburg und der erfolgreichen Habilitation mit einer Arbeit zur Differentialgeometrie der Flächen im dreidimensionalen Raum am 5. November 1937 um die Dozentur im Fach Mathematik. Der Antrag wurde über die verschiedenen administrativen Stellen befürwortend an den Reichserzie-

hungsminister weitergeleitet.[101] Da Mitte Juni des Folgejahres noch keine Entscheidung zu dem Gesuch vorlag, fragte der Ministerialbeamte Stier des Thüringer Volksbildungsministeriums nach einer entsprechenden Mitteilung des Dekans im Reichserziehungsministerium nach, welche Gründe für diese Verzögerung bestünden. Er verwies darauf, dass zum einen Dozent Peschl seit zwei Semestern vertretungsweise nach Bonn abgeordnet sei und deshalb die Lehrberechtigung für Weise im Interesse des mathematischen Unterrichts sehr erwünscht sei und zum anderen Weise bereits am Dozentenlager teilgenommen habe und sich der Gaudozentenbundsführer von Thüringen ebenfalls für die Erteilung der Dozentur einsetze.[102] Das Reichserziehungsministerium schickte daraufhin eine Abschrift des Erlasses vom 5. März 1938, in dem die Mathematisch-Naturwissenschaftliche Fakultät der Jenaer Universität mit der Durchführung des Verfahrens betraut wurde. Die drei Vorträge der Lehrprobe zum Thema »Über Differentialgeometrie im Großen« wurden für den 21. bis 23. September 1938 angesetzt. Die Fakultät bescheinigte Weise bereits nach dem ersten Vortrag eine hervorragende Leistung und sah dessen pädagogische Fähigkeiten durch weitere Vorträge auf der Mathematikertagung in Baden-Baden und vor der Jenaer Mathematischen Gesellschaft eindrucksvoll bewiesen.[103] Der Bericht des Dekans vom 29. September ging auf dem üblichen Instanzenweg an das Reichserziehungsministerium und der Minister verlieh am 2. November 1938 die Dozentur für Mathematik.[104] Diese wurde, nachdem im Februar 1939 eine neue Reichshabilitationsordnung erlassen worden war, im Juli in eine Dozentur neuer Ordnung umgewandelt und Weise gleichzeitig in das Beamtenverhältnis berufen.[105] Am 13. September 1940 teilte dann der Reichserziehungsminister dem Thüringer Ministerium für Volksbildung mit, dass er beabsichtige, Weise zur Durchführung kriegswichtiger Arbeiten für das Reichsluftfahrtministerium zunächst für sechs Monate an die Sternwarte Babelsberg zu beurlauben, und bat, die Stellungnahme des Rektors und des Institutsdirektors einzuholen.[106] Die Vertreter des Mathematischen Instituts bzw. der Jenaer Universität erklärten ihr Einverständnis und Weise wurde ab 1. Oktober nach Babelsberg abgeordnet.[107] Er verblieb dort für die folgenden zwei Jahre. Im Sommer 1942 eröffnete sich für ihn aber mit der notwendigen Stellenbesetzung an der

97 ThHStAW, Vobi 4390, Bl. 31.
98 ThHStAW, Vobi 4390, Bl. 48.
99 ThHStAW, Vobi 4390, Bl. 53.
100 ThHStAW, Vobi 4390, Bl. 54.
101 ThHStAW, Vobi 33259, Bl. 12–12v.
102 ThHStAW« Vobi 33259, Bl. 15.
103 ThHStAW, Vobi 33259, Bl. 20.
104 ThHStAW, Vobi 33259, Bl. 23–24.
105 ThHStAW, Vobi 33259, Bl. 36.
106 ThHStAW, Vobi 33259, Bl. 40.
107 ThHStAW, Vobi 33259, Bl. 42–42v.

Universität Kiel die Chance auf eine Professur. Der dort tätige Mathematiker Adolf Hammerstein war im Februar des Vorjahres verstorben und die Stelle seitdem vakant geblieben. Weise wurde zunächst mit der Vertretung der Professur ab dem 1. Oktober 1942 beauftragt und kurz darauf im Dezember zum außerordentlichen Professor und Direktor des Mathematischen Seminars der Universität Kiel ernannt.[108] Damit schied er aus dem Verband der Universität Jena aus.

Im Sommer 1938 ergab sich mit dem Wechsel von Wilhelm Damköhler von München nach Jena eine weitere Verstärkung des Lehrpersonals am Mathematischen Institut. Er war 1933 mit einer Arbeit zur Variationsrechnung bei Constantin Caratheodory (1873–1950) an der Universität München promoviert worden und war nach verschiedenen Tätigkeiten, unter anderem als Privatlehrer, ab Oktober 1936 als Mathematiker bei den Bayrischen Flugzeugwerken in Augsburg beschäftigt. Gleichzeitig bemühte er sich, die akademische Kariere fortzusetzen, habilitierte sich 1938 an der Münchner Universität, absolvierte das obligatorische Dozentenlager in Thüringen und trat zum 1. Juni 1938 eine Stelle als Hilfsassistent am Mathematischen Institut in Jena an. Die Motive für diesen Schritt konnten nicht zweifelsfrei ermittelt werden, bedeutete die Stelle als Hilfsassistent doch eine Gehaltseinbuße von über 40 % und war zunächst nur eine 3-monatige Vertretung, da zu diesem Zeitpunkt noch nicht klar war, ob der mit der Vertretung der Professur an der Universität Bonn beauftragte Peschl nach Jena zurückkehren würde. Bereits am 8. Juli sah sich Damköhler gezwungen, beim NSD-Dozentenbund um einen monatlichen Zuschuss aus dem Fonds zur Nachwuchsförderung zu bitten. Die NSDAP-Gauleitung Thüringen beurteilte Damköhler positiv als »fachlich sehr gut qualifiziert«, knüpfte aber die Gewährung der Beihilfe an die Forderung, dass dieser sich »aktiv in eine Gliederung der NSDAP einreiht« und damit seine Haltung unter Beweis stellt.[109] Da Damköhler dies ablehnte, zog der Reichsamtsleiter des Dozentenbunds die ursprüngliche Zustimmung zurück, würde diese aber erteilen, wenn Damköhler seine Haltung revidiere. In der Folge sahen sich Dekan und Rektor nicht in der Lage, das Gesuch zu befürworten, und am 8. Dezember schloss sich der Volksbildungsminister dieser Haltung,

einschließlich der Option auf eine Revision, an und lehnte das Gesuch ab.[110]

Da Peschls Berufungsverhandlungen in Bonn Ende August noch »in vollem Gange« waren, beantragte König als Institutsleiter, Damköhlers Anstellung ab 1. Oktober 1938 um ein Jahr zu verlängern.[111] Nachdem alle Universitätsinstanzen ihr Einverständnis erklärten hatten, genehmigte der Thüringische Minister für Volksbildung Damköhlers Anstellung und beauftragte König, mit diesem einen Dienstvertrag als außerplanmäßiger Assistent abzuschließen. Dies erfolgte umgehend am 28. September.[112] Damköhler übernahm dann auch sofort im folgenden Wintersemester 1938/39 die durch Winkelmanns Emeritierung vakante Hauptvorlesung über angewandte Mathematik sowie die dazugehörigen Übungen und nutzte damit die Chance, seine Lehrbefähigung zu beweisen. Im Sommer des Folgejahres beantragte König beim Thüringischen Volksbildungsminister, den Dienstvertrag mit Damköhler um zwei Jahre verlängern zu dürfen. Dieser habe sich »wissenschaftlich sehr gut entwickelt, … seine Verpflichtungen sehr gewissenhaft erfüllt« und sich nun um eine Dozentur beworben.[113] Entsprechend der positiven Antwort des Ministers reichte König dann den formellen Antrag auf dem Dienstweg ein und erhielt am 3. Oktober den Auftrag, »die mit Damköhler erforderlichen Abmachungen zu treffen«.[114] Am 18. Oktober unterzeichneten König und Damköhler den Dienstvertrag. Nach weiteren zweieinhalb Monaten erteilte der Reichsminister für Wissenschaft Damköhler die Lehrbefugnis für Mathematik, berief ihn zum Dozenten und gleichzeitig zum Beamten. Doch Damköhler waren nur wenige Monate Lehrtätigkeit vergönnt, am 20. Januar 1940 erfolgte seine Einberufung zum Wehrdienst, von dem er am 28. Juli wieder entlassen wurde. Er wechselte direkt zu Dienstleistungen an die Sternwarte Babelsberg, zu denen er bereits ab 1. Mai 1940 eingezogen war.[115] Rechtzeitig vor dem Ende des laufenden Dienstvertrags erhielt Damköhler im Juni 1941 vom Thüringischen Volksbildungsminister die von König erbetene Verlängerung des Vertrags um zwei Jahre. Damköhler konnte jedoch nicht wieder in Jena aktiv werden und blieb weiter beurlaubt, denn zum Jahresbeginn 1942 versetzte ihn der Reichsminister für Luftfahrt auf Antrag der Deutschen Forschungsanstalt für Segelflug an deren Institut für

---

108 UAJ, D 3044, Bl. 13.

109 UAJ, D 464, Schreiben der NSDAP-Gauleitung Thüringen an den Dekan der Mathematisch-Naturwissenschaftlichen Fakultät der Universität Jena vom 29. November 1938.

110 UAJ, D 464, Schreiben des Thüringischen Ministers für Volksbildung an der Rektor der FSU vom 8. Dezember 1938.

111 UAJ, D 464, Schreiben Königs an den Thüringischen Minister für Volksbildung vom 29. August 1938. Siehe auch den formellen Antrag von König und F. K. Schmidt an den Dekan vom 5. September 1938.

112 UAJ, D 464, Schreiben des Thüringischen Ministers für Volksbildung an den Vorstand des Mathematischen Seminars vom 26. September 1938, Dienstvertrag Damköhler vom 28. September 1938.

113 UAJ, D 464, handschriftliches Schreiben von König an den Thüringischen Minister für Volksbildung vom 10. Juli 1939.

114 UAJ, D 464, Schreiben des Thüringischen Ministers für Volksbildung an den Vorstand der Mathematischen Anstalt und des Mathematischen Seminars vom 3. Oktober 1939.

115 ThHStAW Vobi 4127, Bl. 23.

Abb. 28: Wilhelm Damköhler

Gefahr zu entgehen.[118] Gemäß der Aktenlage ist Letzterer nicht an die Universität Jena zurückgekehrt.

Die Abordnung von vier Lehrkräften, Deuring, Damköhler, Weise und H. Schmidt, innerhalb eines Dreivierteljahres bedeutete für das Mathematische Institut einen starken Eingriff in die innere Struktur und erschwerte insbesondere die Erfüllung der Lehraufgaben. Doch scheint dies ohne Einwände akzeptiert worden zu sein. Lediglich einige Finanzierungsfragen und organisatorische Unklarheiten führten zu Diskussionen. So kritisierte der für die Universität zuständige Ministerialbeamte Stier im Schreiben an den Leiter der Babelsberger Sternwarte Guthnick am 22. November 1940 »die Form, in der diese Abordnungen eingeleitet und vorgenommen wurden«, ohne aber deren Notwendigkeit zu bezweifeln: Es waren »weder der Herr Rektor der Universität Jena, noch mein Ministerium, geschweige denn die Carl-Zeiß-Stiftung rechtzeitig und begründet um die Abordnung der Dozenten ersucht worden«. Auch der Reichswissenschaftsminister sei nicht rechtzeitig informiert worden. Nur so sei erklärbar, dass Deuring sich seit dem 1. Mai 1940 an der Sternwarte befinde, das Thüringer Ministerium erst gelegentlich am 24. Juli davon erfuhr und der Reichsminister erst fast weitere »zwei Monate später für sechs Monate die Abordnung anordnet.«[119] Außerdem hätte die Angelegenheit auch mit dem Stiftungskommissar, Herrn Professor Esau, und der Geschäftsleitung der Firma Schott besprochen werden müssen. Ausgangspunkt waren Bedenken des Thüringer Volksbildungsministeriums hinsichtlich der Finanzierung, da zwei der Dozenten aus Mitteln der Carl-Zeiß-Stiftung bezahlt wurden, die »für Zwecke der Jenaer Universität bestimmt seien«. Auf Grund der langen Dauer der Abordnung konnte dies als zweckentfremdete Verwendung der Mittel gelten. Der vom Reichserziehungsministerium zur Stellungnahme aufgeforderte Guthnick teilte Ministerialrat Stier am 18. November nach Rücksprache mit Vorstandsmitglied Johannes Harting (1868–1951) mit, »dass die Geschäftsführung der Firma Zeiss keinerlei Einwendungen gegen die gegenwärtige Verwendung ihrer Mittel« habe. Die Beeinträchtigung des »eigentliche[n] Wissenschafts- und Unterrichtsbetrieb[s]« bedauernd, argumentierte er, dass Deuring, Damköhler und Weise »erst auf Grund ihrer Beteiligung an den RLM – Arbeiten vom Heeresdienst befreit worden sind, also anderenfalls wahrscheinlich ohnehin der Universität Jena entzogen sein würden.«[120] Er charkterisierte den Verzicht auf die drei Wissenschaftler als höchst empfindliche Störung für den ungestörten

Aerodynamik und Flugmechanik in Ainring. Er hatte dort kriegswichtige Aufgaben zu bearbeiten, »die der Sonderstufe des Schwerpunktprogramms der Wehrmacht« angehörten.[116] Im Oktober 1943 kehrte er kurzzeitig an die Universität zurück und infolge eines Antrags des Dekans Friedrich Scheffer bewilligte der Reichserziehungsminister ihm die Dienststellung als Dozent mit der entsprechenden Vergütung. Doch bereits im März 1944 musste er einer Anforderung der Reichsstelle für Hochfrequenzforschung in Landsberg am Lech folgen und wurde vom Rektor bis auf weiteres »für die Durchführung kriegsentscheidender Forschungsaufgaben« an das dortige Helmholtz-Institut abgeordnet.[117] Sowohl seitens des Thüringischen Volksbildungsministers als auch der Ministerialgeschäftsstelle sah man jedoch die Gefahr, dass Damköhler eingezogen werden könne, da dessen Unabkömmlichkeitsstellung bald ablaufe. Sie forderten deshalb die Reichsstelle bzw. Damköhler auf, alles Erforderliche zu unternehmen, um dieser

116 UAJ D 464, Schreiben von der Leitung der Deutschen Forschungsanstalt für Segelflug an die Ministerialgeschäftsstelle der Universität Jena vom 17. Dezember 1941, Schreiben des Reichsminister der Luftfahrt an P. Guthnick, Leiter der Sternwarte Babelsberg vom 8. Dezember 1941.

117 UAJ D 464, Schreiben der Reichsstelle für Hochfrequenzforschung an den Rektor vom 7. März 1944; Schreiben des Rektors an den Reichserziehungsminister von 11. März 1944.

118 UAJ D 464, Schreiben der Ministerialgeschäftsstelle an Damköhler vom 20. April 1944.

119 ThHStAW, C 248, Bl. 123.

120 ThHStAW, C 248, Bl. 121–121v (RLM = Reichsluftfahrtministerium).

Fortgang der für den Einsatz der Luftwaffe ausserordentlich bedeutenden Arbeiten.[121] Die nachfolgend versuchte Rechtfertigung lässt den Umfang der ganzen Aktion und die damit verbundene Vergeudung des Wissenschaftlerpotentials erahnen:

> Es sind zur Zeit allein hier über 60 Personen eingesetzt, darunter ein hoher Prozentsatz von Akademikern. Wenn auch die Mathematiker mit elementarmathematischen Arbeiten beschäftigt sind, die ihrer Ausbildung nicht adäquat sind, so werden sie doch nach ihrer eigenen Aussage dadurch entschädigt, dass das tägliche Zusammensein in einem grösseren Kreise von Vertretern der Mathematik und verwandter Fächer ihnen eine sonst nie möglich gewesene Gelegenheit zu gegenseitigen wissenschaftlichen Aussprachen darbietet.[122]

Guthnick bat Stier, die drei Wissenschaftler an der Sternwarte zu belassen, hinsichtlich der Beschäftigungsgelder könne er sich noch nicht abschließend äußern.

Unmittelbar nach Stiers Antwort dankte ihm Guthnick am 26. November »für die nachträgliche Genehmigung der Abordnung der drei Jenaer Dozenten«, insbesondere da die wegen einer Zwangslage erfolgte »formale Unterlassung … den Eindruck geringer Rücksichtnahme machen« musste und durch die »Nichtgenehmigung eine recht schwierige Lage entstanden wäre.«[123] Zur Rechtfertigung und Erklärung fügte er noch an, dass sein Institut in der ersten Septemberhälfte 1939 »gewisse sehr umfangreiche astronomische Rechnungen für die Luftwaffe« aufnehmen und laufend liefern musste. Diese konnten »in dem geforderten Tempo auf die Dauer« mit dem vorhandenen Personal nicht durchgeführt werden. Das Reichsluftfahrtministerium und er selbst haben sich daher an das Reichserziehungsministerium um Hilfe gewandt, »das seinerseits mit aller Beschleunigung und von allen Seiten Hilfskräfte nach Babelsberg abordnete«[124] In der Eile sei die abweichende Finanzierung der beiden Dozenten wohl übersehen worden. Er wolle am nächsten Tag Staatsrat Esau informieren und hoffe, dass die Geschäftsleitung der Firma Schott, zu der er keine persönliche Beziehung habe, sich der Meinung der Firma Zeiss anschließe.

Eine gewisse Reaktion auf die starke Belastung des Mathematischen Instituts durch die vier Abordnungen gab es dann doch noch: Durch die Vermittlung des Deutschen Kulturinstituts in Madrid konnte der Dozent Enrique Linés (1914–1988) von der Universität in Madrid als wissenschaftliche Hilfskraft ab 1. November 1942 angestellt werden. Jedoch verzögerte sich dessen Arbeitsbeginn in Jena durch Schwierigkeiten bei der Anreise um zwei Monate. Seine Bezahlung erfolgte aus den frei gewordenen Mitteln des Assistenten Weise, die durch Linés Einstufung als wissenschaftliche Hilfskraft nicht ausgeschöpft wurden, was für das Sommersemester 1943 zusätzlich die Anstellung einer studentischen Hilfskraft ermöglichte. Linés kehrte Anfang Mai 1944 nach Spanien zurück.

4.4 Das Physikalische Institut nach der Ära Wien

An den beiden Physikalischen Instituten wirkten zum Zeitpunkt der Machtübernahme durch die Nationalsozialisten die Ordinarien Esau, Joos, Jentzsch und Wien, die außerordentlichen Professoren Bauersfeld und Hanle, die Privatdozenten Karl Schmetzler, H. Müller und Wessel sowie der Assistent Fritz Wisshak (1902–1953). Die Leitung des Physikalischen Instituts lag in den Händen von Wien, während Esau der Physikalisch-Technischen Anstalt vorstand. Obwohl nach den wenige Jahre zuvor erfolgten umfangreichen Baumaßnahmen eine gute Ausstattung am Physikalischen Institut zu erwarten war, musste Wien im Februar 1934 das Volksbildungsministerium über eine stark veränderte Situation informieren, was durchaus als Kritik verstanden werden kann:[125] Die Zahl der selbständig Arbeitenden habe außerordentlich zugenommen und werde wohl weiter zunehmen, da die Doktoranden durch andere Pflichten so in Anspruch genommen seien, dass sie ihre Arbeiten langsamer abschließen. Außerdem fehle an vielen physikalischen Instituten der Institutsdirektor, wodurch der Strom der Doktoranden dahin ziehe, »wo noch normale Zustände herrschen«. Gleichzeitig gehe die Zahl der Studierenden in den jüngeren Semestern zurück. Auf Grund des dadurch bedingten geringeren Raumbedarfs für das Anfängerpraktikum könnten durch kleine Umgestaltungen im Institut sechs neue Arbeitsplätze für Doktoranden geschaffen werden. Diese neuen »physikalische[n] Untersuchungsräume« einzurichten verursache aber erhebliche Kosten, die nicht aus dem Institutsetat gedeckt werden könnten. Gleichzeitig führe die gestiegene Doktorandenzahl zu einer stärkeren Inanspruchnahme der Werkstätten und der dortigen Maschinen, was letztlich höhere Kosten für Instandsetzung bzw. Neuanschaffungen verursache. Mit Blick auf diese Zusatzkosten verwies Wien darauf, junge Physiker auszubilden, sei eine »vaterländische Pflicht«, der man sich nicht entziehen könne, und die verausgabten Mittel kämen der deutschen Wirtschaft zugute. Gemäß der Aktenlage hatte das Ministerium keine

121 ThHStAW, C 248, Bl. 121v.
122 Ebenda.
123 ThHStAW, C 248, Bl. 124.
124 ThHStAW, C 248, Bl. 124–124v.
125 UAJ, C 656, Bl. 41–41v.

Einwände und die von Wien beschriebenen Veränderungen konnten in den folgenden Monaten nach und nach realisiert werden.

Der Thüringer Volksbildungsminister Wächtler versäumte es jedoch, möglicherweise auch als Folge der parteiinternen Machtkämpfe, Wien rechtzeitig zum Jahresende 1934 als beamteten Hochschullehrer zu entpflichten. Dies sollte nun zum 31. März 1935 eintreten. Ministerialrat Stier bat in der diesbezüglichen Mitteilung vom 22. März Wien jedoch gleichzeitig, auch im nächsten Sommersemester das Lehramt wahrzunehmen.[126] Als sich dann abzeichnete, dass die Wiederbesetzung von Wiens Professur nicht vor dem 1. Oktober 1935 erfolgen würde, musste er Wien am 8. August zusätzlich bitten, »die Geschäfte als Vorstand der Physikalischen Anstalt Jena noch bis zum 30. 9. 1935 weiterzuführen«.[127] Wien entsprach der Bitte, teilte Stier aber mit, bis Mitte September in Ostpreußen beschäftigt zu sein und er werde deshalb durch Hanle vertreten. Wien war auch weiterhin aktiv, im Dezember gewährte ihm die Carl-Zeiß-Stiftung nochmals »zur Fortführung einer Anzahl von Untersuchungen« die Gelder für die Anstellung eines Assistenten für ein Jahr ab 1. Dezember 1935.[128] Als Stier ihm dann am 2. April 1936 zur Wiederkehr des Dienstantritts in Jena vor 25 Jahren gratulierte, dankte er Wien nicht nur für die sehr guten dienstlichen und persönlichen Beziehungen, sondern würdigte dessen anhaltende Aktivität und wünschte ihm Gesundheit und weitere Arbeitsmöglichkeit. Am Rande bemerkte er noch, dass er nun beauftragt sei, mit Wiens Wunschkandidaten auf seinen Lehrstuhl, Kulenkampff, die Berufungsverhandlungen zu führen.[129] Das ungewöhnlich gute Verhältnis zwischen den beiden Persönlichkeiten spiegelte sich dann auch in Stiers Glückwünschen zum 70. Geburtstag Wiens wider, in dem er vor allem dessen segensreiches Wirken für die Landeshochschule und die eiserne Energie in der Arbeit lobte. Die gesundheitlichen Probleme waren aber unverkennbar und Wien bat von persönlichen Gratulationsbesuchen abzusehen, er verstarb am 22. Februar 1938.

Bereits im November 1935 hatte Stier mit Kulenkampff über die Rahmenbedingungen für dessen Wechsel von München nach Jena verhandelt. Vorausgegangen waren größere Bemühungen, insbesondere von Sommerfeld, Kulenkampff auf einen Lehrstuhl und Direktorposten in Göttingen zu berufen, was aber an der negativen Stellungnahme der Göttinger Gruppierung des NS-Dozentenbundes und der Ablehnung durch das Reichswissenschaftsministerium scheiterte.[130] In den Besprechungen mit Stier blieb jedoch offen, wie lange Kulenkampff in Jena aktiv sein sollte, zunächst wurde er nur für das Wintersemester 1935/36 mit der Vertretung Wiens in der Lehrtätigkeit und als Vorstand der Physikalischen Anstalt beauftragt[131]. Am 18. November übergab Wien offiziell die Leitung des Physikalischen Instituts an Kulenkampff und Hettner übernahm diese für das Theoretisch-Physikalische Seminar.[132] Kulenkampffs Auftrag wurde dann durch das Berliner Ministerium für Wissenschaft, Erziehung und Volksbildung am 2. März 1936 »bis auf weiteres« verlängert und dessen Umzug von München nach Jena angeordnet.[133] Zwei Monate später erreichte Kulenkampff in weiteren Verhandlungen im Weimarer Volksbildungsministerium Einvernehmen über seine baldmöglichste Anstellung als ordentlicher Professor, einige notwendige Umgestaltungen und bauliche Instandsetzungen im Physikalischen Institut, sein Recht, als Institutsleiter über den Umfang experimenteller Arbeiten von Hettner und dessen Doktoranden im Institut nach Bedarf entscheiden zu können sowie den Assistenten Heinz Raether (1909–1986) auch weiter zu beschäftigen, falls Hanle im Wintersemester 1936/37 nach Jena zurückkehre. Kulenkampffs Wunsch hinsichtlich eines »gesicherten« Beschäftigungsverhältnisses wurde überraschend schnell realisiert: Am 5. September teilte ihm Reichswissenschaftsminister Rust die Ernennung zum ordentlichen Professor mit. Gleichzeitig wurde Kulenkampff damit ins Beamtenverhältnis berufen und zum Direktor des Physikalischen Instituts ernannt. Die längerfristige Tätigkeit an der Jenaer Universität lag im beiderseitigen Interesse. Die Salana gewann einen sehr fähigen, angesehenen Wissenschaftler und Hochschullehrer, der das Ansehen und die Tradition des Physikalischen Instituts erhalten und fortsetzen konnte. Für Kulenkampff war es die Chance, die in München erfahrenen Anfeindungen des NS-Dozentenbundes hinter sich zu lassen und sich wieder seinen Forschungen zuzuwenden. Vermutlich haben sich die verschiedenen Vertreter des nationalsozialistischen Machtapparats in Thüringen bzw. Jena nicht von den Vorkommnissen in München beeinflussen lassen, da in keinem der in der Personalakte vorhandenen Gutachten ein

126 UAJ, D 3094, unpaginiert, Schreiben des Ministerialrat Stier, Thüringer Ministerium für Volksbildung an Wien vom 22. März 1935.

127 UAJ, D 3094, unpaginiert, Schreiben des Ministerialrat Stier, Thüringer Minister für Volksbildung an Wien vom 8. August 1935.

128 UAJ, D 3094, unpaginiert, Schreiben des Ministerialrat Stier, Thüringer Minister für Volksbildung an Kasse der Carl Zeiß-Stiftung vom 16. Dezember 1935. Die Zahlung wurde später um 3 Monate verschoben.

129 UAJ, D 3094, unpaginiert, Schreiben des Ministerialrat Stier, Thüringer Minister für Volksbildung an Wien vom 2. April 1936.

130 Eine ausführliche Darstellung haben Lemuth und Stutz in Lemuth/Stutz 2003, S. 615 ff. gegeben, insbesondere basierte die negative Beurteilung auf einem entsprechenden Dossier der Dozentenschaft an der TH München.

131 UAJ, D 1818, unpaginiert, Schreiben des Thüringischen Ministers für Volksbildung an das Universitätsrentamt vom 8. Januar 1936.

132 UAJ, C 650, unpaginiert, Schreiben des Physikalischen Instituts an den Thüringer Minister für Volksbildung vom 18. November 1935.

133 UAJ, D 1818, unpaginiert, Schreiben des Reichs- und Preußischen Ministers für Wissenschaft, Erziehung und Volksbildung an Kulenkampff vom 2. März 1936.

Zweifel an der Loyalität Kulenkampffs geäußert wurde. Lediglich die Gauleitung Thüringen forderte im Februar 1936, bei der Übermittlung der Personalunterlagen Kulenkampffs auch eine Auskunft zu geben, ob dieser zu den »Reaktionären« gehört habe. Nahezu einstimmig werden die wissenschaftliche Leistung und die Leitungstätigkeit gelobt. Kulenkampff sei ein ausgezeichneter Röntgenphysiker, der sich »vollkommen den wissenschaftlichen Problemen seines Faches« widme, dessen Arbeiten und die seiner Schüler führend und auch im Ausland anerkannt seien und die sich durch »Gründlichkeit und Zuverlässigkeit und durch eine besondere Klarheit der Darstellung« auszeichnen.[134] Als Wissenschaftler und Mensch habe er »die volle Achtung und Zuneigung seiner Mitarbeiter und Schüler erworben«.[135] Da ab dem Sommersemester 1939 die Physikvorlesung für Mediziner erweitert und in zwei Teilen gelesen wurde, gab Kulenkampff einen Teil an seinen Assistenten Raether ab. Fünf Semester später, im Herbst 1941 musste dieser dann Kulenkampff wegen dessen Erkrankung bis zum 6. Juli 1942 vertreten. Ab 1943 war Kulenkampff intensiv mit wehrtechnischen Aufgaben beschäftigt, als unabkömmlich eingestuft und reiste häufig nach Berlin bzw. München. Nachdem er für etwa zwei Monate als Dekan der Mathematisch-Naturwissenschaftlichen Fakultät fungiert hatte, wurde er im Juni 1945 wie viele andere Jenaer Wissenschaftler in die amerikanische Zone gebracht.

Der seit dem 1. April 1932 als Rektor der Universität amtierende Esau wurde bei der von der Reichsregierung angeordneten Neuwahl der Rektoren im Mai 1933 wiedergewählt. Er hatte sich zu diesem Zeitpunkt dank seiner guten Beziehungen zu Wirtschaft, Militär und Regierung eine starke Machtposition aufgebaut, die er nach seinem Eintritt in die NSDAP weiter festigte. Ein halbes Jahr später ernannte ihn der Reichsstatthalter für Thüringen, Fritz Sauckel, im Rahmen der Umstrukturierung der Thüringer Landesregierung nach nationalsozialistischen Grundsätzen zum Staatsrat und Mitglied der Regierung. Außerdem wurde er zum Führer des Deutschen Rektorentages gewählt und wirkte ab Mai 1934 bis zum Kriegsende als Stiftungskommissar der Carl-Zeiß-Stiftung. Bei seinem Engagement im nationalsozialistischen System fühlte sich Esau vornehmlich als »Vertreter der Wissenschaft« und »als ein Mittler zwischen Wissenschaft/Technik einerseits und Staatspolitik andererseits«[136]. Dabei wandte er sich gele-

Abb. 29: Helmuth Kulenkampff

gentlich gegen nach seiner Meinung »falsche Maßnahmen«, was ihn in einen Konflikt mit dem Volksbildungs- und Innenminister Fritz Wächtler führte. So gelang es Wächtler, obwohl Esau erneut zum Rektor wiedergewählt worden war, im Frühjahr 1935 beim Reichswissenschaftsminister Rust die stillschweigende Absetzung Esaus und die Ernennung von Wolfgang Meyer-Erlach zum 1. April 1935 durchzusetzen.[137] Zu diesem Zeitpunkt war Wächtler bereits aus gesundheitlichen Gründen beurlaubt worden und hatte damit den Machtkampf mit dem Reichsstatthalter für Thüringen, Fritz Sauckel, verloren.[138] Für Esaus Kariere hatte diese Auseinandersetzung kaum Auswirkungen. Im Frühjahr 1937 wurde ihm mit Gründung des Reichs-

---

134 UAJ, D 1818, unpaginiert, Schreiben der NSDAP Kreisleitung Jena-Stadtroda an Gauleitung Thüringen vom 30. März 1942 und Gutachten über Kulenkampff im Schreiben von Dekan Scheffer an Gaudozentenbundführer vom 16. März 1942.

135 Ebenda.

136 Hoffmann/Stutz 2003, S. 151. Gemäß den Autoren gedachte Esau, sich »als ein Mediator, d.h. als ein über jedweder ›Partei‹ stehender Schiedsmann, in Szene zu setzen«.

137 UAJ, D 644, Bl. 2–3.

138 Vergleiche hierzu auch die Darstellung von Jürgen John und Rüdiger Strutz in Jena 2009, S. 288 ff. Scheinheilig hatte Wächtler im Juni 1934 Esau mit einem einschmeichelnden pathetischen Schreiben zu dessen 50. Geburtstag gratuliert und im August für die weitere Übernahme des Rektorats gedankt. ThHStAW, Vobi 5922, Bl. 84, 89.

forschungsrats die Leitung der Abteilung Physik übertragen, außerdem erhielt er eine Berufung an das dem Luftfahrtministerium unterstehende Institut in Berlin-Adlershof und wurde im gleichen Jahr zum »Führer« der deutschen Delegation für die internationalen Kongresse in Wien in Juni 1937 bzw. Bologna im Oktober ernannt.[139] Seine Ablehnung des Berliner Stellenangebots und die damit verbundene Bitte um eine Gehaltserhöhung brachte dann das Thüringer Volksbildungsministerium in einige Schwierigkeiten. Das Reichsministerium für Finanzen verweigerte die beabsichtigte Erhöhung von Esaus Grundgehalt, da dies dem Thüringer Beamtenbesoldungsgesetz widersprach. Erst nach einem intensiven Schriftwechsel zwischen dem Thüringer Volksbildungs- bzw. Finanzministerium und den entsprechenden Reichsministerien sowie der Rücksprache mit der Carl-Zeiß-Stiftung konnte eine Teillösung des Problems erzielt werden und Esau eine auf das laufende Jahr begrenzte außerordentliche Vergütung gewährt werden. Für eine dauerhafte Lösung musste für Thüringen ein Besoldungsangleichungsgesetz geschaffen werden. Da dies aber Mitte 1938 noch nicht vorlag, genehmigten die Reichsministerien die Zahlungen als Ausnahme auch für 1938.[140] Esau absolvierte inzwischen ab 1. November 1937 eine zweite Amtsperiode als Rektor. Im Frühjahr 1939 konnte er sich dann den ministeriellen Plänen nicht widersetzen. Nach Absprachen mit einflußreichen Forschungsinstitutionen berief Reichswissenschaftsminister Rust Esau zum planmäßigen Professor für militärische Fernmeldetechnik und Ordinarius für technische Physik und Hochfrequenztechnik an der Technischen Hochschule in Berlin-Charlottenburg zum Beginn des Sommersemesters.[141] Fast gleichzeitig wurde Esau damit betraut, vertretungsweise die Präsidentschaft der Physikalisch-Technischen Reichsanstalt in Berlin-Dahlem zu übernehmen. Die Berufung zum Präsidenten erfolgte mehr als zwei Jahre später, im November 1941.[142] Die von ihm noch in Jena begonnenen Vorlesungen musste dann ab 15. Mai 1939 der Assistent Erhard Ahrens (1909–?) übernehmen.[143] Die vom Minister Rust angeforderten alsbaldigen Vorschläge zur Wiederbesetzung von Esaus Stelle verzögerten sich jedoch, so dass sich das Thüringer Ministerium Anfang Juli zu einer Mahnung an den Dekan veranlasst sah. In seinem Antwortschreiben vom 21. Juli 1939 skizzierte der Dekan sehr klar sowohl die Bedeutung der technischen Physik als auch die Probleme bei der Suche eines geeigneten Kandidaten:

Das Fach der Technischen Physik ist von besonderer Bedeutung als vermittelndes Glied zwischen der rein wissenschaftlich forschenden Physik und der Technik. Bei dem grossen Umfang, den das Gesamtgebiet der Physik und der darauf aufbauenden Technik angenommen hat, ist dieses Zwischenglied unentbehrlich. Als Lehrgebiet hat es in dem gleichen Maße an Bedeutung gewonnen, wie die Zahl der Studierenden der Physik zugenommen hat, die von wissenschaftlicher Grundlage aus später in der Technik wirken wollen und dort für wichtige Aufgaben immer unentbehrlicher werden. Für die Vertretung dieses Faches kommt nur ein Dozent in Betracht, der die wissenschaftliche Arbeit aus eigener Erfahrung kennt und der ausserdem besonderes Interesse für die technischen Anwendungen besitzt. Die Zahl der Persönlichkeiten, die diese Voraussetzungen erfüllen, ist sehr klein. Es liegt dies daran, daß technisch interessierte Wissenschaftler meist schon bald nach Abschluß ihres Studiums Stellungen in der Industrie annehmen. Die meisten werden alsdann zu Spezialisten und verlieren den Zusammenhang mit der allgemeinen Physik. Die wenigen, die sich das erforderliche höhere Niveau erhalten, erreichen führende Stellungen in der Industrie, die ihnen die Übernahme einer akademischen Stelle nicht wünschenswert erscheinen lassen.[144]

Als Nachfolger Esaus schlug die Fakultät Erwin Meyer (1899–1972) vom Institut für Schwingungsforschung der TH Berlin-Charlottenburg und Georg Goubau (1906–1980) vom Physikalischen Institut der TH München vor. Meyer hatte bereits eine planmäßige Professur inne, während Goubau als Assistent und Dozent tätig war. Die von namhaften Physikern, Jonathan Zenneck, Walther Gerlach (1889–1979) und Hans Rukop (1883–1958), eingeholten Gutachten bevorzugten Goubau, bescheinigten ihm gute pädagogische Fähigkeiten und einen klaren und umfassenden Überblick über die Physik, in experimenteller wie in theoretischer Hinsicht.[145] Rektor Karl Astel (1898–1945) schickte den Vorschlag der Fakultät mit seiner Zustimmung und dem Einverständnis des Senats am 25. Juli an das Thüringer Volksbildungsministerium und bat beim Reichserziehungsminister um eine Beschleunigung der

---

139 ThHStAW, Vobi 5922, Bl. 101, 118.
140 ThHStAW, Vobi 5922, Bl. 103–114, 144–148.
141 ThHStAW, Vobi 5922, Bl. 149. In seinem Lebenslauf vom 20. Januar 1949 spricht Esau von der Physikalisch-Technischen Reichsanstalt in Berlin-Charlottenburg. UAJ, D 644, Bl. 3. Hoffmann / Stutz 2003, S. 159.
142 ThHStAW, Vobi 5922, Bl. 155. Für Esaus Wirken in seiner »Berliner« Zeit siehe Hoffmann / Stutz 2003.
143 ThHStAW, Vobi 8490, Bl. 7.
144 ThHStAW, Vobi 8490, Bl. 10.
145 ThHStAW, Vobi 8490, Bl. 21–22.

Verhandlungen, damit »der Lehrstuhl bereits zu Beginn des Wintersemesters 1939/40 wieder besetzt werde«.[146] Knapp zwei Monate später, am 13. September, konnte Ministerialrat Stier über die erfolgreichen Verhandlungen mit Goubau und die getroffene Vereinbarung an das Reichserziehungsministerium berichten. Goubau übernahm ab 1. September 1939 die Vertretung des Lehrstuhls für technische Physik und war ab 11. September in Jena tätig.[147] Zehn Tage später erhielt Goubau den entsprechenden Auftrag des Reichswissenschaftsministers Rust. Obwohl die langfristige Perspektive noch ungeklärt war, engagierte sich Goubau recht bald, um die Bedingungen für Lehre und Forschung am Physikalisch-Technischen Institut zu verbessern, und beantragte bei der Carl-Zeiß-Stiftung einen größeren finanziellen Zuschuss. Da in seiner »Vorlesung über technische Physik sowohl technische Geräte als auch die ihnen zugrundeliegenden physikalischen Erscheinungen – soweit diese nicht als bekannt vorausgesetzt werden können – nach Möglichkeit demonstriert werden sollen«, war die Anschaffung einiger Geräte für den Vorlesungs- und Praktikumsbetrieb »dringend erforderlich«.[148] Auch das Praktikum, das bisher »nur elektrische Aufgaben« umfasste, wollte er durch »mehrere Aufgaben aus anderen Gebieten der Technischen Physik« ergänzen, um »eine allgemeine Ausbildung der Studenten zu gewährleisten«. Dafür mussten ebenfalls Apparate und Messinstrumente gekauft oder in der Werkstatt des Instituts hergestellt werden. Für das laufende Rechnungsjahr bat er insgesamt um einen einmaligen Zuschuss von 9500 RM und um eine Erhöhung des erst in diesem Jahr fast um die Hälfte gekürzten Institutsetats ab dem Sommersemester 1940 auf 15 000 RM.[149] Der einmalige Zuschuss wurde ihm bewilligt, die Erhöhung des Institutsetats lehnte der Stiftungsvorstand ab.

Die Universität Jena und das Thüringer Volksbildungsministerium waren aber nicht nur an einer Vertretung der Esau'schen Stelle, sondern an einer dauerhaften Lösung interessiert. Daher bat der Thüringer Minister den Reichswissenschaftsminister zu Beginn des neuen Jahres um eine »baldige Entschließung« über den im vergangenen August eingereichten Besetzungsvorschlag.[150] Nachdem zunächst Goubaus Freistellung vom Militärdienst geklärt wurde, führte das Berliner Ministerium mit ihm Berufungsverhandlungen bezüglich der Jenaer Professur. Im Ergebnis

erklärte sich Goubau im Juli 1940 bereit, zum 1. Oktober die jetzt als Lehrstuhl für angewandte Physik bezeichnete Stelle als planmäßiges Extraordinariat zu übernehmen. Gleichzeitig sollte er zum Direktor des Technisch-Physikalischen Instituts ernannt werden.[151] Nach Erledigung verschiedener Formalitäten berief Minister Rust, wie üblich »im Namen des Führers«, Goubau am 23. Januar 1941 zum Beamten auf Lebenszeit und zum außerordentlichen Professor für angewandte Physik ab 1. Dezember 1940.[152] Einen Monat später wurde auch dessen Nebentätigkeit im Verwaltungsrat der Forschungsgesellschaft für Funk- und Tonfilmtechnik e. V. genehmigt. Die finanzielle Absicherung der Lehrstelle wie des Instituts erfolgte weiterhin durch die Carl-Zeiß-Stiftung.[153] Nach jahrelangen schwierigen Bemühungen gelang es Goubau im Sommer 1942 endlich, mit Unterstützung durch das Thüringer Volksbildungsministerium, eine Wohnung in Jena im Tausch gegen seine Münchener Wohnung zu erhalten. Am 18. Mai 1943 teilte der Thüringer Volksbildungsminister Rektor Astel mit, dass im Haushaltsplan 1942 die außerordentliche Professur für angewandte Physik in ein Ordinariat umgewandelt worden sei, und bat um einen entsprechenden Vorschlag, Goubau zum ordentlichen Professor zu berufen. Astel kam dem eine Woche später nach und würdigte vor allem Goubaus wissenschaftliche Leistungen in der Hochfrequenztechnik und der Ionosphärenforschung, speziell der für die Ionosphärenmessung entwickelten Messverfahren. Es dauerte dann ein Jahr, bevor der Antrag des Thüringer Ministeriums vom Reichsministerium beantwortet und die Ernennung Goubaus gemäß Urkunde vom 10. März 1944 mitgeteilt wurde. Am 7. Juli erreichte dann auch Goubau die Verleihung der ordentlichen Professur zum 1. Januar 1944 und der zugehörige Lehrauftrag.[154] Bis zum Kriegsende war er am Physikalisch-Technischen Institut tätig und gehörte zu den von der amerikanischen Militärregierung vom 20.–23. Juni in die amerikanische Zone abtransportierten Wissenschaftlern. Goubau erklärte Ende März 1947 dem Kurator der Jenaer Universität Bluhme seine Bereitschaft, nach einem sechsmonatigen Aufenthalt in den USA nach Jena zurückzukehren, und engagierte sich für die Rückkehr des Assistenten Rudolf Müller nach Jena.[155] Goubau blieb dann aber in den USA und setzte dort seine wissenschaftliche Kariere fort.

Neben Esau gehörte der seit 1931 als Ordinarius für the-

146 ThHStAW, Vobi 8490, Bl. 9.
147 ThHStAW, Vobi 8490, Bl. 24.
148 ThHStAW, C 251, Bl. 336.
149 ThHStAW, C 251, Bl. 336–336v.
150 ThHStAW, Vobi 8490, Bl. 36.
151 ThHStAW, Vobi 8490, Bl. 41.
152 UAJ, D 930, unpaginiert, Bescheinigung der Ministerialgeschäftsstelle vom 17. Oktober 1940.
153 ThHStAW, Vobi 8490, Bl. 54–55.
154 ThHStAW, Vobi 8490, Bl. 80.
155 UAJ, D 930, unpaginiert, Schreiben Goubaus an Kurator Bluhme vom 27. März und vom 3. April 1947.

Abb. 30: Georg Goubau

schreiben versicherte er Joos, alle beteiligten Stellen würden gern alles tun, um Joos in Jena zu halten. Skeptisch fügte er aber an: »Ob Ihnen allerdings bei der gegebenen Rechtslage überhaupt eine Weigerung möglich ist, erscheint zweifelhaft.« Deshalb bat er Joos, wenn ihm »nichts anderes übrig bleibt, als nach Göttingen zu gehen«, im Berliner Ministerium auf seine eigene und Wiens Nachfolge entschieden Einfluss zu nehmen.[156] Minister Wächtler reagierte dagegen ablehnend, Joos solle seinen Wunsch, in Jena zu bleiben, »dem Reich gegenüber selber zum Ausdruck bringen«.[157] In der vom Reichsministerium für Wissenschaft, Erziehung und Volksbildung angeforderten Stellungnahme des Thüringer Volksbildungsministeriums betonte Stier nachdrücklich und sehr klar die enge Verbindung zwischen Physikalischem Institut und der Firma Carl Zeiss:

Professor Joos arbeitet im engsten Zusammenhang und in Verbindung mit der Firma Carl Zeiß u. der Firma Schott & Gen. Es sind eine ganze Reihe von Versuchen im Gange, die bei dem Weggang des Professors Joos nicht weitergeführt werden könnten. Aus der Vergangenheit möchte ich nur den sogenannten Michelsonversuch erwähnen, der eigentlich auf dem Jungfrauenjoch stattfinden sollte, aber dann durch die genannten beiden Firmen in Jena ermöglicht wurde. Aus dieser Verbindung heraus ist es zu erklären, daß Professor Joos vier an und für sich verlockende Rufe, darunter gleichzeitig einen nach München und Danzig, abgelehnt hat.

Nach einem Hinweis auf die Geschäftsleitung der Firma Carl Zeiss bzw. Vertreter des Heereswaffenamtes bezüglich laufender Tests, unter anderem auf eilige militärtechnische Versuche, die durch den Weggang von Prof. Joos vereitelt werden würden, erläuterte Stier weiter: »Ganz allgemein aber ist zu sagen, daß für Jena durch die Verbindung mit den beiden Stiftungsfirmen die Physik von nicht geringerer Wichtigkeit ist als etwa für Göttingen.« Er erinnerte an die notwendige Neubesetzung der Professur Wiens und konstatierte: »Daß Prof. Esau noch sehr lange in Jena lehren wird, erscheint zweifelhaft. Geht jetzt noch Prof. Joos weg, so würde auf einmal ein völliges Vacuum entstehen.« Schließlich erinnerte Stier an den Plan, Joos die Leitung des Instituts zu übertragen, der seine Eignung für diese Aufgaben durch vielseitige Arbeiten zur theoretischen und Experimentalphysik nachgewiesen habe. Nach der Feststellung, sowohl im Namen der Firmen Carl Zeiss sowie Schott & Gen. als auch der Mathematisch-Naturwissenschaftlichen Fakultät zu sprechen, bat er dringend, die Versetzung von Joos zu überdenken und schloss: »Es ist vielleicht leichter möglich, einen geeigneten Physiker

oretische Physik in Jena tätige Joos zu den angesehenen Wissenschaftlern, die auch andere Universitäten gern zu ihrem Lehrkörper gezählt hätten. Nachdem sich Straubel aus der Leitung der Firma Carl Zeiss zurückgezogen hatte, um Auseinandersetzungen mit Vertretern des Nationalsozialismus wegen seiner jüdischen Frau aus dem Weg zu gehen, verwies das Thüringer Volksbildungsministerium Ende September 1933 die Geschäftsleitung der Firma auf den bestehenden Kredit und ersuchte sie, Joos' Bestellungen bei den Stiftungsfirmen wie auch bei der Firma Schott u. Gen. entsprechend zu verrechnen. In den folgenden eineinhalb Jahren konnte Joos seine Forschungstätigkeit erfolgreich fortsetzen. Dann erreichte ihn am 21. März 1935 aus dem Reichswissenschaftsministerium die Mitteilung, dass ihm der Lehrstuhl für Physik an der Universität Göttingen in Nachfolge von James Franck angeboten werden solle. Joos wollte jedoch besonders wegen der engen und fruchtbaren Verbindung zu den Zeiss-Werken in Jena bleiben, was Ministerialrat Stier mit dem Verweis, dass Joos als Nachfolger von Max Wien auch als Leiter des Instituts vorgesehen sei, positiv kommentierte. In dem Antwort-

156 ThHStAW, Vobi 15485, Bl. 111.
157 ThHStAW, Vobi 15485, Bl. 110.

für Göttingen zu gewinnen, … als einen Mann zu finden, der die wissenschaftlichen und heereswissenschaftlichen Arbeiten in Jena fortsetzen könnte, die Prof. Joos im Gange hat.« [158] Doch diesmal war Joos nicht zu halten. Knapp 14 Tage später, am 22. April 1935, teilte er Stier mit, dass er die Berufung angenommen habe und vom Reichsministerium telegraphisch aufgefordert worden sei, die Stelle bereits am 23. April anzutreten. Seine Vertretung in Jena würde in Absprache mit dem Dekan durch den Privatdozenten Wessel erfolgen. Er dankte Stier sowie der Carl-Zeiß-Stiftung für die »reiche Förderung« während seiner Tätigkeit in Jena und kündigte das baldige Einreichen von Vorschlägen für die Wiederbesetzung seiner Stelle als auch des Physikordinariats an. [159] In dem offiziellen Schreiben des Reichswissenschaftsministers vom 23. April wurde Joos bis zum Eingang des Berufungserlasses zunächst mit der Vertretung des Lehrstuhls für Experimentalphysik in Göttingen beauftragt. Außerdem forderte der Minister Vorschläge über die Neubesetzung von Joos' Stelle bis zum 20. Juli und einen Bericht über die erforderlich werdende Vertretung des Lehrstuhls an. Stier meldete daraufhin dem Berliner Ministerium, dass eine »besondere Vertretung des Lehrstuhls« von Joos für das Sommersemester nicht nötig sei und die Vorlesung von Joos' langjährigem Assistenten Wessel fortgeführt werde. Am Ende des Sommersemesters gab es dann im Rahmen des Physikalischen Kolloquiums noch eine Abschiedsfeier für Joos. Wie die Jenaische Zeitung am 29. Juni 1935 berichtete, würdigte dabei Wien in seiner Ansprache Joos' Leistungen für das Physikalische Institut: Er habe mit seinen pädagogischen Fähigkeiten viele Studenten angezogen und mit dem aus den Vorlesungen hervorgegangenen Lehrbuch ein Standardwerk für Lehrer und Schüler geschaffen. Joos betonte seinerseits, wie schwer ihm der Abschied von Jena falle und lobte die sehr gute Zusammenarbeit mit Wien: Es gäbe »wohl kaum ein Institut …, in dem ein so aufrichtiger und freundschaftlicher Geist der Zusammenarbeit herrsche«. [160]

War der Weggang von Joos an sich schon ein großer Verlust für das Physikalische Institut, so hatte er noch eine weitere sehr unangenehme Konsequenz: der Joos 1931 im Rahmen der Bleibeverhandlungen gewährte Kredit von 10 000 RM für die Anschaffung von Apparaten war bisher nur zu etwas mehr als 20 % ausgeschöpft worden und der nicht in Anspruch genommene Anteil wurde dann Mitte

Mai 1935 vom Thüringer Volksbildungsministerium eingezogen. [161]

Doch es war für Joos kein völliger Abschied von Jena. Ab 1. April 1941 war er als wissenschaftlicher Berater bei der Firma Carl Zeiss tätig, mit der Perspektive, »nach Ablauf der statuarisch notwendigen Zeit« an Stelle von Johannes Harting in die Geschäftsleitung der Firma einzutreten. In diesem Zusammenhang regte Ministerialrat Stier bei Rektor Astel an, Joos nach dem »Ausscheiden aus dem Lehrkörper der Universität Göttingen, wo er zunächst beurlaubt ist, durch Erteilung eines Lehrauftrags und … Ernennung zum Honorarprofessor« wieder mit der Universität zu verbinden. [162] Der Rektor folgte dieser Anregung und beantragte am 8. Dezember 1941 auf dem Dienstweg, Joos zum Honorarprofessor an der Mathematisch-Naturwissenschaftlichen Fakultät zu ernennen. Der Thüringer Volksbildungsminister sandte eine Woche später einen entsprechenden Antrag mit besonderer Befürwortung an den Reichserziehungsminister Rust, wobei er die Verleihung der Honorarprofessur als notwendig bezeichnete. [163] Es dauerte ein weiteres halbes Jahr, ehe Minister Rust am 4. Juni 1942 Joos zum Honorarprofessor ernannte unter ausdrücklicher Betonung, dass damit kein Beamtenverhältnis bzw. Dienstverhältnis zum Staat begründet werde. [164] Am 9. Juli 1942 kam die Ernennungsurkunde dann auch bei Joos an.

Die Wiederbesetzung von Joos' Professur für theoretische Physik verlief im Herbst 1935 doch nicht ganz planmäßig. Gemäß den überlieferten Dokumenten gab es keine Vorschlagsliste der Mathematisch-Naturwissenschaftlichen Fakultät, sondern am 2. November 1935 beauftragte der Reichswissenschaftsminister Rust den nicht beamteten außerordentlichen Professor der Berliner Universität Gerhard Hettner, den Lehrstuhl für theoretische Physik in Jena zu vertreten und das Theoretisch-Physikalische Institut zu leiten. Hettner war 1920–1927 planmäßiger Assistent, dann planmäßiger Oberassistent am Physikalischen Institut in Berlin, hatte sich dort 1921 habilitiert und ab dem Sommersemester 1922 einen Lehrauftrag für theoretische Physik erhalten. In seinen diesbezüglichen Vorlesungen, die parallel zu den Kursen von Max Planck (1858–1947) bzw. später von Erwin Schrödinger stattfanden, war er sehr erfolgreich und engagierte sich auch bei der Leitung des Physikalischen Seminars. In den Verhandlungen hinsichtlich der Jenaer Professur erreichte Hettner unter anderem,

158 ThHStAW, Vobi 15485, Bl. 113.

159 ThHStAW, Vobi 15485, Bl. 115.

160 ThHStAW, Vobi 15485, unpaginierter Teil, Artikel aus »Jenaische Zeitung« vom 29. Juni 1935.

161 ThHStAW, Vobi 15485, Bl. 124.

162 ThHStAW, Vobi 15485, unpaginierter Teil, Brief von Ministerialrat Stier an Rektor Astel vom 8. Mai 1941.

163 ThHStAW, Vobi 15485, unpaginierter Teil, Brief des Thüringer Ministers für Volksbildung an den Reichsminister für Wissenschaft, Erziehung und Volksbildung vom 16. Dezember 1941.

164 ThHStAW, Vobi 15485, unpaginierter Teil, Reichsminister für Wissenschaft, Erziehung und Volksbildung, Ernennungsurkunde vom 4. Juni 1942, Begleitschreiben des Reichsminister für Wissenschaft, Erziehung und Volksbildung an Joos.

Abb. 31: Georg Joos

Einverständnis mit der Mathematisch-Naturwissenschaftlichen Fakultät und dem Führer der Dozentenschaft am 10. Februar 1936, »Prof. Hettner die erledigte Lehrstelle für Theoretische Physik baldmöglichst endgültig zu übertragen«. Er lobte Hettners Lehrtätigkeit und dessen gutes, kameradschaftliches Verhältnis zu den Dozenten, Institutsangestellten sowie Studenten und betonte das dringende Interesse von Fakultät und Universität an dessen baldiger Ernennung.[167] Das Thüringer Volksbildungsministerium leitete den Antrag am 18. Februar mit der Bitte um Entschließung an das Reichswissenschaftsministerium weiter. Dort hatte man ebenfalls Hettners Verbleib in Jena bereits erwogen und am Vortag veranlasst, die Mathematisch-Naturwissenschaftliche Fakultät aufzufordern, zur Berufung Hettners auf den Lehrstuhl für theoretische Physik Stellung zu nehmen.[168] Am 29. Februar 1936 verfügte Minister Rust die Verlängerung der Vertretung bis auf weiteres und ordnete den Umzug Hettners von Berlin nach Jena an.[169] Rudolf Mentzel (1900–1987), Referent im Reichswissenschaftsministerium, informierte dann am 14. April Ministerialrat Stier in Weimar über seine Absicht, dem Minister Hettners Berufung zum Ordinarius für theoretische Physik vorzuschlagen, und bat ihn, die Berufungsverhandlung mit Hettner zu führen sowie »die beschleunigte Einreichung des Ernennungsvorschlages« zu erwirken.[170] Im Ergebnis der Verhandlungen wurden die früheren Abmachungen vom November 1935 bestätigt, insbesondere werde mit Wessel ein über zwei Jahre laufender Assistentenvertrag abgeschlossen, gültig ab 1. Oktober 1935, und Hettner von Kulenkampff als Direktor des Instituts das Recht erhalten, im Institut selbst experimentelle Arbeiten durchzuführen sowie Doktoranden arbeiten zu lassen. Hettner werde die planmäßige außerordentliche Lehrstelle der Mathematisch-Naturwissenschaftlichen Fakultät bei gleichzeitiger Ernennung zum persönlichen ordentlichen Professor übertragen, die Anstellung erfolge möglichst zum 1. April 1936 und das Vergütungsdienstalter werde ab dem 1.April 1926 festgesetzt. Schließlich sollte Hettner noch einen einmaligen Umstellungsbeitrag für den Kauf von Geräten erhalten.[171] Dieser reagierte sehr zügig und bat im Thüringer Volksbildungsministerium am 8. Mai 1936 um die »Bewilligung eines einmaligen Umstellungsbeitrages in Höhe von 3990,–RM«, wobei er die benötigten Geräte inklusive Preisangaben mit anfügte.[172] Die

dass ihm seine Berliner Oberassistentenstelle erhalten blieb, Wessels Assistentenstelle in Jena personengebunden in eine planmäßige umgewandelt werden sollte und die früheren, zwischen Wien und Joos getroffenen Abmachungen am Physikalischen Institut, insbesondere hinsichtlich experimenteller Arbeitsmöglichkeiten, vorbehaltlich der Absprache mit Kulenkampff bestehen blieben.[165] Während die Anordnung des Reichswissenschaftsministers nur auf eine zeitweilige Lösung ausgerichtet war, hatte Stier eine längerfristige Lösung im Blick. Als er das Ergebnis der Verhandlungen mit Hettner an das Berliner Ministerium übermittelte, bat er zugleich um eine »möglichst umgehende Entscheidung«, ob Hettner nach Jena umziehen könne.[166] Doch noch am 24. Dezember sah sich das Berliner Ministerium nicht in der Lage, dies zu entscheiden, was sich auch in den folgenden Monaten nicht änderte. Kurz vor Ablauf von Hettners Delegierung ergriff der Jenaer Rektor Meyer-Erlach die Initiative und beantragte im

---

165 UAJ, D 1247, unpaginiert, Reichsminister für Wissenschaft, Erziehung und Volksbildung an Hettner vom 2. November 1935, Abschrift von Ministerialrat Stier über die Ergebnisse der Verhandlungen mit Hettner vom 13. November 1935.
166 ThHStAW, Vobi 11183, Bl. 6.
167 ThHStAW, Vobi 11183, Bl. 11.
168 ThHStAW, Vobi 11183, Bl. 15.
169 ThHStAW, Vobi 11183, Bl. 6.
170 ThHStAW, Vobi 11183, Bl. 19.
171 ThHStAW, Vobi 11183, Bl. 21, vgl. auch UAJ, D 1247, unpaginiert, Aktennotiz Stier über die endgültige Vereinbarung mit Hettner vom 6. Mai 1936.
172 ThHStAW, Vobi C 256, Bl. 26.

Carl-Zeiß-Stiftung genehmigte den Antrag unter der Bedingung, wegen der Lieferung der Geräte zunächst die zuständigen Abteilungen der Firma Carl Zeiss zu konsultieren. Diese Forderung erwies sich als sehr berechtigt, denn entweder wurden entsprechende Geräte auch in der Firma Carl Zeiss hergestellt oder sie konnte günstigere Angebote vermitteln.[173] In den folgenden Monaten erfolgte die Anschaffung der Geräte, wobei Hettner noch einige Änderungen vornahm, um beispielsweise statt des gewünschten Ultrarotspiegelspektrometers ein für seine Forschungen besser geeignetes neues Ultrarotspektrometer von Zeiss zu erwerben.[174] Inzwischen kam auch die Berufungsangelegenheit langsam voran. Am 14. Mai 1936 gingen dann alle notwendigen Dokumente, inklusive des Ernennungsvorschlags, vom Thüringer Volksbildungsministerium an das Berliner Reichswissenschaftsministerium, das nochmals ein halbes Jahr benötigte, ehe am 21.Oktober 1936 Hettners Berufung in das »thüringische Beamtenverhältnis« und zum persönlichen Ordinarius sowie zum Direktor des Theoretisch-Physikalischen Seminars mit Wirkung ab 1. Oktober 1936 erfolgte.[175] Diese Position hatte Hettner bis zum Kriegsende inne. Im Dezember 1937 beantragte er dann beim Dekan der Mathematisch-Naturwissenschaftlichen Fakultät, das Theoretisch-Physikalische Seminar in Theoretisch-Physikalische Anstalt umzubenennen, was auch eine gewisse Eigenständigkeit bedeutet hätte. Dies lehnte Kulenkampff als Direktor des Physikalischen Instituts strikt ab, denn alle Einrichtungen des Theoretisch-Physikalischen Seminars befänden sich im Physikalischen Institut. Außerdem seien Hettner selbst sowie seine Doktoranden daran interessiert, auch experimentelle Arbeiten durchzuführen, und diese fänden im Physikalischen Institut statt. Weiterhin sei an allen Universitäten, an denen ein Theoretisch-Physikalisches Institut existiere, dieses in einem separaten Gebäude untergebracht.[176] Das Thüringische Ministerium für Volksbildung lehnte daraufhin am 8. Februar 1938 den Antrag ab.[177]

Hettner engagierte sich weiterhin intensiv in seiner Vorlesungstätigkeit, setzte seine Forschungen zum Aufbau der Materie, speziell zum Ultrarotspektrum fort und trat mit mehreren Vorträgen und Artikeln hervor, um einem breiteren Publikum die Aufgaben und Probleme der Physik näher zu bringen. Mehrfach musste er für Umbauten

in seiner Abteilung, für neue Geräte oder für die Anstellung einer die Untersuchungen bzw. den Versuchsaufbau unterstützenden Hilfskraft zusätzliche Gelder über das Volksbildungsministerim bei der Carl-Zeiß-Stiftung beantragen. Beispielhaft sei auf Hettners mehrseitigen Antrag vom 9. Februar 1939 verwiesen, die Finanzmittel von etwa 2950 RM bereitzustellen, um einen leistungsstärkeren Spektrographen, ein genaueres Strahlungsmessgerät und mehrere Beugungsgitter anzuschaffen sowie einen Hilfsassistenten für den Aufbau und die Vorbereitung der Versuche für etwa ein Jahr mit der monatlichen Vergütung von 190 RM anzustellen.[178] Wie sein Kollege Goubau wurde Hettner zwischen 21. und 23. Juni 1945 von der amerikanischen Militärregierung in die amerikanische Besatzungszone abtransportiert und fast zeitgleich teilte er wie dieser dem Kurator Bluhme in Jena mit, dass er von der amerikanischen Militärregierung zur Hochschullehrertätigkeit zugelassen wurde und zu Verhandlungen über seine Rückkehr auf den Jenaer Lehrstuhl bereit sei.[179] Bereits ein Jahr zuvor war aber auf Anregung des Thüringer Landesamtes für Volksbildung Friedrich Hund (1896–1997) als Professor für theoretische Physik von Leipzig nach Jena berufen worden, »unabhängig von der Tatsache, dass hier bereits ein Lehrstuhl für theoretische Physik vorhanden ist«. Die Rückberufung Hettners wurde jedoch nicht ausgeschlossen, vielmehr stehe »der Fakultät nichts im Wege«, dem Landesamt den Vorschlag zu unterbreiten, Herrn Professor Dr. Hettner zurückzuberufen.[180] Die sich damit abzeichnende doppelte Besetzung der theoretischen Physik dürfte nicht unwesentlich gewesen sein, dass Hettner nicht nach Jena zurückkehrte.

Für den persönlichen Ordinarius Jentzsch bedeutete die Machtübernahme durch die Nationalsozialisten das rasche Ende seiner beruflichen Kariere, da unter seinen Großeltern ein Angehöriger des moslemischen Glaubens war. Nach Meinung seiner Ehefrau wurde ein »ziemlich untergeordnete[r] Vorfall« ausgenutzt, um ein Dienststrafverfahren gegen ihn einzuleiten, das mit dem Ausschluss aus dem Lehramt endete.[181] Jentzsch hatte Ende Juni 1933 per Annonce eine weibliche Hilfskraft für das Institut für Angewandte Optik und Wissenschaftliche Mikroskopie gesucht, die sowohl als Sekretärin als auch als Laborantin tätig werden sollte. Diese nahm am 7. August ihre Tätig-

---

173 ThHStAW, Vobi C 256, Bl. 28–29.

174 ThHStAW, Vobi C 256, Bl. 31–32.

175 ThHStAW, Vobi 11183, Bl. 29.

176 UAJ, C 650, unpaginierter Teil, Schreiben Kulenkampffs an den Rektor vom 7. Januar 1938.

177 UAJ, C 650, unpaginierter Teil, Schreiben des Thüringischen Ministers für Volksbildung, Ministerialgeschäftsstelle an Hettner vom 8. Februar 1938.

178 ThHStAW, Vobi C 256, Bl. 77–80.

179 UAJ, D 1247, unpaginiert, Schreiben von Hettner, Physikalisches Institut, Universität Frankfurt an Universitätskurator Bluhm [sic], Jena, vom 26. April 1947.

180 UAJ, D 1247, unpaginiert, Schreiben des Kurators Max Bense (1910–1990) an den Dekan der Mathematisch-Naturwissenschaftlichen Fakultät vom 18. März 1946. Dabei ist fälschlich von Hundt statt von Hund die Rede.

181 UAJ, D 1427, unpaginierter Teil, Schreiben von Charlotte Jentzsch an den Kurator der FSU Berlin vom 27. September 1947.

keit probeweise auf, erwies sich aber speziell als Laborantin ungeeignet. Noch bevor die Kündigung wirksam wurde, beschwerte sich die Angestellte bei Rektor Esau über Jentzsch. In dem eingeleiteten Disziplinarverfahren wurde Jentzsch beschuldigt, intime Beziehungen zu der Angestellten angeknüpft zu haben, und die Dienststrafkammer der Thüringischen Landesuniversität ahndete das Vergehen am 16. März 1934 mit einem Verweis.[182] Mit diesem Urteil waren aber weder Rektor Esau, noch Ministerialrat Stier und Minister Wächtler einverstanden. Am 16. April legte Stier im Namen des Volksbildungsministeriums Widerspruch ein, dem sich Esau zwei Tage später anschloss. Der Dienststrafhof für Hochschullehrer an der Landesuniversität Jena änderte in der Sitzung am 16. Mai das Urteil und sprach Jentzsch des Dienstvergehens schuldig und schloss ihn vom Lehramt aus, beließ ihm aber »seine Amtsbezeichnung, 4/5 seiner Besoldung auf Lebenszeit und die entsprechende Hinterbliebenenversorgung«.[183] In der Urteilsbegründung wurde darauf verwiesen, dass der Dienststrafhof eine mildere Strafe ausgesprochen hätte, »wenn in der Satzung vom 9. Juli 1926 zwischen dem Verweis und dem Ausschluß vom Lehramt eine weitere Strafe vorgesehen wäre«, und die Frage einer Begnadigung in Rücksicht auf Jentzschs wissenschaftliche Bedeutung für die Universität aufgeworfen.[184] Eine Begnadigung, die ja ein Verbleiben von Jentzsch an der Universität bedeutet hätte, kam sowohl für Rektor Esau als auch für Volksbildungsminister Wächtler nicht in Frage. Jentzsch würde jedoch, vermutlich auf Anregung von Stier, nicht gehindert werden, in einer anderen amtlichen Stelle, etwa an einer anderen Universität, unterzukommen. Auch Jentzschs Ausscheiden aus der Universität sollte »in einer harmlosen Form« veröffentlicht werden. Der Minister ließ diese Haltung seines Ministeriums durch Stier an Rektor Esau übermitteln.[185] Die Verwaltung des Instituts wurde dem wissenschaftlichen Mitarbeiter des Zeiss-Unternehmens August Köhler (1866–1948) übertragen. Köhler war zugleich Honorarprofessor für Mikrophotographie und Projektion an der Universität. Am 30. Juli reichte Jentzsch ein Gnadengesuch beim Reichsstatthalter von Thüringen ein.[186] Nach mehreren Stationen lag das Gesuch mit den Äußerungen des Rektors und des Thüringer Volksbildungsministers, die Jentzsch als Lehrer noch sonst im öffentlichen Dienst, insbesondere in Jena, für untragbar hielten, im März 1935 dem Reichswissenschaftsminister vor. Dort verzögerte sich die Entscheidung, durch

die Neufassung der Gnadenbestimmungen bezüglich der nichtbeamteten außerpreußischen Hochschullehrer und am 2. September 1935 lehnte der Minister das Gesuch ab. Am Rande sei noch vermerkt, dass Jentzsch sich ab Sommer 1934 mit einer alten Hypothekenschuld konfrontiert sah, was unter anderem 1936 zur Zwangsversteigerung seines Grundstücks in Mühlheim und zur Pfändung von Teilen seines Gehalts führte. Anfang September 1939 sah Jentzsch nochmals die Chance zur Berufstätigkeit zurückzukehren und meldete sich auf Grund der Verordnung zur alsbaldigen Wiederverwendung bei der Ministerialstelle der Friedrich-Schiller-Universität Jena. Als Wünsche für seine Tätigkeit als Sachbearbeiter gab er das Heereswaffenamt, das Luftfahrtministerium oder einige Privatbetriebe wie Zeiss-Ikon in Dresden, an. Das Thüringer Volksbildungsministerium sah aber keine Möglichkeit der Wiederverwendung im Lehrkörper der Friedrich-Schiller-Universität und lehnte den Antrag ab.

Der im Nebenamt als außerordentlicher Professor wirkende Rudolf Straubel behielt formal seine Tätigkeit an der Universität bei. Bis zum Wintersemester 1937/38 wurde er im Vorlesungsverzeichnis für das Physikalische Praktikum neben seinen Kollegen am Physikalischen Institut als eine der leitenden Lehrkräfte für physikalische Spezialaufgaben geführt. Es konnte jedoch nicht ermittelt werden, ob er in dieser Funktion aktiv wurde. Erst am 2. Februar 1938 ordnete der Thüringer Volksbildungsminister gegenüber dem Rektor an, Straubel aus dem Vorlesungsverzeichnis zu streichen, da dieser »jüdisch versippt« sei.[187]

Im Gegensatz zu Straubel konnte Bauersfeld neben seiner Funktion als leitender Geschäftsführer des Zeiss-Unternehmens bis 1945 als außerordentlicher Professor für astronomische Physik an der Universität lehren. Jedoch beantragte Bauersfeld für die Sommersemester 1933–1937 eine Beurlaubung von den Vorlesungen, da er durch seine »eigentliche Berufstätigkeit für die Firma Carl Zeiss« so in Anspruch genommen sei.[188] Im Sommer 1935 sah Ministerialrat Stier angesichts der Berufung von »jüngeren Dozenten in Ordinariate als bloss persönliche Ordinarien« die Notwendigkeit »blosse Extraordinarien zu persönlichen Ordinarien zu machen«, zu denen er auch Bauersfeld zählte.[189] Nachdem er sich der Zustimmung des Thüringer Volksbildungsministers, der Universitätsgremien und des Reichsstatthalters Wächtler versichert hatte, wandte er sich speziell bezüglich Bauersfeld am 20. August an den Reichswissenschaftsminister. Stier argumentierte unter

---

182 ThHStAW, Vobi 15332, Bd. 2, Bl. 15.
183 ThHStAW, Vobi 15332, Bd. 2, Bl. 49.
184 ThHStAW, Vobi 15332, Bd. 2, Bl. 53–53v.
185 ThHStAW, Vobi 15332, Bl. 73.
186 ThHStAW, Vobi 15332, Bd. 2, Bl. 63–69.
187 UAJ, D 2830, unpaginiert, Schreiben des Thüringer Ministers für Volksbildung an den Rektor vom 4. Februar 1938.
188 ThHStAW, Vobi 1180, Bl. 25, 48, 63–69.
189 ThHStAW, Vobi 1180, Bl. 40.

ausdrücklicher Bezugnahme auf Bauersfelds Erfindung des Zeiss-Planetariums, es erscheine dessen wissenschaftlicher »Bedeutung nicht angemessen, daß er noch beamteter außerordentlicher Professor ist, während andere wesentlich jüngere Dozenten …, aber alsbald zum persönlichen ordentlichen Professor ernannt worden sind«.[190] Die Berufung verzögerte sich jedoch, da im Berliner Reichsministerium Bedenken wegen Bauersfelds Besoldung bestanden. Diese Unklarheiten wurden dann von Stier am 30. November 1936 in einem Schreiben an den Berliner Amtskollegen aufgeklärt, sie resultierten aus der Tatsache, dass Bauersfelds Besoldung als Professor »einen Teil der Bezüge dar[stellte], die er ohnehin als Geschäftsleiter der Carl-Zeiß-Stiftung von dieser« erhielt.[191] Der vom Reichswissenschaftsminister angeforderte Neuantrag für Bauersfelds Beförderung verzögerte sich nochmals, da die Personalakte im Ministerium nicht auffindbar war. Am 7. Juli 1937 reichte Dekan Friedrich Sander (1899–1979) den Neuantrag mit einer umfassenden Würdigung von Bauersfelds Verdiensten für die Wissenschaft und die Universität im Thüringer Volksbildungsministerium ein. Von dort ging der Antrag, nachdem die Gauleitung der NSDAP die politische Zuverlässigkeit des Kandidaten bestätigt hatte, am 4. November 1937 über den Reichsstatthalter an das Berliner Ministerium. Nach weiterem umfangreichen Schriftverkehr, unter anderem wegen inzwischen veränderter Formblätter und einem fehlenden Lebenslauf, wurde Bauersfelds Ernennung zum persönlichen Ordinarius unter Berufung ins Beamtenverhältnis am 1. Dezember 1938 dem Weimarer Ministerium mitgeteilt.[192] In dem entsprechenden Schreiben an Bauersfeld ließ Minister Rust ausdrücklich darauf hinweisen, dass die Planstelle einschließlich des Lehrgebietes unverändert blieb.[193] Für das Vorlesungsangebot am Physikalischen Institut brachte diese Berufung keine Verbesserung, denn für das Studienjahr 1938/39 beantragte Bauersfeld wieder eine Beurlaubung von den Lehraufgaben.[194] Dies wiederholte sich auch für die folgenden, teilweise in Trimester unterteilten Studienjahre, wobei Bauersfeld nun das Kriegsgeschehen in die Begründung einbezog und formulierte, dass »infolge der Kriegsverhältnisse [s]eine Arbeitsmöglichkeit jetzt von den Aufgaben im Zeisswerk voll in Anspruch genommen« werde.[195] Im Herbst 1942 sprach dann das Reichsministerium auf Anregung von Ministerialrat Stier die Beurlaubung für die Dauer des Krieges aus.[196] Bauersfelds

Abb. 32: Walter Bauersfeld

stetes Engagement für die Verbindung von Wissenschaft und Technik und seine große Schöpferkraft, die ihn zu einem der »erfolgreichsten Pioniere deutscher Technik« machte, wurden zu verschiedenen Anlässen in Presseartikeln und im Dezember 1942 mit der Verleihung des Siemens-Ringes durch die gleichnamige Stiftung gewürdigt.[197] Angesichts dieser hervorgehobenen Stellung in Wissenschaft und Ökonomie verwundert es nicht, dass Bauersfeld nach dem Kriegsende einerseits zu den von der amerikanischen Militärregierung in die amerikanische Besatzungszone abtransportierten Wissenschaftlern gehörte und andererseits am 15. März 1946 von der Thüringischen Landesregierung auf der Basis der »Verordnung über die Reinigung der Verwaltung« mit sofortiger Wirkung aus dem Lehrkörper der Friedrich-Schiller-Universität entlas-

190 ThHStAW, Vobi 1180, Bl. 41.
191 ThHStAW, Vobi 1180, Bl. 52.
192 ThHStAW, Vobi 1180, Bl. 92. Die Berufungsurkunde ist auf den 18. Oktober 1938 datiert. Ebenda Bl. 94.
193 ThHStAW, Vobi 1180, Bl. 93.
194 ThHStAW, Vobi 1180, Bl. 100–101.
195 ThHStAW, Vobi 1180, Bl. 106.
196 ThHStAW, Vobi 1180, Bl. 132–132v.
197 ThHStAW, Vobi 1180, Bl. 103–104, 72, 125, 133.

sen wurde.[198] Eine Rückkehr nach Jena war damit ausgeschlossen.

Von den eingangs genannten Privatdozenten Schmetzler, H. Müller und Wessel, verblieb nur der Letztere noch länger am Institut. Schmetzler, der während Wessels Gastprofessur in Coimbra dessen Assistentenstelle innehatte, schied zum 15. August 1933 aus dem Institut aus. Müller beantragte zunächst für das Wintersemester 1934/35 und dann für das folgende Sommersemester eine Beurlaubung und vollzog in dieser Zeit die Umhabilitation an die Berliner Universität.[199] Wessel nahm nach dem Ende seiner Gastprofessur zum Sommersemester 1933 seine Lehrtätigkeit in Jena mit einem Lehrauftrag für Quantenmechanik wieder auf und erhielt ab 15. August für zwei Jahre einen Dienstvertrag als außerordentlicher Assistent des Theoretisch-Physikalischen Seminars.[200] Nach dem Wechsel von Joos nach Göttingen übernahm er im Sommersemester 1935 dessen Vorlesungen und Übungen, jedoch scheint die Mathematisch-Naturwissenschaftliche Fakultät eine Berufung als Nachfolger von Joos nicht in Erwägung gezogen zu haben. Wie bereits erwähnt, erreichte dann Hettner in seinen Berufungsverhandlungen die Anstellung Wessels als ordentlicher Assistent. Zuvor hatte der Reichswissenschaftsminister Wessel am 30. Januar 1936 zum nichtbeamteten außerordentlichen Professor ernannt. Da die Carl-Zeiß-Stiftung die erforderlichen Finanzmittel bewilligte, konnte Wessels Vertrag im Herbst 1937 um zwei Jahre verlängert werden. Ende Juli 1939 erfolgte dann durch Minister Rust die Berufung ins Beamtenverhältnis und die Ernennung zum außerplanmäßigen Professor und fast zeitgleich beantragte Hettner die Verlängerung von Wessels Vertrag um weitere zwei Jahre. Aus formalen Gründen musste Hettner den Antrag zwei Wochen später nochmals einreichen. Sowohl er als auch drei Wochen später der Leiter des Gaudozentenbundes charakterisierten in ihren jeweiligen Stellungnahmen Wessel als sehr guten theoretischen Physiker, der mit großem Geschick die schwierigen Methoden der neuen theoretischen Physik einsetzt, um Fragen der experimentellen und angewandten Physik zu bearbeiten.[201] Das Thüringer Volksbildungsministerium stimmte der Weiterbeschäftigung am 12. September unter der Bedingung zu, dass die Carl-Zeiß-Stiftung weiterhin Wessels Bezüge bezahlt, was problemlos übernommen wurde. Dieser musste jedoch zunächst eine zweimonatige Wehrmachtsübung absolvieren. Trotzdem konnte Wessel in dieser Zeit heiraten und den Wohnungswechsel vollziehen. Auch danach kehrte keine Ruhe ein, zum 1. Januar 1940 beauftragte ihn Minister

Abb. 33: Harald Müller

Rust, den Lehrstuhl für theoretische Physik an der Universität Graz zu vertreten.[202] Wessel kehrte nicht wieder an die Universität Jena zurück.

4.5 Die Assistenten der Physik

Am 26. Februar 1929 informierte Wien als Leiter des Physikalischen Instituts die Ministerialgeschäftsstelle darüber, dass die Assistentenstelle neu besetzt werden musste. Erich Blechschmidt (1902–?) wechselte an die Physikalisch-Technische Reichsanstalt. Dessen Aufgaben übernahm Fritz Wisshak von der Technischen Hochschule München, der dort bereits als Assistent tätig gewesen war.[203] Den damit verbundenen geringeren Verdienst konnte Wien trotz Rücksprache bei Oberregierungsrat Stier nicht ausgleichen. Das Thüringische Volksbildungs-

---

198 ThHStAW, Vobi 1180, Bl. 137.
199 UAJ, D 2085, Bl. 12.
200 UAJ, D 3070, Bl. 25.
201 UAJ, D 3070, Bl. 78–79.
202 UAJ, D 3070, Bl. 93.
203 UAJ, D 3127, Bl. 2–2v.

ministerium sah sich nicht in der Lage, Wisshak eine besondere Zulage zu zahlen, wollte aber prüfen, ob eine Verbesserung des Vergütungsdienstalters möglich wäre. Wisshak blieb aber in Jena, wohl auch, wie Wien im Antrag zur Verlängerung des Vertrages 1932 bemerkte, im Interesse seiner Ausbildung und seines Lebensberufs. In dieser Zeit schloss er seine von Kulenkampff in München angeregte Dissertation ab und wurde an der Münchner Hochschule zum Doktor der technischen Wissenschaften promoviert. Seine Anstellung in Jena wurde in den folgenden Jahren weiter verlängert und im Juli 1935 beantragte er die Zulassung zur Habilitation. Diese verzögerte sich, da Wisshak fast zum gleichen Zeitpunkt geheiratet hatte, er aber die obligatorischen Unterlagen unvollständig, speziell die Abstammungsnachweise seiner Frau nicht eingereicht hatte. Trotzdem leitete das Thüringer Ministerium, um weitere Verzögerungen zu vermeiden, den Antrag an den Reichswissenschaftsminister weiter und am 20. Januar 1936 erhielt Wisshak die Genehmigung zur Habilitation und wurde der Jenaer Mathematisch-Naturwissenschaftlichen Fakultät zugewiesen, um die erforderlichen Leistungen zu erbringen.[204] Die Fakultät begnügte sich mit einer einstündigen Lehrprobe, da sie »bereits Gelegenheit hatte, sich auf Grund von Vorträgen ein günstiges Urteil über die wissenschaftlichen Leistungen und die Lehrbefähigung Dr. Wisshaks zu bilden«.[205] Die Lehrprobe fand am 13. Februar 1936 in Anwesenheit des Rektors statt und erfüllte in hohem Maße die Erwartungen der Fakultätsmitglieder. Einen Monat später, am 17. März, sandte der Rektor seinen Bericht an das Thüringer Volksbildungsministerium, wobei er das Urteil der Fakultät übernahm. Nach weiteren zwei Monaten verlieh Reichswissenschaftsminister Rust Wisshak die Dozentur für Physik in der Mathematisch-Naturwissenschaftlichen Fakultät der Universität Jena. Im Mai 1938 beantragte er beim Dozentenbund der Universität Jena eine Dozentenbeihilfe, deren Höhe sich aus der Differenz zwischen Assistentenvergütung und der »Richtzahl für das dritte Dozentendienstjahr« ergab. Die Gauleitung Thüringen der NSDAP befürwortete den Antrag und lobte neben der wissenschaftlichen Leistung und den gründlichen Arbeitsmethoden Wisshaks »positive Einstellung zum Nationalsozialismus«.[206] Da der Rektor und die zuständige Fakultät den Antrag unterstützten, wies der Volksbildungsminister an, Wisshak die Beihilfe rückwirkend vom 1. April 1938 an für ein Jahr zu zahlen. Durch die Übernahme der preußischen Bestimmungen wurde aber im November eine Neuberechnung nötig. Im Juli 1939 berief Minister Rust auf

der Basis der neuen Verordnungen Wisshak zum Dozenten und Beamten auf Lebenszeit unter Beibehaltung der Lehrbefugnis und ohne Anspruch auf Diäten bzw. eine Berufung auf einen planmäßigen Lehrstuhl. Ein Jahr später, am 25. Juni 1940, erfolgte dann die Ernennung zum beamteten wissenschaftlichen Assistenten mit Wirkung vom 1. Januar 1940 und Anfang Juni 1941 die Einberufung zum Wehrdienst an eine Schule der Luftwaffe in Halle. Vermutlich war Wisshak ab dem Wintersemester 1941/42 wieder im Lehrbetrieb der Universität aktiv und bearbeitete gleichzeitig Aufgaben der Wehrmacht. Dies änderte sich auch in den folgenden Jahren nicht. Im Frühjahr 1944 ergab sich für Wisshak dann die Möglichkeit, an die Sternwarte zu wechseln. Am 17. April dieses Jahres teilte er dem Dekan mit, dass er im Einverständnis mit dem Institutsdirektor Kulenkampff und dem Leiter der Sternwarte Heinrich Siedentopf (1906–1963) seine Assistentenstelle am Physikalischen Institut aufgebe und eine Stelle an der Sternwarte annehme. Da er in der neuen Position vor allem außerhalb Jenas tätig sein werde, bat er zugleich für das Sommersemester um Beurlaubung von den Vorlesungen.[207] Am 26. April informierte Siedentopf die Ministerialgeschäftsstelle über den beabsichtigten Wechsel Wisshaks auf die in der Sternwarte frei gewordene Assistentenstelle ab 1. Mai 1944. Um den damit verbundenen Verdienstausfall auszugleichen, fragte er zugleich an, ob die Stelle in eine Oberassistentenstelle umgewandelt werden könne.[208] Im Thüringer Volksbildungsministerium leitete Stier den Antrag zwei Tage später unterstützend an das Reichsministerium weiter. Am 27. Mai genehmigte das Thüringer Ministerium zunächst die wenige Tage zuvor von Wisshak separat beantragte Beurlaubung für das Sommersemester und merkte an, dass der Reichserziehungsminister noch entscheiden werde, ob sich Wisshaks Wechsel an die Sternwarte auf seine Dozentur und das Amt als wissenschaftlicher Assistent auswirke.[209] Mitte Juni nahm Kulenkampff zu der Angelegenheit Stellung und charakterisierte Wisshaks Wirken an der Universität: »Wisshak hat sich als Assistent gut bewährt, insbesondere bei der Abhaltung des Physikalischen Praktikums, und hat damit unserer Universität wertvolle Dienste geleistet.« Er habe es aber in der 15-jährigen Tätigkeit trotz reichlicher Gelegenheit nicht zu eigener wissenschaftlicher Arbeit gebracht und, da seine Ernennung zum außerplanmäßigen Professor im Dezember 1942 abgelehnt worden war, dürfte er kaum Chancen haben, in der akademischen Laufbahn noch weiterzukommen. Kulenkampff kam zu dem Schluss, dass Wisshaks Verbleib auf der Stelle weder in dessen In-

204 UAJ, BA 944, Bl. 142.
205 UAJ, BA 944, Bl. 144.
206 UAJ, D 3127, Bl. 54.
207 UAJ, D 3127, unpaginierter Teil, Schreiben Wisshaks an den Dekan der Mathematisch-Naturwissenschaftlichen Fakultät vom 17. April 1944.
208 UAJ, D 3127, unpaginierter Teil, Schreiben Siedentopfs an die Ministerialgeschäftsstelle vom 26. April 1944.
209 UAJ, D 3127, unpaginierter Teil, Schreiben des Thüringischen Ministers für Volksbildung an den Rektor der FSU vom 27. Mai 1944.

teresse sei noch mit Blick auf die Förderung des akademischen Nachwuchses in dem der Universität.[210] Wenige
Tage später, am 20. Juni, notierte Ministerialrat Stier nach
einer Rücksprache mit Siedentopf, dass Wisshak ausdrücklich auf die Konsequenz des Wechsel an die Sternwarte hingewiesen wurde: Die Tätigkeit könne nur vorü-
bergehend sein und er müsse sich nach gegebener Zeit
eine Stelle in der Industrie suchen.[211]

Obwohl in den Akten keine schlüssigen Belege aufgefunden wurden, so legt der ganze Vorgang doch nahe, dass
es zwischen Kulenkampff und Wisshak zu gewissen Spannungen gekommen war. Ersterer wandte sich schließlich
am 12. Juli 1944 mit einem ausführlichen Schreiben an
Reichswissenschaftsminister Rust. Er wiederholte seine
frühere Charakterisierung von Wisshaks Tätigkeit und
wies dessen Vorwurf, er sei von ihm insbesondere gegenüber dem Oberassistenten Raether zurückgesetzt, seine
Leistung seien nicht genügend anerkannt und er dadurch
in seiner Entwicklung behindert worden, entschieden zurück. Kulenkampff ergänzte seine frühere Einschätzung
durch detaillierte Angaben zu Wisshaks Tätigkeit: »Dr.
Wisshak ist zwar begabt und interessiert, aber es fehlt
ihm jeder Drang zu produktiver Tätigkeit in seinem Fache. … Im allgemeinen Institutsbetrieb, der Fürsorge
für Doktoranden und dergleichen ist er jedoch weniger
hervorgetreten, weil er diesen Arbeiten ferner stand und
weil er nie den Wunsch hatte eigene Doktor-Arbeiten zu
vergeben.« Kulenkampff hob im Weiteren die erfolgreiche und engagierte Vorlesungs- bzw. Praktikumstätigkeit
hervor, musste aber einschränkend hinzufügen, dass sich
Wisshaks Aktivitäten auch darauf beschränkten. Die guten
Leistungen im Lehrbetrieb waren auch der Anlass für den
Vorschlag, Wisshak zum außerplanmäßigen Professor zu
berufen, auf den er abschließend einging.[212] Nachdem der
Reichswissenschaftsminister Wisshaks Versetzung und
dessen Ernennung zum Oberassistenten genehmigt hatte,
sofern an der Sternwarte eine Oberassistentenstelle verfügbar sei, ordnete der Thüringische Volksbildungsminister den Stellenwechsel am 5. September rückwirkend zum
1. Mai 1944 an.[213] Damit war jedoch nicht eine Ernennung
zum Oberassistenten verbunden, Wisshaks Rechte und
Pflichten als Dozent blieben davon unberührt. Auf Anfrage des Thüringer Volksbildungsministeriums plädierte
Siedentopf in seinem Antwortschreiben an den Rektor für
die Ernennung, »da Wisshak durch seine Vorbildung und
Erfahrung den anderen wissenschaftlichen Assistenten

Abb. 34: Fritz Wisshak

und Mitarbeitern wesentlich überlegen« sei und ihn auch
in geschäftlichen Dingen entlasten könne.[214] Dies war
noch nicht überzeugend genug, denn auch Kulenkampff
wurde noch um eine Stellungnahme zu der Verleihung der
Oberassistentenstelle gebeten. Dieser verwies auf seinen
ausführlichen Bericht vom 12. Juli, doch sein abschlie-
ßender Hinweis auf eine eingehende Prüfung, ob Wisshak nach den obwaltenden Umständen und den erhobenen
Vorwürfen die Maßgabe erfülle, Oberassistentenstellen
nur an besonders befähigte Nachwuchskräfte zu vergeben,
darf wohl als Ablehnung gedeutet werden.[215] Damit war
die Angelegenheit entschieden. Am 27. November erhielt
Siedentopf vom Volksbildungsministerium die Mitteilung,
bei der beantragten Ernennung Wisshaks zum Oberassistenten gebe es einige Schwierigkeiten, die es geboten erscheinen ließen, die Ernennung zunächst auf sich beruhen
zu lassen.[216] Dabei blieb es bis zum Kriegsende. Wisshak
gehörte dann zu den zahlreichen Wissenschaftlern, die von

210 UAJ, D 3127, unpaginierter Teil, Schreiben Kulenkampffs an den Thüringischen Minister für Volksbildung vom 16. Juni 1944.
211 UAJ, D 3127, unpaginierter Teil, handschriftliche Notiz Stier vom 20. Juni 1944 über das Gespräch mit Siedentopf.
212 UAJ, D 3127, unpaginierter Teil, Schreiben Kulenkampffs an den Reichsminister für Wissenschaft, Erziehung und Volksbildung vom 12. Juli
     1944.
213 UAJ, D 3127, unpaginierter Teil, Schreiben des Thüringischen Ministers für Volksbildung an Wisshak vom 5. September 1944.
214 UAJ, D 3127, unpaginierter Teil, Schreiben Siedentopfs an Rektor Astel vom 5. Oktober 1944.
215 UAJ, D 3127, unpaginierter Teil, Schreiben Kulenkampffs an Ministerialrat Stier vom 14. November 1944.
216 UAJ, D 3127, unpaginierter Teil, Schreiben des Thüringischen Ministers für Volksbildung an Siedentopf vom 27. November 1944.

der amerikanischen Militärregierung zu Beginn der dritten
Junidekade in die amerikanische Besatzungszone abtransportiert wurden.

Mit Kulenkampff kam auch dessen Assistent Raether
von München nach Jena, er sollte ab dem 1. März 1936
zunächst für sechs Monate die Vertretung von Hanle übernehmen. Als der Thüringer Volksbildungsminister dies am
8. Juli genehmigte, fragte er zugleich an, ob Raether über
diese Frist hinaus beschäftigt werden solle. Kulenkampff
bejahte dies umgehend und bat, mit Raether einen Dienstvertrag über zwei Jahre abzuschließen. Er rechne in Kürze
mit dem Weggang von Hanle und wolle die frei werdende
ordentliche Assistentenstelle an Raether übertragen. Außerdem leite Raether das Physikalische Praktikum für
Fortgeschrittene, betreue einige Doktorarbeiten und wolle
sich baldmöglichst habilitieren sowie um eine Dozentur
bewerben.[217] Da Raether aus den Finanzen für Hanles
Stelle bezahlt wurde, genehmigte das Thüringer Ministerium die Anstellung zunächst bis Ende Oktober, dann bis
Jahresende 1936 in der Hoffnung, dass bis dahin geklärt
sei, ob Hanle weiterhin die Professur für Experimentalphysik an der Leipziger Universität vertreten müsse. Dies
erübrigte sich durch die erfolgreiche Neubesetzung des
Lehrstuhls, doch erklärte sich Hanle am 9. März 1937 mit
einer nochmaligen Beurlaubung bis 30. September einverstanden, wenn er weiterhin seine Bezüge erhielte. Am Tag
darauf unterstützte Kulenkampff die Beurlaubung und
regte, falls notwendig, für die Finanzierung eine Inanspruchnahme der Carl-Zeiß-Stiftung an. Zur Begründung
führte er an, er »war gezwungen den internen Institutsbetrieb so einzurichten, dass Hanle … vollständig entbehr-
lich war« und dies rückgängig zu machen, lohne sich
nicht, da mit großer Sicherheit »Hanle spätestens im
Herbst … eine Berufung auf eine Professur für Experimentalphysik erhält«. Gleichzeitig bat er, Raether weiter
beschäftigen zu dürfen.[218] Da die Universität Jena einen
besoldeten Lehrauftrag für Hanle nicht finanzieren konnte
und er weiter seine Bezüge erhalten musste, wandte sich
der Volksbildungsminister am 18. März an die Zeiß-Stiftung zwecks der Übernahme von Raethers Bezügen, die
der Bitte entsprach. Inzwischen war Raether nach der positiven Beurteilung der eingereichten wissenschaftlichen
Abhandlung die Habilitation zuerkannt worden und er
hatte sich am 12. April um eine Dozentur für Physik beworben. Nachdem sich die Vorlage aller notwendigen Dokumente etwas verzögert hatte, wies ihn Reichsminister
Rust am 20. Juli 1937 der Mathematisch-Naturwissenschaftlichen Fakultät zur Ableistung der Lehrprobe zu. Die
Lehrprobe fand am 19. Oktober statt. Raether referierte

Abb. 35: Heinz Raether

über die Wellennatur der Materie und der Rektor lobte in
seinem Bericht die gute, didaktisch richtige Auswahl und
Einteilung des Stoffes sowie die »klare und gewandte Vor-
tragsart«. Die Fakultät sah die Eignung als Dozent hinreichend nachgewiesen und verzichtete auf die restlichen
beiden Lektionen.[219] Nach Vorlage aller Unterlagen, insbesondere aller Abstammungsnachweise verlieh Minister
Rust Raether am 24. Februar 1938 die Dozentur für Physik. In dieser Zeit wurde auch Raethers Anstellung geklärt.
Kurz vor dem Ablaufen von dessen Vertrag konnte der
Thüringer Volksbildungsminister am 28. September 1937
Reichsminister Rust mitteilen, dass Hanle zum 1. Oktober
dieses Jahres an das Göttinger Physikalische Institut wech-
sele, und den von allen Instanzen befürworteten Antrag
vorlegen, die frei werdende Assistentenstelle Raether zu
übertragen.[220] Die Verleihung der Dozentur voraussetzend,
genehmigte Rust 14 Tage später, Raether als »gehobenen
Assistenten« anzustellen. Gleichzeitig gab es einen längeren Briefwechsel zu Raethers Gehalt, da diesem zugesi-

217 UAJ, D 2318, Bl. 27–27v.
218 UAJ, D 2318, Bl. 36–36v.
219 UAJ, BA 945, Bl. 55.
220 UAJ, D 2318, Bl. 52.

chert worden war, durch den Wechsel von München nach Jena keine finanziellen Einbußen zu erleiden. Das Problem wurde durch die Zahlung einer Zulage seitens der Carl-Zeiß-Stiftung für zunächst ein Jahr bis zum 30. September 1938 gelöst. Nach Ablauf der Frist verlängerte die Stiftung die Zahlung um ein Jahr, verringerte sie aber, da Raether inzwischen durch die Neuberechnung der Assistentenvergütung auf Grundlage der preußischen Bestimmungen ein höheres Einkommen hatte. Im Zusammenhang mit der Neuberechnung erfolgte auch eine Prüfung und Korrektur des Vergütungsdienstalters, da bisher nicht berücksichtigt worden war, dass Raether während seiner Tätigkeit in München den Beamtenstatus hatte.[221] Raethers Kariere schritt in den folgenden Jahren kontinuierlich voran: im Juli 1939 berief Rust ihn zum Dozenten im Beamtenverhältnis, im Dezember 1940 wurde er zum wissenschaftlichen Assistenten und einen Monat später zum Oberassistenten ernannt, letzteres unter der Voraussetzung, dass eine entsprechende Stelle im Haushalt des Physikalischen Instituts vorgesehen sei.[222] Im April 1941 beantragte dann Kulenkampff nach Vorgesprächen mit Ministerialrat Stier für Raether einen besoldeten Lehrauftrag über »Sondergebiete der neueren Physik« für das Sommersemester. Er begründete dies mit der Bedeutung der Physik für die meisten naturwissenschaftlichen Fächer und die Medizin. Durch die daraus resultierenden Lehrverpflichtungen könne er sich nicht ausreichend um die »Ausbildung der reinen Physiker« kümmern, so dass die notwendigen Sondervorlesungen von einem geeigneten Dozenten abgehalten würden, hier von Dr. Raether. Ausführlich schilderte er dann die vielfältigen Aktivitäten, die Raether in den letzten Jahren diesbezüglich entwickelt hatte, und hob speziell dessen Beteiligung beim Abhalten der zahlreichen Prüfungen und die Betreuung einer größeren Anzahl von Dissertationen hervor.[223] Wissenschaftsminister Rust genehmigte den Antrag, beauftragte Raether am 23. Mai bis auf Widerruf »die Sondergebiete der neueren Physik in Vorlesungen und Übungen zu vertreten« und bewilligte eine Vergütung von 800 RM.[224] Jedoch war Raether inzwischen zum Wehrdienst eingezogen worden und konnte den Lehrauftrag erst nach seiner Rückkehr ans Physikalische Institut ab 16. Oktober 1941 wahrnehmen. Nur wenige Wochen später, am 3. Dezember, übertrug der Thüringer Volksbildungsminister wegen der Erkrankung Kulenkampffs die Vertretungsbefugnis an Raether, die sich nicht nur auf die Vorlesungen

und Übungen, sondern auch auf Prüfungen und die Institutsleitung erstreckte.[225] Erst am 6. Juli 1942 konnte Kulenkampff seine Tätigkeit im Institut wieder aufnehmen, bedurfte anfangs aber noch der Unterstützung Raethers. Die beantragte Vertretungsvergütung lehnte Rust jedoch ab, als Oberassistent sei Raether verpflichtet, den Institutsdirektor zu unterstützen und »notfalls zeitweilig zu vertreten, ohne hierfür eine besondere Entschädigung beanspruchen zu können«.[226] Nachdem das folgende Jahr keine wesentlichen Änderungen brachte, musste Raether ab dem 1. Januar 1944 im Auftrage des Luftfahrtministeriums Forschungsarbeiten in Berlin ausführen und reiste wöchentlich einmal nach Jena, um seine Vorlesungen zu halten.

Als weiterer Assistent wirkte ab 1941 Gerhard Eichhorn am Theoretisch-Physikalischen Institut. Nach bestandener Prüfung für das höhere Lehramt im Frühjahr 1937 hatte er dank der Unterstützung Hettners hinsichtlich einer finanziellen Absicherung durch die Zeiß-Stiftung am Institut an seiner Dissertation arbeiten können[227] und am 4. Oktober 1939 das Doktorexamen abgelegt. Nach der Entlassung aus dem Wehrdienst kehrte er im Mai 1941 ans Institut zurück. Dort unterstützte er Hettner in der Lehre, sowohl bei den theoretisch-physikalischen Übungen als auch im theoretisch-physikalischen Seminar. In seinen Forschungen widmete er sich vor allem den von der Wehrmacht erteilten Aufträgen. Trotz dieser Belastung konnte er eine Habilitationsschrift anfertigen und sich damit am 14. Juli 1944 um die Zulassung zur Habilitation bewerben. Die beiden Gutachter Hettner und Kulenkampff bescheinigten ihm einen guten Ansatz, um die Messgenauigkeit von Empfangsgeräten elektromagnetischer Strahlung zu vergleichen. Die »gewonnenen Gesichtspunkte werden bei den augenblicklich vorliegenden wie bei den künftigen Empfängerproblemen wissenschaftlicher oder technischer Art von entscheidender Bedeutung sein.«[228] Beide kritisierten die »nicht ganz vollkommene[n] Ausgestaltung des Themas« und verwiesen diesbezüglich auf die erschwerenden Umstände bei der Anfertigung der Arbeit, speziell die starke Beanspruchung durch die Forschungsaufträge der Wehrmacht. Trotzdem erfülle aber die Arbeit die Anforderungen der Reichshabilitationsordnung.[229] Nachdem Eichhorn die wissenschaftliche Aussprache absolviert hatte, verlieh ihm die Mathematisch-Naturwissenschaftliche Fakultät am 2. August 1944 den Grad des Dr. rer. nat. habil. Der Dekan Friedrich Scheffer informierte darüber den

---

221 UAJ, D 2318, Bl. 91.
222 UAJ, D 2318, Bl. 95, 104, 107.
223 UAJ, D 2318, Bl. 114–115.
224 UAJ, D 2318, Bl. 117.
225 UAJ, D 2318, Bl. 131.
226 UAJ, D 2318, Bl. 140.
227 ThHStAW, C 256, Bl. 43.
228 UAJ, N 51/2, Bl. 22v–23.
229 UAJ, N 51/2, Bl. 22v–23v.

Reichswissenschaftsminister am 7. Oktober und befürwortete im Namen der Fakultät als im Interesse der Hochschule liegend, dass Eichhorn die Lehrbefugnis für Physik
erteilt werde.[230] Eine Antwort des Reichsministeriums ist
in den Akten nicht enthalten.[231]

Während des Krieges wurden noch mehrere Habilitationsverfahren zur Physik durchgeführt, wobei die Habilitanden keine Anstellung an der Jenaer Universität hatten. Am 18. November 1939 beantragte Johannes Pätzold
(1907–1980) die Habilitation für technische Physik. Er
hatte in Jena studiert, war im Sommer 1930 mit einer Arbeit zur Elektromedizin[232] bei Esau promoviert worden
und hatte sich auf dessen Anraten der medizinischen Anwendung von Kurzwellen gewidmet. Seine Habilitationsschrift befasste sich auch mit dieser Thematik und wurde
von Esau und Kulenkampff positiv begutachtet. Wegen
einer Erkrankung Kulenkampffs verzögerte sich das Verfahren und wurde am 19. April 1940 mit der Verleihung
des habilitierten Doktors abgeschlossen. Zwei weitere Anträge zur Habilitation erhielt Dekan Scheffer am Jahres-
anfang 1943: Werner Kleinsteuber reichte am 15. Januar
eine Arbeit zur Erzeugung sehr kurzwelliger Strahlung
ein, die von Goubau und Hettner beurteilt wurde. Er hatte
seit 1932 als mathematischer Physiker auf dem Gebiet
der Hochfrequenztechnik gearbeitet und nebenamtlich ab
1938 dazu unterrichtet.[233] Alfred Recknagel (1910–1994)
beantragte mit einer Untersuchung zum Auflösungsver-
fahren des Elektronenmikroskops am 18. Februar die Zulassung zur Habilitation. Er war 1934 an der Universität
Leipzig promoviert worden, hatte danach im Forschungsinstitut der AEG in Berlin gearbeitet und vorwiegend Probleme der Elektronik behandelt.[234] Außerdem konnte er in
seinem Antrag darauf verweisen, dass Joos bereit sei, einen »Bericht« über die beigefügte Arbeit zu übernehmen,
das zweite Gutachten übernahm Kulenkampff.[235] Am 5.
bzw. 17. März 1943 verlieh die Mathematisch-Naturwissenschaftlichen Fakultät den beiden Bewerbern jeweils die
Lehrbefähigung,[236] wobei sie im Falle Recknagels bei der
Information an den Reichserziehungsminister eine Erteilung der Lehrbefugnis für das Fach Physik als im Interesse
der Hochschule liegend befürwortete.[237]

Abb. 36: Gerhard Eichhorn

4.6 Die astrophysikalische Profilierung der Astronomie, die Angliederung des meteorologischen Instituts an die Sternwarte und der Ausbau der Erdbebenforschung

Mit der Berufung von Heinrich Vogt hatte die theoretische
Ausrichtung der Astronomie in Jena ihre Fortsetzung gefunden. Sein erfolgreiches Wirken an der Jenaer Sternwarte währte jedoch nur vier Jahre. Im Sommer 1933 erhielt Vogt die Berufung auf den Astronomielehrstuhl an
der Heidelberger Universität und als Direktor der badischen Landessternwarte. Er nahm das Angebot an und erhielt die erbetene Entlassung aus dem Verband der Univer-

230 UAJ, N 51/2, Bl. 34.
231 Es fanden sich auch keine Hinweise darauf, dass Eichhorn im Wintersemester 1944/45 mit einer eigenen Lehrveranstaltung hervorgetreten ist.
      Insbesondere enthält das Vorlesungsverzeichnis keine diesbezügliche Ankündigung, was aber schon aus Zeitgründen sehr unwahrscheinlich
      ist.
232 Pätzold 1930.
233 UAJ, N 51/1, Bl. 110–111, 119–123.
234 UAJ, N 51/1, Bl. 219, 235, 218.
235 UAJ, N 51/1, Bl. 217v–218v.
236 UAJ, N 51/1, Bl. 124, 236.
237 UAJ, N 51/1, Bl. 238.

sität Jena zum 1. Oktober 1933.[238] Sechs Wochen später reichte die Fakultät ihre Vorschläge zur Wiederbesetzung der Stelle ein, die jetzt als außerordentliche Professur geführt wurde. Als Kandidaten nannte sie den nichtbeamteten außerordentlichen Professor und Direktor der Universitätssternwarte Breslau, Erich Schoenberg (1882–1965), sowie Vogts Mitarbeiter an der Jenaer Sternwarte, den Privatdozenten Heinrich Siedentopf, und Paul ten Bruggencate (1901–1961) vom Astronomisch-Mathematischen Institut der Universität Greifswald.[239] Schoenberg wurde deutlich als Wunschkandidat hervorgehoben, der sowohl Hervorragendes in der theoretischen Astronomie geleistet habe, als auch gute Erfolge bei geodätischen Arbeiten vorweisen konnte und dessen Erfahrungen in der Instrumentenkunde und den praktischen Messmethoden eine fruchtbare Zusammenarbeit mit der Firma Zeiss erwarten ließen. Siedentopf war seit Jahresbeginn 1930 planmäßiger Assistent und hatte mit Arbeiten zur praktischen und zur theoretischen Astronomie dokumentiert, dass er zu den befähigtsten jüngeren Astronomen gehörte. Für ten Bruggencate sprachen ebenfalls eine Reihe theoretischer Arbeiten als auch die Beobachtungstätigkeit an verschiedenen in- und ausländischen Sternwarten. Die Verhandlungen verliefen sehr zügig, wobei jedoch offenbleiben muss, ob Schoenberg die Stelle überhaupt angeboten wurde. Bereits am 20. Dezember 1933 konnte das Volksbildungsministerium Siedentopf nach Entscheid des Reichsstatthalters Sauckel die Anstellungsurkunde übermitteln. Diesmal war die Leitung der Jenaer Astronomie für längere Zeit gesichert und Siedentopf gab ihr eine klare astrophysikalische Ausrichtung. Im Dezember 1934 nahm dann Ludwig Biermann (1907–1986) seine Arbeit an der Sternwarte als Stipendiat der Notgemeinschaft der Deutschen Wissenschaft auf und forschte zur Physik der Sonne. In Juni des Folgejahres reichte er ein Gesuch zur Habilitation im Fach Astronomie ein. Nachdem Siedentopf die Habilitationsschrift zur Theorie des Sternaufbaus positiv beurteilt und Biermann auch die wissenschaftliche Aussprache zur Zufriedenheit der Fakultät absolviert hatte, verlieh ihm der Dekan mit Ermächtigung des Thüringer Volksbildungsministers den akademischen Grad des habilitierten Doktors. Einen Tag später, am 21. Oktober 1935 beantragte Ludwig Biermann nun die Zulassung für eine Dozentur in Astronomie in Jena. Der Reichswissenschaftsminister wies Biermann formal zur Ableistung der öffentlichen Lehrprobe der Mathematisch-Naturwissenschaftlichen Fakultät zu. Die Lehrprobe fand in drei Teilen vom 13.–16. Januar 1936 statt. Biermann trug über »Die Beziehungen der Astronomie zu ihren Nachbarwissenschaften« vor. Die Fakultät

Abb. 37: Heinrich Siedentopf

beanstandete zwar die rein sprachliche Technik, war aber insgesamt mit Biermanns Leistung sehr zufrieden und sah alle Anforderungen an einen Dozenten als erfüllt an. Jedoch lehnte Ministerialdirektor Vahlen im Reichswissenschaftsministerium entgegen diesem positiven Urteil auf der Basis ihm »vorliegender Gutachten« die Verleihung einer Dozentur im August 1936 ab und empfahl, Biermann die Bewerbung auf eine planmäßige Assistentenstelle an der Sternwarte Neubabelsberg bei Berlin anheim zu stellen.[240] Um welche Gutachten es sich dabei handelte, wurde nicht angegeben. Dies veranlasste Rektor Meyer-Erlach am 14. September den Thüringer Volksbildungsminister zu bitten, im Reichserziehungsministerium anzufragen, auf Grund welcher Gutachten Biermann ungeeignet sein solle, und ihm eine Abschrift der Gutachten zu überlassen.[241] Als der Ministerialrat Stier im November die Angelegenheit im Berliner Ministerium besprach, wurde vor allem auf das Gutachten Siedentopfs verwiesen.[242] Dieser hatte aber Biermanns Arbeit positiv bewertet und sie als

238 UAJ, BA 974, Bl. 88–89v.
239 UAJ, BA 974, Bl. 94–104.
240 UAJ, BA 944, Bl. 209–210.
241 UAJ, BA 944, Bl. 211.
242 UAJ, N 50, Bl. 155.

einen wesentlichen Fortschritt auf dem Gebiet des Sonnenaufbaus bezeichnet.[243] Stier bat seinen Berliner Amtskollegen, die Sache mit der beigelegten Erklärung Siedentopfs[244] nochmals dem Amtsleiter vorzulegen und möglichst zum Abschluss zu bringen. An der späteren Verwendung Biermanns für die Assistentenstelle der Neubabelsberger Sternwarte würde nichts geändert. Über die Entscheidung des Berliner Ministeriums wurde in den Akten kein Hinweis gefunden, es ist aber zu vermuten, dass im Sinne von Stiers Vorschlag verfahren wurde.

Inzwischen hatte am 15. November 1936 Johannes Klauder die Zulassung zur Habilitation beantragt und eine Schrift zum Aufbau des Milchstraßensystems eingereicht. Klauder hatte in Jena studiert, war 1933 bei Vogt mit einer Arbeit zum inneren Aufbau der Sterne promoviert worden und hatte dann seine wissenschaftlichen Untersuchungen an der Jenaer Sternwarte fortgesetzt. In seinem Gutachten bescheinigte ihm Siedentopf »einen wesentlichen Fortschritt« erzielt und »sowohl bei der Handhabung der mathematischen Hilfsmittel als bei der Ordnung und Diskussion des Beobachtungsmaterials … ausgezeichnete wissenschaftliche Arbeit« geleistet zu haben.[245] Der Mathematiker Hettner schloss sich diesem Urteil an und nach Absolvierung der wissenschaftlichen Aussprache und der Erfüllung weiterer Formalitäten wurde Klauder im Mai 1937 habilitiert. Einen Monat später bewarb sich Klauder nun um eine Dozentur für Astronomie. Der Reichserziehungsminister genehmigte den Antrag und die Mathematisch-Naturwissenschaftliche Fakultät legte daraufhin die Probevorlesungen zu dem Thema »Die Beobachtungsgrundlagen zur Erforschung des Weltalls« für den 19.–21. Oktober fest. Siedentopf gab wieder ein klares positives befürwortendes Urteil ab. Dagegen äußerte sich Rektor Esau nach dem deutlich an der Einschätzung Siedentopfs orientierten fachlichen Teil seiner Stellungnahme sehr kritisch zu Klauders Vortragsweise. Diese wirke matt und »unplastisch«, was er auf fehlenden vitalen Schwung und Klauders drückende wirtschaftlichen Verhältnisse zurückführte.[246] Bereits zuvor war Klauder in einer allgemeinen Beurteilung der Dozentenakademie als stiller Dulder, ohne politische Teilnahme, Unternehmungslust und Entschlusskraft, als wissenschaftspolitisch ganz ungefestigt charakterisiert worden.[247] Vernichtend war dann die Stellungnahme der Jenaer Dozentenschaft, die am 31. Januar 1938 über das Volksbildungsministerium nach Berlin ge-

schickt wurde. Klauder sei »für die wissenschaftliche Laufbahn mit dem Ziel [s]einer Verwendung als Ordinarius« ungeeignet, könne aber als beamteter Observator an einer Sternwarte eingesetzt werden.[248] Wieder wurde er als in sich gekehrte, willensschwache Duldernatur geschildert, von der kein Ideenreichtum und größere Leistung erwartet werden könne. Nur wenn es für eine beamtete Observatorstelle notwendig sei, würde der Verleihung der Dozentur nicht widersprochen werden. Der Rektor widersprach dieser Einschätzung nicht und fügte noch an, dass an der Universität gegenwärtig kein Bedarf bestehe, eine Dozentur für Astronomie zu erteilen. Zugleich unterstützte er Klauders Einsatz als beamteter Observator. Als Konsequenz lehnte der Reichserziehungsminister den Antrag mit Bedauern ab und vermerkte, dass für eine Observatorstelle die Habilitation sehr erwünscht, die Dozentur aber nicht erforderlich sei. Im Juli 1943 bemühte sich Klauder dann um eine Dozentur an der Universität Heidelberg, was sich durch die dazu notwendig Umhabilitation recht langwierig gestaltete.[249]

Inzwischen war im Herbst 1937 mit der Angliederung des Meteorologischen Instituts an die Universitätssternwarte eine wichtige institutionelle Änderung erfolgt. Siedentopf übernahm im Wintersemester 1937/38 die meteorologische Vorlesung und am 8. November verfügte das Volksbildungsministerium, daß die Finanzhoheit für das Meteorologische Institut an Siedentopf übertragen werde.[250] Außerdem hatten sich unter den deutschen Astronomen regelmäßige Kolloquien und Zusammenkünfte an der Babelsberger Sternwarte etabliert, die während der Semester monatlich stattfanden und die insbesondere dazu dienten, die in der astronomischen Forschung notwendigen Gemeinschaftsarbeiten abzusprechen. Siedentopf nahm im Semester stets an einigen dieser Veranstaltungen teil. Neben den Leitungsaufgaben für die beiden Institute und einer zweimonatigen Flakausbildung im August und September war er in diesem Jahr 1938 noch in ein weiteres Habilitationsverfahren im Fach Astronomie involviert. Im Mai 1938 reichte Hans Bucerius eine Abhandlung zur »Deutung der Spiralarme im Rahmen der Newtonschen Dynamik« als Habilitationsschrift ein. Er hatte in Jena, Leipzig und Göttingen von 1922 bis 1930 Mathematik, Physik und Astronomie studiert, dann sein Studium aus familiären Gründen unterbrochen und war im März 1936 in Jena promoviert worden. 1935/36 arbeitete er als Hilfs-

243 UAJ, N 50, Bl. 143v.
244 Da Stier das Gutachten nicht auffinden konnte, hatte er Siedentopf um eine Stellungnahme gebeten.
245 UAJ, N 50, Bl. 204v.
246 UAJ, N 50, Bl. 220.
247 UAJ, BA 945, Bl. 74.
248 UAJ, BA 945, Bl. 79.
249 UAJ, N 50, 6. unpaginierte Seite nach Bl. 221, Brief des Dekans der Mathematisch-Naturwissenschaftlichen Fakultät in Heidelberg vom 30. Juli 1943 an den Dekan der Mathematisch-Naturwissenschaftlichen Fakultät in Jena.
250 UAJ, D 2734, unpaginiert. Schreiben des Volksbildungsministeriums an das Universitätsrentamt vom 8. November 1937.

Abb. 38: Johannes Klauder

assistent an der Jenaer Sternwarte, dann von April 1936 bis September 1937 als freiwilliger Mitarbeiter, und erhielt vom Oktober 1937 bis zum März 1938 nochmals eine Hilfsassistentenstelle.[251] Die Habilitationsschrift wurde von Siedentopf sehr positiv beurteilt: Sie zeuge »von einer souveränen Beherrschung himmelsmechanischer und mathematischer Methoden« und ermögliche es, durch die Anwendung der neuen Störungstheorie des Verfassers die Gesamtheit der möglichen Bahnkurven in der Nähe eines Nebelkerns zu überblicken.[252] König schloss sich als zweiter Gutachter der Einschätzung Siedentopfs an und lobte das hohe mathematische Niveau und den Ideenreichtum des Verfassers. Bucerius erfüllte auch die übrigen Bedin-

gungen für die Habilitation ohne Beanstandung, so dass die Mathematisch-Naturwissenschaftliche Fakultät ihm am 8. November die Würde eines habilitierten Doktors verlieh. Während der ganzen Zeit seit der Wiederaufnahme des Studiums 1935 war Bucerius in einer schwierigen finanziellen Lage. Im April 1938 sah er sich dann genötigt, Kontakt mit dem Führer der NS-Dozentenschaft wegen eines Stipendiums »aus Mitteln zur Förderung des Nachwuchses« aufzunehmen. Der formale Antrag wurde von der NSDAP-Gauleitung Thüringen am 14. Juli befürwortend an den Dekan der Mathematisch-Naturwissenschaftlichen Fakultät weitergeleitet. Der Leiter des Dozentenbundes würdigte die wissenschaftlichen Leistungen von Bucerius und schlug eine Förderung vom 1. Juli 1938 bis 31. März 1939 vor, »unter der Bedingung, daß Bucerius aus seiner bisherigen allzugroßen politischen Zurückhaltung heraustritt.«[253]. Das Volksbildungsministerium genehmigte schließlich die erbetene Beihilfe am 2. August 1938. Formal handelte es sich dabei um die Hilfsassistentenvergütung, die bisher Siedentopfs Gehilfe Johann Wempe (1906–1980) erhalten hatte und die durch dessen Anstellung als planmäßiger Assistent verfügbar geworden war.[254] Erfolglos versuchte Bucerius dem politischen Druck auszuweichen. Sowohl die Bewerbungen auf eine Anstellung in der astronomischen Abteilung der Zeiss-Werke bzw. um ein Forschungsstipendium als auch die Übersiedlung in die USA scheiterten. Zugleich verdeutlichte ihm Siedentopf, dass eine Weiterbeschäftigung an der Sternwarte nur möglich sei, wenn er der Forderung nach politischer Aktivität nachkomme. Als Ausweg wählte Bucerius die Mitgliedschaft im Nationalsozialistischen Flieger-Korps. Der Vereidigung entging er jedoch, da er gleich zu Kriegsbeginn zum Wehrdienst eingezogen wurde.[255] Zuvor hatte er im April 1939 bei der Fakultät ein Gesuch eingereicht, ihm die Lehrbefugnis für theoretische Astronomie zu erteilen. In der vom 20.–22. Juli 1939 durchgeführten Lehrprobe referierte er über »Neue Beziehungen der Mathematik zur Astronomie«. Er legte darin die Grundzüge einer neuen von ihm entwickelten Mechanik dar, die das Ziel hatte, ausgehend von der Integralgleichungstheorie eine Einheit zwischen der Newton'schen Mechanik und der neuen Quantenmechanik herzustellen. Die Fakultät sah darin »einen ganz wesentlichen Fortschritt für die Behandlung mechanischer Probleme (Him-

251 Das Ende dieser Hilfsassistentenstelle wurde von Bucerius unterschiedlich angegeben. In dem seinem Personalbogen vom 19. Juni 1945 beigefügten tabellarischen Lebenslauf gab er Juni 1938 als Ende an. UAJ, D 378, unpaginiert, Personalfragebogen Bucerius. Vgl. auch Zahlungsanweisungen des Thüringischen Ministers für Volksbildung an das Universitätsrentamt vom 9. Juni 1938 und vom 9. Juli 1938. Ebenda. Dagegen findet sich der obengenannte Zeitraum in dem Lebenslauf, der zu dem Antrag auf ein Stipendium zur Förderung des Nachwuchses vom 20. April 1938 gehört.

252 UAJ, N 50, Bl. 272v–273.

253 UAJ, D 378, unpaginiert, Schreiben der Gauleitung Thüringen an den Dekan der Mathematisch-Naturwissenschaftlichen Fakultät vom 14. Juli 1938.

254 UAJ, D 378, unpaginiert, Schreiben des Thüringer Volksbildungsminister an das Universitätsrentamt vom 1. Dezember 1938.

255 UAJ, D 378, unpaginiert, Schreiben von Bucerius an den Kurator der Friedrich-Schiller-Universität Jena vom 18. März 1947. Vgl. auch ebenda, Schreiben vom 24. Februar 1946, Beiblatt zum Personalfragebogen.

melsmechanik, Atommechanik, Ballistik usw.)«. Die vorbildliche Darstellung des Stoffes vermittelte den Eindruck, dass »sich bei dem Vortragenden höchste wissenschaftliche Leistungsfähigkeit vereint mit dem Geschick, in fesselnder Form über seine Ergebnisse zu sprechen«[256]. Die Lehrprobe wurde daraufhin auf eine Vorlesung verkürzt. Im Urteil über die Persönlichkeit von Bucerius hob der Dekan das kameradschaftliche Verhalten im Institut, die Meldung als Freiwilliger der Luftwaffe sowie die Beteiligung an drei Übungen an der Reichswetterdienstschule und im Fliegerhorst besonders hervor. Rektor Astel befürwortete den Antrag und ergänzte lediglich, dass Bucerius seit Kriegsbeginn als Kriegsmeteorologe tätig sei. Am 19. Dezember 1939 wurde das Verfahren dann mit Bucerius' Ernennung zum Dozenten durch Reichserziehungsminister Rust abgeschlossen. Bis 1944 diente Bucerius als Regierungsrat auf Kriegszeit im Reichswetterdienst der Luftwaffe an verschiedenen Orten. Während dieser Zeit bemühte er sich zunächst erfolglos, zu kriegswichtigen Forschungsaufträgen abkommandiert zu werden, und fragte im August 1942 von Warschau aus im Thüringer Volksbildungsministerium an, ob ihn das Ministerium bei einem Antrag auf eine längere Beurlaubung zur Fortsetzung und teilweisen Vollendung seiner »zu Kriegsbeginn abgebrochenen Arbeiten« unterstützen würde.[257] In den Akten wurde jedoch weder eine Antwort des Ministeriums noch ein entsprechender Antrag von Bucerius aufgefunden. Vielmehr musste Bucerius im November/Dezember 1942 und vom 15. März bis 8. Mai 1943 militärische Ausbildungslehrgänge des Reichswetterdienstes am Fliegerhorst Gotha absolvieren.[258] Über ein Jahr später waren seine Bemühungen zumindest teilweise erfolgreich: Im Rahmen der sogenannten Osenberg-Aktion wurde er Anfang Juni 1944 von der Wehrmacht entlassen und zur Unterstützung der an die Jenaer Universität vergebenen Forschungsaufgaben abkommandiert.[259] Über die Ostertage 1945 beurlaubt, erlebte Bucerius nach einem vergeblichen Versuch, mit dem Rad nach Jena zu gelangen, den Einmarsch der amerikanischen Truppen in seinem Heimatort Arnstadt und erhielt nach kurzer Inhaftierung am 11. Juni die Erlaubnis an die Universität zurückzukehren, die er eine Woche später wieder mit dem Fahrrad wahrnahm.[260]

Nach dem Werdegang des Assistenten Bucerius soll nun die Entwicklung an der Sternwarte wieder in den Blick genommen werden. Ende Juli 1939 bat Siedentopf, ihm sowie seinem Assistenten Wempe und dem Notgemeinschaftsstipendiaten Horst Raudenbusch (1914–?) die Teilnahme an der Tagung der Astronomischen Gesellschaft in Danzig zu gestatten. Der Rektor genehmigte den Antrag mit einigen Auflagen, wie der Kontaktaufnahme mit der Auslandsorganisation der NSDAP.[261] In den folgenden Monaten kam Siedentopf durch die Berufung auf ein Ordinariat an der Universität Göttingen zwar in eine günstige Verhandlungsposition gegenüber dem Weimarer Volksbildungsministerium, doch wurden die Möglichkeiten durch den Kriegsbeginn massiv eingeschränkt. Sowohl die bauliche Erweiterung der Sternwarte als auch die Vergrößerung des Mitarbeiterstabes lehnte der Minister ab. Lediglich die Ergänzung der Laboratoriumseinrichtung und der meteorologischen Geräte wurde mit Einschränkungen gewährt. Siedentopf lehnte den Ruf im Dezember 1939 ab, woraufhin der Minister die Umwandlung der Stelle in ein persönliches Ordinariat veranlasste.[262] Bei der vom Reichsministerium eingeleiteten Beseitigung der persönlichen Ordinariate wurde Siedentopf 1941 zunächst übersehen, ein Versehen, das in der zweiten Jahreshälfte 1942 mit der Überführung in ein etatmäßiges Ordinariat korrigiert wurde.[263] Zugleich bemühte sich Siedentopf, in der ganzen Zeit den Kontakt zu den Kollegen an den anderen deutschen Sternwarten aufrecht zu erhalten, und beteiligte sich an militärisch wichtigen Forschungsarbeiten.[264] Nicht zuletzt dadurch kam Jena dann im Rahmen der besonderen Förderung der Luftfahrt in den Blick der Berliner Ministerien. Ab dem Frühjahr 1943 wurde intensiv die Einrichtung eines Luftfahrtforschungsinstituts in Jena erörtert, da bei der vorangegangenen Institutsgründung in Heidelberg Arbeitsgebiete der angewandten Mathematik, Physik und Chemie unberücksichtigt geblieben waren.[265] Als großen Vorsprung Jenas »vor allen Hochschulen« sah

---

256 ThHStAW, Vobi 3496, Bl. 8.

257 UAJ, D 378, unpaginiert, Schreiben von Bucerius an Amtsrat Vogel, Thüringer Volksbildungsministerium, vom 10. August 1942.

258 UAJ, D 378, unpaginiert, Schreiben des Verwaltungskommandos, Fliegerhorst Gotha, an Ministerialgeschäftsstelle Jena vom 24. März 1943 und vom 20. Mai 1943.

259 UAJ, D 378, unpaginiert, Schreiben vom Dekan der Mathematisch-Naturwissenschaftlichen Fakultät, Scheffer, an Rektor Astel vom 7. Juni 1944. In dem am 19. Juni 1945 ausgefüllten Fragebogen datierte Bucerius die Zurückstellung aus dem Militärdienst für Forschungs- und Vorlesungstätigkeit in Jena auf den 31. Juli 1944. ThHStAW, Vobi 3496 unpaginiert, lose eingelegt nach Bl. 18.

260 UAJ, D 378, unpaginiert, Schreiben von Bucerius an die Ministerialgeschäftsstelle, Volksbildungsministerium Weimar vom 19. Juni 1945.

261 UAJ, D 2734, unpaginiert, Schreiben des Rektors an Siedentopf vom 1. August 1939.

262 UAJ, D 2734, unpaginiert, Schreiben des Thüringer Volksbildungsministers an Siedentopf vom 27. Dezember 1939.

263 UAJ, D 2734, unpaginiert, Schreiben des Thüringer Volksbildungsminister an Rektor Astel vom 21. Juli 1942.

264 Vgl. z. B. UAJ, D 2734, unpaginiert, Schreiben des Thüringer Volksbildungsministers an das Universitätsrentamt vom 3. November 1939, Schreiben Siedentopfs an die Ministerialgeschäftsstelle, Volksbildungsministerium Weimar vom 15. Januar 1940 und vom 10. März 1941.

265 UAJ, N 69, unpaginiert, Schreiben des Reichsministeriums für Wissenschaft, Erziehung und Volksbildung an den Rektor Astel vom 15. April 1943.

Abb. 39: Hans Bucerius

wenn der Universitätsbetrieb nahezu vollständig zum Erliegen kam. Nach der Besetzung Jenas durch amerikanische Truppen am 12./13. April teilten beide das Schicksal ihrer Universitätskollegen und wurden von der amerikanischen Militärregierung in einem Internierungslager in Heidenheim inhaftiert. Während die Mathematisch-Naturwissenschaftliche Fakultät Bucerius auf seine Anfrage am 30. März 1946 mitteilte, dass seiner Wiederaufnahme in den Lehrkörper der Universität nichts entgegenstünde, hatte das Thüringer Landesamt für Volksbildung zwei Wochen zuvor die Entlassung Siedentopfs auf Grund des Entnazifizierungsparagraphen verfügt.[268] Diese Entlassung ist später nochmals überprüft worden, denn nachdem der Kurator Siedentopf in Heidenheim besucht hatte, erklärte Letzterer am 17. März 1947 vorbehaltlich der Erlaubnis durch die amerikanischen Dienststellen seine Bereitschaft, in seine frühere Stellung als Leiter der Sternwarte und des Meteorologischen Instituts nach Jena zurückzukehren.[269] Gleichzeitig gab er eine Erklärung über seine politische Vergangenheit ab, in der er die Mitgliedschaft in der NSDAP als rein formal und durch die Umstände seiner Stellung als Professor bedingt charakterisierte. Ohne die Mitgliedschaft in der Partei hätte er seinen Beruf als Astronom an der Universität nicht ausüben können, doch habe er sich bemüht, »im meinem Institut jeden nazistischen Einfluss auszuschalten«.[270] Siedentopf kehrte aber nicht nach Jena zurück und erhielt nach Jahren der Ungewissheit 1949 eine außerordentliche Professur an der Universität Tübingen.

Abschließend seien noch einige Angaben zu dem eingangs erwähnten Meteorologischen Institut angefügt, das lange Zeit personell und teilweise hinsichtlich der Aufgaben mit der Sternwarte verknüpft war. Die Wurzel dieses Instituts bildet die Landeswetterwarte des Landes Thüringen in Weimar, die bereits über eine Abteilung Meteorologie verfügte. Die Landeswetterwarte war im Frühjahr 1932 zunächst von Weimar nach Jena verlegt worden, um dann zum Reichswetterdienst Weimar und zur Flughafenleitung Erfurt überführt zu werden. Letzteres geschah im Bemühen, die Verordnung über den Reichswetterdienst vom 16. April 1934 umzusetzen, gemäß der die gesamte Meteorologie dem Reichsminister für Luftfahrt unterstellt wurde. In der diesbezüglichen Besprechung im Thüringer Wirtschaftsministerium wurde am 15. November 1934 außerdem festgelegt, dass in der Hälfte der von der Landeswetterwarte genutzten Räume in Jena ein Me-

man im Reichserziehungsministerium »die Verbindung der Hochschule mit der Firma Zeiss, d. h. die Verbindung von Forschung, Entwicklung und Fertigung«[266] an. Während Siedentopf der entsprechenden Beratergruppe angehörte, wurde Bucerius wegen der Aufgaben zur Luftfahrtforschung als in Jena unabkömmlich eingestuft. Eine offizielle Gründung des Instituts kam jedoch nicht zustande. Schon in der Planungsphase Mitte 1943 hatte der Dekan der Mathematisch-Naturwissenschaftlichen Fakultät die Vertreter der genannten Fachrichtungen wohl aus Mangel an den nötigen Ressourcen auf die »Mitarbeit und den Ausbau der bereits bestehenden Institute« statt auf einen Institutsneubau orientiert.[267] Wie Bucerius war Siedentopf bis zum Kriegsende an der Sternwarte tätig, auch

266 Ebenda.

267 Ebenda, Schreiben des Dekans der Mathematisch-Naturwissenschaftlichen Fakultät an die Professoren König, Kulenkampff, Hein und Keller vom 7. Juni 1943.

268 UAJ, D 2734, unpaginiert, Schreiben des Landesamtes für Volksbildung an Siedentopf vom 15. März 1946, UAJ, D 378, unpaginiert, Schreiben des Dekans der Mathematisch-Naturwissenschaftlichen Fakultät an den Kurator der Universität vom 30. März 1946.

269 UAJ, D 2734, unpaginiert, Schreiben von Siedentopf an den Kurator der Friedrich-Schiller Universität Jena vom 17. März 1947.

270 Ebenda, Bl. 3 des Briefes.

teorologisches Universitätsinstitut ab etwa den 1. Januar 1935 verbleiben sollte.[271] Offiziell genehmigte das Berliner Reichsministerium für Wissenschaft, Erziehung und Volksbildung am 25. Januar 1935, ein Meteorologisches Institut an der Jenaer Universität einzurichten.[272] Als Leiter wurde zunächst der Geograph Gustav Wilhelm von Zahn (1871–1946) eingesetzt, da der dafür vorgesehene Professor Karl Schneider (1896–1959) eine Stelle in München antreten musste. Schneider hatte seit 1926 auf der Basis eines Lehrauftrages Vorlesungen zur Meteorologie durchgeführt und war im Dezember 1931 zum nichtbeamteten außerordentlichen Professor für dieses Fachgebiet berufen worden. Da die Leitung des Wetterdienstes am Flughafen Erfurt keine Möglichkeit sah, die Vorlesungen zu übernehmen, musste von Zahn mit dem am Institut tätigen Assistenten Rupert Holzapfel (1905–1960) den Lehrbetrieb zur Meteorologie einschließlich der Übungen absichern. Auch die Idee, den Göttinger Geophysiker Gustav Adolf Suckstorff (1909–1940) für die Jenaer Stelle zu gewinnen, scheiterte. Daraufhin schlug der Thüringische Minister für Volksbildung in einem Bericht an den Reichserziehungsminister vor, »die Meteorologische Anstalt als gesonderte Abteilung mit eigenem Etat, Inventar und Assistenten der Universitätssternwarte wegen der Verwandtschaft der Arbeitsgebiete anzuschließen«[273]. Das Berliner Ministerium stimmte dem Vorschlag zu und am 8. November 1937 teilte der Thüringer Volksbildungsminister dem Universitätsrentamt dann mit, »daß mit sofortiger Wirkung« die bisher durch von Zahn ausgeübte »Anordnungsbefugnis in Bezug auf die Mittel des Meteorologischen Instituts auf den Vorstand der Sternwarte« Siedentopf übertragen wurde.[274] Wenige Wochen später unterbreitete Siedentopf Ministerialrat Stier in der Geschäftsstelle der Friedrich-Schiller-Universität einige Vorstellungen zur Ausgestaltung des Instituts. Er skizzierte den im vorangegangenen Sommersemester für Studierende der Naturwissenschaften begonnenen Vorlesungszyklus zur Wetterkunde und Wettervorhersage, schloss aber eine Ausbildung von Meteorologen im Hauptfach vorläufig aus. Um nicht den Anschluss an den aktuellen Forschungsstand zu verlieren, betonte er außerdem die Notwendigkeit, im beschränkten Umfang Forschungsarbeit zu leisten. Dies sei durch die Bündelung einiger meteorologischer Aufgaben im Reichswetterdienst möglich. Für die Forschung präferierte er die Fortsetzung der 120-jährigen Beobachtungstradition in der zur Sternwarte gehörigen Station und den Ausbau derselben zu »einer modernen Station mit leistungsfähigen Registrierungsinstrumenten für Wind, Temperatur, Strahlung usw.« einschließlich der Zusammenarbeit mit anderen Einrichtungen der Universität, speziell mit der Sternwarte zur »Strahlungs- [sic] Trübungs- und Turbulenzmessungen in der Erdatmosphäre«.[275] Die folgenden Monate war Siedentopf intensiv damit beschäftigt die gerätetechnische Ausstattung der Meteorologischen Anstalt zu vervollständigen und auf den neusten Stand zu bringen sowie dann ab Mitte 1938 die Herrichtung der für die Anstalt zur Verfügung gestellten Räume zu organisieren. Finanziell wurden diese Maßnahmen zu einem großen Teil von der Carl-Zeiß-Stiftung abgesichert, wobei die Stiftung die Miete der Räume für drei Jahre übernahm, die Renovierungs- und Umbauarbeiten aber zu Lasten der Universität gingen. Gleichzeitig erhielt die Meteorologische Anstalt 1938 mehrere von der Sternwarte an die Geographische Anstalt abgegebene Geräte. Dennoch bedurfte es auch die nächsten Jahre weiterer Zuwendungen von der Zeiß-Stiftung für Geräte, Literatur und anderes.

Mit Beginn des 2. Weltkrieges kam es zu einigen Problemen bezüglich der Zuständigkeit der einzelnen Ministerien. Das Heereswaffenamt und das Luftfahrtministerium beauftragten das Institut jeweils mit eigenen Aufträgen, die nicht in die Verantwortung des Thüringer Volksbildungsministeriums fielen. Dementsprechend überschritt es die Kompetenzen des Letzteren, für Siedentopf und dessen Assistenten die für einen Auftrag des Heereswaffenamtes nötigen Lichtmessungen in den Alpen zu genehmigen. Das Luftfahrtministerium wiederum lehnte im April 1940 die beantragten Strahlungsmessungen mittels Flugzeug als »in der Kriegszeit nicht ... vordringlich« ab.[276] Beim Ausbau des 1941 neu errichteten Flugplatzes Schöngleina wurden aber trotz der Unstimmigkeiten zwischen den Behörden die Interessen des Instituts berücksichtigt. Da für »die Forschungsgebiete des Instituts – meteorologische Optik, Sonnenstrahlung und Konvektion – eine weitgehende Ausnutzung der auf dem Flugplatz gegebenen Arbeitsmöglichkeiten wünschenswert« war, regte Siedentopf im Juni 1942 an, »den Forschungs- und Übungsbetrieb im wesentlichen zur Aussenstation«, also auf den Flugplatz, zu verlegen und nur die Hauptvorlesungen sowie die theoretischen und statistischen Arbeiten in Jena zu belassen.[277] Zwei Wochen später beantragte er we-

---

271 UAJ, C 662, unpaginiert, Schreiben des Thüringer Ministers für Volksbildung an den Thüringer Finanzminister vom 29. November 1934.

272 UAJ C 662, unpaginiert, Schreiben des Reichs- und Preußischen Ministers für Wissenschaft, Erziehung und Volksbildung an den Thüringischen Minister für Volksbildung vom 25. Januar 1935.

273 UAJ C 662, unpaginiert, Schreiben des Thüringischen Ministers für Volksbildung an den Reichserziehungsminister vom 12. August 1937.

274 UAJ C 662, unpaginiert, Schreiben des Thüringischen Ministers für Volksbildung an das Universitätsrentamt vom 8. November 1937.

275 UAJ C 662, unpaginiert, Schreiben von Siedentopf an die Ministerial-Geschäftsstelle bei der Friedrich-Schiller-Universität z. Hd. v. Herrn Ministerialrat Stier, Jena (ohne Datum).

276 UAJ C 662, unpaginiert, Schreiben des Reichsministers für Wissenschaft, Erziehung und Volksbildung vom 20. April 1940.

277 UAJ C 662, unpaginiert, Schreiben Siedentopfs an den Reichsminister für Wissenschaft, Erziehung und Volksbildung vom 2. Juni 1942.

gen des gegenwärtigen Ausbaus des Instituts einen Haushaltszuschuss und eine Erhöhung des Jahresetats.[278] Schon diese Aktivitäten muten angesichts des Kriegsgeschehens und trotz der Vorzugsstellung der Luftfahrt im NS-Regime etwas realitätsfremd an, so ist es umso erstaunlicher, dass im Januar 1943 der Dekan der Mathematisch – Naturwissenschaftlichen Fakultät Scheffer dem Rektor Karl Astel »Vorschläge zum Ausbau des Meteorologischen Instituts« vorlegte. Diese waren sicher mit Siedentopf abgestimmt und lehnten sich deutlich an dessen Bericht von 1937 an. Ziel sollte es sein, »ein Institut zu schaffen, das in seiner Bedeutung für Forschung und Lehre anderen Universitätsinstituten gleichwertig und auf einem Spezialgebiet, der meteorologischen Optik, führend sein kann.«[279] Die Lehrgebiete des meteorologischen Unterrichts wurden noch deutlich erweitert und die Forschungen als »Probleme der Physik der Atmosphäre, vor allem der meteorologischen Optik« und »Klimakunde Thüringens« charakterisiert. Für den Forschungs- und Übungsbetrieb müsste auf dem Flugplatz eine größere Außenstation errichtet werden und auch in Jena reichten die bisher genutzten Räume nicht aus. Neben einem Hörsaal für 40 Personen sah der Plan noch größere Räume für Bibliothek und Sammlung sowie 6–8 Arbeitszimmer vor. Entsprechend umfangreich war die personelle Ausstattung mit sechs Stellen für technisches Personal und zwei wissenschaftlichen Assistentenstellen, wobei eine mit einem jüngeren Dozenten zu besetzen wäre, der zugleich im Lehrbetrieb tätig sein sollte. Einschränkend wurde lediglich vermerkt, dass die baulichen und personellen Erweiterungen wohl erst nach Kriegsende möglich werden. Rektor Astel legte die von ihm als sehr beachtenswert bezeichneten Vorschläge umgehend dem Thüringer Volksbildungsminister vor. In den Akten ist keine Reaktion darauf verzeichnet, weder vom Thüringer noch vom Berliner Ministerium. Siedentopf hat bis Kriegsende die Arbeiten des Meteorologischen Instituts fortgeführt, wiederholt notwendige Mittel für die Aufrechterhaltung des Lehr- und Forschungsbetriebs beantragt und meist von der Carl-Zeiß-Stiftung erhalten. Den Ausbau der Aussenstation auf dem Flugplatz Schöngleina brachte er mit der Einrichtung eines Versuchshäuschens für optische und elektrische Messungen ebenfalls voran. Weiterhin beabsichtigte er einen weiteren Beobachtungsstand für Strahlenmessungen herstellen zu lassen, »um an der Aussenstation alle Gebiete der meteorologischen Optik bearbeiten zu können«. Den Antrag auf die dazu nötige finanzielle Unterstützung konnte er 1944 mit der Feststellung untermauern, dass die Untersuchungen in den letzten

beiden Jahren dem Institut »bereits eine führende Stellung auf verschiedenen Gebieten der meteorologischen Optik gebracht« haben.[280] Bereits wenige Wochen später, im Juni 1944, mietete das Institut im Nahe gelegenen Rodigast Räume an, um Bücher, Akten und Geräte einzulagern. Der Flugplatz Schöngleina wurde 1945 nach dem Kriegsende geschlossen, die Rückführung der ausgelagerten Materialien des Meteorologischen Instituts erfolgte im Frühjahr 1946.

In der Reichsanstalt für Erdbebenforschung setzte sich die Entwicklung nahezu kontinuierlich fort. Sieberg wurde ab 1. Mai 1933 Mitglied der NSDAP und am 1. Dezember zum Leiter der Anstalt und zum Oberregierungsrat ernannt. Mit seinen in der Bewerbung um die Professur geäußerten Vorstellungen zur volkswirtschaftlichen Nutzung der Geophysik entsprach er ganz den Interessen des faschistischen Systems. Dementsprechend wurde er auch zum Mitglied der am 12. Mai 1934 eingerichteten »Kommission für Geophysikalische Reichsaufnahme« ernannt, deren zentrale Aufgabe es war, Rohstofflagerstätten zu erkunden. Auch die Jenaer Reichsanstalt für Erdbebenforschung wurde zu dieser »Reichsaufnahme« herangezogen, wobei unter Leitung von Meisser und Martin eigens in der Anstalt hergestellte Messapparaturen eingesetzt wurden. In den folgenden Jahren entwickelte sich die Reichsanstalt kontinuierlich und der Umfang der Arbeiten nahm weiter zu, so dass sich das Gebäude zunehmend als zu klein erwies. Der größte Makel war jedoch der Standort des Gebäudes: Der zunehmende Verkehr und die Hanglage führten zu wesentlichen Störungen der empfindlichen Messgeräte, so dass es ab 1935 zu Bestrebungen hinsichtlich eines Neubaus der Reichsanstalt kam. Der Reichswissenschaftsminister Rust erkannte die Notwendigkeit dieses Projektes an, doch wurde damit zugleich die Frage aufgeworfen, ob die Reichsanstalt in Jena verbleiben sollte. Im Januar 1939 erörterte das Thüringische Volksbildungsministerium gegenüber dem Finanzministerium die Angelegenheit und plädierte, nachdem Sieberg und der Vertreter der Reichswissenschaftsministerium bereit waren, »für das Verbleiben der Anstalt in Thüringen und in Jena einzutreten«, für vereinte Anstrengungen von allen Seiten[281]. Unter der Annahme, dass das Land Thüringen und die Carl-Zeiß-Stiftung den Neubau jeweils mit etwa 50 000 RM fördern werden, rechnete das Ministerium damit, dass das Reichsministerium als Eigentümer »die jetzige freiwerdende Anstalt auf die Universität oder die Carl-Zeiss-Stiftung« zurückübereignet. Sie stünde dann für andere wissenschaftliche Zwecke zur Verfügung. Es

278 UAJ C 662, unpaginiert, Schreiben von Siedentopf an die Ministerial-Geschäftsstelle bei der Friedrich-Schiller-Universität vom 16. Juni 1942.
279 UAJ C 662, unpaginiert, Schreiben Scheffers an den Rektor der Friedrich-Schiller-Universität, Herrn Staatsrat Prof. Dr. K. Astel vom 18. Januar 1943.
280 UAJ C 662, unpaginiert, Schreiben Siedentopfs an den Thüringer Minister für Volksbildung vom 2. Juni 1944.
281 ThHStAW C 352, Bl. 88v.

wäre deshalb günstig, wenn zur Feier des 40-jährigen
Bestehens der Anstalt am 1. April 1939 der Vertreter des
Landes Thüringen nach Abstimmung mit der Zeiß-Stiftung den beabsichtigten Zuschuss zum Neubau verkünden
könnte. Zum Baubeginn konnte sich das Volksbildungsministerium jedoch nicht äußern, denn es war unklar, wann
die »Möglichkeit überhaupt zu bauen« gegeben war.[282]
Die Bedenken waren berechtigt, nach Beginn des Zweiten
Weltkrieges wurden die Pläne aufgegeben. Ergänzend sei
noch vermerkt, dass die Reichsanstalt selbst durch die eigenen Forschungsergebnisse, die Herstellung neuer Messinstrumente sowie die Ausrichtung der Tagung der Deutschen Geophysikalischen Gesellschaft im Oktober 1938
wichtige Argumente für ihren Verbleib in Jena lieferte. Erwartungsgemäß engagierte sich dabei Sieberg als Leiter
der Anstalt sehr stark.

Wenige Wochen später, im Februar 1939 wurde das
Bauvorhaben nochmals durch den Reichswissenschaftsminister forciert, was zu erneuten Besprechungen von
Sieberg mit dem Jenaer Oberbürgermeister führte. Zentrale Punkte waren die »schriftliche[n] Zusicherung seitens
der Stadt Jena über die unentgeltliche Hergabe des Grund-
stückes für den Neubau« und die nochmalige Prüfung des
beabsichtigten Grundstücks hinsichtlich Baugrund und
Verkehrsstörungen, dass der Neubau seine »Aufgaben ein-
wandfrei durchführen kann«.[283] Anfang März informiert
Sieberg Ministerialrat Stier im Weimarer Volksbildungsministerium über die Verschiebung der Jubiläumsfeier der
Anstalt auf etwa Ende Juni und die im Anschluß an die
Feier geplante Gründung eines Reichserdbebendienstes
und dessen Angliederung an die Jenaer Reichsanstalt.[284]
Neben den Aktivitäten in Vorbereitung der Jubiläumsfeier
und nach weiteren Verhandlungen konnte Sieberg am
3. Juli Stier mitteilen, dass der Bauplatz für den Neubau
verbindlich ausgewählt wurde. In seiner Antwort bestätigte Stier, dass seitens der Landesregierung die zugesi-
cherten Gelder in den Haushalt für 1939 eingestellt seien
und die beiden anderen Geldgeber, Carl-Zeiß-Stiftung und
Stadt Jena, wohl auch zur Zahlung bereit seien. Als notwendige Voraussetzung für die Zahlung betonte er, dass
die Verbindung zwischen Anstalt und Universität Jena
weiter bestehen bleibe und das bisherige Gebäude für andere Zwecke genutzt werden kann.[285] Letzteres erübrigte
sich faktisch, da dies bereits beim Bau des Gebäudes in
den 1920er Jahren zu Gunsten der Carl-Zeiß-Stiftung festgelegt worden war. Die Klärung der Finanzierungsangele-
genheiten erwies sich als schwierig und zeitaufwendig, da
dazu wiederholt die Zustimmung einer vorgesetzten Be-

Abb. 40: August Sieberg

hörde eingeholt werden musste. So wurde der vom Land
Thüringen bereitgestellte Betrag im Haushalt wieder ge-
strichen, da für 1939 nicht mehr mit dem Baubeginn gerechnet werden konnte.[286]

Neben dem Engagement für die Reichsanstalt war Sieberg als Forscher und Hochschullehrer an der Universität
sehr aktiv, wo er Ende Juli 1939 zum außerplanmäßigen
Professor ernannt wurde. Mehrfach erhielt er Sachbeihil-
fen für seine Forschungen unter anderem auf Sizilien und
in Süditalien. 1940 weilte er mit einem Mitarbeiter in Ru-
mänien, um nach einem Erdbeben die »Erdbebenwirkun-
gen und ihrer Abhängigkeit von Baugelände und Baukon-
struktion an Ort und Stelle« zu studieren.[287] Im Juli 1941
nahm das Thüringer Volksbildungsministerium die bevorstehende Einführung des akademischen Grades eines Di-

---

282 Ebenda.
283 Ebenda, Bl. 92–92v.
284 Ebenda, Bl. 93. Der Reichserdbebendienst wurde dann jedoch wie geplant am 1. April 1939 gegründet.
285 Ebenda, Bl. 98.
286 Ebenda, Bl. 110.
287 Ebenda, Bl. 115 f.

plom-Geophysikers zum Anlass, um den Minister Rust zu bitten, die sehr enge Verbindung des Direktors der Reichsanstalt mit Lehrkörper der Universität, insbesondere mit den Mitgliedern der Mathematisch-Naturwissenschaftlichen Fakultät durch eine stärkere Eingliederung in den Lehrkörper auszudrücken und ihn zum außerordentlichen oder zum ordentlichen Professor zu berufen.[288] Nach mehreren Nachfragen lehnte das Berliner Wissenschaftsministerium den Antrag am 14. Mai 1942 unter Berufung auf den Entscheid des Finanzministeriums ab. Letzteres hatte bereits im Januar mitgeteilt, dass die Berufung »mangels zwingender sachlicher Gründe haushaltsrechtlich nicht vertreten werden« könne und die »erwünschte enge Verbindung des Professors Dr. Sieberg mit dem Lehrkörper der Universität … bereits durch seine Ernennung zum außerplanmäßigen Professor hinreichend gewährleitstet« sei.[289] Um die Jahreswende 1943/44 waren die Ministerien in Berlin und Weimar noch mit einer Eingabe von Gerhard Schwermitz beschäftigt, bei der Ernennung von Wilhelm Sponheuer zum Regierungsrat benachteiligt worden

zu sein. Reichswissenschaftsminister Rust beendete die Angelegenheit im April 1944, da die Beschwerde jeder Grundlage entbehre, und sah wegen Schwermitz' mehrjährigen Wehrdienst von weiteren Maßnahmen ab.[290] Soweit im Rahmen der Kriegsbedingungen mit dem Einziehen von Mitarbeitern zum Kriegsdienst, der Bearbeitung kriegswichtiger Aufgaben und dem gestörten bzw. unterbrochenen Datenaustausch möglich, bemühte sich die Reichsanstalt, die Beobachtungen und Forschungen bis zum Kriegsende fortzusetzen. Da die Anstalt nur geringe Kriegsschäden zu verzeichnen hatte, konnte die Arbeit ohne große Unterbrechungen fortgesetzt werden. Sieberg, als führender Wissenschaftler mit überragender fachlicher Bedeutung beurteilt, blieb weiter als Direktor tätig, verstarb aber wenige Monate später, am 18. November 1945. Die Reichsanstalt wurde als Zentralinstitut für Erdbebenforschung formal der Friedrich-Schiller-Universität Jena angegliedert, blieb aber ein selbständiges Forschungsinstitut.[291]

---

288 Ebenda, Bl. 121. In dem von Stier unterzeichneten Schreiben ist von »Mitgliedern der naturwissenschaftlichen Fakultät« die Rede.
289 Ebenda, Bl. 124.
290 Ebenda, Bl. 126–128r.
291 UAJ, C 763, Bl. 82.

5 Die Forschungen zur Mathematik an der Universität Jena, 1900–1945

Hatten sich Mathematik und Physik an der Jenaer Universität bereits bis zur Jahrhundertwende in dem allgemeinen Aufschwung der Naturwissenschaften gut entwickelt, so setzte sich dieser Prozess in den folgenden Jahren mit unverminderter Dynamik fort. Für die Mathematik hatte dies zwar kaum institutionelle Konsequenzen. Durch das schon erwähnte, im Jahre 1902 geschaffene Extraordinariat für technische Physik und angewandte Mathematik sowie dessen spätere Aufteilung in zwei Professuren konnte eine spürbare Erhöhung der Lehrpositionen erreicht werden. Das mit Frege und Thomae vollzogene Heraustreten der Mathematik aus der engen Bindung an physikalisch-technische Studien im Sinne einer Art »Dienstleistung« hin zu einer eigenständigen Entwicklung wurde durch eine geschickte Berufungspolitik weiter gefestigt.

Die an diesen Lehrstühlen durchgeführten mathematischen Forschungen zeigten ein Fortbestehen der theoretischen Studien zur Logik durch Frege und zur Funktionentheorie durch Thomae auf dem jeweils erreichten hohen Niveau, während Gutzmer als Vertreter angewandter Untersuchungen vor allem wissenschaftsorganisatorisch aktiv war. Hinsichtlich der Veränderungen bzw. Erweiterungen in der Forschung ist in der späteren Entwicklung ab den 20er Jahren die Etablierung der Algebra als neuer Schwerpunkt an der Salana hervorzuheben.

5.1 Freges Versuch der logischen Begründung der Mathematik

Im Jahr 1903 – und damit zehn Jahre nach der Publikation des ersten Bandes – erschien der zweite Band des von Frege auf drei Bände angelegten Werkes »Grundgesetze der Arithmetik«[1]. Frege versuchte in diesem die Ansätze seiner früheren Arbeiten zur logischen Fundierung der natürlichen Zahlen – und damit der gesamten Arithmetik – streng formal zu begründen.[2] Er entwickelte dort als Erster eine Sprache der formalen Logik inklusive einer Beweismethode, welche man heute als Prädikatenkalkül zweiter Stufe mit Identitätsbegriff bezeichnet. Dies geschah auf axiomatische Weise. Im Paragraphen 47 und im Anhang präsentierte er die Axiome und Definitionen, die er als Sätze, »die nicht aus anderen abgeleitet werden«, charakterisierte.[3] Außerdem stellte er alle zur Anwendung kommenden Schlussweisen im darauf folgenden Paragraphen zusammen. Damit hatte er die Grundelemente seines logizistischen Programms genannt und forderte andere zu ihrer Überprüfung auf:

> Es ist zwar schon vielfach ausgesprochen worden, dass die Arithmetik nur weiter entwickelte Logik sei; aber das bleibt solange bestreitbar, als in den Beweisen Uebergänge vorkommen, die nicht nach anerkannten logischen Gesetzen geschehn, sondern auf einem anschauenden Erkennen zu beruhen scheinen. Erst wenn diese Uebergänge in einfache logische Schritte zerlegt sind, kann man sich überzeugen, dass nichts als Logik zu Grunde liegt. Ich [Frege] habe Alles zusammengestellt, was die Beurtheilung erleichtern kann, ob die Schlussketten bündig und die Widerlager fest sind. Wenn etwa jemand etwas fehlerhaft finden sollte, muss er genau angeben können, wo der Fehler seiner Meinung nach steckt: in den Grundgesetzen, in den Definitionen, in den Regeln oder ihrer Anwendung an einer bestimmten Stelle.[4]

Frege selbst war von der Wahl seiner Axiome freilich überzeugt, allerdings sah er im Axiom V zu Wertverläufen von Funktionen eine mögliche Schwachstelle.

Genau an dieser Stelle setzte die Kritik von Bertrand Russell (1872–1970) an, auch wenn dieser dies nicht direkt so formulierte. Russell, der Freges Arbeiten im Rahmen seiner Forschung für sein Buch »The Principles of Mathematics« gründlich studiert hatte,[5] schrieb im Juni 1902 einen Brief an Frege. Er erläuterte Frege den Widerspruch, auf den er gestoßen war, in folgenden Worten:

> Sei w das Prädicat, ein Prädicat zu sein welches von sich selbst nicht prädicirt werden kann. Kann man w von sich selbst prädiciren? Aus jeder Antwort folgt das Gegentheil. Deshalb muss man schliessen, dass w kein Prädicat ist. Ebenso giebt es keine Klasse (als Ganzes) derjenigen Klassen die als Ganze sich selber nicht angehören. Daraus schliesse ich [Russell], dass unter gewissen Umständen eine definierbare Menge kein Ganzes bildet.[6]

Dies ist die heute als Russell'sches Paradox bekannte Antinomie, welche nicht nur Freges logizistischen Ansatz

1 Frege 1893.
2 Vgl. [Schlote/Schneider 2011], Abschn. 5.3.1 für eine knappe Zusammenfassung. Ausführlichere Darstellungen zu Freges Werk finden sich u. a. in [Kreiser 2001], [Kutschera 1989]. Vgl. auch [Angelelli 1990].
3 Frege 1893, Bd. 1, S. VI.
4 Frege 1893, Bd. 1, S. VII.
5 Russell 1903.
6 Hermes u. a. 1976, Bd. 2, S. 211.

Abb. 41: Gottlob Frege

tion des zweiten Bandes, in dem Frege eine Begründung der reellen Zahlen vornahm, im Jahr 1903 gerechtfertigt. Bevor er die reellen Zahlen als Verhältnisse von Größen zu Einheitsgrößen fasste und damit einen neuen Weg zur Definition reeller Zahlen beschritt, setzte er sich kritisch und ausführlich mit dem seiner Meinung nach »in der Mathematik so beliebten stückweisen Definire[n]«, welches er am Beispiel einer Definition gleicher Zahlzeichen von Eduard Heine (1821–1881) konkretisierte, und mit den Definitionsansätzen zu reellen Zahlen von Georg Cantor (1845–1918), Heine, Thomae, Richard Dedekind (1831–1916), Hermann Hankel (1839–1873), Otto Stolz (1842–1905) und Karl Weierstrass (1815–1897) auseinander.[8] Dieses Vorgehen kann als eine Reaktion Freges auf die ausbleibende Rezeption seiner Arbeiten gesehen werden. Ähnlich müssen wohl seine teilweise polemischen Angriffe auf Reinhold Korselt (1864–1947) und Thomae in dem »Jahresbericht der Deutschen Mathematiker-Vereinigung« eingeordnet werden, in denen er einer formalistischen Sichtweise der Mathematik scharf entgegen trat.[9] Ausgangspunkt war die Kritik Freges, dass Hilbert in seiner 1899 erschienenen Arbeit zu den Grundlagen der Geometrie die Begriffe »Axiom« und »Definition« verwendet hatte, ohne zu erläutern, was er unter diesen verstehe.[10] Korselt griff einige Punkte auf und versuchte, diese zu entkräften.[11] Einige Jahre später antwortete Thomae auf einige Einwände Freges, insbesondere zur Zahlauffassung, mit seinem Vergleich der formalen Arithmetik mit einem Schachspiel.[12] In seinen wenigen weiteren publizierten Arbeiten setzte Frege sich mit dem Begriff der Funktion und der Veränderlichen in der Mathematik sowie mit erkenntnistheoretischen Implikationen seiner Analyse von logischen Grundbegriffen auseinander.[13]

Gegen Ende seines Lebens beurteilte Frege seinen eigenen Ansatz zur Erklärung des Zahlkonzepts als einen Misserfolg.[14] Er suchte nun in der Geometrie nach einer Begründung der Mathematik:

Je mehr ich [Frege] darüber nachgedacht habe, desto mehr bin ich zu der Überzeugung gekommen, dass Arithmetik und Geometrie auf demselben Grunde erwachsen sind und zwar auf geometrischem, so dass die ganze Mathematik eigentlich Geometrie ist. Dadurch erscheint die Mathematik erst ganz einheitlich in ihrem Wesen. Das Zählen, aus einem Erfordernis des handeln-

traf, sondern auch Cantors Mengenlehre in Frage stellte. Frege erkannte schnell, dass diese Antinomie aus dem bereits erwähnten Axiom V folgte und dass damit seine Begründung der Arithmetik auf Axiomen beruhte, die nicht widerspruchsfrei waren. Damit schien aber sein gesamter Ansatz zusammenzubrechen. Das Nachwort zu dem zweiten Band der »Grundgesetze« leitete Frege mit dem Satz ein: »Einem wissenschaftlichen Schriftsteller kann kaum etwas Unerwünschteres begegnen, als daß ihm nach Vollendung einer Arbeit eine der Grundlagen seines Baues erschüttert wird.«[7] Dies lässt seine eigene Erschütterung erahnen. Nach einer Diskussion möglicher Lösungswege schlug Frege eine Modifikation des fünften Axioms vor. Damit schien sein Programm gerettet und die Publika-

---

7 Frege 1893, Bd. 2, S. 253.
8 Frege 1893, Bd. 2, S. 69–150.
9 Frege 1906a, Frege 1906b, Frege 1908. Zur Auseinandersetzung mit Thomae vgl. [Kreiser 2001], S. 226–236.
10 Frege 1903.
11 Korselt 1903.
12 Thomae 1906a.
13 Frege 1904, Frege 1918.
14 Kreiser 2001, S. 258.

den Lebens psychologisch entsprungen, hat die Gelehrten irre geführt[,]

so Frege in der auf 1924/25 datierten Schrift »Zahlen und Arithmetik« aus seinem Nachlass.[15]

In einer weiteren unveröffentlichten Schrift aus derselben Zeit ging Frege den »Erkenntnisquellen der Mathematik und der mathematischen Naturwissenschaften« nach. Als Erkenntnisquelle bezeichnete Frege das, »wodurch die Anerkennung der Wahrheit [eines Gedankens], das Urteil, gerechtfertigt ist. Ich [Frege] unterscheide folgende Erkenntnisquellen: 1. Die Sinneswahrnehmung, 2. die logische Erkenntnisquelle, 3. die geometrische Erkenntnisquelle und die zeitliche Erkenntnisquelle.«[16] Daraufhin differenzierte er Mathematik und mathematische Physik hinsichtlich ihrer Erkenntnisquellen: »Nur alle [Erkenntnisquellen] vereint machen uns das tiefere Eindringen in die mathematische Physik möglich. Für die Mathematik allein brauchen wir die Sinneswahrnehmung als Erkenntnisquelle nicht, für sie genügen die logische und die geometrische Erkenntnisquelle.«[17] Unter der geometrischen Erkenntnisquelle verstand Frege dabei allein die Axiome der Geometrie im euklidischen Sinn. Er diskutierte dann ausführlich, welche störenden Faktoren, Frege sprach von »Trübungen«[18], in den Erkenntnisquellen auftreten können. Seinen neuen Ansatz zur Begründung der Mathematik, der in den beiden hier erwähnten und auch in weiteren Schriften seines Nachlasses angedeutet wird, konnte Frege jedoch nicht mehr ausführlich darlegen. Um das Bild des Wissenschaftlers Frege zu vervollständigen, sei an dieser Stelle noch auf Freges unveröffentlichten Vorschläge für ein Wahlgesetz von ca. 1918 verwiesen.[19]

Trotz des Scheiterns seines logizistischen Programms trug Frege zur Aufklärung vieler grundlegender logischer Konzepte bei. Die Auseinandersetzung mit Freges Werken wirkte auf eine Reihe von Wissenschaftler äußerst anregend: Nachdem Frege Russell mitgeteilt hatte, dass er seine Kritik akzeptiere, entwickelte Russell als Antwort auf die Antinomie seine Typenlogik. Einige Jahre später modifizierte Russell diese und baute sie zusammen mit Alfred North Whitehead (1861–1947) weiter aus. Des Weiteren hörte Rudolf Carnap (1891–1970) bei Frege in Jena ab 1910 Vorlesungen zur Begriffsschrift und Ludwig

Wittgenstein (1889–1951) korrespondierte mit Frege viele Jahre lang. Damit beeinflussten Freges Ausführungen mittelbar die Entstehung der analytischen Philosophie. Mit dem Ausscheiden Freges aus dem Lehrkörper der Salana verloren die Untersuchungen zur Logik und zu den Grundlagen der Mathematik ihre prägende Stellung innerhalb des Jenaer mathematischen Forschungsprofils.

5.2 Die Tradition funktionentheoretischer Forschungen in Jena: Thomae – Koebe – König

Der 1879 an die Salana berufene Thomae hatte in den ersten beiden Jahrzehnten seiner Tätigkeit eine große wissenschaftsorganisatorische Leistung vollbracht, »ein mathematisches Fachstudium mit intensivem Seminarbetrieb«[20] eingerichtet und das Forschungsgebiet der Analysis mit Studien und Lehrbüchern zur Funktionentheorie etabliert. Auch nach der Wende zum 20. Jahrhundert bildete eine breit gefächerte Palette von Problemen der Analysis, vorrangig der Funktionentheorie und der elliptischen Funktionen, den Kern von Thomaes Forschungen. Daraus gingen u.a. mehrere Abhandlungen zu elliptischen Funktionen[21], zur Parameterdarstellung von Kurven dritter und vierter Ordnung[22], zur Konstruktion von Abbildungsfunktionen[23] sowie kleinere Arbeiten zu Gauß'schen Behauptungen[24] hervor. Neben diesen Ergebnissen verdienen die beiden von Thomae hierzu publizierten Monographien eine Würdigung: eine mit einer Reihe von Anwendungen versehene Formelsammlung zu elliptischen Funktionen sowie eine umfangreiche Vorlesung zu bestimmten Integralen und Fourier'schen Reihen.[25]

Die Formelsammlung basierte nicht auf den Weierstraß'schen Grundfunktionen, sondern auf den Jacobi-Legendre'schen, welche Thomae als für numerische Rechnungen geeigneter erschienen. In den Anwendungen behandelte er neben geometrischen Problemstellungen auch solche aus der Geodäsie und der mathematischen Physik wie das mathematische Pendel, das logarithmische Potential, die Seilschwingungslehre und geodätische Linien. Allerdings sind seine diesbezüglichen Ausführungen sehr allgemein gehalten und ohne konkret durchgeführte Beispielrechnungen oder detaillierte Erklärung des physikalischen Kontexts. Insgesamt fiel der Anwendungsteil mit

15 Hermes u.a. 1976, Bd. 1, S. 297.
16 Hermes u.a. 1976, Bd. 1, S. 286.
17 Hermes u.a. 1976, Bd. 1, S. 287.
18 Hermes u.a. 1976, Bd. 1, S. 286.
19 Gabriel/Dathe 2000, Anhang.
20 Liebmann 1921, S. 134; Für einen Überblick von Thomaes Wirken in Jena bis zur Wende zum 20. Jahrhundert siehe Schlote/Schneider 2011, Kap. 5.3.2. Siehe auch Göpfert 2002, Schlote/Schneider 2009a.
21 Thomae 1900, Thomae 1905a, Thomae 1914, Thomae 1917a.
22 Thomae 1904a, Thomae 1908b, Thomae 1909, Thomae 1920b.
23 Thomae 1905c, Thomae 1906c.
24 Thomae 1904b, Thomae 1906d.
25 Thomae 1905a, Thomae 1908a.

siebzehn Seiten sehr knapp aus. »Die wirkliche Auswertung bestimmter Integrale« sah Thomae als »Hauptziel« seines Buches »Vorlesungen über bestimmte Integrale« an, in welchem Kenntnisse der Integral- und Differentialrechnung vorausgesetzt wurden.[26] Im Fall komplizierterer Integrale, wie etwa dem Doppelintegral, zog Thomae dazu auch die graphische Methode heran. Themen der mathematischen Physik, wie die schwingende Saite und das Potential, erfuhren auch hier eine knappe Behandlung. Er stellte wiederum kaum Bezüge zur Physik her. Im Zusammenhang mit der Theorie der Obertöne bemerkte er zum Verhältnis von Theorie und Wirklichkeit lediglich:

> … wahrscheinlich kommen die höheren Obertöne wegen der Unvollkommenheit der Elastizität der Saite überhaupt nicht zustande, so daß die Theorie nur eine Annäherung an die Wirklichkeit darstellt.[27]

Abgesehen von diesen knappen Hinweisen auf die Anwendungsmöglichkeiten der mathematischen Theorie in der Physik und in der Geodäsie widmete sich Thomae nur in einer einzigen Arbeit ausschließlich einem physikalisch relevanten Thema. In seiner »Bemerkung über das elektrische Potential bei geradlinigen Elektroden« kritisierte er die Darstellung von Friedrich Bennecke (1861–?) in dessen Göttinger Dissertation, weil diese Lösung auf einer bestimmten experimentellen Annahme, nämlich von unendlich langen Elektroden, beruhe.[28] Unter der Voraussetzung, dass die Intensität des Stromes in beiden Elektroden gleichförmig angenommen wird, unterschied Thomae fünf Fälle: punktförmige Elektroden, parallel geradförmige Elektroden, zueinander senkrechte Elektroden sowie geradförmige Elektroden in der Halbebene und punktförmige Elektroden in einer Kreisplatte. Durch diese Fallunterscheidung näherte sich Thomae der experimentellen Wirklichkeit an. Er versuchte dann, die Aufgabe mittels eines Grenzübergangs zu lösen, und stieß dadurch auf von Bennecke abweichende Ergebnisse. Insgesamt spielte also in Thomaes Spätwerk die mathematische Physik nur eine marginale Rolle.

Die geringe Beachtung der Anwendungen der Mathematik und damit auch deren Beziehungen zur Physik setzten sich mit Thomaes Nachfolger, dem berühmten Funktionentheoretiker Paul Koebe, fort. Durch den 1907 fast zeitgleich mit dem französischen Mathematiker Henri

Poincaré publizierten Beweis des Hauptsatzes der Uniformisierungstheorie[29] und durch weitere zahlreiche Arbeiten zur Verallgemeinerung dieses Satzes sowie zu verschiedenen Fragen der Abbildung von mehrfach bzw. unendlich vielfach zusammenhängenden Gebieten war er bereits ein international bekannter und anerkannter Wissenschaftler. Das Uniformisierungsproblem, das für jede beliebige analytische Funktion forderte, eine eindeutige Parameterdarstellung anzugeben, war bereits von Felix Klein, Hermann Amandus Schwarz (1843–1921), Friedrich Schottky (1851–1935) und Poincaré in Teilen bearbeitet worden. Die eingehende Beschäftigung mit den Fragen der Uniformisierung wurde dann zu Koebes bevorzugtem Forschungsthema, eine Einseitigkeit, die später teilweise auch negativ beurteilt wurde.[30] Ein zentraler Bestandteil des Beweises war dabei der als »Viertelsatz« bekannte Verzerrungssatz, der für eine auf dem Inneren des Einheitskreises holomorphe, schlichte Funktion f(z) mit f(0)=0 und |f'(0)|=1 besagt, dass es eine von f(z) unabhängige Zahl ρ gibt, für die das Innere des Kreises |w|<ρ ganz im Bild von f auf |z|<1 liegt. In die Zeit seiner Tätigkeit in Jena fielen insbesondere die Mehrzahl seiner Abhandlungen in der Serie zur Theorie der konformen Abbildungen und der Beginn seiner Reihe zur Theorie der Riemann'schen Mannigfaltigkeiten.[31] Eingehend befasste er sich unter anderem mit der Abbildung schlichter, endlich vielfach zusammenhängender Gebiete auf Normalgebiete. Er fand dabei insbesondere ein iteratives Verfahren zur Konstruktion dieser Abbildung, das er nach und nach weiterentwickelte und auf alle Uniformisierungsfragen algebraischer Gebilde ausdehnen konnte.[32] Noch am Ende seiner ersten Leipziger Zeit hatte er mit dem sog. Schmiegungsverfahren auch einen iterativen Beweis für den Riemann'schen Abbildungssatz gegeben, eine Methode, die unabhängig von ihm von Constantin Caratheodory publiziert wurde. Koebe setzte somit die Tradition der funktionentheoretischen Forschungen sehr intensiv, auf hohem Niveau und ohne jeglichen Hinweis auf Beziehungen zur mathematischen Physik fort. Einige Titel könnten zwar gewisse Anknüpfungen suggerieren[33], doch ist der Bezug zur Physik rein formaler Natur. Hubert Cremer (1897–1983), 1927 bis 1931 Koebes Assistent in Leipzig, charakterisierte rückblickend Koebes ablehnende Haltung mit den Worten: »Anwendungen interessierten Koebe nicht. … Er blieb ein

---

26   Thomae 1908a, S. III. Thomae ergänzte dieses Werk um kleinere Nachträge, beispielsweise Thomae 1912b.
27   Thomae 1908a, S. 86.
28   Bennecke 1887, Thomae 1905b.
29   Koebe 1907.
30   Koebe 1927a.
31   Koebe 1916; Koebe 1927b.
32   Für eine ausführliche Würdigung der Arbeiten Koebes sei auf Kühnau 1981 und Bieberbach 1967/68 verwiesen.
33   Etwa die Arbeiten Koebe 1919; Koebe 1922, Koebe 1937.

reiner Mathematiker, dem die Anwendbarkeit der Mathematik profan vorkam.«[34]

Auf Koebes Lehrstuhl folgte dann 1927 Robert König, der sich bereits zuvor als Professor in Tübingen und Münster einen Namen als Funktionentheoretiker erworben hatte. Einen Kernpunkt seiner Forschungen bildete die Verallgemeinerung vorhandener Theorien bzw. deren zusammenfassende einheitliche Darstellung. So hatte er schon 1912 als Privatdozent in Leipzig die klassische Theorie der quadratischen Formen auf derartige Formen mit ganzrationalen Funktionen einer komplexen Veränderlichen als Koeffizienten übertragen.[35] Dies bildete zugleich einen Ausgangspunkt für umfangreiche Studien über Abelsche Funktionen und Integrale dieser Funktionen. In seinen Arbeiten betrachtete er immer allgemeinere Funktionenklassen und untersuchte, ob und wie sich die bei den algebraischen Funktionen und Differentialen bekannten Sätze, wie der Riemann-Roch'sche Satz oder die Charakterisierung der Funktionen durch deren Verzweigungspunkte und die Monodromiegruppe, auf diese Klassen übertragen ließen. Diese Arbeiten lieferten auf dem damals erreichten Kenntnisstand eine geschlossene allgemeine Theorie und haben die weitere Entwicklung der Theorie algebraischer Funktionen wie auch von Teilen der modernen algebraischen Geometrie spürbar beeinflusst. Als zweites großes Forschungsthema kamen ab etwa 1917 geometrische Studien zu Mannigfaltigkeiten hinzu. In Jena setzte König zunächst seine funktionentheoretischen Betrachtungen von Polynomsystemen mit den Tschebyscheff-Polynomen und deren Verallgemeinerung fort.[36] In diesem Kontext muss auch das zusammen mit seinem früheren Assistenten Maximilian Krafft (1889–1972) verfasste Buch über elliptische Funktionen[37] erwähnt werden, in dem die Autoren die elliptischen Funktionen durch drei allgemeine Grundeigenschaften charakterisierten: Sie bilden 1. eine lineare Mannigfaltigkeit (Klasse), 2. einen algebraischen Körper und sind 3. vom Geschlecht Eins. Auf dieser Basis gaben sie in Analogie zum axiomatischen Aufbau der Elementargeometrie einen detaillierten Aufbau der arithmetischen Theorie dieser Funktionen und ordneten sie als Glied eines »großen Organismus« ein, der mit den rationalen, als einfachsten analytischen Funktionen beginnt und sich zu den Riemann'schen Funktionensystemen als Lösungssysteme linearer homogener Differentialgleichungen vom Fuchs'schen Typus ausdehnt.[38] Das Anliegen des Buches wurde auch von den Rezensenten Georg

Abb. 42: Robert König

Feigl und Mayme Logsdon positiv gewürdigt, ohne aber einige Probleme beim Verständnis der Ausführungen zu negieren.[39] Die oben erwähnten Betrachtungen zu Polynomen- und allgemeinen Funktionensystemen setzte Königs Assistent H. Schmidt fort. In seiner Habilitationsschrift »Über multiplikative Funktionen und die daraus entspringenden Differentialsysteme« vervollständigte er anknüpfend an Königs Theorie die Klasseneinteilung der speziellen Funktionen.[40]

In die Jenaer Zeit fällt auch Königs Bemühen seine beiden Forschungsgebiete, Funktionentheorie und Differentialgeometrie, in Anwendungen zur höheren Geodäsie sehr nutzbringend zusammenzuführen und zum Tragen zu bringen.[41] Hervorzuheben ist dabei die Einführung allgemeiner komplexer Vektorkoordinaten, so dass die Abbil-

34　Cremer 1967/68, S. 160.
35　König 1912.
36　König 1928; König/Schmidt 1930.
37　König/Krafft 1928.
38　König/Krafft 1928, S. 5.
39　Feigl 1932; Logsdon 1929.
40　Schmidt 1931.
41　König 1938.

dungsfunktion des Erdellipsoids mit Methoden der Funktionentheorie untersucht werden kann. Außerdem wurden zur Angabe der Abbildungsfunktion neben Potenzreihen auch trigonometrische Reihen benutzt. Diese Studien gipfelten dann nach den Kriegsjahren 1951 in dem zusammen mit Karl Heinrich Weise erarbeiteten umfangreichen Lehrbuch »Mathematische Grundlagen der höheren Geodäsie und Kartographie«[42], das international große Anerkennung fand und rasch ein Standardwerk dieses Fachgebiets wurde. Es bietet eine gute Übersicht über die verschiedenen Darstellungen der Abbildungsfunktionen, die zu den geodätischen Berechnungen herangezogen wurden, und die dabei erreichten Vereinfachungen. Der im Vorwort des Buches angekündigte zweite Band über Grundprobleme der höheren Geodäsie ist nicht erschienen.

König hat sich somit nahtlos in die Jenaer Tradition der Funktionentheorie eingefügt, sie fortgeführt, inhaltlich erweitert und bereichert. Konkrete Hinweise auf Beziehungen zur Physik sucht man jedoch in den Publikationen vergebens.

Unterstützt wurden Königs Forschungen in den 1930er Jahren zeitweise von Ernst Peschl (1906–1986), der von 1931 bis 1933 und 1935–1937 als sein Assistent tätig war. König zog ihn speziell zu seinen differentialgeometrischen Studien im Rahmen eines axiomatischen Aufbaus der Tensorrechnung heran.[43] Gleichzeitig beschäftigte sich Peschl intensiv mit Königs zweitem Forschungsgebiet, der geometrischen Funktionentheorie, studierte unter anderem die Entwicklung analytischer Funktionen in Potenzreihen und fand ein Verfahren, um die Entwicklungskoeffizienten für verschiedene umfassende Familien analytischer Funktionen abzuschätzen. Den Schwerpunkt bildete jedoch der Aufbau der Funktionentheorie mehrerer komplexer Veränderlicher, ein Thema, das insbesondere durch die Zusammenarbeit mit Heinrich Behnke, dessen Assistent er 1933–1935 an der Universität Münster war, stimuliert wurde. Gemeinsam studierten die beiden Mathematiker die sogenannte Planarkonvexität bei diesen Funktionen, die Abbildung beschränkter und unbeschränkter Bereiche des n-dimensionalen komplexen Raumes, die dabei auftretenden Automorphismen und viele weitere Aspekte, die im Vergleich mit der klassischen Theorie für eine Veränderliche grundlegend neue Methoden erforderten[44]. Nach dem Ende des Zweiten Weltkriegs vertiefte er, teilweise in Zusammenarbeit mit seinen Schülern Karl Wilhelm Bauer

(1924–?), Klaus Müller (1920–2008) und Friedhelm Erwe (1922–2021) diese Forschungen weiter, erweiterte sie hinsichtlich der Anwendungen auf Differentialgleichungen und schrieb einige sehr geschätzte Lehrbücher.

Die Funktionentheorie bildete somit einen zentralen, durchgängigen Forschungsschwerpunkt am Jenaer Mathematischen Institut im betrachteten Zeitraum. Die publizierten Ergebnisse zeichneten sich durch eine beachtliche Breite des behandelten Themenspektrums aus und stellten Brücken zu anderen mathematischen Gebieten her. Anwendungen in der Physik fanden jedoch kaum Beachtung und keine angemessene Berücksichtigung.

5.3 Geometrische Studien an der Salana: Nur ein Randgebiet der Forschung?

Die Geometrie, eines der großen Teilgebiete der Mathematik, das insbesondere im 19. Jahrhundert einen umfangreichen Zuwachs an Breite und Tiefe gewonnen hatte, fand in den mathematischen Forschungen an der Jenaer Universität in den Jahrzehnten nach der Wende zum 20. Jahrhundert nur wenig Beachtung. In den 1890er Jahren war Thomae mit mehreren Arbeiten zu verschiedenen geometrischen Fragen hervorgetreten und hatte den Grundstein für seinen Ruf als »vielseitige[r] Geometer«[45] gelegt. Auch in den folgenden Jahren publizierte er neben einer Vielzahl von funktionentheoretischen Untersuchungen mehrere geometrische Arbeiten. In seiner Monographie »Grundriss einer analytischen Geometrie der Ebene« gab er eine systematische Einführung, welche sich vor allem an Studierende wandte und auf Ausarbeitungen seiner Jenenser Vorlesungen über analytische Geometrie beruhte.[46] Das Erlernen der analytischen Geometrie sollte Thomae zufolge Hand in Hand gehen mit dem der projektiven Geometrie. Daher bewies Thomae grundlegende Sätze der projektiven Geometrie auf analytische Weise, ohne dabei metrische Beziehungen zu vernachlässigen.[47] Mit der Geometrie in einer Geraden und einem Strahlenbüschel beginnend deckte Thomae thematisch ein breites Spektrum ab. Seine Monographie unterschied sich von vergleichbaren zeitgenössischen Abhandlungen, wie beispielsweise der von Lothar Heffter (1862–1962) und Carl Koehler (1855–1932), durch einen konstruktiven Zugang.[48] Die Monographie galt Thomae zudem als Grundlage für eine einfache Darstellung einiger Aspekte vom Steiner'schen

42 König / Weise 1951.
43 König / Peschl 1934.
44 Behnke / Peschl 1935a, Behnke / Peschl 1935b, Behnke / Peschl 1935c, Behnke / Peschl 1935d, Behnke / Peschl 1936a, Behnke / Peschl 1936b, Behnke / Peschl 1937.
45 Liebmann 1921, S. 138.
46 Thomae 1906b.
47 Thomae 1906b, S. IV.
48 Heffter / Koehler 1905. Vgl. auch Thomae 1902.

Strahlenbüschel.[49] In einer Reihe weiterer Abhandlungen setzte er seine eigenen Studien wie auch die seiner Doktoranden zu Invarianten von Kegelschnitten und von Kurven dritter Ordnung fort[50] und führte unter anderem das Konzept der harmonischen Kovarianten zweiter Art ein. Ein weiteres eng mit dem vorhergehenden Thema verbundenes Arbeitsfeld Thomaes betraf die bereits in Verbindung mit den funktionentheoretischen Studien erwähnte Parametrisierung[51] von Kurven sowie die Bestimmung von Abbildungen[52] zwischen Gebieten. Die Brücke zur Funktionentheorie, seinem vorrangigen Forschungsgebiet, ergab sich dadurch, dass er hierbei meistens von elliptischen Funktionen Gebrauch machte. Insbesondere sei in diesem Zusammenhang auf seine umfangreiche Studie zu den Cassini'schen Kurven hingewiesen, in welcher er an einen Beitrag von Alfred Clebsch (1833–1872) zur Parametrisierung von Kurven durch elliptische Funktionen anknüpfte.[53]

Geometrische Studien nahmen auch in Haußners Schaffen einen wichtigen Platz ein. Nachdem er im Jahre 1900 die erste, 1798 erschienene Monographie zur darstellenden Geometrie von Gaspard Monge (1746–1818) übersetzt und neu herausgegeben hatte, begann er zwei Jahre später mit der Veröffentlichung eines vierbändigen Werkes zum gleichen Gegenstand in der »Sammlung Göschen«. Die weiteren Bände erschienen 1908 (Band 2), 1931 (Band 3) und 1933 (Band 4).[54] Den Wert der darstellenden Geometrie sah Haußner nicht nur in ihrer praktischen Bedeutung, sondern auch in ihrer erzieherischen Funktion für die Formung des Geistes:

Die darstellende Geometrie ist die unentbehrliche Grundlage für viele Zweige der Technik und der Kunst ... Über diese praktische Bedeutung hinaus hat die darstellende Geometrie noch hervorragenden allgemein bildenden Wert, indem sie in ausgezeichneter Weise das räumliche Vorstellungsvermögen auszubilden geeignet ist.[55]

Er behandelte im ersten Band fast ausschließlich die orthogonale Parallelprojektion auf zwei zueinander senkrechte Ebenen und leitete im zweiten die wichtigsten projektiven Eigenschaften der Kegelschnitte her ausgehend von der Definition der Kegelschnitte als Zentralprojektion des Kreises. Darüber hinaus behandelte er auch deren metrische Eigenschaften. Im dritten und vierten Band, die Haußner zusammen mit seinem Doktoranden Wolfgang Haack Anfang der 1930er Jahre verfasste, wurden die Konstruktion von krummflächigen Körpern, verschiedene Verfahren der perspektivischen Darstellung sowie die mathematischen Grundlagen der Photogrammetrie erläutert. Die beliebte Monographie, die auf einfache Weise in die darstellende Geometrie einführte, erschien in mehreren Auflagen, wobei der erste Band 1943 die fünfte Auflage erreichte.

Bemerkenswert sind schließlich noch Haußners Bemühungen, wichtige ältere Arbeiten einem größeren Leserkreis leicht zugänglich zu machen. So übersetzte er Arbeiten von Louis Poinsot (1777–1859), Augustin Louis Cauchy (1789–1857), Joseph Bertrand (1822–1900) und Arthur Cayley (1821–1895) zu regelmäßigen Sternkörpern, versah diese mit einer kurzen historischen Einleitung, in welcher er den seiner Meinung nach zu wenig gewürdigten Beitrag des Göttinger Mathematikers Albrecht Ludwig Friedrich Meister (1724–1788) herausstellte, sowie mit ausführlichen Anmerkungen zu speziellen Textpassagen und mit mehreren Abbildungen.[56] Zuvor hatte er bereits Arbeiten von Jakob Bernoulli (1655–1705) zur Wahrscheinlichkeitsrechnung herausgegeben, ebenfalls in der Reihe »Ostwald's Klassiker der exakten Wissenschaften«.[57] Die von Haußner 1913 angefertigte Neuausgabe der von Hermann Schubert (1848–1911) zusammengestellten Sammlung vierstelliger logarithmischer und trigonometrischer Tafeln wurde bis in die 1960er Jahre in der »Sammlung Göschen« ediert.[58]

Obwohl mehrere der genannten Arbeiten einen deutlichen Bezug zur angewandten Mathematik hatten und Haußner seine wissenschaftliche Publikationstätigkeit 1889 mit einer Dissertation zur mathematischen Physik über »Die Bewegung eines von zwei festen Centren nach dem Newton'schen Gesetze angezogenen materiellen Punktes«[59] begonnen hatte, lag der Schwerpunkt seiner Forschungen auf dem Gebiet der Zahlentheorie.

Neben Haußner beschäftigte sich auch M. Winkelmann etwa im gleichen Zeitraum mit geometrischen Problemen, doch wurde er primär durch Anwendungen in der Physik,

---

49   Thomae 1911, Thomae 1920a (bereits 1916 erschienen).
50   Thomae 1903, Thomae 1912a, Thomae 1917b, Thomae 1919.
51   Thomae 1904a, Thomae 1908b, Thomae 1909.
52   Thomae 1905c, Thomae 1906c.
53   Thomae 1920b, Clebsch 1865. Eine Cassini'sche Kurve ist der Ort aller Punkte in der Ebene, deren Summe von Abständen zu zwei festen Punkten das Quadrat einer positiven reellen Zahl ist.
54   Monge 1900, Haußner 1902.
55   Haußner 1902, zitiert aus der dritten vermehrten und verbesserten Aufl. 1918, S. 10.
56   Haußner 1906.
57   Bernoulli 1899.
58   Schubert 1913 (Erstaufl. 1898).
59   Haußner 1889.

speziell der Mechanik, zu diesen Studien geführt. Auf die einzelnen Beiträge wird deshalb im Abschnitt über mathematisch-physikalische Forschungen näher eingegangen. In ähnlicher Weise haben die umfangreichen Arbeiten von König zum axiomatischen Aufbau der Tensorrechnung eine Verbindung zu dessen funktionentheoretischen Arbeiten. Teilweise mit Ernst Peschl bzw. Karl Heinrich Weise zusammenarbeitend vertiefte er die Bemühungen zur Grundlegung einer allgemeinen Differentialgeometrie, wobei er speziell zum axiomatischen Aufbau der Tensorrechnung, auf geometrische wie auf algebraische Strukturen Bezug nahm.[60] Obwohl diese Arbeiten zur Tensorrechnung von Roland Weitzenböck (1855–1955) sehr kritisch beurteilt wurden[61], enthalten sie eine Reihe von Begriffen, die in veränderter Form dann sehr nutzbringend angewandt wurden. In diesem Zusammenhang ist auch die erfolgreiche Anwendung von funktionentheoretischen und differentialgeometrischen Kenntnissen zur Lösung geodätischer Probleme zu würdigen (vgl. den vorangegangenen Abschnitt).

An dieser Stelle soll noch auf die Arbeiten Herzbergers eingegangen werden. Die Schwierigkeiten bei der genauen Einordnung seiner Arbeiten waren schon in den Diskussionen um seine Habilitation hervorgetreten. Es wird nicht verkannt, dass die Arbeiten keine originären geometrische Ergebnisse enthalten, doch haben sie einen klaren geometrischen Charakter und unterscheiden sich hinsichtlich der Anwendung geometrischer Sachverhalte deutlich von den mathematisch-physikalischen Forschungen (vgl. Abschn. 5.5), so dass ihre Behandlung zusammen mit anderen geometrischen Studien gerechtfertigt ist. Hinsichtlich der Wechselbeziehungen zwischen Mathematik und Physik legt die Einordnung der Arbeiten in die geometrische Optik zwar eine Anwendung in der Optik bzw. beim Bau optischer Geräte nahe, doch bleibt Herzberger ganz auf der mathematischen Seite. Die erzielten Ergebnisse zu den Abbildungen in den verschiedenen optischen Systemen münden in seinen Arbeiten zwar nicht in Folgerungen für die Gestaltung und den Bau optischer Instrumente, doch es wird deutlich, wie sich, ausgehend von den physikalischen Grundvorstellungen zur Strahlenbrechung, Abweichungen davon bzw. die Einbeziehung von Abbildungsfehlern in der mathematischen Beschreibung dieses Vorgangs niederschlagen.

Gemäß seiner Habilitationsschrift sah Herzberger sein Grundanliegen darin, einen rein mathematischen Aufbau der geometrischen Optik zu geben, in dem die geometrische Optik als ein Teil der Liniengeometrie betrachtet wird.[62] Anknüpfend an Ideen Abbes, der die bekannten Gesetze der Gauß'schen Dioptrik als rein geometrische Gesetze gezeigt habe, wollte er nun die in allgemeinen optischen Systemen geltenden Abbildungsgesetze rein geometrisch herleiten. Hierzu hatte er in einem Vortrag auf der Hamburger Versammlung der Gesellschaft für angewandte Mathematik und Mechanik 1928 bemerkt, man könne »die geometrische Optik auch aufbauen auf differentiellen Gesetzen, die sie in Beziehung setzen zur differentiellen Liniengeometrie.«[63] Im gleichen Jahr hatte er einen ersten Versuch unternommen, basierend auf gemeinsam mit Lihotzky in Jahr zuvor durchgeführten Untersuchungen, die verschiedenen bei Strahlenabbildungen in optischen Systemen geltenden Gesetzmäßigkeiten in einem einheitlichen Zusammenhang darzustellen.[64] Bei dem im Hamburger Vortrag skizzierten Zugang ersetzte Herzberger die bisherigen Rechnungen, die etwa vom Fermatschen Prinzip ausgingen und eine Brücke zur Variationsrechnung herstellten, durch »differential-geometrische Überlegungen«. Eine wichtige Basis bildete sein »allgemeines optisches Gesetz«, das die »optisch realisierbaren Abbildungen des Strahlenraums« durch die Eigenschaft einer entsprechenden Differentialform, ein totales Differential zu sein, charakterisierte.[65] Gleichzeitig betonte Herzberger, dass zum einen die bisherigen Darstellungen der geometrischen Optik meist auf einer gewissen Idealisierung der Geradenabbildung basierten, zum anderen für die seinem Gesetz genügenden Abbildungen »die bekannten optischen Gesetze, insbesondere der Malussche und der Fermatsche Satz« gelten.[66] Gemäß seiner Auffassung musste folglich untersucht werden, »wie die differentiellen Eigenschaften eines Strahlenbündels entlang eines Strahls sich beim Durchgang durch ein optisches System ändern.«[67] In den genannten und zahlreichen weiteren Arbeiten behandelte Herzberger, teilweise zusammen mit Boegehold, verschiedene spezielle optische Abbildungen und deren Eigenschaften. Zusammen mit Boegehold legte er im Oktober 1930 Vorschläge zur Diskussion vor, die sie im Auftrag der Gesellschaft für angewandte Optik erarbeitet hatten und die dazu dienen sollten, die Bezeichnungen in der Optik einheitlich zu gestalten. Diese Zusammenarbeit liefert ein gutes Beispiel für die Wechselbeziehungen

60 König 1932; König/Peschl 1934, König/Weise 1935.
61 Siehe die Rezensionen von Weitzenböck im »Jahrbuch über die Fortschritte der Mathematik«, Weitzenböck 1934.
62 Herzberger 1930a.
63 Herzberger 1928c. Das Zusammentreffen von Herzberger und Haack, der ebemfalls auf der Hamburger Tagung vortrug, sowie deren Diskussion spielten dann bei den Plagiatsvorwürfen im Zusammenhang mit Herzbergers Habilitation eine wichtige Rolle. Vgl. Abschn. 3.6.
64 Herzberger 1928d.
65 Herzberger 1929a.
66 Herzberger 1929a, Zitat Herzberger 1930a, S. 467.
67 Herzberger 1928c.

zwischen Mathematik und Physik. Abgesehen von den Arbeiten zu Bezeichnungsfragen blieben zwar alle weiteren Artikel im theoretisch-mathematischen Bereich, d. h. der mathematischen Beschreibung optischer Vorgänge, zeigten aber dabei ohne es explizit zu thematisieren, ob und wie physikalische Kenntnisse über die Lichtbrechung die Wahl der mathematischen Mittel beeinflusst haben. Eine Verbindung zu Thomaes Arbeiten über Strahlenbüschel wurde nicht hergestellt.

Hervorzuheben ist noch die 1931 von Herzberger auf einer Tagung der Deutschen Physikalischen Gesellschaft in Jena vorgenommene Einbettung in die Variationsrechnung. In seinem Vortrag leitete er sein allgemeines optisches Gesetz im Kontext der Variationsrechnung aus dem Fermatschen Prinzip her und übertrug die abgeleiteten Ergebnisse auf allgemeinere Variationsprobleme.[68] Abschließend seien Herzbergers Übersichtsartikel im Handwörterbuch der Naturwissenschaften sowie seine Monographie »Strahlenoptik« in der bekannten Reihe des Springer-Verlags »Grundlehren der mathematischen Wissenschaften« erwähnt,[69] die alle sehr positiv rezensiert wurden. Dabei hoben die Rezensenten die betont mathematische Anlage der Darstellung und die übersichtliche Präsentation der jüngsten Fortschritte auf dem Gebiet der geometrischen Optik besonders hervor.

Überblickt man die im Untersuchungszeitraum durchgeführten geometrischen Untersuchungen so treten in den Publikationen die Aspekte der Lehre und der Anwendung in den Vordergrund, d. h. die in einem bestimmten Teilgebiet vorliegenden Kenntnisse in geeigneter, übersichtlicher Form zu präsentieren bzw. deren Anpassung und Einsatz zur Befriedigung praktischer Bedürfnisse, vor allem der Mechanik, der Geodäsie und der Optik. Ohne den Wert dieser Forschungen zu negieren, so erfuhren innermathematische, geometrische Fragen, wie dies die axiomatische Begründung der Differentialgeometrie bzw. die Parametrisierung von Kurven darstellen, eine deutlich weniger intensive Behandlung, so dass in diesem Sinne die eingangs gegebene Charakterisierung der geometrischen Forschung als ein an der Jenenser Universität vernachlässigtes Gebiet gerechtfertigt erscheint.

5.4 Gutzmers wissenschaftspolitisches Engagement

Während seiner Zeit in Jena vom Sommersemester 1899 bis zum Sommer 1905 publizierte August Gutzmer (1860–1924) kaum Beiträge zur mathematischen Forschung, stattdessen engagierte er sich wissenschaftspolitisch. Die wenigen Forschungsbeiträge betrafen hauptsächlich das mathematische Gebiet der Differentialgleichungen, mit welchen sich Gutzmer in seinen Qualifizierungsarbeiten auseinandergesetzt hatte. In einem kurzen Aufsatz behandelte er lineare homogene Differentialgleichungen.[70] Er untersuchte, welche Bedingungen die Koeffizienten einer solchen Differentialgleichung erfüllen müssen, damit diese zwei zueinander reziproke Lösungen, d. h. zwei Lösungen x, y mit $y = 1/x$ besitzt. Für Differentialgleichungen zweiter und dritter Ordnung gelang es ihm, diese Frage, die er auf ein Eliminationsproblem zurückführte, zu beantworten. Für den Fall der Differentialgleichung zweiter Ordnung existierte bereits eine Lösung mit einem anderen Lösungsweg. Themen der Analysis bildeten auch den Gegenstand einiger seiner Vorträge auf Fachtagungen in dieser Zeit.[71] In einer weiteren Arbeit untersuchte Gutzmer ein zahlentheoretisches Problem, nämlich Zahlen, deren Quadrat mit derselben Ziffer endet.[72]

Darüber hinaus publizierte Gutzmer zwei Beiträge zur Geschichte der Mathematik: In einem Nachruf würdigte er den spanischen Mathematiker Luis Gonzaga Gascó (1844–1899) und verfasste 1904 eine kurze Geschichte der Deutschen Mathematiker-Vereinigung (DMV), die er mit einem umfangreichen Anhang versah, welcher u. a. verschiedene Berichte und Beschlüsse, ein aktuelles Mitgliederverzeichnis und ein Gesamtregister des »Jahresbericht[s] der Deutschen Mathematiker-Vereinigung« enthielt. Er skizzierte darin Initiativen von einigen Mathematikern, welche schon in den 1860er und 1870er Jahren auf eine eigenständige Standesorganisation gedrängt hatten, sowie die Gründung der DMV im Jahr 1890 und ihre Entwicklung in den ersten fünfzehn Jahren ihres Bestehens.[73] In der DMV wirkte Gutzmer lange Zeit im Vorstand. Ab 1897 gab er den »Jahresbericht« der DMV heraus und verfasste die Sitzungsprotokolle.

Wissenschaftspolitisch trat er während seiner Jenenser Zeit vor allem durch sein Engagement für die Reform des mathematisch-naturwissenschaftlichen Unterrichts an höheren Schulen und Universitäten in Deutschland hervor. Anknüpfend an die Verankerung der angewandten Mathematik als Prüfungsfach in der neuen preußischen Prüfungsordnung für das höhere Lehramt von 1898 sowie an eine unter anderem von Technikern und Ingenieuren getragene gesellschaftliche Bewegung, welche

---

68   Herzberger 1931a.
69   Herzberger 1931b, Herzberger 1931c, Herzberger 1932b.
70   Gutzmer 1905a.
71   Auf der Jahresversammlung der Deutschen Naturforscher und Ärzte 1904 in Breslau trug Gutzmer in der dort neu gebildeten Abteilung für Mathematik und Astronomie am 19. 9. zur Theorie der linearen homogenen Differentialgleichungen und am 20. 9. zur Theorie der adjungierten Differentialgleichungen vor. Gutzmer 1904c, S. 562 f.
72   Gutzmer 1904a.
73   Gutzmer 1900, Gutzmer 1904d.

eine vertiefte und lebendigere Auffassung des eigentlichen Gedankeninhalts der Mathematik und eine verstärkte Berücksichtigung der Anwendung verlangte, um der stetig wachsenden Bedeutung der Mathematik und ihrer Methoden für unsere Gesamtkultur, insbesondere die theoretische Naturwissenschaft, die Technik und das Verkehrswesen, das soziale und das wirtschaftliche Leben (Versicherungswesen) in geeigneter Weise Rechnung zu tragen[,][74]

entstanden auf nationaler Ebene verschiedene Gremien, welche sich mit der Gestaltung des mathematisch-naturwissenschaftlichen Unterrichts auseinander setzten. Von 1904 bis 1908 war Gutzmer Vorsitzender der Kommission für den mathematischen und naturwissenschaftlichen Unterricht (Unterrichtskommission, gegr. 1904) der Gesellschaft Deutscher Naturforscher und Ärzte und danach 1908–1913 des Deutschen Ausschusses für den mathematisch-naturwissenschaftlichen Unterricht. Für beide Einrichtungen legte er ausführliche Tätigkeitsberichte vor.[75] Auf dem dritten Internationalen Mathematiker-Kongress 1904 in Heidelberg trug er über »die auf die Anwendungen gerichteten Bestrebungen im mathematischen Unterricht der deutschen Universität« vor.[76] Er konstatierte: Bei vielen Mathematikern sei infolge der einseitigen formalen Ausbildung »eine Art von Stoffhunger nach konkreten Problemen und Anwendungen«[77] festzustellen. Viele Probleme der theoretischen Physik, der Astronomie und der Technik, die man bisher nicht anzugreifen wisse, seien nach seiner Einschätzung nunmehr für eine Lösung reif. Außerdem sollten die Vorlesungen zur darstellenden Geometrie für alle Studierenden verpflichtend sein und darüber hinaus im Bereich der angewandten Mathematik auch die niedere und höhere Geodäsie, Ausgleichsrechnung, numerische Methoden zur Verwertung von Beobachtungsdaten, graphische Statik, Festigkeitslehre, Elastizitätstheorie, Thermodynamik, Elektrochemie u. a. in der Lehre vertreten sein. Dabei regte Gutzmer die Mitwirkung der Physiker durch angemessene Vertretung der technischen Physik an, wie er sie aus Jena her kannte:

Geschieht dies, so läßt sich in der angewandten Mathematik und Physik auch an den Universitäten ein erfreuliches Ergebnis erzielen, die nicht so günstig gestellt sind, besondere Institute dafür zu besitzen wie Jena dank der Carl Zeißstiftung oder gar Göttingen, das in

Bezug auf Institutseinrichtung und Zahl der Dozenten eine geradezu inkommensurable Präponderanz besitzt.[78]

Auf geschickte Weise verband Gutzmer in seinen Darstellungen nicht nur die theoretische Physik mit der angewandten Mathematik, sondern auch die technische Physik, so dass die Mathematik als eine Art von Brücke zwischen anwendungs- und theoretisch orientierter Forschung fungierte.

Die als Diskussionsgrundlage verstandenen »Reformvorschläge für den mathematischen und naturwissenschaftlichen Unterricht«, welche die Unterrichtskommission 1905 nach ihrem ersten Arbeitsjahr präsentierte, zielten auf eine Neugestaltung des Unterrichts an preußischen Gymnasien, Realgymnasien und Oberrealschulen ab.[79] Auch hier wurde von der Kommission der praktische Nutzen von Mathematik herausgestellt:

Unter voller Anerkennung des formalen Bildungswertes der Mathematik muß auf einseitige und praktisch wertlose Spezialkenntnisse verzichtet, dagegen die Fähigkeit zur mathematischen Betrachtung und Auffassung der Vorgänge in der Natur und in den menschlichen Lebensverhältnissen geweckt und gekräftigt werden. Demgemäß stellt die Kommission die *Stärkung des räumlichen Anschauungsvermögens* und die *Erziehung zur Gewohnheit des funktionalen Denkens* als wichtigste Aufgaben des Mathematikunterrichts hin.[80]

Gleichzeitig sollte die Physik nicht als mathematische Wissenschaft, sondern als eine empirische, also als eine auf durch Beobachten und Experimentieren gewonnenen Erfahrungstatsachen basierende Wissenschaft paradigmatisch vermittelt werden. Dementsprechend betrachtete die Kommission Übungen im Beobachten und Experimentieren als Bestandteil des Physikunterrichts. Damit wurde der mathematischen Physik im Bereich der Schule eine untergeordnete Rolle zugewiesen bzw. diese allein dem Mathematikunterricht zugeordnet.

5.5 Das Wiedererstarken mathematisch-physikalischer Forschungen

Obwohl Wilhelm Kutta nur ein Jahr an der Salana wirkte, rückte mit ihm eine Bearbeitung mathematisch-physikalischer Aufgaben wieder stärker in den Blickpunkt der Mathematiker, wobei er unter anderem von der durch

---

74 Gutzmer 1905b, S. 533.
75 Gutzmer 1908, Gutzmer 1914.
76 Gutzmer 1904b.
77 Gutzmer 1904b, S. 518.
78 Gutzmer 1904b, S. 522.
79 Gutzmer 1905b.
80 Gutzmer 1905b, S. 537, Hervorhebungen im Original.

Gutzmers Wirken für eine Reform des mathematischen Unterrichts und die Betonung der Anwendung mathematischer Kenntnisse erzielte Akzentverschiebung profitieren konnte. Kutta hatte in seiner im Jahre 1900 vorgelegten Dissertation mit Beiträgen zur näherungsweisen Lösung von Differentialgleichungen die Genauigkeit des heute nach Karl Runge (1856–1927) und ihm benannten Verfahrens sowie die Anwendbarkeit desselben wesentlich verbessert. Zwei Jahre später, 1902, erzielte er wichtige Erkenntnisse zur Bestimmung des Auftriebs an einer umströmten Tragfläche, eine Fragestellung, die unabhängig von ihm von Nikolaj Egorovič Žukovskij (Joukovski, Schukowski) (1847–1921) erfolgreich bearbeitet wurde. Die Aufklärung der »Strömungs- und Druckerscheinungen«, die in bewegten Flüssigkeiten, insbesondere auch der Luft, an dem darin versenkten Körper beobachtet werden können, stellten spätestens seit Evangelista Torricelli (1608–1647) und Isaac Newton (1642–1727) ein wichtiges Problem der Hydrodynamik dar. Mit den Forschungen von Otto Lilienthal (1848–1896) und den Fortschritten im Flugwesen hatten sie eine große praktische Bedeutung gewonnen. Die Hauptaufgabe bestand dabei in der »Erklärung und Berechnung der auftretenden Auftriebskräfte und ihres Angriffspunktes, sowie des zur Erhaltung einer Bewegung des Körpers erforderlichen Arbeitsbedarfs.«[81] Nachdem Kutta nur einige seiner Ergebnisse 1902 in kurzer Form in den »Illustrirte[n] aeronautische[n] Mitteilungen« publiziert hatte, nahm er diese Forschungen zum Ende des Jahrzehnts wieder auf und vertiefte sie wesentlich. Wieder benutzte er die Methode der »konforme[n] Abbildung von Flächenstücken, sei es auf die Halbebene, sei es auf das durch Ausschneiden eines Kreises erhaltene Flächengebiet der Ebene«[82] und leitete nun die entsprechenden Formeln ab, speziell auch für die schiefe Strömung gegen »die in Bezug auf dynamische Auftriebswirkung wichtigsten Typen eines in die strömende Flüssigkeit versenkten Körpers … die lange, ebene, schief gegen die Strömung gestellte Platte, und die lange, schwach gewölbte zylindrische Schale, die auch wenn die Sehne ihres Querschnitts parallel zur Strömung liegt, Auftriebskräfte erfährt«[83]. Eingehend widmete sich Kutta der Bestimmung der in der allgemeinen Lösung enthaltenen Konstanten, um der physikalischen Forderung gerecht zu werden, das Auftreten von unendlich großen Geschwindigkeiten der Flüssigkeit zu vermeiden. Für die schiefe Strömung gegen die Platte bzw. zylindrische Schale ist dies nur für eine Kante möglich, so dass weitere Betrachtungen und Änderungen, insbesondere hinsichtlich der Auftriebskraft und

des Flügelprofils, notwendig werden. Kutta diskutierte hierzu u. a. Strömungsprobleme, die durch Abrundung am Beginn des Flächenquerschnitts das Auftreten einer unendlichen Strömungsgeschwindigkeit an einer scharfen Vorderkante von vornherein vermeiden und es zugleich ermöglichen, die Wirkung der Abrundung und deren Positionierung einem genaueren Studium zu unterziehen. Ein weiteres Beispiel zielte auf die Untersuchung, wie das Abströmen der Flüssigkeit durch eine an der Hinterkante angefügte ebene Fläche verändert wird und behandelte dann noch die Kombination beider Maßnahmen, also die Vorderkante abzurunden und die Hinterkante zu verlängern. Hierbei verwies er aber sofort auf die deutlich umfangreicheren und schwierigeren Rechnungen, da die konforme Abbildung mit dem Schwarz'schen Verfahren erfolgen müsste und somit deutlich komplizierter ist. Schließlich griff er das 1902 für einige einfache Fälle berechnete Beispiel zweier symmetrisch untereinander gestellter Kreisschalen in einer beliebigen schiefen Strömung auf, das letztlich aus der Frage nach der gegenseitigen Beeinflussung der beiden Tragflächen eines Doppeldeckers resultierte. Mathematisch führte dies auf das allgemeine Problem, ob sich zwei beliebige geschlossene Kurven, als Begrenzungen der Tragflächenprofile, so auf ein Paar von Kreisen abbilden lassen, dass »das Unendliche sich entspricht und die Abbildung im Innern der unendlichen zweifach zusammenhängenden Fläche (der unendliche Punkt ist nicht als Grenze zu betrachten) singularitätenfrei ist.«[84] In seiner zweiten Arbeit[85] hat Kutta seine Methoden weiter ausgeformt und ging dabei von dem Fakt aus, dass mit der Bestimmung der allgemeinsten Zirkulationsströmung im Außengebiet eines Kreises K in der ζ – Ebene, der das eindeutige, singularitätenfreie Bild einer vorgegebenen geschlossenen, sich nicht überschneidenden Kurve C der z-Ebene bei der Abbildung $z = F(\zeta)$ ist, auch die allgemeinste Strömung um einen beliebigen Kreis K_1, der K enthält, bekannt ist. Mit Hilfe der Abbildungsfunktion F kann daraus die Strömung um das Urbild von K_1, die geschlossene, sich nicht überschneidende, die Kurve C einschließende Kontur C_1, bestimmt werden. Nach der Abschwächung einiger Voraussetzungen berechnete Kutta eine Reihe von Beispielen, wobei die Behandlung der Jalousieflächen, d. h. unendlich viele senkrecht übereinandergestellte ebene Profile, besonders hervorzuheben ist. Insgesamt fügten sich Kuttas Forschungen sehr gut in die Jenenser Tradition ein, indem sie die mathematische Behandlung eines praktischen Problems bis zu technischen

81   Kutta 1910, S. 3.
82   Kutta 1910, S. 5.
83   Kutta 1910, S. 4.
84   Kutta 1910, S. 58.
85   Kutta 1911.

Konsequenzen hinsichtlich der Profilgestaltung im Detail darlegten.

Nachfolger Kuttas wurde Max Winkelmann, der zum Sommersemester 1911 von einer Privatdozentur für Mechanik und Mathematik an der Technischen Hochschule Karlsruhe nach Jena wechselte. Er hatte zu diesem Zeitpunkt bereits mit einigen Arbeiten zur mathematischen Physik auf sich aufmerksam gemacht. Dabei konzentrierte er sich fast ausschließlich auf die mathematische Behandlung mechanischer Fragen. Nachdem er 1904 bei Felix Klein in Göttingen mit einer Arbeit zur Kreiseltheorie promoviert worden war, habilitierte er sich 1907 an der Grossherzoglichen Technischen Hochschule Fridericiana zu Karlsruhe mit einer »Untersuchung über die Variation der Konstanten in der Mechanik«[86]. Den Ausgangspunkt bildete die vollständige Lösung der Bewegungsgleichungen eines mechanischen Systems. Unter der Voraussetzung, dass die dabei auftretenden Kräfte konservativ sind, hatten Joseph – Louis Lagrange (1736–1813) und Siméon Denis Poisson (1781–1840) eine allgemeine Methode, die Variation der Konstanten, zur Berechnung dieser Bewegungsgleichungen angegeben, wenn zusätzliche Kräfte, sogenannte Störkräfte, auf das System einwirken. Dabei werden Kräfte konservativ genannt, wenn diese Kräfte als Komponenten des Gradienten eines zweimal stetig differenzierbaren Skalarpotentials (oft auch als Potentialfunktion bezeichnet) dargestellt werden können. Winkelmann widmete sich nun der Aufgabe, die von Lagrange und Poisson angegebene »Methode der Variation der Konstanten für allgemeine Grundkräfte zu entwickeln«.[87] Nachdrücklich verwies er darauf, dass die Forderung, allgemeine, also auch nicht konservative, Grundkräfte zu betrachten, durch die neueren technischen Entwicklungen bedingt war und bezog sich insbesondere auf die von Karl Heun (1859–1929) in einem Übersichtsartikel angeführten Beispiele.[88] Die Arbeiten von Lagrange und Poisson enthielten dazu zwar einige Ansätze, doch waren diese nicht weiter verfolgt worden, da dies bei der vorrangigen Anwendung der Methode in der Astronomie und auf die »wenigen Problem der irdischen Mechanik« nicht notwendig war. Ausgehend von einer eingehenden Analyse der bisherigen Ergebnisse verdeutlichte Winkelmann den Zusammenhang und die Unterschiede zwischen den Vorgehensweisen von Lagrange und Poisson und bewies, dass die Methode auch bei allgemeinen Grundkräften benutzt werden konnte. Von entscheidender Bedeutung erwies

sich dabei, die Abhängigkeit der »Elemente der Bewegung« von der Zeit sowie den Orts- und Impulskoordinaten aufzuklären[89]. Daraus ergaben sich zunächst wichtige Aussagen über die Zeitabhängigkeit der von Lagrange bzw. Poisson eingeführten Klammerausdrücke, mit denen dann nachgewiesen werden konnte, dass die Umkehrbeziehung, die zwischen Lagranges und Poissons Störungsformel für konservative Systeme bestand, für allgemeine Systeme erhalten blieb. An mehreren Stellen seiner Arbeit verdeutlichte Winkelmann auch die Grenzen seiner Studien: Bisher waren »nur wenige Probleme der Mechanik für nicht-konservative Grundkräfte ›vollständig‹ gelöst«[90] und seine Darlegungen hatten neue Fragen aufgeworfen, u. a. zur Verwendung von Näherungslösungen.

Auch bei der zusammen mit Ernst August Brauer (1851–1934) bearbeiteten Herausgabe von drei Arbeiten Leonhard Eulers zur Turbinentheorie betonte Winkelmann die Bedeutung älterer Arbeiten für neuere Forschungen und hob Anknüpfungspunkte für aktuelle Betrachtungen in der theoretischen Hydrodynamik sowie dem Maschinenbau hervor.[91]

Aus Winkelmanns Jenaer Zeit sind zunächst drei kleinere geometrische Arbeiten zu nennen, von denen die ersten beiden keine Beziehungen zur Physik zeigen. Der aus einem Vortrag hervorgegangene Beitrag über die Vektordivision folgt dagegen klar der Intention, ein vorhandenes, schwerfälliges Verfahren, das »nicht nur langwierige[r] Vorbereitung und große[r] Übung, sondern auch eingehende[r] Kenntnis aller Feinheiten ihres komplizierten« Gebrauchs erfordert, entsprechend der Bedürfnisse der »theoretischen Physik und angewandten Mathematik (insbesondere der ›technischen‹ Mechanik)« in einen »einfachen, möglichst leicht zu handhabenden Kalkül« auszuformen.[92] Konkret handelte es sich um die Aufgabe, die arithmetischen Grundoperationen (Addition, Multiplikation sowie ihre Umkehrungen) so für Vektoren zu definieren, dass sich ein den praktischen Bedürfnissen angepasster Kalkül ergab. Für die Division war dies bisher nicht in befriedigender Weise gelungen. Die von Hermann Günther Grassmann (1809–1877) und William Rowan Hamilton definierten Operationen hatten sich als zu kompliziert erwiesen. Bei dem weiteren Aufbau und der Ausgestaltung des Vektorkalküls, insbesondere durch Oliver Heaviside (1850–1925) und Josiah Williard Gibbs (1839–1903) fand die Vektordivision nur wenig Aufmerksamkeit. Nach diesen historischen Reflexionen schlug Winkelmann

---

86 Winkelmann 1909.
87 Winkelmann 1909, S. 4.
88 Heun 1900; Winkelmann verwies außerdem auf den »weit ausführlicheren Artikel« Heuns in der »Encyklopädie der mathematischen Wissenschaften«, Heun 1914.
89 In der vollständigen Lösung der Bewegungsgleichungen des ungestörten Problems treten diese Elemente der Bewegung als Konstanten auf.
90 Winkelmann 1909, S. 65.
91 Euler 1911.
92 Winkelmann 1923, S. 67 f.

dann unter Einführung geeigneter willkürlicher Hilfsvektoren eine Umgestaltung des Verfahrens vor, so dass die Vektordivision die gewünschte Einfachheit erhielt. Als ein eindrucksvolles Beispiel für die Anwendung dieser Division diente ihm die Definition der Differentialoperationen Gradient und Rotor für Vektorfelder. Da Winkelmann, um seine Ausführungen übersichtlich und einfach zu gestalten, diese auf den dreidimensionalen euklidischen Raum und auf sogenannte Systeme erster Stufe beschränkt hatte, beendete er die Darlegungen an dieser Stelle, verwies aber nachdrücklich auf die Möglichkeit zur Fortsetzung derselben unter Einbeziehung der Gebilde höherer Stufe. Jahre später setzte er die Detailbetrachtungen mit der Definition und Bestimmung von Biegung, Windung, Drillung und Verdrehung im Rahmen der kinematischen Differentialgeometrie fort.[93]

In der Zwischenzeit hatte sich Winkelmann eingehend der übersichtlichen Darstellung des Zusammenspiels von physikalischer Argumentation und mathematischer Methode gewidmet. Als Ergebnis präsentierte er in der zweiten Hälfte der 1920er Jahre drei zusammenfassende Artikel[94] in großen physikalischen Nachschlagewerken, dem »Handbuch der Physik und technischen Mechanik« bzw. dem »Handbuch der Physik«. In dem zusammen mit Rudolf Grammel erarbeiteten Beitrag über die »Kinetik der starren Körper« verdeutlichen die Autoren zunächst die in der Definition des starren Körpers vorgenommene »Abstraktion, die sich durch ihre Nützlichkeit rechtfertigt und ohne welche die klassische Mechanik nicht denkbar wäre.«[95] Für die Annahme, dass das Produkt des gegen Unendlich gehenden Elastizitätsmoduls und der gegen Null gehenden Dehnung gegen einen endlichen Wert, die Spannung konvergiert, mussten sie zwar die fehlende exakte mathematische Begründung konstatieren, doch bestand daran physikalisch kein Zweifel. Zudem führte diese Idealisierung zu »außerordentlichen Vereinfachungen« in den Bewegungsgleichungen der Körper und hatte sich für reale Probleme als eine »brauchbare Näherung« erwiesen. Die nachfolgenden Ausführungen umfassten neben der Theorie eine ganze Reihe von real vorkommenden Kreiselbewegungen, wie die Bewegung der Himmelskörper bzw. des rollenden Rades, weiterhin die Relativbewegung eines starren Körpers auf der bewegten Erde und Systeme starrer Körper.

Seinen ebenfalls 1927 erschienenen Beitrag über die »Prinzipien der Mechanik« leitete Winkelmann mit einem Überblick über die Entwicklung der Mechanik, deren verschiedenen Verzweigungen und deren Stellung innerhalb

Abb. 43: Max Winkelmann

der Physik ein. Nachdrücklich betonte er die notwendige »lebendige[r] Wechselwirkung mit den *experimentellen* Wissenschaften« (Physik, Technik, Astronomie) einerseits und der Mathematik andererseits sowie die »wesentlich mathematische« Form ihrer Darstellung.[96] Zugleich warnte er vor der Gefahr, durch die Konzentration auf die Atomforschung die enge Bindung an die physikalischen und technischen Wissenschaften zu verlieren und »die experimentelle und theoretische Pflege der Mechanik … den wissenschaftlich arbeitenden Technikern, technischen Physikern oder den Mathematikern und Astronomen zu überlassen.«[97] Nachdem er drei unentbehrliche Grundbegriffe der Mechanik, Raum, Zeit und Kraft, sowie die für die mathematische Behandlung nötigen Abstraktionen thematisiert hatte, skizzierte er die verschiedenen Einteilungen der Mechanik, insbesondere jene in die Richtungen klassische Mechanik, Relativitätstheorie und mechanische Statistik, wobei er die erstere wesentlich weiter, über die

---

93　Winkelmann 1932.
94　Winkelmann/Grammel 1927; Winkelmann 1929; Winkelmann 1930, die beiden letztgenannten Beiträge von Winkelmann erschienen in Teillieferungen des jeweiligen Gesamtbandes bereits 1927 bzw. 1928.
95　Winkelmann/Grammel 1927, S. 373.
96　Winkelmann 1929, S. 307.
97　Ebenda, S. 307.

Newton'sche Mechanik hinausgehend fasste. Bemerkenswert ist die hier vorgenommene kritische Abgrenzung zur theoretischen Physik, die die Aufgabe der Mechanik mit der vollständigen mathematischen Erfassung des sie interessierenden Erscheinungsbildes viel enger und starrer formulierte.[98] Die wesentliche Rolle der Mathematik blieb aber unangetastet, was sich unter anderem in Winkelmanns Hinweis auf die Orientierung an der neuen axiomatischen Methode manifestierte. In diesem Sinne legte er dann den Aufbau der Mechanik auf der Basis der verschiedenen Prinzipe, unterschieden in Differential-, Integral- und Minimalprinzipe, dar.

In dem Beitrag »Allgemeine Kinetik«[99] verdeutlichte Winkelmann nochmals eindrucksvoll das Zusammenspiel mathematischer und mechanischer Überlegungen. Die allgemeine Kinetik als die Theorie der Bewegungsvorgänge mechanischer Systeme unter dem Einfluss von Kräften definierend, beschränkte er seine Betrachtungen sogleich auf Systeme mit endlich vielen Freiheitsgraden und grenzte sie von der Mechanik der Kontinua ab. Unter Bezug auf die in der früheren Arbeit bewiesenen Theoreme, leitete er die Bewegungsgleichungen ab. Aus Platzgründen verzichtete er auf die Erläuterung der Theorien von Carl Gustav Jacob Jacobi (1804–1851), William Rowan Hamilton und Sophus Lie (1842–1899) zur Integration dieser Differentialgleichungen und konzentrierte sich darauf, die beiden, von ihm als vektorielle (bzw. Euler'sche) und skalare (bzw. Lagrange'sche) bezeichneten Methoden an verschiedenen Beispielen vom einzelnen freien Massepunkt bis zu Systemen starrer Körper und nichtholonomen Systemen darzulegen.

Überblickt man die für die Beziehungen zwischen Mathematik und Physik relevanten Arbeiten Winkelmanns so beschränken sich diese auf die Mechanik und die dort verwendeten mathematischen Methoden. Auf diesem Gebiet hat er allerdings sehr sorgfältig und detailliert sowohl die physikalischen als auch die mathematischen Aspekte und ihr Ineinandergreifen dargestellt und somit zu deren Entwicklung beigetragen.

Neben Winkelmann trat in den 1920er Jahren auch Koebes Assistent Heinz Prüfer mit einer Arbeit hervor, die formal eng mit Fragen der mathematischen Physik verknüpft war. Prüfer hat bei der Erläuterung der Problemstellung, die Reihenentwicklung stetiger Funktionen in der Sturm-Liouville-Theorie, diese Beziehungen zur mathematischen Physik klar konstatiert. Seine Arbeit enthielt aber keine Hinweise auf derartige Anwendungen und war ganz auf eine Herleitung des Entwicklungssatzes und des Sturm'schen

Oszillationstheorems konzentriert, die »von den einfachsten Eigenschaften der Differentialgleichungen ausgeht und möglichst elementare Hilfsmittel benutzt«. Das Haupttheorem besagte, dass eine im Intervall $a \leq x \leq b$ stetige und einmal stückweise stetig differenzierbare Funktion $f(x)$, die, wenn α und β jeweils Vielfache von π sind, für a bzw. b verschwindet, sich auf eine und nur eine Weise als eine im Intervall $a \leq x \leq b$ absolut und gleichmäßig konvergente Reihe $f(x) = c_0\varphi_0(x) + c_1\varphi_1(x) + \ldots$ mit konstanten Koeffizienten entwickeln lässt. Dabei sind die $\varphi_i(x)$ bei geeigneter Wahl der Konstanten λ Lösungen des Randwertproblems

$$\frac{d}{dx}\left(k\,\frac{du}{dx}\right) + (l + \lambda r)u = 0$$

$$\text{mit } \cos\alpha \cdot u(a) = \sin\alpha \cdot k(a)\frac{du(a)}{dx} \text{ und}$$

$$\cos\beta \cdot u(b) = \sin\beta \cdot k(b)\frac{du(b)}{dx}$$

und k, l, r stetige Funktionen in $a \leq x \leq b$ sowie α und β gegebene Zahlen.[100] Auf konkrete physikalische Fragestellungen, in denen dieses Theorem Anwendung finden konnte, ging Prüfer nicht ein, auch nicht in Verbindung mit den von ihm am Ende der Publikation betrachteten Reihenentwicklungen nach trigonometrischen Funktionen, Bessel-Funktionen, Hermite'schen bzw. Legendre'schen Polynomen. Letztlich blieb die Arbeit hinsichtlich des Bezugs zu physikalischen Problemen in Prüfers Schaffen völlig singulär.

Das Winkelmann'sche Forschungscredo wurde dann in wesentlichen Teilen durch das Wirken von dessen Assistent Ernst Weinel ab 1934 unterstützt und fortgesetzt, der von 1936 bis 1942 als Privatdozent und schließlich ab 1942 als außerordentlicher Professor in Jena tätig war. Bereits zuvor hatte er an der Technischen Hochschule Karlsruhe bzw. am Institut für Strömungsforschung Göttingen Arbeiten zur Hydrodynamik und zur Elastizitätstheorie vorgelegt.[101] Diese Forschungen setzte er in Jena intensiv fort. Von den Publikationen in dem hier betrachteten Zeitraum bis zum Ende des Zweiten Weltkrieges sind zwei besonders hervorhebenswert: eine über die ebenen Randwertprobleme der Elastizitätstheorie[102] und eine zu dem von Richard Grammel vorgeschlagenen Verfahren zur Berechnung von Eigenwerten und Eigenfunktionen[103]. In der ersten Arbeit demonstrierte er an mehreren Beispielen die Bedeutung der wenig beachteten und gelegentlich diskreditierten bipolaren Koordinaten. Dazu erläuterte er zunächst die Bestimmung des Spannungszustandes für von zwei Kreisen begrenzte Gebiete mit Hilfe der bipola-

---

98 Ebenda, S. 309.
99 Winkelmann 1930.
100 Prüfer 1926, S. 500 (Schreibung so im Original.).
101 Weinel 1932, Weinel 1934.
102 Weinel 1937a.
103 Weinel 1939.

ren Koordinaten im Allgemeinen, wobei der Zusammenhang zwischen den bipolaren Koordinaten λ, φ und den üblichen rechtwinkligen (euklidischen) Koordinaten x, y durch die Formeln

$$x = a\,\frac{\sinh \lambda}{\cosh \lambda - \cos \varphi} \qquad y = a\,\frac{\cosh \lambda}{\cosh \lambda - \cos \varphi}$$

gegeben wird. Diesbezüglich diskutierte er auch, dass die Lösung unter den vorgegebenen Randbedingungen noch unbestimmte Koeffizienten enthält, und zeigte Möglichkeiten auf, »mechanisch realisierbare Lösungen« zu bestimmen. Abschließend berechnete er diese Spannungsfunktion für einige konkrete Beispiele wie die doppelt gelochte Scheibe oder ein exzentrisches Rohr unter Innen- und Außendruck. Jahre später, 1941, behandelte er in einer Note, die wohl wegen Weinels Kriegseinsatz recht kurz ausfiel, ein weiteres Beispiel für die durch die Anwendung der bipolaren Koordinaten mögliche, elegante Berechnung des Spannungszustandes[104]. In diesem Kontext sei noch ein Vortrag Weinels auf der Jahrestagung der Gesellschaft für angewandte Mathematik und Mechanik erwähnt[105]. Im Mittelpunkt standen zwar Biegung, Stabilität und Krümmungsverhalten eines Plattenstreifens, doch dies setzte natürlich die Kenntnis des Spannungszustands des Plattenstreifens voraus.

In der zweiten oben erwähnten Arbeit griff Weinel ein etwa sechs Monate zuvor von Grammel veröffentlichtes Lösungsverfahren für Eigenwertprobleme auf.[106] Weinel stellte fest, dass das wiederholte Hintereinanderausführen von Grammels Verfahren bei hinreichender Fortsetzung die gesuchten Eigenwerte und die zugehörigen Eigenfunktionen mit jeder gewünschten Genauigkeit liefert, und skizzierte den zugehörigen Beweis. Für den sogenannten »eingliedrigen Ansatz«, d. h. es werden jeweils nur der kleinste Eigenwert und die zugehörige Eigenfunktion berechnet, modifizierte er das Verfahren so, dass es den bisher bekannten Verfahren von Walter Ritz (1878–1909), Oliver D. Kellog (1878–1932) u. a. gleichwertig war, aber numerisch einige Vorteile besaß. Insbesondere die Verknüpfung mit einer von Boris Grigor'evič Galërkin (1871–1945) entwickelten Methode war in der Praxis sehr nützlich. Jedoch musste er bekennen, dass wegen des hohen Rechenaufwandes, der bei allen betrachteten Verfahren schon bei der Bestimmung der zweiten Näherung auftrat, seine vorgestellte Verbesserung kaum spürbar werden würde.

Diese letztgenannte Arbeit deutete eine Erweiterung

von Weinels Forschungsspektrum an, die in den Nachkriegsjahren noch deutlicher zur Geltung kam: die stärker theoretisch orientierte Beschäftigung mit verschiedenen numerischen Verfahren, etwa hinsichtlich einer Abschätzung ihrer Genauigkeit. Weinel beschränkte sich aber auf die Publikation kurzer Resümees von Vorträgen, in denen er seine Ergebnisse auf den Jahrestagungen der Gesellschaft für angewandte Mathematik und Mechanik präsentiert hatte.[107] Er blieb folglich mit all seinen Forschungen vollständig im theoretischen Bereich der Numerik und deutete bei mehreren Gelegenheiten nur an, dass ihm deren Relevanz für praktische Fragen durchaus bekannt war.

Abschließend sei noch der Vortrag von R. König über die »Mathematik als biologische Orientierungsfunktion unseres Bewußtseins« erwähnt, in dem er der Mathematik eine umfassende Orientierungsfunktion zuwies und dies durch die vielseitige Anwendung der Mathematik in nahezu allen Lebensbereichen rechtfertigte.[108] Diese Darlegungen blieben zwar relativ allgemein, doch lassen sie deutlich weitere Detailkenntnisse des Autors und dessen Intention vermuten, die Behandlung verschiedener physikalischer Sachverhalte mit mathematischen Mitteln zu erläutern und zu fördern. So diskutierte König hinsichtlich der Orientierungsfunktion der Mathematik in der räumlichen Welt die Grenzen, die sich beispielsweise für die Vorstellung des euklidischen Raumes bei der Untersuchung der Atomkerne auftun.[109] Nachdem er im Weiteren auf die »höchste orientierende Kraft« der Gruppen- und Darstellungstheorie in der Quantentheorie unter Bezug auf das entsprechende Buch von Bartel Leendert van der Waerden[110] hingewiesen hatte, vermerkte er »Es war aber nötig, den Bereich der reellen und komplexen Zahlen … noch gewaltig zu erweitern: die *Theorie der hyperkomplexen Zahlsysteme* mußte erst geschaffen sein; jeder *Stoff* verlangt sozusagen seinen *eigenen Zahlbereich* zu einer adäquaten Beschreibung …« Noch deutlicher könne die Rolle der Mathematik dargestellt werden, wenn man »das ganze große Reich der *Angewandten Mathematik* mit seinen Ausstrahlungen auf fast alle Zweige der Naturwissenschaft und Technik« durchginge.[111] Der von König bevorzugte Standpunkt, die Bedeutung der Mathematik für andere Wissenszweige hervorzuheben, ist der Intention des Vortrages, den Stellenwert der Mathematik in der schulischen Ausbildung zu stärken und zu erhöhen, sowie der Orientierung an der sogenannten »Bauhüttenphilosophie« von Erwin Guido Kolbenheyer (1878–1962)

---

104 Weinel 1941.
105 Weinel 1937b.
106 Gramel 1939.
107 Weinel 1949, Weinel 1950.
108 König 1941.
109 König 1941, S. 36.
110 Waerden 1932.
111 König 1941, S. 44 f.

geschuldet. Auch die fehlende detaillierte Erläuterung der Wechselbeziehungen zwischen Mathematik und Physik an einem Beispiel dürfte dadurch bedingt sein. König war sich der beidseitigen Einflussnahme aber vollends bewusst, doch lag dies nicht in seinem Interessenspektrum. Eine aktive Förderung der Beziehungen zwischen Mathematik und Physik ist in Königs Arbeiten nicht feststellbar. Deren mittelbare Wirkung sowie die aus Königs Vorträgen und Vorlesungen hervorgegangenen Anregungen sind nur schwer konkret messbar, waren aber vorhanden, wie die Rezension einzelner Arbeiten bzw. die Zusätze zu einigen Vorlesungstiteln zeigen, und dürfen keineswegs vernachlässigt werden.

5.6 Algebra und Zahlentheorie – Die Formierung neuer Schwerpunkte am Mathematischen Institut

Durch den seit 1906 in Jena tätigen R. Haußner trat nach dem Ersten Weltkrieg die Zahlentheorie für mehrere Jahre mit einigen Forschungen hervor und konnte sich dann in einer algebraischen Ausrichtung am Jenenser Mathematischen Institut etablieren. In mehreren kleineren Abhandlungen beschäftigte sich Haußner mit der Verteilung von Primzahlen und mit Kongruenzen. An eine mehrteilige Arbeit von Paul Stäckel (1862–1919) anschließend[112] versuchte er mit Hilfe der sogenannten Lückenzahlen r-ter Stufe[113] das Problem der (binären) Goldbach'schen Vermutung, dass jede gerade Zahl in eine Summe von zwei Primzahlen zerlegt werden kann, anzugehen und Aussagen über die Verteilung von Primzahlen zu gewinnen. Er bewies dazu eine von Stäckel aufgestellte Vermutung über die Anzahl $G_r(2n)$ der Darstellungen der Zahl 2n als Summe von zwei Lückenzahlen r-ter Stufe für einen gewissen Bereich, nämlich für Zahlen außerhalb des sogenannten Hauptbereiches r-ter Stufe, streng.[114] Aus dieser Aussage folgerte er auf unterschiedlichen Wegen, ob und wie oft sich eine gerade Zahl in eine Summe von zwei Primzahlen zerlegen läßt. Des Weiteren stellte er selbst eine Vermutung über Lückenzahlen auf, welche ihn zu weiteren Vermutungen über die Verteilung von Primzahlen führte.[115] Seine Vermutung über Lückenzahlen wurde jedoch kurze Zeit später von Alfred Brauer (1894–1985) durch die Angabe eines Gegenbeispiels widerlegt. Außer-

dem befasste sich Haußner mit der zahlentheoretischen Gleichung $u^{p-1} - 1 \equiv 0 \pmod{p^2}$ für eine Primzahl p und eine beliebige natürliche Zahl u, wobei er den Fall u=2 gesondert betrachtete.[116] Er stellte dabei einen numerischen Ansatz zur Berechnung des Restes von $u^{p-1} - 1 \equiv 0 \pmod{p^2}$ für alle Primzahlen und alle u auf. Schließlich gab Haußner bereits 1921 das von seinem Freund Paul Bachmann (1837–1920) hinterlassene Manuskript für eine verbesserte zweite Auflage der in der »Sammlung Schubert« 1907 erschienenen »Grundlehren der neueren Zahlentheorie« heraus.[117] Er versah es mit einer Würdigung von Bachmanns wissenschaftlichem Werdegang und Leistungen sowie mit einem Sachregister.

Haußner war auch als Herausgeber weiterer Werke tätig. Zusammen mit Karl Schering (1854–1925) edierte er die gesammelten mathematischen Werke von seinem Göttinger Lehrer Ernst Schering (1833–1897) in zwei Bänden.[118]

Parallel zu Haußners zahlentheoretischen Arbeiten erfuhren auch Untersuchungen zur Algebra durch die am Mathematischen Institut lehrenden Assistenten und Privatdozenten eine starke Förderung und etablierten sich als ein neuer Forschungsschwerpunkt. Der junge Heinz Prüfer kam 1921 als Assistent von Koebe nach Jena und beschäftigte sich in seinen Forschungen fast ausschließlich mit algebraischen Fragestellungen. Der erste, formal unter seiner Jenaer Adresse erschienene Artikel[119] war im Wesentlichen eine Überarbeitung der ersten Hälfte seiner Dissertation und beinhaltete die Frage, ob die Zerlegbarkeit endlicher Abelscher Gruppen in zyklische Faktoren auf unendliche Gruppen übertragen werden kann. Dies konnte er für abzählbare p-Gruppen positiv beantworten, d. h. für alle abzählbaren Gruppen, in denen jedes Element g der Gruppe eine Ordnung p^n, n eine natürliche Zahl, hat. Weiterhin charakterisierte er jene abzählbaren p-Gruppen, die als direkte Summe von Gruppen vom Rang 1 darstellbar sind (Satz von Prüfer), wobei eine Gruppe den Rang 1 hat, wenn jede endliche Menge von Gruppenelementen in einer zyklischen Untergruppe enthalten ist. Durch die Angabe von Gegenbeispielen zeigte er schließlich, dass dies nicht für alle abzählbaren p-Gruppen gilt. In zwei nachfolgenden ausführlichen Arbeiten übertrug er dann diese Resultate auf Moduln über Hauptidealringen.[120] In diesem Kontext führte Prüfer eine Topologie in Abel'schen Grup-

---

112　Stäckel 1917; Außerdem nahm Haußner in seinen Darlegungen noch auf die Arbeiten Stäckel 1916 und Stäckel/Weinreich 1922 Bezug.

113　Bezeichne $p_1 = 3, p_2 = 5, p_3 = 7, p_4 = 11, \dots$ die ungeraden Primzahlen, dann sind Lückenzahlen r-ter Stufe alle natürlichen Zahlen, die zu $p_1, p_2, \dots, p_r$ teilerfremd sind, und die Zahl 1. Haußner 1922, S. 116. Haußner modifizierte diese Definition später, indem er die Folge der Primzahlen mit $p_1 = 2$ beginnen ließ und die Zahl 1 herausnahm Haußner 1927b, S. 174 f.

114　Haußner 1922, Haußner 1927b.

115　Haußner 1932.

116　Haußner 1926, Haußner 1927a. Eine historisch-kritische Zusammenstellung aller Monographien, welche sich mit diesem Problem befassten, lieferte die Jenenser Promotionsarbeit *Die Theorie des Fermatquotienten* von G. Dittrich aus dem Jahr 1924.

117　Bachmann 1921.

118　Schering 1902.

119　Prüfer 1923.

120　Prüfer 1924, Prüfer 1925a.

pen ein und bewies einen Zerlegungssatz, der später in die Theorie der linearen kompakten Gruppen Eingang fand. In seiner Jenaer Zeit dehnte Prüfer seine Forschungen auf die algebraische Zahlentheorie und die Sturm-Liouville'sche-Theorie aus.[121] In dem Artikel zur neuen Begründung der algebraischen Zahlentheorie wählte er als Basis eine veränderte Definition der idealen Zahlen a in einem algebraischen Zahlkörper $\mathfrak{K}$, indem er a als Lösung eines unendlichen Systems von Kongruenzen $z \equiv a_\mu \pmod{\mu}$ einführte, wobei μ alle ganzen Zahlen von $\mathfrak{K}$ durchlief und die a_μ ebenfalls ganze Zahlen aus $\mathfrak{K}$ waren, aber derart gewählt, dass je endlich viele Kongruenzen eine ganze Zahl aus $\mathfrak{K}$ als Lösung haben. Mit dieser Definition der ganzen idealen Zahlen konnte die Theorie ohne einen Rückgriff auf die eindeutige Primzahlzerlegung einer ganzen rationalen Zahl aufgebaut werden, was insbesondere einige Verallgemeinerungsmöglichkeiten eröffnete. Obwohl sie teilweise recht ausführlich und nicht leicht verständlich waren, lieferten speziell die algebraischen Arbeiten Prüfers seinen Zeitgenossen eine Reihe von Anregungen für weitergehende Forschungen. Nach seinem Weggang von Jena wandte sich Prüfer besonders der Knotentheorie und der projektiven Geometrie zu.

Die Linie der algebraischen Forschung wurde von dem Noether-Schüler Heinrich Grell fortgesetzt, der 1928 ebenfalls als Assistent an die Jenaer Universität kam. Nach einer Ergänzung seiner in der Promotion über Beziehungen zwischen den Idealen verschiedener Ringe erzielten Ergebnisse betrachtete er die Normentheorie für hyperkomplexe Systeme (Algebren) und gab einen neuen Beweis für eine zuvor von Emil Artin hergeleitete Normenrelation. Der Beweis war wesentlich vereinfacht, da er ohne die Anwendung des Wedderburn'schen Strukturtheorems auskam, und bot zugleich die Möglichkeit zur weiteren Verallgemeinerung der Aussage. Statt der rationalen Zahlen konnte der »Körper der rationalen Funktionen einer Unbestimmten mit einem beliebigen Körper der Charakteristik Null als Konstantenbereich« als Koeffizientenbereich des hyperkomplexen Systems gewählt werden, ohne dass sich die Beweisführung änderte.[122] Auch die weiteren von Grell in Jena ausgeführten Forschungen betrafen thematisch das Studium hyperkomplexer Systeme und der in ihnen enthaltenen Ideale, wobei wieder die Verallgemeinerung bekannter Sätze im Mittelpunkt stand.[123] Obwohl in Grells Publikationen der Jenaer Zeit

keine Beziehungen zu physikalischen Fragen feststellbar sind, so muss er doch einige aktuelle Bezüge hinsichtlich der Quantenmechanik zur Kenntnis genommen haben: Im Februar 1935 trug er im Rahmen seiner Umhabilitation an die Universität Halle über die Bedeutung der hyperkomplexen Systeme für die Quantenmechanik vor[124] und kündigte dann für das folgende Sommersemester eine Vorlesung zu den mathematischen Grundlagen der Quantenmechanik an, die auf Grund seiner Verhaftung aber nicht stattfinden konnte.[125]

Die algebraische Traditionslinie unter den Assistenten bzw. Privatdozenten führte dann 1937 Max Deuring fort. Bereits während seiner Tätigkeit in Leipzig hatte er sich mit Funktionenkörpern beschäftigt.[126] Anknüpfend an Arbeiten von Helmut Hasse, in denen dieser die Übertragung algebraischer Eigenschaften eines algebraischen Funktionenkörpers vom Geschlecht 1 auf abstrakte Funktionenkörper vom Geschlecht 1 über einem beliebigen algebraisch abgeschlossenen Konstantenkörper k gezeigt hatte, analysierte er nun die Übertragbarkeit auf Körper höheren Geschlechts und entwickelte eine Theorie der Korrespondenzen algebraischer Funktionenkörper über Konstantenkörpern beliebiger Charakteristik. Dabei ließ er sich von den Korrespondenzen zwischen den Integralen erster Ordnung eines algebraischen Funktionenkörpers einer komplexen Veränderlichen und den zu diesem Körper gehörigen irreduziblen algebraischen Kurven leiten. Die beiden wichtigen Publikationen zu dieser Thematik können als formale Eckpunkte seiner Jenaer Zeit dienen.[127] In diesem Kontext studierte er dann auch die Zuordnung eines solchen Funktionenkörpers einer Veränderlichen zu einem Modul. Für die Körper eines festen Geschlechts g ergab sich damit eine eineindeutige Abbildung auf die Punkte einer irreduziblen algebraischen Modulmannigfaltigkeit über dem gleichen Konstantenkörper k.[128] In einer umfangreichen Untersuchungen beschrieb er weiterhin die Typen, die als Multiplikatorenringe elliptischer Funktionenkörper von Primzahlcharakteristik p auftreten können, gab eine Charakterisierung der drei auftretenden Typen durch eine Invariante und zeigte weitere Eigenschaften dieser Ringe.[129] Ein großes Ziel all dieser Arbeiten war der Beweis der Riemann'schen Vermutung für Funktionenkörper einer Veränderlichen mit einem endlichen Konstantenkörper. Trotz der erzielten wichtigen Fortschritte ist André Weil (1906–1998) dann Deuring in diesem Bestre-

121 Prüfer 1925b, Prüfer 1926.
122 Grell 1930a, S. 60.
123 Grell 1930b, Grell 1935.
124 UAH, PA 6887, unpaginiert.
125 Schlote/Schneider 2009b, S. 378.
126 Vgl. Schlote 2008, S. 363 f.
127 Deuring 1937, Deuring 1941a; vgl. auch Deuring 1942b.
128 Deuring 1942a Die Arbeit wurde bereits im Juni 1940 eingereicht.
129 Deuring 1941b, Deuring 1942c.

ben zuvorgekommen, was vermutlich auch an Deurings ungünstigen Arbeitsumfeld lag. Nach der Ansicht von Peter Roquette (geb. 1927) können mehrere Arbeiten Deurings, insbesondere jene zur Korrespondenztheorie, als Vorarbeiten zu einem geplanten Buch »Zur Theorie der algebraischen Funktionenkörper« angesehen werden, das aber nicht zustande kam.[130]

Noch vor den bedeutenden Arbeiten Deurings wurden die algebraisch-zahlentheoretischen Forschungen ab Mitte der 1930er Jahre durch Haußners Nachfolger, den im Oktober 1934 berufenen Friedrich Karl Schmidt, wesentlich gefördert. Schmidt setzte die in seiner Dissertation und nachfolgenden Arbeiten begonnene Übertragung der Theorie algebraischer Funktionenkörper einer Variablen über einem Grundkörper der Charakteristik 0 auf beliebige Grundkörper fort, bewegte sich also zeitweise auf dem gleichen Forschungsfeld wie Deuring.[131] Er formulierte und bewies den Satz von Riemann-Roch für diese Funktionenkörper über beliebigem Konstantenkörper.[132] Die Argumentation erfolgte dabei auf idealtheoretischer Basis im Unterschied zu André Weil, der den Satz etwa zur gleichen Zeit vom Standpunkt der Kurventheorie bewies.[133] Schmidts Beweisführung vereinfachte zugleich frühere Beweise für den Fall eines vollkommenen Konstantenkörpers und unterstützte den Trend zur abstrakten algebraischen Geometrie. Ein weiteres Problem war die Übertragung des Differentiationskalküls, da hier wegen des Auftretens inseparabler Körpererweiterungen und der sich bei der Charakteristik p ergebenden Abweichungen neue Methoden erforderlich waren. Zusammen mit Helmut Hasse entwickelte Schmidt ausgehend vom Begriff der iterativen Derivation eine Theorie der »höheren Differentialquotienten« in beliebigen Körpern.[134] Diese als Hasse-Schmidt-Derivationen bezeichneten Derivationen werden nur noch gelegentlich in der algebraischen Geometrie verwendet, meist dienen die von Erich Kähler eingeführten Differentiale als Basis.

In den ersten Jahren seiner Jenaer Zeit wurde Schmidt durch seinen Assistenten Hans Reichardt unterstützt. Reichardt war 1932 mit einer Arbeit über die »Arithmetische Theorie der kubischen Körper als Radikalkörper« bei Helmut Hasse in Marburg promoviert worden und hatte seine zahlentheoretischen Studien dann bei Carl Ludwig Siegel (1896–1981) vertieft. In Jena widmete er sich den algeb-

raischen Funktionenkörpern einer Veränderlichen mit endlichem Konstantenkörper und bewies hierzu ein Analogon zum Primidealsatz der algebraischen Zahlentheorie.[135] Außerdem gelang ihm ein wichtiger Fortschritt bei der Lösung des sogenannten Umkehrproblems der Galoistheorie: Zu einem gegebenen Körper und einer endlichen Gruppe einen normalen Erweiterungskörper zu finden, dessen Galoisgruppe isomorph zu der vorgegebenen Gruppe ist. In einer 1937 erschienenen Arbeit gab er unabhängig von Arnold Scholz (1904–1942) für einen Zahlkörper endlichen Grades die Konstruktionen eines normalen Erweiterungskörpers mit einer Galoisgruppe an, die zu einer vorgegebenen Gruppe mit ungerader Primzahlpotenzordnung isomorph ist.[136]

Innerhalb der kurzen Zeit zwischen den beiden Weltkriegen, vor allem in den 1930er Jahren, etablierte sich die abstrakte Algebra als neues und zugleich zentrales Forschungsgebiet in Jena, das die Zahlentheorie in ihrer algebraischen Komponente mit einschloss. Wichtige Impulse zu dieser Entwicklung wurden auch aus der Zahlentheorie aufgegriffen. Insgesamt blieben diese Forschungen im abstrakt mathematischen Bereich. Verbindungen zu physikalischen Fragestellungen, etwa zur Anwendung der Gruppen- bzw. Darstellungstheorie in der Quantenmechanik, lagen damit völlig außerhalb dieser Forschungen, so dass es zu keinen Wechselbeziehungen zwischen Mathematik und Physik kam.

Diese Einschätzung gilt analog noch für das Gebiet der Variationsrechnung, die ab dem Ende der 1930er Jahre durch Damköhler am Jenaer Mathematischen Institut vertreten wurde. Da aber Damköhler wiederholt zu Sonderaufgaben abkommandiert wurde[137] und dadurch sich nur sehr eingeschränkt seinen Forschungen widmen und im Lehrbetrieb der Universität wirksam werden konnte, kann nicht von der Etablierung dieser Forschungsrichtung gesprochen werden. In Jena setzte er seine Untersuchungen zu indefiniten Variationsproblemen fort, betrachtete also Probleme, bei denen die Grundfunktion auf der Menge der Vergleichskurven positive und negative Werte annahm. Intensiv widmete er sich der Frage, wann ein indefinites Variationsproblem einem definiten äquivalent war, das heißt, wann durch die Addition eines vollständigen Differentials ein definites Variationsproblem erhalten wurde. Es gelang Damköhler seine früheren Ergebnisse[138]

130 Roquette 1989, S. 117 f.
131 Es wurden jedoch keine Hinweise auf eine engere Zusammenarbeit mit Deuring während dessen Tätigkeit am Jenaer Mathematischen Institut gefunden.
132 Schmidt 1936.
133 Weil 1938.
134 Hasse/Schmidt 1937.
135 Reichardt 1936a, Reichardt 1936c.
136 Reichardt 1937, Reichardt 1936b.
137 Siehe Abschnitt 4.2.
138 Damköhler 1935, Damköhler 1937, Damköhler 1938.

wesentlich zu verbessern und eine gewisse Charakterisierung der »nur scheinbar indefinite[n] Variationsprobleme« anzugeben. Abgesehen von der von seinem Lehrer Caratheodory 1940 der mathematisch-naturwissenschaftlichen Abteilung der Bayerischen Akademie der Wissenschaften vorgelegten Arbeit[139] erschienen die neuen Ergebnisse zu diesem Thema aber erst nach Kriegsende, als Damköhler nicht mehr in Jena wirkte.[140]

---

139 Damköhler 1940.
140 Damköhler 1947, Damköhler/Hopf 1947.

6 Physikalische Forschung an der Salana, 1900–1945

Im Vergleich mit der Mathematik fand der allgemeine Aufschwung von Naturwissenschaften und Mathematik in der Jenaer Physik einen deutlich stärkeren Niederschlag. Nachdem im Jahr 1901 das Institut (Anstalt) für technische Physik gegründet worden war, konnte im folgenden Jahr der Neubau des Physikalischen Instituts in Betrieb genommen werden, was zu einer spürbaren Verbesserung der Lehr- und Forschungsbedingungen für die Physiker führte. Gleichzeitig wurde ein Extraordinariat für angewandte Mathematik und technische Physik geschaffen, wobei beide Fachrichtungen gemeinsam durch eine Person vertreten werden sollten. Mit dieser Maßnahme gehörte Jena zu den großen Ausnahmen unter den deutschen Universitäten. Ebenfalls im ersten Jahrzehnt des neuen Jahrhunderts folgten noch die Gründung des Instituts für Mikroskopie (1903) und die Einrichtung einer Hauptstelle für Erdbebenforschung (1906). Unverkennbar ist bei der Mehrzahl dieser Maßnahmen das Bestreben spürbar, die Anwendungen wissenschaftlicher Ergebnisse und die Hinwendung zu »angewandten« Forschungen stärker zu betonen. Schließlich muss mit Blick auf die disziplinäre Entwicklung noch gewürdigt werden, dass 1916 die Palette der Lehrveranstaltungen um ein Seminar für theoretische Physik erweitert wurde. Nachfolgend sollen nun die Forschungen der Jenenser Physiker genauer darstellt und analysiert werden. Neben der Beibehaltung der physikalisch-technischen Ausrichtung ist dabei die starke Profilierung hinsichtlich quantenphysikalischer Studien charakteristisch.

6.1 Winkelmanns Fortsetzung der Forschungen zur Strahlungsphysik sowie zu Diffusionsvorgängen und Auerbachs Bemühen um eine populäre Darstellung der Physik

Der weiterhin als Direktor des Instituts wirkende A. Winkelmann setzte seine Forschungen im Wesentlichen in drei Richtungen fort: die weitere Aufklärung des Wesens der Röntgenstrahlen, einige Fragen der Optik und zu Abbes Mikroskoptheorie sowie die Diffusion von Wasserstoff durch Platin und Palladium. Bei den letztgenannten Untersuchungen handelte es sich um experimentelle Studien. Bei früheren Versuchen war festgestellt worden, dass Wasserstoff ein glühendes Palladiumblech durchdringt, und auch bei Raumtemperatur fand dieser Vorgang statt, wenn der

Wasserstoff auf der einen Seite des Blechs elektrolytisch erzeugt wurde. Winkelmann wollte nun die bisher offen gebliebene Frage nach der Abhängigkeit der Diffusion des Wasserstoffs von dem Druck des diffundierenden Gases klären und führte entsprechende Experimente durch.[1] Bei der Auswertung der Versuche nahm er eine Proportionalität zwischen der Menge des diffundierenden Gases und dem Druck an. Die Möglichkeit einer nichtlinearen Abhängigkeit verwarf Winkelmann und zog vielmehr einer Idee R. Straubels folgend in Betracht, dass der Wasserstoff dissoziierte und nur die dissoziierten Moleküle das Palladium durchdrangen. Der Druck der dissoziierten Moleküle konnte geringer als der Gesamtdruck sein, und auch diesen Effekt erfaßte er formelmäßig. Aus der hinreichenden Übereinstimmung der experimentellen Daten mit den berechneten Werten folgerte Winkelmann, dass bei hohen Temperaturen die Diffusion des Wasserstoffs durch Palladium in Form von Atomen erfolgte. Die formelmäßige Beschreibung der diffundierenden Wasserstoffmenge war auch bei abnehmendem Druck anwendbar. In einer weiteren Versuchsreihe studierte Winkelmann diese Vorgänge für glühendes Platin.[2] Die Ergebnisse waren weitgehend analog. Wiederum war die Diffusion des Wasserstoffs nicht dem jeweiligen Druck des Gases proportional sowie eine Dissoziation des Wasserstoffs wahrscheinlich und die früher für Palladium abgeleitete Formel beschrieb auch in diesem Fall den Zusammenhang mit genügender Genauigkeit. Einige Jahre später kam Winkelmann nochmals auf die Problematik zurück und diskutierte die Ergebnisse einiger englischer Kollegen.[3] Deren Versuchsergebnisse hatten seine Schlussfolgerungen bestätigt, insbesondere die höchstwahrscheinliche Annahme einer Dissoziation des Wasserstoffs. Unterschiedlich war aber die Abhängigkeit der diffundierten Gasmenge vom Druck formelmäßig erfasst worden, jedoch waren die erhaltenen Daten mit beiden Formeln darstellbar, so dass eine experimentelle Entscheidung zwischen beiden Formeln noch offen bleiben musste.[4] Zuvor hatte sich Winkelmann bereits in einer weiteren Arbeit gegen die Annahme einer linearen Abhängigkeit der diffundierten Gasmenge vom Druck ausgesprochen.[5]

In zwei der Optik gewidmeten Arbeiten behandelte Winkelmann im Jahre 1906 zwei von Abbe formulierte Sätze. Im ersten Fall gab er Versuche zu Abbes Theorie des Mikroskops an, die bisher nur mit Sonnenlicht durch-

---

1 Winkelmann 1901.
2 Winkelmann 1902.
3 Winkelmann 1906b.
4 Winkelmann 1906b, S. 1054.
5 Winkelmann 1905.

geführt werden konnten und die jetzt auch bei Verwendung von elektrischem Licht ausführbar waren.[6] In der zweiten Arbeit leitete er eine Aussage zur Interferenz zweier Lichtstrahlen aus Beugungserscheinungen ab und zeigte, wie sich die experimentelle Überprüfung des Resultats gestaltete. Die Versuchsdaten bestätigten die von Abbe angegebene Gleichung. Winkelmann erläuterte seinen Versuch theoretisch und formulierte außerdem eine theoretische Ableitung der Gleichung direkt aus den Beugungserscheinungen, die zugleich einen interessanten Aspekt der Abbe'schen Darlegungen eröffneten.[7]

Die Untersuchungen über Röntgenstrahlen rundeten die in den Jahren vor der Jahrhundertwende begonnen Studien ab. Winkelmann griff dabei eine von Conrad Röntgen (1845–1923) und anderen Forschern festgestellte Eigenschaft auf, dass sich durch das Vorschalten einer Funkenstrecke die Intensität der Röntgenstrahlung erhöhte bzw. in Röhren, in denen wegen zu geringem Vakuum keine Röntgenstrahlen entstehen würden, diese doch noch emittiert wurden. Er bestimmte den maximalen Druck, bei dem dieses Phänomen noch auftrat, und klärte die Abhängigkeit dieses Druckes von Versuchsbedingungen, wie der Länge der Funkenstrecke, deren Lage, der Natur des in der Röhre eingeschlossenen Gases und der Dimension der Röhre auf.[8] Die zweite, zusammen mit R. Straubel verfasste Arbeit war durch neuere Forschungen angeregt, da diese die früher erzielten Ergebnisse nur teilweise bestätigt hatten. Unter Verwendung von Spezialgläsern, die nur für sichtbare Strahlen bzw. auch ultraviolette Strahlen durchlässig waren, wiederholten sie die Versuche für verschiedene Flussspatproben und zeigten die früheren Ergebnisse bestätigend, dass die durch die Einwirkung von Röntgenstrahlen entstehenden sogenannten Flussspatstrahlen zum überwiegenden Teil im ultravioletten Bereich lagen.[9]

Schließlich sei noch eine Reprise zur Wärmetheorie erwähnt. Winkelmann griff darin auf seine Versuchsdaten zu Mischungswärmen von Äthylalkohol-Wassermischungen aus dem Jahre 1873 zurück und verglich sie mit den neueren von Emil Bose (1874–1911) ermittelten Werten.[10] Nach einer theoretischen Erläuterung seiner Berechnungsmethode präsentierte er die gefundenen Daten und konstatierte eine »zufriedenstellende Übereinstimung«. Die Neuberechnung verschiedener Daten unter Vermeidung einer früheren Hypothese lieferte sogar eine noch größere Übereinstimmung.

Somit hat Winkelmann in dem Jahrzehnt, in dem es ihm noch vergönnt war, aktiv an der physikalischen Forschung teilzunehmen, die bisher gepflegte Verbindung von experimentellen und theoretischen Untersuchungen beibehalten, bei deutlicher Dominanz der Ersteren. In mehreren Arbeiten unterstrich er die wichtige Rolle des Experiments für die Bestätigung theoretischer Überlegungen bzw. demonstrierte wie bei den kalorimetrischen Studien oder der Diffusion des Wasserstoffs die enge Verzahnung von theoretischen und experimentellen Überlegungen.

Der neben Winkelmann als theoretischer Physiker wirkende Auerbach hat in seiner noch fast drei Jahrzehnte währenden Tätigkeit an der Salana nur wenige originäre Forschungsbeiträge publiziert. Große Verdienste erwarb er sich indes durch die zusammenfassende sowie die populäre Darstellung der Physik bzw. ihrer Teilgebiete. Dabei war er stets bemüht, sowohl die experimentelle Seite, als auch die Fragen praktischer Anwendungen im Blick zu behalten. Besonderen Wert legte er auf eine anschauliche, gut verständliche Darstellung, so »daß jeder gebildete Leser [sie] zu bewältigen imstande« war.[11] Noch 1927 begann er, 70-jährig, mit Wilhelm Hort (1878–1938) das siebenbändige »Handbuch der physikalischen und technischen Mechanik« herauszugeben. In den ersten drei Bänden sowie im sechsten Band sind jeweils mehrere, insgesamt 16 Beiträge von ihm enthalten.[12] Weiterhin seien seine »Moderne Magnetik«, das »Wörterbuch der Physik«, des »Handbuch der Elektrizität und des Magnetismus«, das »Handbuch der physikalischen Optik« sowie »Die Methoden der theoretischen Physik« genannt. Bei dem letztgenannten Werk handelt es sich um eine Einführung für Anfänger, die diesen eine »Aufstellung der Begriffe und Prinzipe, die Methodik dieser Wissenschaft« bieten sollte.[13] Es ging aus einem über zwei Jahrzehnte regelmäßig von Auerbach gehaltenen Vorlesungskurs hervor und stand faktisch an der Grenze zu seinen zahlreichen populären Publikationen. Sein Anliegen stieß jedoch auf starke Kritik von Seiten einiger Mathematiker, da er beispielsweise noch mit unendlichen kleinen Größen arbeitete und viele Darlegungen und Begriffsbildungen nicht die notwendige Exaktheit aufwiesen. Angesichts der nahezu vernichtenden Rezensionen in zwei führenden Fachzeitschriften in Deutschland

---

6 Winkelmann 1906a.
7 Winkelmann 1906c.
8 Winkelmann 1900.
9 Winkelmann/Straubel 1904.
10 Winkelmann 1907.
11 Auerbach 1921, Vorrede.
12 Auerbach/Hort 1927. Auerbachs Beiträge sind in den Bänden »Technische und physikalische Mechanik starrer Systeme« (Band 1, Teil 1 und Band 2, Teil 2); »Statik und Dynamik elastischer Körper nebst Anwendungsgebieten« (Band 3, Teil I) und »Mechanik der Gase und Dämpfe« (Band 6) zu finden.
13 Auerbach 1925, S. V (Vorwort).

bzw. den USA, der »Zeitschrift für angewandte Mathematik und Mechanik« und dem »Bulletin of the American Mathematical Society«, muss ein fördernder Einfluss dieses Buches auf das Wechselverhältnis von Mathematik und Physik bezweifelt werden.[14] Das positive Urteil von Emil Hilb (1882–1929) ist zugleich ein Indiz für die recht unterschiedliche Sichtweise der Mathematiker zur Rolle ihre Disziplin in der Physik.[15]

Von den populärwissenschaftlich orientierten Schriften sind die gelungene Erläuterung der Relativitätstheorie und die »Physik in graphischen Darstellungen« bemerkenswert.[16] Das letztgenannte Werk dokumentiert gleichsam Auerbachs bevorzugte Methodik, da »die Erfassung der Dinge in … Bildern … die Forschung und Erkenntnis in ungeahnter Weise bereichert und vielfach ganz neue Perspektiven eröffnet« hat.[17] Der Methode der graphischen Darstellung widmete er außerdem zwei weitere Publikationen.[18] Zur Verbreitung naturwissenschaftlicher Kenntnisse trug Auerbach auch mit einigen seiner naturphilosophischen Werke bei. Wenn Auerbach in den populärwissenschaftlichen Publikationen auf das »mathematische Element« aus Gründen der Verständlichkeit weitgehend verzichtete, so hat er doch in vielen dieser Publikationen seine Wertschätzung mathematischer Methoden für die Physik zum Ausdruck gebracht. Insbesondere war es ihm eine eigenständige kleine Schrift Wert, um seinen Zeitgenossen das Wesen der Mathematik und ihre Bedeutung für die Natur- und Geisteswissenschaften sowie für die Technik zu erläutern und ihnen die Furcht vor ihr zu nehmen.[19] Er charakterisierte die Mathematik als Sprache und als Kunst, zeigte an einigen mathematischen Begriffen, wie etwa der Stetigkeit, wie sich diese im Alltag wiederfinden und unterstrich mit Beispielen aus Astronomie, Chemie, Biologie, Optik, Kristallographie, Technik, Anatomie, Physiologie, Erdkunde und der Nationalökonomie die Bedeutung der Mathematik für den Erkenntnisfortschritt in den einzelnen Gebieten. Waren diese Darlegungen noch sehr allgemein gehalten, so strebte er fünf Jahre später stärker danach, Einblicke in die Begriffsbildungen und Problemstellungen der Mathematik zu vermitteln.[20] Diese Bemühungen waren weniger erfolgreich, wie die Kritik der Mathematiker bezüglich mangelnder Exaktheit bewies.[21]

Abb. 44: Felix Auerbach

Als einziger Forschungsbeitrag verbleibt, eine Arbeit aus dem Jahre 1901 zu würdigen, in der Auerbach die Gleichgewichtsfiguren pulverförmiger Massen studierte. Er verdeutlichte zunächst die Zwischenstellung dieser Stoffe, die »einerseits aus Elementen gebildet [sind], die dem festen Aggregatzustand angehören; … andererseits, als ganzes genommen, Eigenschaften [haben], die sie mit den Flüssigkeiten teilen«, etwa die Fähigkeit zu fließen.[22] Dies machte es schwierig, Gleichgewichtsfiguren dieser Stoffe experimentell zu bestimmen und noch komplizierter war die theoretische Behandlung dieser Frage. Angesichts der großen Probleme und des Aufwandes, den die Berechnung der Gleichgewichtsfiguren schon in einfachen Fällen verursachte, hielt er die Aussicht auf die exakte Lösung komplizierterer Anordnungen für außerordentlich gering. Er bestimmte die Gleichgewichtsfiguren für verschiedene

14 Rademacher 1925; Hille 1925.
15 Hilb 1925, S. 362 f.
16 Auerbach 1912; Auerbach 1921.
17 Auerbach 1914, S. 2.
18 Auerbach 1913; Auerbach 1914.
19 Auerbach 1924.
20 Auerbach 1929.
21 Vgl. die Rezensionen von G. Feigl im »Jahrbuch über die Fortschritte der Mathematik« 55 (1929), S. 120 (Referat 0120.01) und von Ludwig Bieberbach in dem »Jahresbericht der Deutschen Mathematiker-Vereinigung« 38 (1929), S. 91. Eduard Helly (1884–1943) war in seinem Urteil bezüglich der fehlenden mathematischen Strenge kompromissbereiter. (Zeitschrift f. angewandte Math. und Mechanik 9 (1929), S. 253).
22 Auerbach 1901, S. 170.

Konfigurationen und beschrieb sie mathematisch exakt. Außerdem leitete er aus den experimentellen Ergebnissen einige allgemeine Aussagen zur Gestalt der Gleichgewichtsfiguren ab.

Auerbach hat sich somit sehr um eine Förderung der theoretischen Physik und deren Verbindung zur Mathematik bemüht. Er bewegte sich dabei nahezu ausschließlich auf bekanntem, teilweise sehr aktuellem Gebiet und engagierte sich im Sinne der Lehre, diese Kenntnisse unter den angehenden Wissenschaftlern bekannt zu machen. Neue Aspekte, ob an theoretisch-physikalischen Kenntnissen oder im Methodischen, insbesondere der Verwendung mathematischer Methoden in der theoretischen Physik, hat er nicht eröffnet. Unklar bleibt, wie die Jenenser Mathematiker zu Auerbachs Aktivitäten standen, insbesondere ob sie die oben erwähnte Kritik ihrer Fachkollegen teilten.

6.2 Die Theorie der Elektrolyte, hochfrequente Felder und das Studium von Spektren – Beispiele der engen Verflechtung von Experimental- und theoretischer Physik

Die unter der Leitung von M. Wien und Joos am Jenaer Physikalischen Institut durchgeführten Forschungen zur weiteren Aufklärung der Eigenschaften von Elektrolyten bilden ein eindrucksvolles Beispiel für ein erfolgreiches Zusammenwirken und Wechselspiel zwischen Theorie und Experiment. Wenn dieses zwar primär im Physikalischen stattfand, so soll nicht verkannt werden, dass der theoretische Teil mathematische Methoden und Berechnungen einschloss und das Beispiel somit prinzipiell auch auf die Wechselbeziehungen zwischen Physik und Mathematik einwirkte, jedoch sich ohne Beteiligung Jenenser Mathematiker vollzog. Ein deutliches Zeichen des intensiven Gedankenaustauschs zwischen Experimental- und theoretischem Physiker waren die jeweils aufeinander bezogenen Vorträge auf den Versammlungen Deutscher Naturforscher und Ärzte 1927 und 1928.[23] Dabei deutet sich bereits an, dass auch die neuen theoretischen Entwicklungen der Quantenmechanik nicht zu einem Auseinanderdriften dieser engen Beziehungen führten. Mit dem Studium der bei der Analyse von Spektren beobachtbaren Effekte mit den Mittel der Quantenmechanik wählten die Theoretiker Joos und Hanle eine Thematik, die eine Fortsetzung der Jenaer Tradition des Zusammengehens von experimentellen und theoretischen Forschungen ermöglichte. Im Folgenden werden diese Untersuchungen genauer betrachtet.

6.2.1 Max Wien und die Eigenschaften von Elektrolyten – das Ohm'sche Gesetz und der Einfluss hochfrequenter Felder

Als Max Wien 1911 die Nachfolge A. Winkelmanns auf dem Lehrstuhl für Experimentalphysik antrat hatte er sich bereits mit seinen Beiträgen zur Akustik, zur elektrischen Messtechnik, zur Hochfrequenztechnik sowie zur drahtlosen Telegraphie einen hervorragenden Ruf unter seinen Fachkollegen erworben. Erwähnt seien nur seine für die Funktechnik grundlegende theoretische Arbeit über die Schwingungen von zwei miteinander gekoppelten Systemen (1897) und die Entdeckung der Erzeugung neuartiger hochfrequenter Schwingungen 1906.[24] Letztere bildete zusammen mit den Bemühungen um eine theoretische Erklärung dieses Vorgangs[25] dann die Basis für die Erfindung des Löschfunkensenders, der von großer Bedeutung für die Weiterentwicklung der Funktechnik war. Wien hat in Jena seine Forschungen zu Schwingkreisen und deren Anwendung in der drahtlosen Telegraphie wie der Hochfrequenzmesstechnik fortgesetzt und hat damit das Forschungsspektrum am Physikalischen Institut deutlich erweitert. Die sich bei den verschiedenen Nutzungsmöglichkeiten zeigenden Probleme bildeten den Schwerpunkt der Untersuchungen. Diese reichten von der Verstärkung von Grund- oder Oberschwingungen beim Telefon durch Luftresonatoren, was speziell für die Verwendung des Telefons als Stromanzeiger bedeutsam war, über die Gestaltung von Versuchsprogrammen, um die Einflüsse auf die Ausbreitung elektromagnetischer Wellen zu studieren, bis zur Entwicklung neuer Funkgeräte für den militärischen Gebrauch.[26] Während des Ersten Weltkriegs stellte sich der »patriotische Wissenschaftler«[27] Wien ganz in den Dienst des Vaterlandes und leitete die wissenschaftliche Abteilung der verkehrstechnischen Prüfungskommission, mit der er für eine rasche Entwicklung der drahtlosen Telegraphie und eine bestmögliche funktechnische Ausrüstung des Heeres sorgen sollte. In dieser Eigenschaft organisierte er hinsichtlich der Nutzung der Funktechnik den Übergang zum Röhrensender und war zugleich maßgeblich daran beteiligt, die Grundlagen und Begriffe dieses Gerätes sowie des Verstärkers zu erarbeiten.[28]

Nach dem Krieg fügte er für einige Probleme eine systematische theoretische Behandlung des Sachverhalts an. Zur Beantwortung der Frage, »ob und auf welchem Wege es möglich ist, eine beliebig starke Schwingung völlig aus einem Schwingungskreise durch ›Entkoppelung‹ zu beseitigen«, wie also störende Einflüsse beim Empfang

---

23   Wien 1927b, Wien 1928b, Joos/Blumentritt 1927, Joos 1928c.
24   Wien 1897, Wien 1906.
25   Stellvertretend seien die Arbeiten Wien 1908, Wien 1910 genannt.
26   Wien 1912, Schmidt/Wien 1914, Wien 1914, Wien 1919a.
27   Vgl. Jena 2009, S. 244 f.
28   Wagner 1937, S. 66.

der elektrischen Wellen vermieden werden konnten, analysierten Wien und Nikolaj von Korshenewsky (1894–?) eingehend die Entkopplung elektrischer Systeme.[29] Sie erläuterten zwei Methoden zur Störungsbeseitigung und diskutierten die Anwendung der sogenannten Hilfskreismethode in der drahtlosen Telegraphie. In weiteren Arbeiten erklärte Wien, wie die beim Schwebungsempfang auftretenden »Neben-Tonspektren« entstehen konnten, und arbeitete zusammen mit H. Vogel die Übereinstimmung der von Letzterem analysierten Erscheinungen gekoppelter Schwingungen an der Zungenpfeife mit analogen Effekten an gekoppelten Röhrensendern heraus.[30] Bereits 1914 hatte er in der unvollendet gebliebenen, monumentalen Enzyklopädie »Die Kultur der Gegenwart« für einen breiten Leserkreis einen Überblick über die Theorie gekoppelter Schwingungen und den erreichten Wissensstand gegeben.[31]

Als sich die zentralen Fragen der Hochfrequenzphysik und der drahtlosen Telegraphie zunehmend auf technischem Gebiet bewegten und deren Bearbeitung vornehmlich dem Jenaer Technisch-Physikalische Institut zufiel, nahm Wien 1922 seine früheren Untersuchungen von Elektrolyten und deren Widerständen wieder auf. Wichtigstes Motiv war dabei die experimentelle Überprüfung vorliegender theoretischer Vorstellungen zur Ionenbewegung, wie sie sich etwa aus der von Philipp Lenard (1862–1947) vorgenommenen Anwendung gaskinetischer Betrachtungen auf die Ionenbewegung in Flüssigkeiten ergaben. Aus dieser Aufgabe entwickelte Wien nach und nach ein ganzes Forschungsprogramm zum Studium des Verhaltens von Flüssigkeiten in hohen und in hochfrequenten elektrischen Feldern, das für mehr als ein Jahrzehnt die Arbeiten am Jenaer Physikalischen Institut bestimmte. Sehr bald nahm er dabei die Prüfung der neuen von Peter Debye (1884–1966) und Erich Hückel (1896–1980) entwickelten Ideen zur Ionenverteilung und -bewegung als weitere Aufgabe in sein Programm auf.

Zusammen mit seinen Mitarbeitern untersuchte Wien verschiedene, im Verhalten der Flüssigkeiten zu beobachtene Effekte, von denen einige erst im Verlaufe der Forschungen entdeckt wurden. Als Erstes analysierte er den Spannungseffekt, die Zunahme der molekularen Leitfähigkeit mit der Spannung. Die durchgeführten Versuche bestätigten zunächst die Gültigkeit des Ohm'schen Gesetzes für Elektrolyte in einem Feld von bis zu 500 000 V/cm, da die Abweichungen zwischen theoreti

schen und experimentellen Werten meist unterhalb von 1 % blieben.[32] Damit wurde zugleich die Lenard'sche Theorie qualitativ bestätigt. Die quantitative Prüfung scheiterte daran, dass die Versuche mit noch größeren Feldstärken und mit der nötigen Messgenauigkeit nicht durchgeführt werden konnten. Das Studium verschiedener Vorgänge in und der Eigenschaften von Elektrolyten setzte Wien aber unentwegt fort. So analysierte er eingehend die Abhängigkeit der Fluidität (bzw. inneren Reibung) und der Leitfähigkeit von der Temperatur und leitete für die jeweiligen Temperaturkoeffizienten eine Formel ab.[33] Beide Koeffizienten unterschieden sich um eine für das jeweilige Ion (neutrales Salz, Base oder Säure) charakteristische Größe, die im Bereich von 0 bis 100 °C von der Temperatur unabhängig war und nur für einige Säuren und für saure Salze eine größere Abhängigkeit von der Konzentration zeigte. Durch eine deutliche Verbesserung der Messmethode, die er zusammen mit Johannes Malsch (1902–1956) vornahm[34] und bei der er insbesondere ein neues Zeiss-Gerät verwendete, konnte Wien dann in der zweiten Hälfte der 1920er Jahre die Analysen vertiefen und einige früher erkannte merkwürdige Erscheinungen genauer studieren. Dies führte zu der grundlegenden Erkenntnis, dass bei den Elektrolyten doch eine Änderung des Ohm'schen Gesetzes festzustellen war.[35] Im Einzelnen handelte es sich dabei um die von Wien und seinen Mitarbeitern beobachtete Vergrößerung der Leitfähigkeit mit zunehmender Spannung, die bei einigen Elektrolyten größer war als die aufgrund der Temperaturerhöhung (Stromwärme) erwartete. Um diesen Effekt besser zu erfassen, zerlegte er die Zunahme der Leitfähigkeit in einen durch die Stromwärme bedingten plus einen durch die Spannung erzeugten Anteil. Dabei nutzte er den Fakt, dass sich kein Hinweis für die früher angenommene Änderung des Temperaturkoeffizienten in Abhängigkeit von der Länge der Stromstöße ergeben hatte, also einheitliche Temperaturkoeffizienten vorausgesetzt werden konnten. Er bestimmte dann einige Eigenschaften dieser Bestandteile, wie die Zunahme des spannungsabhängigen Anteils von der Wertigkeit der Ionen sowie dessen Annäherung an einen Grenzwert, wobei der Grenzwert im Experiment nur selten erreicht wurde. Außerdem erzielte er Aussagen zur Abhängigkeit der Leitfähigkeit von der Konzentration der Lösung und zum Einfluss der Hydrolyse und anderer chemischer Änderungen der Lösung, wodurch »ganz andere Ionen in der Lösung auftreten, als sie in dem Salz vorhanden« sind.[36] Im Ergebnis konnte er

29 Korshenewsky / Wien 1922, S. 356.
30 Wien 1919b, Vogel / Wien 1920.
31 Wien 1915.
32 Wien 1924.
33 Wien 1925.
34 Malsch / Wien 1927.
35 Wien 1927a.
36 Wien 1927a, S. 349.

eine erste gute Beschreibung der Abhängigkeit der Leitfähigkeit geben. Die entsprechende Kurve ließ sich in drei
Teile zerlegen, einen langsam beginnenden Anstieg, einen
annähernd geradlinigen Mittelteil und einen gekrümmten,
sich immer mehr abflachenden und einem Grenzwert an-
nähernden Schluss. Dieser Grenzwert stimmte innerhalb
der Fehlergrenzen mit der Leitfähigkeit bei unendlicher
Verdünnung der Lösung überein. Der Grenzwert wurde
umso früher erreicht, je verdünnter die Lösung war. Wenn
das Feld jedoch senkrecht zu der zur Messung der Leitfähigkeit benutzten Spannung war, so trat keine Erhöhung
der Leitfähigkeit ein.

Ein Jahr später fasste Wien die erreichten Ergebnisse zusammen und stellte sie den vorhandenen theoretischen Erklärungen gegenüber. Er plädierte unmissverständlich für
die neue von Debye und dessen Mitarbeitern entwickelte
Theorie[37], die sich bis dahin insbesondere bei den Chemikern nicht allseitig hatte durchsetzen können. Von der klassischen Dissoziationstheorie müsse man sich lösen, auch
wenn sie den theoretischen Bedürfnissen der meisten Chemiker genüge und sich als durchsichtig und anpassungsfä-
hig erwiesen habe. Um eine klare Entscheidung zwischen
den beiden Theorie herbeizuführen, bedürfe es neuer Beobachtungen, neuer Erscheinungen, die einen wirklichen
Prüfstein für die Theorie bilden können.[38] Nachdem Wien
erläutert hatte, dass die Abhängigkeit der Äquivalentleitfä-
higkeit von der Konzentration der elektrolytischen Lösung
aufgrund zu unsicherer Messergebnisse nicht als ein solcher Prüfstein für die Theorie dienen konnte, diskutierte er
wie die Leitfähigkeit der Elektrolyte von der Frequenz des
zur Messung benutzten Wechselstroms abhing sowie von
dem Einfluss starker Felder. Hinsichtlich des Zusammenhangs von der Leitfähigkeit und der Dissoziationskonstan-
ten mit der Frequenz des Wechselstromes verwies er auf
eine erste Bestätigung der Theorie durch die vorläufigen
Messungen Leipziger Physiker, jedoch waren hierbei noch
beträchtliche messtechnische Schwierigkeiten zu über-
winden. Die bereits früher publizierten Ergebnisse zum
Einfluss starker Felder ergänzte Wien durch neuere Ergebnisse. Diese bezogen sich insbesondere auf eine genauere
Erfassung der Abhängigkeit der elektrolytischen Leitfähigkeit von der Spannung für den Anfangsteil der Kurve,
also für schwächere Felder, für die der Effekt sehr gering
und somit schwer messbar war. Wien gelang es, diese Abhängigkeit formelmäßig zu erfassen, sie war etwa propor-

tional dem Quadrat des Feldes, und auch den Zusammenhang der in der Formel enthaltenen Konstanten mit der
Wertigkeit der Ionen bzw. der Konzentration genauer zu
bestimmen.[39] Außerdem zeigten die Untersuchungen, dass
der Grenzwert der elektrolytischen Leitfähigkeit mit der
Wertigkeit der Elektrolyte ebenfalls zunahm. Durch die
verbesserte experimentelle Basis wurde zugleich eine bessere Überprüfung der theoretischen Überlegungen, der erweiterten Debye'schen Theorie (d. i. die Debye-Hückel-
Theorie einschließlich der Ergänzung durch Lars Onsager
(1903–1976)) möglich.[40] Für eine theoretische Erklärung
der Ergebnisse und speziell für einen Vergleich der theoretisch errechneten und der experimentell ermittelten Werte
verwies Wien dann auf die Arbeiten seines Kollegen Joos.
(vgl. Abschn. 6.2.2.)

Auch in den folgenden Jahren verwandte Wien mit seinen Mitarbeitern große Anstrengungen darauf, um weitere Beobachtungsdaten zur Überprüfung theoretischer
Überlegungen bereitzustellen.[41] Noch in den 1920er Jahren hatte er die oben erwähnte messtechnisch schwierige
gleichzeitige Bestimmung der Leitfähigkeit und der Dielektrizitätskonstanten bei sehr hohen Frequenzen in Angriff genommen und die Barrettermethode für allgemeine
Hochfrequenzmessungen entsprechend modifiziert.[42] Er
hatte damit eine Messmethode gefunden, die die erforderliche Genauigkeit aufwies und für die verschiedenen
Messungen eingerichtet werden konnte. Da die Barrettermethode ein Nullmethode ist, die auf der Gleichheit der
in einer Brückenschaltung fließenden zwei Ströme basiert, bestand die grundlegende Schwierigkeit dabei darin, die durch die notwendigen Umschaltungen in den
beiden Messzweigen des Geräts verursachte Veränderung
der Selbstinduktion bzw. Kapazität genau kontrollieren zu
können. Durch die höhere Messgenauigkeit und größere
Messbereiche eröffnete die Methode neue Möglichkeiten,
um einige bei den bisherigen Experimenten festgestellte
Abweichungen genauer zu erfassen. Es handelte sich dabei um den Spannungsdissoziationseffekt, den Zeiteffekt
und den Dipoleffekt. Während zu Letzterem Debye eine
theoretische Erklärung präsentiert hatte, war der Erstgenannte von Onsager[43] und der zweite von Debye und Hans
Falkenhagen (1895–1971)[44] theoretische behandelt worden. Für Wien bot sich nun die Möglichkeit, diese theoretischen Vorstellungen experimentell zu überprüfen und
damit das Wesen der Elektrolyte weiter aufzuklären.

37 Debye/Hückel 1923.
38 Wien 1928b, S. 751.
39 Wien 1928a.
40 Die von Wien angeführte eingeschränkte Gültigkeit der von Joos und M. Blumentritt erweiterten Debye'schen Theorie auf schwächere Felder
    teilte Joos offenbar nicht, da seine Darlegungen diesbezüglich keine Bemerkung enthielten. (Joos 1928c).
41 Stellvertretend seien Wien 1933 und Wien 1936b erwähnt.
42 Wien 1930.
43 Onsager 1926.
44 Debye/Falkenhagen 1928a, Debye/Falkenhagen 1928b.

So nahm Wiens Mitarbeiter Otto Neese (1905–?) in seiner Dissertation eine genaue Beschreibung der für die gleichzeitige Messung von Leitfähigkeit und Dielektrizitätskonstante angepassten Barrettermethode, eine genaue Analyse der Fehlerquellen sowie einige Messungen vor.[45] Bei den an verschiedenen Lösungen bei unterschiedlichen Wellenlängen durchgeführten Messungen erhielt Wien eine gute Übereinstimmung mit der Theorie von Debye und Falkenhagen für verdünnte Lösungen. Jedoch traten, wie von ihm erwartet, für Lösungen starker Konzentration Abweichungen auf. Die für die Leitfähigkeit gemessenen Werte lagen über, die für die Dielektrizitätskonstante unter den theoretisch berechneten Werten. Zur Erklärung für diesen Effekt stellte Wien mehrere Änderungen der Theorie zur Diskussion: die nicht vollständige Dissoziation bei stärkeren, insbesondere hochwertigen Elektrolyten, das Auftreten des Debye-Sack'schen Sättigungseffektes bzw. eine veränderte Formel für die Relaxationszeit.[46] Doch erst weitere Versuche konnten hierüber näheren Aufschluss geben.

Ein weiteres Problem stellte die Messung kleiner Flüssigkeitswiderstände dar. In diesem Fall konnte er ebenfalls zusammen mit seinem Mitarbeiter Josef Schiele (1907–?) die Barrettermethode so umgestalten, dass genauere Messungen in einem bestimmten Frequenzbereich möglich wurden. Als überraschendes Ergebnis erhielten sie bei schwachen Säuren eine erhebliche Abweichung von der Theorie, die zunächst eine Fülle von neuen Fragen aufwarf.[47] Mitte der 1930er Jahre analysierte Wien eingehend den Dipoleffekt des Lösungsmittels, insbesondere prüfte er, ob und in welchem Umfang von bekannten Ergebnissen auf Vorgänge in Bereichen geschlossen werden konnte, die einer exakten Messung schwer oder gar nicht zugänglich waren. Dies betraf etwa Vorgänge im Bereich der Millimeterwellen oder die Anwendung der für homogene Substanzen geltenden Dipoltheorie Debyes auf einfache inhomogene Substanzen, z.B. Substanzen, denen in geringen Mengen eine andere Substanz beigemischt wurde.[48] Als eine weitere Anwendung der veränderten Barrettermethode skizzierte er die Messung von sehr großen Widerständen bis 10^9 Ohm bei Flüssigkeiten mit einer geringen Leitfähigkeit (bis 10^{-12} und etwas darunter).[49] Neben dem zentralen Thema des Einflusses hochfrequenter Felder auf elektrolytische Lösungen studierte Wien

einige weitere bei Hochfrequenz auftretende Erscheinungen. So analysierte einer seiner Promovenden die Abhängigkeit der magnetischen Anfangspermeabilität von der Frequenz und zeigte deren Konstanz.[50] Wiens Methoden für Hochfrequenzmessungen spielten dabei wieder eine zentrale Rolle und ermöglichten die Prüfung vorliegender theoretischer Ansätze. Mehrere Fragen bedurften nach Wiens Einschätzung zusätzlicher Studien, etwa bezüglich der Anwendung von Försterlings Theorie des Skineffekts, um die unterschiedlichen Werte für die Permeabilität zu erklären.[51] Als weitere Arbeiten zur Hochfrequenztechnik sollen schließlich noch die Beschäftigung mit den Eigenschaften und der Herstellung von Hochfrequenzwiderständen sowie mit der Beeinträchtigung der Schwingungszahl eines Quarzes durch die Reflexion der Schallenergie von seiner Umgebung angeführt werden.[52] Hinsichtlich der Widerstände zeigte Wien, dass Dünndraht-, Siemens'sche Kohle- und Flüssigkeitswiderstände bei Kreisfrequenzen bis 10^8 einsetzbar waren und diskutierte die Probleme, die sich bei deren Verwendung im Hochfrequenzbereich ergaben.[53]

In all seinen Forschungen zur Hochfrequenzphysik demonstrierte M. Wien mustergültig die enge Verbindung von Experiment und Theorie. Er besaß eine genaue Kenntnis der Theorie, die ihn befähigte, die Versuchsergebnisse zu erklären, aber auch genau die Abweichungen von den theoretischen Vorhersagen zu erkennen. Zugleich war er in der Lage, nach Experimenten zu suchen und diese so zu gestalten, dass sie zur Klärung offener Fragen und zur Weiterentwicklung der Theorie beitrugen. Er beherrschte den für die Formulierung der Theorie notwendigen mathematischen Apparat und wusste ihn für seine Zwecke zu nutzen, ohne ihn weiter auszubauen. Durch diese Vorgehensweise hat er, trotz der Konzentration auf experimentelle Arbeiten, die Wechselbeziehungen zwischen Physik und Mathematik an der Jenaer Universität sehr gefördert und aktiv gestaltet.

6.2.2 Spektroskopie und Theorie der Elektrolyte – die Profilierung quantenmechanischer Forschung

Mit der Berufung von Joos auf das planmäßige Extraordinariat für theoretische Physik gewann diese Fachrichtung deutlich an Profil und wurde auf aktuelle Forschungsthe-

45 Neese 1931.
46 Wien 1931a, S.451f., Wien 1931b.
47 Wien 1931c, Schiele/Wien 1931.
48 Wien 1936a; Hackel/Wien 1937.
49 Wien 1934.
50 Michels 1931.
51 Försterling 1923; Wien 1931d; Wien 1932. K. Försterling bzw. Wien sprechen noch von der Hautwirkung oder dem Hauteffekt bei der Ausbreitung elektrischer Wellen bzw. der Oberflächentheorie.
52 Wien/Wenk 1934; Grossmann/Wien 1931.
53 Wien 1931e.

men ausgerichtet. Joos hatte sich 1922 in München mit einer Arbeit über die Theorie des Elektronenröhrengenerators habilitiert und seine Forschungen über die Spektroskopie hinaus auf Fragen des Diamagnetismus ausgedehnt. Dies setzte er in Jena fort, wobei er stets experimentelle und theoretische Tätigkeit harmonisch verknüpfte und häufig Quanteneffekte eine zentrale Rolle spielten. Die Spektroskopie blieb aber sein zentrales Forschungsgebiet. So knüpfte er an seine mit Kasimir (Kazimierz) Fajans (1887–1975) durchgeführte Analyse der durch die chemische Bindung verursachten Änderungen der optischen Eigenschaften an und studierte den Bau des Siliciumchloridmoleküls.[54] Joos und Fajans hatten 1924 die These formuliert, dass bei der Vereinigung der entgegengesetzt geladenen Ionen zu einem Komplex (Molekül oder Gitter) bei den sogenannten Übergangselementen ein neues System mit neuen Quantenbahnen entstehe. Auf der Basis eines Tetraedermodells und unter Einbeziehung bereits vorliegender Messdaten berechnete Joos die frei werdende Energie beim Zusammentritt der Silicium- und Chlorionen und kam zu dem Ergebnis, dass die polare Bindung den Sachverhalt gut wiedergab. In einer weiteren Arbeit bestätigte er durch Heranziehen chemischer, spektroskopischer und magnetischer Daten, dass die Träger der Farbe und des Magnetismus bei den Ionen der Übergangselemente die besagten Komplexe waren, die durch eine gründliche Umordnung der Elektronenhüllen entstanden.[55] Besondere Aufmerksamkeit schenkte er dem Paramagnetismus, da dieser sich nicht stetig änderte und wichtige Rückschlüsse auf den Bau der Komplexe gestattete. Zwei Jahre später, 1928, ergänzte er die Ausführungen, indem er die von anderen Physikern publizierten spektralanalytischen Ergebnisse als Bestätigung seiner Auffassungen heranziehen konnte.[56] Außerdem stützte er seine These mit einer Betrachtung über Kristallspektren und die Verschiebung der Reststrahlung in ein der Messung gut zugängliches Spektralgebiet.[57] Die nachfolgenden Fortschritte in der Theorie, insbesondere in der Quantenmechanik, ließen mehreren Physikern die gegebene Begründung als zweifelhaft erscheinen. Joos selbst hatte dazu mit seinem Mitarbeiter unter anderem durch eine Analyse des Raman-Effektes in anorganischen Komplexsalzlösungen beigetragen.[58] Im

Jahre 1937 musste er dann hinsichtlich der Hydratisierung feststellen, dass das Kobaltalaun die einzige Verbindung war, bei der »durch Hydratisierung ein Umbau der Elektronenhülle in Sinne einer echten Komplexbildung« erfolgte.[59] Bei allen anderen Ionen der Eisen-Gruppe wurde das Wasser vor allem durch elektrostatische Kräfte gebunden.

Weitere von Joos 1925 behandelte spektroskopische Fragen waren der sogenannte Isotopeneffekt, d. h. die Unterschiede im Spektrum von Isotopen und die Möglichkeit dies für den Nachweis von Isotopen zu nutzen.[60] Einige von ihm vorgenommene Abschätzungen des Isotopeneffekts musste er jedoch später deutlich einschränken.[61] Außerdem leitete er aus der Analyse der Hyperfeinstruktur des Cadmiumtripletts und der Wismutlinie 4722 ab, dass mit großer Wahrscheinlichkeit eine weitere Quantenzahl f existiere, für die die gleichen Auswahlregeln wie für die innere Quantenzahl galten.[62] Das Auftreten einer nach dem Auswahlprinzip verbotenen Spektrallinie beim Kalium erklärte er dadurch, dass die mit der azimutalen Quantenzahl verbundene Drehung des Koordinatensystems der Bahn des Leuchtelektrons nicht gleichmäßig erfolge, und berechnete die Winkelgeschwindigkeit dieser Drehbewegung als Funktion der Zeit.[63] Schließlich nutzte er neue Messungen an Edelgasen, um die Ionenäquivalente des Diamagnetismus neu zu bestimmen. Die daraus ermittelten Dimensionen der L- und M-Schale zeigten eine gute Übereinstimmung mit den aus den Kristallgittern gewonnenen.[64]

Zusammen mit Ernst von Angerer (1881–1951) bestimmte er 1926 theoretisch Bedingungen, unter denen eine vom Polarisationszustand des anregenden Lichtes abhängige Absorption des Lichts in Gasen möglich erschien, führte entsprechende Experimente mit Rubidium durch und schätzte die Empfindlichkeit der Absorptionsspektroskopie für einatomige Dämpfe ab.[65]

Viele der erwähnten Untersuchungen zur Spektroskopie fanden Ende der 1920er Jahre Eingang in Joos' sehr gute Überblicksdarstellungen im »Handbuch der Experimentalphysik«.[66] Einleitend verdeutlichte er am Beispiel der Spektroskopie den hohen Stellenwert, dem er einem engen Zusammenwirken von theoretischer und Experimentalphysik zuwies:

---

54 Joos 1925d.
55 Joos 1926a.
56 Joos 1928a.
57 Joos 1928b.
58 Joos/Damaschun 1931.
59 Joos 1937, S. 58.
60 Joos 1925a.
61 Joos 1927a.
62 Joos 1925b.
63 Joos 1925c.
64 Joos 1925e.
65 Joos 1926b.
66 Joos 1927b; Joos 1929a.

Die spektroskopischen Erscheinungen sind derart man-
nigfaltig, daß ein experimentelles Arbeiten ohne den
Leitfaden irgendeiner Theorie nur ein planloses Anhäu-
fen von Tatsachenmaterial bedeuten würde. Eine Theorie wird andererseits von umso größerem praktischem
Nutzen sein, je mehr Tatsachen sich durch sie unter
einem einheitlichen Gesichtspunkt zusammenfassen
lassen und je mehr sie zu neuen Versuchen Anregung
gibt.[67]

In diesem Sinne begann er seinen ersten Übersichtsartikel
über die »Anregung von Spektren« mit einer Einführung
in die Bohr'sche Atomtheorie und weiteren quantenme-
chanischen Resultaten, die die Basis für die spektralanalytischen Untersuchungen bildeten. Daran schloss sich
dann eine eingehende Erörterung der verschiedenen Möglichkeiten zur Anregung von Spektren sowie weitere Ausführungen zu den verschiedenen Lichtquellen, zur Breite
der Spektrallinien, der Leuchtdauer der Atome u. a. an.
Teilweise zwar separat aufgeführt, aber aufs engste mit
den Darlegungen von Joos verknüpft, war der nachfolgende Artikel von E. von Angerer über »Apparate und Methoden der Spektroskopie«. Zwei Jahre später, 1929, legte
Joos dann einen Überblick über »Ergebnisse und Anwendungen der Spektroskopie« vor, den er durch eine kurze
Ergänzung zum »Ramaneffekt« abrundete. Einleitend verwies er wieder auf die grundlegende Bedeutung der
Bohr'schen Atomtheorie für die »Entwirrung der Spektren«, aber auch auf die unbefriedigende bzw. nur angenä-
herte Darstellung verschiedener Vorgänge durch diese
Theorie. Die Weiterentwicklung der Theorie sei in »zwei
formal übereinstimmenden, in der Deutung der Resultate
aber [sich in] ganz verschiedenen Richtungen« bewegen-
den Ansätzen[68] durch Schrödinger einerseits und Werner
Heisenberg (1901–1976), Max Dorn (1882 1970) und
Pascual Jordan (1902–1980) bzw. Paul Dirac (1902–1984)
andererseits erfolgt. Da in beiden Fällen das ursprüngliche
mechanische Modell den Ausgangspunkt bildete, bediente
sich Joos »im wesentlichen … der anschaulichen Sprache
der alten Bohrschen Theorie«, um »die Ergebnisse der
Spektroskopie« wiederzugeben.[69] Dies hinderte ihn aber
nicht, die neueren Ergebnisse von Wolfgang Pauli (1900–
1958), John C. Slater (1900–1976) und Friedrich Hund zu
betrachten sowie die Ideen von Enrico Fermi (1901–1954)
zu skizzieren.[70] Nach der Präsentation der Linienspektren
der einzelnen chemischen Elemente in ihren verschiedenen Ionisierungszuständen und den Darlegungen zu Ban-
denspektren widmete sich Joos eingehend den Anwendun-

Abb. 45: Friedrich Hund

gen dieser Ergebnisse. Dabei zeigte er nicht nur den
Nutzen für die Lösung physikalischer Probleme, wie die
Bestimmung der spezifischen Ladung bzw. des Planck'-
schen Wirkungsquantums oder die Überprüfung der allgemeinen Relativitätstheorie, sondern erörterte ausführlich
den Einsatz spektroskopischer Methoden in der Chemie
und der Astrophysik. Der letztgenannte Aspekt, die Bedeutung der Spektroskopie für die Astronomie, bildete
auch das Thema seiner Jenaer Antrittsvorlesung und weiterer Vorträge.[71]

Außer diesen Studien zur Spektroskopie griff Joos wiederholt andere aktuelle Fragen der physikalischen Forschung auf. Als Ende der 1920er Jahre einige Physiker
die Ergebnisse des Michelson-Versuchs in Zweifel zogen,
wurde dieser unter seiner Leitung mit einem speziellen im
Zeiss-Werk gefertigten Interferometer wiederholt.[72] Die
Versuchsapparatur war im Wesentlichen von Joos ent-

---

67 Joos 1927b, S. 1.
68 Joos 1929a, S. 193.
69 Joos 1929a, S. 195.
70 Pauli 1925; Slater 1926; Hund 1927; Fermi 1928.
71 Joos 1929b; Joos 1931b.
72 Joos 1930.

worfen worden. Bei deutlich erhöhter Meßgenauigkeit erfolgte eine Bestätigung der Ergebnisse.

In diesen Zeitraum fallen auch einige elektrochemische Untersuchungen von Joos. Mit dem Jenaer Chemiker Gustav (Franz) Hüttig (1890–1957) berechnete er 1926 die Elektronenaffinität des Wasserstoffs, indem er die Bildung von Alkalihydriden in Einzelprozesse zerlegte und annahm, dass das Abstoßungspotential des elektronegativen Wasserstoffions gegenüber einem Ion mit Edelgasachterschale dem des Lithiumions gleich sei.[73] Angeregt durch die bereits erwähnten Experimente seines Kollegen Wien nahm Joos ein Jahr später mit einer Mitarbeiterin eine theoretische Analyse des Verhaltens von Debye'schen Elektrolyten bei hohen Feldstärken vor.[74] Sie fragten dabei nach den Ursachen für die von Wien bei Elektrolyten festgestellten Abweichungen vom Ohmschen Gesetz. Nachdem sie eine chemische Wirkung und eine Verminderung des Reibungswiderstandes des Lösungsmittels als Ursachen ausgeschlossen hatten, fanden sie in einer Weiterentwicklung der Theorie von Debye und Hückel die Lösung. Während Debye und Hückel bei der Bestimmung der sogenannten Bremskräfte, der elektrophoretischen und der Relaxionskraft, nur die ersten Näherungen berücksichtigten, wurde nun die nächsthöhere Näherung einbezogen. Dies erforderte, auch die Wechselwirkung zwischen den beiden Kräften zu beachten. Joos und Marianne Blumentritt (1903–1983), einer Schülerin von F. Hund, stellten jedoch fest, dass es genügte, sich auf den dominanten Term der Relaxionskraft zu beschränken. Die berechneten Ergebnisse zeigten eine hinreichende Übereinstimmung mit den experimentellen Beobachtungen und gaben zumindest qualitativ die Abhängigkeit der Leitfähigkeit von der Konzentration, der Wertigkeit der Ionen und der Dielektrizitätskonstanten des Lösungsmittels wieder. Ein kritischer Punkt in der Debye-Hückel-Theorie war die Form, in der die Bildung und Umbildung der Ionenatmosphäre bei der Bewegung der Ionen berücksichtigt wurde. Die entsprechende Verbesserung hatte Lars Onsager (1903–1976) 1926 vorgenommen, indem er nicht von einer geradlinigen, sondern von einer Zickzackbewegung des Ions ausging, also die Brown'schen Molekularbewegung zugrunde legte. Die diesbezüglich verfeinerten Berechnungen von Blumentritt[75] brachten dann eine so gute »zahlenmäßige Übereinstimmung mit den Wienschen Ergebnissen, ... als man bei der immer noch starke Vereinfachungen enthaltenden Theorie nur erwarten« konnte,[76] und Joos sah darin ein starkes Indiz für die Richtigkeit der Rechnungen und

damit der Theorie. Anschließend diskutierte er die Folgerungen, die sich beim aktuellen Stand der Theorie für die Bestimmung des Dissoziationsgrades der Lösung ergaben, und deutete Wege zur Berechnung an. Insbesondere würdigte er, dass es Debye und Hans Falkenhagen (1895–1971) gelungen war, die zum Aufbau der Ionenatmosphäre nötige Zeit zu berechnen, und dass sich daraus als Folgerung ergebende Verschwinden der Relaxionskraft bei hohen Frequenzen und der beiden Ionenkräfte bei höchsten Spannungen abzuleiten. Joos hat sich danach, vermutlich nach dem Ausscheiden seiner Mitarbeiterin Blumentritt, nicht weiter mit dieser Problematik beschäftigt.

Neben seinen Forschungsarbeiten gelang Joos 1932 mit seinem »Lehrbuch der theoretischen Physik« ein besonderer Beitrag zur Gestaltung der Wechselbeziehungen zwischen Mathematik und Physik, der weit über Jena hinaus wirksam wurde. Er vermochte in diesem einbändigen Werk »eine ausgezeichnete Darstellung des Gesamtgebietes der theoretischen Physik« ohne Vernachlässigung der klassischen Theorien und unter eingehender Berücksichtigung der modernen Forschungsgebiete zu geben.[77] Auch die Strenge der Darstellung erlitt keine Einbuße. Für die Qualität und den Erfolg des Werkes spricht die Tatsache, dass es 1945 bereits in sechster Auflage erschien. Dezidiert hob Joos einleitend das enge Verhältnis von theoretischer und experimenteller Physik hervor, die »nicht voneinander zu trennen [seien,] und erst durch das Zusammenwirken der beiden Arbeitsweisen [werde] ein lückenloses logisch geordnetes Bild der Natur geschaffen«.[78] Weiterhin betonte er die große »praktische Bedeutung einer vernünftig angewandten Theorie« und beschrieb klar das Verhältnis zur Mathematik:

Die Mathematik ist für den Theoretiker *das* Handwerkszeug. ... Die Stellung, welche die Mathematik innerhalb der theoretischen Physik einnimmt, bringt es mit sich, daß es nicht die Aufgabe des theoretischen Physikers ist, mathematische Beweise zu liefern. Er muß sich auf die Fehlerfreiheit des ihm vom Mathematiker gelieferten Werkzeugs verlassen. Auch da, wo er mitunter sein Werkzeug selbst herstellen muß, kann er sich, sofern das Resultat physikalisch evident ist, nicht mit mathematischen Existenzbeweisen aufhalten.[79]

Dieser Maxime folgend, hatte er zusammen mit Theodor Kaluza (1885–1954) bei der Bearbeitung des Lehrbuchs der Differential- und Integralrechnung von H.A. Lorentz

---

73   Joos / Hüttig 1926, S. 204; vgl. auch Joos / Hüttig 1927.
74   Joos / Blumentritt 1927.
75   Blumentritt 1929.
76   Joos 1928c, S. 758.
77   Fürth 1932, S. 328.
78   Joos 1932, S. 3.
79   Joos 1932, S. 2.

die wichtigsten mathematischen Kenntnisse, vor allem aus der Analysis, für den Praktiker, speziell für Physiker und Ingenieure, im Stile eines Nachschlagewerks zusammengestellt.[80] Sie verzichteten fast durchweg auf Beweise und detaillierte Herleitungen, setzten aber keinerlei mathematische Kenntnisse, auch nicht aus der Elementarmathematik, voraus. Dieses Buch beeindruckt ebenfalls mit einer Fülle von Nachauflagen.

Joos hat sowohl mit diesen beiden herausragenden Lehrbüchern als auch mit seinen Forschungsarbeiten, den Beiträgen und Übersichtsartikeln in Werken wie dem »Handbuch der Naturwissenschaften«, dem »Handbuch der Experimentalphysik« oder der Reihe »Physik in regelmäßigen Berichten« sowie kleineren Aufsätzen für einen größeren Leserkreis stets in dem obigen Sinne auf die Beziehungen zwischen Mathematik und Physik eingewirkt. Die Gestaltung und Erhaltung des Jenaer Klimas eines förderlichen Miteinanders und Austausches zwischen den Teilgebieten der Physik und mehreren Nachbardisziplinen hat er aktiv unterstützt.

6.2.3 Der Ausbau quantenmechanischer Untersuchungen (1) – Wessel und Quantenelektrodynamik

In seinen Göttinger Arbeiten hatte Wessel bereits seine Fähigkeit zu eingehenden theoretischen Betrachtungen verschiedener physikalischer Sachverhalte unter Heranziehung neuerer mathematischer Methoden bewiesen. So berechnete er die Gitterenergie aus dem Ionen-Partialdruck im Dampfe eines hocherhitzten Salzes, indem er ein System von thermodynamischen Gleichgewichtsbedingungen auflöste, bestimmte weiterhin die Abnahme der Strahlungsintensität für inhomogene Strahlung bzw. studierte das Gleichgewicht anorganischer Ionen in Flüssigkeitsoberflächen bei vollständiger Dissoziation des gelösten Stoffes und leitete eine Formel für das Oberflächenpotential ab.[81] In Jena setzte er die Studien zur Theorie der Elektrolyte fort und erweiterte das Spektrum seiner Forschungen durch das intensive Studium verschiedener Fragen aus der aktuellen Theorie des Atom- und Molekülbaus.

In seiner wohl ersten in Jena abgeschlossenen Arbeit unternahm Wessel eine eingehende theoretische Analyse des magnetischen Moments von Atomkernen. Der Magnetismus von Atomkernen war bis dahin noch nicht genauer diskutiert worden. Zugleich konnte die Möglichkeit seiner Existenz bei den zu diesem Zeitpunkt vorherrschenden Vorstellungen zum Atombau nicht ausgeschlossen werden. Zum Nachweis sollte die Ablenkung eines Bündels

von Alpha-Strahlen dienen. Auf Anraten von Hans Thirring (1888–1976) widmete sich Wessel nicht einer weiteren Untersuchung des Elementarprozesses, sondern nahm die Durchrechnung des »sehr verwickelten« Problems in Angriff: »Wie wird ein paralleles, schmales Bündel von α-Strahlen durch eine dünne Schicht von Atomkernen abgelenkt, … wenn diese Kerne ein magnetisches Moment besitzen?«[82] Unter Verwendung mehrerer Voraussetzungen und zusätzlicher Vereinfachungen schätzte er die eintretenden Ablenkungen (in Abhängigkeit von der Geschwindigkeit der Alpha-Strahlen und der Kernladungszahl der Atome) ab und kam zu dem Schluss, dass ein experimenteller Nachweis zum damaligen Zeitpunkt nicht möglich sei. Bei kleineren Atomkernen, etwa den Leichtmetallen, werde das mögliche magnetische Feld durch andere stärkere Kräfte überkompensiert, bei schweren Atomkernen würde die zu beobachtende Ablenkung noch im Rahmen der Beobachtungsfehler liegen. Im Weiteren setzte sich Wessel mit den Beziehungen zwischen Punkt- und Quantenmechanik auseinander und versuchte darzulegen, wie im Falle einer kräftefreien Bewegung ein Massepunkt als Wellengruppe interpretiert werden kann.[83] Hund bemerkte später zu dieser Arbeit, dass sie »auf einem Missverstehen des Sinnes der neuen Quantenmechanik« beruhe, und zu dieser Zeit aber vielleicht nur Bohr und Heisenberg diesen Sinn erfasst hatten.[84] In einer weiteren Arbeit berechnete Wessel die Wahrscheinlichkeit, dass ein Elektron beim Zusammenstoß mit einem Heliumkern in einen gebundenen Zustand, also ein He[+]-Ion, überging.[85] In der Diskussion des Ergebnisses hob er hervor, dass diese Übergangswahrscheinlichkeit eine monotone Funktion der Stoßgeschwindigkeit sei und nicht die von anderen Physikern beobachteten Maxima sowie die von ihnen beobachtete Größenordnung dieser Wahrscheinlichkeiten aufweise. Während für hohe Geschwindigkeiten der Übergang in den Grundzustand dominierte, traten bei abnehmender Geschwindigkeit höhere Zustände immer stärker hervor. Die abgeleiteten Ergebnisse standen im Gegensatz zu den erwähnten Maxima mit den damals gängigen Vorstellungen der Quantentheorie nichtstationärer Prozesse im Einklang.

Untersuchungen zur Quantenmechanik und zur Quantenelektrodynamik bildeten für Wessel dann das zentrale Forschungsthema in den folgenden Jahrzehnten, die er auch während seines mehrjährigen Aufenthalts in Coimbra fortführte. Die Quantenmechanik hatte, nachdem die Äquivalenz der Heisenberg'schen Matrizenmechanik und der Schrödinger'schen Wellenmechanik nachgewiesen, eine Operatordarstellung durch Dirac eingeführt und die

---

80 Joos / Kaluza 1938.
81 Wessel 1924a; Wessel 1924b; Wessel 1925a.
82 Wessel 1925b, S. 758.
83 Wessel 1926.
84 BArch Berlin, DS / Reichserziehungsministerium A 75, Aufnahme 242.
85 Wessel 1930a.

Theorie durch John von Neumann (1903–1957) mathematisch begründet worden war, mit der relativistisch-invarianten Gleichung für das Elektron einen ersten Höhepunkt erreicht. Zugleich waren mehrere Fragen offen geblieben und neue hinzugekommen. Wessel widmete sich in diesem Kontext zunächst der Ausdehnung der von Dirac entwickelten Quantenelektrodynamik »auf die Bewegung von Ladungen, deren Geschwindigkeit der Lichtgeschwindigkeit nahekommt.«[86] Dazu hatte er in einer ersten Arbeit eine neue Herleitung der Dirac'schen Dispersionstheorie gegeben.[87] Er behielt Diracs Zusammenfassung von Feld und Materie mit einer Wechselwirkungsenergie zu einem konservativen System bei und folgte dann bei der Quantelung des Feldes methodisch dem Vorgehen von Wolfgang Pauli und Pascual Jordan bei der Behandlung der Vakuumelektrodynamik. Wessel wies die Invarianz der Strahlungstheorie gegenüber dem Prinzip der Speziellen Relativitätstheorie nach. Die so erhaltene Theorie wich nur in formalen Punkten von der im Jahr zuvor, 1929, aufgestellten Theorie Paulis und Heisenbergs zur Quantisierung des elektromagnetischen Feldes ab. In zwei weiteren Arbeiten fand Wessel zunächst durch formale Überlegungen einen Ansatz – eine Änderung des die Wechselwirkung zwischen Lichtquant und Materie beschreibenden Gliedes –, um das noch vorhandene Problem der unendlichen Selbstenergie zu vermeiden.[88] Dieses Vorgehen konnte er dann auch physikalisch deuten. Er erkannte dabei in der Dirac'schen Theorie einen Parallelismus zwischen dem Ladung-Strom-Vektor sowie dem Spinvektor, kritisierte die Vorstellung von einer Rückwirkung der Elementarladungen auf sich selber und sah dafür nicht die Ladung, sondern das Spinmoment als wesentlich an. »Es erscheint fast als die tiefere *Bedeutung* des Spins, diese Schwierigkeit [die unendliche Selbstenergie einer Punktladung, K.-H. S.] aufzulösen.«[89] Außerdem gab er der Feldquantelung eine neue Form.

Die nachfolgenden Arbeiten können charakterisiert werden als der Versuch Wessels, »die aus der Elektronentheorie bekannte *Reaktionskraft der Strahlung* in die Quantenmechanik einzuführen.«[90] Dabei verstand er »unter dieser Strahlungskraft einen aus den Geschwindigkeiten, Beschleunigungen und Beschleunigungsänderungen gebildeten Vierervektor, der, als eine Kraft verstanden, die Bewegung eines geladenen Teilchens genau so beeinflußt, wie

es die von ihm ausgesandte Strahlung tut.«[91] In einer noch in Coimbra angefertigten Arbeit analysierte er, welchen Einfluss die Ergänzung der Dirac-Gleichung durch ein Spinpotential auf die Berechnung der Wasserstoff-Feinstruktur hat. Der zusätzliche Term entsprach beim Wasserstoffatom der Energie des Dipolmoments des Elektrons und Wessel zeigte, dass die Ergänzung »bis zu der erforderlichen Näherung übereinstimmt« mit dem nach Schrödinger definierten »›ungeraden‹ Anteil der Coulombschen Potentials« und somit die Feinstruktur nicht gestört wird.[92] Im Gegensatz zu Schrödingers Vorgehen wurde das Spinpotential bei Wessel nicht vom Coulomb-Potential subtrahiert, sondern addiert. Durch den Zusatzterm ergaben sich neue Eigenfunktionen, die bisher ausgeschlossen waren. Die zugehörigen Eigenwerte waren allerdings negativ, ihr Betrag entsprach jedoch in der Größenordnung der Bindungsenergie des Neutrons. Insgesamt glaubte Wessel im Fehlen des Spinpotentials die Ursache für die Unzulänglichkeiten der Dirac'schen Gleichung in der Quantenelektrodynamik gefunden zu haben. Einen weiteren Schritt zum Erreichen seines Zieles bestand für Wessel dann im Aufzeigen einer Analogie zwischen der Reaktionskraft der Strahlung und dem Spin.[93] Diese leitete er daraus ab, dass die Bewegungsgleichung eines Elektrons im äußeren Kraftfeld und unter dem Einfluss der Strahlungsdämpfung zeitliche Ableitungen von dritter Ordnung enthielt und somit die ›kanonische‹ Zustandsbeschreibung neben Orts- und Impulsgrößen eine dritte Art von Variablen erforderte. Diese dritte Art der Variablen wurde in Analogie zu den von Pauli und Dirac eingeführten Spingrößen gesetzt. Für die dabei in ein System von Differentialgleichungen erster Ordnung mit Nebenbedingungen transformierten Bewegungsgleichungen gab er für den Fall verschwindender äußerer Kräfte eine Lagrange- bzw. Hamilton-Funktion an.[94] Wessel konnte dann den Spingrößen Diracs Variablen zuordnen, die in der klassischen Theorie mit der Reaktionskraft der Strahlung verknüpft waren und deren Vertauschungsrelationen mit denen der Dirac'schen Größen übereinstimmten. Die Beziehung zwischen Spin und Strahlungskraft war aber nicht eineindeutig. So erhielt er noch weitere Gleichungen, denen Teilchen mit dem Spin $\frac{3}{2}$, $\frac{5}{2}$ etc. genügten. Er sah dies aber lediglich als Ausdruck der Tatsache an, dass »der Spin eine allgemeinere Eigen-

---

86   Wessel 1930b, Teil III, S. 337.
87   Wessel 1930b.
88   Wessel 1930b, Teil II, Wessel 1930b, Teil III.
89   Wessel 1930b, Teil III, S. 338.
90   Wessel 1943, S. 565, Hervorhebung im Original.
91   Wessel 1943, S. 565.
92   Wessel 1933, S. 415.
93   Wessel 1934a.
94   Wessel 1938.

schaft der Elementarteilchen ist, als das Strahlungsvermögen«[95].

Zusammenfassend resümierte Wessel, dass mit den vorliegenden Arbeiten »die Herleitung der *reinen Spintheorie als erste Näherung einer Theorie mit Strahlungskraft* einigermaßen zum Abschluß gebracht« sei.[96] Obwohl die von ihm aus klassischen Ansätzen hergeleitete Theorie noch drei Unterschiede zu Diracs Theorie aufwies, war er mit den aufgezeigten Analogien zur klassischen Theorie und die dadurch gegebene Motivation für die neuen Begriffsbildungen zufrieden. Diese Bestrebungen, eine Verbindung zwischen der Quantenmechanik, speziell der Theorie Diracs, und den klassischen Betrachtungen der Elektronentheorie herzustellen, blieben nicht unwidersprochen. So charakterisierte Pascual Jordan Wessels Vorgehen, aus der Dirac'schen Spintheorie nichtlineare Feldgleichungen zu deduzieren, die unter gewissen Bedingungen in die der Born'schen Elektrodynamik übergingen, als spekulativ.[97] Wessel hatte neben der Konstanz der Vierergeschwindigkeit noch die daraus durch Differentiation gewonnene Bedingung des Zueinander-Senkrechtstehens von Vierergeschwindigkeit und Viererbeschleunigung als Ausgangspunkt gewählt und eine entsprechende Ergänzung der Dirac'schen Gleichung vorgenommen, aus der die besagten nichtlinearen Gleichungen folgten.[98]

Ein zweites Forschungsgebiet Wessels, auf dem er sich zwar publizistisch nicht so intensiv, aber recht erfolgreich betätigte, war die Elektrodynamik. Auf einer Regionaltagung der Deutschen Physikalischen Gesellschaft trug er 1934 eine neue Methode vor, um das elektrostatische Feld »aus der Verteilung seiner natürlichen Quellen (›wahre Ladungen‹) bei Gegenwart von dielektrischen Körpern« zu bestimmen.[99] Statt der Formulierung als Randwertaufgabe für die Laplace-Gleichung führte er das Problem auf eine lineare Integralgleichung zurück. Dies schien dem physikalischen Problem angemessener zu sein und erleichterte in einfachen Fällen die Lösung der Aufgabe. Außerdem war die Methode prinzipiell auch für inhomogene Dielektrika anwendbar.

In zwei weiteren Arbeiten konnte Wessel die Integralgleichungsmethode vorteilhaft einsetzen. Zu Ehren von Max Wien griff er 1937 Fragen des Wechselstromkreises auf und diskutierte den Einfluss des Verschiebungsstromes auf Kapazität, Ohm'schen Widerstand und Selbstinduktion von Leitern.[100] Er ergänzte die bereits bekannten Aussagen für einfache Systeme durch die entsprechende Berechnung für Leiterkreise mit einer (lokalisierten) Kapazität. Er erläuterte die in jüngster Zeit als vorteilhaft erkannte Methode, von der Integralgleichung der Stromdichte auszugehen, und zeigte, dass bei der von ihm untersuchten Konstellation für spezielle Leitersysteme die Wirkung des Verschiebungsstromes ohne die Lösung der Integralgleichung ermittelt werden kann.

Große Beachtung fand seine 1939 im Anschluss an Experimente von Esau und dessen Mitarbeitern vorgenommene theoretische Analyse der »Durchlässigkeit von Gittern für elektrische Wellen«.[101] Diese sollte als Funktion der Wellenlänge und der Polarisation der durchgehenden Wellen aus den Maxwellschen Gleichungen berechnet werden. Dieses Problem war zwar schon mehrfach bearbeitet worden, aber nur eine Publikation von Wladimir von Ignatowski (Ignatowsky) (1875–1942) entsprach den Versuchsbedingungen Esaus. Esau hatte die Gitterkonstante, d. i. der Abstand zwischen den Gitterdrähten, von Werten, die wesentlich kleiner waren als die Wellenlänge der auftreffenden Wellen, bis zu Werten, die größer waren als die Wellenlänge, variiert. Auf Grund der vielen möglichen Stromverteilungen im Umfang des Gitterdrahtes war die allgemeine Theorie Ignatowskis sehr unübersichtlich. Wessel vereinfachte die Problemstellung durch einige allgemeine Annahmen über das Gitter, die Gitterdrähte und die auftreffenden Wellen. So sollte das Gitter eben und allseitig unbegrenzt sein, die ebene Welle senkrecht auf die Gitterebene auftreffen und die senkrecht zur Richtung der Gitterdrähte schwingende Komponente des elektrischen Vektors ungeschwächt das Gitter passieren. Wessel bestimmte dann insbesondere die resultierende Welle, die durch die Überlagerung der einfallenden Welle mit der durch die Ströme in den Drähten erzeugten sekundären Welle entstand, sowie Form und Lage der Schwingungsellipse. Weiterhin errechnete er den Gitterstrom mit seiner Integralgleichungsmethode sowie Durchlässigkeit bzw. Reflexionsvermögen des Gitters in Abhängigkeit von der Wellenlänge.

Wessel hat somit sehr intensiv an der Gestaltung der Wechselbeziehung zwischen Mathematik und Physik mitgewirkt. Er bewegte sich dabei vorwiegend auf Feldern neuster physikalischer Forschungen und bediente sich neuester mathematischer Methoden. Kritisch schätzten seine Fachkollegen jedoch 1935 ein, dass er sich speziell in der Quantenmechanik zu schwierigen Fragen zugewandt und eigenwillig weiterverfolgt habe, deren Beantwortung die

---

95 Wessel 1938, S. 627.
96 Wessel 1943, S. 566.
97 Jordan 1936, S. 378.
98 Wessel 1935a, Wessel 1935b.
99 Wessel 1934b, S. 181.
100 Wessel 1937.
101 Wessel 1939.

meisten theoretischen Physiker für hoffnungslos hielten.[102] Dadurch fand sein Engagement für die Wechselbeziehungen zwischen Mathematik und Physik nur eingeschränkte Beachtung.

Wisshak, der sich 1935 in Jena habilitiert hatte, erreichte wie bereits erwähnt in Jena keine größere Wirksamkeit, da ihm nach Kulenkampffs Ansicht »jeder Drang zu produktiver Tätigkeit in seinem Fache«[103] fehlte. Abgesehen von drei Beiträgen im »Handbuch der Naturwissenschaften« widmete er sich vorwiegend experimentell ausgerichteten Untersuchungen zur Aufklärung der Röntgenspektren.

In seiner Münchener Dissertation hatte Wisshak in Kathodenstrahlröhren das K-Ionisierungsvermögen von schnellen Elektronen bestimmt, genauer die Anzahl der Atome, die die schnellen Elektronen in Abhängigkeit von ihrer Energie ionisieren konnten.[104] Die Ionisierung entstand dadurch, dass ein schnelles Elektron bei genügend hoher Energie durch den Aufprall ein Elektron der K-Schale aus dem Atom herauslöste. Unter Emission von charakteristischer Röntgenstrahlung kehrte ein Teil der in den inneren Schalen ionisierten Atome in den Normalzustand zurück. Wisshak schloss dann aus der Intensität der Röntgenspektrallinien auf die Anzahl und die Art der erzeugten Ionen, wobei er die Messwerte hinsichtlich gewisser in der Antikathode stattfindender Effekte korrigierte. Er führte diese Messungen, die teilweise bereits in Jena stattfanden, an Chrom, Kupfer, Molybdän und Silber durch und verglich die daraus abgeleiteten Werte mit den nach der Theorie von Joseph John Thomson (1858–1940) zur Ionisierung durch Elektronenstoß[105] bzw. einer empirischen Formel berechneten Werten. Die sich ergebenden beträchtlichen Unterschiede führte er auf experimentelle Probleme zurück. In Fortsetzung dieser Analysen legte Wisshak vier Jahre später einen kurzen Artikel über die Wahrscheinlichkeit einer Doppelionisation vor.[106] In einer weiteren Arbeit analysierte er schließlich die sog. Röntgenfunkenlinien oder Satelliten der Hauptlinien des Röntgenspektrums für Kupfer.[107] Dazu bestimmte er verschiedene Abhängigkeitsverhältnisse, wie die Abhängigkeit der Intensität der Satelliten von der Ordnungszahl, von der Intensität der Hauptlinien, von der Stromstärke in der Röntgenröhre u. a. Zur Intensitätsmessung verwendete er die Ionisationsmethode. Nur teilweise erhielt er eine Übereinstimmung mit den von anderen Physikern ermittelten Werten. Hinsichtlich der theoretischen Erklärung für das Auf-

treten der Satelliten beschränkte er sich auf das Skizzieren verschiedener Ansätze, deren Überprüfung an Hand des empirischen Materials aber nicht möglich sei. Auch wenn Wisshak in einigen Passagen seiner Arbeiten auf eine theoretische Behandlung des Sachverhalts Bezug nahm, so demonstrierte er jedoch kaum das Ineinandergreifen von theoretischen Überlegungen und experimentellen Arbeiten. 1943 legte er schließlich in der *Sammlung Göschen* noch einen Überblick über Röntgenstrahlen vor.[108]

6.2.4 Der Ausbau quantenmechanischer Untersuchungen (2) – Hanles Studien zu Spektren und Molekülschwingungen

Mit W. Hanle gelang es Wien und Joos 1929 einen Forscher für das Jenaer Physikalische Institut zu gewinnen, der sich wie sie der engeren Verflechtung von Experimental- und theoretischer Physik bei angemessener Berücksichtigung der mathematischen Physik verpflichtet fühlte. Er hatte in Göttingen über die magnetische Beeinflussung der Polarisation der Resonanzfluoreszenz gearbeitet, den nach ihm benannten Effekt der Wechselwirkung von Materie mit magnetischen Feldern und der Emission kohärenter Wellen entdeckt und sich in Halle erfolgreich der Messung von optischen Anregungsfunktionen zugewandt. In Jena setzte er diese Arbeit zur weiteren Aufklärung der verschiedenen Elementarprozesse zur Anregung von Spektren mit zahlreichen Doktoranden und Mitarbeitern fort. In der genauen Kenntnis der Grundphänomene und der quantitativen Beherrschung ihrer Eigenschaften sah er die notwendige Voraussetzung, um in einem weiteren Schritt versuchen zu können, die komplizierten Entladungsformen in der Gasentladungsphysik auf die Grundphänomene zurückzuführen.[109] Für eine ganze Reihe von Elementen bestimmte er die Anregungsfunktion und die absoluten Lichtausbeuten bei verschiedenen Anregungsarten: Elektronenstoß, Atomstoß bzw. Ionenstoß.[110] Nach der Auswertung der noch in Halle mit einer neuen lichtelektrischen Methode, bei verhältnismäßig hohem Druck, durchgeführten Messungen der optischen Anregungsfunktion und der Bestimmung der absoluten Lichtausbeuten für die im sichtbaren Teil des Quecksilberspektrums gelegenen Linien stellte sich heraus, dass diese Intensitäten teilweise sehr empfindlich auf hohen Druck reagierten. Er ließ deshalb die Messungen bei niedrigem Druck wiederholen

102 BArch Berlin, DS/Reichserziehungsministerium, A 75, Aufnahme 240, 243.
103 UAJ, D 3127, unpaginierter Teil, Brief H. Kulenkampffs an den Reichswissenschaftsminister Rust vom 12. Juli 1944. Vgl. auch Kap. 4.4.
104 Wisshak, 1930.
105 Thomson 1912.
106 Wisshak 1934.
107 Wisshak 1937.
108 Wisshak 1943.
109 Hanle 1933a, S. 5.
110 Hanle/Schaffernicht 1930; Hanle 1932a; Hanle/Larché 1932.

und die Anregungsfunktionen von Molekülspektren erstmals mit der neuen Methode bestimmen. Er wandte sich dann den im Vergleich mit dem Elektronenstoß schwierigeren Untersuchungen der durch Atom- oder Ionenstoß angeregten Lichtemission zu. Die Trennung der einzelnen Leuchtprozesse blieb jedoch als Aufgabe noch bestehen, u. a. da die Erscheinungen durch das Auftreten von Stößen 2. Art noch beeinträchtigt wurden. Um die Mitte der 1930er Jahre widmete sich Hanle mit seinen Mitarbeitern mehreren Detailuntersuchungen, um den Mechanismus der Lichtemission bei einer Fadenstrahlentladung weiter aufzuklären, u. a. die Abhängigkeit der Intensitätsverteilung von der Stromdichte, den Einfluss von elektrischen Feldern auf den Fadenstrahl und die Rolle von Energie bzw. Geschwindigkeit der Stoßpartikel als die Intensität bestimmende Parameter bei der Stoßentladung, sowie um die Güte neuer empfindlicher Photoplatten speziell für die Messung der Anregungsfunktionen zu testen.[111]

Einen weiteren Schwerpunkt der Untersuchung bildete die Analyse der zirkularen Polarisation. Erfolgte die Anregung durch die Einstrahlung von zirkularpolarisiertem Licht, so konnte quantentheoretisch das Fluoreszenzlicht einen Anteil mit dem gleichen Umlaufsinn der Zirkularpolarisation wie die Primärstrahlung und einen Anteil mit dem umgekehrten Umlaufsinn aufweisen. Nachdem Hanle noch in Halle zusammen mit Eitel Friedrich Richter (1906–?) diese Umkehrung des Umlaufsinns der zirkularen Polarisation bei Quecksilber experimentell nachgewiesen hatte[112], gelang ihm eine erneute Bestätigung der Theorie bei der Thalliumfluoreszenz.[113] Außerdem hatte er eine analoge Umkehrung bei einigen Ramanlinien festgestellt.[114] Er führte dazu weitere umfangreiche Arbeiten durch und analysierte das Verhalten der Ramanlinien bei zahlreichen Substanzen, was ihm die Formulierung von einigen ersten, allgemein gültigen Regeln ermöglichte. Bereits in einem relativ frühen Stadium artikulierte er als ein Forschungsziel, »die beobachteten Ramanlinien den Schwingungen der Moleküle zuzuordnen«.[115] Er folgte damit den Darlegungen von Georg Placzek (1905–1955)[116], der als Erster die Polarisation der Ramanlinien als »ein wichtiges Merkmal der betreffenden Molekülschwingungen« erkannt hatte.[117] Nach weiteren Studien mit seinem Mitarbeiter Fritz Heidenreich sah Hanle 1935 die Theorie Placzeks zur Polarisation der Ramanlinien als bestä

tigt an. Dies galt insbesondere für die Überlegungen zur Dispersion der Polarisation und die Unabhängigkeit der Polarisationsgrade von der Frequenz für weit außerhalb der Resonanzstellen liegende Gebiete. Sie zeigten außerdem, dass die sogenannte Rotationsverbreiterung der Rayleighlinien speziell bei Flüssigkeiten nicht nur auf Polarisationserscheinungen zurückzuführen war, sondern noch weitere Ursachen haben konnte. Schließlich versuchten sie für verschiedene Chlorverbindungen, eine Zuordnung der Ramanlinien zu bestimmten Molekülschwingungen zu geben.[118] Diese Arbeiten ordneten sich in die zahlreichen Bemühungen zur Verwendung der Ramanspektroskopie zur Moleküluntersuchung ein.

Im Rahmen seiner Analyse verschiedener elektrooptischer und magnetooptischer Erscheinungen wandte sich Hanle im Verlauf der 1930er Jahre zunächst dem Faradaysowie später, als er bereits in Göttingen war, dem Kerr-Effekt zu. In beiden Fällen war die Frage zu beantworten, ob sich diese Effekte unter dem Einfluss hochfrequenter magnetischer Felder mit einer gewissen Trägheit einstellten? Den Ausgangspunkt bildete die Beobachtung, dass beim Zeeman-Effekt »eine Art Trägheit bei hohen magnetischen Wechselfeldern« auftrat.[119] Quantentheoretisch wurde dies damit erklärt, dass die Quantisierung des Feldes eine gewisse Zeit braucht, was durch Atomstrahlversuche bewiesen worden war. Es lag nahe, dies auch für den diamagnetischen Faraday-Effekt zu vermuten, der als Begleiterscheinung des Zeeman-Effekts auftrat. Aus den vorliegenden theoretischen Erklärungen zum Faraday-Effekt folgte jedoch eine Unabhängigkeit von der Frequenz, die Quantisierungszeit für diese Dispersionserscheinungen also keine Rolle spiele. Hanle bestätigte diese These für magnetische Wechselfelder im Bereich der höchsten damals praktisch herstellbaren Frequenz (etwa 10^8 Hz). Mehrere Physiker hatten jedoch eine ganze Reihe gegenteiliger Versuchsergebnisse erzielt. Durch Anwendung einer noch in Jena entwickelten neuen Messmethode, die »ein neues Arbeitsgebiet« eröffnete[120], zeigte er dann 1939 für zahlreiche Substanzen die Übereinstimmung mit den theoretischen Erwartungen. Im Rahmen der Messgenauigkeit ($0,5 \cdot 10^{-9}$ sec) konnte weder bei dem diamagnetischen, noch dem negativ temperaturabhängigen und dem paramagnetisch temperaturabhängigen Faraday-Effekt eine Trägheit nachgewiesen werden.[121] Diese neue, auf der

---

111 Hanle/Junkelmann 1936; Hanle/Nöller 1936; Haft/Hanle 1931; Fischer/Hanle 1932.
112 Hanle/Richter 1929.
113 Hanle 1933b.
114 Hanle 1931a, Hanle 1931b.
115 Hanle 1931c, S. 345.
116 Placzek 1931.
117 Hanle 1931c, S. 345.
118 Hanle/Heidenreich 1935; Hanle/Heidenreich 1934.
119 Hanle 1933c, S. 304.
120 Hanle 1989, S. 73.
121 Hanle 1939a.

Verwendung von Ultraschallwellen basierende Methode bildete in Göttingen zugleich die Basis für eine zusammen mit O. Maercks durchgeführte, eingehende Analyse der Trägheit des Kerr-Effekts.[122] Sowohl für Dipolmoleküle als auch für dipollose Moleküle wiesen sie eine endliche Einstellzeit im elektrischen Feld nach. Maercks war in Jena bei Hanle promoviert worden und hatte in seiner Dissertation die neue Methode ausgearbeitet und, eine Erkenntnis von Debye und Francis Sears (1898–1975) über die Verwendung von Schallwellen als optische Gitter aufgreifend, ihre Wirkungsweise dargelegt.[123] Dieses Bestreben, die vorhandene Messmethode durch ein genaues theoretisches Durchdringen hinsichtlich ihrer Präzision zu verbessern und den jeweiligen Versuchsbedingungen besser anzupassen, schlug sich auch in den Untersuchungen zum Entladungsvorgang im Geiger-Müller-Zählrohr nieder, zu dem Hanle und Walter Christoph 1933 publizierten. Sie charakterisierten die Entladung »im normalen Zählbereich« als Photonenentladung und diskutierten einige Eigenschaften der Entladungszahl.[124]

Schließlich seien noch zwei Projekte Hanles genannt, die nicht zum Abschluss kamen: die elektrolytische Gewinnung von schwerem Wasser (Deuterium) und der Bau eines Linearbeschleunigers.[125] Zum einen zeigen sie Hanles breites Forschungsinteresse, zum anderen tritt die enge Verknüpfung experimenteller und theoretischer Aufgaben hervor, ohne in Abrede zu stellen, dass die experimentellen, technischen Aufgaben zweifellos überwogen. Die Arbeit an der Gewinnung von Deuterium wurde eingestellt, da es inzwischen in Norwegen günstiger hergestellt werden konnte; der Bau des Linearbeschleunigers, weil die Erfindung des Zyklotrons eine bessere Möglichkeit zur Erzeugung von auf hohe Energien beschleunigter Ionen bot.

Neben den verschiedenen angeführten Detailforschungen hat Hanle mehrfach Darstellungen präsentiert, in denen er die Ergebnisse der von ihm bearbeiteten Forschungsgebiete zusammenfasste. Dabei standen die experimentelle Beschreibung und Untersuchung der einzelnen Erscheinungen im Vordergrund, doch verband er dies soweit möglich mit den entsprechenden theoretischen Erklärungen. Hinsichtlich der Gasentladungsphysik konnte er beispielsweise befriedigt feststellen, dass nach der Aufklärung wichtiger Grundphänomene, zu der er selbst wesentlich beigetragen hatte, nun mehrere komplizierte Entladungserscheinungen quantitativ gedeutet werden

konnten. Entsprechende Berechnungen und Formeln integrierte er, soweit möglich, ebenfalls in seine Darlegungen. Insgesamt präferierte Hanle eine solide theoretische Erläuterung und nahm all das auf, was »das Verständnis der Gasentladungen als kompliziertes zusammengesetztes Phänomen sehr einfacher atomistischer Vorgänge erleichtert[e]« und verzichtete lieber auf einige technische Ausführungen.[126] In ähnlicher Weise umriss er drei Jahre später die Entwicklung auf dem Gebiet der Fluoreszenz und der Anregung von Spektren in Gasen.[127] Wiederum war der Erkenntnisfortschritt über die Lichtemission durch das Isolieren von verschiedenen Elementarprozessen und deren genaues Studium erreicht worden. Das Wissen über diese Elementarprozesse erlaubte es dann, »die komplizierteren Leuchterscheinungen technischer Lichtquellen [zu] deuten«. Da auch die »theoretische Behandlung der Anregungszustände … weit gediehen« war und »das große Gebiet der Anregung durch Atom- und Ionenstoß« aus prinzipiellem Interesse eine erste Bearbeitung erfahren hatte, schätzte er den Forschungsstand über die Anregung der Spektren in Gasen als »schon ziemlich abgerundet« ein.[128] Ausführlich analysierte er die Anregungen der Spektren durch Lichteinstrahlung (Fluoreszenz) und durch materielle Teilchen (Elektronen-, Atom- und Ionenstoß). Weiterhin behandelte er die Anregung durch Stöße zweiter Art und durch Temperatur sowie die Anregung von kontinuierlichen Spektren und rundete dies mit einem Einblick in die Anwendungen bei der Spektralanalyse ab. Das in den beiden Abhandlungen zum Tragen kommende Talent Hanles eine hinsichtlich experimenteller und theoretischer Fakten ausgewogene, nicht nur für den Spezialisten nützliche Darstellung zu präsentieren, zeigte er auch in seinen Beiträgen zum »Handwörterbuch der Naturwissenschaften« und seine nach dem Weggang von Jena verfasste Einführung in die künstliche Radioaktivität und die kernphysikalischen Grundlagen.[129]

Der Schwerpunkt von Hanles Forschungen lag zweifellos auf experimentellem Gebiet. Sie betrafen zum großen Teil jedoch neuere Gebiete der Physik, deren experimentelle Erschließung in ihrer Vorbereitung und Durchführung zugleich einen beträchtlichen Anteil an theoretischen Überlegungen erforderte. Hanle hat insofern das Wechselverhältnis zwischen Physik und Mathematik in Jena positiv beeinflusst und insbesondere die bestehende Tradition der engen Verbindung von experimenteller und theoreti-

---

122 Maercks / Hanle 1938; Hanle / Maercks 1939.

123 Becker / Hanle / Maercks 1936; Maercks 1938.

124 Christoph / Hanle 1933. Christoph hat die Problematik der Gasentladungen weiter verfolgt und sich 1937 mit einer Arbeit zur Nachlieferung von Elektronen durch Photonen in der Coronaentladung habilitiert.

125 Hanle 1989, S. 49.

126 Hanle 1933a, S. 5.

127 Hanle 1936.

128 Hanle 1936, S. 5.

129 Hanle 1932b; Hanle 1932c; Hanle 1933d; Hanle 1933e; Hanle / Leiste 1934; Hanle 1935; Hanle 1939b.

scher Forschung mit der technischen Realisierung neuer
Ideen mit eigenen Beiträgen fortgesetzt und belebt. In
mehreren Arbeiten von ihm und seinen Schülern wird die
Unterstützung durch die Zeiss- bzw. Schott-Werke hervorgehoben, sei es durch das Zur-Verfügung-Stellen von Materialien bzw. apparativer Elemente zur Durchführung der
Experimente oder durch die Hilfe beim Bau von Apparaturen. Auf die Beeinträchtigung durch die politischen Umstände ab den 1930er Jahren ist an anderer Stelle eingegangen worden (vgl. Abschn. 4, insbesondere 4.3 und 4.4)

6.2.5 Hettners Analyse von Rotationsspektren

Der im Oktober 1936 als Nachfolger von Joos berufene
Hettner setzte die Forschungstradition hinsichtlich der
Spektroskopie durch Untersuchungen zum Rotations-
schwingungs- und Rotationsspektrum fort. Er war 1918 an
der Berliner Universität mit einer Arbeit über das Rotationsspektrum des Wasserdampfes promoviert worden. In
den folgenden Jahren hatte er diese Untersuchungen fortgeführt und sich speziell zu Beginn der 1930er Jahre an
der Diskussion um die Möglichkeit der Rotation von Mo-
lekülen in Molekülkristallen in Analogie zu den Vorgän-
gen in Gasen beteiligt. Eine wichtige Rolle spielte dabei
die von Linus (Carl) Pauling (1901–1994) aus theoretischen Betrachtungen hergeleitete Ansicht, dass mit stei-
gender Temperatur bei gewissen Kristallen am Umschlags-
punkt eine mehr oder weniger gleichmäßige Rotation der
Moleküle einsetzt. In diesem Kontext analysierte Hettner
eine im Spektrum des festen Chlorwasserstoffs gefundene
Doppelbande, die im gleichen Spektralbereich wie eine
Rotationsschwingungsbande des flüssigen Chlorwasserstoffs lag.[130] Aus den Messungen schloss er zunächst, dass
auch beim festen Chlorwasserstoff mit einer gewissen
Wahrscheinlichkeit eine Rotation der Moleküle möglich
sei. Wie weitere Messungen ergaben, reichte aber die Annahme einer einsetzenden Molekülrotation nicht aus, um
die Umwandlung und die dabei feststellbaren Veränderungen zu erklären.[131] Das Studium des dielektrischen Verhaltens des festen Chlorwasserstoffes in der Umgebung des
Umschlagpunktes gehörte dann zu den ersten Untersuchungen, die Hettner in Jena durchführte und bei denen er
unterhalb dieses Punktes dielektrische Verluste und ein
Gebiet mit Dispersion der Dielektrizitätskonstanten fest-
stellte.[132] In Auswertung dieser und weiterer Analysen und
unter Verwendung von Debyes Dipoltheorie folgerte er,
dass die »Umwandlung … nicht, wie vielfach angenommen, in einem Übergang von Pendellung zu Rotation zu
bestehen« scheint. Vor dem Umschlagpunkt würden die

Abb. 46: Gerhard Hettner

Moleküle im sogenannten α-Zustand »um feste und regelmäßig orientierte Gleichgewichtslagen pendeln, während
[nach Überschreiten des Punktes] im β-Zustand nur die
Gleichgewichtslagen einzelner räumlich und zeitlich
wechselnder Gruppen unter sich orientiert sind«.[133] Die
Anwendbarkeit dieser Überlegungen auf andere Rotati-
onsumwandlungen musste er offen lassen.

In Verbindung mit den Untersuchungen zu Rotations-
spektren und zum dielektrischen Verhalten von Halogen-
wasserstoffen unternahm Hettner 1937 auch eine Überprüfung der Dipoltheorie Debyes für ein bisher wenig
betrachtetes Gebiet.[134] Da für Substanzen mit relativ geringer Relaxationszeit, also einer raschen Reaktion der Moleküle auf ein elektrisches Feld, noch im Ultrarot-Bereich
durch die Dipolwirkungen Dispersion und Absorption
hervorgerufen wird, sah er es als wünschenswert an, die
Richtigkeit der Dipoltheorie für diesen Spektralbereich zu
prüfen. Wasser erwies sich als einzige Flüssigkeit für die
hinreichend viele Messungen der optischen Konstanten
für den langwelligen Ultrarotbereich (Wellenlänge λ zwi-

---

130 Hettner 1932.
131 Hettner 1934, Hettner 1936.
132 Hettner/Hettner/Pohlmann 1937.
133 Hettner 1938.
134 Hettner 1937.

schen 10 cm und 1 µ) vorlagen, so dass ein Vergleich mit der Theorie angestellt werden konnte. Hettner stellte für einen größeren mittleren Teil eine deutliche Abweichung der experimentell ermittelten von den auf der Basis der Debye'schen Theorie errechneten Werten fest, für die auch die von Debye erst kurz zuvor für Flüssigkeiten vorgenommene Ergänzung der Theorie keine Erklärung lieferte. Als Lösungsansatz schlug er dann vor, für die einzelnen Moleküle einen unregelmäßig schwankenden Reibungswiderstand anzunehmen, was er mit der in Teilgebieten der Flüssigkeit vorkommenden quasikristallinen Struktur motivierte.

Ein weiteres Thema bildete die Auseinandersetzung mit der Leistungsgrenze von thermischen Strahlenmessgeräten.[135] Der Ausgangspunkt war die bereits länger bekannte Tatsache, dass der bewegliche Teil des Messgerätes neben mechanischen auch kleinsten Energie- und Temperaturschwankungen ausgesetzt ist, die sich etwa durch die Brownsche Molekularbewegung des Systems ergeben. Durch diese Bewegung wird die Messgenauigkeit des Geräts in natürlicher Weise begrenzt. Zusammen mit W. Dahlke analysierte er sowohl die Verhältnisse bei Geräten, die als »Wärmekraftmaschinen« arbeiteten, also einen Teil der Strahlung in Wärme umwandelten und diese teilweise in »Ausschlagsarbeit« umsetzten, und bei Geräten, bei denen die »Ausschlagsarbeit« von einer Stromquelle geleistet wurde. Als überraschendes Ergebnis konnten sie ableiten, dass trotz verschiedener Konstruktionsprinzipien die Leistungsfähigkeit der besten thermischen Strahlungsmessgeräte etwa gleich war. In der Folgezeit setzte Hettner diese Arbeiten mit seinem Mitarbeiter G. Eichhorn fort und wandte sich der allgemeineren Frage zu, »welcher Empfängertyp in einem bestimmten Bereich des elektromagnetischen Spektrums der günstigste ist«.[136] Ausgehend von dem für alle diese Messgeräte gültigen Gesichtspunkt, dass das in ihnen enthaltene Strahlung absorbierende Element von der elektromagnetischen Hohlraumstrahlung getroffen wird, die der Umgebungstemperatur entspricht, leitete er eine Formel für den sogenannten »Schwellenenergiestrom« ab. Der »Schwellenenergiestrom« bezeichnete den »Energiestrom, der durch eine Messung von bestimmter Dauer nur mit einem ihm selbst gleichen mittleren Fehler feststellbar« war und lieferte somit ein Maß für die Güte des Messgeräts.[137] Sie bestätigten die für die verschiedenen Gerätetypen abgeleiteten Werte und diskutierten die Vorteile der Geräte mit elektrischem Empfänger.

Hettner hat so die Forschungstradition der Jenaer Phy-

sik nicht nur hinsichtlich einiger Themen, sondern auch im Bezug auf die enge Verknüpfung von theoretischen und experimentellen Arbeiten fortgesetzt.

6.2.6 Die Änderung des Forschungsschwerpunktes unter Kulenkampff

Mit der Berufung von Kulenkampff als Nachfolger von M. Wien vollzog sich in den folgenden Jahren eine Verschiebung des Forschungsschwerpunktes hin zum Studium der Röntgenstrahlen und Röntgenspektren sowie der kosmischen Höhenstrahlung. Mit mehreren bemerkenswerten Arbeiten hatte er sich den Ruf eines kompetenten Röntgenphysikers erworben und galt als bester Vertreter dieses Faches in Deutschland. Er hatte sich 1926 in München mit einer Abhandlung über die Energie und die ionisierende Wirkung der Röntgenstrahlen habilitiert[138], die ionisierende Wirkung der Röntgenstrahlung in Luft »in Übereinstimmung mit den allgemeinen Vorstellungen über die quantenhafte Absorption der Strahlung« als »überwiegend indirekt[e]« Wirkung erklärt und weitere neue Einsichten zur Röntgenbremsstrahlung erzielt.[139] Kurz vor dem Wechsel nach Jena erkannte er, dass für einen Beobachter auf der Erde die Myonen in der harten Komponente der Höhenstrahlung eine etwa um das 50fache vergrößerte mittlere Lebensdauer (etwa $2 \cdot 10^{-6}$ Sek.) hatten. Die Ursache war die relativistische Zeitdilatation, die aufgrund der hohen Myonengeschwindigkeit erfolgte. Außerdem ließ er von seinem Schüler Heinrich Maass mit der von Walther Bothe (1891–1957) und Werner Kolhörster (1887–1946) 1929 entwickelten Methode Koinzidenzmessungen zur genaueren Bestimmung der »Ultrastrahlungskorpuskeln« vornehmen. In Auswertung der Messungen schlossen Kulenkampff und Maass, dass die Höhenstrahlung neben verhältnismäßig langsamen Korpuskeln aus einem zweiten Anteil durchdringender sekundärer Korpuskularstrahlung bestand, die durch eine nichtionisierende Strahlung ausgelöst wurde.[140] Kulenkampffs Ausführungen enthielten auch einige vorsichtige Hinweise auf eine feinere Differenzierung der einzelnen Strahlungsbestandteile, so dass durchaus eine gewisse Analogie zu dem etwa zur gleichen Zeit von H. Geiger und Ewald Fünfer (1908–1995) publizierten Versuch, die Bestandteile der Ultrastrahlung systematisch zu ordnen,[141] hergestellt werden kann. In den folgenden Jahren erzielten Carl David Anderson (1905–1991) und Seth Henry Neddermeyer (1907–1988) sowie Heisenberg und Hans Euler (1909–1941) wesentliche Fortschritte

---

135 Dahlke/Hettner 1940.
136 Eichhorn/Hettner 1948, S. 120.
137 Eichhorn/Hettner 1948, S. 120.
138 Kulenkampff 1926a.
139 Kulenkampff 1926b.
140 Kulenkampff 1934, Kulenkampff 1935, Maass 1936.
141 Geiger/Fünfer, 1935.

in der Erforschung der kosmischen Höhenstrahlung. Erstere entdeckten 1937 das Mesotron, heute als Myon bezeichnet. Letztere schufen eine Theorie der Höhenstrahlung, in der sie eine Verbindung zu Yukawas Vorstellungen über Kernkräfte herstellten und das von diesem vorhergesagte Teilchen mit dem Mesotron identifizierten.[142] In Jena setzte Kulenkampff mit seinen Schülern die Forschungen zur Höhenstrahlung fort, analysierte »Entstehung und Absorption der Mesotronenkomponente sowie die durch sie ausgelöste Sekundärstrahlung« und versuchte, »aus dem Intensitätsverlauf einen möglichst genauen Wert für die Zerfallskonstante zu ermitteln.«[143] Mehrfach berichtete er auf regionalen Tagungen der Deutschen Physikalischen Gesellschaft über diese Arbeiten und auf der im September 1939 geplanten Herbsttagung der Gesellschaft sollte er einen Übersichtsvortrag »Das Mesotron in der kosmischen Strahlung« halten.[144] 1942 unternahm er dann eine Durcharbeitung der vorliegenden Beobachtungsdaten. Sich kritisch mit den in Jena bzw. von auswärtigen Physikern erhaltenen Messwerten auseinandersetzend, charakterisierte er die Intensitätsveränderungen des Mesotronanteils in verschiedenen Medien. Er hob hervor, dass dabei Absorption und Zerfall der Mesotronen nicht voneinander unabhängig und einfach additiv behandelt werden dürfen, da beide Prozesse das Energiespektrum unterschiedlich beeinflussten. Schließlich berechnete er trotz einiger Unsicherheiten die Zerfallskonstante der Mesotronen neu. Ohne einen direkten Bezug zu den Kriegsereignissen herzustellen, bemerkte er, dass die meisten Arbeiten »nicht entsprechend dem ursprünglichen Programm durchgeführt [werden konnten], sondern … vorzeitig abgebrochen oder mit eingeschränkter Zielsetzung zu Ende geführt werden« mussten.[145]

Kulenkampffs wichtigstes Forschungsgebiet, zu dem er in seiner Jenaer Zeit wie auch nach dem Zweiten Weltkrieg in Würzburg wertvolle Beiträge leistete, blieb das Studium der Röntgenbremsstrahlung. Nach umfangreichen und langwierigen Bemühungen hielt er Mitte der 1930er Jahre den »Prozess der Erzeugung von Bremsstrahlung in seinem wesentlichen Zügen« experimentell und theoretisch beschrieben und stellte sich und seinen

Schülern die Aufgabe, »feinere Einzelheiten experimentell zu untersuchen und damit Anhaltspunkte zu liefern, nach welcher Richtung die Theorie noch einer strengeren Formulierung bedarf«.[146] Durch seinen Schüler Kurt Böhm ließ er die Vermutung prüfen, dass seine früher mit dickeren Antikathodenschichten (Dicke $0{,}6\,\mu$) ermittelte azimutale Intensitätsverteilung der Röntgenbremsstrahlung durch Diffusion und Geschwindigkeitsverlust verfälscht sein könnte.[147] Die an dünneren (Dicke kleiner als $0{,}1\,\mu$) Schichten und unter Vermeidung von anderen verfälschenden Einflüssen ausgeführten Messungen bestätigten die früher erkannten Eigenschaften, zeichneten aber ein präziseres Bild. Auch hinsichtlich des Polarisationsgrades der Strahlung war keine wesentliche Korrektur notwendig. Kulenkampff hatte bei seinen früheren Messungen bereits eine gewisse Diffusion der Strahlung angenommen und die Messwerte entsprechend korrigiert. In beiden Fällen ergaben sich einige Abweichungen zwischen den experimentell ermittelten und den theoretisch berechneten Werten, die speziell für längere Wellen deutlich sichtbar wurden. Die von Sommerfeld geschaffene Theorie war folglich für Langwellen nicht anwendbar und Kulenkampff leitete die Aufgabe ab, die »besprochenen speziellen Probleme experimentell hinreichend sauber zu untersuchen« und »die Theorie im Sinne einer schärferen Erfassung feiner Einzelheiten weiterzuführen«.[148]

Fünf Jahre später legte Kulenkampff aus Anlass des 75. Geburtstages von Sommerfeld zusammen mit seiner Mitarbeiterin Lore Schmidt weitere neue experimentelle Daten vor. Sie hatten die Röntgenbremsstrahlung an »massiven« Wolfram-Antikathoden untersucht und aus »den gemessenen Spektralkurven … durch Berücksichtigung aller entstellenden Einflüsse die wahre Energieverteilung« ermittelt.[149] Da sie die Spektren für die bisher nicht verwendeten Spannungen zwischen 20 und 50 kV sowie einen größeren Wellenlängenbereich bestimmten, erweiterten sie die verfügbare Datenmenge beträchtlich. Ein bereits früher formuliertes Gesetz, das die Strahlungsintensität in Abhängigkeit von der Frequenz beschrieb, wurde für den erweiterten Spannungsbereich als gültig erkannt. Außerdem berechneten sie den Nutzeffekt der Röntgen-

142 Euler/Heisenberg 1938. Diese Gleichsetzung wurde rund zehn Jahre später als falsch erkannt, die Kernkraft wird durch das 1947 ebenfalls in der Höhenstrahlung entdeckte Pion vermittelt.

143 Kulenkampff 1943.

144 Im Juni 1938 trug er auf der Tagung des Gauvereins Thüringen-Sachsen-Schlesien der Deutschen Physikalischen Gesellschaft in Breslau »Bemerkungen über die durchdringende Komponente der Ultrastrahlung« vor, im Januar 1939 auf der entsprechenden Tagung des gleichen Vereins in Leipzig über »Erforschung der Höhenstrahlung mit dem Zählrohr« sowie im Juni 1939 in Halle »Über die harte Komponente der Ultrastrahlung« vor. (Vgl. die jeweiligen Tagungsberichte in: Verhandlungen der Deutschen Physik. Gesell. 3. Reihe, 19 (1938), S. 92, ebenda, 20 (1939) S. 22, 82. Bezüglich des Übersichtsvortrags siehe: Verhandlungen der Deutschen Physik. Gesell. 3. Reihe, 20 (1939) S. 144.).

145 Kulenkampff 1943, S. 562.

146 Kulenkampff 1938, S. 600.

147 Böhm 1937.

148 Kulenkampff 1938, S. 606; vgl. auch die erwähnten Vorträge auf den Tagungen des Gauvereins Thüringen-Sachsen-Schlesien der Deutschen Physikalischen Gesellschaft.

149 Kulenkampff/Schmidt 1943, S. 511.

strahlerzeugung und schlossen aus einer Übertragung der erzielten Ergebnisse auf die Verhältnisse bei Verwendung einer dünnen Schicht als Antikathode »qualitativ auf eine spektrale Verteilung …, die mit der verfeinerten Theorie von Sommerfeld im Einklang« war.[150] Wie ein im April 1944 angefügter Zusatz zu diesem Artikel belegt, hat Kulenkampff, soweit es die Kriegsbedingungen erlaubten, diese Forschungen fortgesetzt. Weitere Publikationen erfolgten aber erst in der Nachkriegszeit, nachdem er in Würzburg eine neue Wirkungsstätte gefunden hatte. Dort konnte er sich die Möglichkeiten schaffen, die von Elektronen mit bedeutend höherer Energie erzeugten Bremsstrahlen zu untersuchen.

Obwohl Kulenkampff in seinen Forschungen sehr deutlich auf experimentelle Aspekte ausgerichtet war, hat er das am Physikalischen Institut bestehende gute Verhältnis von theoretischen und experimentellen Untersuchungen fortgesetzt und gefördert, wobei die theoretische Seite die mathematische Durchdringung einschloss. Aus seinen Veröffentlichungen geht klar hervor, dass Fortschritte in den von ihm bearbeiteten Fragestellungen nur durch das ständige Wechselspiel von Theorie und Experiment möglich waren. In diesem Sinne stellten die von ihm durchgeführten bzw. angeregten Untersuchungen auch eine Reaktion auf den aktuellen Stand der Theorie dar und resultierten nicht selten aus einer eingehenden Beschäftigung mit dieser, sei es theoretische Ansätze zu überprüfen oder durch detaillierte experimentelle Aufklärung eine »Verfeinerung« der Theorie anzuregen.

6.3 Forschungen am Technisch-Physikalischen Institut

Der 1925 nach Jena berufene Esau etablierte an dem neu errichteten Technisch-Physikalischen Institut zwei Forschungsrichtungen, zum einen die Aufklärung und Anwendung der Kurz- bzw. Ultrakurzwellen und zum anderen die Entwicklung von Verfahren der dynamischen Werkstoffprüfung. Die erstgenannte Richtung zerfiel in die Teilgebiete der Verwendung von Ultrakurzwellen in der Nachrichtentechnik, was faktisch eine Fortsetzung der von M. Wien begründeten Untersuchungen zur Funktechnik darstellte, und der Anwendung dieser Wellen in der Medizin. Esau war zuvor in dem 1903 gegründeten Unternehmen »Gesellschaft für drahtlose Telegraphie m. b. H. System Telefunken« tätig gewesen, für die er im Frühsommer 1914 die Inbetriebnahme der Großfunkstation Kamina (Togo) leitete und nach Kriegsende Forschungen zur Hochfrequenztechnik durchgeführt hatte. In Jena gelang

es ihm rasch mehrere Schüler für seine Untersuchungen zu begeistern.

Esau setzte zunächst seine Forschungen zur Funktechnik, zur Erzeugung und Übertragung der entsprechenden elektromagnetischen Wellen fort, wobei er sich besonders auf das Studium kurzer und ultrakurzer Wellen konzentrierte. Diese Wellen hatten unter mehreren Gesichtspunkten um die Mitte der 1920er Jahre ein stärkeres Interesse bei den auf dem Gebiet der drahtlosen Telegraphie tätigen Wissenschaftlern und Technikern gefunden. Esau sprach diesbezüglich in einer Rede im Berliner Elektrotechnischen Verein am 25. Januar 1925 von einer »rückläufigen Bewegung in der Frage der für [Übertragungen über] große Entfernungen günstigsten Wellenlängen« und der durch die Einführung des Rundfunks stimulierten Beschäftigung mit kurzen Wellen, speziell in den USA.[151] Er umriss die vorteilhaften wie die nachteiligen Eigenschaften kurzer Wellen im Vergleich mit den bisher benutzten langen Wellen und wies ihnen trotz der zahlreichen zu lösenden Probleme eine große Bedeutung für die künftige Entwicklung der drahtlosen Telephonie und der drahtlosen Bildübertragung zu. Bereits kurz nach dem Beginn seiner Universitätstätigkeit konnte Esau auf die verbesserte Erzeugung »sehr kurzer elektrischer Wellen von großer Energie« verweisen, die bisher nicht befriedigend ausgeführt werden konnte und für die er neben der drahtlosen Telegraphie auch in der physikalischen Forschung bei Fragen der Hochspannungstechnik eine wichtige Anwendung sah.[152] In zahlreichen Arbeiten hat er immer wieder nach einer besseren Signalübertragung gesucht. Er analysierte die verschiedenen Einflussfaktoren, wie die durch Polarisationsänderungen der elektrischen Wellen oder deren geneigten Einfall auf die Empfangseinrichtung hervorgerufenen Störungen des Empfangssignals (Fading-Erscheinungen), und suchte nach Möglichkeiten, die einzelnen Empfangsstörungen zu beseitigen.[153] Große Aufmerksamkeit richtete er auf die Gestaltung der Sende- und besonders der Empfangsantennen, berechnete die Richtungscharakteristiken verschiedener Antennenkombinationen und die Wirksamkeit dieser Antennensysteme, wie Rahmen-, Doppelrahmen-, Doppelcardioiden- und V-Antennen. Eine völlige Ausschaltung der Störungen war im Allgemeinen nicht bzw. nur theoretisch möglich, doch konnte er aus der Vielzahl der Antennenanordnungen einige auswählen, die unter praktisch umsetzbaren Bedingungen einen deutlich besseren Empfang ermöglichten. Eng mit diesen Betrachtungen verbunden war eine weitere Anwendung der kurzen Wellen in Form der »drahtlosen Ortsbestimmung« in der Luft- und Seeschifffahrt, die Esau ebenso gründlich

---

150 Kulenkampff/Schmidt 1943, S. 512.
151 Esau 1925, S. 1869 f.
152 Esau 1926a.
153 Esau 1926b, Esau 1926c, Esau 1927a, Esau 1927b.

untersuchte. Die bereits vorliegenden Ergebnisse, die von am Ende des Ersten Weltkriegs durchgeführten Versuchen stammten, hatten das Problem der Peilung von Flugzeugen als besonders schwierig charakterisiert. Esau gelang nun »die Angabe von Mitteln und Wegen, die zu einer unter allen Umständen mißweisungsfrei peilenden Anordnung« führten, aber nur eine einzige hielt er für praktisch brauchbar.[154] In diesem Kontext unterstrich er auch die Bedeutung theoretischer Betrachtungen für seine Forschungen. Bezüglich der Aufgabe, »Antennenkombinationen mit einer möglichst großen Richtschärfe« zu bestimmen, konstatierte er, dass dies auf experimentellem Wege »außerordentlich kostspielig« und »zeitraubend« sei. »Aus diesen Gründen bleibt also nur die Rechnung übrig, die unter Berücksichtigung aller in Betracht kommenden Faktoren mit einfachen Mitteln durchgeführt werden kann und die Charakteristik [der Antennenkombination] in jedem Fall zu bestimmen gestattet.«[155]

Eine Reihe weiterer Arbeiten diente dazu, die Eigenschaften der kurzen elektrischen Wellen umfassend genauer aufzuklären, und war teilweise durch die beim praktischen Einsatz der Kurzwellen zutage getretenen Probleme motiviert. Zunehmend konnte er zu diesen Untersuchungen seine Schüler heranziehen. Der Quereffekt der Magnetostriktion, d. i. die in ferromagnetischen Stoffen durch das Anlegen eines Magnetfeldes hervorgerufene Deformation, die durch Elektromotoren verursachten, teils starken Empfangsstörungen in der drahtlosen Telephonie und die Erwärmung von festen und flüssigen Isolatoren in Hochfrequenzfeldern erfuhren eine genaue Behandlung.[156] Während das erste Thema durch die von einem seiner Schüler (Dietsch) erreichte Verbesserung der Messgenauigkeit des Längseffekts der Magnetostriktion angeregt wurde, waren die anderen beiden den Erfahrungen der Praxis geschuldet. Bezüglich der Vermeidung von Empfangsstörungen durch Elektromotoren wurden verschiedene Methoden diskutiert und der Einbau einer Kombination von Spule und Kondensatoren als einfache wie betriebssichere Methode vorgeschlagen. Die Erwärmung von Isolatoren war ein schwieriges Problem, bedeutete dieser Effekt doch sowohl einen unerwünschten Energieverlust als auch eine Gefährdung der Geräte, da mit der Erwärmung meist die elektrische Festigkeit der Dielektrika deutlich abnahm, was zur Zerstörung der Bauteile führen konnte. Esau und sein Mitarbeiter beschrieben für eine Reihe von Substanzen den Vorgang in Abhängigkeit von der Zeit und schätzten die auftretende Wärmemenge in Hochfrequenz-

feldern bei Frequenzen von 75–100 Mill. Hz ab. Weitere dem Studium der Kurzwellen gewidmete Arbeiten behandelten die Ausbreitung von Kurzwellen über große Entfernungen in Abhängigkeit von der Polarisation der Welle und von den natürlichen Geländeformen sowie die Möglichkeit, die Eigenschaften der ausgesandten Welle durch ein dem Senderdipol vorgeschaltetes Gitter zu beeinflussen.[157] Das Vordringen zu immer kürzeren Wellen bzw. die Fortschritte bei deren Erzeugung mit den für den Funkbetrieb hinreichend konstanten Eigenschaften setzten manche für längere Wellen bereits beantwortete Frage als neue Forschungsaufgabe erneut auf den Plan. So ermöglichte die Erzeugung von ungedämpften Zentimeterwellen mit hinreichender Intensität und Konstanz die direkte Ermittlung der Dispersion und Reflexion von Wasser und einigen Alkoholen. Der Vergleich der experimentellen Ergebnisse mit den früher aus Langwellenmessungen erhaltenen Werten und dem mit Hilfe der Debey'schen Formel errechneten Frequenzverlauf ergab eine gute Übereinstimmung.[158]

Scheinbar als Nebenprodukt entstanden die grundlegenden Arbeiten zur Diathermie. In dem Bemühen, die Eigenschaften und Anwendungsmöglichkeiten der ultrakurzen Wellen allseitig aufzuklären, widmete sich Esau mit seinen Schülern auch dem Einfluss dieser Wellen auf tote und lebende Materie und bereitete damit den Weg für die medizinische Nutzung der Kurz- und Ultrakurzwellen. Mitte der 1920er Jahre hatte er die Idee gehabt, Kurzwellen beim Menschen anzuwenden, und mit der Verwendung des Kondensatorfeldes, unabhängig von J. W. Schereschewsky (Šereševskij), den entscheidenden Durchbruch zur Kurzwellentherapie erreicht. Zusammen mit Erwin Schliephake (1894–1995) erkannte er 1926, dass organisches Gewebe durch Bestrahlung mit Kurzwellen fast beliebig erwärmt werden konnte.[159] Mit einigen von seinen Schülern analysierte er die Erwärmung des Fettes im Vergleich zu anderen Geweben in Abhängigkeit von der Frequenz und stellten mit zunehmender Frequenz eine deutliche Entlastung der Fetterwärmung fest. An einem biologischen Phantom versuchten sie mit genauen Messungen Aufschluss über die erreichbare Tiefenwirkung zu erhalten und erzielten erste, für die Praxis relevante Ergebnisse.[160] Der rasche Fortschritt in der Anwendung der Diathermie warf dann die Frage nach einer möglichen Störung des Rundfunk- und Fernsehempfangs durch den Betrieb der entsprechenden medizinischen Geräte auf, die Esau für den Wellenbereich 5,5–7,5 m untersuchen ließ. Die Störungen waren für den Ton- wie für den Bildempfang

154 Esau 1927c, S. 181.
155 Esau 1926b, S. 142.
156 Esau 1931, Esau/Goebeler 1928, Esau/Busse 1930.
157 Esau/Köhler 1933, Esau/Ahrens/Kuebel 1939.
158 Esau/Bäz 1937.
159 Schliephake 1960, S. 1 u. 147.
160 Esau/Pätzold/Ahrens 1936, Esau/Pätzold/Ahrens 1938.

bedeutsam, konnten jedoch durch die Unterbringung der Diathermiegeräte in einem allseits geschlossenen metallischen Schutzkäfig sehr gut unterdrückt werden.[161]

In der als zweiten Forschungsschwerpunkt etablierten Werkstoffprüfung studierte Esau mit seinen Mitarbeitern die Beanspruchung von Werkstoffen durch Schwingungen. Sein 1927 in den Grundzügen skizziertes und von seinem Schüler E. Voigt ausgearbeitetes Verfahren bedurfte noch mehrerer Verbesserungen, um den spezifischen Anforderungen an die Genauigkeit der Messung zu genügen.[162] Einen wichtigen Beitrag leistete ein weiterer Esau-Schüler, Herbert Kortum (1907–1979), der die absolute Größe der die Messungen störenden Zusatzdämpfung der Apparatur experimentell ermittelte und zugleich eine theoretische Abschätzung vornahm.[163] Mit dem weiterentwickelten Verfahren erzielte er erste Erkenntnisse zur Änderung der Dämpfung bei einer wechselnden Beanspruchung des Materials durch Torsionsschwingungen mit konstanter Amplitude. Insbesondere nahm die Dämpfung für jede Belastungsstufe nach vielen Lastwechseln einen stabilen Wert an, der sich deutlich von den Werten am Beginn der Dämpfungsmessungen unterschied. Wurde das Material auch nur zeitweise über die sogenannte Dauerbruchgrenze hinaus belastet, änderte sich das Dämpfungsverhalten grundlegend. Hinsichtlich der Frequenzabhängigkeit konnte die vorliegende Theorie bestätigt werden.[164]

Parallel dazu analysierte Esau zusammen mit Voigt das Auftreten anharmonischer Schwingungen bei der Anwendung des Zug-Druck-Verfahrens, untersuchte das Dämpfungsverhalten mehrerer Spezialstähle mit diesem Verfahren und beschrieb die dabei festgestellten Unterschiede.[165] Gemeinsam mit M. Hempel widmete er sich den Eigenfrequenzen von einseitig eingespannten Stäben, konnte an Hand der Versuchsergebnisse einige bisher verwendete Formel als fehlerhaft nachweisen und unter bestimmten Versuchsbedingungen je eine bereits vorliegende Formel bestätigten bzw. eine empirisch ermittelte Formel formulieren.[166] Außerdem diskutierte Esau den Zusammenhang der Dämpfung eines Materials mit der Frequenz der Beanspruchungswechsel und der Relaxationszeit des Materials. Eine diesbezüglich aufgestellte Formel erkannte er als prinzipiell richtig, aber in der praktischen Anwendung mit großen Schwierigkeiten verbunden.[167]

In weiteren Arbeiten berichteten Esau und Kortum über die Änderung der Dämpfung einiger ferromagnetischer Materialien bei Gleichstrom- bzw. Wechselstrom-Magnetisierung, diskutierten verschiedene Messergebnisse und Ansichten, die andere Wissenschaftler zur Werkstoffdämpfung publiziert hatten, und widerlegten insbesondere die teilweise vertretene Meinung, dass die Dämpfung von Materialien bereits nach kurzzeitigen Versuchen beurteilt werden könne.[168] Es seien vielmehr eine genaue Untersuchung bei Dauerbelastung und eine Bestimmung des Dämpfungsbereiches notwendig, um verlässliche Werte für das Dämpfungsverhalten zu ermitteln. Sie prüften die These, ob auch »die Magnetisierung eine Änderung der elastischen Konstanten verursachen könnte«[169], beschrieben für verschiedene Stoffe den beträchtlichen Einfluss der Magnetisierung auf die Änderung der Werkstoffdämpfung und hoben dabei die meist stärkere Wirkung des Wechselstromfeldes hervor. Außerdem entdeckten sie bei ferromagnetischen Stoffen einen speziellen Oszillationseffekt: Schwingungsfähige mechanische Gebilde aus diesen Stoffen wurden bei longitudinaler Wechselmagnetisierung zu Torsionsschwingungen in der Eigenfrequenz angeregt[170].

Esau formte das Technisch-Physikalische Institut zu einer international anerkannten Forschungsstätte der Hochfrequenztechnik. Mit seinen Schülern leistete er grundlegende Beiträge zur Physik der Ultrakurzwellen und deren technischer Anwendung. Hinsichtlich der Verbindung von Mathematik und Physik stand er theoretischen bzw. mathematisch-physikalischen Überlegungen unvoreingenommen gegenüber und nutzte sie, wo immer es möglich und zweckmäßig war. Dies demonstrierte er eindrucksvoll bei der rechnerischen Behandlung der Antennensysteme und bei der Zusammenarbeit mit dem theoretischen Physiker Wessel zur Erklärung der Durchlässigkeit von Drahtgittern (vgl. Abschn 6.2.3). Das seit Abbes Zeiten für die Jenaer Physik nahezu charakteristische enge Zusammenspiel von theoretischer und Experimentalphysik unter umfassender Einbeziehung mathematischer Methoden und technischer Anwendungen wurde von ihm fortgesetzt und gefördert. Als ein markantes Beispiel können Esaus Fortsetzung der Ideen Wiens auf dem Gebiet der Funk- und Hochfrequenztechnik etwa durch die Ausarbeitung der Barrettermethode für ganz kurze Wellen und die gleich-

161 Esau / Roth 1936.
162 Esau 1927d, Voigt 1928, Esau / Voigt 1930a.
163 Kortum 1930a.
164 Kortum 1930b.
165 Esau / Voigt 1930b, Esau / Voigt 1930c.
166 Esau / Hempel 1930a, Esau / Hempel 1930b.
167 Esau 1930.
168 Esau / Kortum 1931, Esau / Kortum 1932a, Esau / Kortum 1932b, Esau / Kortum 1933.
169 Esau / Kortum 1931, S. 429.
170 Esau / Kortum 1932a. Noch 1973 bezeichnete Siegfried Drosdziok (1942–?) den Effekt als bisher nicht verstanden und formulierte auf der Basis der magnetoelastischen Wechselwirkung eine experimentelle sowie eine mathematisch-theoretische Erklärung dieses Mechanismus der Verstärkung mechanischer Schwingungen. (Drosdziok 1973).

zeitige Bereicherung der Forschungen Wiens hinsichtlich der Eigenschaften von Elektrolyten durch Reflexions- und Absorbtionsmessungen an Flüssigkeiten bei Zentimeterwellen gelten. Mit der Übernahme des Rektorats an der Salana wandte sich Esau dann ab Mitte der 30er Jahre zunehmend wissenschaftspolitischen und wissenschaftsorganisatorischen Aufgaben zu.

7 Das Lehrangebot in Mathematik, Physik und Astronomie im Überblick

Vor dem Hintergrund der im vorangegangenen Kapitel dargelegten Entwicklung des Lehrkörpers in den Fächern Mathematik, Physik und Astronomie sollen nun die diesbezüglich angebotenen Lehrveranstaltungen betrachtet werden. Nach einem Überblick über das in diesen Disziplinen offerierte Themenspektrum werden die Vorlesungen zur mathematischen und theoretischen Physik sowie zur analytischen Mechanik in einem gesonderten Abschnitt analysiert. Die Basis dafür bilden die in den Vorlesungsverzeichnissen der Universität Jena angezeigten Vorlesungen. Soweit nicht im Text enthalten, werden in den Fußnoten die Semester aufgeführt, in denen die jeweilige Vorlesung stattgefunden hat. Erfolgte eine Änderung des Titels, so wird diese vor dem entsprechenden Semester ohne Anführungszeichen angegeben und gilt bis gegebenenfalls eine weitere Änderung erfolgt. Ebenso ist der Name des verantwortlichen Dozenten, wenn er nicht eindeutig aus dem Haupttext ersichtlich ist, nach dem Semester in Klammern angefügt, in dem dieser letztmalig die Vorlesung, gegebenenfalls unter den zuvor angeführten veränderten Titeln, durchgeführt hat. Die Veranstaltungen zu Fächern, wie etwa (physikalische) Chemie, Mineralogie, Landwirtschaftslehre, Botanik und Nationalökonomie, wurden dabei nicht berücksichtigt, da angenommen werden kann, dass die in ihnen vermittelten mathematisch-physikalischen Grundlagen und Methoden vorrangig in einer deutlich auf das jeweilige Fach orientierten, spezifischen Form erfolgte. Die eingeführten und verwendeten mathematischen und/oder physikalischen Konzepte beschränkten sich auf das für die jeweilige Anwendung Notwendige; theoretische Aspekte blieben weitgehend außer Betracht. Abschließend wird dann das Jenenser Lehrangebot mit dem der Nachbaruniversitäten Leipzig und Halle verglichen.

7.1 Mathematik

Im gesamten Untersuchungszeitraum erfolgte, abgesehen von den kriegsbedingten Einschränkungen in den 1940er Jahren, eine stabile Versorgung mit Vorlesungen zur Geometrie und Analysis für Anfänger und Fortgeschrittene. Die Verteilung der Lehrveranstaltungen ermöglichte es, dass Studierende in jedem Semester ein Mathematikstudium beginnen konnten, ohne befürchten zu müssen, im üblichen Zeitrahmen die notwendigen Vorlesungen nicht belegen zu können. Die Anzahl der mathematischen Veranstaltungen pro Semester schwankte im ersten Jahrzehnt meist zwischen fünf und acht. Vorlesungen, wobei die zur

Technischen Mechanik, zur Statistik, zur Geodäsie oder zur Mathematischen Geographie, die teilweise auch nicht von Angehörigen des Mathematischen Instituts gehalten wurden, unberücksichtigt blieben. Hinzu kamen gewöhnlich noch 2–3 Übungen bzw. Seminare. In den folgenden Jahrzehnten erhöhte sich die Anzahl geringfügig, während sich die Zahl der Übungen und Seminare mehr als verdoppelte.

Die Grundvorlesungen umfassten die Differential- und die Integralrechnung, anfangs getrennt, meist aber zusammengefasst und als Differential- und Integralrechnung bzw. als Analysis jeweils in zwei Teilen angekündigt, sowie die analytische Geometrie der Ebene bzw. des Raumes. Dies wurde ergänzt durch Vorlesungen zur Zahlentheorie, zur ›Begriffsschrift‹, zur darstellenden Geometrie und zur Algebra. Als weiterführende Themen schlossen sich dann die Differentialgleichungen, die elementare Funktionentheorie, die projektive bzw. synthetische Geometrie, die Vektoranalysis sowie die Theorie und Anwendung der Determinanten an. Schließlich müssen noch eine ganze Reihe von Spezialvorlesungen erwähnt werden, die vor allem ab den 1920er Jahren zahlreicher, oft aber nicht regelmäßig angeboten wurden. Die Themenpalette umfasste die Variationsrechnung, elliptische Funktionen, bestimmte Integrale und Fourier'sche Reihen, Potentialtheorie, partielle Differentialgleichungen und Randwertprobleme, Integralgleichungen, Differentialgeometrie, kontinuierliche Gruppen, »neuere Algebra«, algebraische Gebilde der Raumgeometrie, die Theorie algebraischer Zahlkörper, die Photogrammetrie, die Topologie und die Mengenlehre. Auf die große Bedeutung mehrerer dieser Vorlesungen für die Beziehungen zwischen Mathematik und Physik wird in einem speziellen Abschnitt eingegangen werden. In der Zeit des Zweiten Weltkriegs verringerte sich das Angebot der durchschnittlich pro Semester angeführten Vorlesungen, Übungen und Seminare gegenüber der Vorkriegsdekade deutlich um etwa 40 %[1]. Dagegen ist während des Ersten Weltkriegs kein solch gravierender Rückgang zu verzeichnen. Zwar wurde hier der wenige Jahre zuvor begonnene Aufschwung gestoppt, doch musste das erreichte Niveau nur geringfügig preisgegeben werden.

Die Entwicklung des gesamten Vorlesungsangebots in der Mathematik zeigt die große Bedeutung der von Thomae und Gutzmer initiierten Veränderungen, durch die wieder der Anschluss an das moderne mathematische Ausbildungsniveau erreicht wurde. Konzentrierten sich die mathematischen Vorlesungen im Jahrzehnt vor der Jahrhundertwende auf Themen der Analysis und der Geome-

---

1 Für mehrere Kriegssemester sind die Angaben in den Vorlesungsverzeichnissen unvollständig, so dass eine exakte Bestimmung des Rückgangs schwierig ist.

trie sowie auf die Begriffsschrift, also ein Teilgebiet der Logik, so gewannen sie nun nach und nach eine beachtliche Vielfalt. Beeindruckend ist besonders, dass die in den letzten Jahrzehnten des 19. Jahrhunderts durch Persönlichkeiten wie Abbe, Auerbach, Frege, Leonhard Sohnke (1842–1897) und Thomae gepflegte enge Verknüpfung von Mathematik und Physik im Abhalten der Lehrveranstaltungen seine Fortsetzung fand. So vermittelten etwa der theoretische Physiker Auerbach weiterhin mathematische Themen, Frege die »Analytische Mechanik« und F. K. Schmidt eine »Höhere Mathematik für Physiker«.

Zu den von Gutzmer erreichten Veränderungen gehörte es, dass nun auch die Algebra angemessen berücksichtigt wurde. Da er im Sommersemester 1900 ausdrücklich eine Einführung in die höhere Algebra ankündigte, darf angenommen werden, dass einige elementare algebraische Grundbegriffe auch in den Vorlesungen zur Zahlentheorie, zur analytischen Geometrie, zur algebraischen Analysis bzw. in Freges »Unterredungen über mathematische Grundbegriffe« gelehrt worden sind. Doch es vergingen sechs Semester ehe Gutzmer im Wintersemester 1903/04 wieder eine Vorlesung zur Algebra, diesmal in Verbindung mit Determinanten, ankündigte. Erst nach dem Amtsantritt von Haußner wurde die Algebra ab dem Wintersemester 1907/08 zunächst im dreijährigen Rhythmus, ab dem Wintersemester 1916/17 dann alle zwei Jahre gelesen. Zuvor hatte sie vom Winter 1909/10 bis zum Sommer 1912 durch Kutta und vor allem Thaer mit Vorlesungen zur Invariantentheorie und zur Gruppentheorie eine kurze Blüte erfahren. Mitte der 1920er Jahre widmeten sich dann neben Haußner auch dessen Kollegen der Algebra. So kündigte Koebe im Sommersemester 1925 eine Algebra-Vorlesung an und Haußner kehrte ein Jahr später zu seinen früheren Drei-Jahres-Rhythmus zurück[2]. In der Zwischenzeit bot König im Wintersemester 1927/28 erstmals eine zweisemestrige Vorlesung zur Algebra mit Übungen an, an die sich ein Seminar zur neueren Algebra und Zahlentheorie[3] anschloss. Im Sommer 1929 folgten dann mit der Vorlesung »Ausgewählte Kapitel der Gruppentheorie« und dem Seminar über »Hyperkomplexe Systeme« noch zwei vertiefende Kurse. Diese Lehrangebote dürfen als eine Reaktion auf die in jenen Jahren immer deutlicher hervortretende Entwicklung der Algebra zu einer große Teile der Mathematik durchdringenden Strukturtheorie interpretiert werden. Jedoch hat sich König dann, vermutlich

wegen des gespannten Verhältnisses zu Haußner, neben den Grundvorlesungen auf die Analysis konzentriert und hinsichtlich der Algebra ab dem Wintersemester 1929/30 nur Veranstaltungen angeboten, die zugleich mit der Analysis verknüpft waren, z. B. zu kontinuierlichen Gruppen. Mit dem Sommersemester 1933, als Haußner zunehmend mit Rechtsstreitigkeiten bezüglich seiner Pensionierung beschäftigt war, begann eine weitere kurze Blüte der Algebra: Grell leitete in drei aufeinander folgenden Semestern ein Kolloquium bzw. eine Arbeitsgemeinschaft zur höheren Algebra, und hielt im Wintersemester 1933/34 die Vorlesung. Bereits 1½ Jahre später stand die Vorlesung, diesmal von F. K. Schmidt gehalten, wieder auf dem Programm und wurde durch ein Seminar zur Wurzelverteilung algebraischer Gleichungen und nachfolgend im Winter 1935/36 durch eine Übungsveranstaltung ergänzt. Aktuelle Entwicklungen aufgreifend konzentrierte sich Schmidt danach auf die Gruppentheorie und deren Anwendung in der neueren Physik und behandelte diese Thematik in den Kursen vom Winter 1936/37 und 1937/38. Mit drei von Deuring bzw. F. K. Schmidt gehaltenen Kursen zur Algebra[4] und einem Kurs zur Gruppentheorie[5] war die Algebra bis zum Ende des Zweiten Weltkriegs noch ziemlich regelmäßig im Vorlesungsprogramm vertreten.

Im Vergleich zur Algebra war das Angebot zur Wahrscheinlichkeitsrechnung zunächst wesentlich kontinuierlicher und kaum Schwankungen unterworfen. Ab dem Wintersemester 1903/04 bis zum Wintersemester 1930/31 hielt der Astronom Knopf die Wahrscheinlichkeitsrechnung in Verbindung mit der Methode der kleinsten Quadrate meist im Zwei-Jahres-Rhythmus[6] mit Abweichungen 1910, 1919 und 1930. Besonders bemerkenswert ist dabei die über diese drei Jahrzehnte ununterbrochene Verknüpfung mit der Astronomie. Unter den Jenaer Mathematikern gab es offenbar kein Interesse, sich mit diesem mathematischen Teilgebiet zu beschäftigen. In den folgenden Jahren ging sowohl die bisherige Regelmäßigkeit in der Durchführung der Vorlesung als auch ihre ausschließliche Vertretung durch einen Astronomen verloren. Nachdem im Sommer 1933 mit Siedentopf nochmals ein Astronom zur Wahrscheinlichkeits- und Ausgleichsrechnung vorgetragen hatte, übernahm dies im Winter 1933/34 der Mathematiker Ringleb mit einer insbesondere an Physiker und Biologen gerichteten Wahrscheinlichkeits- und Fehlerrechnung. Vom Sommer 1935 bis zum Winter 1939/40 setzten dies

---

2 Damit hat Haußner in folgenden Semestern die Algebra gelehrt: WS 1907/08, WS 1910/11, WS 1913/14, SS 1916 (als Einleitung in die Algebra deklariert), WS 1916/17, WS 1918/19, WS 1920/21, SS 1923, SS 1926, SS 1929, SS 1932.

3 Dieses bezog sich sowohl auf die ebenfalls im Wintersemester 1928/29 gehaltene Vorlesung zur Theorie algebraischer Zahlkörper als auch auf die erwähnte, im vorangegangenen Sommersemester abgeschlossene Algebra-Vorlesung.

4 SS 1939, 3. Trimester 1940 (Deuring), SS 1942 (F. K. Schmidt).

5 1. Trimester 1940 (Deuring).

6 WS 1903/04, WS 1905/06, WS 1907/08, WS 1909/10, WS 1914/15, WS 1916/17, WS 1918/19, WS 1919/20, WS 1921/22, WS 1923/24, WS 1925/26, WS 1927/28, WS 1929/30, WS 1930/31.

die in der angewandten Mathematik aktiven M. Winkelmann und Weinel mit Vorlesungen bzw. Übungen fort[7], wobei zu berücksichtigen ist, dass die Übungsveranstaltungen nur mit geringem Stundenumfang statt fand. Nachdem er zuvor schon zweimal die »Ausgleichsrechnung und Korrelationsrechnung«[8] gelehrt hatte, präsentierte Siedentopf dann im Winter 1942 nochmals die Wahrscheinlichkeitsrechnung in Verbindung mit der Fehlertheorie. Somit kann ab Mitte der 1930er Jahre eine geringe Berücksichtigung der Wahrscheinlichkeitsrechnung im Vorlesungsprogramm konstatiert werden. Die in neuerer Zeit oft in Verbindung mit der Wahrscheinlichkeitsrechnung genannte und gelehrte (mathematische) Statistik blieb im gesamten betrachteten Zeitraum ohne Verbindung zum Mathematischen Institut. Sie war innerhalb der Philosophischen Fakultät zunächst im Gebiet der Nationalökonomie später in den Wirtschafts- und Sozialwissenschaften verankert, wobei sich die Bezeichnung der jeweiligen Abteilung in der Fakultät mehrfach änderte: Auf »Nationalökonomie und Landwirtschaftslehre« folgten 1907 »Nationalökonomie und Statistik«, 1911 »Nationalökonomie und Sozialpolitik«, anfangs durch Kolonialwissenschaften bzw. Kolonialpolitik ergänzt, und ab 1919 »Wirtschafts- und Sozialwissenschaften«. Die letztgenannte Abteilung war dann ab 1923 Bestandteil der neu gegründeten Rechts- und Wirtschaftswissenschaftlichen Fakultät.[9] Dieser Wandel in der Organisationsstruktur deckte sich zufällig nahezu mit dem Wechsel der Lehrperson. Bis zum Sommersemester 1923 hielt der ordentliche Honorarprofessor für National-

ökonomie Anton die Vorlesung. Mehrfach änderte er im Laufe der Zeit deren Titel, wobei jedoch der indirekte Hinweis auf deren einführenden Charakter erhalten blieb. Von einer »Einführung in die Statistik« wechselte er ab Sommer 1911, von geringfügigen Abweichungen abgesehen, zu »Grundzüge der Statistik mit Einschluss der Bevölkerungsstatistik«, kehrte aber mehrfach zu dem alten Titel zurück.[10] Im Sommersemester 1908 bot einmalig noch der außerordentliche Professor Bernhard Harms (1876–1939) zusätzlich einen Kurs »Theorie und Praxis der Statistik« an. Ab dem Wintersemester 1923/24 übernahm dann der Privatdozent und Regierungsrat Joh. Müller die Vorlesung Antons.[11] Die von Anton zuvor in seinen beiden letzten Kursen eingeführten statistischen Übungen setzte Müller nun im Rahmen des Wirtschaftswissenschaftlichen Seminars konsequent fort. Die Vorlesung kündigte er unter Titeln wie »Statistik. Allgemeiner Teil: Einführung in die Theorie und Technik der Statistik«[12], »Statistik. Besonderer Teil: Die wichtigsten Gebiete der Wirtschafts- und Bevölkerungsstatistik«[13] oder »Praxis der Statistik«[14] an bzw. stärker gegenstandsbezogen als »Bevölkerungsstatistik«[15], »Wirtschaftsstatistik«[16], »Finanzstatistik«[17] oder »Konjunkturstatistik«[18]. Im Sommersemester 1929 trat der als persönlicher Ordinarius für Statistik nach Jena berufene Paul von Hermberg (1888–1969) an seine Seite[19], woraufhin Müller im Herbst seine Lehrtätigkeit für zwei Jahre unterbrach. Ein Jahr lang boten dann beide Lehrveranstaltungen zur Statistik an, bevor Hermberg im Frühjahr 1933 in den Ruhestand versetzt wurde, da er sich gewei-

7   SS 1935, WS 1936/37 Vorlesung Wahrscheinlichkeitsrechnung mit Übung, Winkelmann; im Rahmen der Übungen für angewandte Mathematik SS 1937 (Winkelmann), WS 1939/40 (Weinel).

8   SS 1935, SS 1937.

9   Für die ausführliche Darstellung der jahrzehntelangen Auseinandersetzung um die Stellung der Nationalökonomie bzw. der Sozialwissenschaften bis zur Umwandlung der Juristischen zur Rechts- und Wirtschaftswissenschaftlichen Fakultät sowie die Einbettung dieses Prozesses in die Gesamtentwicklung der Universität, insbesondere in »die Reform- und Konfliktperiode 1921–1924«, sei auf Kap. 2.2. von Stefan Gerber und Kap. 1.3 von Jürgen John und Rüdiger Stutz in Jena 2009 verwiesen.

10   Einführung in die Statistik SS 1902, SS 1904, SS 1905, SS 1906, SS 1907, SS 1908, SS 1912, SS 1923; Theorie und Praxis der Statistik SS 1910, WS 1920/21; Grundzüge der Statistik mit Einschluss der Bevölkerungsstatistik SS 1911, SS 1913, SS 1915, SS 1920; Grundzüge der Statistik SS 1903, WS 1913/14, WS 1914/15, SS 1921, WS 1922/23; Statistik SS 1919, WS 1921/22; Einführung in die Statistik und Bevölkerungsstatistik SS 1922.

11   Vgl. Kap. 3.2.

12   SS 1925, SS 1926, SS 1927, SS 1928, Grundzüge der Theorie der Statistik WS 1929/30, Theoretische Statistik WS 1933/34, SS 1935, Statistik WS 1935/36, WS 1936/37, WS 1937/38, WS 1938/39, WS 1939/40, 2. Trimester 1940, Trimester 1941, WS 1941/42, WS 1942/43, WS 1943/44, WS 1944/45.

13   WS 1926/27, WS 1927/28, WS 1928/29.

14   SS 1929, WS 1932/33.

15   WS 1923/24, … und Bevölkerungslehre WS 1925/26, … und Wirtschaftsstatistik SS 1936, SS 1937, SS 1938, SS 1939, 1. und 3.Trimester 1940, SS 1941, SS 1942, SS 1943, SS 1944.

16   WS 1924/25, SS 1934, Bevölkerungs- und Wirtschaftsstatistik SS 1936, SS 1937, SS 1938, SS 1939, 1. und 3. Trimester 1940, SS 1941, SS 1942, SS 1943, Statistik II: Bevölkerungs- und Wirtschaftsstatistik SS 1944.

17   SS 1933.

18   WS 1934/35.

19   Hermberg hielt folgende Vorlesungen: Einführung in die Wirtschaftsstatistik SS 1929 Übungen zur Außenhandelsstatistik SS 1929, … zur Volkshochschulstatistik SS 1929, … zur Konjunkturstatistik WS 1929/30, Statistisches Seminar SS 1931, WS 1932/33, SS 1933; Theorie der Statistik (mit Seminar) WS 1931/32 … (ohne Seminar) SS 1933, Theorie und Geschichte der Statistik SS 1930; Kolloquium zur Einführung in die Statistik (für Anfänger) WS 1930/31, … zur Konjunkturstatistik WS 1931/32, Geschichte der Statistik WS 1932/33, Methoden der statistischen Erfassung der wirtschaftenden Bevölkerung WS 1932/33.

gert hatte, die Erklärung zu unterzeichnen, keiner marxistischen und pazifistischen Organisation anzugehören.[20] Fortan kehrte Müller zu dem früheren Rhythmus zurück, indem er semesterweise zwischen einer allgemeineren theoretischen Fundierung sowie der Bevölkerungs- und Wirtschaftsstatistik wechselte. Auch wenn angenommen werden kann, dass in dem theoretischen Teil einige mathematische Elemente vermittelt wurden, so blieb die Dominanz der beschreibenden Statistik doch erhalten. Abschließend sei noch erwähnt, dass Hermberg im Sommer 1930 sowie im Winter 1932/33 Vorlesungen zur »Geschichte der Statistik« ankündigte und Auerbach im Sommer 1927 bzw. M. Winkelmann in der Zeit vom Herbst 1926 bis zum Sommer 1937 wiederholt[21] eine Einführung in die Grundlagen und Methoden der Statistik bzw. die Versicherungsmathematik offerierten. Auerbachs Vorlesung muss dabei in dessen umfangreiche Bemühungen eingeordnet werden, einem größeren Hörerkreis mathematische bzw. naturwissenschaftliche Kenntnisse und Anschauungen näher zu bringen. Dazu dienten hinsichtlich der Mathematik seine »Gemeinverständliche Einführung in die höhere Mathematik« für Nichtmathematiker[22], die »Lebendige Mathematik«[23] und »Die graphische Darstellung«[24]. Die Kurse von Winkelmann fügen sich ein in dessen Engagement, mögliche Anwendungen der Mathematik in großer Breite aufzuzeigen und zu vermitteln. Sie gehören damit zum großen Teil auch zu den Vorlesungen, in denen die Beziehungen zwischen Mathematik und Physik deutlich hervortraten und auf die noch gesondert eingegangen wird.

Wie die Wahrscheinlichkeitsrechnung war auch die numerische Mathematik als wichtiger Teil der angewandten Mathematik von den Jenaer Mathematikern am Anfang des 20. Jahrhunderts wenig gepflegt worden. Sie lag in den ersten Jahrzehnten fest in den Händen des Astrono-

men Knopf. Es ist unbestritten, dass durch die Auswertung der Beobachtungsdaten und die darauf basierenden Berechnungen eine enge Beziehung der Astronomie zur Mathematik existiert; in dem hier zu Tage tretenden großen Umfang der Lehrveranstaltungen ist es aber als ein besonderes Merkmal der Jenaer Entwicklung hervorzuheben. Knopf widmete seine Vorlesungen der »Methode der kleinsten Quadrate«[25], der »Störungstheorie«[26], der »Interpolationsrechnung und mechanische[n] Quadratur«[27] sowie der Bahnbestimmung von Planeten und Kometen bzw. allgemein von Himmelskörpern[28], teilweise abweichend als Bestimmung bzw. (numerische) »Berechnung des scheinbaren Laufes der Himmelskörper aus den Bahnelementen«[29] angekündigt. Da Knopf regelmäßig im Titel dieser Vorlesung zwischen Bestimmung der Bahn und deren Berechnung wechselte, dürfte der erstgenannte Teil die theoretische Fundierung der Rechnungen beinhaltet haben. Dafür spricht auch die Tatsache, dass Knopfs Nachfolger nur diesen ersten, astronomisch orientierten Teil fortsetzten[30], nicht aber die stärker auf Numerik ausgerichteten Lehrveranstaltungen, zu denen auch die »Übungen im wissenschaftlichen numerischen Rechnen«[31] zu zählen sind. Außerdem bot Knopf noch die zunächst von Thomae gehaltene Vorlesung zur »Mathematische[n] Geographie«[32] und die »Geodäsie mit praktischen Übungen im Gelände«[33] an. Der Vollständigkeit halber sei noch erwähnt, dass der Ordinarius für Geographie und Leiter der 1910 als Institut gegründeten Geographischen Anstalt Gustav Wilhelm von Zahn zwischen Sommer 1920 und Sommer 1935 viermal in unregelmäßigen Abständen ebenfalls die »Mathematische Geographie« gelehrt hat. Ab 1910 sorgten dann Kutta und vor allem M. Winkelmann für eine weitere stärkere Berücksichtigung von Anwendungen, speziell numerischer Aspekte. Diesbezüglich sind Winkelmanns Vor-

---

20 Jena 2009, S. 430. Nach D. Siegfried soll dagegen Hermberg selbst seine Anstellung aufgegeben haben. [Siegfried 2004], S. 57 f.

21 WS 1924/25, WS 1926/27, WS 1929/30, WS 1933/34, Grundzüge der Versicherungs- und Wirtschaftsmathematik SS 1937.

22 Der Titel variierte mehrfach, auf die genannte Vorlesung im Winter 1906/07 folgten: Einführung in die höhere Mathematik SS 1914, …, für Nichtmathematiker WS 1919/20, SS 1921, SS 1923, SS 1925. Zuvor hatte Thaer die Vorlesung zweimal gehalten: Einführung in die höhere Mathematik für Chemiker und Naturwissenschaftler WS 1910/11, WS 1912/13.

23 SS 1926, SS 1927, WS 1928/29, SS 1930.

24 SS 1919, SS 1928.

25 WS 1899/1900, WS 1901/02, SS 1911, WS 1912/13. Ab 1903 meist in Verbindung mit der Wahrscheinlichkeitsrechnung vgl. Fußnote 911.

26 SS 1900, WS 1914/15, WS 1920/21, WS 1927/28, Störungsrechnung WS 1906/07, numerische Störungsrechnung SS 1921.

27 WS 1900/01, WS 1902/03, WS 1904/05, SS 1908, WS 1909/10, WS 1913/14, WS 1915/16, WS 1916/17, WS 1924/25, Mechanische Quadratur WS 1906/07, Interpolationsrechnung SS 1906.

28 Bestimmung der Bahnen der Himmelskörper WS 1900/01, WS 1902/03, SS 1906, WS 1911/12, SS 1913, Bahnbestimmung von Planeten und Kometen WS 1904/05, WS 1917/18, WS 1919/20, WS 1922/23, WS 1924/25, WS 1926/27, Bahnverbesserung SS 1922.

29 SS 1900, WS 1903/04, SS 1907, WS 1908/09, Numerische Berechnung des scheinbaren Laufes der Kometen und Planeten WS 1911/12, SS 1915, WS 1920/21, SS 1924, WS 1926/27, WS 1928/29, WS 1931/32, Berechnung des scheinbaren Laufes der Planeten und Kometen SS 1907, WS 1913/14, WS 1918/19, Numerische Berechnung der Bahnelemente eines Kometen SS 1920.

30 Vgl. den folgenden Abschnitt zur Astronomie: Bahnbestimmung von Planeten und Kometen SS 1932 (Vogt), Bahnbestimmung der Kometen, Planeten und Doppelsterne WS 1936/37, … der Himmelskörper 3. Trimester 1940 (Siedentopf), WS 1944/45 (Bucerius),.

31 SS 1902, SS 1905.

32 SS 1903, SS 1906 (Thomae), WS 1908/09, WS 1910/11, WS 1912/13, WS 1914/15, WS 1917/18, WS 1920/21, WS 1922/23 (Knopf).

33 SS 1905, SS 1907, Geodäsie mit praktischen Übungen SS 1909, SS 1917, SS 1918, SS 1919, SS 1920, SS 1921, SS 1922, SS 1923, SS 1924, SS 1925, SS 1926, SS 1927, SS 1928, SS 1929; Praktische Übungen in der Geländeaufnahme SS 1910, SS 1911, SS 1912, SS 1913, SS 1914, SS 1915, SS 1916.

lesungen und Praktika zum numerischen Rechnen[34], zu »Graphische[n] Methoden«[35], zur »Darstellende[n] Geometrie«[36] und zur »Vektoranalysis«[37] hervorzuheben; fast alle Vorlesungen wurden, soweit nicht schon im Titel vermerkt, jeweils durch Übungen ergänzt. Zusätzlich führte Winkelmann zusammen mit Grell bzw. Siedentopf noch »Photogrammetrische Übungen«[38] durch. Bei den Vorlesungen konnte Winkelmann in der Regel an Leistungen seines Vorgängers bzw. seiner Kollegen anknüpfen. So hatten bereits in dem Jahrzehnt vor dem 1. Weltkrieg der technische Physiker Rau[39] sowie Kutta[40] und Thaer[41] zur darstellenden Geometrie, Rau zu graphischen Methoden, Kutta zur Vektoranalysis, Photogrammetrie und Numerik und Haußner[42] zur »Mathematische[n] Näherungsrechnung« vorgetragen. Das starke Interesse an diesen, insbesondere an Anforderungen der Praxis orientierten Veranstaltungen dokumentierte sich dann nach dem Ersten Weltkrieg darin, dass M. Winkelmann im Sommer 1920 zusätzlich »Übungen in angewandter Mathematik für Fortgeschrittene« einrichtete. Diese fanden vom Winter 1921/22 bis zum Winter 1938/39 in jedem Semester statt, wobei ab dem

Sommersemester 1935 ein thematischer Schwerpunkt[43] gewählt wurde. Ergänzend zu dieser Lehreinheit kündigte er ab dem Sommersemester 1929 unter dem gleichen Titel Übungen für mittlere Semester an, so dass sich die Mathematikstudenten frühzeitig mit dem Themenspektrum vertraut machen konnten. Abgesehen von den Ausfällen 1934 und im 2. Trimester 1940 wurden auch diese Übungen in jedem Semester durchgeführt, ab Sommer 1935 ebenfalls mit einer Schwerpunktsetzung und spätestens ab dem Sommer 1938 von Weinel geleitet.[44] Ab dem 3. Trimester 1940 verzichtete Weinel bei den Übungen auf die Unterscheidung hinsichtlich der Teilnehmer und fasste sie zu einer Veranstaltung für mittlere Semester und Fortgeschrittene zusammen.[45] Angesichts dieser vielfältigen Aktivitäten Winkelmanns ist es zweifellos wesentlich sein Verdienst, den Fragen der Anwendungen sowie der Numerik eine stärkere und dauerhafte Präsenz im Lehrangebot des Mathematischen Instituts verschafft zu haben.

Doch nicht nur den Studierenden der Mathematik widmete er seine Aufmerksamkeit, sondern trug auch der Tatsache Rechnung, dass die Mathematik inzwischen in

---

34 M. Winkelmann hat die Bezeichnung der diesbezüglichen Vorlesung oft leicht verändert, so dass geringfügige Variationen zusammengefasst wurden. Mathematische Näherungsmethoden mit numerischen und graphischen Übungen WS 1913/14, WS 1915/16; Numerisches Rechnen mit Übungen SS 1918, WS 1920/21, SS 1924, Praktische Analysis (Numerisches Rechnen, Näherungsmethoden, instrumentelle Hilfsmittel) SS 1927, WS 1929/30, SS 1933, Praktische Analysis WS 1935/36. Die folgenden Kurse wurden im Rahmen der Praktika bzw. Seminare wöchentlich zweistündig durchgeführt: Mathematisch-naturwissenschaftliches Seminar: Praktische Analysis WS 1932/33, WS 1935/36, Mathematisches Praktikum SS 1934 (Winkelmann), -: Numerische Integration und harmonische Analyse SS 1938, -: Numerische Behandlung von Differentialgleichungen WS 1938/39 (Winkelmann, Weinel); Mathematisch-Naturwissenschaftliches Praktikum WS 1934/35, SS 1935, SS 1936;~: Praktische Analysis SS 1933, WS 1933/34, WS 1935/36 (Winkelmann),~: Praxis der Differentialgleichungen, WS 1936/37,~: Ausgleichsrechnung SS 1937,~: Praxis der Gleichungen, Interpolation WS 1937/38 (Winkelmann, Weinel),.

35 WS 1917/18, SS 1920, WS 1926/27, SS 1935, SS 1937, WS 1938/39 (Die beiden letztgenannten Vorlesungen wurden zwar mit Winkelmann als Lehrenden angekündigt, fielen aber wegen Winkelmanns Erkrankung im Sommer 1937 aus und wurden im Winter 1938/39 von Damköhler durchgeführt), Graphische Methoden und graphisches Rechnen WS 1922/23, SS 1929, Graphische Methoden (graphische Algebra und Analysis, Nomographie) WS 1931/32.

36 WS 1912/13, WS 1918/19, SS 1921, WS 1923/24, WS 1934/35, SS 1936, WS 1937/38, ... Teil I WS 1914/15, WS 1916/17, WS 1925/26, WS 1927/28, SS 1930, SS 1932, ... Teil II SS 1913, SS 1915, SS 1917, SS 1919, SS 1926, SS 1928, WS 1930/31, WS 1932/33, Grundzüge der Darstellenden Geometrie WS 1920/21, SS 1923.

37 ... mit Anwendungen SS 1913, SS 1915, SS 1917, ... mit Uebungen SS 1918, ... mit Anwendungen und Übungen WS 1919/20, WS 1921/22, WS 1923/24, WS 1925/26, Vektoranalysis (Rechnen mit gerichteten Strecken) WS 1911/12, Höhere Vektoranalysis SS 1916, Vektorrechnung mit Anwendungen und Uebungen WS 1928/29, Vektorrechnung (mit Anwendungen auf Geometrie, Mechanik, Physik) WS 1930/31, Einführung in die Vektorrechnung WS 1931/32, Vektorrechnung WS 1934/35, WS 1936/37, Vektor- und Tensorrechnung WS 1932/33.

38 Photogrammetrische Übungen, Teil I WS 1934/35 (Winkelmann, Grell), WS 1935/36, ..., Teil II SS1935, SS 1936, Photogrammetrische Übungen WS 1936/37, SS 1937, WS 1937/38, SS 1938, WS 1938/39 (Winkelmann, Siedentopf). Ab Herbst 1937 wurde M. Winkelmann als Lehrperson bei den Kursen angegeben, war aber krankheitsbedingt von den Lehrverpflichtungen befreit.

39 Graphische Übungen WS 1904/05, SS 1905, SS 1907, WS 1907/08, SS 1908, Darstellende Geometrie (mit Übungen) SS 1902, SS 1904, WS 1908/09, ... (ohne Übungen) 1906/07, Perspektive und Axiometrie SS 1905, Übungen in Graphostatik SS 1906.

40 Darstellende Geometrie WS 1909/10, ..., Teil II SS 1910, Vektoranalysis WS 1909/10, Photogrammetrie (mit Übungen) SS 1910, WS 1910/11, Numerische und graphische Methoden zur Auswertung mathematischer Ansätze (mit Übungen) SS 1910.

41 Darstellende Geometrie I SS 1911, ... II WS 1911/12.

42 WS 1906/07.

43 ...: Technische Mechanik SS 1935, WS 1935/36, ...: Mechanik SS 1936, ...: Praktische Analysis WS 1936/37, ...: Wahrscheinlichkeitsrechnung SS 1937, ...: Randwertprobleme WS 1937/38, ...: Variationsprobleme der Mechanik SS 1938. Die letzten beiden Übungen sind wegen Winkelmanns Erkrankung vermutlich von Weinel vertreten worden.

44 ...: darstellende Geometrie SS 1935, WS 1936/37, ...: Nomographie WS 1935/36, ...: Graphische Statik SS 1936, ...: Vektorrechnung SS 1937, ...: Vektor- und Tensorrechnung WS 1937/38 (Winkelmann), ...: praktische Analysis SS 1938, ...: mathematische Instrumente WS 1938/39, 1. Trimester 1940, ...: Ausgewählte Kapitel der praktischen Analysis SS 1939, ...: Wahrscheinlichkeitsrechnung, Korrelations- und Ausgleichsrechnung WS 1939/40 (Weinel),.

45 Weinel führte die Übungen im 3. Trimester 1940 und im Sommer 1941 durch sowie im Trimester 1941 mit dem Schwerpunkt: Mathematische Instrumente.

vielen Bereichen der gesellschaftlichen Praxis eine wichtige Rolle spielte und somit den künftig dort tätigen Nichtmathematikern die zum Gebrauch der jeweiligen mathematischen Methoden nötigen Grundkenntnisse vermittelt werden mussten. Nachdem dieses Bedürfnis ab dem Wintersemester 1919/20 von Auerbach mit der schon erwähnten »Einführung in die höhere Mathematik für Nichtmathematiker« befriedigt wurde, bot Winkelmann im Sommer 1925 parallel dazu eine »Einführung in die angewandte Mathematik für Chemiker und Naturwissenschaftler« an[46]. Vermutlich um deutlich zwischen den beiden »Einführungen« zu unterscheiden, trug Auerbach ab dem Sommer 1926 eine »Lebendige Mathematik« für Nichtmathematiker vor. Dieser Kurs fand anfangs einige Jahre gleichzeitig mit Winkelmanns »Einführung« statt. Da Winkelmann dann mit der Vorlesung pausierte und sie erst im Sommer 1929 unter dem neuen Titel »Die mathematischen Hilfsmittel des Chemikers und Naturwissenschaftlers« wieder aufnahm[47], gab es nur im Sommer 1930 nochmals eine Überschneidung. Er führte sie bis zum Sommer 1936 mit einer Ausnahme 1935 stets im Sommersemester durch. Ab dem Wintersemester 1937/38 übernahm dann Weinel diesen Kurs und setzte ihn bis zu 2. Trimester 1940 fort[48]. Zusätzlich leitete H. Schmidt im Sommer 1939 einen Kurs, der sich laut Titel nur an die Chemiker richtete.

An mehreren Stellen war schon auf die parallel zu der jeweiligen Vorlesung abgehaltenen Übungen hingewiesen worden. Die Erweiterung des Übungs- und Seminarbetriebs war eine wichtige Neuerung in den ersten Jahrzehnten des 20. Jahrhunderts. Bis zur Jahrhundertwende hatten Frege und Thomae abwechselnd das Mathematische Seminar geleitet, das sich unterschiedlichen, vom jeweiligen Leiter festgelegten Themen widmete. Mit seinem Amtsantritt im Wintersemester 1899/1900 verknüpfte Gutzmer nun erstmals die Übungen mit der im gleichen Semester von ihm gehaltenen Vorlesung zur Integralrechnung. Dieses Vorgehen behielt er in den folgenden Semestern bei und übertrug es, wie auch sein Kollege Rau, auf Veranstaltungen zur darstellenden Geometrie bzw. zur Mechanik. Getragen wurde der gesamte Lehrbetrieb ab der Jahrhundertwende ausschließlich von den Professoren Thomae, Frege und Gutzmer. Ab dem Sommersemester 1902 kam noch der am Physikalischen Institut berufene Rau hinzu, dessen Lehrveranstaltungen erwartungsgemäß zum größten Teil in das Gebiet der Physik fielen. Bis einschließlich dem Sommersemester 1907 fanden meist zu zwei, vereinzelt zu drei Vorlesungen Übungen bzw. Seminare statt.[49] Gutzmers Nachfolger Haußner setzte dessen Engagement für eine gute Qualität der Übungen erfolgreich fort. Bis zum Beginn des Weltkriegs erhöhte sich die durchschnittliche Anzahl der Übungen, Seminare und Proseminare pro Semester auf vier, stieg dann kurzzeitig unter leichten Schwankungen auf sechs und zu Beginn der 1920er Jahre auf acht[50]. Im Sommer 1921 beispielsweise handelte es sich dabei um die Übungen zur Differential- und Integralrechnung (Haußner), zu den elliptischen Funktionen (Koebe), zur darstellenden Geometrie und zur angewandten Mathematik (Winkelmann), das Proseminar zur Analytischen Geometrie und Determinanten (Haußner) sowie die Seminare zur Geometrie (Haußner) und zweimal zu elementaren Differentialgleichungen (Haußner bzw. Koebe mit Winkelmann). Zum Ende des Jahrzehnts nahm die Anzahl dieser Lehrveranstaltungen weiter zu und erreichte im Wintersemester 1932/33 den Maximalwert 13. Dabei ist zu berücksichtigen, dass in mehreren Fällen auf Vorträge hingewiesen wurde. Diese Lehreinheiten hatten also eine qualitative Änderung erfahren und das »Üben« bestand hier im gemeinsamen Erarbeiten neuen mathematischen Stoffes. Außerdem trat jetzt der Begriff »Mathematisch-Naturwissenschaftliches« bzw. »Mathematisches Praktikum« auf. Da dieses Praktikum zunächst von Winkelmann als Repräsentant der angewandten Mathematik, ab dem Wintersemester 1936/37 von diesem zusammen mit Weinel geleitet wurde, dürfte das Ziel gewesen sein, die Studierenden an die Bearbeitung physikalischer bzw. naturwissenschaftlicher Probleme heranzuführen. Der Höchstwert vom Winter 1932/33 konnte jedoch nicht gehalten werden und fiel schon im Folgesemester auf neun Übungs- und Seminareinheiten. Nach einer kurzen Stabilisierung und einem leichten Rückgang am Ende des Jahrzehnts kam es ab dem Trimester 1941 zu einem deutlichen Einbruch. Eine genaue Analyse ist jedoch wegen der erwähnten unvollständigen Angaben nicht möglich.

7.2 Astronomie

Die Lehrveranstaltungen zur Astronomie zeichnen sich durch eine große Kontinuität aus und wurden bis zum Beginn der 1930 Jahre von dem langjährigen Direktor der Sternwarte Knopf geprägt. Seine eng mit der Mathematik, speziell der Wahrscheinlichkeitsrechnung und der Numerik verbundenen Vorlesungen wurden bereits im voran-

---

46 SS 1925, SS 1926.
47 SS 1929, SS 1930, SS 1931, SS 1932, SS 1933, SS 1934, WS 1934/35, SS 1936.
48 WS 1937/38, WS 1939/40, Die mathematischen Hilfsmittel des Chemikers 2. Trimester 1940, Mathematik für Chemiker und Naturwissenschaftler 3. Trimester 1940.
49 Die »Graphischen Übungen« von Rau, die dieser in Verbindung mit seiner Vorlesung zur technischen Mechanik anbot, wurden nicht mitgezählt.
50 In den Kriegsjahren 1916/17 fiel die Anzahl zwar auf das alte Niveau von 4 Lehrveranstaltungen, doch ist die Rückkehr zum alten Niveau im letzten Kriegsjahr überraschend. Es konnte aber nicht geprüft werden, ob alle angekündigten Vorlesungen stattfanden.

gegangenen Abschnitt behandelt. Zweifellos vermittelten viele dieser Vorlesungen auch astronomische Kenntnisse; um die Bahnen der Himmelskörper zu bestimmen, müssen zunächst die astronomischen Gesetzmäßigkeiten bekannt sein und angewandt werden. Das Zusammenspiel mit der Mathematik und die Bedeutung der präsentierten Methoden für die Behandlung weiterer, physikalischer Probleme erscheinen groß genug, um deren Einbettung in den Abschnitt zur Numerik zu rechtfertigen. Auch die übrigen Vorlesungen Knopfs verwenden mathematische Sachverhalte, doch dominiert der astronomische Aspekt. Von 1900 bis einschließlich 1929 trug Knopf in jedem Sommersemester zur »Zeit- und Ortsbestimmung« vor, verknüpft mit praktischen Übungen auf der Sternwarte. Außerdem lehrte er zur »Sphärische[n] Astronomie«[51], zu »Prinzipien der Himmelsmechanik in gemeinfasslicher Darstellung«[52], die »Geschichte der Astronomie«[53] und eine »Populäre Astronomie«[54]. Durch Knopfs Nachfolger Vogt erfuhr das Vorlesungsangebot ab dem Sommer 1929 eine deutliche Bereicherung und Neuausrichtung. Er organisierte fortan ein Astronomisches Kolloquium und rückte astrophysikalische und kosmologische Themen mit je einer Vorlesung in den folgenden fünf Semestern stärker in den Blick der Studierenden. Die Titel der Vorlesungen lauteten in chronologischer Reihenfolge: »Der innere Aufbau und die Entwicklung der Sterne«, »Fixsternastronomie«, »Sternhaufen und kosmische Nebel«, »Thermodynamik der Sterne«[55], »Der Aufbau unseres Sternsystems« und im Sommer 1933 »Physik der Sternatmosphären«. Gleichzeitig setzte er die Tradition mehrerer Veranstaltungen von Knopf fort. So behandelte er etwa »Elemente der Astronomie«[56] bzw. die »Bahnbestimmung von Planeten und Kometen«[57], gab eine »Einführung in die Himmelsmechanik«[58] und setzte

die mit Übungen der Studierenden verknüpften Zeit- und Ortsbestimmungen fort[59]. Zusätzlich führte er noch praktische Übungen auf der Sternwarte und eine »Anleitung zum selbständigen wissenschaftlichen Arbeiten«[60] durch, wobei er die Übungen ab Sommer 1930 in die Lehreinheit über Zeit- und Ortsbestimmung integrierte. Ein Jahr später nahm Siedentopf seine Lehrtätigkeit auf: Er organisierte in jedem Semester das astronomische Kolloquium, zunächst für drei Semester zusammen mit Vogt, dann allein. Die Anleitung zu selbständigen Arbeiten führte er nach Vogts Wechsel nach Heidelberg ebenfalls fort. Zusätzlich bot er in unregelmäßigen Abständen eine weitere Übung zu unterschiedlichen Themen an, so geodätische und astronomische[61], astronomische und astrophysikalische[62] bzw. meteorologische[63] Übungen. Zu den letztgenannten können im weiteren Sinne auch die zu Wetterkarten und Wetterkartenzeichnen[64] gezählt werden. Schließlich muss noch auf die bereits im vorangegangenen Abschnitt analysierten Veranstaltungen zur Photogrammetrie sowie zur Zeit- und Ortsbestimmung hingewiesen werden. Ähnlich wie Vogt widmete sich Siedentopf in den Vorlesungen sowohl neueren astrophysikalischen als auch klassischen astronomischen Themen, wobei er im Allgemeinen meist zwei Vorlesungen pro Semester ankündigte. In den Kriegsjahren erhöhte er allerdings sein Pensum wiederholt auf drei Vorlesungen, jedoch war zugleich ein Rückgang bei den Übungsveranstaltungen zu verzeichnen. Die Titel der Vorlesungen variierten beträchtlich, so dass für die folgende Übersicht eine vorsichtige Zusammenfassung nach inhaltlichen Gesichtspunkten vorgenommen wurde. Die astrophysikalischen Themen umfassten: »Veränderliche Sterne«[65], »Physik der Sonne«[66], »Kosmogonie«[67], »Kosmologie«[68], »Beobachtungsmethoden der Astrophysik«[69],

---

51   WS 1901/02, SS 1904, WS 1905/06, WS 1907/08, WS 1910/11, WS 1913/14, WS 1915/16, SS 1919, WS 1921/22, WS 1923/24, WS 1925/26, WS 1928/29.

52   SS 1902, Elemente der Himmelsmechanik SS 1908.

53   SS 1912, SS 1914.

54   WS 1911/12.

55   WS 1930/31, WS 1932/33.

56   SS 1929, WS 1930/31, WS 1931/32, WS 1932/33. Die für das Wintersemester 1933/34 angekündigte Vorlesung fand nicht statt, da Vogt kurzfristig nach Heidelberg wechselte.

57   SS 1932.

58   WS 1929/30, WS 1931/32, WS 1933/34.

59   SS 1930, SS 1931, SS 1932, SS 1933.

60   SS 1929, WS 1929/30, WS 1930/31, SS 1931, WS 1931/32, SS 1932, WS 1932/33, SS 1933, WS 1933/34.

61   SS 1934, SS 1935.

62   WS 1934/35.

63   SS 1938, WS 1938/39, SS 1939.

64   Vorlesung »Wetterkarte und Wettervorhersage« mit Übungen WS 1939/40, Übungen im Wetterkartenzeichnen WS 1941/42, WS 1943/44, Vorlesung »Wetter und Wettervorhersage« mit Übungen WS 1944/45.

65   WS 1933/34, WS 1937/38.

66   SS 1934, SS 1938, WS 1941/42, WS 1944/45.

67   SS 1935, 3. Trimester 1940.

68   SS 1936.

69   WS 1935/36, praktische Astrophysik WS 1939/40.

»Einführung in die Astrophysik«[70], »Interstellare Materie«[71], »Physik der Erdatmosphäre«[72] und »Die Sonnenatmosphäre und ihr Einfluss auf die Erde«[73]. Eine deutlich geringere Anzahl von Vorlesungen vermittelte Kenntnisse der klassischen Astronomie: »Himmelsmechanik«[74], »Einführung in die Astronomie«[75], »Aufbau und Dynamik des Sternensystems«[76]. Nicht zuletzt wegen der militärischen Bedeutung für das Flugwesen rückte ein fundiertes Wissen zur Meteorologie stärker in den Blickpunkt. Dieses Bedürfnis befriedigten bis zur Mitte der 1920er Jahre Auerbach und nach mehr als 10jähriger Unterbrechung ab dem Ende der 1930er Jahre Siedentopf mit einer ganzen Reihe von Vorlesungen zur Wetterkunde[77]. Eine wenn auch geringe Unterstützung erhielt er vom Privatdozenten Bucerius vom 3. Trimester 1940 bis zum Frühjahr 1942, der je Semester eine Vorlesung zu Fragen der Himmelsmechanik übernahm und dies, nachdem er aus dem Wehrdienst entlassen worden war, im Rahmen seiner Abkommandierung an die Universität Jena im Wintersemester 1944/45 fortsetzte. In diesem Semester bereicherte auch der kurz zuvor an die Sternwarte gewechselte Assistent Wisshak das Lehrangebot mit einer Veranstaltung zu »Kernphysik und Sternaufbau«.

7.3 Physik

Durch die enge Verbindung des Jenaer Physikalischen Instituts mit den Zeiss-Werken unterschied sich das Lehrangebot auf den Gebieten Mikroskopie und angewandte Optik deutlich von dem anderer Universitäten. Eine Reihe von Spezialvorlesungen ermöglichte den Studierenden ein tieferes Eindringen in Theorie und Praxis dieser Richtungen. Das Gesamtangebot zur Physik kann als gut bis sehr gut eingeschätzt werden. Es gab in jedem Semester mindestens eine Vorlesung zur Experimentalphysik, so dass die Studierenden innerhalb von zwei Semestern einen Überblick über die Grundrichtungen Mechanik, Elektrizität, Magnetismus, Wärmelehre, Akustik und Optik erlangen konnten. Ab dem Sommersemester 1912 lief neben

Abb. 47: Rudolf Straubel

dem Grundkurs noch eine vertiefende Vorlesung für Fortgeschrittene, die auch Raum für größere theoretische Betrachtungen bot. Sie wurde zunächst explizit als Ergänzung des Grundkurses angekündigt, behandelte folglich die gleichen Themengebiete. Dies änderte sich ab Mitte der 20er Jahre, indem nur eines der im Grundkurs vermittelten Gebiete fortgesetzt oder/und ein weiteres Thema hinzugenommen wurde, beispielsweise im Sommer 1929 zur Experimentalphysik I (Mechanik, Akustik, Wärme) die Experimentalphysik für Fortgeschrittene III (Elektrizitätslehre) oder im Wintersemester 1930/31 zur Experimentalphysik II (Elektrizität, Magnetismus, Optik) die Ergänzungen Wärme und Optik. Zu dem praktisch-

---

70 SS 1937, SS 1941, SS 1943, WS 1934/35 (theoretische Astrophysik I), Periodenforschung mit meteorologischen und astrophysikalischen Anwendungen 2. Trimester 1940.

71 Trimester 1941.

72 1. Trimester 1941, WS 1942/43, SS 1944, Thermodynamik und Optik der Erdatmosphäre WS 1938/39, Atmosphärische Optik SS 1942, Optik der Erdatmosphäre WS 1943/44.

73 1. Trimester 1940, Physik der Sternatmosphäre SS 1939.

74 WS 1935/36, WS 1937/38, WS 1939/40, WS 1942/43, Einführung in die Himmelsmechanik SS 1934, Bahnbestimmung der Kometen, Planeten und Doppelsterne WS 1936/37, Bahnbestimmung der Himmelskörper 3. Trimester 1940.

75 SS 1944, Sphärische Astronomie WS 1932/33, Geschichte der Sternkunde SS 1936, Astronomische Instrumente und Beobachtungsverfahren Trimester 1941.

76 WS 1938/39, Aufbau des Sternsystems WS 1934/35, 1. Trimester 1940, WS 1943/44, Stellarastronomie SS 1932, SS 1942, Aufbau und Dynamik des Milchstraßensystems WS 1936/37, Bau des Sternsystems WS 1941/42,.

77 Grundzüge der Witterungskunde WS 1913/14, Grundzüge der Wetterkunde WS 1916/17, SS 1917, WS 1918/19, WS 1919/20, WS 1921/22, SS 1922, WS 1925/26 (Auerbach), Einführung in die Wetterkunde 1. Trimester 1940, Praktische Meteorologie SS 1938, Dynamische Meteorologie SS 1939, SS 1941, Flugmeteorologie WS 1939/40, Meteorologische Instrumente und Beobachtungsmethoden 2. Trimester 1940, SS 1943, synoptische Meteorologie WS 1941/42, Wetter und Wettervorhersage WS 1937/38, WS 1944/45, Wetterkunde und Wettervorhersage WS 1943/44, Wetterkarte und Wetterkartenzeichnen 3. Trimester 1940 (Siedentopf).

experimentellen Unterricht kamen in jedem Semester noch das »Physikalische Praktikum«[78] und die »Physikalischen Spezialuntersuchungen« hinzu, beide zunächst von Adolph Winkelmann allein durchgeführt. Ab dem Sommersemester 1907 beteiligten sich Baedeker und Straubel an der Leitung der Spezialuntersuchungen sowie Baedeker außerdem am Physikalischen Praktikum. Angesichts der gesundheitlichen Probleme Winkelmanns dürften sie die volle Verantwortung für die Durchführung der beiden Veranstaltungen getragen haben. Diese ging dann im Sommer 1911 an den neu berufenen Ordinarius Wien über. Die Leitung der Spezialuntersuchungen schwankte in den folgenden Jahren nur wenig. Bis zum Wintersemester 1920/21 lag sie in den Händen von Wien, Auerbach[79], Straubel und E. Pauli[80], dann traten Busch[81] und Försterling[82] bzw. Joos[83] an die Stelle von Pauli. Abgesehen von zwei kurzfristigen Schwankungen und der Mitarbeit von Hanle ab dem Winter 1929/30 blieb dieses Gremium konstant. Veränderungen ergaben sich 1933 als Auerbach von seinen Lehrverpflichtungen entbunden und Straubel möglicherweise nur noch formal als Leitungsmitglied geführt wurde[84] sowie Mitte der 1930er Jahre durch den Wechsel von Joos nach Göttingen und die Berufungen von Kulenkampff als neuen Institutsleiter bzw. Hettner als Nachfolger von Joos. Nach dem Weggang von Hanle wurde mit der Hinzunahme von Raether die letzte Umbildung in der Führungsstruktur des Kurses vorgenommen, so dass die Verantwortung für die selbständigen Arbeiten ab dem Sommersemester 1938 dann bis zum Kriegsende bei Kulenkampff, Hettner und Raether lag.

Ähnliche Änderungen sind auch bei der Durchführung des physikalischen Praktikums festzustellen. Nach der bereits erwähnten Amtsübernahme durch Wien führte Baedeker in vier Semestern ab Sommer 1913 noch zusätzlich ein Praktikum für Fortgeschrittene durch. In den Vorlesungsverzeichnissen wurde Wien für die Kriegsjahre als im Heeresdienst befindlich und mit dem entsprechenden Vermerk zugleich weiter als Leiter des Praktikums angegeben, vom Winter 1915/16 bis zum Winter 1918/19 trat dann Auerbach als Unterstützung bzw. als Alternative bei der Leitung des Praktikums auf. Ab dem Wintersemester 1916/17 war stets eine zweite Lehrkraft an der Durchführung des Praktikums beteiligt. Zunächst erfüllte E. Pauli bis einschließlich dem Wintersemester 1920/21 diese Aufgabe, die Busch dann bis zum Sommer 1927 fortführte[85]. Nach mehreren Wechseln in den folgenden beiden Jahren zeichnete ab dem Wintersemester 1929/30 bis zu Wiens Ausscheiden aus dem Lehrbetrieb im Sommer 1935 das Duo Wien – Hanle für diese Lehrveranstaltung verantwortlich. Hanle sicherte die Durchführung auch in der Übergangszeit bis zum Herbst 1936 als zum folgenden Wintersemester die Leitung an Wiens Nachfolger Kulenkampff überging und mit dem Assistenten Wisshak eine weitere Lehrkraft hinzukam. Dies blieb bis zum Kriegsende 1945 unverändert, lediglich im Winter 1944/45 nahm Raether die Aufgaben Wisshaks wahr.

Ein wichtiger Komplex des Vorlesungsangebots war einzelnen Teilgebieten der Physik und technisch-physikalischen Richtungen gewidmet und wurde sehr bald nach der Jahrhundertwende deutlich erweitert. Die Vorlesungen zu Teilgebieten der Physik hatten, da sie neben der Experimentalphysik stattfanden, eine stärkere theoretische Ausrichtung und enthielten dazu meist auch mathematische Elemente, so dass sie in die Kategorie der Vorlesungen mit Anteilen der mathematischen Physik eingeordnet werden können. Sie wurden aber nur gelegentlich durch Übungen ergänzt. Dagegen gab es regelmäßig ein Praktikum zur technischen Physik[86], anfangs oft als elektrotechnisches Praktikum bezeichnet. Mit dem Wintersemester 1909/10 erfolgte eine erste Erweiterung: Neben dem Grundpraktikum leitete der gleiche Dozent ein Praktikum für Fortgeschrittene, in Einzelfällen gab er auch die jeweilige Spezialrichtung an[87]. Nach der Unterbrechung durch den Ersten Weltkrieg kam der Praktikumsbetrieb im Wintersemester 1919/20 wieder in Gang, wobei ab dem folgenden Semester Rogowski bezüglich der technisch-physikalischen Richtung dann zwischen einem kleinen und einem großen Praktikum differenzierte. Drei Jahre später, im Sommer

---

78   Das Praktikum für Studierende der Physik wurde separat von dem für Studierende anderer Fachrichtungen, wie Chemiker oder Mediziner, aufgeführt und war deutlich umfangreicher.

79   Auerbach fehlte vom Sommersemester 1913 bis zum Wintersemester 1914/15.

80   E. Pauli fehlte in Sommersemester 1915 und im folgenden Wintersemester.

81   Busch war vom Sommer 1921 bis zum Sommer 1928 an der Leitung beteiligt.

82   Försterling wirkte vom Wintersemester 1921/22 bis zum Sommersemester 1924 in der Leitung mit.

83   Joos beteiligte sich ab dem Sommersemester 1925 an der Durchführung des Praktikums und der physikalischen Spezialaufgaben.

84   Auf die diesbezügliche Unklarheit wurde schon im Abschnitt 4.3 hingewiesen. Ab Sommersemester 1938 wurde Straubel nicht mehr als Leitungsmitglied genannt.

85   Zusätzlich waren am Praktikum für Fortgeschrittene noch Försterling vom Winter 1920/21 bis zum Sommer 1924 und Schumann vom Sommer 1921 bis zum Winter 1924/25 beteiligt.

86   SS 1903, WS 1903/04, WS 1904/05, WS 1908/09 (Leiter Rau), SS 1906, SS 1907 (Leiter Reich), WS 1909/10, SS 1910, SS 1910/11, SS 1911 (Leiter Simons), WS 1911/12, SS 1912, WS 1912/13, SS 1913, WS 1913/14, SS 1914, WS 1914/15 (Leiter Vollmer). Ab dem Winter 1919/20 fand das Praktikum in jedem Semester statt. Die Leiter waren Rogowski (WS 1919/20–WS 1920/21), Schumann (SS 1921–WS 1924/25), Esau (SS 1925–SS 1939), WS 1939/40 (Leiter N. N.), und Goubau (1. Trimester 1940–WS 1944/45).

87   SS 1913 technische Thermodynamik, SS 1914 drahtlose Telegraphie (Vollmer).

1923, richtete Schumann als Leiter der Technisch-Physikalischen Anstalt ein technisch-physikalisches Seminar ein und nach nur einem weiteren Semester bot Försterling eine entsprechendes Seminar für die theoretische Physik an, zunächst als Besprechung von neueren Arbeiten aus diesem Gebiet. Nach der Übernahme des Letzteren durch Joos hielt dieser es sehr bald, ab dem Wintersemester 1927/28, für sinnvoll, das Seminar in einen Grundkurs und ein Vortragsseminar für höhere Semester aufzuteilen. Joos' Nachfolger Hettner reduzierte dies wieder und führte von Winter 1936/37 an nur noch ein theoretisch-physikalisches Seminar für Fortgeschrittene durch. Joos war es auch, der analog zum physikalischen Praktikum die »Anleitung zu selbständigen theoretisch-physikalischen Arbeiten« ab dem Wintersemester 1928/29 unterrichtete. Diese führte Hettner ebenfalls fort, vom Winter 1938/39 bis zum 2. Trimester 1940 gemeinsam mit Wessel. Von den zu diesen Seminaren und Praktika gehörenden Vorlesungen sollen zunächst jene zur technischen Physik betrachtet werden. Diese bildeten einen großen Teil des Lehrprogramms und zeichneten sich durch eine beträchtliche Vielfalt in der Themenwahl und die Akzentsetzung durch den jeweiligen Dozenten aus, was insbesondere durch viele Variationen im Vorlesungstitel zum Ausdruck kam. Die in vielen Fällen bereits im Titel verankerte Ausrichtung des Stoffes auf technisch-anwendungsbezogene Fragen galt zugleich als Indiz für eine geringere Gewichtung der mathematisch-physikalischen Wechselbeziehungen in diesen Lehrveranstaltungen. Es steht außer Frage, dass die mathematische Aufbereitung und Durchdringung der physikalischen Grundlagen ein zentraler Bestandteil der technischen Fächer war und ist. Nur auf dieser Basis können die durch die jeweilige technische Anwendung hervorgebrachten Bedingungen sachgerecht und exakt formuliert werden. Probleme in den technischen Fachgebieten finden somit über deren Reflexion in der Physik ihren Niederschlag in den Beziehungen zwischen Mathematik und Physik. Die folgende Übersicht soll einen Eindruck von dem Themenspektrum vermitteln, wobei, um den Komplex überschaubarer zu machen, analog zur Astronomie eine Zusammenfassung nach inhaltlichen Gesichtspunkten vorgenommen und einige Titelvariationen in die Fußnoten verlegt wurden. Die Themengruppen nebst den verantwortlichen Dozenten waren: Fragen der Messtechnik[88] von Simons, Vollmer, Rogowski, Baedeker, E. Pauli, Joos und Goubau, die »Technische Thermodynamik«[89] von Rau, Vollmer, Rogowski, Schumann, Esau, Reich und Simons, »Spektroskopie«[90] von Straubel bzw. Hanle, »Einführung in die Technik«[91] von Reich und Simons, »Einführung in die Elektrotechnik«[92] von Rau, Reich, Rogowski, Schumann, Goubau und Esau, »Elektromagnetische Schwingungen und ihre Anwendungen in der drahtlosen Telegraphie«[93] von Vollmer, Simons und Esau, »Hochspannungstechnik«[94] von Schumann, Rogowski, Har. Müller, Esau und Raether, »Theorie und Anwendungen der Elektronenröhre«[95] von Esau und Rogowski, »Spezielle Probleme der Elektrizitätslehre«[96] von Baedeker, Reich, Rogowski Schumann, Bauersfeld und Jentzsch, »(Einführung in die)

88 Elektrotechnische Messkunde WS 1909/1910, WS 1910/11 (Simons), WS 1912/13, WS 1913/14 (Vollmer), WS 1919/20 (Rogowski), Theorie der elektrischen Messapparate mit Übungen SS 1908, Die absoluten Messmethoden der Physik WS 1911/12 (Baedeker), Ueber Messungen bei tiefen Temperaturen WS 1913/14, SS 1914 (E. Pauli), Physikalische Methoden zur Schnellvermessung SS 1934 (Joos), Technische Meßmethoden 1. Trimester 1940, SS 1941, SS 1943 (Goubau).

89 WS 1905/06, WS 1907/08 (Rau), SS 1913 (Vollmer), SS 1920 (Rogowski), SS 1922, SS 1924 (Schumann), SS 1926, SS 1928, SS 1930, WS 1932/33, SS 1935, SS 1937 (Esau), Übungen zur Technischen Thermodynamik SS 1907 (Rau, Reich), WS 1907/08 (Rau), SS 1913 (Vollmer), Entwicklung der Wärmekraftmaschinen WS 1910/11 (Simons).

90 SS 1903 (Straubel), WS 1931/32 (Hanle).

91 für Studierende aller Fakultäten WS 1906/07, WS 1907/08 (Reich), SS 1910 (Simons).

92 SS 1903, WS 1905/06, WS 1908/09 (Rau), SS 1906 (Reich), WS 1919/20 (Rogowski), 2. Trimester 1940, WS 1941/42, WS 1943/44 (Goubau), Elektrotechnik für Studierende aller Fakultäten SS 1906, Elektrotechnik I SS 1907, Elektrotechnik II WS 1907/08 (Reich), Allgemeine Elektrotechnik I WS 1922/23, WS 1924/25, Allgemeine Elektrotechnik II SS 1923 (Schumann), Allgemeine Elektrotechnik II (Wechselstromtechnik) SS 1925 (Esau).

93 SS 1912, SS 1914 (Vollmer), Drahtlose Telegraphie SS 1910, Freie Energieschwingungen in der Elektrotechnik, einschließlich der drahtlosen Telegraphie SS 1911 (Simons), Ausgewählte Kapitel der Fernsprechtechnik SS 1929 (Esau).

94 SS 1924 (Schumann), WS 1927/28, SS 1936, WS 1937/38 (Esau), (als dreisemestriger Kurs) SS 1931, WS 1931/32, SS 1932 (Har. Müller), Physikalische Grundlagen der Hochspannungstechnik SS 1920 (Rogowski), Stationäres elektrisches Feld bei hohen Spannungen WS 1932/33, Hochgespanntes elektrisches Feld SS 1934, Schalt- und Schwingungsvorgänge in Hochspannungskreisen SS 1933, Ausgewählte Kapitel aus der Hochspannungsmeßtechnik WS 1933/34, Theorie quasistationärer Ausgleichsvorgänge WS 1934/35, Theorie nichtstationärer Ausgleichsvorgänge WS 1934/35 (Har. Müller), Die Herstellung hoher elektrischer Spannungen und ihre Anwendungen SS 1938 (Raether).

95 SS 1926, SS 1928, SS 1930, SS 1932, WS 1934/35, SS 1937, SS 1939, Drahtlose Bildübertragung und Fernsehen SS 1931, Hochvacuumtechnik WS 1931/32 (Esau), Technische Anwendung der Kathodenröhren SS 1920 (Rogowski).

96 SS 1909, Elektrizitätsleitung in Gasen und Radioaktivität WS 1907/08 (Baedeker), Die Elektrizität in Technik und Verkehr, für Hörer aller Fakultäten SS 1907 (Reich), Die Maxwellsche Theorie der Elektrizität und ihre technischen Anwendungen WS 1919/20 (Rogowski), Übungen zur technischen Anwendung der Maxwellschen Theorie SS 1922, Elektrische Entladung und elektrische Festigkeit SS 1922 (Schumann), Beleuchtungstechnik SS 1928 (Bauersfeld), Technische Physik der Glühlampe SS 1929 (Jentzsch).

Gleich- und Wechselstromtechnik«[97] von Simons, Vollmer, Rogowski und Esau, »Ausgewählte Kapitel der technischen Physik (Elektronenröhren, Gasentladungsröhren, technische Akustik)«[98] von Goubau, Hanle, Esau und Raether, »Hochfrequenztechnik«[99] von Schumann, Esau und Goubau, »Flugmechanik«[100] von Bauersfeld und »Neuere Methoden der Materialprüfung«[101] von Esau.

Unberücksichtigt blieb bisher das in Jena besonders gepflegte Gebiet der Optik, das nun eine separate Darstellung erfahren soll. Die Einordnung der zugehörigen Lehrveranstaltungen ist nicht leicht vorzunehmen, denn eine ganze Reihe der Vorlesungen vermittelte die physikalischen Grundlagen für die in der Mikroskopie verwendeten Methoden und Geräte und war oft mit praktischen Unterweisungen verknüpft. Zweifellos musste dabei auch auf mathematische Kenntnisse zurückgegriffen werden, mathematisch-physikalische Wechselbeziehungen standen aber nicht im Vordergrund. Einen Hinweis liefert deren Verortung in den Vorlesungsverzeichnissen. Diese erfolgte nicht im Abschnitt »Mathematik, Physik und Astronomie«, sondern unter »Naturwissenschaft und Geographie« bzw. »Botanik und Zoologie«[102]. Erst ab dem Wintersemester 1918/19 waren diese Lehrveranstaltungen in dem erstgenannten Abschnitt bzw. nach Aufspaltung dieser Rubrik ab Sommer 1920 unter »Physik« zu finden. Mehr als drei Jahre später, zum Winter 1923/24 wurde die Mikroskopie im Titel des Abschnitts hinzugefügt. Dies blieb bis zum Sommersemester 1930 unverändert. Ab dem folgenden Wintersemester erhielt dann die zur Anstalt für Mikroskopie und angewandte Optik erweiterte Einrichtung einen separaten Eintrag im Vorlesungsverzeichnis unter ihrem Namen. Abgesehen von einigen wenigen Vorlesungen der theoretischen Physiker, wie »Theorie des Lichts« oder »Theoretische Optik«, und den Darlegungen im Rahmen der Experimentalphysik wurden nun alle Lehrveranstaltungen zur Optik und Mikroskopie in dieser speziellen Rubrik angezeigt. Diese besondere Betonung von angewandter Optik und Mikroskopie war nicht zuletzt der engen Verflechtung der Universität mit der Carl-Zeiß-Stiftung und der Bedeutung dieser Fächer für die Zeiss-Werke geschul-

Abb. 48: Walter Rogowski

det. Die theoretische Fundierung der Fächer dürfte, angesichts der Abtrennung von der theoretischen Physik, stärker auf physikalischen und instrumentell-technischen Fakten basiert haben. Viele dieser Vorlesungen fanden unregelmäßig statt, oft nur ein- oder zweimal im gesamten Untersuchungszeitraum, können also nicht als ein fester Bestandteil des Lehrprogramms betrachtet und sollen nicht näher kommentiert werden. Sie beeindrucken aber durch

---

97 WS 1909/10, WS 1910/11 (Simons), WS 1911/12, WS 1912/13, WS 1913/14, WS 1914/15 (Vollmer), WS 1920/21 (Rogowski), SS 1921 (Schumann), Gleichstromtechnik WS 1926/27, WS 1928/29, SS 1933, WS 1935/36, Gleichstrommechanik WS 1930/31, Gleichstromtechnik mit Einschluß der Meßtechnik WS 1937/38, Wechselstromtechnik SS 1927, SS 1929, SS 1931, WS 1933/34, SS 1936, Wechselstromtechnik mit Einschluß der Hochspannungstechnik SS 1938 (Esau).

98 3. Trimester 1940, SS 1942, Elektronenröhren und Gasentladungen SS 1944 (Goubau), Gasentladungen SS 1933, WS 1937/38 Gasentladungen und Röntgenstrahlen WS1935/36 (Hanle), Physik der Gasentladungen 1. Trimester 1940 (Raether), Technische Akustik SS 1927, WS 1930/31, SS 1935, WS 1936/37 (Esau).

99 WS 1921/22, WS 1923/24 (Schumann), (mit Praktikum) WS 1925/26, WS 1927/28, WS 1929/30, WS 1931/32, SS 1934, WS 1936/37, WS 1938/39 (Esau), WS 1939/40 (N. N.), Trimester 1941, WS 1942/43, 1944/45 (Goubau).

100 WS 1928/29, WS 1930/31, WS 1931/32, WS 1933/34, WS 1935/36, WS 1937/38.

101 WS 1929/30, WS 1932/33, Neuere Methoden der technischen Materialprüfung) WS 1935/36.

102 Eine Ausnahme bildete das Sommersemester 1900 als Ambronns Grundvorlesung »Einleitung in die Theorie des Mikroskops« unter den Vorlesungen zur Physik genannt wurde.

ihre Vielzahl und zeugen von einer umfassenden Behandlung dieses Gebietes[103]: »Physikalische Optik«[104], »Interferenz und Beugung«[105], »Theorie der sekundären Abbildung«[106] von Straubel, »Spektralanalyse«[107] von Baedeker, Pauli und Kühl, »Ausgewählte Kapitel der Optik (Dispersion, Emission, Absorption)«[108] von Baedeker, »Grunderscheinungen der Metalloptik«[109] von Pauli, »Doppelbrechende und absorbierende Körper«[110], »Strahlenoptik«[111], »Meteorologische Optik«[112], »Die optischen Meßinstrumente und die Prüfung optischer Systeme«[113] von Jentzsch, »Das Mikroskop, Bau und Anwendung«[114], »Die Polarisation des Lichts«[115], »Brechung und Reflexion des Lichts«[116], »Interferenz des Lichtes«[117], »Dispersion und Absorption«[118], »Beugung des Lichts«[119], »Einführung in die Konstruktion optischer Instrumente«[120] von Kühl. Den Kern der Studien zur Optik und Mikroskopie bildete zunächst die vom Winter 1900/01 bis zum Kriegsende 1918 in jedem Wintersemester gelesene »Einleitung in die Theorie des Mikroskops«[121] von Ambronn sowie die von diesem unterrichtete »Anleitung zur Benutzung des Polarisationsmikroskops bei histologischen Untersuchungen, mit Übungen«[122] und die »Uebungen in der Handhabung des Mikroskops und seiner Nebenapparate«[123]. Ab dem Wintersemester 1919/20 wurde die Vorlesung in jedem Semester angeboten, wobei nun eine »Einführung in die Theorie des Mikro-

skops« angekündigt und explizit auf die in die Vorlesungen integrierten Übungen hingewiesen wurde. Nach dem Tod Ambronns übernahm Jentzsch im Winter 1928/29 die Vorlesung, die er in den folgenden Semestern mit dem Titel »Einführung in die wissenschaftliche Mikroskopie, mit Übungen« bis zum Sommer 1931 fortsetzte und dann in das »Praktikum der wissenschaftlichen Mikroskopie« umwandelte. Nach Jentzschs »Ausschluß vom Lehramt« 1934 (vgl. Abschnitt 4.3) ging daraus im Sommer 1935 unter Kühls Leitung das »Mikroskopische Praktikum« hervor, das ohne Unterbrechung in jedem Semester bis zum Winter 1944/45 stattfand. Jentzsch führte ab dem Wintersemester 1928/29 auch die im Herbst 1922 von Ambronn eingeführte »Leitung selbständiger Arbeiten auf dem Gebiete der wissenschaftlichen Mikroskopie« fort, nun unter dem verkürzten Titel »Leitung selbständiger Arbeiten«. Gleichzeitig installierte er drei weitere Lehreinheiten, das »Praktikum der optischen Untersuchungsmethoden«[124], das »Optische Seminar« sowie »Wellenoptik«[125]. Alle vier Lehrveranstaltungen wurden von August Kühl (1885–1955) ab dem Sommersemester 1935 übernommen und mit unterschiedlicher Intensität fortgesetzt. Die ersten beiden gehörten bis zum Kriegsende in jedem Semester zum Lehrprogramm[126], das »Seminar« mit Ausnahme des Sommersemsters 1938 bis zum 1. Trimester 1940 in jedem Sommer

---

103 Bei der folgenden Aufzählung der Vorlesungen treten inhaltlich eine ganze Reihe von Überschneidungen auf, die aber wegen fehlender Detailinformationen über den Lehrstoff nicht zu vermeiden sind.

104 Die Vorlesung wurde in zwei Teilen durchgeführt. SS 1904, WS 1904/05.

105 SS 1909, SS 1911, SS 1913 (Straubel).

106 WS 1913/14, Theorie der sekundären Ableitung (sic!), 2. Teil SS 1914.

107 SS 1910 (Baedeker), SS 1913 (E. Pauli), WS 1935/36 (Kühl).

108 WS 1910/11, Ausgewählte Kapitel der Optik (…, Spektralanalyse) SS 1911.

109 WS 1912/13.

110 SS 1929.

111 WS 1933/34.

112 SS 1934.

113 SS 1934.

114 SS 1935, Einführung in Gebrauch und Theorie des Mikroskops SS 1938.

115 SS 1936.

116 WS 1936/37.

117 SS 1937.

118 SS 1937.

119 WS 1937/38.

120 1. Trimester 1940, (unter dem Haupttitel: Optisches Seminar: …) SS 1939.

121 SS 1900, WS 1903/04, WS 1904/05, WS 1905/06, WS 1906/07, WS 1907/08, WS 1908/09, WS 1909/10, WS 1911/12, WS 1912/13, WS 1913 /14, WS 1914/15, WS 1915/16, WS 1916/17, WS 1917/18, WS 1918/19, … mit Übungen WS 1919/20, SS 1920, WS 1920/21, SS 1921, WS 1921/22, SS 1922, WS 1922/23, SS 1923, WS 1923/24, SS 1924, WS 1924/25, SS 1925, WS 1925/26, SS 1926, WS 1926/27, SS 1927, … (für Studierende der Medizin und der Naturwissenschaften) WS 1901/02, WS 1902/03.

122 SS 1901, SS 1902, SS 1903, SS 1904, SS 1905, SS 1906, SS 1907, SS 1908, Benutzung des Polarisationsmikroskops bei histologischen Untersuchungen SS 1909, SS 1910, SS 1911, SS 1912, SS 1913, SS 1914, SS 1915, SS 1916, SS 1917, SS 1918, SS 1919, SS 1923, SS 1924, SS 1925, SS 1926 Ambronn, SS 1920, SS 1921, SS 1922 Ambronn, Siedentopf, WS 1927/28 Köhler, Gebrauch des Polarisationsmikroskops bei chemischen und biologischen Untersuchungen WS 1928/29 Jentzsch.

123 Ambronn leitete die »(Praktischen) Uebungen …« vom Sommersemester 1903 bis zum Sommer 1919 in jedem Semester.

124 Zunächst für Chemiker, Mediziner und Biologen angeboten, ab dem Sommersemester 1930 dann in zwei Veranstaltungen aufgeteilt, für Physiker und Chemiker bzw. für Mediziner und Biologen.

125 WS 1928/29, SS 1932, Wellenoptik I SS 1930, Wellenoptik II WS 1930/31.

126 Das »Praktikum …« wurde vom Sommersemester 1935 bis zum Wintersemester 1937/38 als »Optisches Praktikum« und danach als »Praktikum der optischen Untersuchungsmethoden« angekündigt.

sowie in den Wintersemestern 1935/36 und 1939/40. Die »Wellenoptik« kündigte Kühl dagegen als zweisemestrigen Kurs nur von Sommer 1939 bis Trimester 1941 an[127]. Der Vollständigkeit halber seien noch die Aktivitäten von Johannes Rzymkowski (1899–?) und des Astronomen Siedentopf erwähnt. Rzymkowski bot ab dem Wintersemester 1931/32 Vorlesungen auf dem Gebiet der wissenschaftlichen Photographie, etwa als »Einführung« mit Übungen, und sechs Jahre später zur »Stereophotographie«, sowie ab dem Wintersemester 1933/34 photographische Praktika für Fortgeschrittene an und Siedentopf setzte die von Ambronn 1911 geschaffenen Unterweisungen zur Dunkelfeldbeleuchtung und Ultramikroskopie fort. Von 1920 bis 1927 führte er die mit Übungen verknüpfte Veranstaltung jeweils im Sommersemester durch, danach mit Ausnahme des 3. Trimesters 1940 bis zum Frühjahr 1941 auch im Wintersemester. Siedentopf war es auch, der mehrfach in der Dekade nach dem Winter 1923/24 den Studierenden die »Geschichte des Mikroskops«[128] näher brachte. Die verschiedenen Übungen, Praktika, Seminare und Vorlesungen verdeutlichen die Praxisorientierung des vermittelten Wissens und dokumentieren insgesamt den hohen Stellenwert von Optik und Mikroskopie im Studienangebot der Jenaer Universität.

Abschließend sollen noch einige Vorlesungen erwähnt werden, die zwar bezüglich ihres Gegenstandes Potential enthalten, um die Wechselbeziehungen zwischen Mathematik und Physik zu analysieren, aber durch ihren Titel oder die Erläuterung, für Hörer aller Fakultäten geeignet zu sein, nicht in die genauere Betrachtung einbezogen wurden. So widmete sich Raether im Sommer 1944 den »experimentellen Grundlagen der Wellenmechanik«[129] und Auerbach stellte in dem schon erwähnten Bestreben, einem breiten Hörerkreis einen Zugang zu Physik und Mathematik zu eröffnen, »Das naturwissenschaftliche Weltbild«[130] und »Das Wesen der Materie«[131] vor. Mehrfach beschäftigte er sich auch mit dem »physikalische[n] Schulunterricht«[132]. Ob er sich in diesem Rahmen auch zur Rolle der Mathematik bei dem Aufbau und der Formulierung physikalischer Theorien geäußert hat und ob sich dies im Schulunterricht niederschlagen sollte, konnte leider nicht geklärt werden. Dies gilt analog auch für Auerbachs wohl wichtigste allgemeinbildende Vorlesung, die zur neueren Physikgeschichte[133], die er bis zum Beginn der 1930er Jahre mit großer Konstanz abhielt. Die von ihm meist angefügte Zielsetzung, eine Übersicht über die Tatsachen, Gesetze und Theorien zu geben, lässt einen breiten Interpretationsspielraum darüber, wie umfangreich er sich dabei der theoretischen Fundierung physikalischer Teilgebiete sowie der mathematischen Erfassung ihrer Gesetzmäßigkeiten widmete. Weiterhin gab es noch mehrere Vorlesungen, die die Lumineszenz von Körpern zum Thema hatten. Wohl auch als Reaktion auf die in den beiden vorangegangenen Jahrzehnten erzielten Fortschritte kündigte E. Pauli im Winter 1911/12 eine Vorlesung »Radiologie II«[134] mit den Schwerpunkten »Radioaktivität und Strahlung des Radiums, Phosphorescenz, Fluorescenz« an. Erst nach mehr als zwanzig Jahren griffen Hanle mit »Lumineszenzerscheinungen«[135] und Kühl mit »Phosphoreszenz und Fluoreszenz«[136] das Thema wieder auf.

7.4 Die Vorlesungen zur theoretischen und mathematischen Physik

Im Folgenden werden die Lehrveranstaltungen analysiert, von denen angenommen wird, dass das Ineinandergreifen

---

127 Wellenoptik I (Elektromagnetische Lichttheorie, Interferenz, Beugung) SS 1939, Wellenoptik II (Dispersion, Metall- und Kristalloptik) WS 1939/40, Wellenoptik, Teil I (Reflexion, Brechung, Polarisation, Interferenz, Beugung im homogenen durchsichtigen Medium) 3. Trimester 1940, Wellenoptik, Teil II (Metalloptik, Kristalloptik, Dispersion) Trimester 1941.

128 WS 1923/24, WS 1924/25, 1926/27, 1929/30, 1930/31, 1931/32, Geschichte der Mikroskopie WS 1925/26.

129 SS 1944.

130 WS 1907/08, WS 1909/1910, SS 1911, SS 1913, SS 1918, Das physikalische Weltbild SS 1921, Das moderne Weltbild auf der Grundlage der Relativität und der Energetik SS 1923, WS 1927/28, SS 1929, … auf der Grundlage der Energetik und Relativität SS 1925, Das Weltbild der modernen Naturlehre WS 1926/27, Die Grundbegriffe der modernen Naturlehre WS 1929/30, WS 1930/31, Das Weltbild der modernen Naturwissenschaft WS 1931/32.

131 WS 1914/15, SS 1915.

132 SS 1914, SS 1918, WS 1921/22, WS 1925/26, WS 1927/28.

133 Die Entwickelung des [sic!] Physik im 19. Jahrhundert WS 1900/01, Die Entwicklung der Physik seit 100 Jahren WS 1905/06, …, zugleich als Uebersicht der Tatsachen und Gesetze SS 1918, Geschichte der neueren Physik, zugleich als Uebersicht über die Erscheinungen und Gesetze WS 1907/08, Geschichte der Physik im 19. Jahrhundert, zugleich als Uebersicht der Gesetze und Theorien WS 1910/11, Die Entwicklung der Physik im 19. Jahrhundert, zugleich eine Uebersicht der Tatsachen, Gesetze und Theorien WS 1912/13, Die Physik seit 100 Jahren, zugleich als Repetitorium der Tatsachen, Gesetze und Theorien WS 1916/17, Entwicklungsgeschichte der Physik, zugleich als Uebersicht der Tatsachen, Gesetze und Theorien SS 1921, Entwicklungsgeschichte der modernen Physik WS 1924/25, SS 1932 …, zugleich als Uebersicht der Tatsachen, Gesetze und Theorien WS 1922/23, WS 1927/28, SS 1929, …, zugleich eine Uebersicht über ihre Tatsachen, Gesetze und Theorien SS 1925, Übersicht über die Tatsachen, Gesetze und Theorien der Physik SS 1919.

134 Eine Vorlesung »Radiologie [I]« gibt es weder in den Vorlesungsverzeichnissen für die vorangegangenen Semester noch in dem für das Wintersemester 1911/12. Es muss offen bleiben, ob E. Pauli damit verdeutlichen wollte, dass er gewisse Grundkenntnisse voraussetzte, oder er in dieser Hinsicht auf eine konkrete Vorlesung Bezug nahm.

135 SS 1930.

136 WS 1936/37.

von mathematischen und physikalischen Kenntnissen bei der Gewinnung neuer Einsichten eine zentrale Rolle spielt und an verschiedenen Sachverhalten demonstriert wird. Dabei kann es sich zum Einen darum handeln, physikalische Probleme mathematisch zu erfassen und zu modellieren, um daraus mit mathematischen Mitteln Resultate abzuleiten, die experimentell überprüfbar sind und damit eine Verifizierung der zu Grunde gelegten physikalischen Theorie liefern oder die Hinweise für weitere experimentelle Forschungen liefern. Zum Anderem können aus Defiziten bei der mathematischen Behandlung des physikalischen Problems Anregungen für innermathematische Entwicklungen hervorgehen. Dies für die einzelnen Vorlesungen zu überprüfen, ist aufwendig und schwer möglich, da es im Idealfall auf einem Vorlesungsmanuskript bzw. einer Mitschrift basieren müsste. Abgesehen von dem Fall, dass aus dem Manuskript oder einer Mitschrift eine Publikation hervorgegangen ist, sind diese Materialien selten in Archive oder Handschriftensammlungen gelangt und damit der Nachwelt öffentlich zugänglich. Insofern ist die getroffene Zuordnung der Vorlesungen subjektiv und mit einer gewissen Unsicherheit behaftet. Da zugleich jede Vorlesung nur einmal genannt werden sollte, um den Gesamteindruck nicht zu verfälschen, muss auch aus dieser Hinsicht auf den subjektiven Charakter der folgenden Einordnung hingewiesen werden. Neben dem Titel der Vorlesung wurde die Forschungstätigkeit des jeweiligen Dozenten als ein Indiz bei der Auswahl herangezogen. Besonders interessant sind in dieser Hinsicht jene Vorlesungen, die von einem »Außenstehenden« des Faches vorgetragen wurden, wenn also zum Beispiel ein Physiker, wie Auerbach, die für das Verständnis der theoretischen Physik notwendigen mathematischen Kenntnisse vermittelte oder ein Mathematiker ein physikalisches Problem behandelte. Für Letzteres steht etwa die vorwiegend von Frege, Koebe bzw. M. Winkelmann vorgetragene »Analytische Mecha-

nik«. Angesichts der Freiheiten bei der Vorlesungsgestaltung ergaben sich Unterschiede zu den vom Fachvertreter gehaltenen Vorlesungen bei der Auswahl des Stoffes und der Vermittlung desselben. Die Zahl der für die Wechselbeziehungen zwischen Mathematik und Physik zu berücksichtigenden Vorlesungen zeigt im Untersuchungszeitraum insgesamt eine steigende Tendenz. Im ersten Jahrzehnt nach der Jahrhundertwende wurden durchschnittlich fünf Vorlesungen angeboten mit zwei Tiefpunkten im Winter 1901/02 und im Sommer 1903 mit einer Übung bzw. zwei Vorlesungen. Im folgenden Jahrzehnt stieg die Anzahl auf sechs, wobei die stärkere Zunahme in den Vorkriegsjahren durch den nachfolgenden Rückgang kompensiert wurde. Die 1917 vorgenommene Umgestaltung der Prüfungsordnung für das Lehramtsstudium zeigte sehr bald eine positive Wirkung. In ihr erfolgte eine breitere Bestimmung der angewandten Mathematik, so dass nun auch Meteorologie, Geophysik, angewandte Physik und Mechanik sowie Statistik und Versicherungswesen hinzutraten, insbesondere als Anwendungsbereiche von numerischen Methoden. Ab Mitte der 1920er Jahre setzte dann ein starkes Wachstum ein, so dass sich die durchschnittliche Vorlesungsanzahl nahezu verdoppelte. Für die Zeit des Zweiten Weltkriegs sind die Angaben sehr lückenhaft und erlauben keine genaue Einschätzung, doch dürfte ein Absinken der Anzahl auf das Niveau der 1920er Jahre realistisch sein.

Unter den mathematischen Teilgebieten ragen zwei heraus, die im gesamten Untersuchungszeitraum durch Vorlesungen repräsentiert waren: die Differentialgleichungen und die Variationsrechnung. Bei den Differentialgleichungen wurde teilweise im Titel die Konzentration auf gewöhnliche[137] bzw. partielle[138] Differentialgleichungen angegeben, oft begnügte man sich aber mit einem unspezifischen Titel wie »Differentialgleichungen«[139]. In einigen Fällen behandelten die Dozenten beide Typen[140] und mehrfach wurde die Ausrichtung auf Anwendungen in der

---

137 Gewöhnliche Differentialgleichungen WS 1912/13 (Thomae), … mit Übungen SS 1924 (Haußner), WS 1934/35, SS 1936, 2. Trimester 1940, … (Analysis IV) mit Übungen WS 1932/33 (H. Schmidt), Uebungen zur Theorie der gewöhnlichen Differentialgleichungen WS 1912/13 (Winkelmann), Einführung in die Theorie der gewöhnlichen Differentialgleichungen mit Übungen SS 1917 (Haußner). Die Übungen fanden jeweils separat zu den Vorlesungen statt.

138 Partielle Differentialgleichungen WS 1903/04 (Frege), SS 1932 (König), WS 1924/25, … und trigonometrische Reihen WS 1920/21 (Haußner), Elementare partielle Differentialgleichungen WS 15/16, WS 1921/22, Elementare partielle Differentialgleichungen und Fouriersche Reihen WS 1923/24, …, Potential, Fouriersche Reihen WS 1926/27 (Koebe), Ausgewählte Kapitel aus der Lehre von den partiellen und totalen Differentialgleichungen (Liesche Theorie) SS 1934 (König).

139 SS 1901, WS 1906/07, WS 1907/08, SS 1910 (Thomae), SS 1905 (Gutzmer), SS 1927 (Haußner), WS 1941/42 (H. Schmidt), … mit Übungen SS 1925 (Prüfer), … mit Übungen SS 1937 (Peschl), … (insbes. für Physiker) mit Übungen SS 1938 (N.N.), Einführung in die Theorie der Differenzialgleichungen [sic (nur 1903)] SS 1903 (Gutzmer), SS 1920 (Haußner), Elementare Differentialgleichungen SS 1915, SS 1921, … und Fouriersche Reihen, Teil I SS 1926 (Koebe).

140 Analysis IV (Einführung in die Theorie der gewöhnlichen und partiellen Differentialgleichungen) WS 1929/30, WS 1931/32, SS 1943 (König), SS 1944 (Linés-Escardo), Ausgewählte Kapitel aus den gewöhnlichen und partiellen Differentialgleichungen WS 1938/39 (N. N. Gemäß der Eintragungen im »Verzeichnis zum Einnahme-Tagebuch« (UAJ Bestand G, Abt. I, Nr. 430) könnte diese Vorlesung von Weise gehalten worden sein, sie wird dort aber nur unter dem Titel »Differentialgleichungen« angegeben.).

Physik[141] bzw. auf Physiker als wichtigste Zielgruppe der Vorlesung[142] hervorgehoben. Die Vorlesungen zur Variationsrechnung[143] weisen dagegen kaum Variationen im Titel auf, jedoch galt es hier eine längere Durststrecke von 1915 bis zum Beginn der 1930er Jahre zu überstehen, die nur einmal im Sommersemester 1921 unterbrochen wurde. Bis zu diesem Zeitpunkt lag die Lehrveranstaltung vornehmlich in der Verantwortung von Haußner. Eine wichtige Ergänzung bildeten das »Mathematische Seminar« und das »Mathematische Proseminar«, die neben den Grundvorlesungen sehr oft einem der beiden Gebiete Differentialgleichungen bzw. Variationsrechnung gewidmet waren[144]. Die Zuordnung zu einem Themengebiet ist jedoch für die Jahre vor dem 1. Weltkrieg unsicher, da hier bei der Ankündigung des Seminars nur teilweise ein Schwerpunkt genannt wurde. Als Orientierung dienten, dass der Leiter des Seminars im gleichen Semester eine Vorlesung zu dem gewählten Gebiet hielt sowie die weiteren Angaben zu den Lehrveranstaltungen des Seminarleiters. Die Vielzahl der Seminare unterstreicht die Bedeutung, die der Umsetzung der vermittelten theoretischen Kenntnisse zur Lösung konkreter Probleme beigemessen wurde. Insbesondere muss in diesem Zusammenhang auf das bereits erwähnte Engagement von Thomae, Gutzmer und Haußner für eine Ausweitung und Verbesserung des Übungsbetriebs hingewiesen werden. Eng mit den Differentialgleichungen und der Variationsrechnung verbunden

ist die Potentialtheorie[145], die aber nur gelegentlich im Titel einer Vorlesung auftrat. Bemerkenswert ist dabei, dass die Vorlesung im Sommer 1935 von dem Privatdozenten für Physik Wessel unter dem Physikalischen Institut angekündigt wurde. Es darf angenommen werden, dass hierbei die Interessen der Physiker besonders gut berücksichtigt wurden, jedoch konnte nicht geklärt werden, ob diese Aktion zugleich als Kritik an den vorausgegangen Vorlesungen, speziell an der von Grell, anzusehen ist.

Einen weiteren umfangreichen Bestandteil des Lehrprogramms bildeten jene Vorlesungen, die bereits im Titel die enge Verknüpfung mit der Physik anzeigten. In den ersten beiden Jahrzehnten nach der Jahrhundertwende dominierte die vorwiegend von Frege präsentierte »Analytische Mechanik«[146], die er durchweg ohne zusätzliches Seminar bzw. Übung abhielt. Es verwundert, dass ausgerechnet Frege, der sich in seinen Forschungen erfolgreich auf die mathematische Logik und Grundlagenfragen der Mathematik konzentrierte, mit dieser Vorlesung betraut wurde. Der Grund war sein Lehrauftrag, der auf allgemeine Mechanik lautete und keine mathematischen Gebiete enthielt. Damit erklären sich auch zwei weitere Vorlesungen Freges in diesem Zeitraum über die »Theorie der nach dem Newton'schen Gesetze wirkenden Kräfte«[147]. Vereinzelt lehrten bis zum Winter 1922/23 auch Freges Kollegen zur analytischen Mechanik, teilweise sogar mit Übungen im Rahmen des Mathematischen Seminars[148]. Danach verschwand die

---

141   Differentialgleichungen der Physik SS 1930 (Haußner), Lineare Differentialgleichungen im komplexen Gebiet SS 1932, Partielle Differentialgleichungen mit physikalischen Anwendungen WS 1936/37, Übungen über partielle Differentialgleichungen und spezielle Funktionen (mit physikalischen Anwendungen) SS 1937 (H. Schmidt), Die Differentialgleichungen der Mechanik und Mathematischen Physik WS 1937/38 (Weinel).

142   Höhere Mathematik für Physiker WS 1938/39, ... II (Partielle Differentialgleichungen, Randwertaufgaben, Kugel- und Zylinderfunktionen) SS 1939, ... 1. Trimester 1940 (F. K. Schmidt), ... I 2. Trimester 1940, ... II 3. Trimester 1940, ... I (Differentialgleichungen) WS 1942/43 (Weise).

143   SS 1902, WS 1904/05 (Gutzmer), SS 1908, SS 1915 (Haußner), WS 1932/33 (König), WS 1935/36 (N.N.), 1. Trimester 1940 (F.K. Schmidt), 2. Trimester 1940, 3. Trimester 1940, Trimester 1941, WS 1941/42, SS 1942 (Damköhler), Einführung in die Variationsrechnung SS 1911, WS 1933/34, Einleitung in die Variationsrechnung SS 1921, WS 1930/31 (Haußner).

144   Variationsrechnung SS 1908, SS 1911, SS 1915, WS 1930/31 (Angabe des Dozenten fehlt!), Elementare Differentialgleichungen SS 1921, Differentialgleichungen SS 1917, WS 1921/22, SS 1924, SS 1927, WS 1929/30, SS 1930, WS 1931/32, SS 1933, Anwendung der Differentialgleichungen auf Geometrie WS 1923/24, partielle Differentialgleichungen WS 1924/25, Ausgewählte Differentialgleichungen WS 1927/28 (Haußner), Differentialgleichungen WS 1907/08 (Thomae), ... der Elektrotechnik WS 1937/38 (F.K. Schmidt), Differentialgleichungen und konforme Abbildungen SS 1915, Über partielle Differentialgleichungen, konforme Abbildungen und analytische Mechanik WS 1915/16, Reelle Analysis, insbesondere Differentialgleichungen WS 1923/24 (Koebe), Elementare Differentialgleichungen mit Anwendungen SS 1921, Differentialgleichungen mit Anwendungen WS 1921/22 (Koebe, Winkelmannn), Elementare Differentialgleichungen und unendliche Reihen SS 1926, WS 1926/27 (Koebe, Prüfer), Differentialgleichungen, Funktionentheorie WS 1929/30, SS 1932, Differentialgleichungen WS 1931/32, Partielle und totale Differentialgleichungen SS 1934, Variationsrechnung und partielle Differentialgleichungen WS 1932/33 (König), WS 1933/34 (Haußner).

145   SS 1901, Potentialrechnung SS 1904 (Gutzmer), Theorie und Anwendungen des Potentials (Randwertaufgaben, Kugel-, Cylinder- und verwandte Funktionen) WS 1927/28 (Winkelmann), Potentialtheorie und ihre Anwendungen WS 1934/35 (Grell), Potentialtheorie SS 1935 (Wessel), Funktionentheorie und Potentialtheorie (für Mathematiker und Physiker) WS 1937/38 (König).

146   WS 1905/06, WS 1907/08, WS 1908/09, WS 1910/11, SS 1911, WS 1912/13, WS 1914/15, Mechanik, Teil I SS 1905, Analytische Mechanik I WS 1913/14, Analytische Mechanik II SS 1906, SS 1909, SS 1913, SS 1915, Allgemeine Mechanik SS 1916, Einleitung in die analytische Mechanik, SS 1918 (Frege).

147   SS 1907, Über die nach dem Newton'schen Gesetze wirkenden Kräfte SS 1910.

148   WS 1902/03 (mit »Mathematisches Seminar (Mechanik)« (Gutzmer)), Analytische Mechanik WS 1909/10 (Thaer), (mit Seminarübungen im Rahmen der Vorlesung) WS 1916/17, Analytische Mechanik I WS 1915/16, Mechanik I (Allgemeine Mechanik) SS 1920, Analytische Mechanik mit Einführung in die Vektoranalysis und Potentialtheorie WS 1922/23, »Übungen zur analytischen Mechanik« im Mathematischen

Vorlesung aus dem Lehrprogramm. In diesem Zusammenhang sind noch die auf geometrische statt auf analytische Methoden setzende »Graphische Statik mit Übungen«[149] und die dreiteilige Vorlesungsfolge ab dem Wintersemester 1935/36 mit den Kursen über »Statik und Kinematik« sowie »Theoretische Mechanik« von M. Winkelmann und über »Mathematische Elastizitätstheorie« von Weinel zu nennen. Die weiteren Vorlesungen deckten ein breites Spektrum ab und beinhalteten insbesondere die mathematische Behandlung neuerer Entwicklungen in der Physik. Sie umfassten »Euklidischer und nichteuklidischer Raum (zugleich zur Einführung in das Verständnis der Relativitätstheorie, gemeinverständlich)«[150] von Koebe, die »Theorie der linearen Mannigfaltigkeiten (mit besonderer Berücksichtigung der Anwendungen in Geometrie und Physik)«[151] von König sowie die »Gruppentheorie mit besonderer Berücksichtigung ihrer Anwendungen in der neueren Physik« und »Gruppentheorie und ihre Anwendung in der neueren Physik« von F. K. Schmidt[152], letztere Vorlesung mit Proseminar. Außerdem referierte Koebe in zwei Teilen über Funktionentheorie und deren Anwendungen in der Physik[153]. Mehrere Vorlesungen, die verstärkt ab den 1930er Jahren stattfanden, widmeten sich den speziellen Funktionen[154] und den Reihenentwicklungen[155], insbesondere in der Physik, sowie den Integralgleichungen[156]. Wieder beteiligte sich hier der Physiker Wessel aktiv und stellte im Sommer 1929 die »Theorie und Anwendung physikalischwichtiger Funktionen« in einem Kurs vor. Schließlich sollen noch eine Reihe von übergreifenden Veranstaltungen im Mathematischen bzw. Mathematisch-Naturwissenschaftlichen Seminar zur höheren Analysis oder zur höheren Mathematik[157] aus dem Jahrzehnt ab 1935 sowie zwei Vorlesungen zur Geschichte der Mathematik bzw. der Analysis erwähnt werden. Die beiden mathematikhistorischen Kurse[158] bergen ein nicht zu unterschätzendes Potential, um den Studierenden die engen Beziehungen zwischen Mathematik und Physik näher zu bringen. Eine Geschichte der Analysis, selbst wenn sie nur die ersten Etappen ihrer Entwicklung darlegt, kommt nicht an der Tatsache vorbei, dass viele ihrer Protagonisten nicht einer disziplinären Spezialisierung folgten, sondern sich als Gelehrte verstanden, vielfältige Wege zur Entschlüsselung der Naturvorgänge beschritten und dazu mathematische, physikalische und weitere Kenntnisse vereinten. Die im gleichen Zeitraum und viel zahlreicher abgehaltenen Vorlesungen Auerbachs zur Physikgeschichte wurden bereits im vorigen Abschnitt erwähnt. Für sie kann nicht mit der gleichen Stringenz angenommen werden, die Wechselbeziehungen zwischen Mathematik und Physik zu thematisieren.

Für die Zusammenstellung der Vorlesungen zur theoretischen Physik sei nochmals auf die einleitenden Bemerkungen hingewiesen, so dass die folgende Auswahl das Maximum der anzuführenden Veranstaltungen darstellt. Bis zum Beginn der 1930er Jahre kündigte Auerbach eine allgemeine »Einführung in die theoretische Physik«[159] an, in der er sich nicht auf ein Teilgebiet wie Mechanik, Wärmelehre etc. sondern auf übergreifende Begriffe, Prinzipien und Methoden konzentrierte. Einmalig ergänzte er dies

---

Seminar, WS 1922/23 (Koebe). Zu den Kursen der »Analytischen Mechanik« darf zweifellos auch M. Winkelmanns »Probleme der Mechanik« vom Wintersemester 1919/20 gerechnet werden.

149 SS 1910 (Kutta), SS 1912, WS 1914/15, WS 1915/16, WS 1919/20, WS 1921/22, SS 1924, SS 1927, SS 1938, Graphische und analytische Statik SS 1931, WS 1933/34 (M. Winkelmann).

150 SS 1920.

151 SS 1930.

152 WS 1936/37, WS 1937/38.

153 Allgemeine Funktionentheorie und deren physikalische Beziehungen SS 1924, Funktionentheorie mit Berücksichtigung ihrer physikalischen Beziehungen, Teil II SS 1926.

154 Spezielle Funktionen (Kugelfunktionen, Besselfunktionen u. a.) WS 1931/32, Spezielle Funktionen der Physik und Technik II SS 1944, Zylinderfunktionen (mit physikalischen Anwendungen) WS 1944/45 (H. Schmidt).

155 Bestimmte Integrale und Fouriersche Reihen WS 1902/03, WS 1909/10, SS 1912 (Thomae), Trigonometrische und verwandte Reihen SS 1916, Theorie der Reihen (besonders der trigonometrischen) SS 1920 (Haußner), Fouriersche Reihen, Fouriersche und Laplacesche Integrale (mit Anwendungen auf Differentialgleichung [sic] der Physik) SS 1934, Dirichletsche und verwandte Reihen, mit Anwendungen auf Differential- und Differenzengleichungen sowie Zahlentheorie SS 1937, Reihenentwicklungen der Physik WS 1938/39, Ergänzungen zur Integralrechnung (Uneigentliche Integrale, Fouriersche Reihen u.a.) 2. Trimester 1940, Fouriersche Reihen und Integrale mit Anwendungen Trimester 1941 (H. Schmidt). Zusätzlich sind mehrere Vorlesungen zu Differentialgleichungen zu beachten, in denen ebenfalls Reihenentwicklungen von Funktionen behandelt wurden.

156 SS 1933 (Grell), WS 1935/36 (Winkelmann), ... und ihre Anwendung(en) in der Mathematischen Physik SS 1937, WS 1938/39, SS 1939 (Weinel), Randwertprobleme und Integralgleichungen SS 1924 (Prüfer).

157 Naturwissenschaftlich wichtige Methoden der Analysis und Algebra WS 1932/33 (König, H. Schmidt), Praktische Analysis WS 1932/33, Mathematisch-Naturwissenschaftliches Praktikum (Praktische Analysis) WS 1933/34 (Winkelmann), Arbeitsgemeinschaft über höhere Mathematik für Physiker WS 1938/39, SS 1939, WS 1939/40, 1. Trimester 1940, 2. Trimester 1940, Arbeitsgemeinschaft über die Hauptgebiete der Analysis SS 1941, WS 1941/42, SS 1942 (F. K. Schmidt), Vorträge über Vektorrechnung WS 1939/40 (König).

158 Die geschichtliche Entwicklung der Analysis SS 1902 (Gutzmer), Geschichte der Mathematik (zugleich eine Übersicht über ihre Begriffe, Sätze und Methoden) WS 1934/35 (Ringleb).

159 SS 1905, SS 1920, ... (Begriffe, Prinzipien und Methoden) SS 1900, SS 1901, SS 1913, WS 1917/18, SS 1919, WS 1921/22, WS 1923/24, WS 1926/27, WS 1929/30, ... Begriffe, Prinzipe, Methoden SS 1910, SS 1915, SS 1928/29, SS 1931, ..., Prinzipe [sic] und Methoden WS 1906/07, ..., Prinzipien und Methoden SS 1916, ... für alle Semester WS 1908/09, Einleitung in die theoretische Physik WS 1902/03.

durch »Physikalische Besprechungen«, die er im Sommer 1908 zusammen mit Baedeker durchführte. Der Titel deutet auf eine stärkere aktive Einbeziehung der Studierenden im Stile eines Seminars hin. Eineinhalb Jahrzehnte später, im Wintersemester 1923/24, griff Försterling mit der »Gemeinsame[n] Besprechung neuerer Arbeiten aus dem Gebiete der theoretischen Physik« diese Idee nochmals auf. Danach gab es nur noch Vorlesungen zu einzelnen Themenkomplexen oder physikalischen Subdisziplinen, lediglich Raethers »Ausgewählte[n] Kapitel[n] der modernen Physik« vom Sommer 1941 kann ein übergreifender Inhalt zugeschrieben werden. Nicht unerwartet war bei den Teilgebieten die Optik neben der Mechanik an häufigsten vertreten. Die Anzahl der ihnen gewidmeten Kurse übertraf die der Wärmelehre und Thermodynamik, der Elektrizitätslehre sowie der Atomphysik um bis zu 50 %. Der Grundkurs zur Mechanik war zunächst fest in den Händen von Auerbach[160], nur sporadisch traten Frege[161], Rau[162], M. Winkelmann[163] und Försterling[164] in Erscheinung. Joos[165] und Hettner[166] sowie in Einzelfällen M. Winkelmann bzw. Wessel[167] sorgten für die kontinuierliche Fortsetzung. Später kamen dann in den 1930er Jahren mit der »Mechanik der Kontinua«[168], der »Ballistik«[169] und der »Theorie des Kreisels und seiner Anwendungen«[170] drei weitere Themen der Mechanik hinzu.

Die Lehrveranstaltungen zur Optik bewältigten im ersten Viertel des Jahrhunderts fast ausschließlich Straubel[171] vor allem mit der »Abbildungstheorie« und der »Geometrischen Optik« und wieder Auerbach[172] mit stärker die Theorie betonenden Titeln. Einzig Baedeker und Försterling ergänzten dies mit »Ausgewählte[n] Kapitel[n] der Optik (Dispersion, Emission, Absorption)« im Winter 1910/11 und im Sommer 1911 bzw. einer »Elektromagnetische[n] Lichttheorie« im Sommer 1922. In den folgenden Jahrzehnten trat die theoretische Fundierung neuerer Gebiete der Physik wie Atomaufbau oder Strahlungsphysik stärker in den Mittelpunkt, so dass die Optik dann nicht mehr so dominant war. Jentzsch[173] und Joos[174] führten die Tradition von Straubel und Auerbach fort. Mit der »Elektro- und Magnetooptik«[175] bereicherte Joos den Lehrplan um ein neues Thema, in dem der Einfluss elektrischer bzw. magnetischer Felder auf optische Materialeigenschaften untersucht wurde. Nachdem Hanle dieses Spezialgebiet noch zweimal unterrichtete[176], verschwand es jedoch wieder aus dem Vorlesungsverzeichnis. Auch Joos' Initiative im Winter 1942/43, die »Elektronenoptik« als Spezialisierungsthema einzubringen, fand keine Fortsetzung, doch dürften hier die Kriegsumstände der entscheidende Hinderungsgrund gewesen sein. Neben diesen singulären Angeboten unterrichteten vor allem Kühl[177] sowie gelegentlich Wes-

---

160 Mechanik, starre und feste Körper, Flüssigkeiten und Gase, mit Übungen, WS 1900/01, Mechanik mit Übungen WS 1901/02, ... der festen, flüssigen und gasförmigen Körper WS 1903/04, WS 1905/06, WS 1907/08, WS 1920/21, ... der festen, flüssigen und gasigen Körper WS 1909/10, WS 1911/12, SS 1914, SS 1917, SS 1919, WS 1921/22, SS 1923, SS 1925, SS 1927, WS 1929/30, WS 1930/31 (Auerbach).

161 Mechanik Teil I SS 1905, Theorie der nach dem Newton'schen Gesetze wirkenden Kräfte SS 1907, Ueber die nach dem Newton'schen Gesetze wirkenden Kräfte SS 1910 (Frege).

162 Mechanik I, mit besonderer Berücksichtigung der Graphostatik SS 1906, Mechanik (Dynamik) WS 1906/07 (Rau).

163 Mechanik der festen, flüssigen und gasförmigen Körper SS 1912, Probleme der Mechanik WS 1919/20, Mechanik der Punkte und starren Körper (mit Übungen) SS 1928, WS 1931/32 (Winkelmann).

164 Prinzipe der Mechanik WS 1923/24.

165 Mechanik der festen, flüssigen und gasförmigen Körper WS 1932/33, WS 1934/35, Mechanik der festen, flüssigen und gasförmigen Stoffe WS 1928/29 (Joos).

166 Mechanik mit Übungen WS 1936/37, WS 1941/42, WS 1943/44 (Hettner), WS 1938/39, 2. Trimester 1940 (Hettner, Wessel),.

167 Mechanik 1. Trimester 1940 (Wessel),.

168 ... (Elastizitätslehre und Hydrodynamik) SS 1931 (Joos), Elastizitätslehre WS 1932/33, WS 1934/35 (Bauersfeld), Hydrodynamik SS 1937, Elastizitätstheorie und Strömungslehre SS 1939, 3. Trimester 1940, SS 1942, SS 1944 (Hettner).

169 WS 1933/34 (Joos).

170 WS 1936/37, Theorie des technischen Kreisels WS 1939/40 (Bauersfeld).

171 Optik WS 1900/01, ... Teil II SS 1901, Grundzüge der geometrischen Optik WS 1906/07, Geometrische Optik WS 1911/12, WS 1914/15, WS 1916/17, SS 1917, SS 1920, ..., Teil II SS 1912, SS 1915, SS 1916, Abbildungstheorie WS 1909/10, SS 1910, WS 1910/11, WS 1912/13, WS 1917/18, SS 1918, WS 1918/19, SS 1919, ..., Teil II WS 1919/20, Theorie der sekundären Abbildungen WS 1913/14, SS 1914.

172 Theoretische Optik SS 1903, WS 1906/07, WS 1908/09, WS 1910/11, SS 1913, SS 1916 (vermutlich ausgefallen), SS 1918, WS 1924/25, Theorie des Lichtes WS 1920/21, Theorie des Lichts WS 1922/23, Grundzüge der geometrischen Optik WS 1904/05, Geometrische Optik und Theorie der optischen Instrumente SS 1928, Theorie der optischen Instrumente SS 1926.

173 Geometrische Optik WS 1929/30, Theorie der optischen Instrumente WS 1931/32, Elektromagnetische Lichttheorie WS 1932/33.

174 Theorie des Lichts SS 1928, WS 1929/30, WS 1931/32, WS 1933/34.

175 WS 1928/29.

176 Magneto- und Elektrooptik SS 1931, WS 1934/35.

177 Die Polarisation des Lichts SS 1936, Brechung und Reflexion des Lichts WS 1936/37, Theorie der optischen Instrumente WS 1937/38, Beugung des Lichts WS 1937/38, Geometrische Optik und optische Instrumente WS 1938/39, Optisches Seminar (Rechenübungen zur Konstruktion optischer Instrumente) WS 1939/40, 1. Trimester 1940, Geometrische Optik WS 1941/42, WS 1942/43, WS 1943/44, WS 1944/45.

sel[178] und Hettner[179] eine breitere theoretische Fundierung der Optik. Abschließend seien noch drei Vorlesungen genannt, die zum einen die Beziehung der Optik zu anderen physikalischen Erscheinungen analysierten, zum anderen erörterten, welche Bedeutung das Medium, in dem sich das Licht ausbreitet, für die Formulierung der optischen Gesetze hat. So lehrte Straubel wie die »Lichtbewegung in stetig veränderlichen Medien«[180] erfolgt und Pauli trug »Ueber die Beziehungen zwischen Licht und Elektrizität«[181] vor. Hanles Vorlesung enthielt dagegen auch eine experimentelle Komponente, da er bei der Ankündigung für das Sommersemester 1932 ausdrücklich auf Demonstrationen zur »Wechselwirkung zwischen Licht und Materie«[182] hinwies.

Ein weiteres, eingehend behandeltes Themenfeld war die Elektrizität. Wiederum trug Auerbach in den ersten Jahrzehnten die Hauptlast des akademischen Unterrichts und führte die Studierenden in die »Theorie der Elektrizität und des Magnetismus«[183] ein. Hin und wieder behandelten auch seine Kollegen dieses Thema, so dass Auerbach den Zwei-Jahres-Rhythmus der Vorlesungswiederholung variieren konnte, ohne eine Angebotslücke im Lehrprogramm zu erzeugen. Trotz der Belastungen dürfte Auerbach sehr wohl darauf bedacht gewesen sein, die Vorlesung nicht aus der Hand zu geben, denn als Grundkurs in der theoretischen Ausbildung war sie finanziell attraktiv. Keiner der Kollegen hat die Elektrizitätslehre mehrfach unterrichtet. Reich behandelte im Sommer 1907 »Die Grundlagen der neueren Elektrizitätslehre«, fünf Jahre später Pauli die »Theorie der Elektrizität auf Grund des Elektronenbegriffs« und Schumann die »Theorie der Wechselströme« jeweils im Sommer 1921 und 1923. Die spezielleren Vorlesungen von Baedeker und Joos zur »Elektrizitätsbewegung in Gasen«[184] bzw. zur »Theorie der Elektrizitätsleitung in Gasen und Flüssigkeiten«[185] konnten dagegen nicht

als Ersatz des Grundkurses dienen. Schließlich sei noch an die im Abschnitt zur technischen Physik genannten Kurse von Baedeker zur Theorie der elektrischen Messapparate und von Rogowski zu Maxwells Theorie der Elektrizität erinnert, die ja schon im Titel die theoretische Komponente hervorhoben. Ab den 1930er Jahren brachte zunächst Joos und dann Hettner[186] den Studierenden die Grundlagen der Elektrizität nahe. Joos betonte dabei seine auf den neueren Erkenntnissen der Atomtheorie basierenden Darlegungen[187].

Die Vorlesungen zur Wärmelehre / Thermodynamik als weiterer Grunddisziplin der Physik variierten im Untersuchungszeitraum weniger stark im Titel, lediglich bei der »Kinetische[n]« Gastheorie« gab es mehrere Titeländerungen. Hinsichtlich der Dozenten wiederholte sich nahezu die bei der Elektrizitätslehre konstatierte Verteilung. Die Vorlesungen lagen in den ersten drei Jahrzehnten in der Hand Auerbachs[188], danach folgte bis zur Mitte der 1930er Jahre Joos[189] und anschließend Hettner[190]. Zusätzlich bot sich den Studierenden im gesamten Zeitraum fünfmal die Gelegenheit zu diesem Gebiet eine speziellere Vorlesung zu hören, die stets in einem Sommersemester stattfand. Baedeker betrachtete 1914 die Verbindung »Kinetische Gastheorie und Theorie der Quanten« und Försterling referierte 1923 über »Die drei Hauptsätze der Thermodynamik«. Im Sommer 1930 behandelte Wessel die »Kinetische Gastheorie« sowie Jentzsch ein Jahr später die Beziehungen von »Optik und Thermodynamik« und Raether diskutierte schließlich 1941 »Die Brownsche Bewegung als Meßgrenze«.

In mehreren der bisher besprochenen Vorlesungsankündigungen waren bereits die Einbeziehung neuerer physikalischer Erkenntnisse speziell zum Atombau vermerkt worden, sie bilden aber ab den 1920er Jahren auch den Gegenstand eigener Vorlesungen. Eine Vorreiterrolle kam

---

178 Theorie der optischen Bildfehler SS 1934, Theorie des Lichts, mit Übungen WS 1937/38 (mit Hettner), Optische Effekte SS 1938, Theoretische Optik, mit Übungen WS 1939/40 (mit Hettner).

179 Theorie des Lichts, mit Übungen WS 1937/38 (mit Wessel), Trimester 1941, Theoretische Optik, mit Übungen WS 1939/40 (mit Wessel), WS 1942/43, WS 1944/45.

180 WS 1908/09.

181 WS 1914/15.

182 SS 1932, SS 1935.

183 SS 1902, SS 1904, SS 1906, SS 1908, SS 1910, WS 1913/14, WS 1916/17, WS 1918/19, WS 1919/20, SS 1921, SS 1923, WS 1925/26, WS 1927/28.

184 WS 1909/10 (Baedeker).

185 SS 1926 (Joos).

186 Theorie der Elektrizität und des Magnetismus, mit Übungen SS 1937, Theorie der Elektrizität, mit Übungen SS 1939 (mit Wessel), 3. Trimester 1940, SS 1942, SS 1944, Elektrizität und Strömungslehre SS 1939, Theorie der Elektrizität II WS 1939/40, WS 1942/43, WS 1944/45, Theorie der Elektrizität II Trimester 1941,.

187 Atomistik der elektrischen Vorgänge WS 1929/30, Atomistik der elektrischen Erscheinungen WS 1931/32, Theorie der Elektrizität und des Magnetismus SS 1929, SS 1931, SS 1933, SS 1935, Atomistik der Elektrizität WS 1933/34 (Joos), WS 1935/36 (Nachfolger Joos).

188 Theorie der Wärme SS 1901, SS 1926, ... (Thermodynamik) WS 1917/18, SS 1920, SS 1922, SS 1924, Mechanische Wärmetheorie WS 1902/03, Kinetische Gastheorie SS 1903, SS 1907, Thermodynamik WS 1904/05, WS 1914/15, ... (Wärmelehre) SS 1907, Wärmetheorie (Thermodynamik) SS 1909, Thermodynamik (Theorie der Wärme) SS 1911, SS 1915, Atomistik und kinetische Gastheorie, auch für Chemiker usw. SS 1911, Thermodynamik, mit einer Übungsstunde WS 1912/13, Kinetische Theorie der Gase WS 1920/21, WS 1926/27.

189 Thermodynamik mit Übungen SS 1927, Thermodynamik WS 1929/30, Theorie der Wärme SS 1932, SS 1934.

190 Theorie der Wärme, mit Übungen SS 1936, SS 1941, SS 1943 (Hettner), SS 1938, 1. Trimester 1940 (mit Wessel).

hier Schrödinger zu, der im Sommer 1920 zu »Atom und Strahlung« und zur »Elektronentheorie« vortrug. Im anschließenden Wintersemester wiederholte er die letztgenannte Veranstaltung und vermittelte außerdem Einsichten in die »Konstitution der Materie«. Als weitere Themen standen bis zur Mitte des Jahrzehnts die »Kinetische Theorie der Materie«[191] von Auerbach, die »Quantentheorie«[192] mit Übungen bzw. Seminar von Försterling sowie von Joos die »Mechanik des Atominneren«[193] und die »Radioaktivität«[194] auf dem Lehrprogramm. In den folgenden beiden Jahrzehnten konnten die Studierenden dann aus einer Fülle von Kursen zur Atom- und Quantenphysik wählen. Nach ersten Aktivitäten von Raether[195] setzte sich Joos dann mit der »Theorie der Spektren«[196] und der »Molekulartheorie der physikalischen Eigenschaften der Stoffe«[197] auseinander und erläuterte Fragen der Wärmestrahlung, insbesondere in Verbindung mit der Quantentheorie[198] sowie Ansätze zur Wellenmechanik[199] und Fragen der Atomphysik[200]. Außerdem sorgte er dafür, dass die relativ spät, erst im Sommer 1922 von Auerbach in das Vorlesungsprogramm aufgenommene »Einführung in die Relativitätstheorie«[201] fortgeführt wurde, bis sie nach 1933 aus politischen Motiven als Theorie eines »Nichtariers« verpönt war. Wessel[202] offerierte eine breite Themenpalette von der Gittertheorie der Kristalle über die Elektrodyna-

mik bewegter Körper bis zur Wellenmechanik, während Hettner[203] sich auf Wärmestrahlung und Wellenmechanik konzentrierte. Ergänzend führten ab dem Anfang der 30er Jahre erst Hanle, dann Wisshak und Raether weitere Kurse zur Atomphysik, vornehmlich zur Kernphysik, durch.[204] In diesem Zusammenhang sei noch die singuläre Vorlesung Kulenkampffs »Die kosmische Strahlung« vom Sommer 1943 genannt. In das letzte Jahrzehnt des Untersuchungszeitraums fallen auch die meisten der insgesamt nur sporadisch auftretenden Vorlesungen, die sich mit Schwingungen[205] und Wellen[206] beschäftigten, wobei Erstere Vorgänge aus unterschiedlichen Teilen der Physik erfassten.

Der Überblick über das Vorlesungsangebot zu Mathematik und Physik im Allgemeinen sowie zur theoretischen und mathematischen Physik im Besonderen zeigt eine große Vielfalt in den Titeln der Kurse. Diese Variabilität ist grundsätzlich positiv zu beurteilen, kann sie doch unter anderem als ein Bemühen der Jenaer Physiker und Mathematiker gewertet werden, neuere Fortschritte in den beiden Disziplinen in den Lehrstoff zu integrieren. Außerdem waren sie geeignet, das Interesse der Studierenden zu wecken. Ab den 1930er Jahren sind die Variationen in den Vorlesungstiteln auch ein Ausdruck der stärkeren Fluktuation im Lehrpersonal für Mathematik und Physik sowie dessen zahlenmäßiger Zunahme. Besonders hervorzuhe-

---

191 WS 1924/25, (Matherie statt Materie) WS 1922/23.

192 WS 1921/22, Quantentheorie der Spektrallinien SS 1924.

193 Für höhere Semester angekündigt. SS 1925.

194 WS 1925/26.

195 Bau des Atomkerns WS 1938/39, Elektronenoptik und ihre Anwendungen (Elektronenmikroskop usw.) WS 1939/40.

196 SS 1926, SS 1943.

197 WS 1926/27.

198 Anwendung der Quantentheorie auf thermodynamische Probleme SS 1925, Molekularstatistik und Theorie der Strahlung WS 1927/28, Theorie der Wärmestrahlung und Quantentheorie WS 1930/31, Molekularstatistik und Theorie der Wärmestrahlung WS 1932/33, WS 1934/35.

199 Mechanik des Atominnern, für höhere Semester SS 1925, Atommechanik SS 1929, Atommechanik und Theorie der Spektren WS 1930/31, SS 1932, Atombau und Spektrallinien SS 1934.

200 Der Bau der Atomkerne WS 1943/44, Die elektromagnetischen und optischen Eigenschaften der Stoffe im Zusammenhang mit dem Atombau SS 1944, Der metallische Zustand WS 1944/45 (Joos).

201 SS 1922, SS 1924 (Auerbach), Relativitätstheorie WS 1925/26, SS 1928, SS 1930, SS 1933 (Joos).

202 Kinetische Theorie der Flüssigkeiten und festen Körper WS 1930/31, Quantenmechanik SS 1933, Quantenmechanik II mit Übungen WS 1933/34, Elektronenstoßprobleme WS 1934/35, Elektrodynamik bewegter Körper und Gravitationstheorie SS 1935, Gittertheorie der Kristalle WS 1935/36, Atomtheorie der festen Körper SS 1936, Molekülspektren WS 1936/37, Atommechanik I WS 1937/38, Atommechanik II (Wellenmechanik) SS 1939, Atommechanik III (Elektronenspin und Paulisches Prinzip) WS 1938/39, … (Spin und Mehrkörperproblem) WS 1939/40, Klassische und Quantenstatistik 2. Trimester 1940.

203 Elektronentheorie WS 1937/38, Atommechanik I 1. Trimester 1940, SS 1941, SS 1943, Atommechanik II (Wellenmechanik) SS 1936, SS 1938, 2. Trimester 1940, Theorie der Wärmestrahlung WS 1936/37, WS 1938/39, WS 1941/42, WS 1943/44.

204 Radioaktivität und Röntgenstrahlen WS 1930/31, Physik des Atomkerns (Radioaktivität, Isotopie, Atomzertrümmerung) WS 1932/33, … (experimenteller Teil) SS 1936, Röntgenstrahlen WS 1933/34, Kernphysik (Radioaktivität, Isotopie, Kernzertrümmerung) mit Demonstrationen SS 1934, Physik des Atomkerns SS 1937 (Hanle), Der Bau des Atomkerns WS 1938/39, Der schwere Wasserstoff SS 1939, Das Neutron und seine Eigenschaften 2. Trimester 1940, Elektroneninterferenzen und ihre Anwendungen SS 1942 (Raether), Physik des Atomkerns (Radioaktivität, Isotopie, Elementumwandlung) WS 1936/37, Struktur der Materie SS 1937 (Wisshak).

205 Theorie der Schwingungen, Wellen und Strahlen mit Anwendungen und Beispielen SS 1909, Schwingungen, Wellen und Strahlen in der modernen Physik WS 1914/15 (Auerbach), Die Schwingungsvorgänge in den verschiedenen Gebieten der Physik (mechanische, akustische, elektrische usw.) 3. Trimester 1940, Über selbsterregte Schwingungen in den verschiedenen Gebieten der Physik (mechanische, akustische, elektrische) Trimester 1941, Schwingungen und ihre Erzeugung in den verschiedenen Gebieten der Physik WS 1942/43 (Raether).

206 Elektrische Wellen WS 1908/09 (Baedeker), Ausbreitung elektrischer Wellen WS 1922/23 (Försterling), Theorie der Ausbreitung der elektrischen Wellen WS 1926/27 (Joos), Ausbreitung elektromagnetischer Wellen WS 1934/35, Elektromagnetische Schwingungen SS 1937 (Wessel).

ben ist, dass sich nicht wie an vielen anderen Universitäten eine feste Grundstruktur in der Vorlesungsabfolge zur theoretischen Physik herausbildete, also etwa in zwei oder vier aufeinander folgenden Semestern Mechanik, Wärmelehre/Thermodynamik, Elektrizitätslehre, Optik und Atomtheorie vom theoretisch-physikalischen Standpunkt behandelt wurden. Auerbachs »Einführung« kann sicher als ein gewisses Äquivalent gelten, hat aber eine andere Methodik bei der Vermittlung des Lehrstoffs im Blick und wurde nach dessen Emeritierung nicht fortgesetzt. Außerdem konnte Auerbach, da es sich um einen einsemestrigen Kurs handelte, nicht im Detail auf die Spezifik der einzelnen physikalischen Teilgebiete eingehen. Weitere Besonderheiten im Vergleich mit anderen Universitäten, speziell den Nachbaruniversitäten Leipzig und Halle, waren die umfangreiche Berücksichtigung der technischen Physik und der Optik und deren enge Verknüpfungen, ein Ausdruck der engen Beziehungen zwischen der Hochschule und den Zeiss-Werken und die Basis, um der Jenaer Universität eine Vorrangstellung für die diesbezüglichen Studienrichtungen zu verschaffen.

Nachdem die besondere Gewichtung der Optik unter den Vorlesungen bereits kurz erörtert wurde, seien nun noch die zahlenmäßigen Relationen zwischen theoretischer und mathematischer Physik genauer dargestellt. Werden das Sommer- und das nachfolgende Wintersemester zu einem Studienjahr zusammengefasst, so ist die Anzahl der Vorlesungen zur theoretischen Physik meist größer als die zur mathematischen Physik. Nur in sechs Jahren war die Beziehung umgekehrt, wobei die Jahre 1915 und 1921 mit einem Verhältnis von 3:8 bzw. 4:8 herausragen. Gemäß der obigen Zuordnung der Vorlesungen zur mathematischen bzw. theoretischen Physik entfallen auf Letztere fast 63% der insgesamt fast 420 Lehrveranstaltungen. Bezüglich des zahlenmäßigen Anwachsens der jährlich in den beiden Spezialdisziplinen durchgeführten Kurse bestätigt sich der eingangs für die Hauptdisziplinen Mathematik und Physik festgestellte Trend. In den ersten beiden Jahrzehnten wurden durchschnittlich 2,5 bzw. 2,9 Vorlesungen zur mathematischen Physik und 4,3 bzw. 4,6 zur theoretischen Physik durchgeführt. Ab den 1930er Jahren nahm die Zahl der Vorlesungen zur theoretischen Physik im Verhältnis zum vorangegangenen Jahrzehnt stärker zu als die zur mathematischen Physik und ging in den Kriegsjahren ab 1940 auch nicht so stark zurück. Bei Ersterer stieg sie von 5,7 in den 1920er Jahren auf 8,7 im folgenden Jahrzehnt und ging dann auf 7,5 zurück, bei Letzterer von 3,6 auf 5,2 und dann auf 3,0. Außerdem schwankt die Anzahl im gesamten Untersuchungszeitraum weniger stark als die Vergleichsgröße zur mathematischen Physik.

8 Mathematik und Physik im Wechselverhältnis

Der Start in das neue Jahrhundert zeigte Mathematik und Physik im Umbruch. Beide Gebiete hatten im 19. Jahrhundert einen großen Erkenntniszuwachs erfahren und waren faktisch zu Disziplinenfamilien gewachsen, indem frühere Teilgebiete wie etwa Mechanik, Elektrizitätslehre und Optik in der Physik oder Analysis, Geometrie und Zahlentheorie in der Mathematik den Status einer Disziplin erreichten mit eigenem Forschungsgegenstand, Kommunikationsnetz und Reproduktionszyklus. Gleichzeitig gab es in beiden eine Fülle offener Fragen, die auf eine Lösung warteten. Anders als ein Jahrhundert zuvor gab es nicht jenes kurzzeitige Gefühl alle wichtigen Probleme im Griff zu haben. Im Gegenteil, im Jahr 1900 hatte Hilbert auf dem Internationalen Mathematiker-Kongress in Paris 23 wichtige Probleme umrissen, die er für den weiteren Fortschritt der Mathematik als bedeutungsvoll ansah. In der Physik forderten die Entdeckung des Elektrons, der Röntgenstrahlen und der Radioaktivität eine Erklärung von deren Entstehungsprozess als auch weitere Erscheinungen der Strahlungsphysik wie die Natur der Kathodenstrahlen, die Strahlung des schwarzen Körpers oder die Gesetzmäßigkeiten der Spektren. Noch im Dezember 1900 lieferte Planck, nachdem er über sechs Jahre mit diesen Problemen zäh gerungen hatte, mit seiner Quantenhypothese den entscheidenden Ansatz zur Lösung. Er ging bei der Erklärung der Strahlungsvorgänge davon aus, dass die Energie nur in diskreten Energieeinheiten abgegeben wird und ein Atom nur bestimmte diskrete Energiezustände annehmen kann. Dies bedeutete aber einen völligen Bruch mit den klassischen Vorstellungen einer stetigen Änderung des Energiezustandes oder, allgemeiner formuliert, eine Erschütterung des mechanischen bzw. elektromagnetischen Weltbildes[1]. Planck war sich der Konsequenzen seiner Annahme durchaus bewusst, zugleich blieb es für ihn eine Hypothese. Für sie sprach, dass sie eine mathematische Behandlung der Erscheinung ermöglichte, doch dem stand die fehlende physikalische Rechtfertigung entgegen. Die neue Sicht auf die Naturvorgänge wollten viele Physiker zunächst nicht akzeptieren, auch Planck versuchte noch mehrere Jahre, die Quantenvorstellungen mit der klassischen Theorie in Einklang zu bringen.[2] Es sollte mehr als zwei Jahrzehnte dauern bis diese sich durchsetzte. Insbesondere die von Albert Einstein (1879–1955) 1905 in Verbindung mit seinen Überlegungen zur Speziellen Relativitätstheorie vorgetragene Lichtquantenhypothese fand großen Widerspruch. Noch auf dem von dem Industriellen Ernest Solvay (1838–1922) 1911 finanzierten Kongress in Brüssel, der die führenden Forscher auf diesem Gebiet, theoretischer wie experimenteller Ausrichtung, zusammenführte, hielten es Walter Nernst (1864–1941) und Poincaré für möglich, durch andere Vorstellungen »zu der Auffassung stetiger Energieänderungen bei den Atomschwingungen« zurückzukehren und die »gebräuchliche[n] Darstellungsart der Naturgesetze als Differentialgleichungen« nicht aufzugeben.[3] Die Mehrzahl der Teilnehmer war aber der von Leon Brillouin (1889–1969) vorgetragenen Ansicht, wozu sich auch Poincaré nachträglich bekannte, »daß wir in unseren physikalischen und chemischen Betrachtungen eine Diskontinuität, eine sich sprungweise ändernde Größe einführen müssen, von der wir bis vor kurzem noch keine Ahnung hatten.«[4] Unklar blieb für Brillouin aber wie diese Größe eingeführt werden sollte. Insgesamt brachte der Kongress einen Überblick über die verschiedenen Anwendungen der Quantenhypothese und verdeutlichte damit die Bedeutung theoretischer Betrachtungen für die weitere Forschung, führte aber nicht zu grundlegenden neuen Ideen. Auch knapp zwei Jahre später, im Herbst 1913, konnte A. Eucken bei der Publikation der Kongressmaterialien, Referate und Diskussionen, nur feststellen, dass noch keine Fortschritte erzielt wurden. Der quantentheoretische Ansatz hatte für viele Vorgänge eine befriedigende, mit den experimentellen Daten übereinstimmende Erklärung geliefert. Doch es gab auch deutliche theoretische Probleme, etwa hinsichtlich der Vereinbarkeit mit den Maxwellschen Gleichungen der Elektrodynamik.

Eng verknüpft mit den Studien zu Strahlungsvorgängen waren Forschungen zum Atomaufbau. Um 1900 wusste man zwar, dass das Atom aus einem positiv geladenen Teil und den negativ geladenen Elektronen bestand, aber deren Anzahl bzw. die genauere Zusammensetzung waren unbekannt. 1903 vermutete dann J. J. Thomson, dass für jedes Element des Periodensystems eine spezifische stabile Verteilung der Elektronen um den Atomkern existierte. Aus weiteren experimentellen Daten beim radioaktiven Zerfall und dem von seinen Mitarbeitern untersuchten Durchdringen von Metallfolien mittels Alpha-Teilchen folgerte Ernest Rutherford (1871–1937) 1911 ein neues Atommodell mit einem kleinen, die Hauptmasse umfassenden positiven Kern. Die Elektronen sollten den Kern wie Planeten ein

---

1   Heidelberger 2002, S. 85.

2   In seiner Selbstbiographie sprach er später sogar von »vergeblichen Versuche[n], das Wirkungsquantum irgndwie der klassischen Theorie einzugliedern«. Planck 1958, S. 397. Für einen Überblick über Plancks Weg zur und Auseinandersetzung mit der Quantenhypothese sei auf Gearhart 2008 und die dort angegebene Literatur verwiesen.

3   Eucken 1914, S. 366 f.

4   Eucken 1914, S. 365.

Zentralgestirn umkreisen. Doch ließ sich mit diesem Modell im Rahmen der klassischen Physik weder die Stabilität der Atome noch deren Spektrum erklären. Die Elektronen konnten je nach ihrer Geschwindigkeit eine beliebig hohe Energie annehmen und das abgestrahlte Licht müsste ein kontinuierliches Spektrum liefern. Einen ersten Ansatz, um diesen Makel zu beheben und eine neue Atomphysik aufzubauen, hatte Erich Haas (1884–1941) schon ein Jahr zuvor geliefert, indem er die potentielle Energie des Wasserstoffatoms quantisierte, sie also als Vielfaches des Planck'schen Wirkungsquantums angab. Zwar konnte er nur den Grundzustand des Wasserstoffatoms beschreiben und mehrere seiner Folgerungen stießen auf deutlichen Widerspruch, doch war damit der Weg gewiesen, die Quantenhypothese bei den atomaren Größen ebenfalls zu berücksichtigen. Die Diskussionen auf dem Solvay-Kongress zeigten erste wichtige Schritte in dieser Richtung. Die konsequente Umsetzung erfolgte dann durch Bohr in seinem Atommodell. Anregungen Rutherfords aufgreifend unterschied er konsequent zwischen Erscheinungen der Atomhülle und denen des Atomkerns und postulierte einige Grundsätze für den Atombau, die völlig außerhalb der klassischen Physik lagen. So sollten sich die um den Atomkern kreisenden Elektronen nur auf stationären Bahnen mit bestimmten Energieniveaus bewegen und dabei keine Energie abstrahlen. Ein Wechsel auf eine andere Bahn sei für die Elektronen möglich, wobei der Übergang auf eine kernnähere Bahn mit dem Aussenden von elektromagnetischer Strahlung, also Energieabgabe, verknüpft ist. Schließlich sicherte Bohr mit einem dritten Postulat den Anschluss seiner quantentheoretischen Beschreibung an die klassische Theorie. Auf dieser Basis berechnete er die Größen für das Wasserstoffatom und leitete die Balmer-Serie in dessen Spektrum ab. Mit der Identifizierung einiger Spektrallinien im Spektrum ferner Sterne als Linien des ionisierten Heliums gelang ihm eine weitere bedeutende Anwendung seiner Theorie. Trotz guter Übereinstimmung der beobachteten Linien im Wasserstoffspektrum mit den berechneten betrachtete die Mehrzahl der Physiker Bohrs Vorstellungen mit großer Skepsis. Eine wichtige experimentelle Bestätigung der diskreten Energiezustände des Atoms lieferten 1914 James Franck (1882–1964) und Gustav Hertz (1887–1975) mit Elektronenstoßversuchen, indem sie zeigten, dass ein Atom durch den Zusammenstoß mit Elektronen in einen angeregten Zustand, ein bestimmtes, diskretes Energieniveau, gebracht werden kann und bei Rückkehr in den Grundzustand ein Photon mit genau dieser Energie emittiert wird. In der Folgezeit bemühte sich Bohr um die Verbesserung seiner Theorie, weil sie für die Berechnung der umfangreicheren Spektren größerer Atome nicht ausreichte. Sie diente ihn aber dann als Basis für eine physikalische Be-

gründung des Periodensystems der Elemente und die Herleitung von deren chemischen und physikalischen Eigenschaften.

Einen wesentlichen Fortschritt erreichte ab 1915 Sommerfeld. Er modellierte die Umlaufbahnen der Elektronen durch Ellipsen, berücksichtigte relativistische Effekte wie die geschwindigkeitsabhängigen Massen in seinen Rechnungen und führte die Nebenquantenzahlen ein. Zusammen mit seinen Mitarbeitern und Schülern baute er eine umfassende Theorie der Spektrallinien auf und erklärte verschiedene Effekte sowie die Feinstruktur der Spektren, etwa mit Walter Kossel (1888–1956) die Emission und Absorption von Röntgenstrahlen bzw. mit Debye den Zeeman-Effekt. 1919 publizierte er auf Basis der im Wintersemester 1916/17 an der Münchener Universität gehaltenen Vorlesungen das grundlegende Werk »Atombau und Spektrallinien«, das Bohr wenige Jahre später als die »Bibel der Atomphysik« bezeichnete. Sommerfeld schlug mit seinem Buch eine Brücke zwischen den quantenphysikalischen Vorstellungen und der Wellentheorie des Lichts, die er insbesondere mit einer mathematischen Durchdringung und Formulierung seiner Theorie zu festigen suchte. Doch das Versagen schon bei geringfügig größeren Atomen wie Helium blieb bestehen, so dass sich bis zur Mitte der 1920er Jahre immer mehr die Meinung durchsetzte, es bedürfe eines völlig neuen theoretischen Ansatzes. Einen wichtigen Beitrag lieferte im Herbst 1924 de Broglie mit der Idee der Materiewellen, dass »sowohl für die Materie wie für die Strahlung, insbesondere für das Licht, es geboten ist, den Korpuskel- und Wellenbegriff gleichzeitig einzuführen«.[5] Dieser Dualität von Welle und Teilchen begegneten viele Physiker zunächst mit Skepsis, insbesondere weil die bereits vorliegenden, diese Vorstellungen stützenden experimentellen Ergebnisse wie die von Clinton Joseph Davisson (1881–1958) und Charles Henry Kunsman (1890–1970) ab 1921 beobachteten Interferenzerscheinungen bei Elektronenstrahlen nicht entsprechend beachtet wurden. Erst 1927 lieferten Davisson und weitere Physiker einen eindeutigen experimentellen Nachweis für die Beugung eines Elektronenstrahls an Kristallen. Unmittelbare Unterstützung fand de Broglie dagegen bei Einstein, der die neuen Ideen und Ergebnisse sofort in seine Forschungen zur Quantentheorie der Gase einfügte. Einsteins Renommee verschaffte ihnen auch die gebührende Aufmerksamkeit. Inzwischen hatten sich Born und Schrödinger mit ganzer Kraft den Fragen des Atombaus und der Quantenphysik zugewandt und auch ihre Schüler auf diese Probleme gelenkt. Ungeachtet der Überzeugung, dass für deren Lösung ein radikaler Bruch mit der bisherigen Theorie nötig war, blieb für die neue »Quantenmechanik« in Sinne von Bohrs Korrespondenzprinzip eine Orientierung an der klassischen Mechanik bestehen. Anknüpfend an de Brog-

---

5   Sudre 1955, S. 187.

lie schuf Schrödinger 1926 die Wellenmechanik. Zuvor hatte Heisenberg für die quantentheoretische Deutung von Größen und Relationen der klassischen Mechanik gefordert, sich auf die beobachtbaren Größen zu konzentrieren, wobei deren multiplikative Verknüpfung nicht kommutativ sein musste. Born erkannte dabei die Analogie dieser Größen zu Matrizen und formulierte zusammen mit seinem Schüler P. Jordan Heisenbergs Ideen im Matrizenkalkül. Daraus ging die als »Drei-Männer-Arbeit« bekannte, grundlegende Publikation der drei Gelehrten hervor, in der die physikalischen Grundvorstellungen der Matrizenmechanik mathematisch umgesetzt wurden. Zusammen mit Diracs Mechanik nichtkommutativer Größen (q-Zahlen) existierten somit drei verschiedenen Versionen der Quantenmechanik, die wenig später durch von Neumann um ein weiteres mathematisches Modell auf Basis der Operatorentheorie bereichert wurden. Noch im Frühjahr 1926 wurden die erstgenannten aber als mathematisch äquivalent nachgewiesen, wobei sich W. Pauli und Schrödinger auf die Wellen- und Matrizenmechanik konzentrierten. Kurz danach gab Born eine physikalische Interpretation der Wellenfunktion als Aufenthaltswahrscheinlichkeit eines Teilchens an einem bestimmten Ort. In den folgenden Jahren erkannte Heisenberg, dass gewisse, kanonisch konjugierte Größen nicht gleichzeitig gemessen werden können und formulierte dazu die nach ihm benannte Unschärferelation. Bohr betonte mit seinem Komplementaritätsprinzip, dass zur vollständigen Beschreibung von Phänomenen im atomaren Bereich verschiedene Bilder (Wellen- und Korpuskularbild) nötig sind, die sich aber nach der klassischen Theorie widersprechen können.

Das Bild der neuen Quantenmechanik wurde so immer facettenreicher, doch mit jedem Fortschritt ergaben sich meist auch neue Fragen, die eine Antwort erforderten. Als sich im Oktober 1927 unter dem Vorsitz von Hendrik Antoon Lorentz 29 der führenden Physiker der Welt zum 5. Solvay-Kongress in Brüssel versammelten und erstmals nach dem Ersten Weltkrieg auch Fachvertreter aus Deutschland wieder teilnehmen konnten, blickten sie auf eine starke Entwicklung zurück. Born und Heisenberg sprachen sogar von der Quantenmechanik als einer vollständigen Theorie, deren grundlegenden physikalischen und mathematischen Hypothesen keiner Modifikation zugänglich sind.[6] Trotz der offenen Probleme war die Atomphysik als eine auf einem soliden Fundament« stehende Theorie anerkannt, Jungnickel und McCormmach sprechen sogar von einer axiomatischen Theorie.[7] Ein wesentlicher Fortschritt resultierte dann 1932 aus der Entdeckung des Neutrons durch James Chadwick (1891–1974),

da nun mehrere von Bohr, Heisenberg u. a. über Jahre diskutierte Fragen zum Atomaufbau eine Klärung erfuhren.[8] Unabhängig voneinander schufen Heisenberg und Dimitrij Iwanenko (1904–1994) eine neue Theorie des Atomkerns, in der das Neutron als eigenständiges Elementarteilchen, nicht als aus Proton und Elektron zusammengesetzt auftrat und somit Elektronen kein Kernbestandteil waren. Damit hatte die Physik der Atomhülle einen gewissen Abschluss erreicht, zugleich aber die Tür zur Kernphysik geöffnet.

Nach der Entdeckung der Radioaktivität 1898 begannen Physiker und Chemiker, intensiv die damit verbundenen Erscheinungen zu studieren. Sie betrachteten verschiedene Zerfallsprozesse und zeigten schließlich, dass jedes der damals bekannten radioaktiven Elemente in einer von drei Zerfallsreihen auftrat, die jeweils auf ein stabiles Element führten. Gleichzeitig analysierten sie die drei Komponenten der radioaktiven Strahlung, Alpha-, Beta- und Gamma-Strahlen, und verbesserten bzw. schufen die notwendigen Messmethoden. Trotz weiterer Fortschritte wie die Entdeckung von Isotopen sowie der Kernisomerie oder die fast zufällige Beobachtung Rutherfords von 1919, dass wenn ein Atom Alpha-Strahlen ausgesetzt wird, ein Atom mit höherer Atommasse entstehen kann, rückte das Studium des Atomkerns erst durch verstärkte Bemühungen zu Beginn der 1930er Jahre, diese Rutherford'schen Kernumwandlung aufzuklären, sowie mit der damit verbundenen Entdeckung des Neutrons in den Mittelpunkt der Forschung. Mit dem Auffinden des Deuteriums und des Positrons, der ersten Kernspaltung mit künstlich beschleunigten Protonen und der Erklärung der kurz zuvor beobachteten Teilchenschauer in der kosmischen Höhenstrahlung als Erzeugung und Vernichtung von Positron-Elektron-Paaren gelangen 1932/33 weitere wichtige Einsichten. Im Herbst 1933 schuf dann Fermi seine Theorie der schwachen Wechselwirkung und erklärte damit den Beta-Zerfall des Neutrons. Es war die erste Theorie, in der das Neutron und das 1931 von W. Pauli postulierte Neutrino auftraten. Nachdem das Ehepaar Irène (1897–1956) und Frédéric Joliot-Curie (1900–1958) im Januar 1934 der Pariser Akademie die Erzeugung künstlicher Radioaktivität durch Bestrahlen von Aluminium mit Alpha-Strahlen angezeigt hatte, gelang dies wenig später Fermi und seinen Mitarbeitern durch den Beschuss von Atomkernen mit Neutronen. In der Folgezeit erzeugte die Gruppe um Fermi etwa 40 neue künstlich radioaktive Substanzen und erkannte die besondere Rolle langsamer Neutronen.[9] Insbesondere glaubte Fermi durch Beschuss von Uran ein Transuran erzeugt zu haben, was Jahre später widerlegt wurde; es handelte sich um Spaltprodukte des Urans. Die Aufklä-

---

6   Born, Heisenberg 1928, S. 178.
7   Jungnickel / McCormmach 1986, Vol. 2, p. 371.
8   Vgl. u. a. Bromberg 1971.
9   Zu Fermis Beiträgen zur Atomphysik vgl. Salvini 2008.

rung lieferten die Arbeiten von Otto Hahn (1879–1968), Fritz Strassmann (1902–1980), Lise Meitner (1878–1968) und Otto Frisch (1904–1979) 1938/39 mit der Entdeckung der Kernspaltung. Mehrere Forschergruppen analysierten diesen Vorgang, gaben eine theoretische Erklärung und erkannten die Möglichkeit einer Kettenreaktion mit der Freisetzung großer Energiemengen. Innerhalb kurzer Zeit führte dies zum Bau von Kernreaktoren und bedingt durch den große Teile der Welt erfassenden Zweiten Weltkrieg zum Bau von Atombomben.

Sehr eng mit den Forschungen zur Quanten- und Atomphysik verknüpft war die Relativitätstheorie. Nach Vorarbeiten von Lorentz und Poincaré legte Einstein 1905 ausgehend von der Konstanz der Vakuumlichtgeschwindigkeit und dem Relativitätsprinzip seine Spezielle Relativitätstheorie vor. Dabei forderte das Relativitätsprinzip, dass die Naturgesetze für zwei geradlinig gleichförmig gegeneinander bewegte Beobachter gleich sind. Als Folgerungen ergaben sich die Längenkontraktion und die Zeitdilatation in relativ zueinander bewegten Bezugssystemen und der bekannte, in der Gleichung $E = mc^2$ formulierte Zusammenhang von Energie und Masse. Mit dieser Theorie war nun eine einheitliche Behandlung von Mechanik und Elektrodynamik möglich und die Abhängigkeit der Masse von der Geschwindigkeit theoretisch erklärbar. Drei Jahre später lieferte dann Hermann Minkowski (1864–1909) mit der vierdimensionalen Raum-Zeit und der »Minkowski-Welt« eine elegante mathematische Umsetzung der Relativitätstheorie. Zu diesem Zeitpunkt beschäftigte sich Einstein bereits mit der Verallgemeinerung seiner Theorie für sich beliebig bewegende Beobachter, woraus 1915 die Allgemeine Relativitätstheorie hervorging.[10] Neben dieser Beschränkung auf Inertialsysteme hatte er zwei weitere Schwächen seiner Theorie erkannt: in ihr hatte er kartesische Koordinaten verwendet und die Gravitation nicht mit einbezogen. Die neue Theorie musste also auch einem allgemeineren Relativitätsprinzip genügen, das die Unabhängigkeit der physikalischen Gesetze vom Bewegungszustand des Beobachters und von stetigen Koordinatentransformationen forderte. Zur mathematischen Beschreibung der Allgemeinen Relativitätstheorie waren krummlinige Koordinaten und somit die Anwendung der nichteuklidischen Geometrie nötig, die ab der zweiten Hälfte des 19. Jahrhunderts anknüpfend an Riemanns Ideen entwickelt worden war. Für die Allgemeine Relativitätstheorie sprachen die genauere Berechnung etwa der Perihel-Drehung des Merkurs oder die Ablenkung des Sternenlichts durch das Schwerefeld der Sonne. Letztere, von Einstein vorausgesagt, hat Arthur Stanley Eddington (1882–1927) im Rahmen der Beobachtungen zur totalen Sonnenfinsternis 1919 nachgewiesen. Ähnlich verhielt es sich mit der Rotverschiebung der

Spektren durch die Gravitation von Sternen. Die damalige Messgenauigkeit genügte aber nicht, um alle Zweifel auszuräumen. Dies geschah erst 50 Jahre später, was es unter anderem ermöglichte, dass eine Reihe nichteinsteinscher Relativitäts- und Gravitationstheorien entstanden.

Die theoretische Fundierung schritt natürlich noch auf weiteren Gebieten wie der Kristall- und Festkörperphysik, der Strömungslehre, der Elektrophysik oder den Materialwissenschaften voran, doch sind diese Entwicklungen wesentlich durch die oben geschilderten Umbrüche in der ersten Hälfte des 20. Jahrhunderts beeinflusst.

Mehrfach ist bereits die Rolle der Mathematik bei der Ausformung einer physikalischen Theorie hervorgehoben worden. Auch wenn dabei meist nicht die neusten mathematischen Erkenntnisse angewandt wurden, ist es für ein ausgewogenes Urteil über die Wechselbeziehungen zur Physik nötig, einen Blick auf deren Fortschritte zu werfen. Mit seinen 23 Problemen hatte Hilbert zum Beginn des Jahrhunderts nicht nur einen Rahmen für die künftige Forschung abgesteckt, sondern mit Nachdruck betonte er die Einheit der Mathematik und ein fruchtbares Verhältnis zu den Naturwissenschaften. Nicht zuletzt vertrat er einen gewissen Fortschrittsoptimismus, indem er jedes mathematische Problem für lösbar erklärte. Er reagierte damit auf den großen Erkenntniszuwachs der Mathematik und die damit verbundenen Probleme. Zum einen war es für viele Mathematiker nicht mehr möglich, einen Überblick über das Gesamtgebiet der Mathematik zu erhalten, so dass ein Zerfall in mehrere Einzelteile drohte. Zum anderen war die Beschreibung zahlreicher Naturphänomene komplexer und mathematisch anspruchsvoller geworden, was es für Naturwissenschaftler, insbesondere Physiker, erschwerte, diese Mathematisierung ihrer Theorie und der daraus abgeleiteten Folgerungen nachzuvollziehen. Kennzeichnend für die Mathematik am Beginn des 20. Jahrhunderts war das fortgesetzte Bemühen um eine Fundierung einzelner ihrer Teile sowohl hinsichtlich eines logisch-deduktiven Aufbaus als auch einer größeren Allgemeinheit durch Anwendung der Mengenlehre. Dies ging einher mit der weiteren Ausformung der axiomatischen Methode und des strukturellen Denkens, also eine Theorie aus einfachen, möglichst wenigen Grundsätzen (Axiomen) und Regeln für die Verknüpfung der Grundgrößen logisch exakt aufzubauen. Bereits 1899 hatte Hilbert dies am Beispiel der Geometrie demonstriert und dabei zugleich herausgearbeitet, welche Bedingungen an ein Axiomensystem zu stellen sind, damit ein korrekter Aufbau einer Theorie möglich ist: Die Axiome des Systems müssen widerspruchsfrei, vollständig und voneinander unabhängig sein. Auf dieser Basis trat die Reichweite einzelner Axiome oder Axiomengruppen deutlich hervor und die verschiedenen Subdisziplinen konnten genauer charakterisiert werden.

---

10 Einstein 1915a, Einstein 1915b, Einstein 1916.

Ein ähnlicher Prozess vollzog sich dann mit der Herausbildung der Funktionalanalysis. Schon in den Jahrhunderten zuvor hatten sich die Mathematiker bemüht, die Grundbegriffe der Analysis zu verallgemeinern, sie betrachteten also nicht mehr nur Abbildungen (Funktionen) von den reellen Zahlen in die Menge der reellen Zahlen, sondern gingen sukzessive zu Abbildungen zwischen abstrakten Räumen über. Dazu war es auch notwendig, die Struktur dieser Räume festzulegen, was insbesondere dadurch geschah, ein System von Teilmengen oder eine Abstandsfunktion (Metrik bzw. Norm) jeweils mit bestimmten Eigenschaften anzugeben. Dies führte zur Definition der topologischen, metrischen bzw. normierten Räume. Einen großen Fortschritt erzielte dabei Hilbert mit den später nach ihm benannten Räumen. Ausgangspunkt war das Studium linearer Integralgleichungen mit symmetrischem Kern, bei dem er die Ideen von Ivar Fredholm (1866–1927) aufgriff, einer solchen Gleichung ein lineares Gleichungssystem zu zuordnen, aus dessen Lösung durch Grenzübergang die Lösung der Ausgangsgleichung erhalten wurde. In sechs Arbeiten publizierte Hilbert dann zwischen 1904 und 1910 seine Einsichten und Ergebnisse zu den Integralgleichungen, führte dabei den Raum der Folgen mit konvergenter Quadratsumme ein und entwickelte für diesen konkreten Fall viele Elemente der Theorie der Hilbert-Räume und der linearen Funktionale auf ihnen.[11] Hilberts Schüler E. Schmidt formulierte vieles in geometrischer Sprache und bewies zusammen mit Frigyes Riesz (1880–1956), dass die Sätze für allgemeinere Funktionenräume gültig sind. Nahezu gleichzeitig führte Maurice Fréchet (1878–1973) 1906, angeregt durch Arbeiten zur Variationsrechnung und im Bestreben die Stetigkeit von Funktionen auf Abbildungen von willkürlichen Variablen auszudehnen, die metrischen Räume ein.

Nach Vorarbeiten von F. Riesz vollzog dann Felix Hausdorff (1868–1942) im Rahmen seiner Studien zur Mengenlehre 1914 einen weiteren wichtigen Schritt, als er in dem grundlegenden Buch »Grundzüge der Mengenlehre« den Begriff »Umgebung eines Punktes« axiomatisch einführte und einen systematischen Aufbau der metrischen Räume vorlegte. Während Hausdorff sich auf die heute nach ihm benannten Räume beschränkte, schufen Cazimierz Kuratowski (1896–1980), Waclaw Sierpinski (1882–1969), Herman Lyle Smith (1892–1950), Henri Cartan (1904–2008) und André Weil weitere allgemeinere Definitionen des topologischen Raumes. Durch die Studien zu diesen Räumen, ihren Realisierungen als Folgen- bzw. Funktionenräume und den Räumen der auf ihnen definierten linearen Funktionale trat auch die Bedeutung der ab 1902 von Henri Lebesgue (1885–1941) geschaffenen Maß- und Integrationstheorie deutlich hervor. Besonders hervorgehoben seien noch die Untersuchungen zu normierten Räumen. In seiner Dissertation entwickelte Stefan Banach (1892–1945) 1920 eine axiomatisch aufgebaute Theorie der linearen normierten Räume, die er 1922 publizierte. Er bewies mehrere zentrale Sätze der Theorie und prägte eine einheitliche Terminologie der linearen Funktionalanalysis. In seinen weiteren Studien analysierte er die Möglichkeiten, auf linearen Räumen Topologien zu definieren, die nicht durch eine Norm festgelegt sind. Ergebnisse dieser Entwicklung in den folgenden Jahren und Jahrzehnten waren die lokal konvexen Räume, die Definition der Distributionen (verallgemeinerte Funktionen) nebst der mit ihnen verknüpften Sobolew-Räume und der systematische Aufbau einer abstrakten Theorie für verschiedene Typen topologischer Räume. Für den Hilbert-Raum leistete dies J. von Neumann Ende der 1920er Jahre und schuf in diesem Zusammenhang die Theorie der Operatorenalgebren und eine mathematische Begründung der Quantenmechanik mittels Operatoren im Hilbert-Raum. Die Einführung der Distributionen war für die Physik insofern interessant, da dadurch neue Ergebnisse über Differentialgleichungen erreicht wurden. Für bisher ungelöste Gleichungen konnte nun eine Lösung oder eine Aussage zur Lösungsstruktur hergeleitet werden. Insgesamt erlebte die Funktionalanalysis ab den 1920er Jahren einen starken Aufschwung und lieferte neue Ansätze, um viele Fragen der Analysis zu behandeln.[12]

Eine zweite prägende Entwicklungsrichtung bildete sich in der Algebra mit der Hinwendung zu strukturellen Untersuchungen heraus. Nach dem Gruppenbegriff wurden nun weitere algebraische Grundstrukturen wie Körper, Ring, Algebra (hyperkomplexes System) und Modul abstrakt axiomatisch definiert und ihre Eigenschaften analysiert. Dabei widmeten sich vorrangig amerikanische Mathematiker zunächst Fragen der Axiomatik, doch rückte sehr schnell die Analyse der von den definierenden Axiomen erfassten Vielfalt der jeweiligen Objekte in den Mittelpunkt. So bewies Joseph Maclagen Wedderburn (1882–1948) 1908 erste wichtige Struktursätze für Algebren und Ernst Steinitz (1871–1928) gab 1910 eine systematische Übersicht über die verschiedenen Körper. Der vollständige Umbruch vollzog sich dann in den 1920er Jahren zunächst vorrangig durch die Arbeiten von Emmy Noether und Emil Artin sowie ihrer Schüler Helmut Hasse, Wolfgang Krull (1899–1971), Otto Schreier (1901–1929) und Bartel Leendert van der Waerden. Zentrale algebraische Begriffe und Strukturen wurden herausgearbeitet und die

---

11   Eine Zusammenfassung seiner Ideen publizierte Hilbert 1912 in der Monographie »Grundzüge einer allgemeinen Theorie der linearen Integralgleichungen«.

12   Einen detaillierten Überblick über die Entwicklung der Funktionalanalysis haben Dieudonnè [Dieudonné 1981] und Siegmund-Schultze [Siegmund-Schultze 1978, 1982] gegeben.

Gemeinsamkeiten zwischen ihnen analysiert, was beispielsweise zur Anwendung von Konstruktionen der linearen Algebra und zur Differenzierung zwischen kommutativen und nichtkommutativen Strukturen führte. Am Ende des Jahrzehnts gewann die Auffassung der Algebra als Theorie der Strukturen immer mehr die Oberhand und van der Waerden stellte auf der Basis von Vorlesungen E. Noethers und Artins das völlig veränderte Gebiet in dem Lehrbuch »Moderne Algebra« vor. Für Jahrzehnte bildete das mehrfach überarbeitete Buch ein Standardwerk in der universitären Lehre und hat die Verbreitung einer einheitlichen strukturellen Sichtweise stark gefördert. Ohne auf eine einheitliche Definition des Strukturbegriffs zurückzugreifen, nutzten die Mathematiker diese allgemeine abstrakte Basis für verschiedenen Anwendungen, insbesondere in Kombination mit anderen mathematischen Gebieten. Als Beispiele seien die Fortschritte der Verbandstheorie, der algebraischen Geometrie bzw. Topologie und der Darstellungstheorie genannt.

Die stärkste Ausprägung fand dies ab Mitte der 1930er Jahre in dem Versuch der unter dem Pseudonym Nicolas Bourbaki agierenden Gruppe von überwiegend französischen Mathematikern, die gesamte Mathematik als eine formale Theorie von Strukturen aufzubauen.[13] Ausgehend von sogenannten Mutterstrukturen sollte das Gebäude der Mathematik rein deduktiv und logisch exakt errichtet werden. Als diese Grund- bzw. Mutterstrukturen dienten die algebraischen, topologischen und Ordnungsstrukturen. Obwohl die Bourbaki-Gruppe ihr Programm nur teilweise realisieren konnte, haben ihre Ideen und die jeweils einem mathematischen Teilgebiet gewidmeten Bände in der Reihe »Elements de Mathématique« eine ganze Mathematikergeneration stark beeinflusst. Schließlich sei noch auf die bewerteten Körper, die topologischen Gruppen bzw. die Galois-Theorie stellvertretend für weitere, sich rasch entwickelnde algebraische Themenfelder hingewiesen.

Bereits 1899 war mit der Geometrie eine umfangreiche Säule der Mathematik durch Hilbert auf eine axiomatische Basis gestellt worden, doch es blieben noch zahlreiche Fragen zu klären. Es galt die Konsequenzen und die Reichweite einzelner Axiome bzw. Axiomengruppen zu analysieren, andere vom Hilbert'schen abweichende Axiomensysteme zu prüfen und dabei wie Hilbert auf jede »Raumanschauung« zu verzichten. Neben diesen Forschungen bildeten differentialgeometrische Studien in Fortsetzung der Ideen Riemanns einen wichtigen Schwerpunkt. Dabei wurde der Einfluss physikalischer Anforderungen besonders deutlich. 1908 schuf H. Minkowski mit der vierdimensionalen Raum-Zeit eine Interpretation für Einsteins Spezielle Relativitätstheorie. Gleichzeitig

wurde der absolute Differentialkalkül oder Ricci-Kalkül, vervollkommnet. Er war von Georgio Ricci-Curbastro (1853–1925), in der 1880er und 1890er Jahren in Fortsetzung der Arbeiten von Rudolf Lipschitz (1832–1903) und Bruno Christoffel (1829–1900) ausgearbeitet und 1901 zusammen mit Tullio Levi-Cevita (1873–1941) in einer Publikation ausführlich dargestellt worden. Der Kalkül diente dazu, die Geometrie in gekrümmten n-dimensionalen Räumen zu behandeln. Er lieferte den erforderlichen mathematischen Apparat für die Formulierung der Allgemeinen Relativitätstheorie und Einstein konnte ihn dank der Unterstützung von Marcel Grossmann (1878–1936) bei der Ausarbeitung dieser Theorie erfolgreich nutzen.[14] Wesentliche Fortschritte bei der Untersuchung Riemann'scher Mannigfaltigkeiten gelangen T. Levi-Civita 1917 mit der Definition der Parallelverschiebung in einer solchen Mannigfaltigkeit sowie H. Weyl mit der Einführung des linearen Zusammenhangs und Detailstudien zur Maßbestimmung sowie zur sogenannten reinen Infinitesimalgeometrie. Ausgehend vom Begriff des Zusammenhangs analysierte Elie Cartan (1869–1951) eingehend Riemann'sche Mannigfaltigkeiten. Dies führte ihn insbesondere zu Mannigfaltigkeiten konstanter Krümmung, zu symmetrischen Riemann'schen Räumen und zur Nichtriemann'schen Geometrie. Dabei nutzte er seinen zuvor entwickelten Kalkül der äußeren Ableitung und der alternierenden Differentialformen.

Bereits im 19. Jahrhundert hatten die Wahrscheinlichkeitsrechnung und die Statistik große Fortschritte erzielt. Dabei hatten sie wiederholt von Fragen und Problemen der Anwendungen profitiert, speziell davon, dass die Physiker sie für ihre Zwecke »entdeckten«. Die rasche Entwicklung setzte sich nun im 20. Jahrhundert fort. Hinsichtlich der Anwendungen dokumentierten dies beispielsweise J. W. Gibbs 1901 mit seinem Buch zur statistischen Mechanik sowie kurz zuvor Karl Pearson (1857–1936) mit dem χ^2-Test, doch rückte nun die mathematische Autonomie der Disziplin stärker in den Mittelpunkt. So leitete Emile Borel (1871–1956) 1909 das nach ihm benannte starke Gesetz der großen Zahlen her, betrachtete die unendlichen Folgen von Zufallsgrößen als eigenständige Objekte und definierte die abzählbare Wahrscheinlichkeit. Vier Jahre zuvor hatte er bereits eine nutzbringende Verwendung der Maßtheorie in der Wahrscheinlichkeitsrechnung angedeutet und spätere Ideen Kolmogorovs antizipiert. In dieser Zeit führte auch Andrej Andreevič Markov (1856–1922) die nach ihm benannten Ketten von miteinander verknüpfter Ereignisse ein, die ein wichtiges Forschungsgebiet wurden. Durch die Verwendung analytischer Methoden und von Ideen der Maß- und Integrationstheorie wurden in den folgenden Jahrzehnten wichtige neue Einsichten

---

13   Zur Bourbaki-Gruppe und deren Strukturbegriff vgl. etwa Corry 1992.
14   Einstein/Großmann 1913, Einstein/Großmann 1914.

gewonnen. Wahrscheinlichkeiten wurden zunehmend als Maße in Mengensystemen interpretiert, die verschiedenen Konvergenzbegriffe exakt definiert und R. von Mises und Paul Lévy (1886–1971) hoben unabhängig voneinander die Bedeutung des Lebesgue-Stieltjes-Integrals für die Untersuchung von Verteilungsfunktionen hervor. Zahlreiche Beiträge gab es zu der von Hilbert 1900 geforderten axiomatischen Begründung der Wahrscheinlichkeitsrechnung. Nach einem ersten Versuch von Sergej Nikolaevič Bernštein (1880–1968) 1917 schlug zwei Jahre später von Mises einen Aufbau vor, der einen auf relativen Häufigkeiten basierenden Wahrscheinlichkeitsbegriff und die »Kollektivmaßlehre« als Grundlage hatte. Dieser Ansatz wurde mehrfach korrigiert und verbessert, doch erst in den 1960er Jahren wurde er in modifizierter Form als gleichwertig zu anderen Begründungen anerkannt. Durchgesetzt hat sich nach weiteren Vorschlägen die von Andrej Nikolaevič Kolmogorov (1903–1987) in seiner 1933 publizierten Monografie »Grundbegriffe der Wahrscheinlichkeitsrechnung« vorgelegte Axiomatik mit einem Sigma-additiven Maß mit Werten zwischen 0 und 1 als Ausgangspunkt. Für dieses System sprach, dass für Anwendungen auch Wahrscheinlichkeiten in unendlich dimensionalen Räumen betrachtet werden konnten und die Theorie der stochastischen Prozesse mit erfasst wurde.

Die stochastischen Prozesse waren seit dem Beginn des Jahrhunderts besonders durch die statistische Physik, aber auch durch Fragen der Finanzmathematik zu einem zentralen Forschungsgebiet geworden, wobei sich die verschiedenen Fälle der Brown'schen Bewegung als geeignete Repräsentanten erwiesen. Mehrere Mathematiker erzielten wichtige Ergebnisse zur Brownschen Bewegung bzw. allgemeiner zu Markov'schen Prozessen, unter ihnen Paul Langevin (1876–1942), Kolmogorov, Aleksandr Jakovlevič Chinčin (1894–1959), P. Lévy und Norbert Wiener (1894–1964). So finden sich 1908 bei Langevin erste Ansätze zu stochastischen Differentialgleichungen, Kolmogorov führte die unbeschränkt teilbaren Verteilungsgesetze ein, die er und Chinčin genauer erforschten und für die Lévy dann 1934 eine explizite Form angab. Letzterer prägte drei Jahre später für spezielle stochastische Prozesse den Begriff der Martingale, übertrug zahlreiche Sätze auf sie und schuf in weiteren Arbeiten Grundlagen der stochastischen Analysis. Hierzu hatte Wiener mit der ersten umfassenden mathematischen Beschreibung der Brown'schen Bewegung 1923 entscheidende Vorarbeit geleistet. Mit dem in diesem Zusammenhang definierten Wiener-Maß und weiteren Arbeiten zum Wienerprozess förderte er zugleich maßgeblich die Einbettung der stochastischen Prozesse in die Wahrscheinlichkeitsrechnung.

Abschließend seien die zahlreichen, für die Anwendungen interessanten Resultate von Ronald Aylmer Fisher (1890–1962) zu Verteilungen sowie zu Signifikanztests erwähnt, von Kolmogorov zu notwendigen und hinreichenden Bedingungen für die Gültigkeit des starken Gesetzes der großen Zahl und die Etablierung der Testtheorie durch Jerzy Neymann (1894–1981) und Egon Sharp Pearson (1895–1980). Insgesamt durchlief die Wahrscheinlichkeitsrechnung in der ersten Hälfte des 20. Jahrhunderts eine rasche und sehr vielfältige Entwicklung. Verschiedene Interpretationen der Wahrscheinlichkeit wurden vorgeschlagen und ihre Eignung für einen alternativen Aufbau der Theorie geprüft. Vorhandene Definitionen und Sätze wurden analysiert und präziser formuliert, wie etwa die Voraussetzungen für die Gültigkeit der Grenzwertsätze oder die Rolle einzelner Parameter bei statistischen Verfahren. Zwei weitere Themenfelder, die erst gegen Ende des Zeitraums stärker in Erscheinung traten, bildeten die nichtparametrische Statistik und das Bemühen, die Unsicherheit der Daten zu berücksichtigen. Viele Impulse für diese Entwicklung resultierten aus Problemen und Fragen, die sich aus der Anwendung der Wahrscheinlichkeitsrechnung auf naturwissenschaftliche, technische, ökonomische oder sozialwissenschaftliche Aufgaben ergaben.

Die Fortschritte der Mathematik in der ersten Hälfte des 20. Jahrhunderts erschöpften sich keinesfalls in den hier kurz vorgestellten Gebieten. Es war vielmehr ein die gesamte Mathematik erfassender Prozess. Mengenlehre, Zahlentheorie, Logik, Kombinatorik, Kategorientheorie und Komplexitätstheorie verzeichneten ebenso einen großen Erkenntniszuwachs wie viele der oben nicht erwähnten Subdisziplinen, von denen solch umfangreiche Vertreter wie Funktionentheorie, Numerik, algebraische Topologie, harmonische Analysis, Potentialtheorie, Theorie der Differentialgleichungen, Variationsrechnung und Verbandstheorie als Beispiele genannt seien. Dabei muss das meist sehr fruchtbare Ineinandergreifen von zwei Gebieten wie bei der algebraischen Topologie besonders hervorgehoben werden. Gleiches gilt für all die Bestrebungen, die am Ende des Zeitabschnittes in den Bau der ersten elektronischen Rechenmaschinen einmündeten und damit eine Voraussetzung für einen grundlegenden Wandel der Mathematik in den folgenden Jahrzehnten schufen.

Wie gestaltete sich vor dem Hintergrund der disziplinären Entwicklung nun das Verhältnis von Mathematik und Physik. An mehreren Stellen trat bereits hervor, wie wichtig neuere mathematische Resultate für das adäquate Erfassen physikalischer Zusammenhänge wurden oder wie das Bedürfnis der Physiker nach genauerer Auswertung ihrer experimentellen Daten bzw. nach einer Überprüfung ihrer theoretischen Hypothesen die Ausarbeitung der verfügbaren mathematischen Mittel stimulierte. Die Spezielle Relativitätstheorie zeigte sowohl wie wichtig die geeignete mathematische Darstellung in Form der Raum-Zeit-Mannigfaltigkeit für deren Anerkennung und Verbreitung war, als auch wie das Fehlen einer solchen mathematischen Umsetzung deren Formulierung erschwerte. In einem Vortrag über das Relativitätsprinzip bezeichnete

Minkowski 1907 unter der Voraussetzung, dass die Vorstellungen zu Raum und Zeit »die Erscheinungen richtig wiedergeben«, diese Ansätze als »fast den größten Triumph …, den je die Anwendung der Mathematik gezeigt hat«. Die »Welt in Raum und Zeit« sei so »eine vierdimensionale nichteuklidische Mannigfaltigkeit«. Zum »Ruhme der Mathematiker, zum grenzenlosen Erstaunen der übrigen Menschheit [würde] offenbar werden, daß die Mathematiker rein in ihrer Phantasie ein großes Gebiet geschaffen haben, dem … eines Tages die vollendetste Existenz zukommen sollte.«[15] Ein Jahr später betonte Minkowski in seinem Vortrag über »Raum und Zeit«, dass »diese Anschauungen … auf experimentell-physikalischem Boden erwachsen« sind, und sprach hinsichtlich der Konsequenzen aus dem Relativitätsprinzip von »eine[r] prästabilisierte[n] Harmonie zwischen der reinen Mathematik und der Physik«[16]. Diese enge Verflechtung von Physik und Mathematik zeigte sich dann auch bei der Schaffung der Allgemeinen Relativitätstheorie. Einstein bedurfte wesentlich der Unterstützung von M. Grossmann, um seine physikalischen Ideen in eine adäquate mathematische Formulierung zu bringen. Das betraf vor allem den Tensorkalkül und die Theorie Riemann'scher Mannigfaltigkeiten.

Diese Relationen zwischen Geometrie und Physik setzen sich in den folgenden Jahrzehnten fort. Mathematisch waren die Definition der Faserräume und des Zusammenhangs in diesen Räumen zentrale Themen, physikalisch die Bemühungen um eine Eichtheorie als auch um Gravitation und Elektrodynamik in einer Theorie zu erfassen.[17] Hermann Weyl untersuchte 1949 eingehend die stimulierende Wirkung der Relativitätstheorie auf die mathematische Forschung und konstatierte: »The relativity problem is one of central significance throughout geometry and algebra and has been recognized as such by the mathematicians at an early time.«[18] Hinsichtlich der Algebra erläuterte er die Rolle der Darstellungstheorie und der Transformationsgruppen. Außerdem betonte er die unterschiedliche Wirkung auf die Mathematik und Physik: während die Spezielle Relativitätstheorie viel größere Konsequenzen für die Physik hatte als die Allgemeine Relativitätstheorie war es in der Mathematik genau umgekehrt. Unter anderer Zielstellung hatte er bereits 1931 die Beziehungen zwischen Geometrie und Physik analysiert.[19]

Deutlich tritt an diesen Beispielen zu Tage was allgemein für die Beziehungen zwischen Mathematik und Physik gilt: Die Bearbeitung vieler physikalischer Probleme erfordert eine enge Zusammenarbeit zwischen Vertretern beider Disziplinen und in einem gewissen Umfang die Aneignung von Kenntnissen aus dem anderen Gebiet. Die jeweilige Mindestforderung war etwa, dass zum einen der Mathematiker hinreichende Kenntnisse hatte, um den physikalischen Sachverhalt zu verstehen, mathematisch zu erfassen sowie das Ergebnis an der physikalischen Realität zu prüfen, und der Physiker zum anderen die mathematische Umsetzung seines Problems sowie die nachfolgenden Rechnungen nachvollziehen und kontrollieren als auch das abgeleitete Resultat physikalisch interpretieren konnte. Dabei ist unter Rechnungen nicht nur ein Operieren mit numerischen Größen zu verstehen, sondern allgemein das Verwenden von Methoden aus den verschiedenen mathematischen Disziplinen. Dies konnte insbesondere eine gewisse Anpassung der Mathematik erfordern als auch bedeuten, neue Elemente der Mathematik zu entwickeln. Von zentraler Bedeutung war natürlich das Übertragen der physikalischen Fragestellung in ein adäquates mathematisches Modell, denn je präziser dies erfolgte, umso zuverlässiger und genauer waren die Ergebnisse. Etwas allgemeiner gesprochen, zeigt sich hier das Wechselspiel zwischen theoretischer und mathematischer Physik und dessen Weiterentwicklung im betrachteten Zeitraum.[20] Der bekannte theoretische Physiker und Zeitgenosse Einsteins Cornelius Lanczos (1893–1974) hat in seinen Arbeiten und Vorlesungen nachdrücklich die Bedeutung der Mathematik für die physikalischen Forschungen betont:

What we know, or think to know, about the world of reality is constantly changing, but what remains unchanged is the conviction that the world of natural phenomena is governed by exact and inexorable laws, which can be formulated through the language of mathematics.[21]

Unter Hinweis auf die Allgemeine Relativitätstheorie und die Quantentheorie sah Yuri Manin (geb. 1937) in dem vielfältigen Aufeinander-angewiesen-sein ein wichtiges Merkmal in den Beziehungen zwischen Mathematik und Physik im 20. Jahrhundert:

… I do believe that without the mathematical language physicists couldn't even say what they were seeing. This interrelation between physical discoveries and mathematical ways of thinking, the mathematical language, in which these discoveries can only be expressed, is abso-

---

15 Minkowski 1915, S. 927 f.
16 Minkowski 1909 (Sonderdruck), S. 1, 14.
17 Für eine detaillierte Darstellung der verschiedenen Ansätze siehe Boi u. a. 1992.
18 Weyl 1949, S. 535.
19 Weyl 1931a.
20 Eine genaue Beschreibung dieses Prozesses findet sich in Schlote 2008, Kap. 2.3.
21 Lanczos 1967, S. 2; zitiert nach Gellai 2010, S. 70.

lutely phantastic. In this sense the 20th century certainly will be regarded as a century of great breakthroughs.[22]

Ohne die großen Fortschritte in der Entwicklung der Wechselbeziehungen zwischen Mathematik und Physik in der zweiten Hälfte des 20. Jahrhunderts in Abrede zu stellen, die sich insbesondere in der Gründung der International Association of Mathematical Physics sowie in den ab 1972 organisierten eigenen Kongressen niederschlugen, kamen einige der auf dem 11. Kongress 1994 formulierten Merkmale zumindest in Ansätzen bereits im hier betrachteten Zeitraum zur Geltung. So konstatierte Arthur Jaffe (geb. 1937), dass der Gebrauch mathematischer Ideen ein neues Licht auf die Prinzipien der Physik wirft, entweder aus begrifflicher, algebraischer oder quantitativer Sicht, und umgekehrt Ideen der Physik mathematische Strukturen im neuen Licht erscheinen lassen. Als ambitioniertes Ziel formulierte er sogar, durch die Verwendung von Ideen aus einer der beiden Disziplinen Neues in der anderen, also neue Gesetze der Physik bzw. neue Gebiete der Mathematik zu entdecken.[23] Es war jedoch ein langer und beschwerlicher Weg bis zu diesen optimistischen Rückblicken. So verwies R. Courant 1924 im Vorwort seines Gemeinschaftswerkes mit Hilbert »Methoden der mathematischen Physik« auf eine gefährliche Lockerung des Zusammenhanges zwischen Mathematik und Physik hin,

indem sich die mathematische Forschung vielfach von ihren anschaulichen Ausgangspunkten ablöste und insbesondere in der Analysis manchmal allzu ausschließlich um Verfeinerung ihrer Methoden und Zuspitzung ihrer Begriffe bemühte. So kommt es, daß viele Vertreter der Analysis das Bewußtsein der Zusammengehörigkeit ihrer Wissenschaft mit der Physik und anderen Gebieten verloren haben, während auf der anderen Seite oft den Physikern das Verständnis für die Probleme und Methoden der Mathematiker, ja sogar für deren ganze Interessensphäre und Sprache abhanden gekommen ist.[24]

Mit der Funktionalanalysis und dem fortschreitenden Aufbau weiterer Teile der Mathematik auf einer mengentheoretischen Basis hatte die Abstraktheit der Darstellung deutlich zugenommen. Courant sah darin für den »Strom der wissenschaftlichen Entwicklung … [die] Gefahr, … zu versickern und auszutrocknen«, eine Gefahr, der ent-

gegen gewirkt werden sollte, indem »unter zusammenfassenden Gesichtspunkten die inneren Zusammenhänge der mannigfaltigen Tatsachen« klargelegt wurden.[25] Vier Jahre später unternahm dann H. Weyl den Versuch, »in diesem Drama von Mathematik und Physik – die sich im Dunkeln befruchten, aber von Angesicht zu Angesicht so gerne einander verkennen und verleugnen«[26] den Vermittler zu spielen. Aus seinem Buch »Gruppentheorie und Quantenmechanik« sollte der Leser »die Grundzüge der Gruppentheorie und der Quantenmechanik, für sich und in ihrem gegenseitigen Zusammenhang, lernen können.« In den einzelnen fachlichen Kapiteln hatte er dabei seine Darstellung bewusst auf einen Leser aus dem anderen Fachgebiet ausgerichtet: »bei den mathematischen Abschnitten ist mehr an einen physikalischen, bei den physikalischen mehr an einen mathematischen Leser gedacht«.[27] In der 1931 erschienenen zweiten Auflage brachte er in Reaktion auf die Erfolge der »abstrakten Algebra« den algebraischen Standpunkt stärker zur Geltung. Auch Dirac hatte ein Jahr zuvor in seinem Lehrbuch zur Quantenmechanik die Vorteile der neuen abstrakt algebraischen Darstellung hervorgehoben:

Die symbolische Darstellungsart aber scheint … tiefer in das Wesen der Dinge einzudringen. Sie ermöglicht es uns, die physikalischen Gesetze klar und bestimmt zum Ausdruck zu bringen und wird wahrscheinlich in Zukunft immer mehr benutzt werden, wenn sie erst besser verstanden wird und wenn ihre besondere Mathematik hinreichend entwickelt ist.[28]

Er begnügte sich aber nicht damit, die enge Verflechtung von Mathematik und Physik in seinen Lehrbüchern zu demonstrieren, sondern zeigte dies auch in seinen Forschungen. Wichtig war ihm, dass sich beide Seiten, Physiker und Mathematiker, um ein gegenseitiges Verständnis bemühten. Der Abstraktionsprozess wird sich in Zukunft wahrscheinlich fortsetzen und die Fortschritte in der Physik werden eher mit einer ständigen Modifikation und Verallgemeinerung der Axiome auf Basis der Mathematik verknüpft sein als in einer logischen Entwicklung irgendeines mathematischen Schemas auf einer fixierten Grundlage. Die Lösung der aktuellen Probleme in der Physik dürfte drastischere Änderungen in den Grundbegriffen erfordern als je zuvor und es würde wohl die Kraft der menschlichen

---

22   Manin 1998, S. 41.

23   Iagolnitzer 1995, S. XI. Im Vorfeld dieses Kongresses gab es auch kritische Stimmen zu den jüngsten Entwicklungen in den Beziehungen zwischen Mathematik und Physik, etwa dass durch die Physik die mathematische Strenge leide. Es wurde aber keine Bezugnahme auf Entwicklungen in der ersten Hälfte des 20. Jahrhunderts gefunden, so dass dieses Problem hier nicht weiter thematisiert wird.

24   Courant/Hilbert 1924, S. VI.

25   Ebenda.

26   Weyl 1928, S. V f.

27   Ebenda, S. V.

28   Dirac 1930, S. VI f.

Intelligenz überfordern, wenn man versuchte, die experimentellen Daten direkt in mathematischen Termen zu erfassen. Deshalb empfahl er:

> The most powerful method of advance that can be suggested at present is to employ all the resources of pure mathematics in attempts to perfect and generalise the mathematical formalism that forms the existing basis of theoretical physics , and *after* each success in this direction, to try to interpret the new mathematical features in terms of physical entities.[29]

In analoger Weise schilderte A. W. Stern auf dem Internationalen Mathematiker-Kongress in Bologna 1928 die Rolle der Mathematik in der modernen Physik: »The tendency of this new physics is to operate with mathematical symbols and not with physical ideas and concepts derived from sense experience. Physics has taken on a more rigorous and decidedly intellectual character, shifting its emphasis from content to form.«[30] J. von Neumann konstatierte in Verbindung mit der Übersetzung seines Buches »Mathematische Grundlagen der Quantenmechanik«: »theoretical physics deals rather with the formation and mathematical physics rather with the exploitation of physical theories«.[31] Aus Sicht der Physiker brachte Hans Thirring (1888–1976) die Beziehung zur Mathematik auf die kurze Formel »nur ein guter Mathematiker kann ein guter theoretischer Physiker sein.«[32]

Bei all den Veränderungen im Wechselverhältnis zwischen Mathematik und Physik blieb ein unterschiedliches Charakteristikum in der Begründung von Aussagen bestehen: Der Physiker führt dazu eine physikalische Rechtfertigung an, die vor allem in der experimentellen Bestätigung besteht. Doch er wird sich nicht mit einem Existenzbeweis im mathematischen Sinne aufhalten, wenn der physikalische Sachverhalt gesichert ist. Dem steht auf der Seite der Mathematik eine exakte, den Regeln der Logik entsprechende Herleitung aus bekannten und gesicherten Annahmen gegenüber. Dabei sah Thirring sogar einen Widerspruch zwischen den physikalischen Gegebenheiten und dem Erfüllen dieser mathematischen Regeln. Es ist aber unbestritten, dass in den neueren Forschungen zu mehreren Themen der theoretischen Physik der mathematische Anteil zugenommen hat. In neuerer Zeit plädierten Arthur Jaffe und Frank Quinn (geb. 1946) in diesem Zusammenhang, dass diese engeren Beziehungen zwischen

den beiden Disziplinen auch einen Einfluss auf den Charakter der Mathematik haben, es neben der traditionellen »rigorous« Mathematik mit strengen Beweisen noch eine »theoretische« Mathematik gibt.[33] Die theoretische Mathematik umfasste dabei die intuitive und spekulative Arbeit bei der Formulierung neuer Behauptungen und deren Beweis, beim Entwickeln mathematischer Modelle für physikalische Phänomene als auch numerische Kalkulationen und Computersimulationen. 14 führende Mathematiker und Physiker, von Michael Atiyah (1929–2019) bis Christopher Zeemann (1925–2016), sowie ein Mathematikhistoriker kommentierten diese These überwiegend positiv bei zahlreichen Anmerkungen und Hinweisen im Detail.[34]

Die allgemeinen Entwicklungszüge der Wechselbeziehungen zwischen Mathematik und Physik schlugen sich auch an der Salana nieder, natürlich mit der für die Jenaer Universität typischen engen Verflechtung mit der technischen Umsetzung. In den letzten Jahrzehnten des 19. Jahrhunderts hatten Frege und Thomae der Mathematik eine gewisse Eigenständigkeit verschafft. Neben die Anwendungen auf naturwissenschaftliche und technische Fragestellungen trat die Pflege des theoretischen, innermathematischen Teils der Disziplin stärker in den Blickpunkt. Diese Zweiteilung in den Forschungszielen kam bis zur Jahrhundertmitte bei vielen der in Jena tätigen Mathematiker im unterschiedlichen Maße zur Geltung. So setzte sich Frege neben den grundlegenden Arbeiten zur Logik auch mit den Erkenntnisquellen der Mathematik und der mathematischen Naturwissenschaften, insbesondere der mathematischen Physik, auseinander.[35] Seine Kollegen Thomae, dessen Nachfolger Koebe, sowie Haußner schenkten den Beziehungen der Mathematik zur Physik nur geringe bzw. keine Beachtung. Für den 1899 an die Salana berufenen Gutzmer waren dagegen die wechselseitigen Einflüsse der beiden Diszipinen von großer Bedeutung. In seinen wissenschaftsorganisatorischen Aktivitäten, etwa in der Diskussion um eine Reform des mathematischen und naturwissenschaftlichen Unterrichts an den Gymnasien und Oberrealschulen bzw. um die mathematische Lehre an den Universitäten plädierte er für eine stärkere und angemessene Berücksichtigung der angewandten Gebiete der Mathematik und der Mathematisierung physikalischer Teilgebiete. Zur Legitimation dieser Forderung verwies er darauf, dass die Fortschritte der Mathematik viele theoretische Fragestellungen aus den Anwendungsbereichen behandelbar erscheinen ließen. Gleichzeitig war ab 1902

---

29   Dirac 1931, S. 60.
30   Stern 1929, S. 409 f.
31   Brief John von Neumanns an R. O. Fornaguera vom 10. Dezember 1947 in [Rédei 2005], S. 118 f.
32   Thirring 1921, S. 1028.
33   Jaffe / Quinn 1993.
34   Atyiah u. a. 1994. Jaffe und Quinn haben auf diese Kommentare nochmals in Jaffe / Quinn 1994 reagiert.
35   Vgl. Schlote 2011, S. 323 f. für seine früheren Aktivitäten. Sie betrafen vor allem die Frage, ob seine Vorstellungen zu den logischen Grundlagen der Mathematik auf die Physik übertragbar sind.

auch der Physiker Rau gemäß der Denomination seiner Professur verpflichtet die Beziehungen zwischen Mathematik und Physik in angemessener Weise zu pflegen. Er widmete sich dieser Aufgabe mit großem Engagement, doch war auf Dauer die Aufgabe, angewandte Mathematik und technische Physik zu vertreten, zu umfangreich und Rau in seiner Mentalität zu sehr Ingenieur, so dass er 1909 in die Praxis zurückkehrte. Die nachfolgende Aufteilung der Professur in die beiden Teilgebiete sowie der günstige Verlauf der Neuberufungen auf die beiden Lehrstellen beeinflußten die Wechselbeziehungen an der Salana positiv. Sowohl der nur zwei Semester in Jena tätige Kutta als auch der bis Mitte der 30er Jahre wirkende M. Winkelmann betonten und demonstrierten in ihren Arbeiten vielfältige Möglichkeiten, mathematische Kenntnisse zur Behandlung physikalischer Sachverhalte einzusetzen, wobei Letzterer sogar versuchte für einige geometrische Fälle eine Art Kalkül aufzustellen. Aus physikalischer Sicht bewegte sich Winkelmann hauptsächlich auf dem Gebiet der Mechanik. Insbesondere in seinen Übersichtsartikeln für physikalische Nachschlagewerke ließ er das Wechselspiel zwischen Mathematik und Physik bei der Modellierung physikalischer Vorgänge erkennbar werden und widmete sich dann vor allem der Verbesserung der verwendeten mathematischen Elemente. Er kam aber nicht dazu, die vorliegende Modellierung grundsätzlich in Frage zu stellen bzw. zu versuchen, durch neue mathematische Mittel eine von der vorliegenden abweichende, günstigere Lösung zu erzielen. Trotz dieser Einschränkungen hat Winkelmann die Beziehungen zwischen Mathematik und Physik positiv beeinflusst und gehörte zu den wenigen Jenaer Mathematikern, die dieses Verhältnis in der ersten Hälfte des 20. Jahrhunderts über einen längeren Zeitraum aktiv gestaltet haben. Unterstützung fand er ab Mitte der 30er Jahre durch seinen Assistenten Weinel. Dieser hat dann als Privatdozent bzw. Professor den vorgezeichneten Weg, speziell hinsichtlich der numerischen Lösung physikalischer Fragen, fortgesetzt. Es sei aber betont, dass auch die übigen Mitglieder des Lehrpersonals für Mathematik, König, F. K. Schmidt, Peschl und Grell, der gegenseitigen Beeinflussung der beiden Disziplinen eine entsprechende Bedeutung zuerkannten, wie etwa Vorträge von König bzw. Grell belegen. In ihren Forschungen wandten sie sich aber anderen Themen zu.

In die Zeit von Winkelmanns Lehr- und Forschungstätigkeit in Jena fällt auch das Wirken von Herzberger. Bereits als Werksstudent der Firma Carl Zeiss war er mit Boegehold zusammengetroffen und war von diesem unter anderem an der Neuauflage des Fachbuches von Siegfried Czapski (1861–1907) und Otto Eppenstein (1876–1942) zur Theorie der optischen Instrumente herangezogen worden. Boegehold, promovierter Mathematiker mit breiter naturwissenschaftlicher Ausbildung, verkörperte als langjähriger Mitarbeiter der Zeiss-Werke im besten Sinne

das Hand-in-Hand-gehen von Mathematik und Physik im Abbe'schen Sinne und hat Herzberger sicher in diesem Sinne geprägt. Mit der Rückkehr des Letzteren nach Jena 1928 lebte die gemeinsame Forschung wieder auf. In mehreren Arbeiten zeigten sie, wie verschiedene physikalische Detailfragen mathematisch behandelt werden können. Das Umsetzen der physikalischen Fragestellung in eine geeignete mathematische Form erforderte umfangreiche Sachkenntnisse aus beiden Disziplinen. Dabei ist besonders zu beachten, dass Herzberger auf die Differentialgeometrie zurückgriff und damit einen neuen, von den bisherigen Methoden der Variationsrechnung abweichenden Zugang wählte. Dieser Weg führte zwar nicht zu wesentlichen neuen mathematischen Erkenntnissen, bereicherte aber den Anwendungsbereich des vorhandenen Wissens. Somit kann seitens der Mathematiker ab dem Ende der 1920er Jahre eine stärkere Ausprägung der Wechselbeziehungen zwischen Mathematik und Physik an der Salana konstatiert werden.

Bei den Physikern zeigt sich ebenso ein recht unterschiedliches Einbeziehen einer mathematischen Darstellung. So hat sich Auerbach ständig bemüht, einem größeren Personenkreis physikalische Zusammenhänge aus verschiedenen Gebieten von der Mechanik bis zur Relativitätstheorie auch mit Hilfe der Mathematik deutlich zu machen. Die Schwierigkeiten, die mit einem solchen Unternehmen verknüpft sind, zeigten die Kritiken von Mathematikern hinsichtlich der ungenügend mathematisch exakten Umsetzung dieses Zieles. Die vorrangig experimentell forschenden A. Winkelmann und Wien beschränkten sich in ihren theoretischen Darlegungen auf einfache, allgemein geläufige Mathematik. Die Fortschritte, speziell in der Quanten- und Atomphysik, erforderten dann jedoch in der theoretischen Behandlung ein größeres Spektrum an mathematischen Kenntnissen. Dies schlug sich auch in den Arbeiten zur Theorie der Elektrolyte und zu vielfältigen spektroskopischen Erscheinungen einschließlich deren quatenmechanischer Erklärung der nach Mitte der 1920er Jahre in Jena tätigen Joos und Hanle, sowie deren Schüler bzw. Mitarbeiter, nieder. Für Joos war die Mathematik ein unverzichtbares Werkzeug, um physikalische Sachverhalte exakt zu erfassen und aufzuklären. Zwar genügte es ihm, die für Physiker notwendigen mathematischen Kenntnisse lexikonartig zusammenzustellen, doch hinderte es ihn nicht, deren Einsatz weiter voran zu bringen und den vielfältigen Nutzen dieser Anwendungen zu demonstrieren. So ging er beispielsweise bei den Untersuchungen von Elektrolyten dazu über, die Bremskräfte nicht nur mit Gliedern erster Ordnung, sondern bis zur zweiten Ordnung zu berücksichtigen und erhielt eine gute Übereinstimmung mit den experimentellen Daten. Die meisten der Jenaer Physiker sahen die Mathematik in einer gewissen Dienstleistungsfunktion, als eine wichtige Hilfe, aber nicht als zentrales Mittel, um die experimentellen Forschungen zu planen oder Anregungen dafür abzuleiten. Im Mittelpunkt standen für sie das Experiment und dessen Planung bzw. Auswertung auf der Basis des physikalischen Kenntnisstandes, ohne aber die mathematische Komponente aus den Augen zu verlieren. So zog Hanle bei seinen Untersuchungen spektroskopischer Erscheinungen neue quantenmechanische Erkenntnisse zur Erläuterung heran und führte die nötigen Rechnungen durch. Hettner agierte als Nachfolger von Joos in analoger Weise und konzentrierte sich in der theoretischen Fundierung seiner Experimente auf physikalische Argumentationen. Zur Überprüfung der Debey'schen Dipoltheorie war es aber zugleich nötig zu berechnen, ob die mittels dieser Theorie errechneten Werte hinreichend genau mit den beobachteten Spektren übereinstimmten. Auch in seinen Analysen zur Leistungsgrenze thermischer Strahlungsmessgeräte und deren Verbesserungen bedurfte es theoretischer Berechnungen und Abschätzungen. Für Kulenkampff standen in den Forschungen zur kosmischen Höhenstrahlung und zur Bremsstrahlung zwar die experimentellen Aspekte sowie die theoretische Erfassung dieser Prozesse im Vordergrund, doch war eine umfassende Prüfung der Letzteren ohne Berechnungen nicht möglich. Esau bearbeitete schließlich intensiv die Frage, wie Kurz- und Ultrakurzwellen technisch genutzt werden können und widmete sich mit Wessel der numerischen Behandlungen von Antennensystemen und der Durchlässigkeit von Metallgittern.

Deutlich intensiver zeigte sich die Verbindung von Mathematik und Physik im Schaffen von Wessel. Schon in den Studien zum Atom- und Molekülbau, aber vor allem dann in seinen Forschungen zur Quantenmechanik und Quantenelektrodynamik war eine Entwicklung und Überprüfung der physikalischen Vorstellungen ohne einen mathematischen Apparat nicht möglich. Die Arbeiten liefern somit, wie auch seine Lösung von Problemen der Elektrodynamik mittels Integralgleichungen, ein eindrucksvolles Beispiel für die Wechselbeziehungen zwischen Physik und Mathematik, die sich noch dadurch auszeichnen, dass beide Seiten der Thematik von der gleichen Person behandelt wurden (vgl. Abschn. 6.2.3). Trotz der umfangreichen Wechselbeziehungen zwischen Mathematik und Physik war eine direkte Zusammenarbeit bzw. ein Gedankenaustausch zwischen den in Jena tätigen Physikern und Mathematikern selten, fand aber in den gemeinsamen Arbeiten von Herzberger und Boegehold ein sehr ertragreiches Beispiel (vgl. Kap. 5.3), dem auf Grund der Zeitumstände keine lange Dauer beschieden war.

Somit schlugen sich an der Salana die für die erste Hälfte des 20. Jahrhunderts dargelegten Verknüpfungen zwischen Mathematik und Physik vorrangig in den Forschungen am Physikalischen Institut etwa bei Joos und Wessel nieder (vgl. Kap. 6).

9 Literatur und Archivalien

9.1 Literatur

Allgemeine Deutsche Biographie [1875]. Hrsg. durch die Historische Commission bei der Königlichen Akademie der Wissenschaften München. 56 Bde. Duncker & Humblot, Leipzig 1875–1912.

Angelelli, Ignacio (Hrsg.) [1990]: Gottlob Frege. Kleine Schriften. 2. Aufl. Olms, Hildesheim, [u.a.] 1990.

Atiyah, Michael; [u.a.] [1994]: Reponses to A. Jaffe and F. Quinn »Theoretical mathematics«: Toward a cultural synthesis of mathematics and theoretical physics. Bulletin American Math. Society. New Serie 30 (1994), S. 178–207.

Auerbach, Felix [1901]: Die Gleichgewichtsfiguren pulverförmiger Massen. Annalen der Physik, 4. F., 5 (1901), S. 170–219.

Auerbach, Felix [1912]: Physik in graphischen Darstellungen. Teubner, Leipzig, Berlin 1912.

Auerbach, Felix [1913]: Die graphische Darstellung. Die Naturwissenschaften 1 (1913), S. 139–145; Teil II. Ebenda, S. 159–164.

Auerbach, Felix [1914]: Die graphische Darstellung. Eine allgemeinverständliche, durch zahlreiche Beispiele aus allen Gebieten der Wissenschaft und Praxis erläuterte Einführung in den Sinn und den Gebrauch der Methode. Teubner, Leipzig, Berlin 1914 (Aus Natur und Geisteswelt, 437).

Auerbach, Felix [1921]: Raum und Zeit. Materie und Energie. Eine Einführung in die Relativitätstheorie. Dürr, Leipzig 1921 (Ordentliche Veröffentlichung der »Pädagogischen Literatur-Gesellschaft Neue Bahnen«).

Auerbach, Felix [1924]: Die Furcht vor der Mathematik und ihre Überwindung. Fischer, Jena 1924.

Auerbach, Felix [1925]: Die Methoden der theoretischen Physik. Akademische Verlagsgesellschaft, Leipzig 1925.

Auerbach, Felix [1929]: Lebendige Mathematik. Hirt, Breslau 1929.

Auerbach, Felix; Hort, Wilhelm (Hrsg.) [1927]: Handbuch der physikalischen und technischen Mechanik. 7 Bände. Barth, Leipzig 1927–1931.

Bachmann, Paul [1921]: Grundlehren der neueren Zahlentheorie. (Mit einem Gedächtnisworte hrsg. von Robert Haußner.) 2. verb. Aufl., de Gruyter, Berlin, Leipzig 1921.

Barbin, Evelyne; Pisano, Rafaele (Hrsg.) [2013]: The dialectic relation between physics and mathematics in the XIXth century. Springer, Dordrecht, [u.a.] 2013

Becker, H.E.R.; Hanle, W.; Maercks, O. [1936]: Modulation des Lichtes durch einen Schwingquarz. Physikal. Zeitschrift 37 (1936), S. 414–415.

Behnke, Heinrich; Peschl, Ernst [1935a]: Die Konvexität in der Elementargeometrie und in projektiven Räumen. Semester-Berichte Bonn u. Münster 5 (1935), S. 140–149.

Behnke, Heinrich; Peschl, Ernst [1935b]: Sopra le funzioni analitiche di più variabili complesse. Un criterio generale pei campi di Reinhardt che son campi di regolarità e gli automorfismi dei campi di Reinhardt non limitati. Memorie della Classe di Scienze Fische, Matematiche e Naturali, Reale Accademia d'Italia 6 (1935), S. 1221–1227.

Behnke, Heinrich; Peschl, Ernst [1935c]: Zur Theorie der Funktionen mehrerer komplexer Veränderlichen. Konvexität in bezug auf analytische Ebenen im kleinen und grossen. Mathematische Annalen 111 (1935), S. 158–177.

Behnke, Heinrich; Peschl, Ernst [1935d]: Die analytischen Abbildungen von Bereichen auf sich im Raume zweier komplexer Veränderlichen. Jahresber. d. Deutschen Mathematiker-Vereinigung 45 (1935), S. 243–256.

Behnke, Heinrich; Peschl, Ernst [1936a]: Zur Theorie der Funktionen mehrerer komplexer Veränderlichen. Die unbeschränkten Reinhardtschen Körper. Mathematische Annalen 112 (1936), S. 433–468.

Behnke, Heinrich; Peschl, Ernst [1936b]: Zur Theorie der Funktionen mehrerer komplexer Veränderlichen. Starre Regularitätsbereiche. Monatshefte f. Mathe. u. Physik 43 (1936), S. 493–502.

Behnke, Heinrich; Peschl, Ernst [1937]: Zur Theorie der analytischen Funktionen mehrerer komplexer Veränderlichen. Der Cartansche Eindeutigkeitssatz in unbeschränkten Körpern. Mathematische Annalen 114 (1937), S. 69–73.

Bennecke, Fritz [1887]: Untersuchung der stationären elektrischen Strömung in einer unendlichen Ebene für den Fall, dass die Zuleitung der beiden verschiedenen Elektricitäten in zwei parallelen geradlinigen Strecken erfolgt. Halle; Engelmann, Leipzig in Komm. 1887. [Aus: Nova acta Academiae Caesareae Leopoldino-Carolinae Germanicae Naturae Curiosorum 51 (1878), S. 253–300. Dissertation, Göttingen 1886.]

Bernuolli, Jakob [1899]: Wahrscheinlichkeitsrechnung (Ars conjectandi). Uebersetzt und hrsg. von Robert Haussner. Theil 1/2. 3/4. Engelmann, Leipzig 1899 (Ostwald's Klassiker der exakten Wissenschaften, Bd. 107–108).

Bieberbach, Ludwig [1967/68]: Das Werk Paul Koebes. Jahresber. d. Deutschen Mathematiker-Vereinigung 70 (1967/68), S. 148–158.

Blomberg, Joan [1971]: The impact of the neutron: Bohr and Heisenberg. Historical Studies in the Physical Sciences 3 (1971), p. 307–341.

Blumentritt, Marianne [1929]: Genauere Berechnung des Wienschen Spannungseffektes bei Elektrolyten. Annalen der Physik, 5. F., 1 (1929), S. 195–215.

Boegehold, Hans; Herzberger, Max [1930]: Über die nahfeldscharfe Abbildung durch eine achsensymmetrische Folge bei endlicher Öffnung des abbildenden Bündels. Zeitschrift f. angewandte Mathematik u. Mechanik 10 (1930), S. 585–594.

Boegehold, Hans; Herzberger, Max [1931]: Zur Bezeichnungsfrage der Optik. Zeitschrift f. Instrumentenkunde 51 (1931), S. 47–54.

Böhm, Kurt [1937]: Über die azimutale Intensitätsverteilung der Röntgenbremsstrahlung. Physikal. Zeitschrift 38 (1937), S. 334–335.

Boi, Luciano; [u.a.] (Hrsg.) [1992]: 1830–1930: A century of geometry. Epistemology, history and mathematics. Springer, Berlin, [u.a.] 1992 (Lecture notes in physics, 402).

Born, Max; Heisenberg, Werner [1928]: La mechanique des quanta. In: Electrons et photons. Rapports et discussions du cinquième conseil de physique tenu à Bruxelles du 24 au 29 octobre 1927 sous les auspices de l'Institut international de physique Solvay. Gauthier-Villars, Paris 1928, p. 143–181.

Boyer, Carl B. [1985]: A history of mathematics. Princeton University Press, Princeton N.J., 1985.

Bromberg, Joan [1971]: The impact of the neutron: Bohr and Heisenberg. Historical Studies in the Physical Sciences 3 (1971), p. 307–341.

Brush, Stephen G. [2015]: Mathematics as an instigator of scientific revolution. Sci. & Educ. 24 (2015), p. 495–513.

Christoph, Walter; Hanle, Wilhelm [1933]: Zum Mechanismus des Geiger-Müllerschen Zählrohrs. Physikal. Zeitschrift 34 (1933), S. 641–645.

Clebsch, Alfred [1865]: Ueber diejenigen Curven, deren Coordinaten sich als elliptische Functionen eines Parameters darstellen lassen. Journal f. d. reine u. angewandte Math. 64 (1865), S. 210–270.

Condon, Edward Uhler [1938]: Mathematical models in modern physics. Journal of the Franklin Institute 225 (1938), p. 255–261.

Corry, Leo [1992]: Nicolas Bourbaki and the concept of mathematical structure, Synthese 92 (1992), S. 315–348.

Courant, Richard; Hilbert, David [1924]: Methoden der mathematischen Physik. Bd. 1. Springer, Berlin 1924. (Die Grundlehren der mathematischen Wissenschaften in Einzeldarstellungen mit besonderer Berücksichtigung ihrer Anwendungsgebiete, Bd. 12).

Cremer, Hubert [1967/68]: Erinnerungen an Paul Koebe. Jahresber. d. Deutschen Mathematiker-Vereinigung 70 (1967/68), S. 158–161.

Dahlke, W.; Hettner, Gerhard [1940]: Die Leistungsgrenze thermischer Strahlungsmeßinstrumente. Zeitschrift f. Physik 117 (1940), S. 74–80

Damköhler, Wilhelm [1935]: Über indefinite Variationsprobleme. Mathematische Annalen 110 (1935), S. 230–283.

Damköhler, Wilhelm [1937]: Struktur der geschlossenen rektifizierbaren Kurven. Journal f. d. reine u. angewandte Math. 177 (1937), S. 37–54.

Damköhler, Wilhelm [1938]: Funktionen geringster Steilheit. Mathematische Annalen 116 (1938), S. 104–154.

Damköhler, Wilhelm [1940]: Zur Frage der Äquivalenz indefiniter Variationsprobleme mit definiten. Sitzungsber. d. Bayer. Akad. d. Wiss., math.-naturwiss. Abteilung, München 1940, S. 1–14.

Damköhler, Wilhelm [1947]: Über die Äquivalenz indefiniter mit definiten isoperimetrischen Variationsproblemen. Mathematische Annalen 120 (1947), S. 297–306.

Damköhler, Wilhelm; Hopf, Eberhard [1947]: Über einige Eigenschaften von Kurvenintegralen und über die Äquivalenz von indefiniten mit definiten Variationsproblemen. Mathematische Annalen 120 (1947), S. 12–20.

Debye, Peter; Falkenhagen, Hans [1928a]: Dispersion der Leitfähigkeit und der Dielektrizitätskonstante bei starken Elektrolyten. Physikal. Zeitschrift 29 (1928), S. 121–132.

Debye, Peter; Falkenhagen, Hans [1928b]: Dispersion der Leitfähigkeit und der Dielektrizitätskonstante starker Elektrolyte. Physikal. Zeitschrift 29 (1928), S. 401–426.

Debye, Peter; Hückel, Erich [1923]: Zur Theorie der Elektrolyte II. Das Grenzgesetz für die elektrische Leitfähigkeit. Physikal. Zeitschrift 24 (1923), S. 305–325.

Deuring, Max [1937]: Arithmetische Theorie der Korrespondenzen algebraischer Funktionenkörper. I. Journal f. d. reine u. angewandte Math. 177 (1937), S. 161–191.

Deuring, Max [1941a]: Arithmetische Theorie der Korrespondenzen algebraischer Funktionenkörper. II. Journal f. d. reine u. angewandte Math. 183 (1941), S. 25–36.

Deuring, Max [1941b]: Die Typen der Multiplikatorenringe elliptischer Funktionenkörper. Abh. math. Sem. Hansische Univ. Hamburg 14 (1941), S. 197–272.

Deuring, Max [1942a]: Zur Theorie der Moduln algebraischer Funktionenkörper. Mathematische Zeitschrift 47 (1942), S. 34–46.

Deuring, Max [1942b]: Invarianten und Normalformen elliptischer Funktionenkörper. Mathematische Zeitschrift 47 (1942), S. 47–56.

Deuring, Max [1942c]: Reduktion algebraischer Funktionenkörper nach Primdivisoren des Konstantenkörpers. Mathematische Zeitschrift 47 (1942), S. 643–654.

Dieudonné, Jean [1981]: History of functional analysis. North-Holland Publishing Company, Amsterdam, [u. a.] 1981 (Notas de matemática, 77) (North-Holland mathematics studies, 49).

Dirac, Paul A. M. [1930]: Die Prinzipien der Quantenmechanik. Ins Deutsche übertragen v. Werner Bloch. Hirzel, Leipzig 1930.

Dirac, Paul A. M. [1931]: Quantised singularities in the electromagnetic field. Proc. London Math. Soc. Ser. A, 133 (1931), S. 60–72.

Dittler, Rudolf; [u. a.] [1931]: Handwörterbuch der Naturwissenschaften. 2. Auflage, 10 Bde., Fischer, Jena 1931–1935.

Dittrich, Gerhard [1924]: Die Theorie des Fermatquotienten. Universität Jena 1924 [Dissertation].

Drosdziok, Siegfried [1973]: Magnetomechanische Verstärkung und Erzeugung mechanischer Schwingungen. Applied Physics, A. Materials science & processing 2 (1973), S. 31–38.

Eichhorn, Gerhard; Hettner, Gerhard [1948]: Die grundsätzliche Leistungsfähigkeit von Strahlungsmeßinstrumenten. Annalen der Physik, 5. F., 3 (1948), S. 120–123.

Einstein, Albert [1915a]: Zur allgemeinen Relativitätstheorie. Sitzungsber. der Königl. Preuss. Akad. d. Wiss. Berlin 1915, S. 778–786; Nachtrag. Ebenda, S. 799–801.

Einstein, Albert [1915b]: Die Feldgleichungen der Gravitation. Sitzungsber. der Königl. Preuß. Akad. d. Wiss. Berlin 1915, S. 844–847.

Einstein, Albert [1916]: Die Grundlage der allgemeinen Relativitätstheorie. Barth, Leipzig 1916. [Sonderdruck aus: Annalen der Physik, 4. F., 49 (1916), S. 769–822].

Einstein, Albert [2002]: Was ist Relativitäts-Theorie? In: Janssen, Michel; [u. a.] (Hrsg.): The collected papers of Albert Einstein. The Berlin years: writings 1918–1921. Princeton University Press, Princeton NJ, [u. a.] 2002, S. 206–209.

Einstein, Albert; Grossmann, Marcel [1913]: Entwurf einer verallgemeinerten Relativitätstheorie und einer Theorie der Gravitation. Zeitschrift f. Math. u. Physik 62 (1913), S. 225–261.

Einstein, Albert; Grossmann, Marcel [1914]: Kovarianzeigenschaften der Feldgleichungen der auf die verallgemeinerte Relativitätstheorie gegründeten Gravitationstheorie. Zeitschrift f. Math. u. Physik 63 (1914), S. 215–225.

Esau, Abraham [1925]: Kurze elektrische Wellen und ihre Anwendung in der drahtlosen Telegraphie. Elektrotechn. Zeitschrift 46 (1925), 1869–1874.

Esau, Abraham [1926a]: Versuche mit kurzen elektrischen Wellen. (Vorläufige Mitteilung) Elektrotechn. Zeitschrift 47 (1926), 62–69.

Esau, Abraham [1926b]: Richtcharakteristiken von Antennenkombinationen. Zeitschrift f. Hochfrequenztechnik: Jahrbuch der drahtlosen Telegraphie und Telephonie 27 (1926), 142–150; ~ (Fortsetzung). Ebenda, 28 (1926), S. 1–12; ~ (Schluß). Ebenda, S. 147–156.

Esau, Abraham [1926c]: Über das Verhalten von Empfängern bei Polarisationsänderungen der elektrischen Wellen. (Fadingerscheinungen). Zeitschrift f. Hochfrequenztechnik: Jahrbuch der drahtlosen Telegraphie und Telephonie 28 (1926), 50–53.

Esau, Abraham [1927a]: Über die Bestimmung des Neigungswinkels elektrischer Wellen und die Ausschaltung geneigt einfallender Wellen am Empfänger. Zeitschrift f. Hochfrequenztechnik: Jahrbuch der drahtlosen Telegraphie und Telephonie 29 (1927), 4–10.

Esau, Abraham [1927b]: Die Vergrößerung des Empfangsbereiches bei Doppelrahmen- und Doppelcardioidenanordnungen durch Goniometer. Zeitschrift f. Hochfrequenztechnik: Jahrbuch der drahtlosen Telegraphie und Telephonie 30 (1927), 141–151.

Esau, Abraham [1927c]: Rahmen- und Goniometerpeilanordnungen. Zeitschrift f. Hochfrequenztechnik: Jahrbuch der drahtlosen Telegraphie und Telephonie 30 (1927), 181–190; ~ (Schluß). Ebenda 31(1928), 15–23.

Esau, Abraham [1927d]: Dämpfungsuntersuchung von Materialien. In: Schwingungs-Tagung. Sitzung des erweiterten Ausschusses im Verein Deutscher Ingenieure am 25. und 26. März 1927 in Braunschweig. Ausführliche Auszüge der Vorträge. Hrsg. vom Wissenschaftlichen Beirat des Vereines Deutscher Ingenieure. VDI-Verlag, Berlin 1927, S. 5–6.

Esau, Abraham [1930]: Über die Relaxationszeit einiger Werkstoffe bei dynamischer Beanspruchung. Zeitschrift f. techn. Physik 11 (1930), S. 492–495.

Esau, Abraham [1931]: Über den Quereffekt der Magnetostriktion. Physikal. Zeitschrift 32 (1931), S. 483–485.

Esau, Abraham, Ahrens, Erhard; Kuebel, W. [1939]: Über die Durchlässigkeit von Drahtgittern für elektrische Wellen. Hochfrequenztechnik u. Elektroakustik: Jahrbuch der drahtlosen Telegraphie und Telephonie 53 (1939), S. 113–115.

Esau, Abraham; Bäz, G. [1937]: Reflexions- und Absorptionsmessungen an Wasser und Alkoholen bei Zentimeterwellen. Physikal. Zeitschrift 38 (1937), S. 774–775.

Esau, Abraham; Busse, E. [1930]: Ueber die Erwärmung von festen und flüssigen Isolatoren in Wechselfeldern sehr hoher Frequenz. Zeitschrift f. Hochfrequenztechnik: Jahrbuch der drahtlosen Telegraphie und Telephonie 35 (1930), S. 9–11.

Esau, Abraham; Goebeler, E. [1928]: Empfangsstörungen durch Elektromotore und ihre Beseitigung. Zeitschrift f. Hochfrequenztechnik: Jahrbuch der drahtlosen Telegraphie und Telephonie 31 (1928), S. 17–20.

Esau, Abraham; Hempel, M. [1930a]: Über die Eigenfrequenz von einseitig eingespannten Stäben. Zeitschrift f. techn. Physik 11 (1930), S. 23–24.

Esau, Abraham; Hempel, M. [1930b]: Über die Eigenfrequenz einseitig eingespannter prismatischer Stäbe mit Zusatzmassen am freien Ende. Zeitschrift f. techn. Physik 11 (1930), S. 150–153.

Esau, Abraham; Köhler, W. [1933]: Ausbreitungsversuche mit der 1,3 m-Welle. Hochfrequenztechnik u. Elektroakustik: Jahrbuch der drahtlosen Telegraphie und Telephonie 41 (1933), S. 153–156.

Esau, Abraham; Kortum Herbert [1931]: Einfluß der Gleichstrom-Magnetisierung auf die Werkstoffdämpfung bei Drehschwingungen. Forschung auf dem Gebiete des Ingenieurwesens, Ausg. A: Zeitschrift Technische Mechanik und Thermodynamik 2 (1931), S. 429–434.

Esau, Abraham; Kortum Herbert [1932a]: Über einen Effekt, den ferromagnetische Stoffe im elektromagnetischen Felde zeigen. Zeitschrift f. Physik 73 (1932), S. 602–619.

Esau, Abraham; Kortum Herbert [1932b]: Einfluß der Wechselstrom-Magnetisierung auf die Werkstoffdämpfung bei Drehschwingungen. Forschung auf dem Gebiete des Ingenieurwesens/A 3 (1932), S. 144–150.

Esau, Abraham; Kortum Herbert [1933]: Die Veränderlichkeit der Werkstoffdämpfung. Zeitschrift des Vereines Deutscher Ingenieure 77 (1933), S. 1133–1135.

Esau, Abraham; Pätzold, Johannes; Ahrens, Erhard: [1936]: Temperaturmessung an geschichteten biologischen Geweben bei Frequenzen von $\nu = 2,7 \times 10^7$ Hz bis $\nu = 1,2 \times 10^9$ Hz. Die Naturwissenschaften 24 (1936), S. 520–521.

Esau, Abraham; Pätzold, Johannes, Ahrens, Erhard: [1938]: Temperaturverteilung in geschichteten biologischen Geweben nach der Behandlung im elektromagnetischen Strahlenfeld mit Luft als Außenmedium. Die Naturwissenschaften 26 (1938), S. 477–478.

Esau, Abraham; Roth, O.H. [1936]: Empfangsstörungen durch Ultrakurzwellen-Diathermieapparate. Hochfrequenztechnik u. Elektroakustik: Jahrbuch der drahtlosen Telegraphie und Telephonie 48 (1936), S. 113–117.

Esau, Abraham; Voigt, E. [1930a]: Verbesserungen an der Materialprüfmaschine für Zug-Druckbeanspruchung. Vorspannung und Selbsterregung. Zeitschrift f. techn. Physik 11 (1930), S. 55–58.

Esau, Abraham; Voigt, E. [1930b]: Beiträge zum Verhalten von Werkstoffen bei dynamischer Beanspruchung. Zeitschrift f. techn. Physik 11 (1930), S. 78–81.

Esau, Abraham; Voigt, E. [1930c]: Über das Auftreten von anharmonischen Schwingungen bei dynamischen Materialuntersuchungen nach dem Zug-Druckverfahren. Zeitschrift f. techn. Physik 11 (1930), S. 113–114.

Eucken, Arnold (Hrsg.) [1914]: Die Theorie der Strahlung und der Quanten. Verhandlungen auf einer von E. Solvay einberufenen Zusammenkunft (30. Oktober bis 3. November 1911). In deutscher Sprache herausgegeben von A. Eucken. Verlag Wilhelm Knapp, Halle 1914 (Abhandlungen der Deutschen Bunsen-Gesellschaft für angewandte physikalische Chemie, Bd. 7).

Euler, Leonhard [1911]: Vollständigere Theorie der Maschinen, die durch Reaktion des Wassers in Bewegung versetzt werden. Hrsg. von E.A. Brauer und M. Winkelmann. Engelmann, Leipzig 1911. (Ostwald's Klassiker der exacten Wissenschaften, Nr. 182).

Euler, Hans; Heisenberg, Werner [1938]: Theoretische Gesichtspunkte zur Deutung der kosmischen Strahlung. Ergebnisse der exakten Naturwissenschaften, Bd. 17, 1938, S. 1–69.

Feigl, Georg [1932]: [Besprechung von:] R. König; M. Krafft: Elliptische Funktionen. Jahrbuch über die Fortschritte der Mathematik, Jahrgang 1928. Bd. 54 (1932), S. 401 f.

Fermi, Enrico [1928]: Statistische Methode zur Bestimmung einer Eigenschaft des Atoms und ihre Anwendung auf die Theorie des periodischen Systems der Elemente. Zeitschrift f. Physik 48 (1928), S. 73–79.

Fischer, O.; Hanle, Wilhelm [1932]: Über photographische Messung von Anregungsfunktionen im Argonspektrum. Zeitschrift f. wissenschaftl. Photographie, Photophysik und Photochemie 30 (1932), S. 141–146.

Försterling, Karl [1923]: Über die Fortpflanzung elektrischer Wellen an einem geraden Metalldraht, der mit einem leitenden Mantel versehen ist. Annalen der Physik, 4. F., 72 (1923), S. 30–57.

Frege, Gottlob [1893]: Grundgesetze der Arithmetik. Bd. 1. Pohl, Jena 1893; Bd. 2. Ebenda, 1903.

Frege, Gottlob [1903]: Über die Grundlagen der Geometrie. Jahresber. d. Deutschen Mathematiker-Vereinigung 12 (1903), S. 319–324; 2: Ebenda, S. 368–375.

Frege, Gottlob [1904]: Was ist eine Funktion? In: Meyer, Stefan (Hrsg.): Festschrift Ludwig Boltzmann gewidmet zum sechzigsten Geburtstage 20. Februar 1904. Barth, Leipzig 1904, S. 656–666.

Frege, Gottlob [1906a]: Über die Grundlagen der Geometrie I. Jahresber. d. Deutschen Mathematiker-Vereinigung 15 (1906), S. 293–309; 2: Ebenda, S. 377–403; 3: Ebenda, S. 423–430.

Frege, Gottlob [1906b]: Antwort auf die Ferienplauderei des Herrn Thomae. Jahresber. d. Deutschen Mathematiker-Vereinigung 15 (1906), S. 586–590.

Frege, Gottlob [1908]: Die Unmöglichkeit der Thomaeschen formalen Arithmetik aufs Neue nachgewiesen. Jahresber. d. Deutschen Mathematiker-Vereinigung 17 (1908), S. 52–55; Schlussbemerkung. Ebenda, S. 56.

Frege, Gottlob [1918]: Logische Untersuchungen. 1: Der Gedanke. Beiträge zur Philosophie des deutschen Idealismus 1 (1918/19), S. 58–77; 2: Die Verneinung. Ebenda, S. 143–157; 3: Gedankengefüge. Ebenda 3 (1923), S. 36–51.

Fürth [1932]: [Besprechung von:] Joos, Georg: Lehrbuch der theoretischen Physik. 2. Aufl. 1932. Zentralblatt für Mathematik und ihre Anwendungen. 5 (1933), S. 328–329.

Gabriel, Gottfried; Dathe, Uwe (Hrsg.) [2000]: Gottlob Frege. Werk und Wirkung. Mit den unveröffentlichten Vorschlägen für ein Wahlgesetz von Gottlob Frege. Mentis, Paderborn 2000.

Gearhart, Clayton A. [2008]: Max Planck and black-body radiation. In: Hoffmann, Dieter (Hrsg.): Max Planck: Annalen papers. Wiley-VCH, Weinheim 2008, p. 395–418.

Geiger, Hans; Fünfer, Ewald [1935]: Die verschiedenen Strahlenarten im Gesamtbild der kosmischen Ultrastrahlung. Zeitschrift f. Physik 93 (1935), S. 543–555.

Gellai, Barbara [2010]: The intrinsic nature of things. The life and science of Cornelius Lanczos. American Mathematical Society, Providence RI, 2010.

Gerlach, Dieter [2009]: Geschichte der Mikroskopie. Harri Deutsch Verlag, Frankfurt/Main 2009.

Göpfert, Hartwig [2002]: Carl Johannes Thomae und die Entwicklung der Mathematik an der Universität Jena in der Zeit von 1879 bis 1914. Hain, Rudolstadt, Jena 2002.

Gramel, Richard [1939]: Ein neues Verfahren zur Lösung technischer Eigenwertprobleme. Ingenieur-Archiv 10 (1939), S. 35–46.

Grell, Heinrich [1928]: Beweis einer Normenrelation. Sitzungsberichte der Physikalisch-Medizinischen Sozietät zu Erlangen 60 (1928), 161–168.

Grell, Heinrich [1930a]: Zur Normentheorie in hyperkomplexen Systemen. Journal f. d. reine u. angewandte Math. 162 (1930), S. 60–62.

Grell, Heinrich [1930b]: Zur Verzweigungstheorie in maximalen Ordnungen Dedekindscher hyperkomplexer Systeme und in allgemeinen Ordnungen algebraischer Zahl- und Funktionenkörper (Vortragsbericht). Jahresber. d. Deutschen Mathematiker-Vereinigung 39 (1930), Angelegenheiten der Deutschen Mathematiker-Vereinigung S. 17–18.

Grell, Heinrich [1935]: Über die Gültigkeit der gewöhnlichen Idealtheorie in endlichen algebraischen Erweiterungen erster und zweiter Art. Mathematische Zeitschrift 40 (1935), S. 503–505.

Grossmann, E.; Wien, Max [1931]: Über den Einfluß der Umgebung auf die Frequenz eines Schwingquarzes. Physikal. Zeitschrift 32 (1931), S. 377–378.

Guth, Dorothea; [u. a.]: Zur Geschichte der Forschungseinrichtungen für Seismologie in Jena von 1899–1969. AdW der DDR, Forschungsbereich Kosmische Physik, Zentralinstitut für Physik der Erde, Potsdam 1974 (Als Manuskript gedruckt).

Gutzmer, August [1900]: Zum Gedächtnis. Luis Gonzaga Gascó. Jahresber. d. Deutschen Mathematiker-Vereinigung 8 (1900), S. 26–27.

Gutzmer, August [1904a]: Nombres dont les carrés se terminent par les mêmes chiffres. Mathesis, 3. F., 4 (1904), S. 269–270.

Gutzmer, August [1904b]: Über die auf die Anwendungen gerichteten Bestrebungen im mathematischen Unterricht der deutschen Universitäten. Jahresber. d. Deutschen Mathematiker-Vereinigung 13 (1904), S. 517–523 (Vortrag, gehalten am 9. August 1904 auf dem III. Internationalen Mathematiker-Kongress zu Heidelberg).

Gutzmer, August [1904c]: Bericht über die Jahresversammlung in Breslau. Jahresber. d. Deutschen Mathematiker-Vereinigung 13 (1904), S. 561–565.

Gutzmer, August [1904d]: Geschichte der Deutschen Mathematiker-Vereinigung von ihrer Begründung bis zur Gegenwart. Teubner, Leipzig 1904.

Gutzmer, August [1905a]: Kurze Bemerkung über gewisse lineare Differentialgleichungen. Jahresber. d. Deutschen Mathematiker-Vereinigung 14 (1905), S. 450–453.

Gutzmer, August [1905b]: Reformvorschläge für den mathematischen und naturwissenschaftlichen Unterricht (Entworfen von der Unterrichtskommission der Gesellschaft Deutscher Naturforscher und Ärzte. Nebst einem allgemeinen Bericht über die bisherige Tätigkeit der Kommission). Zeitschrift f. math. u. naturwis. Unterricht 36 (1905), S. 533–580; 2. Teil. Ebenda 37 (1906), S. 409–426.

Gutzmer, August (Hrsg.) [1908]: Die Tätigkeit der Unterrichtskommission der Gesellschaft Deutscher Naturforscher und Ärzte. Gesamtbericht. Teubner, Leipzig, Berlin 1908.

Gutzmer, August (Hrsg.) [1914]: Die Tätigkeit des deutschen Ausschusses für den Mathematischen und Naturwissenschaftlichen Unterricht in den Jahren 1908 bis 1913. Teubner, Leipzig, Berlin 1914.

Haas, Arthur Erich [1919]: Einführung in die theoretische Physik. Veit & Co., Leipzig 1919.

Hackel, Walter; Wien, Max [1937]: Dioxan-Wasser-Gemische als Vergleichsflüssigkeit bei Hochfrequenz. Physikal. Zeitschrift 38 (1937), S. 767–770.

Haft, G.; Hanle, Wilhelm [1931]: Empfindliche photographische Platten für Rot und Ultrarot. Zeitschrift f. wissenschaftl. Photographie, Photophysik und Photochemie 28 (1931), S. 374–376.

Hagn, Harald [1994]: Das Thüringische Statistische Landesamt (1921–1945). In: Thüringer Landesamt für Statistik (Hrsg.): Statistisches Monatsheft. Dezember 1994. Erfurt 1994, S. 13–18.

Hagn, Harald [1996]: 75 Jahre Statistisches Landesamt in Thüringen. Thüringer Landesamt für Statistik, Erfurt 1996.

Hanle, Wilhelm [1931a]: Über eine Anomalie bei der Polarisation der Ramanstrahlung. Die Naturwissenschaften 19 (1931), S. 375.

Hanle, Wilhelm [1931b]: Über zirkulare Polarisation beim Ramaneffekt. Physikal. Zeitschrift 32 (1931), S. 556–558.

Hanle, Wilhelm [1931c]: Untersuchungen über die zirkulare Polarisation der Ramanlinien. I. Annalen der Physik, 5. F., 11 (1931), S. 885–904; II. Ebenda 5. F., 15 (1932), S. 345–360.

Hanle, Wilhelm [1932a]: Neue Messungen der Lichtausbeute bei Elektronen- und Ionenstoß. Physikal. Zeitschrift 33 (1932), S. 245–247.

Hanle, Wilhelm [1932b]: Lichterregung. In: Dittler; [u. a.] 1931, Bd. 6, 1932, S. 255–283.

Hanle, Wilhelm [1932c]: Magnetooptik. In: Dittler; [u. a.] 1931, Bd. 6, 1932, S. 750–766.

Hanle, Wilhelm [1933a]: Elektrische Leitfähigkeit. A. Gase. In: Eucken, Arnold; Wolf, Karl Lothar (Hrsg.): Hand- und Jahrbuch der chemischen Physik. Bd. 6: Elektrizität und Materie. Abschn. II. Elektrische Leitfähigkeit. Akademische Verlagsgesellschaft, Leipzig 1933, S. 1–116.

Hanle, Wilhelm [1933b]: Umkehrung der Zirkularpolarisation bei der Thalliumfluoreszenz. Zeitschrift f. Physik 85 (1933), S. 300–303.

Hanle, Wilhelm [1933c]: Die Trägheitslosigkeit des diamagnetischen Faradayeffekts. Zeitschrift f. Physik 85 (1933), S. 304–309.

Hanle, Wilhelm [1933d]: Elektromagnetische Wellen. Spektrum und Erzeugung. In: Dittler; [u. a.] 1931, Bd. 3, 1933, S. 462–480.

Hanle, Wilhelm [1933e]: Elektrooptik. In: Dittler; [u. a.] 1931, Bd. 3, 1933, S. 512–531.

Hanle, Wilhelm [1935]: Wärmestrahlung. In: Dittler; [u. a.] 1931, Bd. 10, 1935, S. 467–484.

Hanle, Wilhelm [1936]: III. Anregung von Spektren. In: Eucken, Arnold; Wolf, Karl Lothar (Hrsg.): Hand- und Jahrbuch der chemischen Physik. Bd. 9: Die Spektren. Abschn. III und IV. Akademische Verlagsgesellschaft, Leipzig 1936, S. 1–140.

Hanle, Wilhelm [1939a]: Untersuchungen zur Frage der Trägheit des Faraday-Effektes. Zeitschrift f. Physik 114 (1939), S. 418–426.

Hanle, Wilhelm [1939b]: Künstliche Radioaktivität und ihre kernphysikalischen Grundlagen. Fischer, Jena 1939.

Hanle, Wilhelm [1989]: Memoiren. I. Physikalisches Institut der Justus-Liebig-Universität Gießen, Gießen 1989.

Hanle, Wilhelm; Heidenreich, F. [1934]: Die Verbreiterung der Rayleighlinien. Physikal. Zeitschrift 35 (1934), S. 1008.

Hanle, Wilhelm; Heidenreich, F. [1935]: Die Polarisation des Ramanstreulichtes. Zeitschrift f. techn. Physik 16 (1935), S. 457–459.

Hanle, Wilhelm; Junkelmann, Richard [1936]: Energie und Geschwindigkeit als Parameter der Stoßanregung. Physikal. Zeitschrift, 37 (1936), S. 593–594.

Hanle, Wilhelm; Larché, K. [1932]: Elektronen-, Ionen- und Atomstoßleuchten. Physikal. Zeitschrift, 33 (1932), S. 884–887.

Hanle, Wilhelm; Leiste, Ernst [1934]: Glühelektrische Erscheinungen. In: Dittler; [u. a.] 1931, Bd. 5, 1935, S. 274–290.

Hanle, Wilhelm; Maercks, O. [1939]: Die Trägheit des Kerr-Effekts. Zeitschrift f. Physik 114 (1939), S. 407–417.

Hanle, Wilhelm; Nöller, W. [1936]: Spektrale Untersuchung der Fadenstahlentladung. Physikal. Zeitschrift, 37 (1936), S. 412–414.

Hanle, Wilhelm; Richter, Eitel Friedrich [1929]: Polarisationserscheinungen bei der stufenweisen Anregung der Fluoreszenz von Quecksilberdampf. Zeitschrift f. Physik 54 (1929), S. 811–818.

Hanle, Wilhelm; Schaffernicht, W. [1930]: Messung der Lichtausbeute im Quecksilberspektrum bei Elektronenstoßanregung. Annalen der Physik, 5. F., 6 (1930), S. 905–931.

Hasse, Helmut; Schmidt, Friedrich Karl [1937]: Noch eine Begründung der höheren Differentialquotienten in einem algebraischen Funktionenkörper einer Unbestimmten. Journal f. d. reine u. angewandte Mathematik 177 (1937), S. 215–237; Berichtigung zur Arbeit: Noch eine Begründung ... Ebenda, 178 (1937), S. 128

Haußner, Robert [1889]: Die Bewegung eines von zwei festen Centren nach dem Newton'schen Gesetze angezogenen materiellen Punktes. Kästner, Göttingen 1889. (Dissertation, Göttingen 1888.)

Haußner, Robert [1902]: Darstellende Geometrie. 1: Elemente, Ebenflächige Gebilde. 1. Aufl., Göschen, Leipzig 1902; 2: Perspektive ebener Gebilde, Kegelschnitte. 1. Aufl., Ebenda 1908; 3: Zylinder, Kegel, Kugel, Rotations- Schraubenflächen, Schattenkonstruktionen, Axonometrie. de Gruyter, Berlin 1931; 4: Freie und gebundene Perspektive, Photogrammetrie, kotierte Projektion. Ebenda, 1933 (Sammlung Göschen, Bde. 142–144; 1063). [Verfasser ab Bd. 3: Haußner, Robert; Haack, Wolfgang]

Haußner, Robert (Hrsg.) [1906]: Abhandlungen über die regelmäßigen Sternkörper: Abhandlungen von L. Poinsot (1809), A. L. Cauchy (1811), J. Bertrand (1858), A. Cayley (1859). Übersetzt und hrsg. Engelmann, Leipzig 1906 (Ostwald's Klassiker der exacten Wissenschaften, Bd. 151).

Haußner, Robert [1922]: Über die Stäckelschen Lückenzahlen und den Goldbachschen Satz. Jahresber. d. Deutschen Mathematiker-Vereinigung 31 (1922), S. 115–124.

Haußner, Robert [1926]: Über die Kongruenzen für die Primzahlen $2^{p-1}-1\equiv0$ (mod p^2) p=1093 und 3511. Archiv for mathematik og naturvedenskab 39 (1926), Nr. 5.

Haußner, Robert [1927a]: Über numerische Lösungen der Kongruenz $K^{p-1}-1\equiv0$ (mod p^2). Journal f. d. reine u. angewandte Math. 156 (1927), S. 223–226.

Haußner, Robert [1927b]: Untersuchungen über Lückenzahlen und den Goldbachschen Satz. Journal f. d. reine u. angewandte Math. 158 (1927), S. 173–194.

Haußner, Robert [1932]: Über die Verteilung von Lücken- und Primzahlen. Journal f. d. reine u. angewandte Math. 167 (1932), S. 424–426; Ebenda 168 (1932), S. 192.

Heffter, Lothar; Koehler, Carl [1905]: Lehrbuch der analytischen Geometrie. 1: Geometrie in den Grundgebilden erster Stufe und in der Ebene. Teubner, Leipzig, Berlin 1905.

Heidelberger, Michael [2002]: Weltbildveränderungen in der modernen Physik vor dem Ersten Weltkrieg. In: Bruch, Rüdiger von; Kaderas, Brigitte (Hrsg.): Wissenschaften und Wissenschaftspolitik. Bestandsaufnahmen zu Formationen, Brüchen und Kontinuitäten im Deutschland des 20. Jahrhunderts. Steiner, Stuttgart 2002, S. 84–96.

Hermes, Hans; [u. a.] (Hrsg.) [1976]: Frege, Gottlob: Nachgelassene Schriften und wissenschaftlicher Briefwechsel. Bd. 1: Nachgelassene Schriften. 2. revidierte u. erweiterte Auflage. Meiner, Hamburg 1983; Bd. 2: Wissenschaftlicher Briefwechsel. 1. Auflage. Ebenda 1976.

Herzberger, Max [1927a]: Homöoplanatische Abbildungen in optischen Systemen. [Vorträge der Kissinger Versammlung der Gesellschaft für angewandte Mathematik und Mechanik], Zeitschrift f. angewandte Mathematik u. Mechanik 7 (1927), S. 455–457.

Herzberger, Max [1927b]: Über die gleichmäßige Abbildung einer Fläche durch optische Systeme. Die Naturwissenschaften 16 (1928), S. 507–511.

Herzberger, Max [1928a]: Über die Durchrechnung der Größen zweiter Ordnung durch ein optisches System. Zeitschrift f. angewandte Mathematik u. Mechanik 8 (1928), S. 396–402.

Herzberger, Max [1928b]: Untersuchungen über die Eigenschaften 1. Ordnung von reellen Strahlensystemen. 1. Analytische Darstellung der Theorie. Journal f. d. reine u. angewandte Mathematik 159 (1928), S. 36–48.

Herzberger, Max [1928c]: Geometrische Optik und differentielle Liniengeometrie. [Vorträge der Hamburger Versammlung der Gesellschaft für angewandte Mathematik und Mechanik], Zeitschrift f. angewandte Mathematik u. Mechanik 8 (1928), S. 451 f.

Herzberger, Max [1928d]: Über Sinusbedingung, Kosinusrelation, Isoplanasie- und Homöoplanasiebedingung, ihren Zusammenhang mit energetischen Überlegungen und ihre Ableitung aus dem Fermatschen Gesetz. Zeitschrift f. Instrumentenkunde 48 (1928), S. 313–327, 465–490, 524–540.

Herzberger, Max [1929a]: Ein allgemeines optisches Gesetz. Zeitschrift f. Physik 53 (1929), S. 237–247.

Herzberger, Max [1929b]: Über die geometrische Bedeutung des Rotationswinkels in der Strahlengeometrie. Journal f. d. reine u. angewandte Mathematik 160 (1929), S. 33–37.

Herzberger, Max [1929c]: Versuch eines Neuaufbaus der geometrischen Optik auf Grund eines allgemeinen Satzes. [Vorträge der Prager Versammlung der Gesellschaft für angewandte Mathematik und Mechanik], Zeitschrift f. angewandte Mathematik u. Mechanik 9 (1929), S. 505–506.

Herzberger, Max [1930a]: Über die Umgebung eines Strahls in optischen Systemen. Zeitschrift f. angewandte Mathematik u. Mechanik 10 (1930), S. 467–486 (Habilitationsschrift).

Herzberger, Max [1930b]: Über die Eigenschaften 1. Ordnung längs eines Strahls in allgemeinen reellen Strahlensystemen. Jahresber. d. Deutschen Mathematiker-Vereinigung 39 (1930), S. 89–116.

Herzberger, Max [1930c]: Über nahfeldscharfe Abbildung. Physikal. Zeitschrift 31 (1930), S. 805 f.

Herzberger, Max [1930d]: Die Abhängigkeit der Seidelschen Bildfehler von der Objektlage. Zeitschrift f. technische Physik 11 (1930), S. 455–458.

Herzberger, Max [1931a]: Über Anwendung der Grundgesetze der geometrischen Optik auf andere Variationsprobleme der Physik. Physikal. Zeitschrift 32 (1931), S. 551–553.

Herzberger, Max [1931b]: Abbildungslehre, geometrisch – optische. In: Dittler; [u. a.] 1931. Bd. 1. 1931, S. 9–21.

Herzberger, Max [1931c]: Strahlenoptik. Springer, Berlin 1931 (Grundlehren der mathematischen Wissenschaften in Einzeldarstellungen mit besonderer Berücksichtigung der Anwendungsgebiete, Bd. 35).

Herzberger, Max [1932a]: Die Gesetze zweiter Ordnung in einfach-symmetrischen Systemen. Zeitschrift f. Physik 74 (1932), S. 88–109.

Herzberger, Max [1932b]: Linsen, Linsensysteme und Prismen. In: Dittler; [u. a.] 1931. Bd. 6. 1932, S. 476–487.

Herzberger, Max; Boegehold, Hans [1928]: Zum allgemeinen Kosinussatz. Zeitschrift f. Physik 50 (1928), S. 187–194.

Herzberger, Max; Boegehold, Hans [1930a]: Die optische Abbildung eines endlichen Ebenenstückes durch eine Umdrehungsfolge. Zeitschrift f. Physik 61 (1930), S. 15–30.

Herzberger, Max; Boegehold, Hans [1930b]: Über die nahfeldscharfe Abbildung durch eine achsensymmetrische Folge bei endlicher Öffnung des abbildenden Bündels. Zeitschrift f. angewandte Mathematik u. Mechanik 10 (1930), S. 585–594.

Herzberger, Max; Boegehold, Hans [1930c]: Bezeichnungsfrage in der geometrischen Optik. Teil 1. Deutsche optische Wochenschrift 16 (1930), S. 737 f., Teil 2. Ebenda, S. 749–751.

Herzberger, Max; Boegehold, Hans [1932]: Zur Abbildung eines Flächenelements in Umdrehungssystemen. Zeitschrift f. Physik 78 (1932), S. 445–451.

Hettner, Gerhard [1932]: Eine Doppelbande des festen Chlorwasserstoffs. Zeitschrift f. Physik 78 (1932), S. 141–155.

Hettner, Gerhard [1934]: Die Kernschwingungsbande des festen und flüssigen Chlorwasserstoffs zwischen 20° abs. und 160° abs. Zeitschrift f. Physik 89 (1934), S. 234–243.

Hettner, Gerhard [1936]: Über Kernschwingungen und Rotationen in Molekülkristallen. Physikal. Zeitschrift 37 (1936), S. 153.

Hettner, Gerhard [1937]: Dispersion und Absorption des Wassers im Ultrarot und die Debyesche Dipoltheorie. Physikal. Zeitschrift 38 (1937), S. 771–774.

Hettner, Gerhard [1938]: Zur Theorie der »Rotationsumwandlung«. Annalen der Physik, 5. F., 32 (1938), S. 141–147.

Hettner, Gerhard; Hettner E.; Pohlman, R. [1937]: Dielektrizitätskonstante und elektrische Verluste des festen Chlorwasserstoffes in der Umgebung seines Umwandlungspunktes. Zeitschrift f. Physik 108 (1937), S. 45–54.

Heun, Karl [1900]: Die kinetischen Probleme der wissenschaftlichen Technik. Jahresber. d. Deutschen Mathematiker-Vereinigung 9 (1901), S. 1–123.

Heun, Karl [1914]: Ansätze und allgemeine Methoden der Systemmechanik. In: Klein, Felix; Müller, Conrad (Hrsg.): Encyklopädie der mathematischen Wissenschaften mit Einschluss ihrer Anwendungen. Bd. 4, Teilbd. 2, B. G. Teubner, Leipzig 1914, S. 357–504 (Heft 3).

Hilb, Emil [1925]: [Besprechung von:] Auerbach, Felix: Die Methoden der theoretischen Physik. Physikal. Zeitschrift 26 (1925), S. 362 f.

Hille, Einar [1925]: Auerbach on mathematical physics. Bulletin American Math. Society 31 (1925), S. 555 f.

Hoffmann, Dieter; Stutz, Jürgen [2003]: Grenzgänger der Wissenschaft: Abraham Esau als Industriephysiker, Universitätsrektor und Forschungsmanager. In: Hoßfeld, Uwe; [u. a.] (Hrsg.): »Kämpferische Wissenschaft«. Studien zur Universität Jena im Nationalsozialismus. Böhlau, Köln, Weimar, Wien 2003, S. 136–179.

Hoßfeld, Uwe; John, Jürgen, Stutz, Rüdiger [2003]: »Kämpferische Wissenschaft«: Zum Profilwandel der Jenaer Universität im Nationalsozialismus. In: Hoßfeld, Uwe; [u. a.] (Hrsg.): »Kämpferische Wissenschaft«. Studien zur Universität Jena im Nationalsozialismus. Böhlau, Köln, Weimar, Wien 2003, S. 23–121.

Hund, Friedrich [1927]: Linienspektren und periodisches System der Elemente. Springer, Berlin 1927 (Struktur der Materie in Einzeldarstellungen, 4).

Iagolnitzer, Daniel (Hrsg.) [1995]: XIth International Congress of Mathematical Physics. International Press, Cambridge MA. 1995.

Jaffe, Arthur; Quinn, Frank [1993]: »Theoretical mathematics«: Toward a cultural synthesis of mathematics and theoretical physics. Bulletin American Math. Society. New Serie 29 (1993), S. 1–13.

Jaffe, Arthur; Quinn, Frank [1994]: Reponse to comments on »Theoretical mathematics«. Bulletin American Math. Society. New Serie 30 (1994), S. 208–211.

Jena [2009]: Traditionen – Brüche – Wandlungen. Die Universität Jena 1850–1995. Hrsg. von der Senatskommission zur Aufarbeitung der Jenaer Universitätsgeschichte im 20. Jahrhundert. Böhlau, Köln, Weimar, Wien 2009.

John, Jürgen; Stutz, Rüdiger [2009]: Die Jenaer Universität 1918–1945. In: Jena [2009], S. 270–587.

Joos, Georg [1925a]: Bericht über spektroskopische Nachweise von Isotopen und die Frage des Zusammenhangs zwischen Isotopen und den Trabanten von Spektrallinien. Physikal. Zeitschrift 26 (1925), S. 357–362.

Joos, Georg [1925b]: Gesetzmäßigkeiten in der Hyperfeinstruktur von Spektrallinien. Physikal. Zeitschrift 26 (1925), S. 380–382.

Joos, Georg [1925c]: Die korrespondenzmäßige Deutung des spontanen Auftretens von Spektrallinien des Typs ms-nd. Physikal. Zeitschrift 26 (1925), S. 729–730.

Joos, Georg [1925d]: Zur Frage der Natur der chemischen Bindung: der Bau von $SiCl_4$. Physikal. Zeitschrift 26 (1925), S. 734–737.

Joos, Georg [1925e]: Diamagnetismus und Ionengröße. Zeitschrift f. Physik 32 (1925), S. 835–839.

Joos, Georg [1926a]: Über Farbe und Magnetismus von Ionen. Annalen der Physik, 4. F., 81 (1926), S. 1076–1085.

Joos, Georg [1926b]: Über die Absorption von linear und zirkular polarisiertem Licht. Physikal. Zeitschrift 27 (1926), S. 579–584.

Joos, Georg [1927a]: Zur Theorie des Isotopeneffekts in Linienspektren. Annalen der Physik, 4. F., 83 (1927), S. 1054–1064.

Joos, Georg [1927b]: Anregung der Spektren. In: Wien, W.; Harms, F. (Hrsg.): Handbuch der Experimentalphysik. Bd. 21. Akademische Verlagsgesellschaft, Leipzig 1927, S. 1–202.

Joos, Georg [1928a]: Bemerkung zu meiner Arbeit über Farbe und Magnetismus von Ionen. Annalen der Physik, 4. F., 85 (1928), S. 641–642.

Joos, Georg [1928b]: Die Verlagerung der Reststrahlen ins sichtbare Spektralgebiet. Physikal. Zeitschrift 29 (1928), S. 117–118.

Joos, Georg [1928c]: Die theoretische Deutung von Spannungs- und Frequenzabhängigkeit der elektrolytischen Leitfähigkeiten. Physikal. Zeitschrift 29 (1928), S. 755–760.

Joos, Georg [1929a]: Ergebnisse und Anwendung der Spektroskopie. Ramaneffekt. In: Wien, W.; Harms, F. (Hrsg.) unter Mitarbeit von H. Lenz: Handbuch der Experimentalphysik. Bd. 22. Akademische Verlagsgesellschaft, Leipzig 1929, S. 191–424.

Joos, Georg [1929b]: Atomphysik und Sternphysik. Antrittsvorlesung. Fischer, Jena 1929.

Joos, Georg [1930]: Die Jenaer Wiederholung des Michelsonversuchs. Annalen der Physik, 5. F., 7 (1930), S. 385–407.

Joos, Georg [1931a]: Zur Frage nach der Natur der Langzeitechos. Zeitschrift f. Hochfrequenztechnik: Jahrbuch der drahtlosen Telegraphie und Telephonie 37 (1931), S. 136.

Joos, Georg [1931b]: Atome und Weltall. Ein Vortrag. Frommannsche Buchhandlung, Jena 1931. (Student und Leben H. 3)

Joos, Georg [1932]: Lehrbuch der theoretischen Physik. Akademische Verlagsgesellschaft, Leipzig 1932; 2. Aufl., Ebenda 1934; 3. Aufl., Ebenda 1939; 4. Aufl., Ebenda 1942; 5. Aufl., Ebenda 1943; 6. Aufl., Becker & Erler, Leipzig 1945.

Joos, Georg [1937]: Über die Natur der Hydratbindung bei den Ionen der Übergangselemente; insbesondere beim Co^{+++}-Ion. Annalen der Physik, 5. F., 28 (1937), S. 54–58.

Joos, Georg; Blumentritt, Marianne [1927]: Über das Verhalten Debyescher Elektrolyte bei hohen Feldstärken. Physikal. Zeitschrift 28 (1927), S. 836–838.

Joos, Georg; Damaschun, I. [1931]: Über den Ramaneffekt in anorganischen Komplexsalzlösungen. Physikal. Zeitschrift 32 (1931), S. 553–554.

Joos, Georg; Hüttig, Gustav [1926]: Studien zur Chemie des Wasserstoffs. III. Die Elektronenaffinität des Wasserstoffs. Zeitschrift f. Elektrochemie u. angewandte physikal. Chemie 32 (1926), S. 201–204.

Joos, Georg; Hüttig, Gustav [1927]: Zur Frage der Elektronenaffinität des Wasserstoffs. Zeitschrift f. Physik 40 (1927), S. 331–332.

Joos, Georg; Kaluza, Theodor [1938]: Höhere Mathematik für den Praktiker. An Stelle einer 5. Aufl. des Lehrbuchs d. Differential- u. Integralrechnung von H. A. Lorentz neu bearbeitet. Barth, Leipzig 1938.

Jordan, Pascual [1936]: [Besprechung von:] Wessel, Walter: Diracsche Spintheorie und nichtlineare Feldgleichungen. Zentralblatt für Mathematik und ihre Anwendungen 12 (1936), S. 378.

Jungnickel, Christa; McCormmach, Russell [1986]: Intellectual mastery of nature. Theoretical physics from Ohm to Einstein. 2 vols., University of Chicago Press, Chicago, London 1986.

Karam, Ricardo [2015]: Introduction of the thematic issue on the interplay of physics and mathematics. Sci. & Educ. 24 (2015), p. 487–494.

Kemble, Edwin C. [1929]: The general principles of quantum mechanics. Part 1. Reviews in Modern Physics 1 (1929) (The Physical Review Supplement 1) p. 157–215.

Kline, Morris [1972]: Mathematical thought from ancient to modern times. Oxford University Press, New York, [u. a.] 1972.

Koebe, Paul [1907]: Über die Uniformisierung beliebiger analytischer Kurven. Nachr. Königl. Gesell. d. Wiss. Göttingen, Math.-physik. Kl. 1907, S. 191–210.

Koebe, Paul [1916]: Abhandlungen zur Theorie konformer Abbildungen. II. Die Fundamentalabbildung beliebiger mehrfach zusammenhängender schlichter Bereiche nebst einer Anwendung auf die Bestimmung algebraischer Funktionen zu gegebener Riemannscher Fläche. Acta Mathematica 40 (1916), S. 251–290.; ~. III. Der allgemeine Fundamentalsatz der konformen Abbildungen nebst einer Anwendung auf die konforme Abbildung der Oberfläche einer körperlichen Ecke. Journal f. d. reine u. angewandte Mathematik 147 (1917), S. 67–104; ~. IV. Abbildung mehrfach zusammenhängender schlichter Bereiche auf Schlitzbereiche. Acta Mathematica 41 (1918), S. 305–344; ~. V. Abbildung mehrfach zusammenhängender schlichter Bereiche auf Schlitzbereiche (Fortsetzung). Mathematische Zeitschrift 2 (1918), S. 198–236; ~. VI. Abbildung mehrfach zusammenhängender schlichter Bereiche auf Kreisbereiche. Uniformisierung hyperelliptischer Kurven. (Iterationsmethoden). Mathematische Zeitschrift 7 (1920), S. 235–301.

Koebe, Paul [1919]: Über die Strömungspotentiale und die zugehörenden konformen Abbildungen Riemannscher Flächen. Nachr. Königl. Gesell. d. Wiss. Göttingen, Math. – physik. Kl. 1919, S. 1–46.

Koebe, Paul [1922]: Fundamentalabbildung und Potentialbestimmung gegebener Riemannscher Flächen. Mathematische Zeitschrift 12 (1922), S. 248–254.

Koebe, Paul [1927a]: Allgemeine Theorie der Riemannschen Mannigfaltigkeiten. (Konforme Abbildung und Uniformisierung). Acta Mathematica 50 (1927), S. 27–157.

Koebe, Paul [1927b]: Riemannsche Mannigfaltigkeiten und nichteuklidische Raumformen. (Erste Mittlg.). Sitzungsber. Akad. d. Wiss. Berlin, Math.-physik. Kl. 1927, S. 164–196.

Koebe, Paul [1937]: Hydrodynamische Potentialströmungen in mehrfach zusammenhängenden ebenen Bereichen im Zusammenhang mit der konformen Abbildung solcher Bereiche. (N-Decker-Strömung, N-Schaufel-Strömung, N-Gitter-Strömung.) Ber. über d. Verhandlg. d. Sächs. Akad. d. Wiss. Leipzig, Math.-physik. Kl., 87 (1935), S. 287–318.

König, Robert [1912]: Über die quadratischen Formen mit rationalen Funktionen als Koeffizienten. Monatshefte f. Math. u. Physik 23 (1912), S. 321–346.

König, Robert [1928]: Über Polynomsysteme, die aus der hypozykloidischen Abbildung entspringen. I. Journal f. d. reine u. angewandte Mathematik 159 (1928), S. 67–81.

König, Robert [1932]: Zur Grundlegung der Tensorrechnung. Jahresber. d. Deutschen Mathematiker-Vereinigung. 41 (1932), S. 169–189.

König, Robert [1938]: Über die Umkehrung einer trigonometrischen Reihe. Ber. über d. Verhandlg. Sächs. Akad. d. Wiss. Leipzig, Math.-physik. Kl. 90 (1938), S. 69–82.

König, Robert [1941]: Mathematik als biologische Orientierungsfunktion unseres Bewußtseins. Zeitschrift f. d. math. u. naturw. Unterricht 72 (1941), S. 33–47.

König, Robert; Krafft, Maximilian [1928]: Elliptische Funktionen. de Gruyter & Co., Berlin 1928 (Göschens Lehrbücherei, Gruppe I, Bd. 11).

König, Robert; Peschl, Ernst [1934]: Axiomatischer Aufbau der Operationen im Tensorraum. I. Ber. über d. Verhandlg. d. Sächs. Akad. d. Wiss. Leipzig, Math.-physik. Kl., 86 (1934), S. 129–154; II. Ebenda, S. 267–298; III. Ebenda, S. 383–410.

König, Robert; Schmidt, Hermann [1930]: Über Polynom- und allgemeinere Funktionsysteme, die aus der hypozykloidischen Abbildung entspringen. II. Journal f. d. reine u. angewandte Mathematik 162 (1930), S. 69–113.

König, Robert; Weise, Karl Heinrich [1935]: Axiomatischer Aufbau der Operationen im Tensorraum. IV. Ber. über d. Verhandlg. d. Sächs. Akad. d. Wiss. Leipzig, Math.-physik. Kl., 87 (1935), S. 223–250.

König, Robert; Weise, Karl Heinrich [1951]: Mathematische Grundlagen der höheren Geodäsie und Kartographie. Bd. 1: Das Erdsphäroid und seine konformen Abbildungen. Springer, Berlin, [u. a.] 1951.

Korselt, Reinhold [1903]: Über die Grundlagen der Geometrie. Jahresber. d. Deutschen Mathematiker-Vereinigung 12 (1903), S. 402–407.

Korshenewsky, Nicolaj von; Wien Max [1922]: Entkoppelung elektrischer Systeme. Zeitschrift f. Hochfrequenztechnik: Jahrbuch der drahtlosen Telegraphie und Telephonie 19 (1922), S. 356–382.

Kortum, Herbert [1930a]: Eine Methode zur Bestimmung der Zusatzdämpfung bei der Materialprüfung nach dem Ausschwingverfahren (Zug-Druck-Maschine). Zeitschrift f. techn. Physik 11 (1930) S. 24–26.

Kortum, Herbert [1930b]: Über die Materialdämpfung bei Dauerbeanspruchung durch Torsionsschwingungen. Forschung im Ingenieurwesen 1 (1930) S. 297–307.

Kouneiher, Joseph (Hrsg.) [2018]: Foundations of mathematics and physics one century after Hilbert. New perspectives. Springer, Cham, Berlin, [u. a.] 2018.

Kragh, Helge [2015]: Mathematics and physics: The idea of a pre-established harmony. Sci & Educ. 24 (2015), S. 515–527.

Kreiser, Lothar [2001]: Gottlob Frege. Leben – Werk – Zeit. Meiner, Hamburg 2001.

Kühnau, Rainer [1981]: Paul Koebe und die Funktionentheorie. In: Beckert, Herbert; Schumann, Horst (Hrsg.): 100 Jahre Mathematisches Seminar der Karl-Marx-Universität Leipzig. Deutscher Verlag der Wissenschaften, Berlin 1981, S. 183–194.

Kulenkampff, Helmuth [1926a]: Vergleichende Untersuchungen über die Energie und die luft-ionisierende Wirkung von Röntgenstrahlen verschiedener Wellenlänge. Annalen der Physik, 4. Folge, 79 (1926), S. 97–142.

Kulenkampff, Helmuth [1926b]: Über die Ionisierung von Luft durch Röntgen- und Kathodenstrahlen. Annalen der Physik, 4. Folge, 80 (1926), S. 261–278.

Kulenkampff, Helmuth [1934]: Untersuchungen an Ultrastrahlungskorpuskeln. Zeitschrift f. techn. Physik, 15 (1934), S. 572–573.

Kulenkampff, Helmuth [1935]: Beobachtungen über den Durchgang der Ultrastrahlung durch Materie. Zeitschrift f. techn. Physik, 16 (1935), S. 391–393.

Kulenkampff, Helmuth [1938]: Betrachtungen zur Röntgenbremsstrahlung. Annalen der Physik, 5. Folge, 33 (1938), S. 600–606.

Kulenkampff, Helmuth [1943]: Betrachtungen über die harte Komponente der kosmischen Strahlung. Zeitschrift f. Physik, 120 (1943), S. 561–579.

Kulenkampff, Helmuth; Schmidt, Lore [1943]: Die Energieverteilung im Spektrum der Röntgen-Bremsstrahlung. Annalen der Physik, 5. Folge, 43 (1943), S. 494–512.

Kutschera, Franz von [1989]: Gottlob Frege, eine Einführung in sein Werk. de Gruyter, Berlin 1989 (De-Gruyter-Studienbuch).

Kutta, Wilhem M. [1910]: Über eine mit den Grundlagen des Flugprobleme in Beziehung stehende zweidimensionale Strömung. Sitzungsber. Königl. Bayer. Akad. d. Wiss. München, Math.-physik. Kl., Jg. 1910, H. 2, S. 1–58.

Kutta, Wilhem M. [1911]: Über ebene Zirkulationsströmungen nebst flugtechnischer Anwendungen. Sitzungsber. Königl. Bayer. Akad. d. Wiss. München, Math.-physikal. Kl., Jg. 1911, H. 1, S. 65–125.

Lanczos, Cornelius [1967]: Why mathematics? Irish Mathematics Teachers Association Newsletter 9 (1967), p. 1–5

Lemuth, Oliver; Stutz, Rüdiger [2003]: »Patriotic scientists«: Jenaer Physiker und Chemiker zwischen berufsständigen Eigeninteressen und »vaterländischer Pflichterfüllung«. In: Hoßfeld, Uwe; [u. a.] (Hrsg.): »Kämpferische Wissenschaft«: Studien zur Universität Jena im Nationalsozialismus. Böhlau, Köln, Weimar, Wien 2003, S. 596–678.

Liebmann, Heinrich [1921]: Johannes Thomae. Jahresber. d. Deutschen Mathematiker-Vereinigung 30 (1921), S. 133–144.

Logsdon, Mayme F. I. [1929]: König and Krafft's elliptic functions. Bulletin American Math. Society 35 (1929), S. 877–879.

Maass, Heinrich [1936]: Über eine harte Sekundärstrahlung der Ultrastrahlung. Annalen der Physik, 5. Folge, 27 (1936), S. 507–531.

Maercks, O. [1938]: Ultraschallwellen als optischer Verschluß. Zeitschrift f. Physik 109 (1938), S. 598–605 (Gekürzte Dissertation, Jena).

Maercks, O.; Hanle, Wilhelm [1938]: Eine neue Meßmethode der Trägheit des Kerreffekts. Zeitschrift f. techn. Physik 19 (1938), S. 538–541.

Malsch, Johannes; Wien, Max [1927]: Über eine Nullmethode zur Messung von Widerständen mit kurzen Stromstößen. Annalen der Physik, 4. F., 83 (1927), S. 305–326.

Manin, Yuri [1998]: »Good proofs are proofs that make us wiser.« Interview with Yuri I. Manin by Martin Aigner and Vasco A. Schmidt. Mittteilg. d. Deutschen Mathematiker-Vereinigung H. 2, 1998, S. 40–44

Michels, Richard [1931]: Das Verhalten der magnetischen Anfangspermeabilität bei kurzen elektrischen Wellen. Annalen der Physik, 5. F., 8 (1931), S. 877–898.

Minkowski, Hermann [1909]. Raum und Zeit. Vortrag, gehalten auf der 80. Naturforscher-Versammlung zu Köln am 21. September 1908. Teubner Leipzig, Berlin 1909. [Aus Jahresbericht der Deutschen Mathematiker-Vereinigung 18 (1909), S. 75–88.]

Minkowski, Hermann [1915]: Das Relativitätsprinzip. (Vortrag, gehalten am 5.11.1907 in der Göttinger Mathematischen Gesellschaft. Publiziert von A. Sommerfeld) Annalen der Physik, 4. F., 45 (1915), S. 927–938.

Monge, Gaspard [1900]: Darstellende Geometrie. Übersetzt und herausgegeben von R. Haußner. Engelmann, Leipzig 1900 (Ostwald's Klassiker der exacten Wissenschaften, 117).

Neese, Otto [1931]: Über eine Anwendung der Barettermethode [sic] auf elektrolytische Messungen. Annalen der Physik, 5. F., 8 (1931), S. 929–955.

Neue Deutsche Biographie [1953]. Hrsg. von der Historischen Kommission bei der Bayerischen Akademie der Wissenschaften. Bd. 1: Aachen – Behaim – Bd. 27: Vockerodt – Wettiner, Duncker und Humblot, Berlin 1953–2020.

Onsager, Lars [1926]: Zur Theorie der Elektrolyte. I. Physikal. Zeitschrift 27 (1926), S. 388–392; II. Ebenda 28 (1927), S. 277–298.

Pätzold, Johannes [1930]: Die Erwärmung der Elektrolyte im hochfrequenten Kondensatorfeld und ihre Bedeutung für die Medizin. Akademische Verlagsgesellschaft, Leipzig 1930 (Dissertation).

Pauli, Wolfgang [1925]: Über den Zusammenhang des Anschlusses der Elektronengruppen im Atom mit der Komplexstruktur der Spektren. Zeitschrift f. Physik 31 (1925), S. 765–783.

Penrose, Roger [1998]: Mathematical physics in the 20th and 21st centuries? Mitteilg. d. Deutschen Mathematiker-Vereinigung H. 2, 1998, S. 56–64.

Pier, Jean-Paul (Hrsg.) [1994]: Development of Mathematics 1900–1950. Birkhäuser, Basel, [u.a.] 1994.

Pier, Jean-Paul; [u.a.] (Hrsg.) [2000]: Development of Mathematics 1950–2000. Birkhäuser, Basel, [u.a.] 2000.

Placzek, Georg [1931]: Ramaneffekt und Molekülbau. In: Debye, Peter (Hrsg.): Molekülstruktur. Leipziger Vorträge 1931. Hirzel, Leipzig 1931, S. 71–106.

Planck, Max [1958]: Wissenschaftliche Selbstbiographie. In: Planck, Max: Physikalische Abhandlungen und Vorträge. Bd. III. Vieweg & Sohn, Braunschweig 1958, S. 374–401.

Plumpe, Werner (Hrsg.) [2014]: Eine Vision – Zwei Unternehmen: 125 Jahre Carl-Zeiss-Stiftung. Beck, München 2014.

Poggendorf, Johann Christian (Begr.) [1863]: Biographisch-literarisches Handwörterbuch der exakten Naturwissenschaften. Bde. 1–4, Barth, Leipzig 1863–1904; Bde. 5–6, Verlag Chemie, Leipzig, Berlin 1825–1939; Bde. 7a–8, Teil 1, Lieferung 6, Akademie-Verlag, Berlin 1956–1995; Bd. 8, Teil 1, Lieferung 7/8–Bd. 8, Teil 3, Wiley VGH, Berlin 1998–2004.

Prüfer, Heinz [1923]: Untersuchungen über die Zerlegbarkeit der abzählbaren primären Abelschen Gruppen. Mathematische Zeitschrift 17 (1923), S. 35–61.

Prüfer, Heinz [1924]: Theorie der Abelschen Gruppen. I. Grundeigenschaften. Mathematische Zeitschrift 20 (1924), S. 165–187.

Prüfer, Heinz [1925a].: Theorie der Abelschen Gruppen. II. Ideale Gruppen. Mathematische Zeitschrift 22 (1925), S. 222–249.

Prüfer, Heinz [1925b]: Neue Begründung der algebraischen Zahlentheorie. Mathematische Annalen 94 (1925), S. 198–243.

Prüfer, Heinz [1926]: Neue Herleitung der Sturm-Liouvilleschen Reihenentwicklung stetiger Funktionen. Mathematische Annalen 95 (1926), S. 499–518.

Rademacher, Hans [1925]: [Besprechung von:] Auerbach, Felix: Die Methoden der theoretischen Physik. Zeitschrift f. angewandte Mathematik u. Mechanik 5 (1925), S. 443 f.

Rédei, Miklós (ed.) [2005]: John von Neumann: Selected Letters. American Mathematical Society, Providence RI, 2005. History of mathematics, vol. 27.

Reichardt, Hans [1936a]: Der Primdivisorsatz für algebraische Funktionenkörper über einem endlichen Konstantenkörper. Mathematische Zeitschrift 40 (1936), S. 713–719.

Reichardt, Hans [1936b]: Über Normalkörper mit Quaternionengruppe. Mathematische Zeitschrift 41 (1936), S. 218–221.

Reichardt, Hans [1936c]: Eine Bemerkung zur vorstehenden Arbeit von F. K. Schmidt. Mathematische Zeitschrift 41 (1936), S. 439–442.

Reichardt, Hans [1937]: Konstruktion von Zahlkörpern mit gegebener Galois-Gruppe von Primzahlpotenzordnung. Journal f. d. reine u. angewandte Mathematik 177 (1937), S. 1–5.

Richter, Eitel Friedrich [1930]: Polarisationserscheinungen bei der stufenweisen Anregung von Quecksilberfluoreszenz. Annalen d. Physik 5. F., 7(1930), S. 293–328 (Dissertation).

Roquette, Peter [1989]: Über die algebraisch – zahlentheoretischen Arbeiten von Max Deuring. Jahresber. d. Deutschen Mathematiker-Vereinigung 91 (1989), S. 109–125.

Russell, Bertrand [1903]: The principles of mathematics. Cambridge University Press, Cambridge 1903.

Salvini, Giorgio [2008]: Enrico Fermi: a guiding light in a troubled century. Rendiconti Lincei, Scienze Fisiche e Naturali 19 (2008), S. 103–119.

Schering, Ernst [1902]: Gesammelte mathematische Werke. Hrsg. von R. Haussner u. K. Schering. 2. Bde. Meier & Müller, Berlin 1902 u. 1909.

Schiele, J.; Wien, Max [1931]: Über die Messung elektrolytischer Widerstände nach der Barrettermethode. Annalen der Physik, 5. F., 7 (1931), S. 624–632.

Schielicke, Reinhard E. [2017]: Prof. Dr. phil. habil. Dr. Dr. h.c. Dr.-Ing. E.h. Rudolf Straubel 16. Juni 1864–2. Dezember 1943. Mathematiker, Physiker, Geschäftsleiter des Zeiss- und Schott-Werks in Jena, Initiator der Saaletalsperren und – schließlich trotz des politischen Zwanges – ein würdiger Vollender Abbescher Ideale. VOPELIUS, Jena 2017.

Schliephake, Erwin [1960]: Kurzwellentherapie. Die medizinische Anwendung elektrischer Höchstfrequenzen. 6. Aufl., Fischer, Stuttgart 1960.

Schlote, Karl-Heinz [2004]: Zu den Wechselbeziehungen zwischen Mathematik und Physik an der Universität Leipzig in der Zeit von 1830 bis 1904/05. Hirzel, Stuttgart, Leipzig 2004 (Abh. d. Sächs. Akad. d. Wiss. zu Leipzig, Math.-naturw. Kl., Bd. 63, H. 1).

Schlote, Karl-Heinz [2008]: Von geordneten Mengen bis zur Uranmaschine. Zu den Wechselbeziehungen zwischen Mathematik und Physik an der Universität Leipzig in der Zeit von 1905 bis 1945. Deutsch, Frankfurt a. M. 2008 (Studien zur Entwicklung von Mathematik und Physik in ihren Wechselbeziehungen).

Schlote, Karl-Heinz; Schneider, Martina [2009a]: Von Schweiggers erstem Galvanometer bis zu Cantors Mengenlehre. Zu den Wechselbeziehungen zwischen Mathematik und Physik an der Universität Halle-Wittenberg in der Zeit von 1817 bis 1890. Deutsch, Frankfurt a.M. 2009 (Studien zur Entwicklung von Mathematik und Physik in ihren Wechselbeziehungen).

Schlote, Karl-Heinz; Schneider, Martina [2009b]: Funktechnik, Höhenstrahlung, Flüssigkristalle und algebraische Strukturen. Zu den Wechselbeziehungen zwischen Mathematik und Physik an der Universität Halle-Wittenberg in der Zeit von 1890 bis 1945. Deutsch, Frankfurt a. M. 2009 (Studien zur Entwicklung von Mathematik und Physik in ihren Wechselbeziehungen).

Schlote, Karl-Heinz; Schneider, Martina [2011]: Mathematische Naturphilosophie, Optik und Begriffsschrift. Zu den Wechselbeziehungen zwischen Mathematik und Physik an der Universität Jena in der Zeit von 1816 bis 1900. Deutsch, Frankfurt a. M. 2011 (Studien zur Entwicklung von Mathematik und Physik in ihren Wechselbeziehungen).

Schmidt, Friedrich Karl [1936]: Zur arithmetischen Theorie der algebraischen Funktionen I. Beweis des Riemann-Rochschen Satzes für algebraische Funktionen mit beliebigem Konstantenkörper. Mathematische Zeitschrift 41 (1936), S. 415–438.

Schmidt, Hermann [1931]: Über multiplikative Funktionen und die daraus entspringenden Differentialsysteme. Mathematische Annalen 105 (1931), S. 325–380.

Schmidt, Karl; Wien, Max [1914]: Internationale Versuche über die Ausbreitung Hertzscher elektrischer Wellen. Jahrbuch der drahtlosen Telegraphie und Telephonie. Zeitschrift f. Hochfrequenztechnik 8 (1914), S. 195–196.

Schomerus, Friedrich [1955]: Werden und Wesen der Carl-Zeiss-Stiftung an der Hand von Briefen und Dokumenten aus der Gründungszeit (1886–1896). 2. durchgesehene und ergänzte Auflage, Fischer Verlag, Stuttgart 1955.

Schubert, Hermann [1913]: Vierstellige Tafeln und Gegentafeln für logarithmisches und trigonometrisches Rechnen in zwei Farben. Zusammengestellt von H. Schubert. Neue Ausgabe hrsg. von R. Haußner. Göschen, Berlin, Leipzig 1913 (Sammlung Göschen, Bd. 81).

Schultze, Joachim H. [1955]: Jena. Werden, Wachstum und Entwicklungsmöglichkeiten der Universitäts- und Industriestadt. Fischer Verlag, Jena 1955. [Unter Mitarbeit von Paul Hübschmann, Fritz Koerner u. Hermann Meyer].

Siegfried, Detlef [2004]: Das radikale Milieu. Kieler Novemberrevolution, Sozialwissenschaft und Linksradikalismus 1917–1922. Deutscher Universitäts-Verlag, Wiesbaden 2004.

Siegmund-Schultze, Reinhard [1978]: Der Strukturwandel in der Mathematik um die Wende vom 19. zum 20. Jahrhundert, untersucht am Beispiel der Entstehung der ersten Begriffsbildungen der Funktionalanalysis. Universität Halle 1978 (Dissertation).

Siegmund-Schultze, Reinhard [1982]: Die Anfänge der Funktionalanalysis und ihr Platz im Umwälzungsprozeß der Mathematik um 1900. Archive for History of Exact Science 26 (1982), S. 13–71.

Slater, John Clark [1926]: A dynamical model for complex atoms. The Physical Review 28 (1926), S. 291–317.

Sommerfeld, Arnold [1911]: Das Plancksche Wirkungsquantum und seine allgemeine Bedeutung für die Molekularphysik. Verhandlungen der Deutschen Phys. Gesell. 13 (1911), S. 1074–1093.

Stäckel, Paul [1916]: Die Darstellung der geraden Zahlen als Summen von zwei Primzahlen. Winter, Heidelberg 1916 (Sitzungsber. Heidelberger Akad. d. Wissenschaften, Math.-naturw. Kl., Nr. 10, 1916).

Stäckel, Paul [1917]: Die Lückenzahlen r-ter Stufe und die Darstellung der geraden Zahlen als Summen und Differenzen ungerader Primzahlen. 3 Teile. Springer, Berlin, [u. a.] 1917–1918 (Sitzungsber. Heidelberger Akad. d. Wissenschaften, Math.-naturw. Kl., Abt. A, 1917, Nr. 15; 1918, Nr. 2; Nr. 14).

Stäckel, Paul; Weinreich, W. [1922]: Die Darstellung gerader Zahlen als Differenzen und Summen von Primzahlen. Abh. Heidelberger Akademie d. Wissenschaften, Math.-naturw. Kl., Nr. 10, 1922.

Stern, A. W. [1929]: The role of mathematics in modern physical theory. Atti del Congresso Internazionale dei Matematici, Bologna 3–10 Settembre 1928. Tomo VI, Zanichelli, Bologna 1929, S. 409–414.

Stier, Adolf [1908]: Jena. [Der Universität Jena zur Feier ihres 350jährigen Bestehens.] Verlag Wedekind & Co. Berlin 1908 (Die deutschen Hochschulen. Illustrierte Monographien Bd. 2).

Sudre, R. [1955]: Louis de Broglie und die Physiker. Claasen, Hamburg 1955.

Thirring, Hans [1921]: Ziele und Methoden der theoretischen Physik. Die Naturwissenschaften 9 (1921), S. 1023–1028.

Thomae, Johannes [1900]: Ueber ultraelliptische Integrale. Ber. über d. Verhandlg. d. Königl. Sächs. Gesell. d. Wiss. Leipzig, Math.-physik. Cl., 52 (1900), S. 105–116.

Thomae, Johannes [1902]: Lineare Construction einer Raumcurve dritter Ordnung aus drei Paaren conjugirt imaginärer Puncte. Ber. über d. Verhandlg. d. Königl. Sächs. Gesell. d. Wiss. Leipzig, Math.-physik. Kl., 54 (1902), S. 121–124.

Thomae, Johannes [1903]: Über orthogonale Invarianten bei Kurven dritter Ordnung mit unendlich fernen Doppelpunkten. Ber. über d. Verhandlg. d. Königl. Sächs. Gesell. d. Wiss. Leipzig, Math.-physik. Kl., 55 (1903), S. 108–130.

Thomae, Johannes [1904a]: Parameterdarstellung der Schnittkurve zweier Flächen zweiter Ordnung. Ber. über d. Verhandlg. d. Königl. Sächs. Gesell. d. Wiss. Leipzig, Math.-physik. Kl., 56 (1904), S. 257–272.

Thomae, Johannes [1904b]: Ueber eine Gauß'sche Reihe in verschiedenen Theilen ihres Convergenzgebietes. Nachr. Königl. Gesell. d. Wiss. Göttingen 1904, S. 465–466.

Thomae, Johannes [1905a]: Sammlung von Formeln und Sätzen aus dem Gebiete der elliptischen Funktionen nebst Anwendungen. Teubner, Leipzig 1905.

Thomae, Johannes [1905b]: Bemerkung über das elektrische Potential bei geradlinigen Elektroden. Ber. über d. Verhandlg. d. Königl. Sächs. Gesell. d. Wiss. Leipzig, Math.-physik. Kl., 57 (1905), S. 68–78.

Thomae, Johannes [1905c]: Winkeltreue Abbildung einer durch zwei aufeinander senkrecht stehende geradlinige Schlitze begrenzte Ebene auf ein Rechteck. Ber. über d. Verhandlg. d. Königl. Sächs. Gesell. d. Wiss. Leipzig, Math.-physik. Kl., 57 (1905), S. 79–86.

Thomae, Johannes [1906a]: Gedankenlose Denker. Eine Ferienplauderei. Jahresber. d. Deutschen Mathematiker-Vereinigung 15 (1906), S. 434–438.

Thomae, Johannes [1906b]: Grundriss einer analytischen Geometrie der Ebene. Teubner, Leipzig 1906.

Thomae, Johannes [1906c]: Eine Abbildungsaufgabe. Ber. über d. Verhandlg. d. Königl. Sächs. Gesell. d. Wiss. Leipzig, Math.-physik. Kl., 58 (1906), S. 172–199.

Thomae, Johannes [1906d]: Euler'sche Integrale. Nachr. Königl. Gesell. d. Wiss. Göttingen 1906, S. 504–506.

Thomae, Johannes [1908a]: Vorlesungen über bestimmte Integrale und die Fourierschen Reihen. Teubner, Leipzig, Berlin 1908.

Thomae, Johannes [1908b]: Parameterdarstellung der Raumkurven vierter Ordnung. Ber. über d. Verhandlg. d. Königl. Sächs. Gesell. d. Wiss. Leipzig, Math.-physik. Kl., 60 (1908), S. 306–324.

Thomae, Johannes [1909]: Parameterdarstellung der Kurven dritter Ordnung. Ber. über d. Verhandlg. d. Königl. Sächs. Gesell. d. Wiss. Leipzig, Math.-physik. Kl., 61 (1909), S. 132–149; Fortsetzung. Ebenda 62 (1910), S. 197–217.

Thomae, Johannes [1911]: Über den Steinerschen Strahlenbüschel. Ber. über d. Verhandlg. d. Königl. Sächs. Gesell. d. Wiss. Leipzig, Math.-physik. Kl., 63 (1911), S. 27–61; Fortsetzung. Ebenda, S. 446–474.

Thomae, Johannes [1912a]: Über die äquianharmonische Kovariante zweier Kegelschnitte. Ber. über d. Verhandlg. d. Königl. Sächs. Gesell. d. Wiss. Leipzig, Math.-physik. Kl., 64 (1912), S. 446–478.

Thomae, Johannes [1912b]: Über die Konvergenz einer Fourierschen Reihe. Nachr. Königl. Gesell. d. Wiss. Göttingen 1912, S. 681–686.

Thomae, Johannes [1914]: Beiträge zur Theorie der elliptischen Funktionen I. Ber. über d. Verhandlg. d. Königl. Sächs. Gesell. d. Wiss. Leipzig, Math.-physik. Kl., 66 (1914), S. 83–97; II. Ebenda, 67 (1915), S. 201–216.

Thomae, Johannes [1917a]: Über die Umkehrung eines elliptischen Integrales zweiter Gattung. Ber. über d. Verhandlg. d. Königl. Sächs. Gesell. d. Wiss. Leipzig, Math.-physik. Kl., 69 (1917), S. 63–88.

Thomae, Johannes [1917b]: Über die harmonische Kovariante zweier Kegelschnitte. Ber. über d. Verhandlg. d. Königl. Sächs. Gesell. d. Wiss. Leipzig, Math.-physik. Kl., 69 (1917), S. 461–484; Fortsetzung. Ebenda 70 (1918), S. 289–324.

Thomae, Johannes [1919]: Die harmonische Kovariante zweiter Art für zwei Kegelschnitte mit vier reellen Schnittpunkten. Ber. über d. Verhandlg. d. Königl. Sächs. Gesell. d. Wiss. Leipzig, Math.-physik. Kl., 71 (1919), S. 286–310.

Thomae, Johannes [1920a]: Über den Steinerschen Strahlenbüschel und den Dreispitz. Abh. d. math.-physik. Kl. d. Königl. Sächs. Gesell. d. Wiss. Leipzig, 35 (1920), S. 67–134 (Die Arbeit erschien 1916 als Heft Nr. 3 des Abhandlungsbandes).

Thomae, Johannes [1920b]: Über die Cassinischen Kurven. Jahresber. d. Deutschen Mathematiker-Vereinigung 29 (1919), S. 185–236.

Tobies, Renate [2020]: Symbiose von Wissenschaft & Industrie. Der Ernst Abbe-Gedächtnispreis und der Einfluss des ersten Preisträgers auf Entwicklungen an der Universität Jena. Jenaer Jahrbuch zur Technik- und Industriegeschichte 23 (2020), S. 11–67

Tobies, Renate [2022]: Zum 100-jährigen Jubiläum des Ernst Abbe-Gedächtnispreises. Siegener Beiträge zur Geschichte und Philosophie der Mathematik, 16 (2022), S. 211–231.

Thomson, Joseph John [1912]: On ionization by moving electrified particles. Phil. Magazine (6) 23 (1912) S. 449–457.

Unterreitmeier, Erhard [1997]: Seismische Station (1899–1964) und Seismometrie in Jena. In: Neunhofer [u. a.] [Hrsg.]: Zur Geschichte der Geophysik in Deutschland. Hamburg 1997, (Jubiläumsschrift zur 75jährigen Wiederkehr der Gründung der Deutschen Geophysikalischen Gesellschaft), S. 217–226.

Vogel, H., Wien, Max [1920]: Zungenpfeife und Röhrensender. Annalen der Physik, 4. F., 62 (1920), S. 649–665.

Voigt, E. [1928]: Eine neue Methode zur Bestimmung der inneren Arbeitsaufnahmefähigkeit von Werkstoffen bei dynamischer Beanspruchung. Zeitschrift f. techn. Physik 9 (1928), S. 321–337.

Waerden, Bartel Leendert van der [1932]: Die gruppentheoretische Methode in der Quantenmechanik. Springer, Berlin 1932 (Die Grundlehren der mathematischen Wissenschaften in Einzeldarstellungen mit besonderer Berücksichtigung der Anwendungsgebiete, Bd. 36).

Waerden, Bartel Leendert van der [1997]: From matrix mechanics and wave mechanics to unified quantum mechanics. Notices American Math. Soc. 44 (1997), p. 323–328.

Wagner, Karl Willy [1937]: Max Wien zum 70. Geburtstag. Die Naturwissenschaften 25 (1937), S. 65–67.

Weil, Andre [1938]: Zur algebraischen Theorie der algebraischen Funktionen. Journal f. d. reine u. angewandte Mathematik 179 (1938), S. 129–133.

Weinel, Ernst [1932]: Zur Hydrodynamik der idealisierten Kreiselradströmung. Mitteilungen des Instituts für Strömungsmaschinen der Technischen Hochschule Karlsruhe 2 (1932), S. 1–25 (Dissertation).

Weinel, Ernst [1934]: Beiträge zur rationellen Hydrodynamik der Gitterströmungen. Ingenieur-Archiv 5 (1934), S. 91–105 (Habilitationsschrift).

Weinel, Ernst [1937a]: Über einige ebene Randwertprobleme der Elastizitätstheorie. Zeitschrift f. angewandte Mathematik u. Mechanik 17 (1937), S. 276–287.

Weinel, Ernst [1937b]: Über Biegung und Stabilität eines doppelt gekrümmten Plattenstreifens. Zeitschrift f. angewandte Mathematik u. Mechanik 17 (1937), S. 366–369.

Weinel, Ernst [1939]: Eine Erweiterung des Grammelschen Verfahrens zur Berechnung von Eigenwerten und Eigenfunktionen. Ingenieur-Archiv 10 (1939), S. 283–291.

Weinel, Ernst [1941]: Die Spannungserhöhung durch Kreisbogenkerben. Zeitschrift f. angewandte Mathematik u. Mechanik 21 (1941), S. 228–230.

Weinel, Ernst [1949]: Bemerkung über das Restglied der Lagrangeschen Interpolationsformel und der Formeln zur numerischen Differentiation. Zeitschrift f. angewandte Mathematik u. Mechanik 29 (1949), S. 32–33.

Weinel, Ernst [1950]: Bemerkung zur Theorie der Formeln von Runge und Kutta. Zeitschrift f. angewandte Mathematik u. Mechanik 30 (1950), S. 278.

Weitzenböck, Roland [1934]: [Besprechung von:] König, R; Peschl, E.: Axiomatischer Aufbau der Operationen im Tensorraum. I–III. In: Jahrbuch über d. Fortschritte der Mathematik, Bd. 60 (1934), S. 679–681.

Wessel, Walter [1924a]: Über ein Feld inhomogener Strahlung. Zeitschrift f. Physik 21 (1924), S. 63–67.

Wessel, Walter [1924b]: Zur Messung der Gitterenergie von Kristallen. Zeitschrift f. Physik 30 (1924), S. 217–224.

Wessel, Walter [1925a]: Zur Statistik der Oberflächenladungen in Lösungen anorganischer Elektrolyte. Annalen der Physik, 4. F., 77 (1925), S. 21–42.

Wessel, Walter [1925b]: Sind magnetische Momente der Atomkerne durch α-Strahl-Ablenkung nachweisbar? Annalen der Physik, 4. F., 78 (1925), S. 757–785 (Das Heft mit Wessels Artikel erschien erst Januar 1926.).

Wessel, Walter [1926]: Über den Massenpunkt in der Wellenmechanik. Annalen der Physik, 4. F., 81 (1926), S. 1086–1090.

Wessel, Walter [1930a]: Über den Wirkungsquerschnitt freier Atomkerne. Annalen der Physik, 5. F., 5 (1930), S. 611–624.

Wessel, Walter [1930b]: Invariante Formulierung der Diracschen Dispersionstheorie. [I.] Zeitschrift f. Physik 67 (1930), S. 54–66; II. Ebenda 72 (1931), S. 68–85; III. Zur quantentheoretischen Elektrodynamik. Ebenda 76 (1932), S. 337–367.

Wessel, Walter [1933]: Über den Elektronenspin und die Theorie des Neutrons. Zeitschrift f. Physik 82 (1933), S. 415–444.

Wessel, Walter [1934a]: Über ein klassisches Analogon des Elektronenspins. Zeitschrift f. Physik 92 (1934), S. 407–444.

Wessel, Walter [1934b]: Zur mathematischen Behandlung des elektrostatischen Feldes in Isolatoren. Physikal. Zeitschrift 35 (1934), S. 181–184.

Wessel, Walter [1935a]: Diracsche Spintheorie und nichtlineare Feldgleichungen. Physikal. Zeitschrift 36 (1935), S. 878–880.

Wessel, Walter [1935b]: Diracsche Spintheorie und nichtlineare Feldgleichungen. Zeitschrift f. Physik 96 (1935), S. 520–533.

Wessel, Walter [1937]: Über den Einfluß des Verschiebungsstromes auf den Wechselstromwiderstand einfacher Schwingkreise. Annalen der Physik, 5. F., 28 (1937), S. 59–70 (Das Heft mit Wessels Artikel erschien bereits Dezember 1936.).

Wessel, Walter [1938]: Zur Theorie des Spins. Zeitschrift f. Physik 110 (1938), S. 625–659.

Wessel, Walter [1939]: Über den Durchgang elektrischer Wellen durch Drahtgitter. Hochfrequenztechnik und Elektroakustik: Jahrbuch der drahtlosen Telegraphie und Telephonie 54 (1939), S. 62–69.

Wessel, Walter [1943]: Über Spin und Strahlungskraft. Annalen der Physik, 5. F., 43 (1943), S. 565–572.

Weyl, Hermann [1928]: Gruppentheorie und Quantenmechanik. 1. Auflage, Hirzel, Leipzig 1928.

Weyl, Hermann [1931a]: Geometrie und Physik. Die Naturwissenschaften 19 (1931), S. 49–58

Weyl, Hermann [1931b]: Gruppentheorie und Quantenmechanik. 2., umgearbeitete Auflage, Hirzel, Leipzig 1931.

Weyl, Hermann [1949]: Relativity theory as a stimulus in mathematical research. Proc. of the American Phil. Soc. 93 (1949), S. 535–541

Wien, Max [1897]: Ueber die Rückwirkung eines resonirenden Systems. Annalen der Physik, [3. F.,] 61 (1897), S. 151–189.

Wien, Max [1906]: Über die Intensität der beiden Schwingungen eines gekoppelten Senders. Physikal. Zeitschrift 7 (1906), S. 871–872.

Wien, Max [1908]: Über die Dämpfung von Kondensatorschwingungen. I. Rückwirkung eines resonierenden Systems. II. Erzeugung wenig gedämpfter Schwingungen. Annalen der Physik, 4. F., 25 (1908), S. 625–659; Über die Dämpfung von Kondensatorschwingungen. III. Leidener Flaschen, Öl- und Preßgas-Kondensatoren. IV. Schwingungen bei hohen Funkenpotentialen. Ebenda, 29 (1909), S. 679–714.

Wien, Max [1910]: Über Stoßerregung mit Löschröhren. Jahrbuch der drahtlosen Telegraphie und Telephonie. Zeitschrift f. Hochfrequenztechnik 4 (1910), S. 135–157.

Wien, Max [1912]: Über die Anwendung von Luftresonatoren bei Telephontönen. Verhandlg. d. Deutschen Physikal. Gesell., 14 (1912), S. 898–902.

Wien, Max [1914]: Programm der radiotelegraphischen Ausbreitungs-Versuche bei Gelegenheit der Sonnenfinsternis am 21. August 1914. Jahrbuch der drahtlosen Telegraphie und Telephonie. Zeitschrift f. Hochfrequenztechnik 8 (1914), S. 545–550.

Wien, Max [1915]: Schwingungen gekoppelter Systeme. In: Hinneberg, Paul (Hrsg.): Die Kultur der Gegenwart. Ihre Entwicklung und ihre Ziele. Teil 3: Die mathematischen, naturwissenschaftlichen und medizinischen Kulturgebiete. Abt. 3: Anorganische Naturwissenschaften. Band 1: Physik. Unter Redaktion von Emil Warburg. Teubner, Leipzig, Berlin 1915, S. 382–407.

Wien, Max [1919a]: Schwierigkeiten beim Senden und Empfang ungedämpfter Wellen. Jahrbuch der drahtlosen Telegraphie und Telephonie. Zeitschrift f. Hochfrequenztechnik 14 (1919), S. 442–451.

Wien, Max [1919b]: Über die Entstehung der Neben-Tonspektren beim Schwebungsempfang. Jahrbuch der drahtlosen Telegraphie und Telephonie. Zeitschrift f. Hochfrequenztechnik 14 (1919), S. 608–619.

Wien, Max [1924]: Über die Gültigkeit des Ohmschen Gesetzes für Elektrolyte bei sehr hohen Feldstärken. Annalen der Physik, 4. F., 73 (1924), S. 161–181.

Wien, Max [1925]: Über die Abhängigkeit der inneren Reibung und der elektrolytischen Leitfähigkeit wässriger Lösungen von der Temperatur. Annalen der Physik, 4. F., 77 (1925), S. 560–586.

Wien, Max [1927a]: Über eine Abweichung vom Ohmschen Gesetz bei Elektrolyten. Annalen der Physik, 4. F., 83 (1927), S. 327–361.

Wien, Max [1927b]: Weitere Versuchsergebnisse über die Abhängigkeit der elektrolytischen Leitfähigkeit von der Feldstärke. Physikal. Zeitschrift, 28 (1927), S. 834–836.

Wien, Max [1928a]: Über den Spannungseffekt der Leitfähigkeit von Elektrolyten in niedrigeren Feldern. Annalen der Physik, 4. F., 85 (1928), S. 795–811.

Wien, Max [1928b]: Über die Abweichungen der Elektrolyte vom Ohmschen Gesetz. Physikal. Zeitschrift, 29 (1928), S. 751–755.

Wien, Max [1930]: Über Hochfrequenzmessungen nach der Barrettermethode. Physikal. Zeitschrift, 31 (1930), S. 793–797.

Wien, Max [1931a]: Über die Leitfähigkeit und Dielektrizitätskonstante elektrolytischer Lösungen bei Hochfrequenz. Annalen der Physik, 5. F., 11 (1931), S. 429–453.

Wien, Max [1931b]: Über die Leitfähigkeit und Dielektrizitätskonstante von Elektrolyten bei Hochfrequenz. Physikal. Zeitschrift, 32 (1931), S. 545.

Wien, Max [1931c]: Über den Spannungseffekt der Leitfähigkeit bei starken und schwachen Säuren. (Nach Versuchen von J. Schiele.) Physikal. Zeitschrift, 32 (1931), S. 545–547.

Wien, Max [1931d]: Über die Hautwirkung ferromagnetischer Drähte bei Hochfrequenz. Bemerkungen zu der vorstehenden Arbeit von R. Michels. Annalen der Physik, 5. F., 11 (1931), S. 899–904.

Wien, Max [1931e]: Über Hochfrequenzwiderstände. Zeitschrift f. Hochfrequenztechnik. Jahrbuch der drahtlosen Telegraphie und Telephonie. 37 (1931), S. 169–172.

Wien, Max [1932]: Die Abhängigkeit der Permeabilität von Eisendrähten vom Felde bei Hochfrequenz. Physikal. Zeitschrift, 33 (1932), S. 173–175.

Wien, Max [1933]: Leitfähigkeit und Dielektrizitätskonstante von Flüssigkeiten in hochfrequenten Feldern. Physikal. Zeitschrift, 34 (1933), S. 625–627.

Wien, Max [1934]: Messung sehr großer Flüssigkeitswiderstände. Physikal. Zeitschrift, 35 (1934), S. 652.

Wien, Max [1936a]: Messungen der Dielektrizitätskonstanten und der Dipolverluste bei Hochfrequenz. Vortrag 1: Zur Einführung. Physikal. Zeitschrift, 37 (1936), S. 155–156.

Wien, Max [1936b]: Bemerkungen zu der Arbeit von v. Ardenne, Gross und Otterbein »Dispersionsmessungen im Gebiet der Dezimeterwellen«. Physikal. Zeitschrift, 37 (1936), S. 869–871.

Wien, Max, Wenk, Paul [1934]: Eine neue Form von Hochfrequenzwiderständen. Physikal. Zeitschrift, 35 (1934), S. 145–147.

Winkelmann, Adolph [1900]: Einwirkung einer Funkenstrecke auf die Entstehung von Röntgenstrahlen. Annalen der Physik, 4. F., 2 (1900), S. 757–767.

Winkelmann, Adolph [1901]: Ueber die Diffusion von Wasserstoff durch Palladium. Annalen der Physik, 4. F., 6 (1901), S. 104–115.

Winkelmann, Adolph [1902]: Ueber die Diffusion von Wasserstoff durch Platin. Annalen der Physik, 4. F., 8 (1902), S. 388–404.

Winkelmann, Adolph [1905]: Zu der Abhandlung des Hrn. G. N. St. Schmidt: »Über den Einfluß der Temperatur und des Druckes auf die Absorption und Diffusion des Wasserstoffs durch Palladium«. Annalen der Physik, 4. F., 16 (1905), S. 773–783.

Winkelmann, Adolph [1906a]: Zur Demonstration der Abbeschen Theorie des Mikroskopes. Annalen der Physik, 4. F., 19 (1906), S. 416–420.

Winkelmann, Adolph [1906b]: Bemerkungen zu der Abhandlung von O. W. Richardson, J. Nicol und T. Parnell über die Diffusion von Wasserstoff durch heißes Palladium. Annalen der Physik, 4. F., 19 (1906), S. 1045–1055.

Winkelmann, Adolph [1906c]: Untersuchung einer von E. Abbe gezogenen Folgerung aus dem Interferenzprinzip. Annalen der Physik, 4. F., 21 (1906), S. 270–280.

Winkelmann, Adolph [1907]: Zu den kalorimetrischen Studien des Herrn Emil Bose. Zeitschrift f. physikal. Chemie 60 (1907), S. 626–637.

Winkelmann, Adolph; Straubel, Rudolf [1904]: Über die Einwirkung von Röntgenstrahlen auf Flußspat. Annalen der Physik, 4. F., 15 (1904), S. 174–178.

Winkelmann, Max [1909]: Untersuchungen über die Variation der Konstanten in der Mechanik. Archiv der Mathematik und Physik, 3. Reihe, 15 (1909), S. 1–67.

Winkelmann, Max [1923]: Über Vektordivision. Jahresber. d. Deutschen Mathematiker-Vereinigung 32 (1923), S. 67–86.

Winkelmann, Max [1929]: Prinzipien der Mechanik. In: Auerbach, Felix; Hort Wilhelm (Hrsg.): Handbuch der Physik und technischen Mechanik. Bd.1: Technische und physikalische Mechanik starrer Systeme. 1. Teil. Ambrosius Barth, Leipzig 1929, S. 307–349.

Winkelmann, Max [1930]: Allgemeine Kinematik. In: Auerbach, Felix; Hort Wilhelm (Hrsg.): Handbuch der Physik und technischen Mechanik. Bd. 2: Technische und physikalische Mechanik starrer Systeme. 2. Teil, Ambrosius Barth, Leipzig 1930, S. 1–44.

Winkelmann, Max [1932]: Über Biegung, Windung, Drillung und Verdrehung. Jahresber. d. Deutschen Mathematiker-Vereinigung 41 (1932), S. 190–205.

Winkelmann, Max; Grammel, Richard [1927]: Kinetik starrer Körper. In: Geiger, Hans; Scheel, Karl (Hrsg.): Handbuch der Physik. Bd. 5: Grundlagen der Mechanik. Mechanik der Punkte und starren Körper. Springer, Berlin 1927, S. 373–483.

Wisshak, Fritz [1930]: Über das K-Ionisierungsvermögen schneller Elektronen. Annalen der Physik, 5. F., 5 (1930), S. 507–552 (Gekürzte Dissertation Technische Hochschule München).

Wisshak, Fritz [1934]: Über die Wahrscheinlichkeit der Doppelionisation im Röntgengebiet. Physikal. Zeitschrift 35 (1934), S. 301–302.

Wisshak, Fritz [1937]: Zum Problem der Röntgenfunkenlinien. Annalen der Physik, 5. F., 28 (1937), S. 71–86.

Wisshak, Fritz [1943]: Röntgenstrahlen. de Gruyter, Berlin 1943. (Sammlung Göschen 950)

9.2 Archivalien

Das folgende Verzeichnis enthält alle ausgewerteten Akten. Die im Text behandelten Ereignisse sind oft in mehreren Aktenbeständen belegt. In diesen Fällen wurde im Allgemeinen im Text nur die am besten lesbare Quelle angegeben.

Bei Akten, deren Aktendeckel stark beschädigt oder schlecht lesbar war bzw. bei denen das Original durch einen unvollständig beschrifteten ersetzt wurde, ist der Aktentitel (meist aufgrund der Angaben im Findbuch) ergänzt und dies durch eckige Klammern gekennzeichnet worden. Bei fortlaufenden Aktenbänden wurde auf die Angabe geringfügiger Titeländerungen verzichtet und die Angabe einheitlich gestaltet.

Bundesarchiv Berlin (BArch)

Reichsministerium für Wissenschaft, Erziehung und Volksbildung (R 4901)

Nr. 13448: Angelegenheiten des Lehrpersonals der Universität Jena.

Nr. 13451: Die Professoren der Mathematisch-naturwissenschaftlichen Fakultät der Universität Jena.

Reichserziehungsministerium (DS)

A 15 Personalakte Deuring, Max.

A 53 Personalakte Raether, Heinz.

A 75 Personalakte Wessel, Walter.

Thüringisches Hauptstaatsarchiv Weimar (ThHStAW)

Staatsministerium Sachsen-Weimar, Dep. des Kultus Nr. 234: Acten des Cultus-Departements des Grosshrzgl. Sächs. Staats-Ministeriums zu Weimar betr. Baulichkeiten bei dem physikalischen Institute in Jena [darunter gestempelt: Jetzt: Akten des Thüring. Finanzministeriums 1903–1921].

Staatsmininisterium Sachsen-Weimar, Dep. des Kultus Nr. 413: Privatakten Seiner Exzellenz des Wirklichen Geheimen Rats von Eggeling, die Carl Zeiß-Stiftung betreffend. Bd. 1. 1886–1890.

C 440: Akten des Thüringischen Ministeriums für Volksbildung in Weimar über die Stiftung eines Ernst Abbe Gedächtnispreises zur Förderung der mathematischen u. physikalischen Wissenschaften und ihrer Anwendungsgebiete. Band 1. Jahr 1921.

Finanzministerium (FM)

FM/BA 420: Haupt-Akten des Thüring. Finanzministeriums in Weimar über die Geschäftsverteilung im Thür. Finanzministerium. [1924–darüber erg.:] 1923–1928. Bd. 1.

FM/BA 452: Haupt-Akten des Thüring. Finanzministeriums in Weimar über das Sekretariat der Ministerial-Bauabteilung. Bd. 1. 1921–1928.

FM/BA 2382: Acten des Kultusdepartements des Grossherzgl. Sächs. Staatsministeriums in Weimar betr. den Neubau des Physikalischen Instituts in Jena. [Jetzt: Akten des Thüring. Finanzministeriums 1903–1921] (Die Kennzeichnung BA (= Bauabteilung) tritt ab Blatt 40 auf.).

FM/BA 2383: Thür. Finanzministerium/Bauabteilung betr. die Technisch-physikalische Anstalt in Jena. 1929, Bd. 1.

FM/BA 2383/1: Thür. Finanzministerium/Bauabteilung betr. die Physikalische Anstalt in Jena. 1929, Bd. 1.

FM/BA 2384/3: Thür. Finanzministerium/Bauabteilung betr. die Sternwarte in Jena. 1929, Bd. 1.

Ministerium für Volksbildung (Vobi)

Personalakten

PA Vobi A 183: Haupt-Akten des Thür. Ministerium [sic!] für Volksbildung in Weimar über Bestellung von Fachreferenten. 1920–1927.

PA Vobi 630: Thüringisches Ministerium für Volksbildung. Personal-Akten über den ausserordentlichen Professor Dr. Auerbach, Felix, Theoretische Physik, † 26. II. 1933.

PA Vobi 1180: Thüringisches Ministerium für Volksbildung. Personal-Akten über den beamteten a. o. Professor Dr. Ing. h. c. Walther Bauersfeld – Sondergebiete der technischen Physik.

PA Vobi 3496: Personal-Akten des Thüringischen Volksbildungsministeriums in Weimar über Hans Bucerius, Dozent für theoretische Astronomie, Jena. Band 1.

PA Vobi 3761: Thüringisches Ministerium für Volksbildung. Personal-Akten über den (nichtbeamteten) ausserordentlichen Professor Dr. Busch, Hans, Physik u. angew. Physik, 1924; ausgeschieden 1. 1. [19]30.

PA Vobi 4127: Personal-Akten des Thüringischen Volksbildungsministeriums in Weimar über Wilhelm Dammköhler, Jena, Dr. phil. Habil.

PA Vobi 4390: Personal-Akten des Thüringischen Volksbildungsministeriums in Weimar über Dr. Max Deuring, 1937.

PA Vobi 5922: Thüringisches Ministerium für Volksbildung. Personal-Akten über den beamteten [außer]ordentlichen Professor Thür. Staatsrat Dr. phil Abraham Esau (technische Physik), 1925.

PA Vobi 8490: Personal-Akten des Thüringischen Ministeriums für Volksbildung in Weimar über Dr. Ernst Goubau, a. o. Prof.

PA Vobi 9742: Personal-Akten des Thüringischen Volksbildungsministeriums in Weimar über Dr. W. Hanle, Professor, Band 1, 1937.

PA Vobi 10128: Thüringisches Ministerium für Volksbildung. Personal-Akten über den ordentlichen Professor Dr. Haussner, Robert, Mathematik. 1934 entpflichtet.

PA Vobi 11183: Thüringisches Ministerium für Volksbildung. Personal-Akten über Prof. Dr. Hettner, Gerhard (planmäß. a. o. persönl. ord. Professor)/theoretische Physik in der Math. naturw. Fakultät, 1936.

PA Vobi 11481: Thüringisches Ministerium für Volksbildung. Personal-Akten über den Privatdozenten Dr. phil. Arthur von Hippel, Physik.

PA Vobi 13954: Thüringisches Ministerium für Volksbildung. Personal-Akten über den ordentlichen Professor Dr. Koebe, Paul, Mathematik.

PA Vobi 14008: Thüringisches Ministerium für Volksbildung. Personal-Akten über den ordentlichen Professor Dr. Rob. König.

PA Vobi 14930: Thüringisches Ministerium für Volksbildung. Personal-Akten über den ausserordentl. Persönlichen ordentlichen Professor Dr. Knopf, Otto. Astronomie. Entpflichtet 1. IV. 1927.

PA Vobi 15332: Thüringisches Ministerium für Volksbildung. Personal-Akten über den a. o. Professor Dr. Felix Jentzsch/Anstalt für Mikroskopie und angewandte Optik (2 Bde.) [Bd. 2: Dienststrafsache gegen den Professor Dr. Felix Jentzsch].

PA Vobi 15461: Thüringisches Ministerium für Volksbildung. Personal-Akten über den Dipl. Ingenieur Dr. Ing. Hermann John, Meteorologe, 1932.

PA Vobi 15485: Thüringisches Ministerium für Volksbildung. Personal-Akten über den (nicht)beamteten außerordentlichen Professor Dr. rer. nat. Georg Joos, Physik, 1924. ab 1. 4. 1927 beamteter a. o. Professor, 31. 3. 1935 ausgeschieden; 4. 6. 1942 Honorarprofessor Jena.

PA Vobi 17464: Thüringisches Ministerium für Volksbildung. Personal-Akten über den planmäßig außerordentlichen, persönlich ordentlichen Professor f. wiss. Mikroskopie u. angew. Optik Dr. August Kühl.

PA Vobi 17704: Thüringisches Ministerium für Volksbildung. Personal-Akten über Kulenkampff, Dr. Julius Carl Helmuth, ordent. Prof. f. Physik, 1935, [Teil 1]; [Teil 2: Beiakten vom Bayr. Staatsmin. f. Unterricht u. Kultus: Beiakte 2: Technische Hochschule München, Akten betreffend: Dr. phil. Kulenkampff, Helmuth, Privatdozent für das Lehrgebiet der Physik; Teil 3: Beiakten v. der TH in München].

PA Vobi 19782: Thüringisches Ministerium für Volksbildung. Personal-Akten über Dozent Dr. habil. Hans Martin, Dozent f. Geophysik, 1936.

PA Vobi 21237: Thüringisches Ministerium für Volksbildung. Personal-Akten über den Privatdozenten für technische Physik Dr. ing. Harald Müller, 1930; Vom W.S. 1935/36 ab umhabilitiert nach Berlin.

PA Vobi 21387: Thüringisches Ministerium für Volksbildung. Personal-Akten über den [gestrichen: Privatdozenten] nichtbeamteten außerordentlichen Professor für das Fach der Geophysik Dr. phil. nat. Max Müller, 1931.

PA Vobi 22836: Thüringisches Ministerium für Volksbildung. Personal-Akten über den ausserordentl. Professor Dr. Pauli, Wilh. Eduard, Physik; Ausgeschieden!

PA Vobi 23792: Thüringisches Ministerium für Volksbildung. Personal-Akten über den Privatdozenten Dr. phil. Heinz Prüfer, Mathematik, 1923; 1. 10. [19]27 ausgeschieden.

PA Vobi 24005: Personal-Akten des Thüringischen Volksbildungsministeriums in Weimar über Raether, Heinz, außerplanmäßiger Prof., Band I, 1938.

PA Vobi 24212: Thüringisches Ministerium für Volksbildung. Personal-Akten über Stud. Rfdr Dr. Recknagel, Alfred [Phys., Math., Chem.], 1934.

PA Vobi 26566: Thüringisches Ministerium für Volksbildung. Personal-Akten über den [Privatdozenten (gestr.)] Professor Dr. Sieberg, Geophysik.

PA Vobi 26606: Thüringisches Ministerium für Volksbildung. Personal-Akten über den [Privatdozenten] ord. Professor Dr. phil. Heinrich Siedentopf – Astronomie. 1931.

PA Vobi 28248: Personal-Akten des Thüringischen Volksbildungsministeriums in Weimar über Schmidt, Dr. Friedrich Karl, ordentl. Professor f. Mathematik. Band 1. 1934.

PA Vobi 28311: Thüringisches Ministerium für Volksbildung. Personal-Akten über den Privatdozenten [u. nichtbeamteten a. o. Professor] Dr. phil. Hermann Schmidt / Reine Mathematik. 1930.

PA Vobi 29686: Thüringisches Ministerium für Volksbildung. Personal-Akten über den [beamteten] ausserordentl. Professor Dr. Schumann, Winfried – Angew. Physik; 1. 10. entlassen; ausgeschieden 1. 1. [19]30.

PA Vobi 30672: Thüringisches Ministerium für Volksbildung. Personal-Akten über den ausserordentlichen Professor Dr. Straubel, Rudolf, Physik. 1938 entlassen.

PA Vobi 32281: Thüringisches Ministerium für Volksbildung. Personal-Akten über den ord. Professor Dr. Heinrich Vogt – Astronomie; 1929.

PA Vobi 32969: Personal-Akten des Thüringischen Volksbildungsministeriums in Weimar über Dr. Erna Weber, Leiterin d. Statist. Abt. d. Landesamts f. R.; Biologische Statistik, Band: 1; 1940

PA Vobi 33259: Thüringisches Ministerium für Volksbildung. Personal-Akten über den Dozenten Dr. phil. Nat. habil. Karl Heinrich Weise, Math. Inst. Jena. 1939; ab 1. 11. 1942 Univ. Kiel.

PA Vobi 33442: Thüringisches Volksbildungsministerium [vermutl. Umlaufmappe; innen: Mappe: Blattsammlung des Thüringischen Ministeriums f. Volksbildung, Betr. Dr. Max Wien IV C I 31 W 15].

PA Vobi 34040: Thüringisches Ministerium für Volksbildung. Personal-Akten über den ausserordentlichen Professor Dr. Winkelmann – Max / Angewandte Mathematik. [darunter ergänzt: 1. 10. 1923 persönlich o. Prof. Entpflichtet vom 1. Oktober 1938 ab]

PA Vobi 34172: Thüringisches Ministerium für Volksbildung. Personal-Akten über den Dozent Dr. phil. habil. Fritz Wißhak [sic]. 1936.

Abteilung Wissenschaft und Kunst (Bestand C)

C 122: Akten des Thüringischen Ministeriums für Volksbildung und Justiz, Abteilung Volksbildung in Weimar über die Trennung der philos. Fak. der Thür. Landesuniv. Jena. Band 1. Jahr: 1924

C 135: Akten des Thüringischen Ministeriums für Volksbildung in Weimar über die Verleihung des Professortitels und anderer Titel. Band: I. Jahr: 1920.

C 143: Akten des Thüringischen Volksbildungsministeriums in Weimar über die Habilitation u. Dozentur (wegen der zugelassenen Dozenten vergl. Personalakten). Band 2. Jahr 1937–1941.

C 146: Akten des Thüringischen Ministeriums für Volksbildung und Justiz, Abteilung Volksbildung in Weimar über Lehraufträge, Band 2. 1931–1936.

C 147: Akten des Thüringischen Volksbildungsministeriums in Weimar über Lehraufträge, Band 3. 1936.

C 155: Akten des Thüringischen Volksbildungsministeriums in Weimar über Allgemeine Angelegenheiten der Hochschullehrer, Bd. 1. 1934–1937.

C 159: Akten des Thüringischen Volksbildungsministeriums in Weimar über den Hochschulreferenten sowie den Verkehr des Hochschulreferenten mit dem Reichsministerium in Berufungs- u. Hochschul-Angelegenheiten, Bd. 1. 1935–1937.

C 188: Akten des Thüringischen Volksbildungsministeriums in Weimar über das Abbeanum [Bauakten Neubau des Mathem. Instituts], Bd. 2. 1930.

C 241: Akten des Thüringischen Volksbildungsministeriums in Weimar über die mathematisch-naturwissenschaftliche Fakultät, Bd. 6. 1934–1936.

C 242: Akten des Thüringischen Volksbildungsministeriums in Weimar über die mathematisch-naturwissenschaftliche Fakultät. Bd. 7. 1936–[1943].

C 248: Akten des Thüringischen Volksbildungsministeriums in Weimar über das Mathematische Institut, Abtlg. B. [mit Bleistift erg:] (Prof. König)

C 249: Akten des Thüringischen Ministeriums für Volksbildung in Weimar über das Mathematische Seminar. Jahr 1922. Band 2.

C 250: Akten des Thüringischen Ministeriums für Volksbildung und Justiz, Abteilung Volksbildung, in Weimar über das physikalische Institut. Band 3. 1925–1938.

C 251: Akten des Thüringischen Ministeriums für Volksbildung und Justiz, Abteilung Volksbildung, in Weimar über das physikalisch-technische Institut in Jena. Band 3. Jahr 1924.

C 256: Akten des Thüringischen Ministeriums für Volksbildung und Justiz, Abteilung Volksbildung, in Weimar über Bewilligungen von Mitteln aus der Carl-Zeiss-Stiftung für Theoretisch-Physikalisches Institut, 1929–1945.

C 259: Akten des Thüringischen Ministeriums für Volksbildung und Justiz, Abteilung Volksbildung, in Weimar über die Anstalt für angewandte Mathematik und Mechanik. Band 1. 1930.

C 351: Neben-Akten des Thüringischen Ministeriums für Volksbildung in Weimar über die Errichtung einer Zentralstelle für Erdbebenforschung in Jena. Band 1. Jahr 1919/29

C 352: Akten des Thüringischen Ministeriums für Volksbildung und Justiz, Abteilung Volksbildung in Weimar über Zentralinstitut für Erdbebenforschung in Jena. Band 2. Jahr 1929.

C 430: Akten des Thüringischen Volksbildungsministeriums in Weimar über Studien- u. Diplomprüfungsordnung f. Studierende der Physik u. Math. Bd. 1. 1942.

C 756: Akten des Thüringischen Ministeriums für Volksbildung und Justiz, Abteilung Volksbildung in Weimar über Naturforschende Gesellschaft des Osterlandes in Altenburg. Bd. 1. 1925–1930, 1938–1939.

C 1639: Akten des Thüringischen Volksbildungsministeriums in Weimar über Allgemeine Angelegenheiten der Hochschullehrer (Studienreisen ins Ausland). Band 2. 1938.

C 1640: Akten des Thüringischen Volksbildungsministeriums in Weimar über die physikalische Anstalt. Band 4. 1938.

Universitätsarchiv Jena (UAJ)

Bestand BA

[Neues Archiv] Nr. 96: Acta academia betr. die Gliederung der philosophischen Fakultät in Abteilungen. 1923–1925. Bd. 1.

Nr. 444: Acta academica betr. die Anstellung ordentlicher Professoren, ordentlicher Honorar- und außerordentlicher Professoren der Philosophie. 1897–1900. Vol. XVI.

Nr. 445: Acta academica betr. die Anstellung ordentlicher Professoren, ordentlicher Honorar- und außerordentlicher Professoren der Philosophie 1900 bis 1904, Vol. XVII.

Nr. 467: Acta academica betr. die Aufnahme der Privatdocenten. 1897–1907. Vol. XIII.

Nr. 469: Acta academica betr. die Assistenten 1865–[1928].

Nr. 502: Acta academica betr. Streitigkeiten zwischen Mitgliedern der Universität. 1884–1928. Bd. I.

Nr. 911: Acta academica betr. Anstalten und Seminare der Universität. 1932–1935 Bd. I .

Nr. 914: Acta academica betr. Anstalten und Seminare der Universität. 1936–1939 Bd. II.

Nr. 923: Acta academia betr. die Anstellung ordentlicher Professoren, ordentlicher Honorar- und außerordentlicher Professoren der Philosophie. 1904 bis 1908.

Nr. 924: Acta academia betr. die Anstellung ordentlicher Professoren, ordentlicher Honorar- und außerordentlicher Professoren der Philosophie. 1908 bis 1910.

Nr. 925: Acta academia betr. die Anstellung ordentlicher Professoren und ordentlicher Honorar- und außerordentlicher Professuren der Philosophie. 1911–1913.

Nr. 926: Acta academia betr. die Anstellung ordentlicher Professoren und ordentlicher Honorar- und außerordentlicher Professoren der Philosophie. 1913–1918, Bd. 21.

Nr. 927: Acta academia betr. die Anstellung ordentlicher Professoren und ordentlicher Honorar- und ausserordentlicher Professoren der Philosophie. 1919–1920, Bd. 22.

Nr. 928: Acta academia betr. die Anstellung ordentlicher Professoren und ordentlicher Honorar- und ausserordentlicher Professoren der Philosophie. 1920-1923, Bd. 23.

Nr. 930: Acta academia betr. die ordentlicher Professoren und ordentlicher Honorar- und ausserordentlicher Professoren der Philosophie. 1924–1928, Bd. 24.

Nr. 931: Acta academia betr. die Anstellung ordentlicher Professoren und ordentlicher Honorar- und ausserordentlicher Professoren der Philosophie. 1929–1932, Bd. 25.

Nr. 932: Acta academia betr. die Anstellung ordentlicher Professoren und ordentlicher Honorar- und ausserordentlicher Professoren der Philosophie. 1932–1936, Bd. 26.

Nr. 933. Acta academia betr. die beamteten und nichtbeamteten Professoren der Philosophischen Fakultät. 1935–1938, Bd. 27.

Nr. 934: Acta academia betr. die Aufnahme der Privatdozenten. 1907–1923, Vol. 14.

Nr. 937: Acta academia betr. die Aufnahme der Privatdozenten. 1924–1932, Vol. 15.

Nr. 938: Acta academia betr. die widerrufliche Erlaubnis zum Halten bestimmter Vorlesungen und Übungen nach § 17 des Allg. Statuts der Universität. 1917–1932, Bd. 1.

Nr. 942: Acta academia betr. die widerrufliche Erlaubnis zum Halten bestimmter Vorlesungen und Übungen (Vorlesungserlaubnis) nach § 13 der Hauptsatzung. 1932–1937, Bd. 2.

Nr. 943: Rektorat betr. die Privatdozenten an der Universität Jena. 1933–1937.

Nr. 944: Acta academica betr. Dozenten der Universität nach der Reichs-Habilitations-Ordnung 1935–1937. Bd. I.

Nr. 945: Akten betr. Dozenten der Universität nach der Reichs-Habilitations-Ordnung 1938–1939. Bd. II.

Nr. 964: Acta academia betr. Widerspruch des o. Prof. der Mathematik Geh. Hofrat Dr. Haussner gegen seine Entpflichtung. 1934.

Nr. 972: Acta academia betr. ordentliche Professoren, ausserordentliche Professoren und Honorarprofessoren der mathematisch-naturwissenschaftlichen Fakultät. 1925–1930.

Nr. 973: Acta academia betr. ordentliche Professoren, ausserordentliche Professoren und Honorarprofessoren der mathematisch-naturwissenschaftlichen Fakultät. 1930–1933.

Nr. 974: Acta academia betr. ordentliche Professoren, ausserordentliche Professoren und Honorarprofessoren der mathematisch-naturwissenschaftlichen Fakultät. 1933–1934.

Nr. 975: Acta academia betr. ordentliche Professoren, ausserordentliche Professoren und Honorarprofessoren der mathematisch-naturwissenschaftlichen Fakultät. 1935–1936.

Nr. 976: Acta academia betr. ordentliche Professoren, ausserordentliche Professoren und Honorarprofessoren der mathematisch-naturwissenschaftlichen Fakultät. 1936–1938.

Nr. 1018: Acta academica betr. verschiedene Angelegenheiten der einzelnen Facultäten, Decanatsverwaltung, Ordnung der Vorlesungen, die einzelnen Lehrfächer, Promotionswesen, Studienordnung XX. 1864–1918. Bd. I.

Nr. 1339: Acta academica betr. die Sternwarte. 1877-[1908].

Nr. 2056 [Verschiedenes, u. a. Institute]

Bestand C

Nr. 30: Acten der Grossherzogl. und Herzogl. Sächs. Universitäts-Curatel zu Jena betreffend: Ministerial-Conferenzen in Universitäts-Angelegenheiten. 1892–1902. Vol. I.

Nr. 46: Acten der Grossherzogl. und Herzogl. Sächs. Universitäts-Curatel zu Jena betreffend: Habilitationen. 1896–1904. Vol. I.

Nr. 47: Acten des Grossherzogl. und Herzogl. Sächs. Universitäts-Curatel zu Jena betreffend: Habilitationen 1905–1914. Vol. II.

Nr. 48: Acten des Grossherzogl. und Herzogl. Sächs. Universitäts-Curatel zu Jena betreffend: Habilitationen 1915–1925. Vol. III.

Nr. 49: Acten des Grossherzogl. und Herzogl. Sächs. Universitäts-Curatel zu Jena betreffend: Verleihung von ausserordentlichen und ordentlichen Honorarprofessuren 1896–1914. Vol. I. Voracten B 12.

Nr. 50: Acten des Grossherzogl. Und Herzogl. Sächs. Universitäts-Kuratel zu Jena betreffend: Verleihung von ausserordentlichen und ordentlichen Honorar-Professuren 1915–1930. Vol. II.

Nr. 122: Akten des Thüringischen Ministeriums für Volksbildung und Justiz, Abteilung Volksbildung in Weimar über die Trennung der philos. Fak. der Thür. Landesuniv. Jena. Bd. 1 1924.

Nr. 130: Akten des Thüringischen Volksbildungsministeriums in Weimar über Hauptsatzung der Friedrich-Schiller-Universität Jena. Band 14 1934.

Nr. 135: Akten des Thüringischen Ministeriums für Volksbildung Weimar über die Verleihung des Professorentitels und anderer Titel Bd. I 1920[–1949].

Nr. 142: Akten des Thüringischen Ministeriums für Volksbildung und Justiz/Abt. Volksbildung in Weimar. Über Zu- und Entlassung von Privatdozenten (Habilitationen) Bd. 1 1926–1937.

Nr. 236: Acten der Grossherzogl. und Herzogl. Sächs. Universitäts-Curatel zu Jena betreffend: besondere Angelegenheiten von Professoren und Docenten. 1895–1905. Vol. I. Voracten B 19.

Nr. 237: Acten der Grossherzogl. und Herzogl. Sächs. Universitäts-Curatel zu Jena betreffend: Besondere Angelegenheiten einzelner Professoren. Jahr 1906–1915 Vol. II.

Nr. 238: Akten der Grossherzogl. und Herzogl. Sächs. Universitäts-Kuratel zu Jena betreffend: Besondere Angelegenheiten einzelner Professoren. Jahr 1916–1923 Vol. III.

Nr. 239: Kuratel: Besondere Angelegenheiten von Professoren und Dozenten. 1926–1951.

Nr. 241: Acten der Grossherzogl. und Herzogl. Sächs. Universitäts-Curatel zu Jena betreffend: Entlassungsgesuche. 1896–1912. Vol. I.

Nr. 249: Akten des Thüringischen Ministeriums für Volksbildung in Weimar über das Mathematische Seminar 1922[–1942].

Nr. 431: Acten der Universitäts-Curatel zu Jena betreffend: das statistische Bureau zu Jena und außerordentliche Professur für Statistik 1878–1922. Vol. 1.

Nr. 434: Acten der Universitäts-Curatel zu Jena betreffend: die Errichtung einer ordentlichen Professur für Mathematik und die Berufung des Professors Dr. Thomae. 1879–1923.

Nr. 440: Acten der Universitäts-Curatel zu Jena betreffend: die Besetzung der neu zu begründenden ordentlichen Professur der Physik (Professor Dr. Sohncke) (Professor Dr. Winkelmann) 1882. 1886–1911.

Nr. 441: Acten der Universitäts-Curatel zu Jena betreffend: die Professur für Physik. Bd. 2, 1911–1920.

Nr. 445: Acten der Universitäts-Curatel zu Jena betreffend: Errichtung einer außerordentlichen Professur für theoretische Physik: 1889–1912.

Nr. 464: Acten der Grossherzogl. und Herzogl. Sächs. Universitäts-Curatel zu Jena betreffend: die philosophische Facultät im Allgemeinen. 1896–März 1915. Vol. I. Voracten A 7.

Nr. 467: Acten der Grossherzogl. und Herzogl. Sächs. Universitäts-Curatel zu Jena betreffend: Berufung eines Ersatzes für den Honorarprofessor Dr. Schaeffer (Mathematik). 1899–1905. Vol 1.

Nr. 473: Acten der Grossherzogl. und Herzogl. Sächs. Universitäts-Curatel zu Jena betreffend: die Extraordinarien für angewandte Mathematik. 1902–1919.

Nr. 500: Akten der Universitäts-Kuratel zu Jena betreffend: Institute und Anstalten im allgemeinen.

Nr. 647: Akten der Universitäts-Kuratel zu Jena betreffend: Physikalische[s] Institut. 1896–1902. Vol. 1.

Nr. 648: Acten der Grossherzogl. und Herzogl. Sächs. Universitäts-Kuratel zu Jena betreffend: Physikalisches Institut. 1915–April 1923.

Nr. 649: Akten der Universitäts-Kuratel zu Jena betreffend: das Physikalische Institut. 1923–Dez. 1928.

Nr. 650: Universitäts-Kuratel: Physikalisches Institut Bd. IV 1929–1943.

Nr. 655: Acten der Grossherzogl. und Herzogl. Sächs. Universitäts-Kuratel zu Jena betreffend: Neubau der Physikalischen Anstalt (Erweiterungsbau der physikalischen Anstalt) sowie Baulichkeiten an dieser Anstalt überhaupt. 1909–Sept. 1922.

Nr. 656: Kuratelakten. Neubau des Physikalischen Instituts betr. Bd. III 1922–1943.

Nr. 659: Acten der Grossherzogl. und Herzogl. Sächs. Universitäts-Curatel zu Jena betreffend: die Großherzogliche Sternwarte. 1896–1909. Vol I.

Nr. 660: Acten der Grossherzogl. und Herzogl. Sächs. Universitäts-Curatel zu Jena betreffend: die Großherzogliche Sternwarte. 1909–April 1922. [Vol II].

Nr. 662: Akten der Universitäts-Kuratel zu Jena betreffend: Meteorologisches Institut. 1931–1952.

Nr. 670: Acten der Universitäts-Curatel zu Jena betreffend: Neubau der Universitätssternwarte. [1879.] 1886–1888. Vol. 1.

Nr. 721: Acten der Grossherzogl. und Herzogl. Sächs. Universitäts-Curatel zu Jena betreffend: Institut für technische Physik. 1902–1911. Vol 1.

Nr. 722: Acten der Grossherzogl. und Herzogl. Sächs. Universitäts-Kuratel zu Jena betreffend: Institut für technische Physik. 1912–Nov[ember] 1925.

Nr. 723: Akten der Universitäts-Kuratel zu Jena betreffend: Institut für technische Physik. 1910–1952. Vol III.

Nr. 727: Acten der Grossherzogl. und Herzogl. Sächs. Universitäts-Curatel zu Jena betreffend: Institut für Mikroskopie [seit Anfang 1928 die Anstalt für wissenschaftl. Mikroskopie und angew. Optik].

Nr. 763: Kuratelakten. Institut für Erdbebenforschung. 1920–1952.

Nr. 807: Zwischenakten betr. Das physikalische Cabinet des Hofrathes Dr. Schäffer. [1899–1900].

Nr. 841: Acten der Universitäts-Curatel zu Jena betreffend: das mathematische Seminar. 1882–Juli 1921. Vol I.

Bestand D

Nr. 54: Thüringisches Ministerium für Volksbildung. Personalakten über a. o. planm. Professor der theor. Physik Dr. phil. Felix Auerbach aus Breslau.

Nr. 116: Thüringisches Ministerium für Volksbildung. Personalakten über beamteten a. o. Professor Dr. Walter Bauersfeld aus Berlin.

Nr. 378: Dr. phil. nat habil. Hans Bucerius.

Nr. 389: Buchwald, Eberhard, Prof. Dr. phil. habil.

Nr. 406: Thüringisches Ministerium für Volksbildung. Personalakten über den Assistenten der Physikalischen Anstalt a. o. Professor Dr. phil. Hans Busch aus Jüchen.

Nr. 464: Thüringisches Volksbildungsministerium in Weimar, Personalakten über den außerplanmäßigen Assistenten der Mathematischen Anstalt Dr. Wilhelm Damköhler.

Nr. 490: Dr. Max Deuring wiss. Assistent, Dozent.

Nr. 644: Prof. Dr. Abraham Esau o. Professor, Lehrauftrag für technische Physik.

Nr. 766: Thüringisches Ministerium für Volksbildung. Personalakten über den Honorarprofessor Dr. phil. Gottlob Frege aus Wismar.

Nr. 927: Acta academia, betr.: Anstellung ordentlicher Professoren und ordentlicher Honorar- und ausserordentlicher Professoren der Philosophie. 1919–1920, Bd. 22.

Nr. 928: Acta academia, betr.: Anstellung ordentlicher Professoren und ordentlicher Honorar- und ausserordentlicher Professoren der Philosophie. 1920–1923, Bd. 23.

Nr. 930: Prof. Dr. Georg Goubau o. Professor, Lehrstuhl für Technische Physik, geschäftsführender Vorstand der Technisch-Physikalischen Anstalt.

Nr. 938: Acta academia, Die widerrufliche Erlaubnis zum Halten bestimmter Vorlesungen und Übungen nach § 17 des Allg. Statuts der Universität. 1917–1932, Bd. 1.

Nr. 956: Thüringisches Ministerium für Volksbildung. Personalakten über den Assistenten (v. 1. 5. 1930 ab Lehrbeauftragter) Priv. Doz. Dr. Heinrich Grell aus Lüdenscheid.

Nr. 972: Acta academica, betr.: Die ordentlichen Professoren, ausserordentlichen Professoren und Honorarprofessoren der mathematisch-naturwissenschaftlichen Fakultät. 1925–1930, Bd. I.

Nr. 1076: Thüringisches Ministerium für Volksbildung. Personalakten über den Assistenten der Physikalischen Anstalt Privatdozenten Professor Dr. Wilhelm Hanle aus Mannheim.

Nr. 1130: Thüringisches Ministerium für Volksbildung. Personalakten über den o. Professor der Mathematik Dr. phil. Robert Haußner aus Naunburg a. S.

Nr. 1140: Prof. Dr. Oskar Hecker.

Nr. 1247: Thüringisches Ministerium für Volksbildung. Personalakten über den a. o. Professor der theoretischen Physik Dr. Gerhard Hettner

Nr. 1275: Thüringisches Ministerium für Volksbildung. Personalakten über den Assistenten Dr. phil. Arthur von Hippel aus Göttingen.

Nr. 1319: Professor Dr. Georg Joos aus Urach.

Nr. 1340: Prof. Dr. phil. nat. Friedrich Karl Schmidt.

Nr. 1427: Thüringisches Ministerium für Volksbildung. Personalakten über den a. o. planmäßigen Professor der Mikroskopie Dr. Felix Jentzsch aus Jena.

Nr. 1650: Thüringisches Ministerium für Volksbildung. Personalakten über den o. Professor der Mathematik Dr. phil. Paul Koebe aus Luckenwalde.

Nr. 1695: Thüringisches Ministerium für Volksbildung. Personalakten über den o. Professor der Mathematik Dr. Robert König aus Linz.

Nr. 1796: Professor Dr. August Kühl Direktor des Instituts für Mikroskopie und angewandte Optik.

Nr. 1818: Professor Dr. Kulenkampff, Helmuth.

Nr. 1833: Prof. Dr. Wilhelm Kutta.

Nr. 1977: Prof. Dr. phil. nat. habil. Hans Martin Professor für Geophysik an der FSU Jena 1936–1961.

Nr. 2006: Prof. Dr. Otto Meiss[n]er, a. o. Professor für Geophysik.

Nr. 2085: Dr.-Ing. Harald Müller Technische Physik und Elektrotechnik.

Nr. 2097: Professor Dr. Max Müller.

Nr. 2228: Prof. Dr. Eduard Pauli.

Nr. 2238: Thüringisches Ministerium für Volksbildung. Personalakten über den wissenschaftlichen Hilfsarbeiter der Mathem. Anstalt Abt. B Dr. Ernst Peschl aus Passau.

Nr. 2299: Thüringisches Ministerium für Volksbildung. Personalakten über den Privatdozenten Dr. phil. Heinz Prüfer aus Wilhelmshaven.

Nr. 2318: Thüringisches Ministerium für Volksbildung. Personalakten über den ordentlichen Assistenten der Physikalischen Anstalt Dr. Heinz Raether.

Nr. 2390: Thüringisches Ministerium für Volksbildung. Personal-Akten über den Assistenten der Mathem. Anstalt Dr. Friedrich Ringleb.

Nr. 2401: Prof. Dr. Walter Rogowski a. o. Prof. für Technische Physik.

Nr. 2570: Thüringisches Ministerium für Volksbildung. Personalakten über den Assistenten des mathematischen Seminars (Abteilung König) Dr. Hermann Schmidt aus Merkendorf.

Nr. 2630: Prof. Dr. Schrödinger Erwin.

Nr. 2666: Prof. Dr. Winfried Schumann a. o. Prof. für Technische Physik.

Nr. 2727: Personalakten Prof. Dr. phil. nat. Harald Straubel geb.: 3. 10. 1905 Jena, Friedrich-Schiller-Univ. u. VEB C. Zeiss Jena. Lehrbeauftragter f. techn. Physik, Wissensch. Mitarbeiter des VEB Carl Zeiss Jena.

Nr. 2733: Personalakten Prof. Dr. August Sieberg.

Nr. 2734: Thüringisches Ministerium für Volksbildung. Personalakten über den Assistenten der Sternwarte, jetzt Professor der Astronomie Dr. Heinrich Siedentopf aus Hannover.

Nr. 2742: Prof. Dr. Konrad Simons a. o. Prof. für Technische Physik.

Nr. 2830: Prof. Dr. Rudolf Straubel. a. o. Prof. für Physik, geb.: 16. 6. 1864 in Kleinschmalkalden.

Nr. 2857: Dr. Clemens Thaer.

Nr. 2892: Thüringisches Ministerium für Volksbildung. Personalakten über den Professor der Mathematik Dr. phil. Johannes Thomae aus Laucha.

Nr. 2963: Thüringisches Ministerium für Volksbildung. Personalakten über den planm. außerordentl. (pers. ordentl.) Professor der Astronomie Heinrich Vogt aus Gau-Algesheim.

Nr. 2973: Prof. Dr. Karl Vollmer a. o. Prof. für Technische Physik.

Nr. 3019: Prof. Dr. Erna Weber Prof. mit Lehrauftrag an der MNF, Lehrauftrag für Biologische Statistik.

Nr. 3039: Thüringisches Ministerium für Volksbildung. Personalakten über den Assistenten der Anstalt für Angewandte Mathematik Dr. Ernst Weinel aus Straßburg.

Nr. 3044: Prof. Dr. Karl Heinrich Weise Dozent am Mathematischen Institut.

Nr. 3054: Personal-Akten Wempe.

Nr. 3070: Thüringisches Ministerium für Volksbildung. Personalakten über den Assistenten der Physikalischen Anstalt Dr. Walter Wessel in Jena.

Nr. 3094: Thüringisches Ministerium für Volksbildung. Personalakten über den o. Professor der Physik Dr. phil. Max Carl Werner Wien aus Königsberg in Pr.

Nr. 3118: Thüringisches Ministerium für Volksbildung. Personalakten über den o. Professor der Physik Dr. phil. Adolf Winkelmann aus Dorsten in W.

Nr. 3120: Thüringisches Ministerium für Volksbildung, Personalakten über den planm. a. o. (pers. o.) Professor der angewandten Mathematik Dr. phil. Max Winkelmann

Nr. 3127: Thüringisches Ministerium für Volksbildung. Personalakten über den Assistenten der physikal[ischen] Anstalt Diplom-Ing. Fritz Wisshak aus Biberach.

Bestand M

Nr. 623: Akten der philosophischen Fakultät [zu Jena betr.:] Berufungen und Beförderungen. Sommersemester 1898–Sommersemester 1904.

Nr. 650: Akten über Habilitationen (und Anfragen wegen Habilitation) in der philosophischen Fakultät. Wintersemester 1900/1901 bis Wintersemester 1907/08.

Nr. 651: Akten der philosophischen Fakultät Habilitationen betr. S. S. 1908 bis 1911.

Nr. 652: Akten der philosophischen Fakultät Habilitationen betr. Begonnen 1. 3. 1911 geschlossen Ende Sommersemester 1916.

Nr. 653: Akten der philosophischen Fakultät Habilitationen betr. Wintersemester 1916/17 bis Ende Sommersemester 1923.

Nr. 654: Habilitationsakten der philosophischen Fakultät. 1921–1925.

Nr. 675: Allgemeine Fakultäts-Angelegenheiten. Winter-Semester 1890–[1904].

Nr. 718: Sitzungs-Protokolle der philosophischen Fakultät Jena WS 1916/17–1925.

Nr. 723: Akten der philosophischen Fakultät. Disciplin der Privatdocenten. 1896–1905.

Bestand N

Nr. 45: Math.-Naturwiss. Fak. Die ordentlichen Professoren. Bd. 1. 1925–1940.

Nr. 46/1: Math.-Naturwiss. Fak. Die ordentlichen Professoren. Bd. 2. 1925–1940.

Nr. 46/2: Math.-Naturwiss. Fak. Die ordentlichen Professoren. Bd. 2. 1925–1940.

Nr. 47/2: Math.-Naturwiss. Fak. Die Außerordentlichen Professoren. Bd. 2. 1925–1940.

Nr. 47/3: Math.-Naturwiss. Fak. Die Habilitationen und Nichtbeamtete Außerordentlich. Professoren. Bd. 1. 1925–1940.

Nr. 47/4: Math.-Naturwiss. Fak. Die Habilitationen und Nichtbeamtete Außerordentlich. Professoren. Bd. 2. 1925–1940.

Nr. 48/1: Math.-Naturwiss. Fak. Die Honorarprofessoren, Dozenten, Lehrbeauftragte, Habilitatonen. Bd. 1. 1925–1940.

Nr. 48/2: Math.-Naturwiss. Fak. Die Honorarprofessoren, Dozenten, Lehrbeauftragte, Habilitatonen. Bd. 2. 1925–1940.

Nr. 49: Math.-Naturwiss. Fak. Die Nachfolge von Prof. Haussner betr. 1932–1934.

Nr. 50: Habilitationen. 1933–1944.

Nr. 51: Mathematisch-Naturwissenschaftliche Fakultät, Abgelehnte Habilitationen, 1926–1939.

Nr. 51/1: Math.-Naturwiss. Fak. Habilitationen, Bd. 1, 1938–1945.

Nr. 51/2: Math.-Naturwiss. Fak. Habilitationsakten, Bd. 2, 1940–1945.

Nr. 69: Mathematisch-Naturwissenschaftliche Fakultät, Seminare und Institute, 1940–1945.

Nr. 83: Mathematisch-Naturwissenschaftliche Fakultät. Die Wiederbesetzung des Lehrstuhls für angewandte Mathematik (Nachfolge von Prof. Dr. Winkelmann) 1940.

Nr. 85: Mathematisch-Naturwissenschaftliche Fakultät. Ordentliche Professoren, 1940–1945.

Nr. 86: Mathematisch-Naturwissenschaftliche Fakultät. Nichtbeamtete Professoren, Dozenten, 1941–1945.

Nr. 96: Mathematisch-Naturwissenschaftliche Fakultät. Vorlesungen und Übungen betr. 1925–1951.

Nr. 104: Mathematisch-Naturwissenschaftliche Fakultät. Gutachten betr. 1926–1939.

Nr. 108: Mathematisch-Naturwissenschaftliche Fakultät. 1925–1939.

Nr. 109/1: Mathematisch-Naturwissenschaftliche Fakultät. Fakultätsberichte 1926–1933.

Thüringisches Staatsarchiv Altenburg (ThStAAbg)

Gesamtministerium

Nr. 1123: Akten der Herzogl. Sächs. Ministerial-Kanzlei zu Altenburg betreffend die Anstellung eines in Jena wohnhaften außerordentlichen Bevollmächtigten für die Gesammt Universität Vol. V, 1901–1921.

Nr. 1285: Akten der Herzogl. Sächs. Ministerial-Kanzlei zu Altenburg betreffend die Ernennung der Privatdocenten Dr. Ernst Abbe und Dr. Conrad zu außerordentlichen Professoren in der philosophischen Fakultät. 1870–1914.

Nr. 1301: Akten der Herzogl. Sächs. Ministerial-Kanzlei zu Altenburg betreffend die Errichtung einer ordentlichen Professur der Mathematik und die Besetzung derselben durch den Professor Dr. J. Thomae in Freiburg. 1879–1920.

Nr. 1314: Akten der Herzogl. Sächs. Ministerial-Kanzlei zu Altenburg betreffend die Besetzung der Professur für Physik durch den Professor Dr. A. Winkelmann in Jena. 1886–1910.

Nr. 1320: Akten der Herzogl. Sächs. Ministerial-Kanzlei zu Altenburg betreffend den Professor der philosophischen Fakultät Dr. F. Auerbach. 1889–1917. (+)

Nr. 1340: Akten der Herzogl. Sächs. Ministerial-Kanzlei zu Altenburg betreffend den Professor der philosophischen Fakultät Dr. Rudolf Straubel in Jena. 1897/98, 1918. (+)

Nr. 1346: Akten der Herzogl. Sächs. Ministerial-Kanzlei zu Altenburg betreffend die außerordentlichen Professoren der philosophischen Facultät a. Dr. phil. August Gutzmer, b. Dr. phil. Karl Dove. 1899–1907. (+)

Nr. 1359: Akten der Herzogl. Sächs. Minsiterial-Kanzlei zu Altenburg betreffend den Ordinarius für Mathematik Professor Dr. Robert Haußner 1905–1906.

Nr. 1370: Akten der Herzogl. Sächs. Ministerial-Kanzlei betreffend den außerordentlichen Professor an der philosophischen Fakultät Dr. Wilhelm Kutta 1909.

Nr. 1380: Akten der Herzogl. Sächs. Ministerial-Kanzlei betreffend den ordentlichen Professor an der philosophischen Fakultät Dr. Max Wien 1910–1912/1919.

Nr. 1389: Akten der Herzogl. Sächs. Minsiterial-Kanzlei zu Altenburg betreffend den ordentlichen Professor an der philosophischen Fakultät Dr. Paul Koebe 1913–1920.

Nr. 1404: Akten der Herzogl. Sächs. Ministeriums, Abteilung I, zu Altenburg betreffend Zentrale für Erdbebenforschung u. Erteilung eines Lehrauftrags für Geophysik u. Erdbebenforschung an den Professor Dr. Hecker in Jena 1919.

Nr. 1411: Akten des Staats-Ministeriums, Abteilung I, zu Altenburg betreffend den außerordentlichen Professor an der philosophischen Fakultät Dr. phil. Erwin Schrödinger 1920.

Nr. 1415: Akten der Herzogl. Sächs. Ministerial-Kanzlei zu Altenburg betreffend die Aufnahme der Privat-Docenten. Vol. VIII. 1891–1901.

Nr. 1416: Akten der Herzogl. Sächs. Ministerial-Kanzlei zu Altenburg betreffend die Aufnahme der Privat-Docenten Vol. IX 1901–1921.

Nr. 1418: Akten der Herzogl. Sächs. Ministerial-Kanzlei I zu Altenburg betreffend die anderweite Regelung der Stellung der Nichtordinarien und der persönlichen Ordinariate, sowie die Berechtigung d. ordentl. Honorarprofessoren, d. außerordentl. Professoren u. d. Privatdozenten 1910–1920.

Nr. 1485: Akten der Herzogl. Sächs. Ministerial-Kanzlei zu Altenburg betreffend das statistische Seminar 1872–1909.

Nr. 1489: Akten der Herzogl. Sächs. Ministerial-Kanzlei zu Altenburg betreffend das physikalische Institut in Jena, das zoologische Institut in Jena. 1881–1921.

Nr. 1490: Akten der Herzogl. Sächs. Ministerial-Kanzlei zu Altenburg betreffend das mathematische Institut in Jena. 1882–1913.

Nr. 1497: Universitäts-Anstalten betr. 1885–Febr. 1905.

Nr. 1498: Universitätsangelegenheiten insgeheim Bd. 2 1904–1921.

Nr. 1503: Akten der Herzogl. Sächs. Ministerial-Kanzlei zu Altenburg betreffend die Errichtung einer gemeinsamen Prüfungs-Kommission für die Candidaten des höheren Schulamts am Sitze der Gesamtuniversität Jena einschl. des katholischen Religionsunterrichts Vol. VII 1902–1915.

Nr. 1540: Akten der Herzogl. Sächs. Ministerial-Kanzlei zu Altenburg betreffend die Carl-Zeiss-Stiftung in Jena. 1900–1912, Vol. 2.

Nr. 1541: Akten der Herzogl. Sächs. Ministerial-Kanzlei zu Altenburg betreffend die Carl-Zeiss-Stiftung in Jena. 1913–1920, Vol. 3.

Nr. 1545: Akten der Herzogl. Sächs. Ministerial-Kanzlei zu Altenburg betreffend die Carl-Zeiss-Stiftung in Jena. 1899–1915.

Nr. 1602: Akten der Herzogl. Sächs. Ministerial-Kanzlei zu Altenburg betreffend die Einrichtung einer Haupt- und Nebenstation für Erdbebenforschung 1902–1904.

Nr. 1616: Akten der Herzogl. Sächs. Minsiterial-Kanzlei zu Altenburg betreffend Maßnahmen der Universität Jena infolge des Krieges 1914.

Abt. für Kultusangelegenheiten, Nr. 9382: Akten der Herzogl. Sächs. Ministerial-Kanzlei zu Altenburg betreffend die Reichenbach-Stiftung für die Universität Jena. 1890–1908 Vol. 2.

Abt. für Kultusangelegenheiten, Nr. 9383: Akten der Herzogl. Sächs. Ministeriums, Abtheilung für Kultusangelegenheiten, zu Altenburg betreffend Reichenbach-Stiftung für die Universität Jena. 1908–1923 Vol. 3.

Universitätsarchiv Halle (UAH)

Personalakte PA 6887: Dr. Grell, Heinrich [1934–1935].

9.3 Abbildungsverzeichnis

Abbildung 1: Rau, 1902–1909 außerordentlicher Professor für angewandte Mathematik und Leiter des Physikalisch-Technischen Instituts (UAJ Fotosammlung)

Abbildung 2: Gutzmer, außerordentlicher Professor für Mathematik 1899–1900, ordentlicher Professor 1900–1905 (UAJ Fotosammlung)

Abbildung 3: Thomae, ordentlicher Professor für Mathematik 1879–1914 (UAJ Fotosammlung)

Abbildung 4: Haußner, 1905–1934 ordentlicher Professor für Mathematik, Leiter des Mathematischen Instituts und des Mathematischen Seminars (UAJ Fotosammlung)

Abbildung 5: Abbe, 1878–1905 ordentlicher Honorarprofessor für Physik, 1876–1903 Mitglied der Geschäftsleitung der Firma Carl Zeiss, 1884–1903 Miteigentümer der Glaswerke Schott & Gen., 1891–1903 Mitgeschäftsführer der Carl-Zeiss-Stiftung (UAJ Fotosammlung)

Abbildung 6: Knopf, 1897–1910 außerordentlicher Professor für Astronomie (zuvor ab 1893 Privatdozent) und ab 1900 Direktor der Sternwarte, 1910–1923 außerordentlicher Professor für Astronomie, 1923–1928 persönlicher ordentlicher Professor, bis 1931 als Lehrkraft tätig (UAJ Fotosammlung)

Abbildung 7: Physikalisches Institut um 1935 (UAJ Fotosammlung)

Abbildung 8: Vollert, 1909–1922 Kurator der Universität (UAJ Fotosammlung)

Abbildung 9: M. Wien, 1911–1935 ordentlicher Professor für Physik und Direktor des Physikalischen Instituts (UAJ Fotosammlung)

Abbildung 10: Baedeker, 1907–1911 Privatdozent für Physik, 1911–1914 außerordentlicher Professor (UAJ Fotosammlung)

Abbildung 11: Technisch – Physikalisches Institut, Anbau Ostseite 1914, (UAJ Fotosammlung)

Abbildung 12: Hauptgebäude 1921 (Zeiss-Archiv B 09266)

Abbildung 13: Plate, 1909–1934 Professor für Zoologie und Direktor des Zoologischen Instituts, Schüler E. Haeckels (UAJ Fotosammlung)

Abbildung 14: Gutbier, 1922–1926 ordentlicher Professor für Chemie und Direktor des Chemischen Laboratoriums, 1926 Rektor (UAJ Fotosammlung)

Abbildung 15: Linck, 1894–1930 Professor der Mineralogie und Kristallographie, 1896, 1906, 1912, 1920 und 1924 Rektor der Universität Jena (UAJ Fotosammlung)

Abbildung 16: Renner, 1920–1948 ordentlicher Professor für Botanik, Direktor des Botanischen Instituts und des Botanischen Gartens (UAJ Fotosammlung)

Abbildung 17: Sieverts, ordentlicher Professor für anorganische Chemie 1927–1942 (UAJ Fotosammlung)

Abbildung 18: Abbeanum 1929 (Mathematisches Institut) (UAJ Fotosammlung, identisch mit Zeiss-Archiv BI 06696)

Abbildung 19: Wienscher Hörsaal (UAJ Fotosammlung)

Abbildung 20: Busch, 1920–1922 Privatdozent, 1922–1927 außerordentlicher Professor, 1920–1927 Assistent am Physikalischen Institut (UAJ Fotosammlung)

Abbildung 21: Hippel, 1924–1927 Assistent, 1928–1929 Privatdozent und Assistent am Physikalischen Institut (UAJ Fotosammlung)

Abbildung 22: Esau, 1925–1927 beamteter außerordentlicher Professor für technische Physik, 1927–1939 ordentlicher Professor, 1932–1935, 1937–1939 Rektor, 1934–1945 Stiftungskommissar der Carl-Zeiß-Stiftung (Zeiss-Archiv, BI 13992/2)

Abbildung 23: Vogt, 1929–1933 persönlicher ordentlicher Professor für Astronomie und Direktor der Universitätssternwarte (UAJ Fotosammlung)

Abbildung 24: Reichsanstalt für Erdbebenforschung (UAJ Fotosammlung)

Abbildung 25: Abbeanum, Technisch-Physikalisches Institut und Reichsanstalt für Erdbebenforschung, Luftaufnahme 1930 (UAJ Fotosammlung)

Abbildung 26: F. K. Schmidt, 1934–1941, 1945–1946 ordentlicher Professor für Mathematik und Direktor des Mathematischen Instituts, 1941–1945 Deutsche Forschungsanstalt für Segelflug Ainring (UAJ Fotosammlung)

Abbildung 27: Weinel, 1934–1942 Assistent, 1936–1942 Privatdozent, 1942–1945 außerordentlicher Professor und Leiter des Instituts für Angewandte Mathematik und Mechanik (Kriegsdienst 1941–1944) (UAJ Fotosammlung)

Abbildung 28: Damköhler, 1938–1945 Assistent und Dozent am Mathematischen Institut (UAJ Fotosammlung)

Abbildung 29: Kulenkampff, 1935–1936 Vertretung der ordentlichen Professur für Physik, 1936–1945 ordentlicher Professor für Physik und Direktor des Physikalischen Instituts (UAJ Fotosammlung)

Abbildung 30: Goubau, 1939–1940 Vertretung der Professur für technische Physik, 1940–1943 außerordentlicher Professor für angewandte Physik 1944–1945 ordentlicher Professor für Physik, 1940–1945 Direktor des Technisch - Physikalischen Instituts (UAJ Fotosammlung)

Abbildung 31: Joos, 1928–1935 persönlicher ordentlicher Professor für theoretische Physik, 1942–1945 Honorarprofessor (Zeiss-Archiv, BIII 11867)

Abbildung 32: Bauersfeld, 1908–1945 Dr.-Ing. für Maschinenbau, Mitgeschäftsleiter des Unternehmens Carl Zeiß, 1927–1945 außerordentlicher Professor für Sondergebiete der technischen Physik (UAJ Fotosammlung)

Abbildung 33: H. Müller, 1930–1935 Privatdozent für technische Physik (ab WS 1934/35 beurlaubt) (UAJ Fotosammlung)

Abbildung 34: Wisshak, 1929–1944 Assistent am Physikalischen Institut, 1936–1945 Privatdozent für Physik, 1944–1945 Oberassistent an der Sternwarte (UAJ Fotosammlung)

Abbildung 35: Raether, 1936–1937 Assistent am Physikalischen Institut (vertretungsweise), 1937–1940 Assistent, 1938–1944 Dozent, 1941–1946 Oberassistent, 1944–1946 außerordentlicher Professor für Physik (UAJ Fotosammlung)

Abbildung 36: Eichhorn, 1941–1945 Assistent am Physikalischen Institut (UAJ Fotosammlung)

Abbildung 37: Siedentopf, ordentlicher Professor für Astronomie 1940–1946 (UAJ Fotosammlung)

Abbildung 38: Klauder, Observator der Sternwarte 1938–1945 (UAJ Fotosammlung)

Abbildung 39: Bucerius, 1935–1939 Hilfsassistent bzw. freiwilliger Mitarbeiter an der Sternwarte, 1939–1945 zum Reichswetterdienst eingezogen, 1944–1945 an Universität Jena abkommandiert (UAJ Fotosammlung)

Abbildung 40: Sieberg, 1924–1945 außerordentlicher Professor für Geophysik, 1932 kommissarischer Leiter, 1936–1945 Direktor der Reichszentrale für Erdbebenforschung Jena (UAJ Fotosammlung)

Abbildung 41: Frege, 1896–1918 ordentlicher Honorarprofessor (ab 1905 mehrfach beurlaubt) (UAJ Fotosammlung)

Abbildung 42: König, 1927–1945 ordentlicher Professor für Mathematik und Mitdirektor des Mathematischen Instituts (UAJ Fotosammlung)

Abbildung 43: M. Winkelmann, 1911–1923 außerordentlicher Professor für angewandte Mathematik, 1923–1938 persönlicher ordentlicher Professor (UAJ Fotosammlung)

Abbildung 44: Auerbach, 1889–1923 außerordentlicher Professor für theoretische Physik, 1923–1927 persönlicher ordentlicher Professor (UAJ Fotosammlung)

Abbildung 45: Hund, 1946–1951 ordentlicher Professor der Physik (UAJ Fotosammlung)

Abbildung 46: Hettner, 1935–1936 Vertretung des Ordinariats für theoretische Physik und der Leitung des Theoretisch-Physikalischen Instituts, 1936–1945 persönlicher ordentlicher Professor und Leiter des Theoretisch-Physikalischen Instituts (UAJ Fotosammlung)

Abbildung 47: R. Straubel, 1901–1903 wissenschaftlicher Berater, 1903–1933 Mitglied der Geschäftsleitung der Firma Carl Zeiss, 1896–1938 außerordentlicher Professor für Physik (ab 1903 im Nebenamt), 1898–1919 Leiter der seismischen Station der Universität (Zeiss Archiv, B III 02631)

Abbildung 48: Rogowski, 1919–1920 außerordentlicher Professor für technische Physik (UAJ Fotosammlung)

9.4 Personenverzeichnis